簡約的軟體開發思維

Taming complex software with functional thinking

用 Functional Programming 重構程式

以 JavaScript 為例

簡約的軟體開發思維

Taming complex software with functional thinking

用 Functional Programming 重構程式 以 JavaScript 為例

Eric Normand 著
黃駿 譯

旗標

FLAG

grokking Simplicity

簡約的軟體開發思維

Taming complex software with functional thinking

用 Functional Programming 重構程式 以 JavaScript 為例

感謝您購買旗標書,
記得到旗標網站
www.flag.com.tw
更多的加值內容等著您…

<請下載 QR Code App 來掃描>

● FB 官方粉絲專頁：旗標知識講堂

● 旗標「線上購買」專區：您不用出門就可選購旗標書!

● 如您對本書內容有不明瞭或建議改進之處, 請連上旗標網站, 點選首頁的 聯絡我們 專區。

若需線上即時詢問問題，可點選旗標官方粉絲專頁留言詢問, 小編客服隨時待命, 盡速回覆。

若是寄信聯絡旗標客服 email, 我們收到您的訊息後, 將由專業客服人員為您解答。

我們所提供的售後服務範圍僅限於書籍本身或內容表達不清楚的地方, 至於軟硬體的問題, 請直接連絡廠商。

學生團體　訂購專線：(02)2396-3257 轉 362
　　　　　傳真專線：(02)2321-2545

經銷商　服務專線：(02)2396-3257 轉 331
　　　　將派專人拜訪
　　　　傳真專線：(02)2321-2545

國家圖書館出版品預行編目資料

簡約的軟體開發思維：用 Functional Programming 重構程式 - 以 JavaScript 為例 / Eric Normand 著 , 黃駿 譯 . --

臺北市 : 旗標科技股份有限公司 , 2024.10　面；　公分

譯自：grokking Simplicity - taming complex software with functional thinking

ISBN 978-986-312-809-0 (平裝)

1. CST: 電腦程式設計
2. CST: Java Script(電腦程式語言)

312.32J36　　113013385

作　　者／ Eric Normand

翻譯著作人／旗標科技股份有限公司

發行所／旗標科技股份有限公司

台北市杭州南路一段 15-1 號 19 樓

電　　話／ (02)2396-3257 (代表號)

傳　　真／ (02)2321-2545

劃撥帳號／ 1332727-9

帳　　戶／旗標科技股份有限公司

監　　督／陳彥發

執行編輯／孫立德

美術編輯／陳慧如

封面設計／陳慧如

校　　對／孫立德

新台幣售價：1000 元

西元 2024 年 10 月 初版

行政院新聞局核准登記-局版台業字第 4512 號

ISBN 978-986-312-809-0

目錄

第 5 章　改良 Actions 的設計　5-1

第 6 章　在變動的程式中讓資料保持不變　6-1

第 12 章　利用函式走訪　12-1

第 13 章　串連函數式工具　13-1

第 14 章　處理巢狀資料的函數式工具　14-1

第 15 章　解析時間線　15-1

第 17 章　協調時間線　17-1

第 18 章　反應式與洋蔥式架構　18-1

推薦序 1

Guy Steele（蓋伊·史提爾）

史丹佛大學電腦科學博士
多語言架構師

我已經從事程式設計超過 52 年了，卻仍對此領域感到興奮！因為總是有新問題不斷出現，新技術層出不窮。在過去幾十年裡，隨著學習新演算法、程式語言以及程式碼架構，我的程式風格已然發生轉變。

回想 1960 年代剛接觸程式設計時，一種廣為接受的做法是：在撰寫程式前，先畫出整個軟體的流程圖。其中，每項運算以方格代表、決策點則是菱形格子、輸入／輸出操作又是另一個形狀，且這些格子需以表示流程控制的箭頭連接。有了這個流程圖，寫程式就相當於按特定順序將每個格子轉換為程式碼，而每當遇到箭頭則以 goto 控管流程。這麼做的問題是，流程圖是二維的，但程式碼只有一維，故雖然流程圖在紙上看起來很清楚，但在撰寫程式時卻沒那麼好理解。此外，如果你真的把每個 goto 畫成箭頭，最終的圖會類似一坨義大利麵般纏繞；事實上，我們過去確實將這樣的圖稱為『義麵程式碼（spaghetti code）』，非常難以閱讀與維護。

第一個對我的程式風格產生重大影響的概念，是 1970 年代出現的『結構化程式設計（structured programming）』。現在回顧起來，當時大家討論的重點有**兩個**，且皆與**流程控制管理**有關。第一項重點（之後變得很有名）是：絕大多數流程控制其實可總結成下列三種標準模式，即：序列式執行、具有不同可能性的決策（用 if – then – else 和 switch 表達）和重複執行（while 或 for 迴圈）。這個想法常被簡化成標語：『向 goto 說不！』，但這裡的重點絕對是上述三種模式 — 只要在程式中廣泛使用，你就不怎麼需要寫 goto 了。至於另一項不那麼有名、但同樣重要的概念則是：你能把序列式陳述群組成可巢狀化的區塊，且非區域的流程控制只能『跳到區塊結尾（類似 continue）』或者『跳出區塊（類似 break）』，而不能從外面跳進區塊內。

我學習結構化程式設計時並未用到專門的語言，只是在撰寫 Fortran 程式時變得比較小心，特意讓程式碼符合前述原則。我甚至還去寫低階的組合語言，把自己當成編譯器，將結構化程式直接翻譯成機器指令。個人的感覺是，結構化程式設計確實讓寫程式與維護變得更簡單了！雖然我仍會寫 goto 敘述或分支指令，但它們一定符合標準模式之一，也因此較容易瞭解來龍去脈。

在我撰寫 Fortran 的那段苦日子裡，所有需要的變數都得在開頭宣告，之後才是可執行的程式碼（這種結構在 COBOL 語言裡屬硬性規定 — 變數皆需在『資料部（data division）』宣告，且該部最上方會標明『DATA DIVISON』。緊接著是可執行程式碼所在的『程序部（procedure division）』，這部分標著『PROCEDURE DIVISON』）。這麼一來，最前端的變數可能被後面任意位置的程式碼使用，造成理解上的困難 — 你無法看出某變數的修改與存取狀況為何。

第二個讓我的程式風格顯著改變的概念是『物件導向程式設計（object-oriented programming）』，其中包含並整合了物件、類別、『資訊隱藏』以及『抽象資料型別』等想法。和前面一樣，我可以從中整理出兩大重點，只是這一次它們與**管控資料存取**有關。第一大重點是：變數應該用某種方式『封裝』或『包含』在特定範圍中 — 最直接的做法即用區域變數宣告取代在程式最頂端宣告變數；較進階的方法則是將變數宣告在類別（或模組）中，使得只有同類別的 method（或同模組的程序）可以存取。由於類別或模組可透過 method 或程序確保『當某變數更新時，其它相關變數也正確更新』，故它們能保證一組變數群的一致性。第二大重點則是繼承（inheritance），即以較簡單的物件為基礎定義出較複雜者，過程中可加入新的變數與 method、或者覆寫（override）既存 method。事實上，此做法之所以可行，正是因為有第一項重點。

在接觸到物件和抽象資料型別的期間，我正大量使用 Lisp 撰寫程式碼。儘管 Lisp 本身並非純粹的物件導向語言，但利用 Lisp 來實作資料結構，並僅透過指定的函式存取這些資料結構，依然相當容易。如果我在撰寫程式時注重資料的組織方式，即使 Lisp 並不強制這類設計規範，我仍然可以從中獲得許多物件導向程式設計的優勢。

影響我最深的第三個概念就是『Functional Programming（函數式程式設計，本書簡稱為 FP）』。儘管有些人將其概括成標語：『拒絕 side effects（額外作用）！』，但這其實與事實不符。精確地說，FP 的重點在於**管理 side effects**，不讓它們隨處發生 — **而這正是本書的主題！**

我們可以將 FP 彙整出兩大相輔相成的重點。第一項重點是區分『對外界無作用且每次執行結果必相同』的**計算（Calculations）**，以及『結果可變且會對外界產生**額外作用（side effects**，如：在螢幕上顯示文字、發射火箭等）』的**動作（Actions）**。事實上，當採用標準模式架構程式時，我們更容易看出哪部分程式碼有 side effects、哪部分則是『純計算』，程式理解難度也會降低。另外，標準模式還能分成兩大類，即：序列運行的單執行緒程式，以及平行運行的多執行緒程式。

第二項重點則是能**一次處理**集合（collection）資料（如：陣列、串列、資料庫等）中所有項目的技巧（不必一一走訪）。由於這些技巧在各項目能獨立處理，且沒有 side effects 的情況下最有用，因此可以說：第一項重點對第二項有輔助的效果。

我在 1995 年時協助建立了 Java 的第一版完整規格，次年又寫了 JavaScript 的第一版標準（即 ECMAScript 標準）。兩種語言皆為物件導向；事實上，Java 根本就沒有全域變數，所有變數都在某個類別或 method 底下宣告。兩者也都沒有 goto；Java 和 JavaScript 的設計者皆支持結構化思維，並相信 goto 沒有存在的必要。事實證明，即便少了 goto 與全域變數，程式從業人員依舊過得很好。

那 FP 呢？現在已有如 Haskell 的純函數式程式語言，且已被廣泛使用。你可以透過它在螢幕上顯示文字或者發射火箭，但這些 side effects 都受到嚴密的管控。舉個例子，我們無法在 Haskell 程式中到處插入 print 查看程式運行的結果。

另一方面，儘管 Java、JavaScript、C++、Python 以及其它許多語言並非純函數式，它們仍採納了一些 FP 的想法，因此在使用上加倍簡單。更重要的是，一旦掌握了控制 side effects 的關鍵原理，則無論選擇哪一種語言，你都能將這個原理運用自如。這就是本書要告訴大家的事情！雖說本書的頁數頗多，但讀起來並不費力，充滿各種實例與解釋專門術語的專欄。我個人非常喜歡這本書，且迫不及待想應用一些剛學會的技巧。希望各位也會喜歡！

推薦序 2

Jessica Kerr（傑西卡·克爾）

函數式程式設計倡導者
複雜系統分析專家、軟體工程創新者

記得剛開始學程式設計時，其最引人入勝的地方就是可預測性。我的每支程式都小而簡單、在單機上運行且適合單人（也就是我本人）使用。但軟體開發卻不是這麼一回事！一個應用軟體既不小，也非一人能夠完成。它可能需在多機器或多程序上運行，且需符合不同人的需要（包括那些不在乎程式如何運作的使用者）。

有用的應用軟體都不簡單！那麼，程式從業人員該做什麼呢？

在過去六十年裡，FP 的想法已在電腦科學家的心中逐步成熟（雖然這些研究員時常對不切實際的理論過於熱情）。而在近十至二十年間，開發者開始將這些技巧應用於商業軟體。這正好趕上網路應用蓬勃發展的時機：這些應用皆在分散式系統上運作，且被下載至不同電腦、受未知使用者操作。FP 恰好適合開發這類系統，並能預防許多難以發覺的錯誤。

不過，FP 從學術領域過渡到商業應用的過程並不順利。以本人的公司為例，我們不使用 Haskell、沒有從零開始的專案、開發時還會用到大量無法自行掌控的函式庫與執行環境。此外，我們的程式必須與其它系統互動，光是輸出答案是不夠的。可以說，從 FP 理論到實作商業軟體之間是一條漫漫長路。很幸運的是，本書作者 Eric Normand 替大家走完了這段長路。他深入 FP 領域，取出其中的精華，並將之展現在讀者面前。

有了這本書，我們不再被嚴格的型別、程式語言細節和範疇理論壓得喘不過氣；取而代之的是能與外界互動的程式碼、讓資料保持不變的自由，以及因拆解程式碼而獲得的可讀性。抽象化不再高不可攀，而是能在不同層次上發揮影響力。資料狀態也不再可畏，因為我們掌握了安全保存狀態的方法。

Eric 展示了一種保存既有程式碼的新技巧，同時也帶來了新典範、新氣象以及新啟發。這些當然都基於 FP，但當 Eric 引領我們以他的觀點思考時，他就建立了全新的思維，能幫讀者在創造過程中過關斬將。

我過去寫的簡單小程式在現實中無用武之地，而有用的應用軟體又總是很複雜。但 Eric 替我們解決了上述兩難！我們確實能簡化程式碼，並掌控其中與外界互動的關鍵部分。

本書不僅能提升各位的程式技巧，也能讓你在大型軟體開發上更上層樓。

作者序

我是在 2000 年大學修習的一門人工智慧課程中，第一次透過 Common Lisp 語言認識到 Functional Programming（函數式程式設計）。起初，Lisp 語言與我習慣的物件導向語言相比，顯得非常古怪而陌生。但經過一整個學期的練習後，情況開始改善。那時 FP 就讓我留下深刻的印象，即便我對這個領域的瞭解還不夠深入。

接下來數年裡，我與 FP 的關係不斷加深。我不僅閱讀 Lisp 的書籍，也用該語言來撰寫自己的程式、完成其它課程的作業。在這樣的背景下，2008 年時我又遇到了 Haskell、以及使用至今的 Clojure。後者是我的真愛，其建立在 Lisp 將近 50 年的基礎上，但又基於更現代化且實際的平台。此外，Clojure 的社群充滿各種關於計算、資料本質與大型軟體工程的討論，簡直是集合哲學、電腦科學與工程學的大本營。受其薰陶，我開始撰寫 Clojure 內容的部落格文章，甚至最後設立了一間專門教 Clojure 的公司。

與此同時，Haskell 的討論度也不斷增加。個人曾在專業工作中使用過數年 Haskell，其與 Clojure 雖有許多共同點，但相異之處也不少。『有沒有可能找到兩種語言皆適用的 FP 定義呢？』就是這個問題，埋下日後寫作本書的種子。

這裡所說的種子是指『FP 會區分 Actions、Calculations 和 Data』這件事。若你實際去問 FP 設計師，他們都會同意上述區別是 FP 技術的基石，但卻只有少數人意識到這個區別就是定義 FP 的最大特徵。顯然，人們對於事物的認知受限於過往所學，導致其對 FP 的認知不夠完整；我發現這是絕佳的機會，可以用全新方式向大家介紹 FP。

個人為本書寫了許多版草稿 — 其中一版著重於理論、另一版像在炫技、有一版非常教條式、還有一版則是流水帳。但最終，在編輯辛勞的指導下，我決定將 FP 視為一套技巧，並選擇了廣大程式設計師熟悉的 JavaScript 做為實踐 FP 重構的語言，進而寫出現在這個版本。雖然 JavaScript 並不是 FP 的專屬語言，但也正因為如此，非常適合用於示範重構的過程。基本上，本書想收錄的是在 FP 圈內很常見、圈外卻很少談到的技術。確定這個方向後，剩下的工作就是選擇適當技巧、進行整理、然後排出優先順序，所以之後的寫作過程就很順利了。

當然，一本書不可能囊括所有內容。FP 至少有六十年的歷史了，其中有眾多值得介紹的概念，這裡實在騰不出篇幅來放。我想，一定會有人不滿意本書的取捨，但我敢保證：那些在書中介紹到的內容，全都是專業 FP 設計師必備的技能。此外，我也期望能藉此拋磚引玉，讓其他作者以此書內容為基礎，撰寫更進階的書籍。

我為本書設定的主要目標是：讓專業人員體會到，FP 是個實際可行的程式設計選項。對於想學習物件導向的人來說，坊間已有一堆書可選擇，因此入門很容易，這些作品會展示各種典範、原則，並提供習題給讀者鍛鍊。但 FP 尚未有同等龐大的文獻支持！現有的書有些過於學術，其它針對產業所寫的則沒抓到關鍵（就我個人的判斷而言）。話雖如此，FP 的知識其實已存在眾多程式設計師的腦中。希望本書能做為一個引子，讓更多人透過出版 FP 書籍將這麼優秀的一項技能發揚光大！

關於作者

Eric Normand 是經驗老道的函數式程式設計師、教學者與講者，且寫過許多 FP 的文章。他來自美國紐奧良，於 2000 年開始接觸 Lisp 程式設計，並透過 PurelyFunctional.tv 提供 Clojure 培訓材料。他也從事諮詢服務，幫助企業利用 FP 實現業務目標。他經常在國際級的程式設計會議上演講，其著作、演講內容、培訓資料和諮詢服務皆可在 LispCast.com 上找到。

作者致謝

首先感謝 Rich Hickey 和整個 Clojure 社群，源源不絕地提供程式設計的各種哲學、科學與工程學觀點。你們是重要的靈感來源。相信各位在閱讀本書時會發現其中很多東西很熟悉，這些都來自於 Clojure 社群的討論。

我也要感謝家人，包括 Virginia Medinilla、Olivia Normand 和 Isabella Normand，你們在我寫作時給予鼓勵、耐心和愛。也謝謝 Liz Williams 在整個過程中為我提供意見。感謝 Guy Steele 和 Jessica Kerr 兩位專家注意到這本書。兩位都理解我撰寫這本書的動機，並不吝給予認同。當然，也要謝謝你們在推薦序中分享閱讀心得。

最後，我要謝謝 Manning 團隊。感謝 Bert Bates 花了無數小時與我交換意見，最後讓這本書得以誕生；你的指導讓我成為更好的老師，在為本書尋找方向時，你的耐心與支持也對我非常重要。還有，抱歉本書讓你無法再回到非 FP 的世界。感謝 Jenny Stout 確保此專案有條不紊地進行。謝謝 Jennifer Houle 為本書提供如此出色的設計。也感激其它所有參與的 Manning 員工，我知道這本書就各方面來說製作上都特別麻煩。

另外感謝所有校閱者，包括 Michael Aydinbas、James J. Byleckie、Javier Collado、Theo Despoudis、Fernando García、Clive Harber、Fred Heath、Colin Joyce、Oliver Korten、Joel Luukka、Filip Mechant、Bryan Miller、Orlando Méndez、Naga Pavan Kumar T.、Rob Pacheco、Dan Posey、Anshuman Purohit、Conor Redmond、Edward Ribeiro、David Rinck、Armin Seidling、Kaj Ström、Kent Spillner、Serge Simon、Richard Tuttle、Yvan Phelizot 和 Greg Wright，你們的意見完善了本書。

關於本書

誰應閱讀本書

這本書是為有 2–5 年程式經驗的程式設計師所寫。讀者應該至少專精一門程式語言，若有開發過大型系統，對其中痛點有所體會那就更好了。我們的程式範例皆由 JavaScript 寫成，且注重可讀性；如果你看得懂 C、C#、C++ 或 Java 那就沒問題。

本書的內容安排：章節導覽

本書共有 19 章，並分為三篇。在第零篇會先讓讀者認識 functional programming（函數式程式設計），後面兩篇會先介紹基本技巧，然後再討論建立在該技巧之上的進階技術。此外，兩篇的最後一章都會討論符合 FP 脈絡的程式設計架構，以替該篇收尾。第一篇是從第 3 章開始，重點在介紹 Actions、Calculations 和 Data 的區別。第二篇的開頭是第 10 章，旨在說明頭等物件與高階函式。下面先簡單敘述各章主題，各位也可以參考第 2 章的內容：

第零篇　函數式思維起手式

第 1 章會解釋本書寫作理念，以及 FP 的重點概念。
第 2 章會帶讀者瀏覽一個例子，讓你瞭解本書所教的技術有哪些用途。

第一篇　徹底學通 Actions、Calculations 與 Data

第 3 章會說明怎麼區辨 Actions、Calculations 與 Data。
第 4 章教大家如何把程式碼重構成 Calculations。
第 5 章會告訴大家，當 Action 函式無法重構成 Calculation 時，可以怎麼改良。
第 6 章介紹名為**寫入時複製**的重要不變性技巧。
第 7 章介紹另一個互補的不變性技巧，稱為**防禦型複製**。
第 8 章說明如何將程式碼依細節程度分層。
第 9 章會分析函式層的可維護性、可測試性與可重複使用性。

第二篇　頭等抽象化

第 10 章以介紹頭等物件為第二篇起頭。
第 11 章教大家如何賦予任意函式超能力。
第 12 章帶各位建立能走訪陣列的函數式工具。
第 13 章說明利用第 12 章的工具創建複雜的 Calculation。

第 14 章介紹能處理巢狀資料的函數式工具，並說明什麼是遞迴。
第 15 章解釋時間線圖，以及如何用其分析程式碼的運行。
第 16 章告訴各位怎麼讓多時間線共享資源而不出錯。
第 17 章說明怎麼控制順序與重複，以避免錯誤。
第 18 章是第二篇的結尾，會介紹兩種專門用來建立服務的 FP 程式架構。
第 19 章會回顧前面所學，並指點進階學習的方向。

由於每章的內容皆建立在前面的章節，故建議讀者從第 1 章開始按順序閱讀，且務必完成練習題。本書的『想想看』專欄並未提供答案，它們的目的是引導各位整理自己的思緒。至於『練習』則有附參考答案，好讓你透過實際情境來磨練技術。在閱讀過程中，讀者可隨時暫停。畢竟光讀書是不夠的，還得思考才行。假如你學到某個重要的新知識，建議先放下書本、消化一下，之後再回來繼續閱讀。

關於程式範例

本書包含許多以 JavaScript 撰寫的程式範例，以便大多數程式設計師能夠輕鬆理解。選擇使用 JavaScript 並不意味著建議大家必須用這門語言來實踐 FP。實際上，JavaScript 是一種多範式語言，並非專為 FP 設計，而且大部分 JavaScript 程式設計師在日常開發中也較少運用 FP 技術。正是因為這樣，我們有機會利用 FP 技術重構現有程式，並自行開發所需的工具，從而對 FP 建立更深刻的理解。在這方面而言，JavaScript 特別適合用於教授 FP。

本書雖然提供程式碼下載，不過是示範之用，不見得能夠執行，重點還是這本書。我們在書上的程式碼下足苦工，重點程式碼會加上灰底或底線標示，並拉線加上圖說，讓您真正體驗到重構程式碼的過程。本書程式範例下載網址：

https://www.manning.com/books/grokking-simplicity

liveBook 論壇

所有購買本書的讀者皆能免費進入由原文書商 Manning 出版社經營的非公開線上論壇。你可以在此寫下對本書的評論、詢問技術問題，或者諮詢作者和其它成員。請依以下網址進入：https://livebook.manning.com/#!/book/grokking-simplicity/discussion。若想瞭解更多和 Manning 論壇有關的訊息與規範，請至 https://livebook.manning.com/#!/discussion。

Manning 論壇僅提供平台，方便讀者與讀者、讀者與作者之間進行有意義的交流。Manning 論壇並未要求作者參與討論，因此作者在此論壇上的所有貢獻皆為自願且無償的。在此鼓勵大家多多詢問具有挑戰性的問題，藉此提高作者參與的意願。只要本書尚未絕版，此論壇以及過去的討論內容便會持續開放。

第零篇

函數式思維起手式

初識函數式程式概念 | 1

本章將帶領大家：

- 學習函數式思維的定義。
- 明白本書為何有別於其它函數式程式設計的書籍。
- 瞭解函數式程式設計師看待程式碼的方式有何獨特之處。
- 幫助讀者判斷本書是否適合你。

在本書的第 1 章，各位會先學到函數式思維的定義，並瞭解程式設計師如何憑藉該思維打造出更好的軟體。此外，我們還會從函數式程式設計所帶來的兩項關鍵洞察出發，規劃未來章節的學習大綱。

1.1 什麼是函數式程式設計？

經常有人問我：什麼是**函數式程式設計**(functional programming，以下簡稱 FP)？其好處又為何？這第二個問題過於廣泛很難回答，但我們很快就會看到 FP 能在哪些地方發揮奇效了，請各位耐心等待。

要定義 FP 其實並不容易！這是一個很大的領域，雖然學術界與軟體產業界都有使用，不過，FP 的著作幾乎都是從學術角度出發。對此，本書選擇了另一條路，即完全以產業界的觀點來介紹 FP。正因為如此，書中所有內容都力求務實，以便能對各位軟體設計師在工作上有所助益。

由於各位可能已讀過其它參考資料對 FP 的描述，這裡有必要先比較一下它們與本書之間的異同。以下就是 FP 的經典定義，內容改寫自維基百科：

函數式程式設計 (FP；名詞)

1. 以『使用數學函數 (mathematical functions) 與避免 side effects (額外作用)』為特色的程式設計範式 (後面會為大家解釋畫底線的詞是什麼意思) **譯註：** 程式領域的 side effects 和醫學領域所謂的 “副作用” 意義上不同，不帶有貶義，請特別注意。本書後面也直接採用英文，不特別翻譯這個詞)。
2. 只使用無 side effects 之純函數 (pure functions) 的程式設計方法。

現在把重點放在畫底線的詞上。

這裡的 **side effects** 是指除了傳回值以外的其它函數行為 (即：額外作用)，例如：寄送電子郵件、修改全域變數等。因為每次呼叫函數時都會發生，這就會帶來意料之外的結果；當我們只要傳回值而不要 side effects 時，就會引發問題。因此，FP 程式設計師在撰寫程式時，會盡量避免不必要的 side effects。

我們往往是為了達成這些『side effects』才執行軟體的！

常見的 side effects 包括：

- 寄送電子郵件
- 讀取檔案
- 讓指示燈閃爍
- 發送網頁請求
- 煞停汽車

所謂的**純函數**則是指輸出完全由引數 (arguments) 決定、且完全沒有 side effects 的函數。換言之，當傳入的引數相同時，純函數永遠會傳回相同的值。我們經常將此類函數稱為**數學函數**，藉以和程式語言中的**函式**做區分。由於純函數在理解和控制上都較為單純，所以成為函數式程式設計師的最愛。

看完以上定義，你可能以為：為徹底避免 side effects 發生，FP 程式設計師只能使用純函數。但這是錯誤的！真正的 FP 程式設計師也會運用 side effects 和非純函數。

1.2 FP 經典定義在實務中的問題

前面所說的定義在學術領域裡沒有問題，但對於產業界的工程師而言卻並非如此。讓我們先回顧一下其內容：

函數式程式設計（FP；名詞）

1. 以『使用數學函數與避免 side effects』為特色的程式設計範式。
2. 只使用無 side effects 之純函數的程式設計方法。

從實務的觀點來看，這樣的定義主要有以下三個問題：

問題 1：FP 仍然需要 side effects

定義中宣稱 FP 會避免 side effects，但 side effects 其實是我們使用軟體的根本原因。想想看：沒辦法寄 e-mail 的電子郵件軟體還有什麼意義？所以，雖然經典定義這麼說，但實際上 FP 程式設計師並不忌諱使用 side effects。

問題 2：Side effects 在 FP 中不是問題

FP 程式設計師都知道 side effects 雖然必要，但問題多多，因此我們早已準備了許多工具，能使非純函數更容易使用。因此前面的定義說『FP 程式設計師只使用純函數』並不正確，實際上我們經常撰寫一大堆非純函數。

問題 3：FP 絕不僅是理論

經典定義將 FP 描述成了高度數學化、且與實務軟體設計無關的純理論。但事實是，很多重要的軟體其實都是利用 FP 設計的。

透過以上經典定義而認識 FP 的人經常被誤導。下一節就來看一位經理人員讀過 FP 的維基百科後有何反應吧。

小字典

額外作用（side effects）
是除了傳回值以外的其它函數行為。

純函數（pure functions）
的輸出完全由引數決定、且沒有 side effects 的函數。

1.3 誤導人的 FP 定義

在以下想像的情境中，程式設計師吉娜想要用 FP 來實作一個電子郵件服務。她認為，FP 能大大增加系統的可靠性。不過，吉娜的經理不曉得 FP 是什麼，於是他上維基百科查了一下，於是就有了下面的對話：

經理上維基百科搜尋『函數式程式設計』

... 避免 side effects ...

於是又搜尋了『side effects』

- 常見的 side effects 包括
- 寄送電子郵件
- ...

當天稍晚 ...

1.4 本書將函數式程式設計視為一套特定的技術與概念

經由經理與吉娜的模擬情境，我們瞭解到 FP 的經典定義會造成誤解，所以我們不會採用經典定義。其實 FP 是一個龐大的領域，每個人對它的解釋可能都有所不同，這也是產生誤解的原因。

為了撰寫本書，筆者訪問了多位有實務經驗的函數式程式設計師，以瞭解他們為何使用 FP。你現在所讀到的內容，就是將各種技術、思考過程與觀點去蕪存菁後的成果 — 我們只保留那些最務實、最有用的概念。

要先聲明的是，本書並未收錄任何 FP 的最新學術研究成果、或者尚待釐清的議題，只介紹即刻可以應用的技巧與知識。在寫作的過程裡，我們發現：其實 FP 的核心想法可以與物件導向或程序式程式設計結合，並套用到所有程式語言中，這樣的普適性可說是 FP 最大的優勢。

下一節舉的例子，是所有 FP 程式設計師一致認為很重要的概念，即：將程式碼區分為 **Actions（動作、操作或行為）**、**Calculations（計算、運算）**和 **Data（資料、數據）**三類。

> **編註：**本書大多時候會直接用 Actions、Calculations 與 Data，以符合台灣多數技術人的口語習慣，但你要分清楚它們的意義。

1.5 區分 Actions、Calculations 與 Data

當 FP 程式設計師看到程式時，他們會立刻將各程式碼用以下三類做歸類：

1. Actions（動作、操作或行為）
2. Calculations（計算、運算）
3. Data（資料、數據）

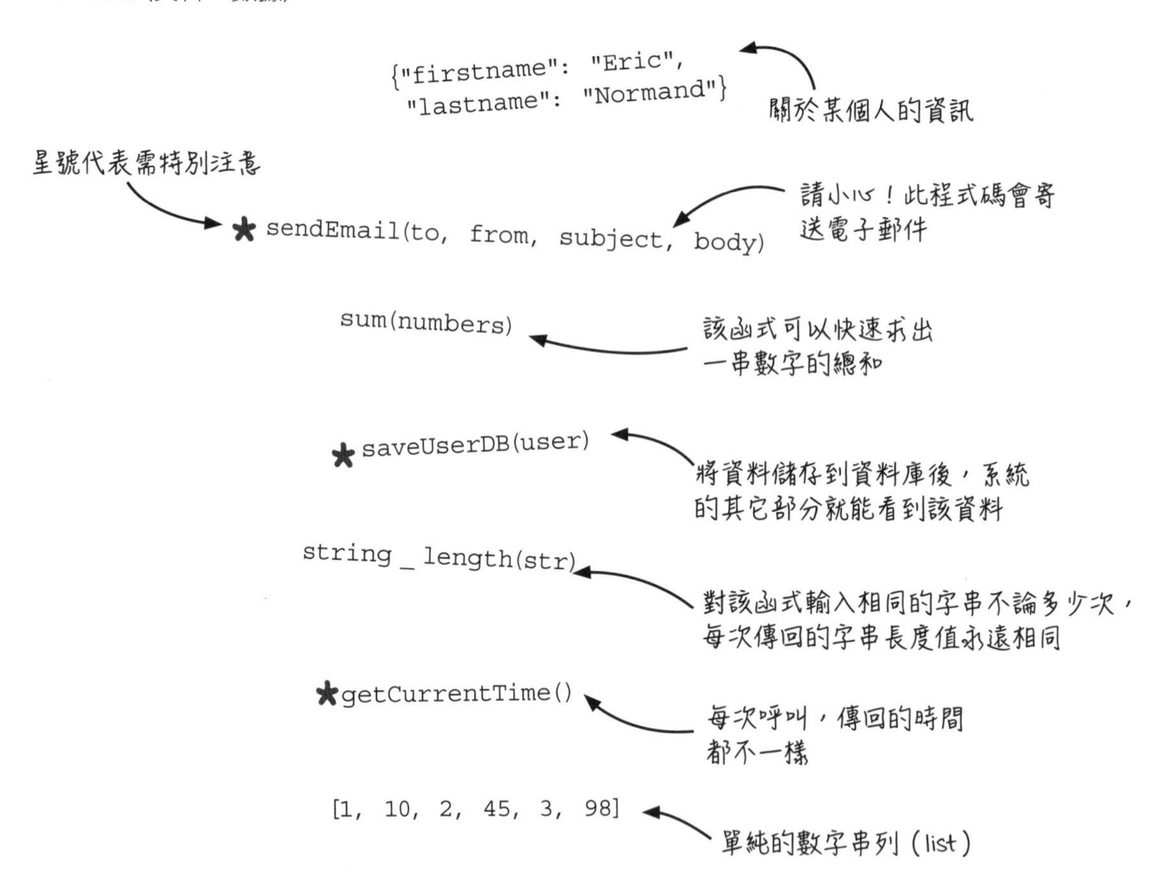

之所以要特別留意有星號的程式碼，是因為它們的執行結果取決於呼叫的時間或者次數。以寄送 e-mail 的程式碼為例，我們既不想重複傳送同一份郵件，也不希望什麼都不傳送。

這些有星號的部分皆屬於 Actions，下一節會重點討論。

1.6 函數式程式設計師特別關心會受呼叫影響的程式碼

現在讓我們畫一條水平線，把所有星號標記的函式放上方，其它函式放下方：

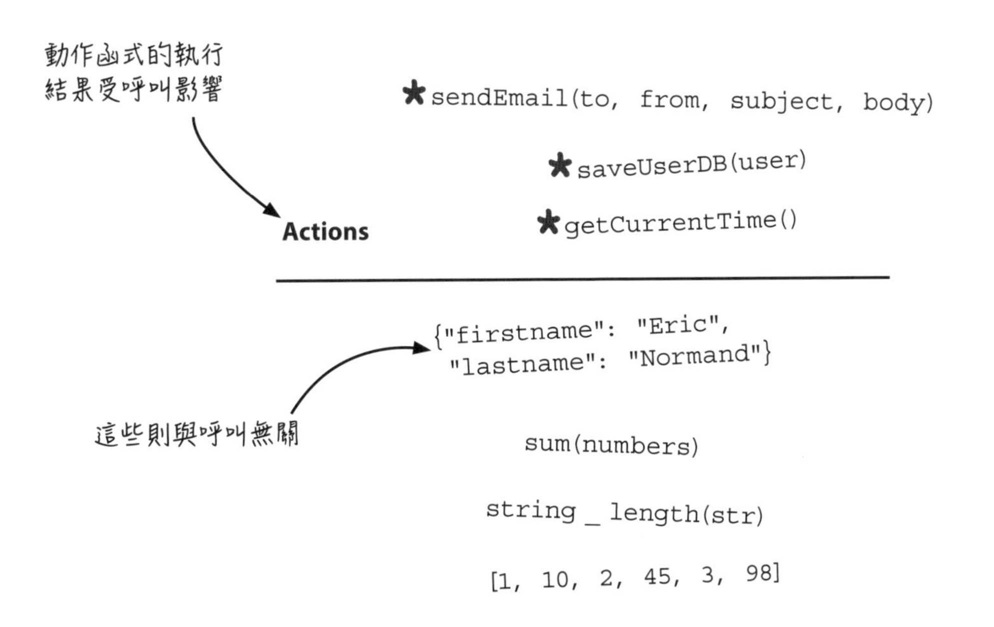

由於 Actions（水平線上方的函式）的執行結果會隨呼叫時間或次數而改變，因此有必要將它們區分出來並特別關注。

而在水平線以下的函式就比較單純了。舉例而言，sum() 的結果就不會隨呼叫而變化 — 無論你何時呼叫它，都只會傳回一個加總的正確答案，且只要輸入值相同，答案不會因為呼叫多次而有所不同。

除了 Actions 之外，FP 程式設計師還需分辨另外兩種程式碼：其中一種可主動執行，另一種則維持被動。下一節我們就會討論這兩者的區別。

1.7 函數式程式設計師會區分資料和可執行的程式碼

這裡再多加一條水平線將 Calculations 和 Data 分開。注意！雖然這兩者都不受呼叫的時間和次數影響，但前者可執行，後者不能執行。此外，Data 是被動且透明的，而 Calculations 則是不透明的，意思是：除非實際跑跑看，否則不知道程式碼會算出什麼。

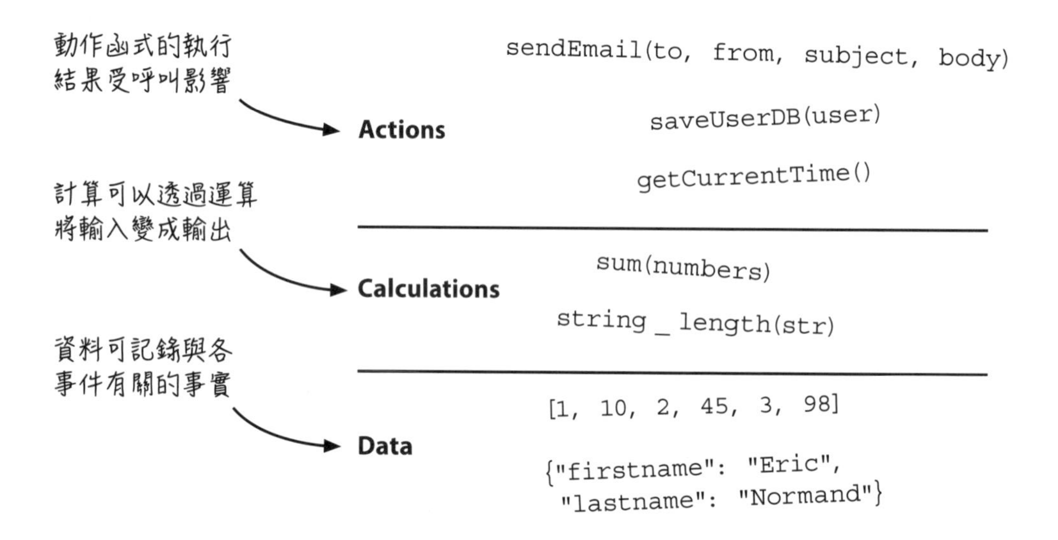

FP 將程式碼區分成 Actions、Calculations 和 Data 等三類，這是 FP 最基本也是最重要的技能，大部分 FP 的其他概念和技巧都是建立在此基礎上，這也是與其他程式設計方法 (**編註：**例如程序式、物件導向等等) 最大的差異。

請注意！這三類的程式碼都很重要，不過，FP 程式設計師一般對 Data 的偏好高於 Calculations，對 Calculations 的偏好又高於 Actions，因為 Data 在這三者中顯然是最單純的 (**編註：**而 Actions 會引發 side-effects，更動外部的狀態或資料，使得程式行為變得複雜)。

接下來，我們以一個簡單的任務管理服務為例來介紹。

1.8 函數式程式設計師眼中的 Actions、Calculations 與 Data

再三提醒：能將程式碼區分為 Actions、Calculations 與 Data 是學會 FP 的基礎！在此，讓我們看一個簡單的例子，進一步瞭解上面提到的三類程式碼。

假設有一個專案管理雲端服務：當用戶端將某項任務標記為『已完成』，雲端伺服器就會傳送一封通知電子郵件。本例的 Actions、Calculations 與 Data 位於哪裡呢？讓我們一步步仔細說明。

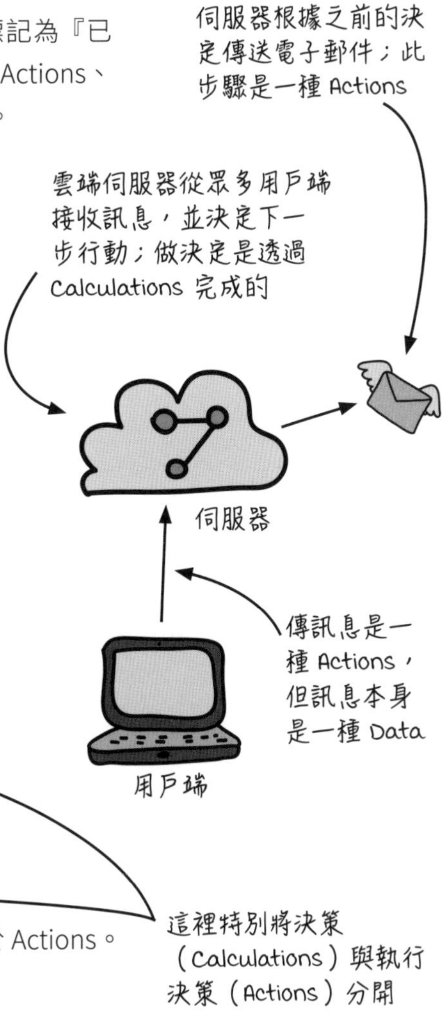

伺服器根據之前的決定傳送電子郵件；此步驟是一種 Actions

雲端伺服器從眾多用戶端接收訊息，並決定下一步行動；做決定是透過 Calculations 完成的

伺服器

傳訊息是一種 Actions，但訊息本身是一種 Data

用戶端

這裡特別將決策（Calculations）與執行決策（Actions）分開

第 1 步：用戶端將某項任務標記為『已完成』

操作介面標記會引發一個 UI 事件。由於該事件會受操作次數影響，故其屬於 Actions 的一種。

第 2 步：用戶端傳送訊息給伺服器

傳送訊息是一種 Actions，但被傳送的訊息本身屬於 Data（需透過伺服器解讀的被動位元組資訊）。

第 3 步：伺服器收到訊息

接收訊息屬於 Actions，其同樣會受到執行次數影響。

第 4 步：伺服器修改內部資料庫

改變內部狀態是 Actions 的一種。

第 5 步：伺服器決定誰需要被通知

做決定屬於 Calculations；只要輸入資訊不變，伺服器給出的決策每次都會相同。

第 6 步：伺服器傳送通知電子郵件

由於傳一次和傳兩次電子郵件代表不同結果，故這一步屬於 Actions。

如果各位的答案與上面不同，別緊張！我們會花整個第一篇和大家討論怎麼分類程式碼、為什麼要分類、以及這麼做如何幫助你撰寫程式。如前所述，學會區分 Actions、Calculations 與 Data 即是本書的第一個重點。

1.9 FP 中三類程式碼的特色整理

讓我們總結一下三類程式碼的特色：

1. Actions

任何會受執行時間、執行次數、或以上兩者影響的程式碼都算是 Actions。以寄送電子郵件為例：今天送出一封緊急信件的意義和下週再送完全不同，送出同一封郵件 10 次、0 次與 1 次的意思也不一樣。

在 FP 中，每類程式都有對應的工具可使用

Actions

- 讓狀態隨時間安全改變的工具
- 保證執行順序的方法
- 確保動作只執行一次的工具

2. Calculations

Calculations 程式碼會利用輸入推導出輸出。要注意的是，如果輸入相同，所得輸出也必定相同。此外，無論在何時何地進行呼叫，此類程式碼都不受影響。這樣的性質使其既容易測試、使用上又安全，完全不用考慮程式呼叫的時間或次數。

Calculations

- 利用靜態分析確保正確性
- 適用於軟體中的數學工具
- 測試結果的策略

3. Data

Data 是與各事件有關的事實記錄。由於其複雜性比可執行程式低、又具有明確的性質，我們特別將其區分成一類。Data 最有趣的地方在於：即便不執行，此類程式碼也有重要意義，且解讀資料的方式不只一種。以餐廳收據為例，餐廳經理可利用該資料找出店內最熱門的餐點為何，而顧客則可憑收據追蹤他們的外食花費。

Data

- 組織資料以利高效存取
- 養成保留長期記錄的習慣
- 利用資料找出重要訊息的原則

1.10 區分 Actions、Calculations 與 Data 的好處為何？

今日大多數的軟體開發皆考慮採分散式系統，而這正是 FP 最擅長之處。

函數式程式設計 (FP) 在現今先進技術領域非常火熱，但我們必須瞭解這究竟只是一時流行，或者背後確實有合理的原因。

首先要說的是：FP 不是什麼新風潮。反之，它是一種老牌的程式設計範式 (paradigms)，且其用到的數學基礎更是早就有的，並非什麼最新技術。那為什麼 FP 現在才流行起來呢？這是因為：隨著網際網路以及各種電子設備 (如：手機等行動裝置、雲端伺服器等) 的普及，程式開發者就必須考慮分散式系統，讓多個程式透過網路互相交流訊息。

然而，這樣的交流很容易引起混亂 — 傳遞的資訊有可能重複、不按順序到達、或者根本未送達。在這種情況下，掌握各事件在何時發生 (即瞭解軟體**如何隨時間變化**) 就成了困難卻重要的當務之急。當程式對執行時間與次數的依賴程度越低，重大的錯誤就越容易避免。

由於 Data 與 Calculations 程式碼不會受到執行時機或存取次數影響，因此若能讓程式中這兩類佔比提高，軟體就較不會受到上述分散式系統的問題所困擾。

至於 Actions 程式碼，需要考慮其 side-effects 的問題，我們會將它特別挑出來，所以問題不會隱而不見。FP 還有一整套確保 Actions 安全性的工具，能妥善應付分散式系統的不確定性。此外，有鑑於多數程式碼都可以從 Actions 改成 Calculations，如此一來，我們就可以將注意力放在那些真正必要的 Actions 上。

分散式系統的三項特徵

1. 訊息不按順序抵達
2. 同樣的訊息有可能被傳送 0 次、1 次、或更多次
3. 在未收到回音的情況下，無法知道系統發生了什麼事

分散式設計會讓系統複雜性大大上升

1.11 本書與其它 FP 書籍有何不同？

本書專為軟體設計『實務』而撰寫

坊間的許多書籍都是從學術觀點討論 FP，他們會介紹諸如遞迴 (recursion) 和延續傳遞方式 (continuation-passing style) 等各種理論。不過，理論固然有用，在實際運用中卻可能碰到問題。本書則是從多位專業函數式程式設計師的實務經驗出發，因而與眾不同！我們雖然尊重理論，但也知道哪些東西確實有用。

書中的案例符合現實需求

許多程式入門書籍經常用來舉例的費波那契 (Fibonacci) 或合併排序 (merge sort) 等範例，本書都不會講，因為就現實面都用不到，我們會把重點放在實務上可能會出現的真實情境，指導各位將函數式思維應用到各種新、舊程式與架構中。

本書著重於設計軟體

寫一個小程式解決特定問題 (如：FizzBuzz) 本身並不困難，也不需要任何架構，只有當程式越來越龐大時，我們才需仰賴設計原則。然而，很多 FP 的書籍卻不會介紹這些原則，因為它們的範例程式都太小了。但在實務中，我們必須為系統設計良好的架構以利長期維護。本書會教大家什麼是函數式設計原則，並將其應用在從單行程式碼到完整應用程式的各種規模上。

> **譯註：** 上文中提到的 FizzBuzz 是一個經典問題：讓使用者輸入一個整數 n，並輸出一個容器內含從 1 到 n 的字串，其中 3 的倍數需改成『Fizz』、5 的倍數改成『Buzz』、3 和 5 的公倍數則改成『FizzBuzz』。

本書充分呈現 FP 的豐富內含

從 1950 年代開始，函數式程式設計師就不斷累積各種原則與技巧。雖然現在的電腦領域已與過去大不相同，但有很多東西仍保持不變。本書會向各位深入說明：為什麼函數式思維的重要性在今日更勝以往。

本書不依賴特定程式語言

很多 FP 書籍的重點在於介紹特定函數式語言的特徵 (**編註：** 例如 Haskell、F#、Scala 等)，導致使用其它程式語言的讀者無法從中受益。

本書雖然選擇以 JavaScript 來撰寫範例，但目的絕非教大家如何以 JavaScript 進行 FP。我們更重視的是思考方式，而非特定語言。書中的程式範例都很清楚明瞭，且並未特別強調任何 JavaScript 獨有的特性，因此使用 Python、C、Java、C# 或 C++ 的讀者也能輕易理解。

說實話，JavaScript 在實務上並非最適合 FP 的語言，但由於 Javascript 本身的限制，需要我們經常停下來仔細思考，這反而讓它成為非常適合用於 FP 教學的語言。

1.12 到底什麼是函數式思維？

函數式思維 (functional thinking) 可以理解成：函數式程式設計師以軟體解決問題時所用的一系列概念與技巧。這個範圍很廣，本書將帶各位探索其中兩大技術：第一是將程式碼區分為 Actions、Calculations 與 Data，第二是使用頭等抽象化 (first-class abstractions 編註：亦有人譯為第一級抽象化)。注意！ FP 的內容絕對不僅於此，但瞭解這兩大重點能夠幫助讀者建立紮實且實用的基礎，為使用 FP 做好準備。

上述兩項技術分別對應本書的第一、二篇，其下又包含眾多相關技巧。每一篇都會以實務操作開頭，教大家撰寫實際程式碼並運用函式，最後再以一到兩章的設計概念做為結尾，讓大家能掌握大方向。

下面先簡述一下本書的兩大主題、以及每一篇大致包含哪些技能吧！

第一篇：徹底學通 Actions、Calculations 與 Data

透過前面的內容，我們知道 FP 程式設計師會將程式碼分成三類，即：Actions、Calculations 與 Data (這是本書對三者的統一稱呼，但注意不同人有可能使用不同名稱)，每一類程式碼在理解、測試和重複利用上的難易度各不相同，這些在本章前面已做了初步說明。在隨後的第一篇裡，會進一步教各位如何替任意程式碼分類、將 Actions 改寫成 Calculations、並讓 Actions 使用起來更簡單。而在本篇末尾的設計概念章節中，你會學到怎麼利用分層來增加程式的可維護性、可測試性、與可重複使用性。

第二篇：頭等抽象化

程式設計師會為之後需要用到的程序 (函式) 命名，FP 程式設計師除了也會這麼做之外，還可以讓程序如同變數一樣，透過『將程序傳入另一個程序』的方式來增加對程序的重複使用。這種做法看似瘋狂，但其實非常實際。我們會在第二篇學習該如何操作，最後再以兩種常見的設計方法做結，分別是：反應式架構 (reactive architecture) 與洋蔥式架構 (onion architecture)。

想必各位已迫不及待想開始了吧？先別急！在正式開始之前，先讓我們對未來要學習的東西有個正確的期待。

1.13 本書會傳授什麼樣的概念與技術？

如之前所說，FP 是個大主題，本書不可能講完所有東西。為進行取捨，我們決定依下列原則選擇最務實的知識，傳授給各位程式設計師。

1. 不依賴特定語言

坊間已有一些函數式程式語言，具有專門支援 FP 的各式功能。舉例而言，一些函數式語言擁有強大的型別系統（type systems），如果你剛好是這些語言的使用者，就能因此受益；但假如不是，反而有可能一知半解。考慮到這一點，本書教導的全部技術皆不依賴特定的 FP 語言，而是採用大多數人都具備基礎能力的 JavaScript，使讀者能專注在學習 FP 的概念與技術。

2. 能立即應用於實務上

無論是產業界或學術界都會使用 FP。學術界理所當然關注的是具有重要理論意義的概念，這樣的概念固然也有學習的價值，但我們的重點還是放在實務上。因此，本書只會教大家能立即用於工作實務上的知識。注意！這裡所談的實務知識即便不以程式碼呈現也能有所幫助，例如：藉由找出 Actions 程式碼，對偵測特定程式錯誤的能力就能得到提升。

3. 適用於專案的各階段

讀者的程度有高有低，有些讀者可能才剛開始學習建立專案，甚至連一行正式的程式碼都沒寫過；有些讀者可能正在開發大型專案，與數十萬行的程式碼為伍；其它人則可能介於兩者之間。不論你現在的狀況為何，本書教導的概念與技術都能幫助到你。對於已經在進行的專案，本書並不是要你把專案全部改寫為函數式，而是讓你做出務實的選擇，在現有程式碼的基礎上應用這裡學到的 FP 技巧。

休息一下

要討論的東西還有很多，但讓我們先暫停一下，回答一些問題吧！

問 1：本書的內容也適用於物件導向 (object-oriented, OO) 語言嗎？

答 1：是的，書中介紹的原則是各程式語言通用的。你會發現某些內容與熟悉的 OO 設計原則很像，有些則源自完全不同的想法，但無論如何：

函數式思維在所有程式語言中都能發揮奇效！

問 2：好多 FP 文獻充斥著學術詞彙和數學，本書會不同嗎？

答 2：會的！你之所以會碰到這種狀況，是因為關於 FP 的討論是由學術界主導，而他們特別喜歡 FP 中計算的抽象性與易分析特質。

不過，FP 早已在實務面幫上許多人的忙。雖然 FP 程式設計師也關注學術文獻，但我們的重心還是擺在實際撰寫程式碼上，因此在討論時會更重視解決問題的方法，本書的一大亮點就在於把這些方法用容易看懂的方式講清楚。

問 3：為什麼使用 JavaScript 來教學呢？

答 3：問得好。首先，JavaScript 常見且用途廣；如果你有為網站寫過程式，那就應該略懂該語言。此外，對多數程式設計師而言，其語法並不陌生。最後，信不信由你，JavaScript 確實具備了所有 FP 所需的工具，包括各式函數、以及一些基本的資料結構等。

話雖如此，JavaScript 絕非最適合 FP 的語言。但也因為這樣，我們需要花更多心力思考 FP 的設計原則、並考慮如何實作。進而瞭解『如何用原本不支援某原則的語言實作出該原則』是很重要的能力，特別是大多數語言尚未內建 FP 所有功能。

問 4：為什麼作者認為 FP 的標準定義不好？又為什麼要用『函數式思維』這個詞？

答 4：這也是個好問題。先前提到的標準定義採取了較為極端的立場，目的是啟發新的學術研究方向。說得更清楚些，研究人員想知道：『若完全不使用 side effects，FP 究竟能做到哪些事情？』結果證明能做到的事還不少，而且其中很多與軟體產業息息相關。不過，FP 標準定義引入了幾項不易察覺的隱藏假設，本書一開始便會將這些假設一一指出。

最後，『函數式思維』與『函數式程式設計』基本上為同義詞，但由於我們想強調本書介紹 FP 的方法與過去的學術角度不同，這才創了一個新名詞。

結語

函數式程式設計是個龐大的領域，裡頭充滿各種理論與技術。但追根究底，一切都要從分辨 Actions（動作）、Calculations（計算）與 Data（資料）開始。本書所教的內容屬於 FP 最務實的一面，且能被運用在所有程式語言和問題中。事實上，已有大量的程式設計師正在運用 FP 的好處，在此誠摯地邀請各位加入我們的行列！

重點整理

- 本書第一、二篇，分別對應兩大概念與其相關技術，即：區分 Actions、Calculations 與 Data，以及頭等抽象化。
- FP 的標準定義適用於學術界，但至今仍未有適合軟體工程的定義出現。這解釋了為何很多人對 FP 的印象是其既抽象又不切實際。
- 函數式思維是與 FP 有關的各項概念與技術，也是本書的主題。
- FP 程式設計師會將程式碼區分為三類，即：Actions、Calculations 與 Data。
- Actions 程式碼會受時間因素影響，因此最不易控制。我們需將它們挑出來，以便投入更多注意力。
- Calculations 程式碼則與時間因素無關。由於它們較好控制，我們會希望絕大多數程式屬於此類別。
- Data 是被動且需要被解讀的元素，我們能輕易理解、儲存和轉移資料。
- 由於多數人知道 JavaScript 的語法，本書的範例皆由此語言寫成。我們會在必要時提到幾個 JavaScript 的概念。

接下來 ...

現在大家已經對函數式思維有了一些概念，你可能會想知道：利用 FP 撰寫程式的實際過程究竟為何。我們在下一章就示範一下如何利用本書的兩大主題來解決問題吧！

> **譯註：** 關於『function』一字的翻譯，我們採用的原則是：將數學領域的 function 譯為『函數』，程式設計中自行撰寫的 function 則為『函式』。由於本書的討論重點為後者，故從第 2 章開始的 function 皆翻譯為『函式』。
>
> 至於『函數式』程式設計，讀者可以這麼理解：FP 程式設計師撰寫『函式』時，會盡量模仿數學領域上的『函數』，即：沒有 side effects，只做『計算』。

實務中的函數式思維 | 2

本章將帶領大家：

- 探討怎麼在實務問題中運用函數式思維。
- 瞭解分層設計如何讓軟體更加井然有序。
- 學習怎麼在時間線圖上將 Actions 程式碼視覺化。
- 認識如何以時間線偵測並解決與時機有關的問題。

第 2 章會利用一個假想的比薩店範例概述本書的兩大主題，好讓各位體會一下 FP 的思考邏輯為何。閱讀時，不必急於理解全部內容，其中的概念在往後的章節中都會再提到。

2.1 歡迎光臨唐妮的比薩店

歡迎來到唐妮的比薩店！想像在 2118 年的未來，人們依然喜歡吃比薩，只不過所有比薩皆由機器人製作，且機器人的程式都是以 JavaScript 編寫。

唐妮在比薩店運作程式中運用了大量函數式思維。她答應讓我們參觀餐廳內的各種系統（包含廚房與庫存等），學習如何應用 FP 中的兩大技術。

為避免各位忘記是哪兩大技術，這裡再次將它們列出，並簡單說明一下唐妮的使用方法：

區分 Actions、Calculations 與 Data

唐妮把『會使用實際原料和資源的程式碼（即：Actions）』與『不會者（Calculations）』分開。本章稍後，讀者將分別看到兩類程式碼的例子。然後，我們會討論唐妮如何利用分層設計（stratified design）將程式整理成多個層（layers）。

使用頭等抽象化

比薩店的廚房由多個機器人共同掌廚，因此是個分散式系統。我們會介紹唐妮如何以**時間線圖**（timeline diagram）掌握整個系統的運作。此外，我們還會研究她怎麼用**頭等函式**（first-class functions，即：以其它函式為引數的函式）協調多個機器人，以擴大烘烤的規模。

2.2 區分 Actions、Calculations 與 Data

唐妮的比薩店不斷擴張，因此正面對擴大烘烤規模的挑戰，而她的解決之道便是函數式思維。唐妮應用 FP 的方法非常基本，即：把程式區分出 Actions、Calculations 與 Data 程式碼。所有 FP 程式設計師都會做此區分，好瞭解哪些部分程式較容易處理（Calculations 與 Data）、哪些部分則需要特別小心（Actions）。

當我們檢視唐妮的程式碼時，會發現以下三類程式碼：

每個類別的例子

1. Actions（動作）：

所有受執行時間和次數影響的程式碼都屬於 Actions。在本例中，Actions 程式會使用諸如烤箱、貨車等實際資源，所以唐妮必須格外謹慎才行。

動作的例子

- 擀麵團
- 送比薩
- 進原料

2. Calculations（計算）：

計算與決策和計畫有關，但不會直接與環境互動。也就是說，你可以隨時隨地呼叫它們，而不必擔心廚房變得一團亂。因為如此，唐妮很喜歡使用此類程式。

計算的例子

- 調整食譜
- 列採購清單

3. Data（資料）：

唐妮的餐廳保留了不少資料，包括：財務數據、庫存清單、以及比薩的食譜等。由於 Data 可以被儲存在網路上並做各種應用，因此具有很高的彈性。

資料的例子

- 客人的點餐資訊
- 收據
- 食譜

上文的所有例子（如：擀麵團、調整食譜等）都與比薩店的實際運作有關，但其實 Actions、Calculations 與 Data 的差異遍佈於各個階層中，從底層 JavaScript 到高層的大函數都有蹤跡。我們在第 3 章會進一步瞭解三類程式碼之間如何互動。

雖然 FP 程式設計師用的詞不一定是 Actions、Calculations 與 Data，但區分此三類程式碼是 FP 的關鍵。待各位讀完本書第 1 篇以後，就能精確指出 Actions 與 Calculations 的不同，並讓程式碼在兩者之間轉換。接下來，讓我們看看唐妮如何在程式碼庫中運用分層設計。

2.3 初探分層設計，依『變化頻率』整理程式碼

唐妮開發的軟體必須隨著她的餐廳擴張而改變。為了將改寫的影響降到最低，她運用了函數式思維來整理其程式碼。我們可以將與軟體有關的所有要素想像成一個光譜。位於最底部的是幾乎不隨時間變化的部分，而最上方的則經常改變。

那麼，唐妮的軟體什麼該放在光譜下層、什麼又該放在上層呢？首先，和 JavaScript 語言有關的東西變化最慢，所以我們把該語言內建的元素 (如：陣列、物件等) 放在最底下。中層的部分是各種與比薩製作有關的程式，至於最上層則放與營業有關的特殊項目，例如：本週菜單等。

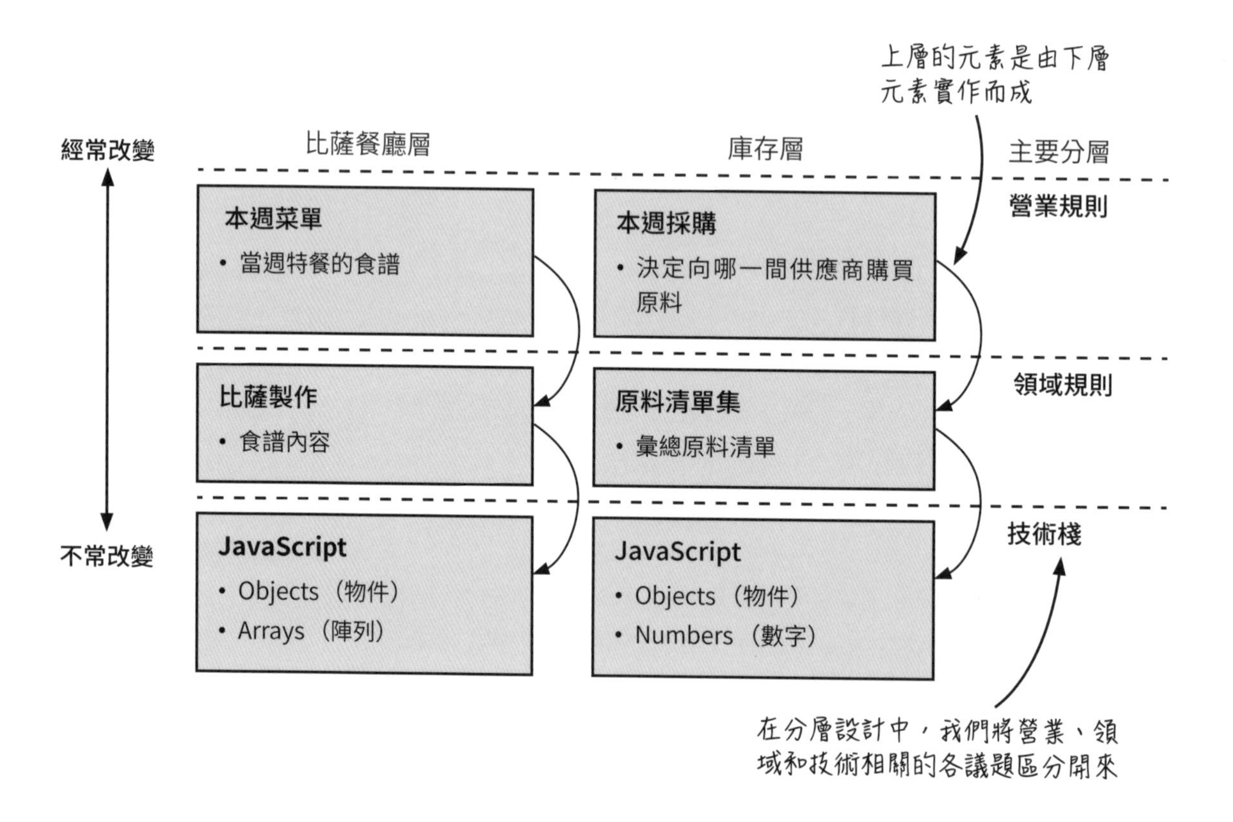

注意！每一層的元素都建立在下面一層之上，且由於下層元素較不隨時間改變，因此賦予了上層元素穩定的基礎。透過這種方式寫成的軟體很好修改，上層就算經常變動 (如：換菜單) 也沒關係，因為主要的程式碼在下層；而下層元素雖然有可能變化，但頻率非常低。

考慮到這種架構會產生多個層 (layers)，因此將之稱為**分層設計** (stratified design)。本例中的主要分層有三個，分別對應：營業規則、領域規則、以及技術棧。分層設計能增加程式碼的可測試、可重複使用與可維護性，我們會在第 8、9 章中深入探討。

2.4 使用頭等抽象化

唐妮的廚房目前只有一台機器人，但其製作比薩的速度已無法滿足顧客需求了，廚房的規模得擴大才行。為此，她將一台機器人製作一個比薩的過程畫成了**時間線圖** (timeline diagram)：

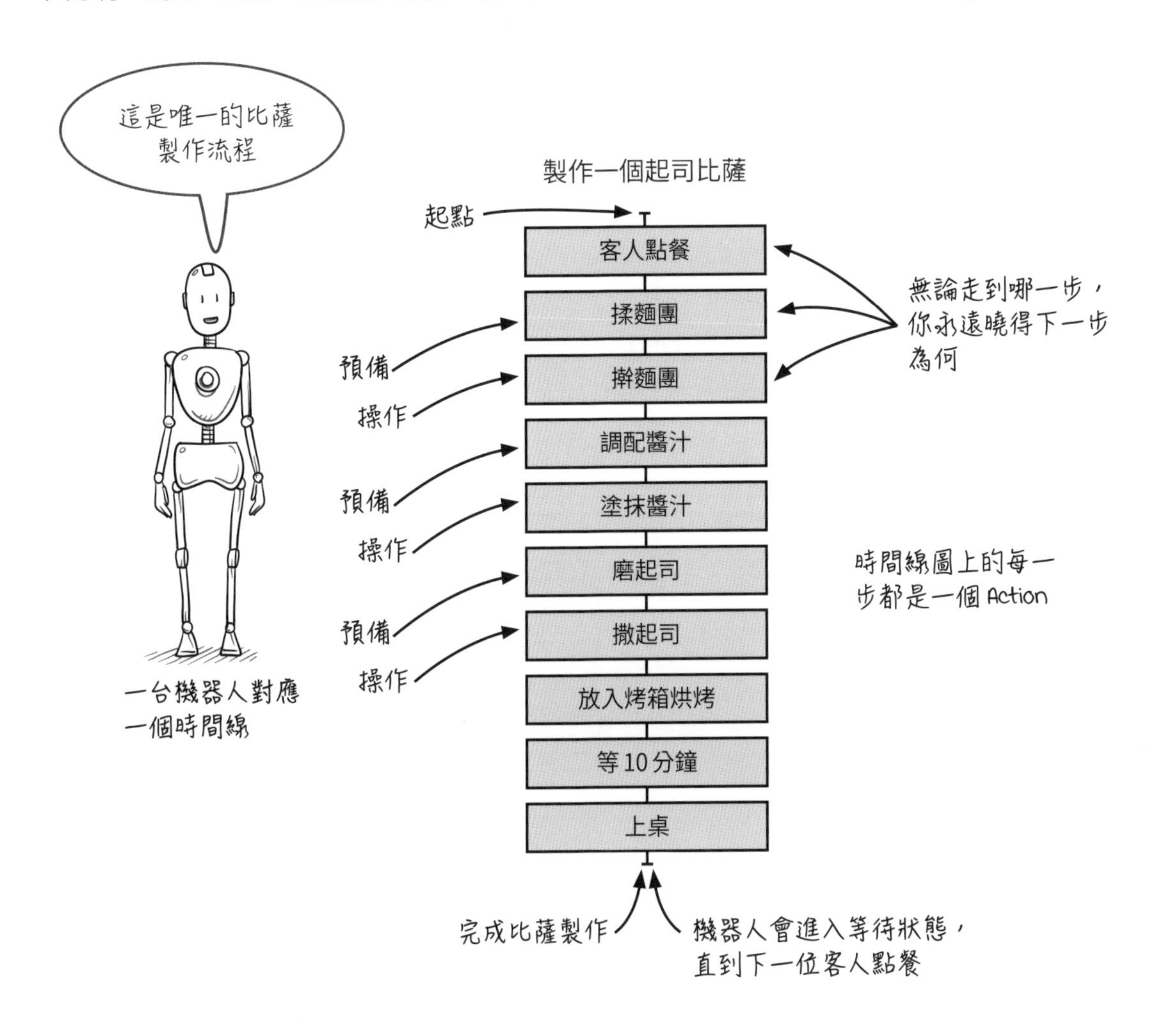

時間線圖能幫你弄清各 Action 在時間上的先後順序。請記住！由於 Actions 程式碼會受執行時間影響，所以這個順序絕對不能亂。從第 15 章開始，本書會花數章的篇幅介紹時間線圖工具，到時候你就會曉得唐妮如何畫出上面的時間線圖，並用其提升廚房效率。但現在不必顧慮那麼多，讓我們繼續看下去，細節之後再談。

2.5 以時間線圖將分散式系統視覺化

雖然唐妮的那一台機器人能製作出完美的比薩，但因為其作業流程是完全序列式的，所以速度不夠快。唐妮認為只要有三台機器人，就能讓它們分工合作，共同製作一個比薩以加快速度，方法是將『揉麵團』、『調配醬汁』和『磨起司』等三件預備工作分開，並且平行處理。

不過，讓多台機器人一起工作就形成了分散式系統，可能導致 Actions 程式碼的順序亂掉。為瞭解每台機器人如何執行它們的程式，唐妮又畫了如下的時間線圖，其中每條時間線對應一台機器人：

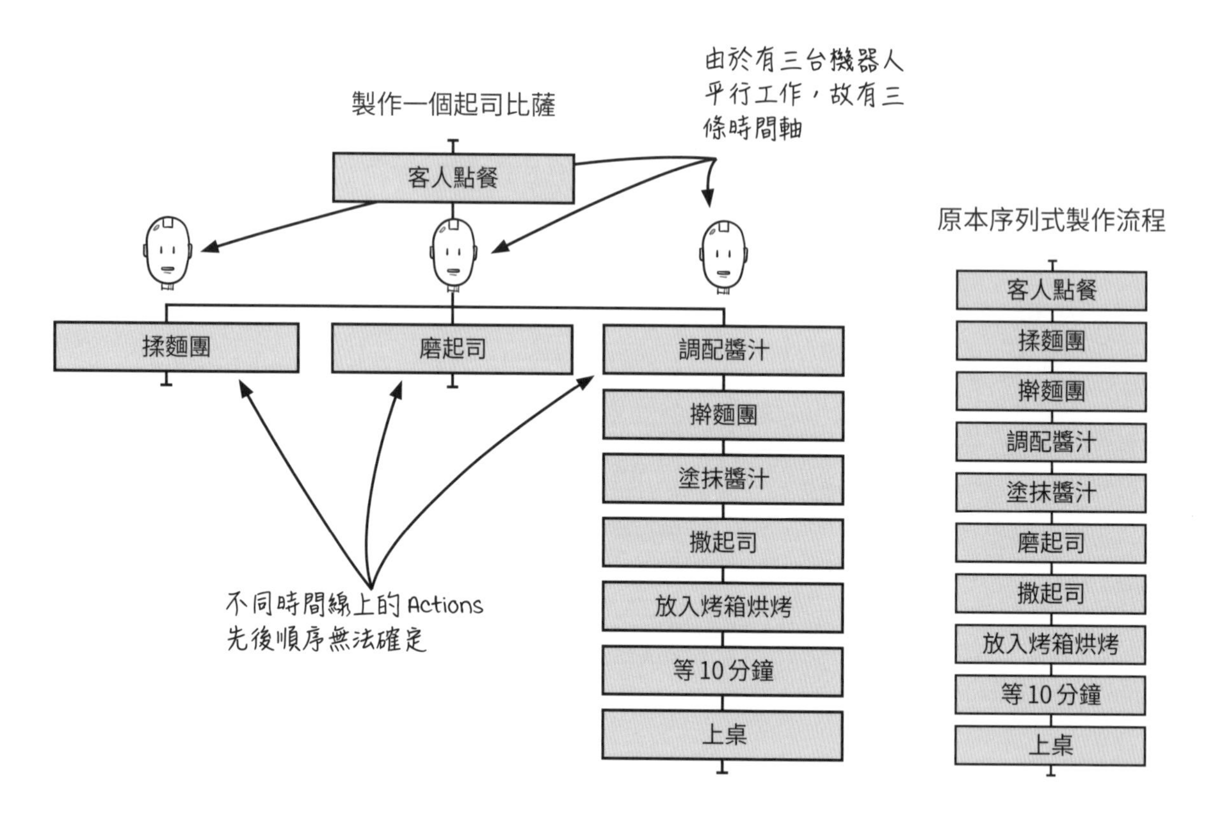

上面的時間線圖可幫助唐妮發現程式中的問題，但她卻忽略了 Actions 之間的先後順序可能改變。因此在當晚的測試中，唐妮的新程式不斷失敗，因為在有三條時間線的情況下，只要某處沒搭配好，就無法做出成功的比薩。

2.6 多條時間線的執行順序可能不同

在上一節的圖裡，唐妮並未協調三條時間線，因此時間線之間並不會互相等待。也因為如此，不同時間線上的 Actions 有一定機率不按順序執行。舉例而言，『揉麵團』有可能發生在『調配醬汁』之後，但這麼一來，調配醬汁的機器人就得在麵團尚未揉好之前先『擀麵團』（**譯註：** 請注意，『調配醬汁』的機器人同時也負責將整個比薩製作完成，所以出現醬汁機器人需要『擀麵團』的狀況，請參考前一頁）。

另一種情況是『磨起司』最後才完成，導致醬汁機器人得在沒有起司的狀況下『撒起司』。

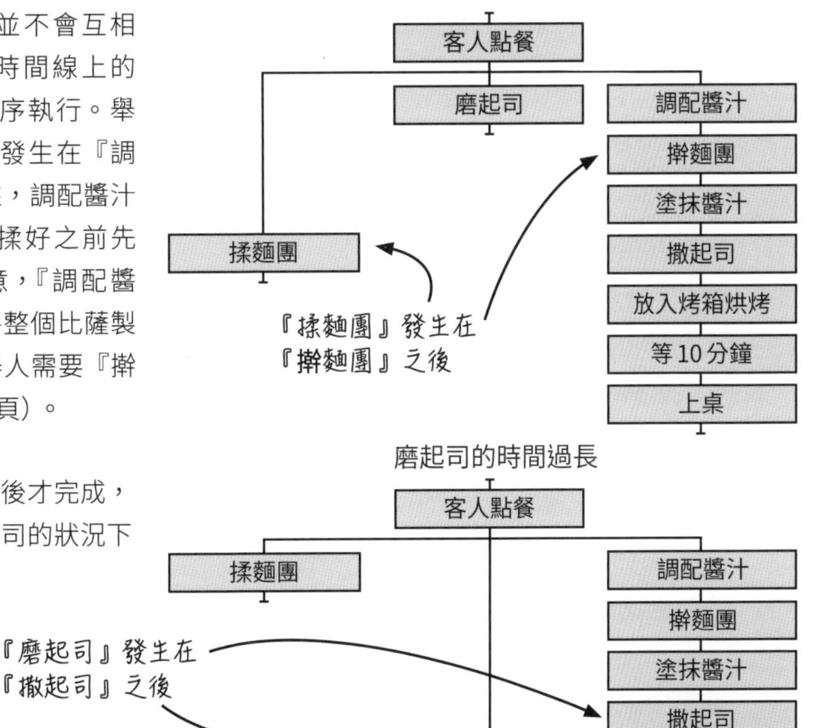

事實上，本例的三項預備工作（即：『揉麵團』、『磨起司』與『調配醬汁』）可能出現六種不同的執行順序。注意！只有當『調配醬汁』最後完成時，比薩才能製作成功，而這只發生在其中兩種可能性裡：

全部 6 種可能順序

1	2	3	4	5	6
揉麵團	揉麵團	調配醬汁	調配醬汁	磨起司	磨起司
磨起司	調配醬汁	揉麵團	磨起司	揉麵團	調配醬汁
調配醬汁	磨起司	磨起司	揉麵團	調配醬汁	揉麵團
✔	✘	✘	✘	✔	✘

只有當『調配醬汁』最後完成時，
比薩才能製作成功

處理分散式系統最困難之處就在於：若不進行協調，時間線的順序可能會大亂。因此，唐妮必須讓機器人相互搭配，以防止它們在原料預備好以前就開始製作比薩。

2.7 關於分散式系統的寶貴經驗

此次失敗讓唐妮認識到：將序列式程式改成分散式系統沒有那麼容易。她必須花更多心力在 Actions 程式碼（其執行結果取決於時間）上，以確保它們的先後順序正確無誤。唐妮將這次學到的教訓總結如下：

這些是昨天的
測試學到的經驗

1. 時間線之間必須互相協調：

唐妮得協調不同時間線，否則就有可能發生『麵團還沒準備好，但其它程序仍繼續執行』的狀況。

2. Actions 的執行時長並不固定：

即便觀察到『調配醬汁』在某一次所花的時間最久，也不能保證下一次也是如此。處理時間線時，不能假設它們有固定順序。

3. 即便是機率很小的順序錯誤也有可能在實務中發生：

就算某類順序錯誤發生的機率很小，當有大量訂單時，少見的失誤也有可能變得頻繁。因此，必須確保時間線的執行每一次都萬無一失才行。

4. 時間線圖能顯示出系統的問題：

應善用時間線圖來瞭解系統。例如，唐妮應該可以從圖中看出：『磨起司』的完成時間有可能晚於預期。

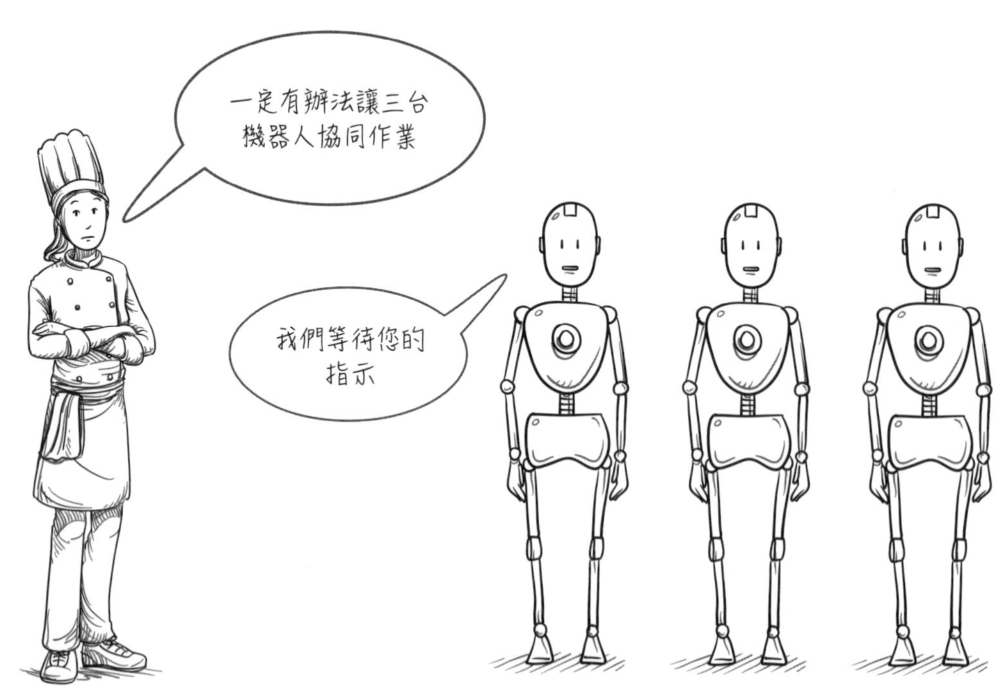

2.8 時間線分界：讓機器人互相等待

為解決順序問題，唐妮使用了時間線**分界** (cutting) 的**高階操作** (higher-order operation；第 17 章會介紹)，以協調多條平行時間線。該操作的主要概念是：每條時間線各自獨立運作，但先完成的時間線需暫停等待後完成者；如此一來，無論哪一條線先執行完畢都沒問題。讓我們來看唐妮是如何實作的吧：

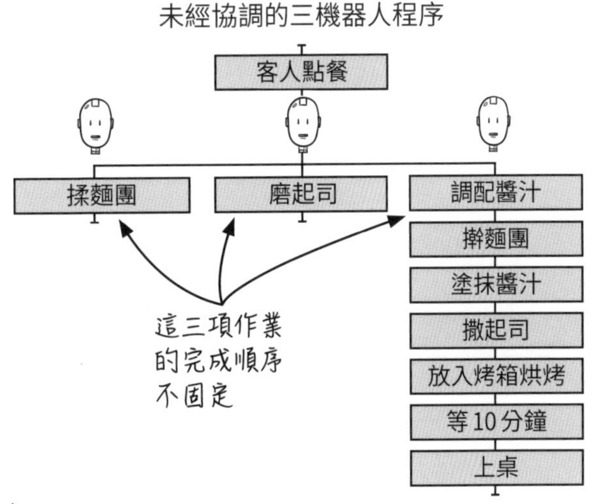

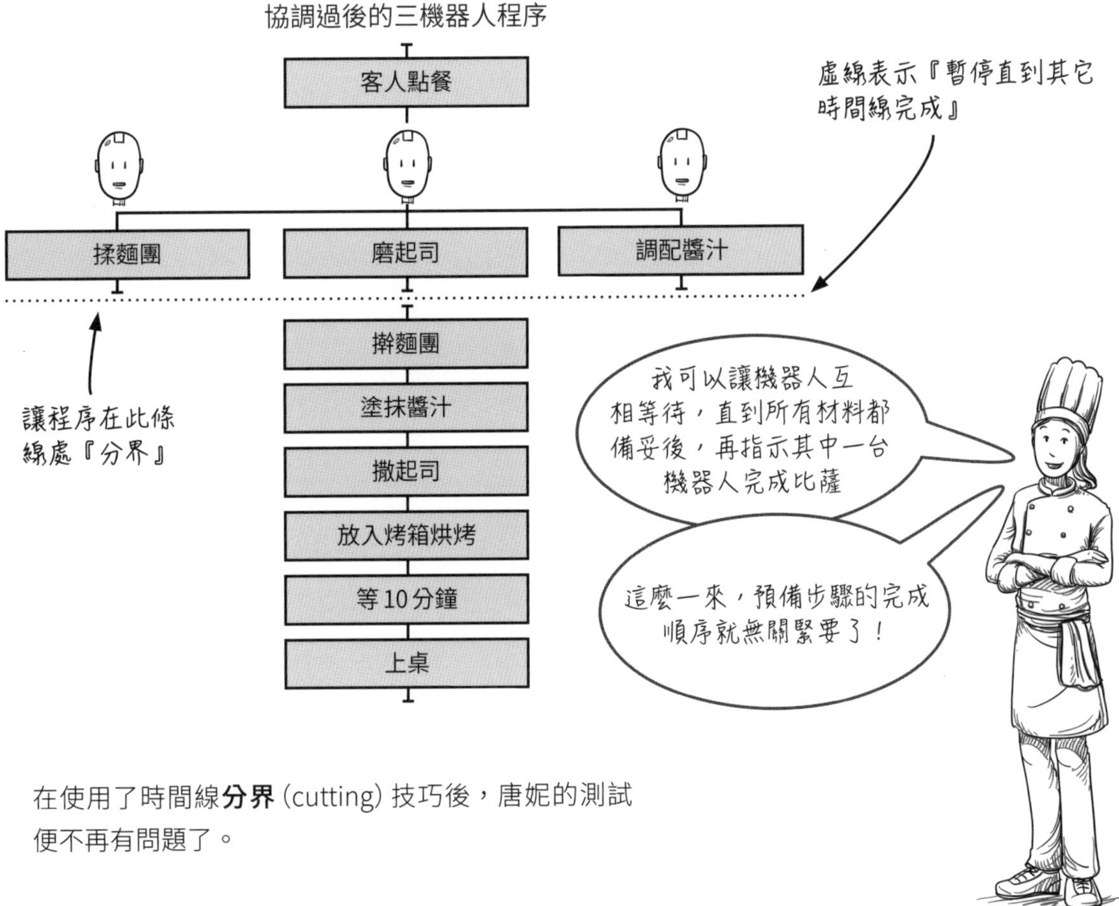

在使用了時間線**分界** (cutting) 技巧後，唐妮的測試便不再有問題了。

2.9 我們從時間線中學到的事：協調多台機器人

唐妮的三機器人系統讓餐廳效率大大提升 — 不僅出餐速度變快，所有的準備工作也都準確無誤。這都要歸功於分界技巧，讓 Actions 程式碼的執行順序不再是問題！

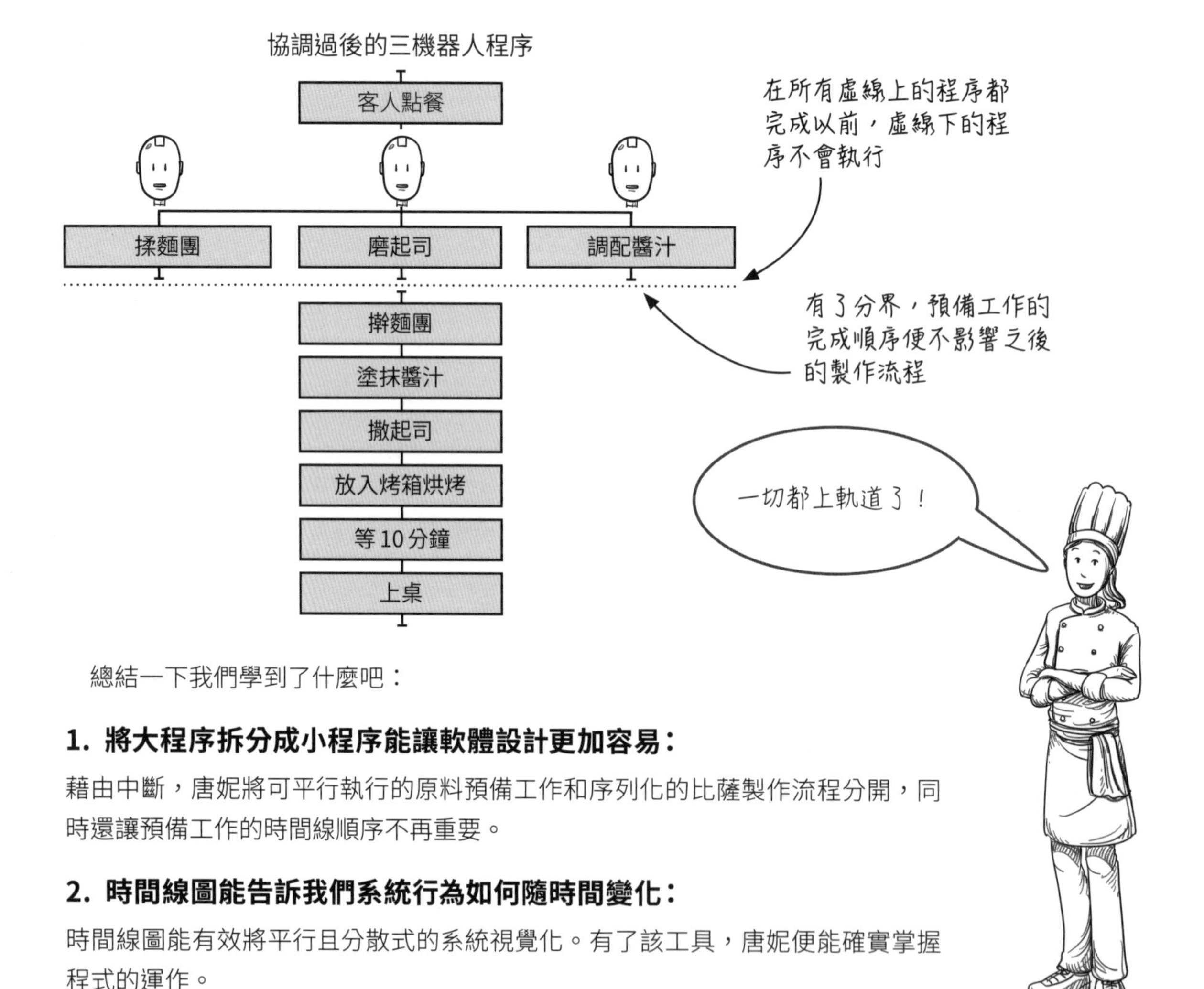

總結一下我們學到了什麼吧：

1. 將大程序拆分成小程序能讓軟體設計更加容易：

藉由中斷，唐妮將可平行執行的原料預備工作和序列化的比薩製作流程分開，同時還讓預備工作的時間線順序不再重要。

2. 時間線圖能告訴我們系統行為如何隨時間變化：

時間線圖能有效將平行且分散式的系統視覺化。有了該工具，唐妮便能確實掌握程式的運作。

3. 時間線圖具備彈性：

時間線圖能展示出時間線之間的協調關係。將想要的結果畫成時間線圖後，剩餘的工作就只有編寫程式了。

至此，我們的討論就先告一段落了。關於分界與其它更多高階操作技巧，就等到本書第二篇再談吧！

結語

本章我們看到唐妮如何應用函數式思維撰寫比薩店的軟體。她先利用分層設計整理 Actions 與 Calculations 程式碼，以降低程式維護的困難度 (對應第 3 ～ 9 章)。然後又用時間線圖與分界技巧擴增廚房機器人的數量，同時避免 Actions 的執行順序錯誤 (第 15 ～ 17 章會介紹時間線圖的繪製與使用方法)。爾後，我們會看到更多類似唐妮比薩店的案例，並學會本章所用的各項技術。

重點整理

- 區分 Actions、Calculations 與 Data 是 FP 程式設計師最基礎、也最重要的技能，你必須將其應用在所有程式碼中。我們會從第 3 章開始教各位如何分辨這三類程式碼。
- FP 程式設計師會利用分層設計降低軟體維護的困難度。在此設計架構中，我們會依程式碼的變化頻率將其分層，在第 8、9 章會詳細說明。
- 時間線圖能將 Actions 程式碼的執行順序視覺化，並指出 Actions 之間相互干擾的地方。我們會在第 15 章中學習如何繪製時間線圖。
- 本章介紹了如何利用分界來協調不同 Actions，以避免程式執行結果受時間線的完成順序影響。第 17 章會介紹一個與比薩店類似的例子，藉此告訴大家如何分界時間線。

接下來 ...

透過本章的案例，讀者應該瞭解了如何在實際問題中運用函數式思維。有了大方向以後，讓我們回歸基本面，進入第一篇開始徹底學通 Actions、Calculations 與 Data 吧。

第一篇

徹底學通 Actions、Calculations 與 Data

在探索函數式程式設計 (Functional Programming) 之前，得先掌握最基本的能力，即：分辨 Actions (動作)、Calculations (計算) 與 Data (資料) 三類程式碼，瞭解其區別之後便能進一步討論更多實用的技巧，包括：

- 將 Actions 改寫為 Calculations，以增進程式的可讀性和可測試性。
- 把 Actions 程式碼設計為可重複使用。
- 確保 Data 的不變性以記錄可靠資訊。
- 將程式碼依意義分成不同層級等等。

現在就讓我們跨出第一步，開始認識這三類程式碼吧！

分辨 Actions、Calculations 與 Data | 3

本章將帶領大家：

- 瞭解 Actions、Calculations 與 Data 的差異。
- 練習在思考問題以及撰寫或閱讀程式時，能分辨這三類程式碼。
- 追蹤遍佈在程式中的 Actions。
- 找出現有程式碼中的 Actions。

在第零篇已經解釋過什麼是 Actions、Calculations 與 Data（合稱為 ACD）。本章要教大家在真實的程式中辨識這三類程式碼。如前所述，此能力正是學會 FP 的第一步，希望經過本章的說明，你可以意識到 Actions 有多複雜，並瞭解 Calculations 為什麼經常被忽略。

3.1 ACD 的特性與應用時機

FP 程式設計師會將程式碼分為 Actions (動作)、Calculations (計算) 與 Data (資料)，我們可以把這三者簡寫為 ACD。

Actions	Calculations	Data
會產生 side effects，且受執行時間或次數影響	透過運算將輸入轉為輸出	關於各事件的事實記錄
也稱為額外作用函數、非純函數 (impure functions)	也稱為純函數、數學函數	
例子：傳送電子郵件、從資料庫讀取資料	例子：找出最大值、確認 e-mail 地址格式是否正確	例子：使用者輸入的 e-mail 地址、從銀行 API 讀取到的金額

在整個軟體開發過程中，我們都能套用上述分類，下面就來談一些具體應用時機：

1. 思考問題

在開始寫程式以前，FP 程式設計師就會區分 ACD。這樣的分類能幫我們弄清程式中有哪些部分需要特別當心 (即：Actions)、哪些 Data 必須保存、又有哪些地方需要做決策 (Calculations)。

2. 撰寫程式碼

FP 程式設計師會避免把三類程式碼混在一起；換言之，三者能夠區分得越明確越好。此外，我們也會留意是否能將 Actions 改寫成 Calculations、或者將 Calculations 改用 Data 呈現 (請看小字典說明)。

3. 閱讀程式碼

閱讀程式碼時，我們會注意每行程式是屬於哪一類，特別是 Actions 的部分。由於 Actions 會受時間因素影響，可能使得執行結果出乎意料，所以程式設計師會仔細搜尋它們的蹤跡，並將之清楚區分。

本章會帶各位深入探討上面提到的三種應用時機。準備好了嗎？那就開始吧！

小字典

Calculations 本身可以用其結果取代，也就是具有**參照透明性**(referential transparency)。舉例而言，『+』是一種計算，而『2 + 3』的結果為 5，因此我們能用 5(Data) 來取代程式中的『2 + 3』(Calculations)，且不影響該程式的運行。這項特性也說明：無論執行『2 + 3』多少次，答案都不會改變，那就可以用 Data 取代該 Calculations。

3.2 生活中的 ACD

在此以大家日常生活中很熟悉的『買菜』來舉例說明吧！

若請一位非 FP 程式設計師將『買菜』的流程列出，其結果可能如下圖所示（流程左側會列出每個步驟的分類）：

Actoins 會受到執行時間或次數的影響。

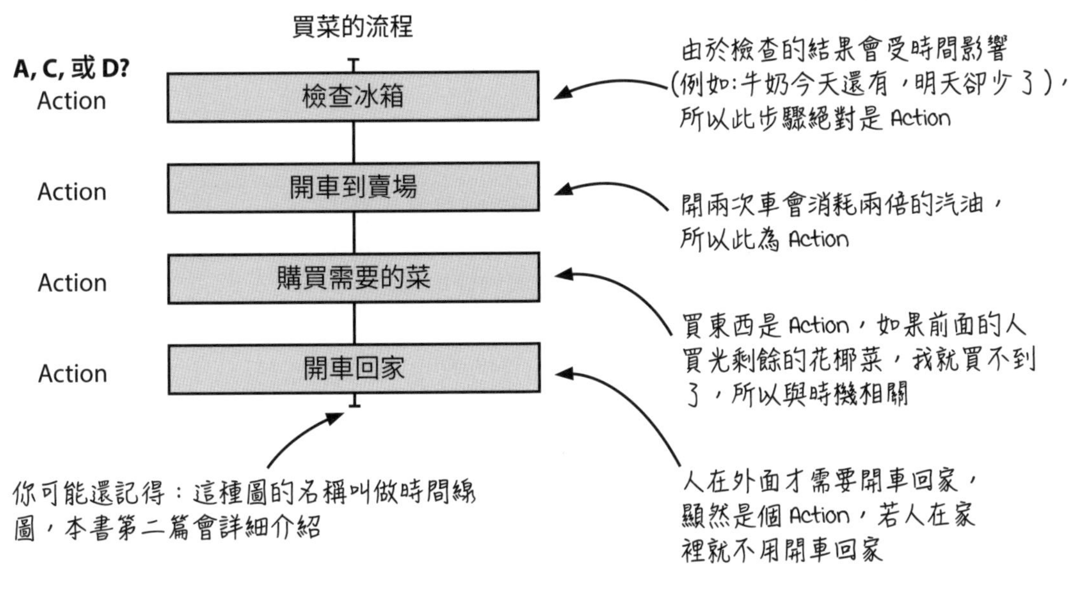

雖然少數極簡單的案例確實有可能完全由 Actions 構成，但此處的『買菜』可沒那麼簡單，因此光列出 Actions 是不夠的。現在就讓我們以上面的流程為大綱，仔細挖掘隱藏在每個 Actions 步驟中的 Calculations 與 Data。

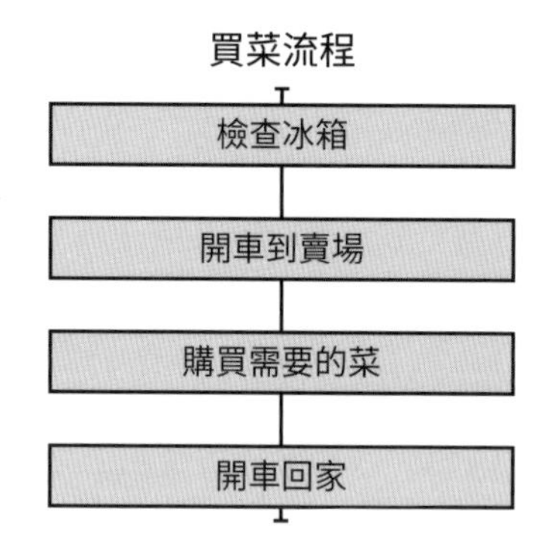

步驟 1：檢查冰箱

由於查看冰箱的**時間點**會影響結果，所以此步驟是 Action。至於冰箱內有哪些食物則是 Data，我們將其稱為『目前存貨』。

Data	目前存貨

步驟 2：開車到賣場

開車到賣場是個複雜的行為，且絕對屬於 Action，但此步驟仍需要一些 Data，如：賣場的地理位置、行車路線等。由於本例的主要目標不是設計自動駕駛汽車，所以這裡不深入討論步驟 2。

步驟 3：購買需要的菜

買東西當然是 Action，而且還能進一步拆解。首先，我們得利用 Calculations 把需要但冰箱裡沒有的菜列成『購物清單』，此處需要步驟 1 中的『目前存貨』Data，具體算式如下：

購物清單 = 需要食材 – 目前存貨

換句話說，步驟 3 實際上可以再拆解成以下幾個項目（**譯註：**依作者的買菜流程判斷，他是先把冰箱目前存貨寫下來就出門了，在開車途中才整理出購物清單）：

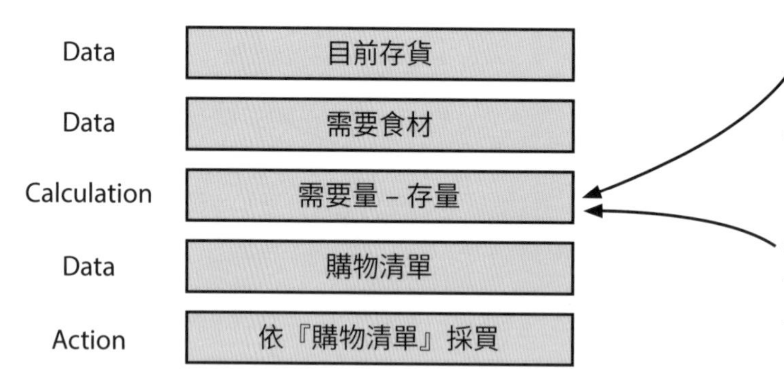

這一步的『相減』是一個 Calculation；也就是說，只要輸入相同，輸出的結果就不會改變

Calculations 經常與決策有關，本例便是以相減來決定要買什麼菜；透過區分 Calculations 與 Actions，我們能把『要買什麼的決策』與『購買行為』分開

步驟 4：開車回家

步驟 4 也能被進一步拆解。但與步驟 2 一樣，這並非本例的重點，所以跳過。

現在，讓我們把缺失的元素加回原本的流程中吧，請見下圖：

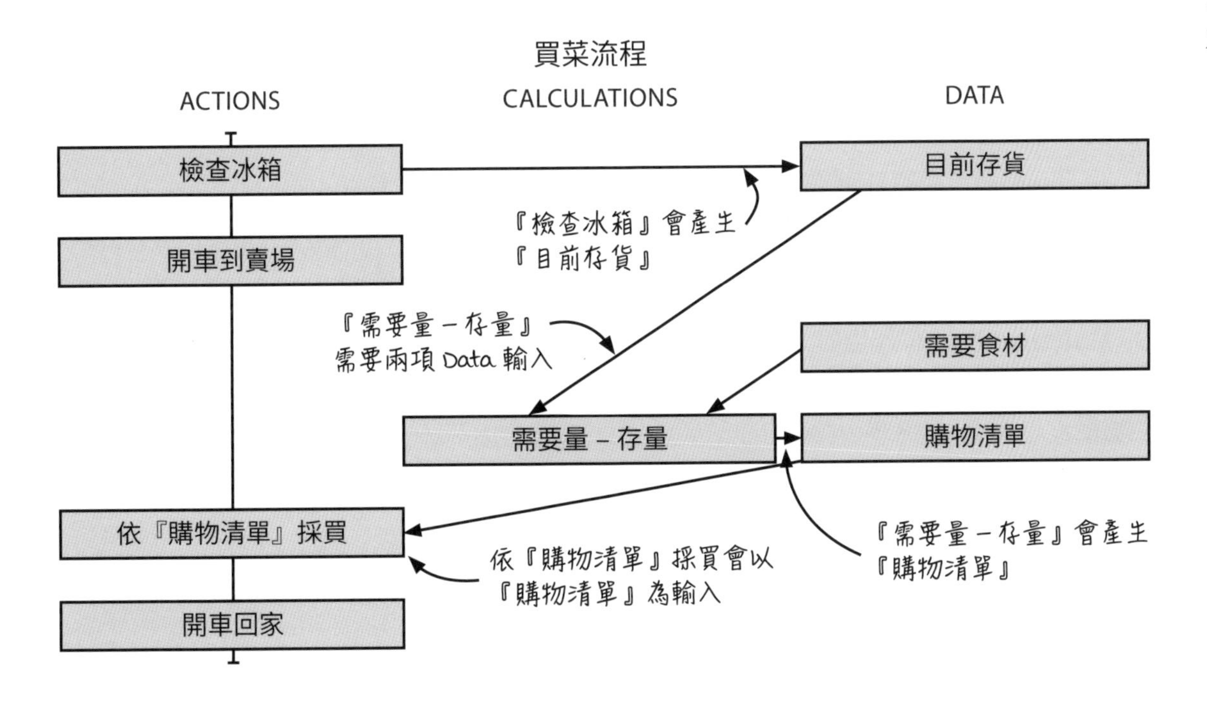

為了讓結果更清楚，上圖特別把 ACD 用三欄呈現。此外，圖中還用箭頭指出 Data 在 Actions 與 Calculations 間流動的方向。

其實，上面的流程還藏有其它的 ACD，只要我們挖得越深，得到的模型也就越精細。舉例而言，你可以把『檢查冰箱』進一步拆解為『檢查冷藏櫃』和『檢查冷凍櫃』，讓兩者分別產生各自的 Data，再將其合併。還有，『採買購物清單上的食材』顯然包含『放入購物車』與『結帳』等兩個 Actions。

當然，你可以自行決定模型的複雜程度。此處的重點是，FP 程式設計師必須意識到一個 Action 可能是由眾多 Calculations、Data 以及其它 Actions 交織而成，所以請務必盡量嘗試去拆解。

3.3 買菜教會我們的事情

1. ACD 觀點可以套用到各種情境中

這點一開始可能不容易看出來，但隨著練習次數增加，你就會越來越熟練。

2. 每個 Action 中可能藏有 Calculations、Data 與其它 Actions

一個簡單的 Action 可能是由其它幾類程式碼共同組成。FP 的關鍵之一就是：瞭解如何將 Actions 拆解成 Calculations、Data 與其它小 Actions。同時，拆解也需要適可而止。

3. Calculations 可能由其它小 Calculations 與 Data 組成

雖然在買菜的例子裡這一點並不明顯，但 Calculaitons 中確實可能隱藏著 Data。這些 Data 通常不會造成問題，但有時將 Calculations 進一步分解能獲得額外好處。此類分解最常見的形式是將一個 Calculation 分成兩個小 Calculations，並將前一個 Calculation 的輸出做為後一個的輸入。

4. Data 中就只有 Data

Data 就是固定的資料，其中不會有 Calculations 或 Actions。這就是為什麼我們喜歡它的原因：一旦找出 Data，其行為基本上就確定了。

5. 流程中的 Calculations 很容易被忽視

Calculations 往往只在腦中一閃而過。以買菜為例，人們通常不會煞費苦心地詳列購物清單，而是邊逛邊想，也因為這些都在腦袋裡發生，通常容易被我們忽視。

然而，只要我們意識到這件事情，就沒那麼難找出流程中的 Calculations 了。你可以問自己：『流程中有哪些地方需要做決策？』或者『哪些東西得事先計劃？』一般來說，決策與計劃所在的地方就可能有 Calculations。

在 3.2 節說明了如何在撰寫程式之前先用 ACD 思考問題，但在實際寫程式時又該如何應用 ACD 呢？我們很快就會告訴你。不過在此之前，先來談談 Data 吧！

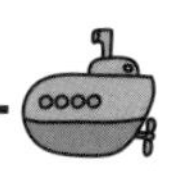

深入探索：Data（資料）

什麼是資料？

資料就是關於事件的事實記錄，對 FP 程式設計師的幫助很大。

如何實作資料？

在 JavaScript 裡，資料是透過內建資料型別（data types）來實作，其中包括：數字、字串、陣列、物件等等。注意！其它程式語言的資料實作可能更複雜，例如：Haskell 語言就允許定義新的資料型別。

資料的意義透過什麼表達？

資料的意義需編碼在結構中。換言之，資料的結構應該要能反映領域（domain）中的資訊（**譯註：**此處的『領域』是指和目標問題有關的所有訊息與知識）。舉例來說，假如某個清單中的項目順序很重要，那麼你選擇的資料結構就必須能保留順序才行。

不變性

FP 程式設計師會利用兩種方法來保證資料的不變性：

1. **寫入時複製**（copy-on-write）：在更動資料以前先進行複製。
2. **防禦型複製**（defensive copying）：複製需要保留的資料。

到第 6、7 章會介紹這些方法。

資料的例子

- 食材採購清單
- 你的名字
- 某人的電話號碼
- 一道菜的食譜

資料的優點為何？

資料最大的價值在於被動且不可執行，這與 Actions 與 Calculations 很不同。以下就是資料的一些特性：

1. **可傳遞性與可儲存性：**把 Actions 和 Calcualtions 移到另一台機器上執行時很可能會出問題，但資料只要透過傳遞、儲存就能供日後讀取。事實上，妥善儲存的資料可以存放很長的時間。
2. **可比較異同：**比較兩筆資料相同與否是很簡單的事。
3. **可解釋性：**一筆資料的解釋方式不只一種。以伺服器的登錄記錄來說，我們可以用其來除錯，也可以研究網站流量的來源；注意！此處所用的資料是同一筆，但詮釋方式不同。

資料的缺點

可解釋性是一把雙面刃。有多種詮釋方式雖然是好處，但『資料需要被解釋才有作用』卻是一項缺點。與資料相比，即便我們不瞭解某段 Calculations 程式碼的內容，還是可以執行之並使其發揮功能。但資料卻一定得經過詮釋才能獲得意義，否則就只是一堆位元碼而已。

函數式程式設計很大一部分技巧在於如何表達資料，使其能夠在當下被解讀，同時也能在未來重新詮釋。

休息一下

要討論的東西還很多，讓我們暫停一下，先思考以下問題吧！

問：所有資料都與『事件』有關嗎？應該也有和某人或某實體有關的資料吧！

答：這是個好問題。事實上，即便是關於特定人士的資料，也一定與某個『事件』相關。舉個例子，資料庫中可能存放某位使用者的姓名；那絕對是資料，但其來源為何？只要我們查下去，就會發現這些資料來自客戶端的『create user request (創建帳號的請求)』，而『接收 request』正是事件的一種。網路 request 必須被處理與解讀，而部分資訊會被存入資料庫中。總的來說，一個人的姓名可以『詮釋』為與個人有關的事實，但其源頭會是某個『事件』。

我們再來看看字典對『資料 (data, 名詞)』的定義：

1. 和事件有關的事實。
2. 做為推理、討論與計算基礎的事實依據。
3. 從輸入設備獲得的資訊，且必須被處理過才具有意義。

當然，不同字典可能給出不同的答案，但由於上述定義能凸顯以下兩點，所以與 FP 完美契合：

第一，此定義強調資料必須被詮釋；實際上，大多數資料在生命週期中需經過多層次的詮釋 — 從 Bytes (位元) 開始，轉換成人類可解讀的字元 (文字)、再轉換為 JSON 資料交換格式用於傳輸資訊，然後轉換為程式語言中資料結構的集合型別 (Collections)，最後取出與使用者有關的訊息。

Web Request 的多層次詮釋過程

第二，上述定義強調軟體工程師需建立資訊系統，以接收並處理資訊 (注意！某些資訊中可能包含錯誤)、做出相應決策 (例如：決定要儲存什麼訊息，或者要將訊息傳給誰)、再根據決策去執行動作 (例如：實際寄出訊息)。

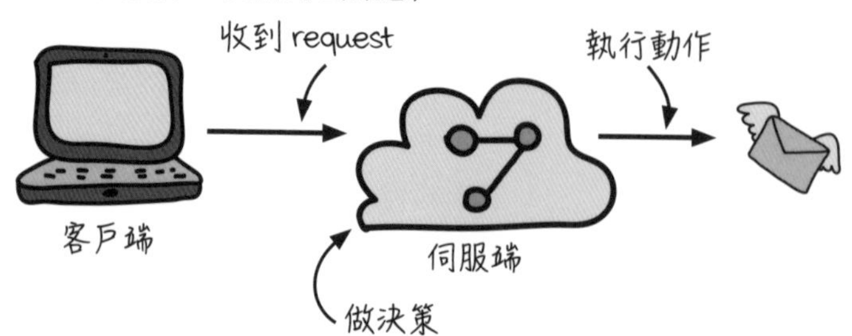

3.4 用函數式思維撰寫程式

CouponDog 的新宣傳策略

CouponDog（譯註：作者虛構的網路平台）是個廣受好評的優惠碼資訊站。對此類訊息感興趣的人可以留下自己的 e-mail，該平台會每週發送優惠碼電子報給訂閱者。為了搜集更多訂閱者的電子郵件地址，該平台的行銷長（CMO）制定了以下新方案：只要向 10 位好友推薦 CouponDog，推薦人與朋友就都能獲得折扣更好的優惠碼。

CouponDog 公司將所有 e-mail 儲存在一個資料庫表格中，並統計每位用戶向朋友推薦自家平台的次數（譯註：下方表格中的『rec_count』代表『推薦次數』）。除此之外，他們還有另一個優惠碼資料庫（譯註：表格的『code』代表優惠碼，『rank』代表優惠碼等級），其中每個優惠碼都被標上『bad』、『good』與『best』三個等級。『best』優惠碼只寄給推薦次數高的使用者，其他人則收到『good』優惠碼，而『bad』優惠碼是備而不用。

每位用戶向朋友推薦電子報的次數

訂閱 E-Mail 資料表

email	rec_count
john@coldmail.com	2
sam@pmail.co	16
linda1989@oal.com	1
jan1940@ahoy.com	0
mrbig@pmail.co	25
lol@lol.lol	0

這兩位使用者的推薦次數 >= 10，所以會收到『best』優惠碼

優惠碼資料表

coupon	rank
MAYDISCOUNT	good
10PERCENT	bad
PROMOTION45	best
IHEARTYOU	bad
GETADEAL	best
ILIKEDISCOUNTS	good

雲端電子郵件系統

推銷方案

將 CouponDog 推薦給 10 位好友，就能獲得 best 優惠碼。

練習 3-1

此練習的目的只是希望各位深入思考，所以不必害怕回答錯誤。

新的推銷方案看似簡單，但真是如此嗎？為了讓此服務達成任務，我們的程式必須知道哪些事情、做什麼決定、並執行哪些動作呢？請盡可能寫出你能想到的項目，內容不需太詳細，也不必按照順序。記住：此問題沒有標準答案。以下提供幾個例子給各位參考，下一頁會帶大家練習分類。

訂閱 E-Mail 資料表

email	rec_count
john@coldmail.com	2
sam@pmail.co	16
linda1989@oal.com	1
jan1940@ahoy.com	0
mrbig@pmail.co	25
lol@lol.lol	0

優惠碼資料表

coupon	rank
MAYDISCOUNT	good
10PERCENT	bad
PROMOTION45	best
IHEARTYOU	bad
GETADEAL	best
ILIKEDISCOUNTS	good

雲端電子郵件系統

推銷方案

將 CouponDog 推薦給 10 位好友，就能獲得 best 優惠碼。

寄送電子報 ← 這些例子供各位參考

讀取資料庫中的使用者

每個優惠碼的等級

（請在這裡寫下你的答案）

練習 3-2

下面是 CouponDog 工程師列出的項目，我們現在得將其分類。請在每一項旁邊寫下 A（動作）、C（計算）或 D（資料），以區分出它們的類別：

- 寄送電子報 A ← 將你的答案寫在問題後面
- 讀取資料庫中的使用者
- 每個優惠碼的等級
- 讀取資料庫中的優惠碼
- 電子報的標題
- 電子郵件地址
- 推薦次數
- 決定每位訂閱者收到的優惠碼等級
- 單筆用戶訂閱記錄
- 單筆優惠碼記錄
- 用戶訂閱記錄清單
- 優惠碼記錄清單
- 電子報的具體內容

練習 3-2 解答

A 寄送電子報
A 讀取資料庫中的使用者
D 每個優惠碼的等級
A 讀取資料庫中的優惠碼
D 電子報的標題
D 電子郵件地址
D 推薦次數
C 決定每位訂閱者收到的優惠碼等級
D 單筆用戶訂閱記錄
D 單筆優惠碼記錄
D 用戶訂閱記錄清單
D 優惠碼記錄清單
D 電子報的具體內容

你列出的項目可能與練習 3-2 不同，請各位自行分類看看。

3.5 畫出優惠碼電子報的流程圖

本例的實作方法有很多，而本處會引導各位畫出其中一種可能的流程圖。請各位特別留意討論中出現的各種ACD。

email	rec_count
john@coldmail.com	2
sam@pmail.co	16
linda1989@oal.com	1
jan1940@ahoy.com	0
mrbig@pmail.co	25
lol@lol.lol	0

code	rank
MAYDISCOUNT	good
10PERCENT	bad
PROMOTION45	best
IHEARTYOU	bad
GETADEAL	best
ILIKEDISCOUNTS	good

1. 讀取資料庫中的訂閱者資訊

我們的第一步是：從資料庫中讀取訂閱者的資料。由於今天取得的訂閱者名單可能與明日取得的不同（即：結果取決於執行時間），故此步驟屬於 Actions。讀取完成後，你會得到一個『訂閱者清單』，這是 Data。

優惠碼電子報產生流程

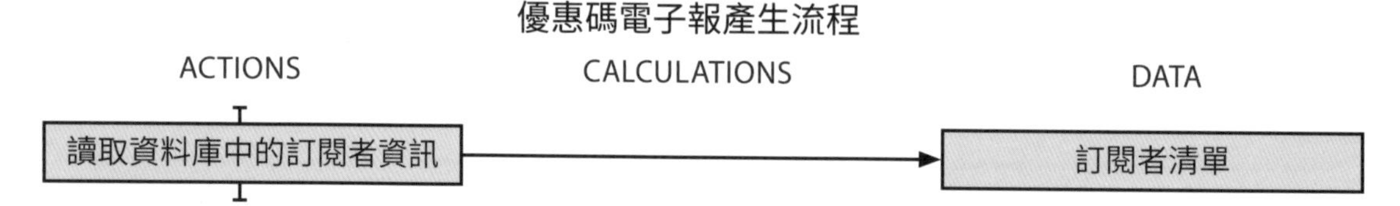

2. 讀取資料庫中的優惠碼

『讀取優惠碼』是個與上一步雷同的 Action。因為資料庫中的優惠碼隨時在更新，所以讀取的時機將影響輸出結果。執行此 Action 後，可以得到存取當下『資料庫中所有優惠碼的記錄』。這份記錄屬於 Data，且是『資料庫查詢事件』的事實。

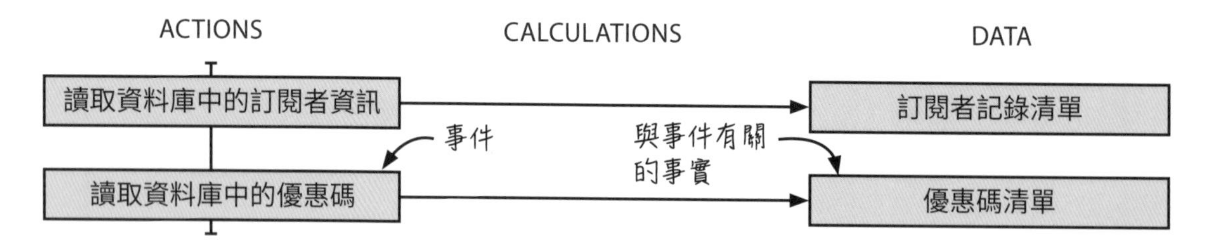

到目前為止的步驟都很簡單。而既然已從資料庫中取得了關鍵資料，接下來就可以做決策了。在下一步中，我們要用以上兩個清單來決定每位訂閱者收到的電子報內容（也就是優惠碼等級）。

3. 產生電子報寄送清單

FP 程式設計師會將『產生 Data』的過程與『實際使用該 Data』分開。用買菜的例子來說就是：我們不會邊逛街邊想要買什麼，而是先把購物清單擬好，再開始採買。

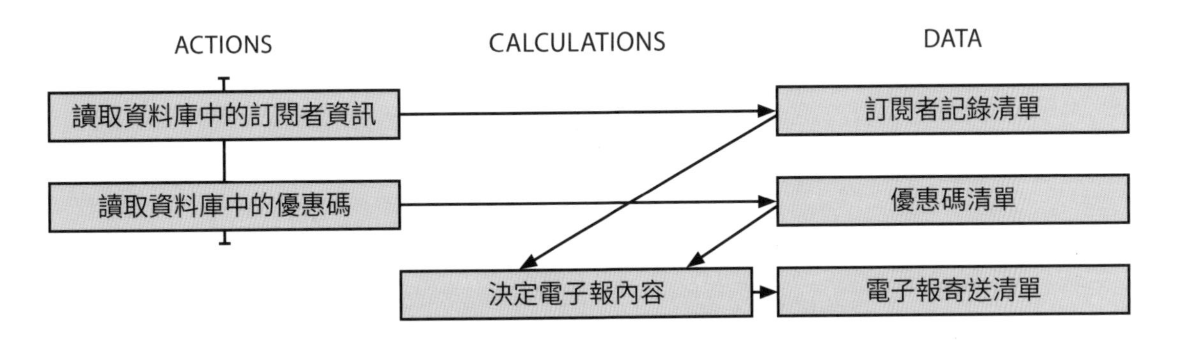

『決定電子報內容 (Calculations)』的輸出結果為下一步所需的 Data，即：『電子報寄送清單』。該清單記錄了每位訂閱者將收到的電子報內容 (即：不同等級的優惠碼)。

4. 寄送電子報

有了如何寄送電子報的計劃後 (**譯註：** 該計劃存在於『電子報寄送清單』資料中)，我們便能實際執行該計劃。這一步並不複雜，只要走訪『電子報寄送清單』內的每一個電子郵件地址，並將對應的優惠碼寄出即可。注意！在到達此步驟以前，所有決策皆已完成。

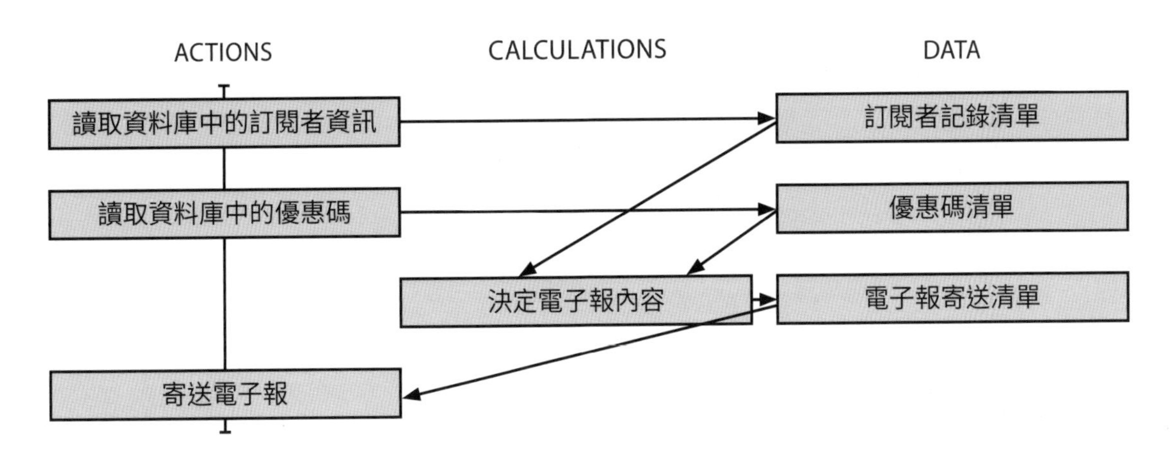

整個電子報寄送服務的流程大綱到此已討論完了。但我們必須進一步追問：『電子報寄送清單』到底是怎麼生成的呢？

電子報寄送清單的產生過程

大多數人都是在準備送出電子郵件時才開始想應該怎麼寄，但對 FP 來說，先計劃、再行動 (也就是把決策和動作分開) 是很常見的思維。下面就讓我們深入探討第 3 步『決定電子報內容』的計算方法，並進而拆解出更小的計算！首先，複習一下已知的內容：

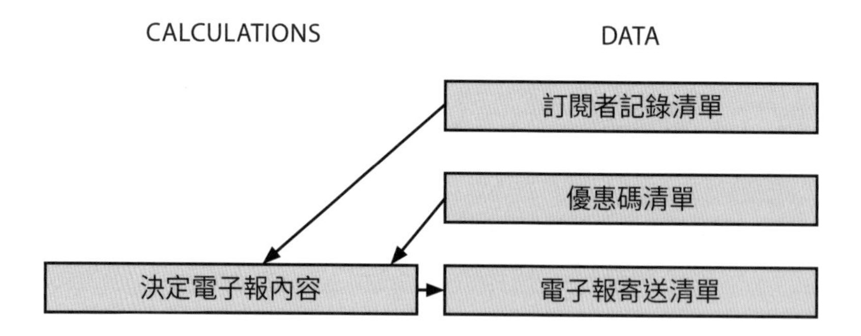

由上圖的箭頭方向，我們可以看到圖中的 Calculation 需要兩項 Data，即：『訂閱者記錄清單』與『優惠碼清單』。

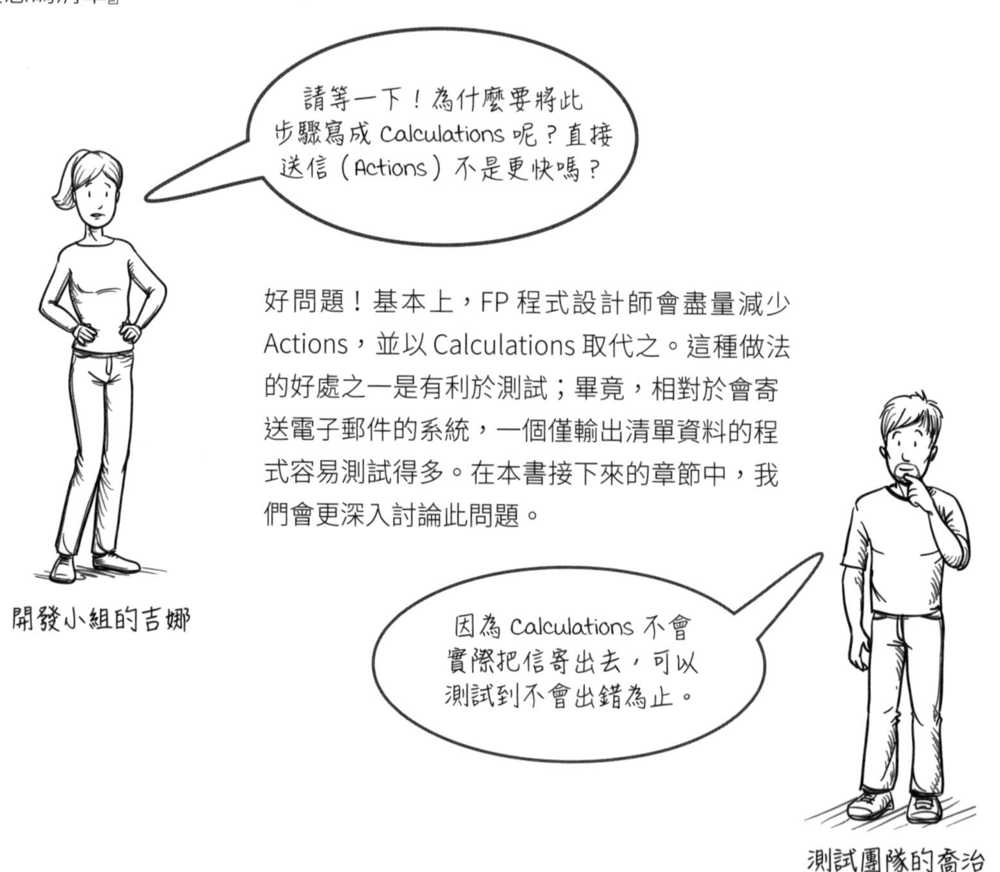

是時候來討論『決定電子報內容』這個 Calculation 如何拆解出小的 Calculations。

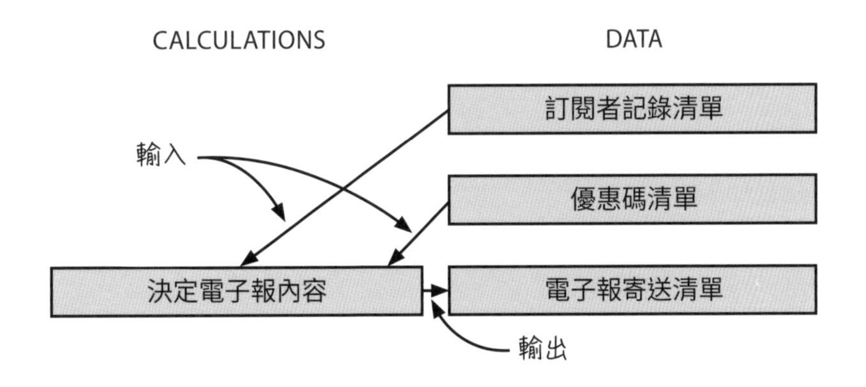

我們先加入兩個新的 Calculations，將原本的『優惠碼清單』分割成『good 優惠碼清單』與『best 優惠碼清單』兩部分：

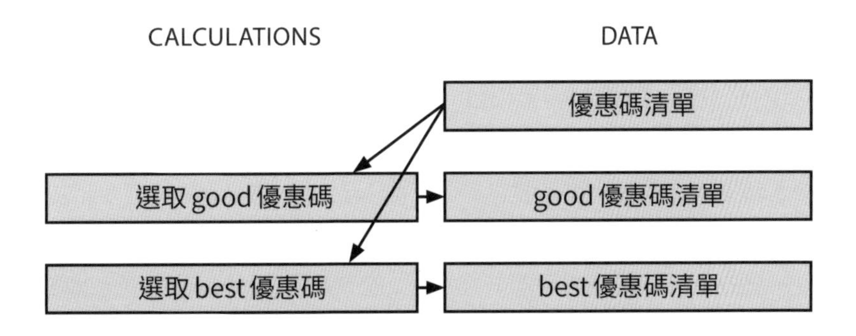

然後，再以另一個 Calculation 判斷訂閱者應該收到 good 或 best 優惠碼：

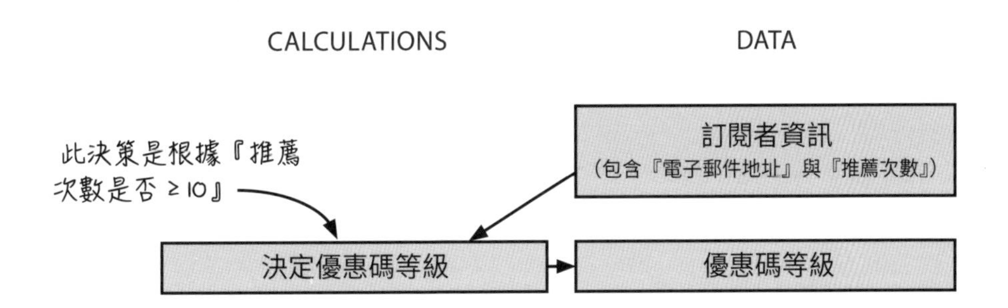

現在，只要將上面的內容合在一起，就能知道如何根據『特定訂閱者的資訊』計算出『電子報內容』（也就是優惠碼等級）：

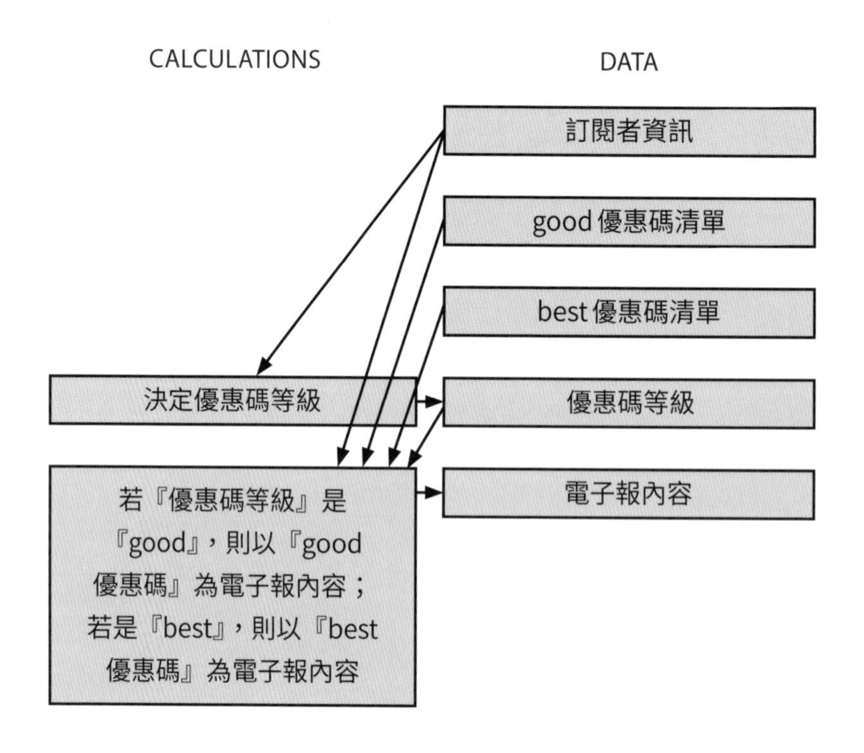

要得到完整的『電子報寄送清單』（譯註：該清單包含**每一位**訂閱者應該收到的電子報內容），只需逐一將不同訂閱者的資料輸入上述流程，再將輸出的『電子報內容』匯集起來並傳回即可。

你可以依需要將上述的 Calculation 再分解成更小的 Calculation，過程拆得越細，我們越清楚該如何實作。下面就來動手試試看吧！

3.6 實作優惠券電子報流程

這裡先來實作下圖中的三個框，其中包含一個 Calculation 與兩個 Data：

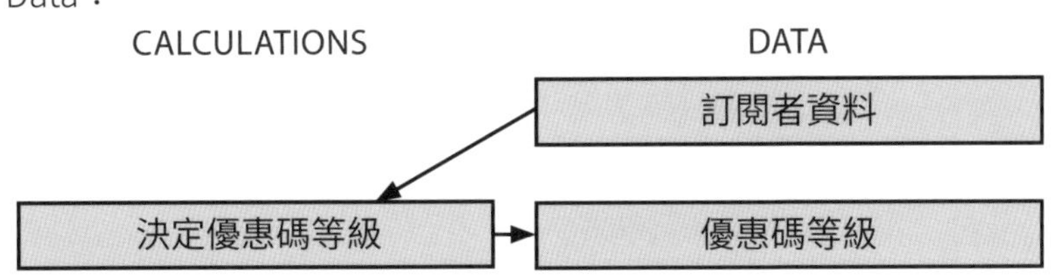

『訂閱者資料』來自於資料庫 (Data)

本例的訂閱者資料來自如右方的表格。在 JavaScript 裡，此類資料可用簡單物件 (plain object) 來表示，物件名稱是 subscriber，包含 email、rec_count 兩個屬性，例如：

```
var subscriber = {
  email: "sam@pmail.com",
  rec_count: 16
};
```

表格的每一列都變成像這樣的物件

訂閱 E-Mail 資料表

email	rec_count
john@coldmail.com	2
sam@pmail.co	16
linda1989@oal.com	1
jan1940@ahoy.com	0
mrbig@pmail.co	25
lol@lol.lol	0

『優惠碼等級』是字串資料 (Data)

本例的『優惠碼等級』資料是以字串保存。我們其實也可以使用其它資料型別，但字串在此處非常方便。『優惠碼等級』對應『優惠碼資料表』中的『rank』欄位：

```
var rank1 = "best";
var rank2 = "good";
```

『優惠碼等級』是字串資料

優惠碼資料表

code	rank
MAYDISCOUNT	good
10PERCENT	bad
PROMOTION45	best
IHEARTYOU	bad
GETADEAL	best
ILIKEDISCOUNTS	good

『決定優惠碼等級』是函式 (Calculation)

優惠碼等級是從資料經過計算而得，我們寫成 subCouponRank()，其輸入的引數 (arguments) 是 subscriber 訂閱者物件，輸出的傳回值 (即優惠券等級) 依每位訂閱者的 rec_count 屬性值是否大於等於 10 而定，此函式如下所示：

```
function subCouponRank(subscriber) {
  if(subscriber.rec_count >= 10)
    return "best";
  else
    return "good";
}
```


請記住：

Calculations 可將輸入經過運算後轉換為輸出結果，其不受呼叫時機和次數影響。只要輸入的引數相同，其輸出也會維持不變。

至此，我們已將『決定某位訂閱者應收到何種優惠碼等級』包裝成精簡、容易測試且可重複使用的 subCouponRank() 函式。

接下來要實作的流程是：從『優惠碼清單』中選出給定等級的優惠碼：

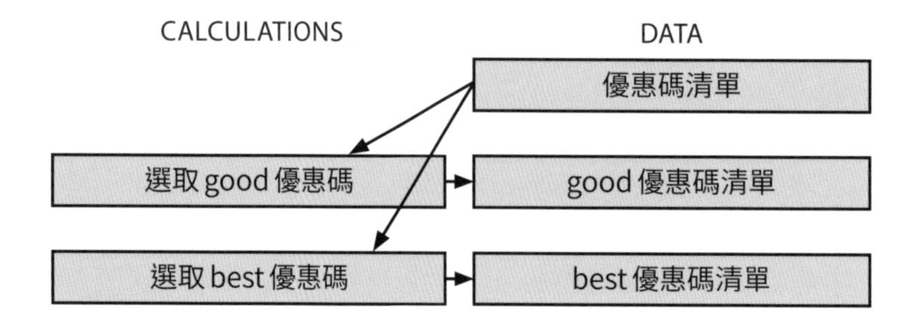

『優惠碼清單』來自於資料庫 (Data)

如同訂閱者資料，優惠碼的 Data 也可以用 JavaScript 物件 coupon 來表示，其中包含 code、rank 兩個屬性，如下所示。整個表格的每一列會構成如下物件的陣列。

```
var coupon = {
  code: "10PERCENT",
  rank: "bad"
};
```

表格的每一列都變成像這樣的物件

優惠碼資料表

code	rank
MAYDISCOUNT	good
10PERCENT	bad
PROMOTION45	best
IHEARTYOU	bad
GETADEAL	best
ILIKEDISCOUNTS	good

『選取等級優惠碼』是函式 (Calculation)

我們要將優惠碼清單中的不同等級區分開來，這是一個 Calculation，我們會實作成函式。這裡的輸入有兩個，分別是『內含不同等級優惠碼的清單』(coupons)，以及指定的『等級』(rank)；輸出則是指定等級的優惠碼清單，例如輸入的等級是 good，則輸出的就是『good 優惠碼清單』。

```
function selectCouponsByRank(coupons, rank) {
  var ret = [];
  for(var c = 0; c < coupons.length; c++) {
    var coupon = coupons[c];
    if(coupon.rank === rank)
      ret.push(coupon.code);
  }
  return ret;
}
```

輸入
初始化一個空陣列
走訪每一筆優惠碼
假如該優惠碼的等級符合要求，將其加入陣列中
將陣列傳回
輸出

為了確認 `selectCouponsByRank()` 是一個 Calculation，讓我們思考以下幾個問題。首先，當傳入的引數相同時，該函式有可能給出不同的傳回值嗎？答案為否，因為同樣的 coupons 與 rank 必然產生相同輸出。那麼，函式的執行結果會隨著執行時機或次數而變嗎？答案是不會，無論執行幾次或何時執行，得到的傳回值都不受影響。因此，可以肯定這是一個 Calculation。

現在來實作流程中的最後一個區塊，其功能是決定每位訂閱者的電子報內容（也就是告知其取得的優惠等級）：

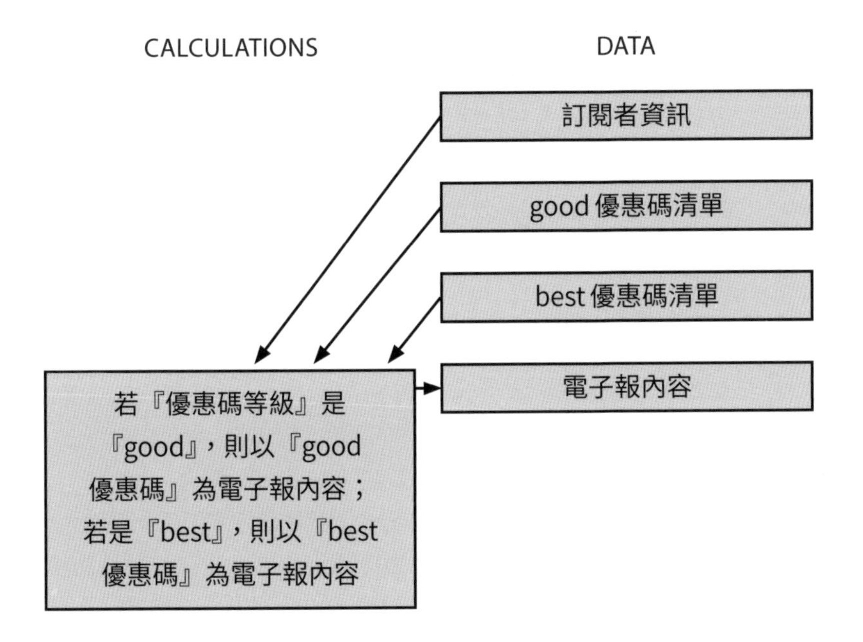

『電子報內容』是選取後的優惠碼等級（Data）

在將電子報的內容（Data）寄出以前，我們得用程式將其表示出來。這可以寫成 JavaScript 的物件 message 來實作，其中包括寄件者信箱（from）、收件者信箱（to）、信件主旨（subject）、內文（body）等幾個屬性（程式中『...』的具體內容會在下一段討論）：

```
var message = {
  from: "newsletter@coupondog.co",
  to: "sam@pmail.com",
  subject: "Your weekly coupons inside",
  body: "Here are your coupons ..."
};
```

此物件已包含了所有寄信所需的資訊，不必做任何決策

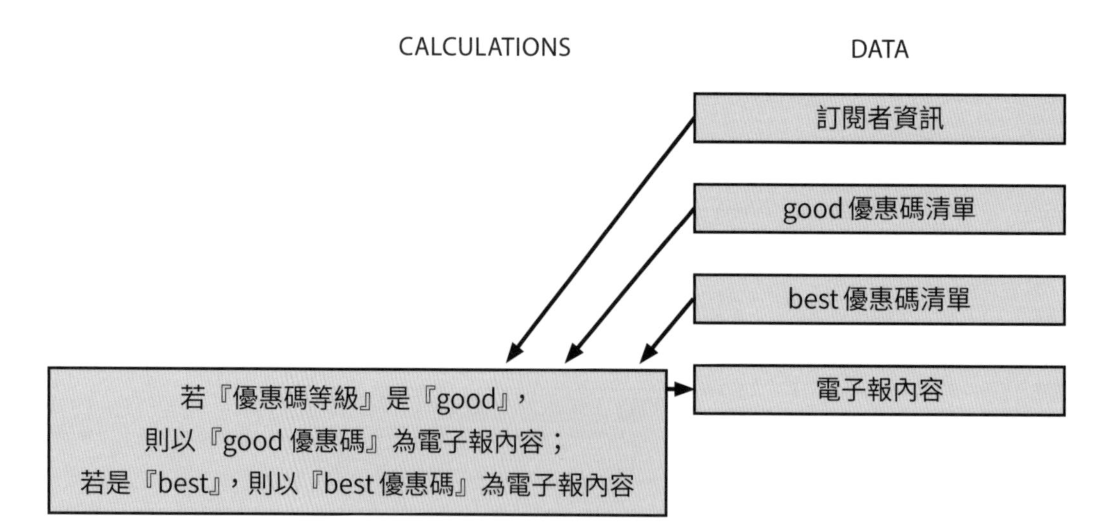

為單一訂閱者產生電子報內容 (Calculation)

現在要依照某位訂閱者的等級產生電子報內容。這裡要再寫一個函式，其輸入引數包括：某訂閱者 (subscriber) 的電子郵件地址、以及要傳送給他的優惠碼。但由於我們尚未判斷該訂閱者的等級，所以將『good 優惠碼清單』(goods) 與『best 優惠碼清單』(bests) 一起當作引數輸入，並將訂閱者資訊傳入前面寫好的 `subCouponRank()`，以得到他的等級，再依等級是 good 或 best 產生他的電子報內容：

```
function emailForSubscriber(subscriber, goods, bests) {   // 輸入
  var rank = subCouponRank(subscriber);
  if(rank === "best")   // 決定優惠碼等級
    return {   // 產生並傳回 best 優惠碼電子報內容
      from: "newsletter@coupondog.co",
      to: subscriber.email,
      subject: "Your best weekly coupons inside",
      body: "Here are the best coupons: " + bests.join(", ")
    };
  else // rank === "good"
    return {   // 產生並傳回 good 優惠碼電子報內容
     from: "newsletter@coupondog.co",
      to: subscriber.email,
      subject: "Your good weekly coupons inside",
      body: "Here are the good coupons: " + goods.join(", ")
    };
}
```

由於上面的函式只決定並產生『電子報內容』(Data)，沒有實際寄送或其它 side effect，故屬於 Calculation。現在，必要的元素都準備好了，下面討論如何把它們組合成一套完整的電子報寄送系統。

為所有訂閱者產生電子報內容 (Calculation)

前面的 emailForSubscriber() 已能生成單一訂閱者的電子報。現在，我們需要一個能替所有訂閱者產生電子報的函式，這只需要使用迴圈 (loop) 一一走訪訂閱者清單就行了 (**譯註：** 注意！這裡輸入的引數 subscribers 是個訂閱者清單，而非單一訂閱者)：

```
function emailsForSubscribers(subscribers, goods, bests) {
  var emails = [];
  for(var s = 0; s < subscribers.length; s++) {
    var subscriber = subscribers[s];
    var email = emailForSubscriber(subscriber, goods, bests);
    emails.push(email);
  }
  return emails;
}
```

第二篇會介紹更方便走訪的 map() 函數

先走訪單一訂閱者以產生電子報，並將結果 push() 到陣列中

『寄送電子報』是一個動作 (Action)

寄送電子報要用 JavaScript 實作。由於 Actions 與 Calculations 會寫成函式，且都可能有輸入與輸出，雖然一眼難以區別出兩者，但考慮執行時機與次數就很清楚了。這裡我們將『寄送電子報』實作成 sendIssue()，這是一個 Action。

編註： 此程式碼中有兩個先前未提及的函式，分別是 fetchCouponsFromDB() 與 fetchSubscribersFromDB()；前者的功能是從資料庫中讀取完整的『優惠碼清單』，後者則是讀取完整的『訂閱者清單』。作者在此並未列出，因為要依讀者實際存放清單的資料庫來撰寫內容。此外，emailSystem 也要依讀者所用的電子報系統而定。

```
function sendIssue() {
  var coupons     = fetchCouponsFromDB();
  var goodCoupons = selectCouponsByRank(coupons, "good");
  var bestCoupons = selectCouponsByRank(coupons, "best");
  var subscribers = fetchSubscribersFromDB();
  var emails = emailsForSubscribers(subscribers, goodCoupons, bestCoupons);
  for(var e = 0; e < emails.length; e++) {
    var email = emails[e];
    emailSystem.send(email);
  }
}
```

此函式將所需的所有元素連結起來了

這樣整個程式就完成了。請注意！我們將 Data 的部分寫在程式碼的最前頭，然後將 Data 送去 Calculation 以取得所需的新資料。最後，所有東西納入功能最多的 Action 內。換言之，本例的程式就是依循 FP『先資料、再計算、最後動作』的模式進行。

常見的 FP 實作順序

1. Data (資料)
2. Calculations (計算)
3. Actions (動作)

剛才已經討論過 ACD 的實作順序，接下來要介紹在閱讀既有程式碼時如何應用函數式思維！

休息一下

問：為什麼在寄送以前，要先把所有電子報的內容產生出來？這樣做不是很沒效率嗎（萬一有上百萬名訂閱者怎麼辦）？

答：你的顧慮很有道理。當訂閱者數量龐大的時候，電子報的內容可能會把記憶容量佔滿，導致系統運作不佳。但問題是：在未經測試的情況下，其實沒辦法知道程式到底好不好，或許『先產生內容再寄送』與『一邊產生內容一邊寄送』根本沒區別！而在尚未得到結論以前，我們無法對系統進行優化。

話雖如此，既然 CouponDog 的目標是增加訂閱人數，設計程式時當然得考慮到系統擴張的問題。事實上，就算電子報的內容真的大到記憶體塞不下，我們仍可利用本例中絕大多數的程式碼。以 `emailsForSubscribers()` 為例，此函式的輸入之一是一個包含訂閱者資料的陣列，但程式裡從來沒有規定該陣列必須包含所有的訂閱者。也就是說，你可以一次只輸入一頁（或指定筆數）的訂閱者資料（例如 20 筆），而系統的記憶容量絕對夠存放 20 封電子報的內容。

要做到這一點，我們只需修改 sendIssue() 中的 `fetchSubscribersFromDB()`，讓其每次只回傳一頁的資料，而迴圈就只需要走訪這份清單即可。以下就是修改後的 `sendIssue()`：

```
function sendIssue() {
  var coupons     = fetchCouponsFromDB();
  var goodCoupons = selectCouponsByRank(coupons, "good");
  var bestCoupons = selectCouponsByRank(coupons, "best");
  var page = 0;
  var subscribers = fetchSubscribersFromDB(page);
  while(subscribers.length > 0) {
    var emails = emailsForSubscribers(subscribers,
                                      goodCoupons, bestCoupons);
    for(var e = 0; e < emails.length; e++) {
      var email = emails[e];
      emailSystem.send(email);
    }
    page++;
    subscribers = fetchSubscribersFromDB(page);
  }
}
```


請注意！本例中的 Calculations 皆保持不變，所有優化修改都發生在 Actions 之中（**編註：** `fetchSubscribersFromDB()` 是一個 Action，因為今天讀取的訂閱者清單可能和明天的不同，中間會有人訂閱或退訂）。在一個設計良好的系統中，Calculations 代表與時間無關、且通常為抽象的操作，如『為一定數量的訂閱者產生電子報內容』。至於『將 Data 從資料庫寫入記憶體』則屬於 Actions，因為可以變更讀取的資料筆數。

深入探索：Calculations

什麼是 Calculations?

Calculations（計算）就是能將輸入轉換為輸出的運算。只要輸入相同，就一定會給出一樣的答案，無論什麼時候呼叫或呼叫幾次。

如何實作 Calculations?

在有函式（functions）的程式語言中（例如：JavaScript），Calculations 通常用函式呈現。但若某程式語言沒有函式，那就必須實作成別的東西，例如：包含 method 的類別（class）。

Calculations 的意義透過什麼表達？

Calculations 的意義是透過運算實現，而運算則是從輸入推導出輸出的過程。至於何時或如何使用某 Calculation 功能，取決於該功能是否符合當下需求。

為什麼我們喜歡 Calculations 勝過 Actions?

與 Actions 相比，Calculations 有以下幾項優勢：

1. **測試較簡單。**Calculations 的結果不受測試次數或地點（如：本機、伺服器、測試用機器等）影響。
2. **較容易利用機器分析。**很多學術研究以『靜態分析（static analysis）』為主題，即：讓機器自動判斷程式碼是否合理。這不在本書討論範圍。
3. **使用上更具彈性。**我們可以將多個 Calculations 組合起來，成為一個大的 Calculation。.

Calculations 的例子

- 加法與乘法
- 字串串接
- 規劃購物行程

Calculations 能為我們避開哪些麻煩？

由於 Calculations 比 Actions 容易理解，因此 FP 程式設計師比較偏好。只要看到 Calculations 的程式碼，我們就能瞭解其功能。而且**不需要**煩惱以下這些問題：

1. 同時還有哪些東西在執行
2. 過去執行了什麼、或者未來會執行什麼
3. 一共執行過幾次

Calculations 的缺點

Calculations 與 Actions 有一項共同缺點，即：在看不到程式碼的情況下，我們只能透過實際執行來觀察兩者的差異。如果能取得程式碼，自然就能看出兩者的區別。

Calculations 的一般稱呼為何？

在本書以外的文獻中，Calculations 一般被稱為**純函數**（pure functions）或**數學函數**。這裡之所以將其稱作『Calculations』是為了避免與程式語言中的特定元素（如：JavaScript 的函式，**譯註：**程式中的函式與數學上的函數英文皆為 function）混淆。

非 FP 的程式像個巨大的 Action，而 FP 會將其進行拆解出 ACD 來完成。

3.7 將函數式思維應用在既存的程式碼

在閱讀別人已經寫好的程式碼時，FP 程式設計師同樣會用上函數式思維。這可以說是習慣成自然，我們總是時時刻刻把 Actions、Calculations 與 Data 放在心上。

以下是吉娜寫的程式，其功能是把分紅匯給合作夥伴。其中的 `sendPayout()` 就是一個 Action，其動作是將錢匯入指定的銀行帳戶。

```
function figurePayout(affiliate) {
  var owed = affiliate.sales * affiliate.commission;
  if(owed > 100) // don't send payouts less than $100
    sendPayout(affiliate.bank_code, owed);
}

function affiliatePayout(affiliates) {
  for(var a = 0; a < affiliates.length; a++)
    figurePayout(affiliates[a]);
}

function main(affiliates) {
  affiliatePayout(affiliates);
}
```

很可惜，吉娜的想法並不正確！以上程式並不符合函數式思維，而且其中包含的 Actions 也不止 `sendPayout()` 這一個。下面就來仔細探討這最難搞也最一發不可收拾的 Actions。

好戲上場！

此處先標示出吉娜認為的那一個 Action（事實上也是），然後你將看到該 Action 對時間的依賴性會一步步擴散到程式的每個角落：

```
function figurePayout(affiliate) {
  var owed = affiliate.sales * affiliate.commission;
  if(owed > 100) // don't send payouts less than $100
    sendPayout(affiliate.bank_code, owed);
}

function affiliatePayout(affiliates) {
  for(var a = 0; a < affiliates.length; a++)
    figurePayout(affiliates[a]);
}

function main(affiliates) {
  affiliatePayout(affiliates);
}
```

將吉娜已知的那個 Action 標出

1. 這是之前提過的 Action，之所以將其列為 Action 而非 Calculation，是因為『匯款至銀行帳戶』這個動作明顯受執行時間與次數影響。

```
function figurePayout(affiliate) {
  var owed = affiliate.sales * affiliate.commission;
  if(owed > 100) // don't send payouts less than $100
    sendPayout(affiliate.bank_code, owed);
}

function affiliatePayout(affiliates) {
  for(var a = 0; a < affiliates.length; a++)
    figurePayout(affiliates[a]);
}

function main(affiliates) {
  affiliatePayout(affiliates);
}
```

由於 figurePayout() 中呼叫了一個 Action，所以此函式也會是 Action

既然 figurePayout() 是 Action，那這裡也就標示出來

2. Actions 的結果取決於執行時間與次數。因為 `figurePayout()` 呼叫了`sendPayout()`，所以前者自然也受時間因素影響，故可將 `figurePayout()` 也認定為 Action 標示出來。

```
function figurePayout(affiliate) {
  var owed = affiliate.sales * affiliate.commission;
  if(owed > 100) // don't send payouts less than $100
    sendPayout(affiliate.bank_code, owed);
}

function affiliatePayout(affiliates) {
  for(var a = 0; a < affiliates.length; a++)
    figurePayout(affiliates[a]);
}

function main(affiliates) {
  affiliatePayout(affiliates);
}
```

因為 affiliatePayout() 呼叫了 Action，故也成為 Action

被呼叫的 Action 在此

3. 出於相同的理由，我們需要標示出整個 `affiliatePayout()`，還有在 `main()` 中被呼叫的位置。

```
function figurePayout(affiliate) {
  var owed = affiliate.sales * affiliate.commission;
  if(owed > 100) // don't send payouts less than $100
    sendPayout(affiliate.bank_code, owed);
}

function affiliatePayout(affiliates) {
  for(var a = 0; a < affiliates.length; a++)
    figurePayout(affiliates[a]);
}

function main(affiliates) {
  affiliatePayout(affiliates);
}
```

main() 呼叫了 Action 也成為 Action

4. 最終，`main()` 也無可避免地變成了 Action。注意！只因為程式中呼叫到 Action，結果整個程式都成了 Action。

3.8 Actions 會在程式中擴散

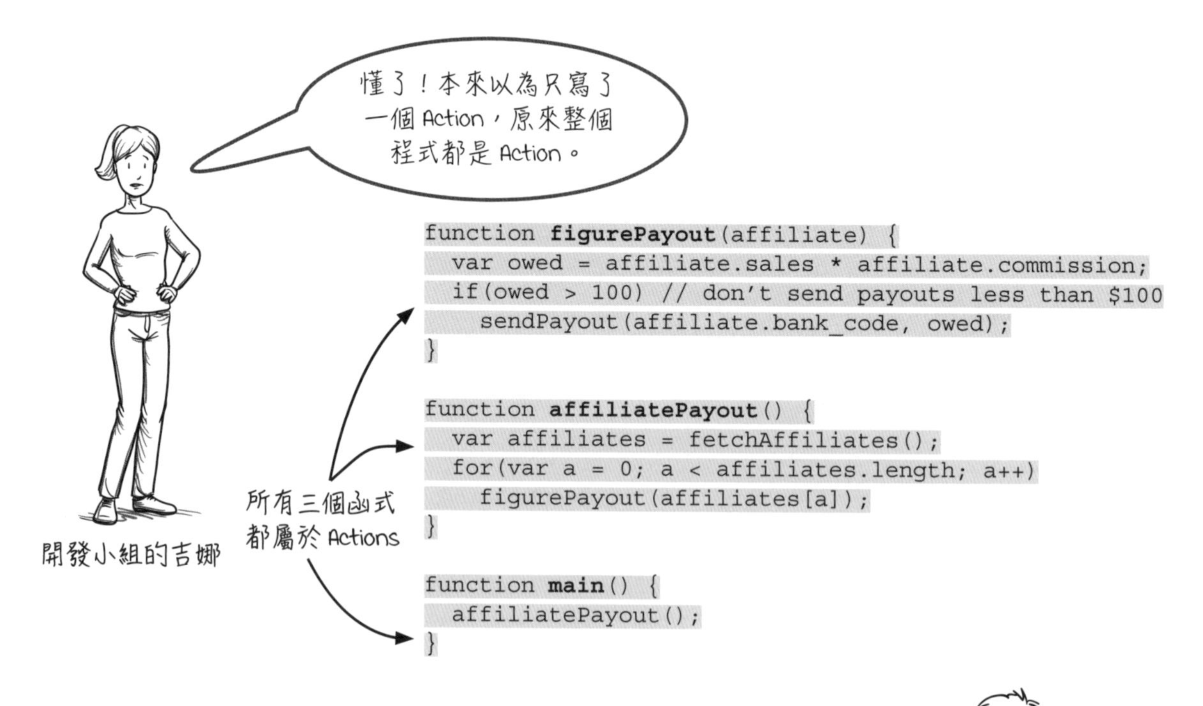


```
function figurePayout(affiliate) {
  var owed = affiliate.sales * affiliate.commission;
  if(owed > 100) // don't send payouts less than $100
    sendPayout(affiliate.bank_code, owed);
}

function affiliatePayout() {
  var affiliates = fetchAffiliates();
  for(var a = 0; a < affiliates.length; a++)
    figurePayout(affiliates[a]);
}

function main() {
  affiliatePayout();
}
```

本例只是非 FP 程式碼的典型範例之一，清楚指出 Actions 最惡名昭彰的特質 — 其時間依賴性會在程式中擴散。換句話說，當甲函式呼叫了一個 Action，甲函式就會變成 Action；若乙函式又呼叫了甲函式，那麼乙函式也會變成 Action。就這樣，程式碼中藏了一個微小的 Action，最後會擴散到所有程式碼中。這也是 FP 程式設計師儘量減少使用 Actions 的原因之一。

如果 Actions 那麼麻煩，卻又有需要，我該怎麼使用呢？

測試部門的喬治

好問題。FP 程式設計師還是會用 Actions，只是用得非常謹慎。事實上，控制 Actions 是函數式思維非常重要的一環，本書會在未來幾個章節中介紹。

3.9 Actions 的形式多變

FP 程式設計師習慣將程式碼分成 Actions、Calculations 與 Data，但絕大多數的程式語言裡並沒有這樣的區別。在像是 JavaScript 這類非 FP 專屬程式語言中，我們很容易會不小心呼叫到 Actions。這一點讓 FP 變得困難，但也並非沒有方法應對，重點是要學會辨識 Actions 的特徵。

下面就列出幾個 JavaScript 程式的 Actions，各位對它們應該不陌生。注意！ Actions 可能出現在任何地方！

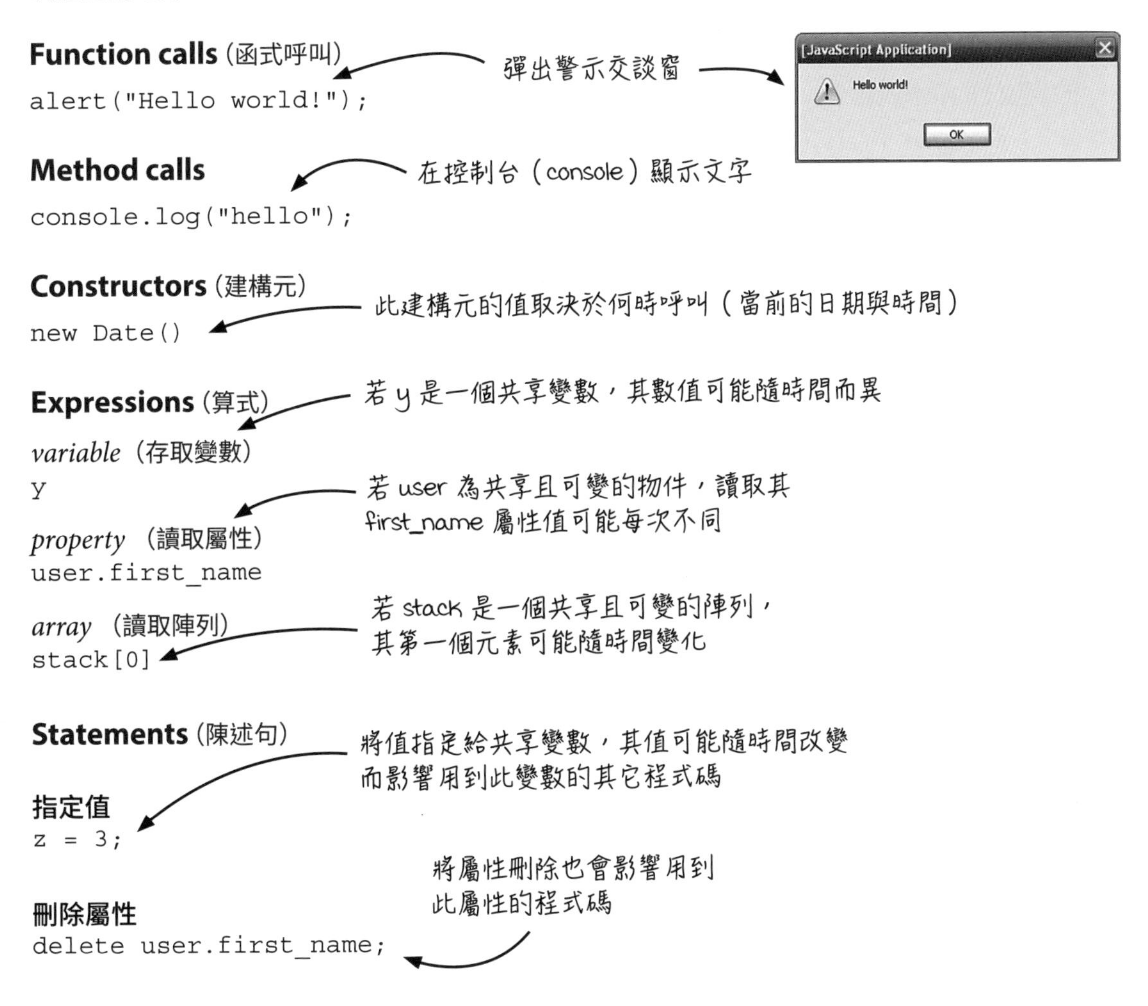

以上所列全都屬於 Actions，也就是依照執行時間與次數的不同，它們可能產生不一樣的結果。只要你在程式中使用到這些，其效果便會擴散。你只要問自己一個簡單的問題就知道了：『這段程式碼會受執行時機或次數影響嗎？』

深入探索：Actions

什麼是 Actions?

Actions（動作）就是所有會對環境產生實際作用、或者被環境影響的元素。根據經驗，Actions 的結果取決於執行時間或次數。

- 執行時間稱為**順序（ordering）**。
- 執行次數稱為**重複（repetition）**。

如何實作 Actions?

在 JavaScript 裡，Actions 是透過函式實作。我們是用同樣的方式建構 Actions 與 Calculations，這雖然增加了混淆的可能性，不過並非無法克服。

Actions 的意義透過什麼表達？

Actions 的意義就是其對任務（軟體或系統用途）產生的作用，我們必須確保該作用是我們想要的。

Actions 的例子

- 寄送電子郵件
- 從銀行帳戶中取款
- 修改全域變數的值
- 傳送一個 ajax 請求（request）

Actions 的一般稱呼為何？

在本書以外的文獻中，Actions 一般稱為**非純函數**（impure functions）、或者帶有 side effect 的函數。本書之所以將其稱為『Actions』是為了避免與程式語言中的特定元素（如：JavaScript 的函式）弄混。.

Actions 雖然麻煩，但不可或缺！

從本章的例子可以清楚知道『Actions 非常難搞』。然而，別忘了第 1 章所說：『Actions 的 side effects 通常是使用軟體的根本原因』。這一點常讓我們陷入兩難，但無論你使用什麼設計範式，最終還是必須接受 Actions 的存在。因此發展出以下原則來控制：

1. 盡可能減少使用 Actions。如果可以用 Calculations 替代的就盡量替代。在第 15 章會討論此策略。

2. 讓 Actions 程式碼越精簡越好。例如，可將程式碼中的『計劃階段』與『執行階段（也就是真正 Actions 的部分）』拆開，並將前者實作成 Calculations。下一章會討論此原則。

3. 將 Actions 限制在只與外界互動，在程式內部（理想狀況下）只有 Calculations 與 Data。在第 18 章討論洋蔥式架構時會談到。

4. 降低 Actions 對時間因素的依賴。FP 程式設計師發展出一些技巧，可減少對執行時間與次數的依賴程度，進而增加其可用性。

Actions 是 FP 中非常重要的主題，我們會花好幾個章節學習怎麼妥善處理它們。

結論

我們在本章看到如何在三種不同時機下應用 ACD。現在可知道：Calculations 可以被理解為『**做**計劃』或『**做**決策』，而其產生的『計劃』或『決策』則是 Data。最後，可以用 Actions 將計劃付諸『執行』。

重點整理

- FP 程式設計師會區分 Actions、Calculations 與 Data。學習這三類程式碼的區別是掌握 FP 的第一步。
- Actions 的結果取決於執行時間與次數，其通常會對軟體系統的環境產生實際作用、或者被環境影響。
- Calculations 是將輸入轉換為輸出的運算過程。它們不會對自身以外的東西產生作用，也因此與執行時間和次數無關。
- Data 是事件的事實記錄。由於事實不隨時間改變，故資料應具有不變性。
- FP 程式設計師對 ACD 的喜愛程度：D > C > A。
- Calculations 比 Actions 更容易測試。

接下來 ...

我們已經學會辨識程式碼中的 Actions、Calculations 與 Data 了，但這樣還不夠！ FP 程式設計師期望將 Actions 拆解出 Calculations，以享用後者帶來的好處。下一章就會教大家怎麼做！

MEMO

擷取 Actions 函式中的 Calculations | 4

本章將帶領大家：

- 觀察資料如何進入函式與離開函式。
- 探索能增加函式可測試性與可重複使用性的技巧。
- 學習如何擷取 Actions 中的 Calculations。

本章要進行許多**重構** (refactoring) 工作。我們會從既存的程式範例開始，在其中增加一些元素，並將 Calculations 從 Actions 中擷取出來。這種做法可增加程式的可測試性與可重複使用性。

4.1 歡迎來到 MegaMart.com ！

MegaMart 是一家網路商城，其最具競爭力的特色之一是：網站頁面會顯示購物車內的商品總金額，即便使用者仍在購物中，也能隨時瞭解消費狀況。

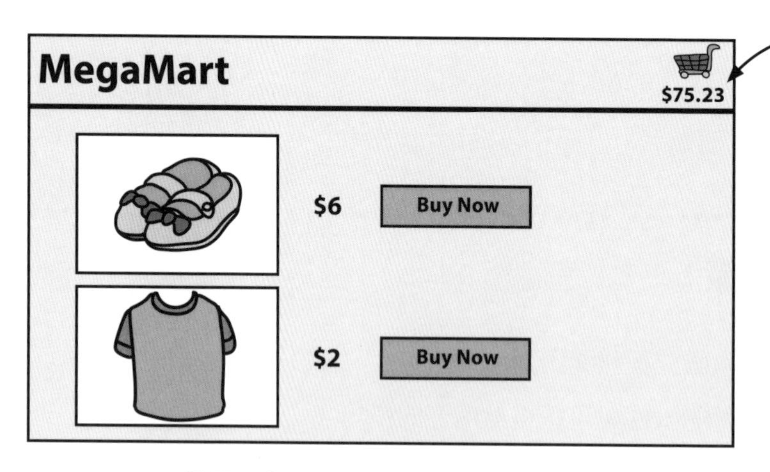

購物車會顯示目前的商品總金額

MegaMart 公開了如下的相關程式碼

```
var shopping_cart = [];
var shopping_cart_total = 0;

function add_item_to_cart(name, price) {
  shopping_cart.push({
    name: name,
    price: price
  });
  calc_cart_total();
}

function calc_cart_total() {
  shopping_cart_total = 0;
  for(var i = 0; i < shopping_cart.length; i++) {
    var item = shopping_cart[i];
    shopping_cart_total += item.price;
  }
  set_cart_total_dom();
}
```

購物車（shopping_cart）與總額（shopping_cart_total）屬於全域變數

將放入購物車的商品加到 shopping_cart 陣列中

由於購物車內的內容改變，故需更新總額

將所有商品的價格加總

更新 DOM 以反映最新總額

最後一行程式碼更新 DOM，這是網頁程式設計師在瀏覽器中修改網頁的方法。

小字典

文件物件模型（DOM, document object model）是瀏覽器將 HTML 頁面轉化成可透過程式讀取和修改的結構。簡單來說，DOM 讓程式語言如 JavaScript 能夠操作網頁元素，例如增加、移除或更改內容和格式，使網頁可以互動和動態更新。

4.2 計算免運費項目

MegaMart 計劃提供免運費優惠給消費總額超過 20 美元的消費者。我們的任務是：若加入某商品後購物車總額超過 20 美元，則在該商品的『加入購物車』按鈕旁顯示『免運費』標籤：

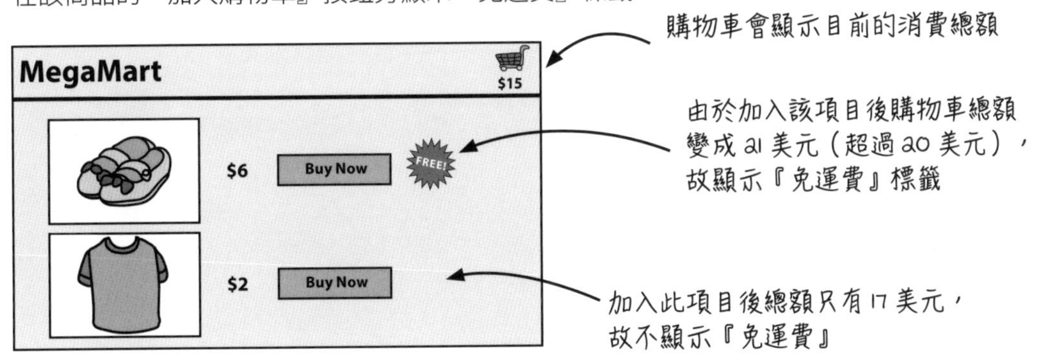

最快的實作方法往往也是最直觀的。我們可以寫一個函式，使其在每個『放入購物車』按鈕旁都加上『免運費』標籤，並以 if 條件判斷是否顯示該標籤（本章稍後會用函數式思維改寫此程式碼）：

```
function update_shipping_icons() {
  var buy_buttons = get_buy_buttons_dom();
  for(var i = 0; i < buy_buttons.length; i++) {
    var button = buy_buttons[i];
    var item = button.item;
    if(item.price + shopping_cart_total >= 20)
      button.show_free_shipping_icon();
    else
      button.hide_free_shipping_icon();
  }
}
```

先取得網頁上所有的『Buy Now』按鈕，然後逐一走訪

判斷該項目是否有『免運費』優惠

依判斷結果顯示或隱藏『免運費』標籤

接著，在 calc_cart_total() 函式的末尾呼叫 update_shipping_icons()。如此一來，每當購物車總額改變時，『免運費』標籤的顯示狀態就會被更新。

```
function calc_cart_total() {
  shopping_cart_total = 0;
  for(var i = 0; i < shopping_cart.length; i++) {
    var item = shopping_cart[i];
    shopping_cart_total += item.price;
  }
  set_cart_total_dom();
  update_shipping_icons();
}
```

此函式之前出現過了

這裡加了一行新程式碼，以更新『免運費』標籤顯示狀態

MegaMart 開發小組的座右銘

能執行，就發佈！

4.3 計算稅金

現在，我們要在購物車總額改變時計算並更新課稅的金額。和前面相同，這裡只要實作新函式 update_tax_dom()，並將其加到 calc_cart_total() 的實作中即可。先講好！這種寫法並不是函數式程式設計。

寫一個新函式

```
function update_tax_dom() {
  set_tax_dom(shopping_cart_total * 0.10);
}
```

將購物車總額乘上 10%

更新 DOM

以下可看到，update_tax_dom() 的呼叫位置在 calc_cart_total() 的最後一行：

```
function calc_cart_total() {
  shopping_cart_total = 0;
  for(var i = 0; i < shopping_cart.length; i++) {
    var item = shopping_cart[i];
    shopping_cart_total += item.price;
  }
  set_cart_total_dom();
  update_shipping_icons();
  update_tax_dom();
}
```

新增此行程式，以更新網頁上的稅金

能執行，就發佈！

> **編註：** 美國商品標價需外加銷售稅才是真正售價，在台灣是稱為營業稅，內含在標價中。

開發部門的吉娜

4.4 程式的可測試性有待提升

上面的程式包含難以測試的項目

每次程式碼發生變化，測試員喬治都得重複以下幾個動作：

1. 開啟瀏覽器
2. 匯入網頁
3. 點擊按鈕將商品放入購物車
4. 等待 DOM 更新 ← 可以簡化此步驟！
5. 取得 DOM 中的值
6. 將字串資料轉換為數字
7. 比較前述數字以及預期數值

測試小組的喬治

喬治的測試筆記

```
function update_tax_dom() {
  set_tax_dom(shopping_cart_total * 0.10);
}
```

喬治需測試的算式，即：(總額 * 0.10)

上述算式的答案只能等 DOM 更新完後，再從中取得

測試前，必須先設定全域變數

喬治的建議

為了增加程式的可測試性，請做以下修改：

- 將關鍵算式與 DOM 更新分開。
- 把全域變數去掉。

這些建議完全符合 FP 原則，後面會解釋原因

> **MegaMart 測試小組的座右銘**
>
> 把工作做完，否則別想回家！

4.5 程式的可重複使用性也需提升

公司的會計與運輸部門想要使用我們的程式，但卻遇到了以下阻礙：

- 本例的程式是從全域變數取得購物車總額，但會計與運輸部門必須根據資料庫來處理訂單金額，而非變數。
- 本例的程式直接把稅金更新到 DOM 中，但上述兩部門卻需要將稅金印在收據與貨物標籤上。

開發部門的吉娜

吉娜的程式筆記

```
function update_shipping_icons() {
  var buy_buttons = get_buy_buttons_dom();
  for(var i = 0; i < buy_buttons.length; i++) {
    var button = buy_buttons[i];
    var item = button.item;
    if(item.price + shopping_cart_total >= 20)
      button.show_free_shipping_icon();
    else
      button.hide_free_shipping_icon();
  }
}
```

會計與運輸部門想要使用此規則

但要執行此函式，我們得先設定全域變數 shopping_cart_total 才行

DOM 要先設置好，這兩行程式碼才有作用

由於沒有傳回值，我們無法取得程式的執行結果

吉娜的建議

請做以下修正，好讓程式可重複使用：

- 消除程式對全域變數的依賴。
- 不應該假設只有 DOM 需要程式輸出。
- 將函式的結果傳回。

吉娜的建議也符合 FP 原則，後面會說明

4.6 區分 Actions、Calculations 與 Data

在修改程式以前，我們得先弄清楚每個函式的類別，這樣才知道具體怎麼改進。和前面一樣，這裡在各函式旁邊標上 A (Actions)、C (Calculations) 或 D (Data)：

```
var shopping_cart = []; A          ← 這幾個全域變數的值會隨時改變，故為 Actions
var shopping_cart_total = 0; A

function add_item_to_cart(name, price) { A
  shopping_cart.push({              ← 修改全域變數屬於 Action
    name: name,
    price: price
  });
  calc_cart_total();
}

function update_shipping_icons() { A
  var buy_buttons = get_buy_buttons_dom();     ← 讀取 DOM 的資訊是 Action
  for(var i = 0; i < buy_buttons.length; i++) {
    var button = buy_buttons[i];
    var item = button.item;
    if(item.price + shopping_cart_total >= 20)
      button.show_free_shipping_icon();        ← 修改 DOM 是 Action
    else
      button.hide_free_shipping_icon();        ← 修改 DOM 是 Action
  }
}

function update_tax_dom() { A
  set_tax_dom(shopping_cart_total * 0.10);     ← 修改 DOM 是 Action
}

function calc_cart_total() { A
  shopping_cart_total = 0;                     ← 修改全域變數屬於 Action
  for(var i = 0; i < shopping_cart.length; i++) {
    var item = shopping_cart[i];
    shopping_cart_total += item.price;
  }
  set_cart_total_dom();
  update_shipping_icons();
  update_tax_dom();
}
```

標記符號

A 即 Actions

C 即 Calculations

D 即 Data

請記住：

Actions 會擴散！只要函式內存在一個 Action，整個函式都會變成 Action。

以上所有函式皆為 Actions，不含任何 Calculations 與 Data。下面就讓我們來看看，FP 如何實現吉娜與喬治的建議吧！

4.7 函式有輸入與輸出

> **輸入與輸出**
>
> 外部資訊透過輸入進入函式。
>
> 產生的資訊與效果透過輸出離開函式。

所謂的**輸入** (inputs) 就是函式在運算時需要的外部訊息，而**輸出** (outputs) 則是函式所產生的資訊或動作。基本上，呼叫函式的目的就是要取得其輸出，為此我們必須提供函式要求的輸入才行。

以下範例標示出函式的輸入與輸出：

```
var total = 0;

function add_to_total(amount) {
  console.log("Old total: " + total);
  total += amount;
  return total;
}
```

- 傳入的引數 (arguments) 是輸入
- 讀取全域變數的值為輸入
- 將結果列印到控制台為輸出
- 修改全域變數屬於輸出
- 傳回值是輸出

如你所見，所有從函式外面進來的訊息都是輸入，而從函式裡面出去的訊息或效果都是輸出。

輸入與輸出有顯性、隱性之分

函式的**顯性輸入** (explicit inputs) 就是指傳入引數、**顯性輸出** (explicit output) 就是指傳回值。利用其它管道進入或離開函式的資訊與效果皆為**隱性** (implicit) 輸入或輸出。以上面的程式碼為例：

```
var total = 0;

function add_to_total(amount) {
  console.log("Old total: " + total);
  total += amount;
  return total;
}
```

- 引數為顯性輸入
- 讀取全域變數的值是隱性輸入
- 列印屬於隱性輸出
- 修改全域變數為隱性輸出
- 傳回值是顯性輸出

隱性輸入與輸出使函式變成 Actions

如果我們把 Action 函式中所有的隱性輸入和輸出去除，則該函式就變成了 Calculation。所以，想要把 Action 改寫成 Calculation，只需『用引數取代隱性輸入、用傳回值取代隱性輸出』即可。

> **顯性輸入**
> - 引數 (arguments)
>
> **隱性輸入**
> - 除引數以外的輸入
>
> **顯性輸出**
> - 傳回值
>
> **隱性輸出**
> - 除傳回值以外的輸出

小字典

在 FP 的語言裡，隱性輸入與輸出即是 side effects (額外作用)。它們有別於函式的主要作用 (effects)，即計算傳回值。

4.8 測試與重複使用性和輸入／輸出相關

還記得喬治和吉娜前面提出的五個建議嗎？他們期望改善程式的可測試與可重複使用性：

測試小組的喬治

- 將關鍵算式與 DOM 更新分開。
- 把全域變數去掉。

開發小組的吉娜

- 消除程式對全域變數的依賴。
- 不應該假設只有 DOM 需要程式輸出。
- 將函式的結果傳回。

請注意！以上每條建議都與『移除隱性輸入和輸出』有關，下面是詳細說明。

建議 1：將關鍵算式與 DOM 更新分開

更新 DOM 屬於輸出，因為牽涉到訊息離開函式；且由於該更新不需傳回值，故為隱性。別誤會！為了讓使用者在網頁上看到資訊，DOM 的更新仍是必要的，但根據喬治的建議，我們應當將關鍵算式（譯註：即 shopping_cart_total * 0.10）與隱性輸出（更新 DOM）分開。

建議 2：把全域變數去掉

讀取全域變數的值屬於隱性輸入，而將值寫入全域變數則是隱性輸出。喬治要求我們將全域變數去掉，也就代表得移除上述隱性輸入與輸出。全域變數的讀取和寫入可分別由引數與傳回值取代。

建議 3：消除程式對全域變數的依賴

這一點和建議 2 相同，其目的是去除與全域變數有關的隱性輸入和輸出。

建議 4：不應假設只有 DOM 需要程式輸出

本例的程式直接把結果寫入 DOM，而這是隱性輸出的一種。我們應該要以傳回值取代該隱性輸出。

建議 5：將函式的結果傳回

傳回值屬於顯性輸出，故此建議相當於『用顯性輸出取代隱性輸出』。

現在你知道了：吉娜與喬治兩人的可測試與可重複性改善建議，涉及 FP 中的顯性、隱性輸入與輸出。接下來，我們要研究如何運用上述概念來擷取出 Calculations。

4.9 從一個 Action 中擷取出 Calculation

要擷取 Actions 中的 Calculations，首先把涉及運算的程式碼獨立出來，然後把所有輸入換成引數、輸出換成傳回值。

請看原本的 calc_cart_total() 函式，內部有一大段的功能與運算購物車總額有關。此處先將其分離成為獨立函式，稍後再討論如何修改其程式碼：

原始程式

```
function calc_cart_total() {
  shopping_cart_total = 0;
  for(var i = 0; i < shopping_cart.length; i++) {
    var item = shopping_cart[i];
    shopping_cart_total += item.price;
  }

  set_cart_total_dom();
  update_shipping_icons();
  update_tax_dom();
}
```

將這一段獨立成新函式

擷取後的結果

```
function calc_cart_total() {

  calc_total();
  set_cart_total_dom();
  update_shipping_icons();
  update_tax_dom();
}
```

在這裡呼叫新函式

```
function calc_total() {
  shopping_cart_total = 0;
  for(var i = 0; i < shopping_cart.length; i++) {
    var item = shopping_cart[i];
    shopping_cart_total += item.price;
  }
}
```

可以看到，我們建立了一個新函式（即：calc_total()），並把運算購物車總額的程式碼貼到其中，而該程式碼原本所在的位置則以呼叫 calc_total() 取代。注意！新函式此時仍是 Action，得再修改才會變成 Calculation。

上面的重構過程有時稱為**擷取子程序**（extract subroutine）。經過如此改寫的程式，在功能上不會改變。

想想看

本小節的改寫不會改變程式碼的功能，像這樣的操作稱為**重構（refactoring）**。換言之，我們希望在不破壞程式的狀況下瞭解它的作用。請想一下，『在改寫程式碼時保留其功能』能帶來哪些好處？

接下來得把新函式 calc_total() 轉換成 Calculatoin。要達成此目標，必須先找出該函式所有的輸入與輸出。

總的來說，calc_total() 共有兩個隱性輸出、一個隱性輸入。兩個隱性輸出都涉及『寫入全域變數 shopping_cart_total』，而唯一的隱性輸入則是『讀取全域變數 shopping_cart』。要將 Action 變成 Calculation，以上輸入／輸出都需從隱性改為顯性才行。

> 因為有資料從函式離開，故將值指定給全域變數屬於**輸出**。
>
> 因為有資料進入函式，故讀取全域變數值屬於**輸入**。

```
function calc_total() {                              ← 輸出
  shopping_cart_total = 0;                           輸入 ↓
  for(var i = 0; i < shopping_cart.length; i++) {
    var item = shopping_cart[i];
    shopping_cart_total += item.price;
  }                                                  ← 輸出
}
```

本例的兩個輸出是寫入相同的全域變數，所以可以用單一傳回值取代兩者。在此我們不再讓 calc_total() 直接存取全域變數，而是將結果寫入區域變數後傳回，再於 calc_cart_total() 中將該傳回值指定給全域變數：

目前的程式

```
function calc_cart_total() {
  calc_total();
  set_cart_total_dom();
  update_shipping_icons();
  update_tax_dom();
}

function calc_total() {
  shopping_cart_total = 0;
  for(var i = 0; i < shopping_cart.length; i++) {
    var item = shopping_cart[i];
    shopping_cart_total += item.price;
  }
}
```

去除隱性輸出

```
function calc_cart_total() {
  shopping_cart_total = calc_total();
  set_cart_total_dom();
  update_shipping_icons();
  update_tax_dom();
}

function calc_total() {
  var total = 0;
  for(var i = 0; i < shopping_cart.length; i++) {
    var item = shopping_cart[i];
    total += item.price;
  }
  return total;
}
```

使用傳回值來設定全域變數

將『指定全域變數值』的程式碼移到呼叫 calc_total() 的函式裡

轉換為區域變數

用區域變數來運算

將區域變數值傳回

想想看

我們已做了不少改變，請問此時的程式碼能順利執行嗎？

至此，兩個隱性輸出已被排除，下面要處理的是隱性輸入。我們要在 calc_total() 中加入並使用名為 cart 的新參數，以取代原來的全域變數 shopping_cart。不過這麼一來，在呼叫 calc_total() 時就要記得將 shopping_cart 做為引數傳入。

目前的程式

```
function calc_cart_total() {
  shopping_cart_total = calc_total();
  set_cart_total_dom();
  update_shipping_icons();
  update_tax_dom();
}

function calc_total() {
  var total = 0;
  for(var i = 0; i < shopping_cart.length; i++) {
    var item = shopping_cart[i];
    total += item.price;
  }
  return total;
}
```

有兩個地方需要讀取全域變數 shopping_cart

去除隱性輸入

將 shopping_cart 做為引數傳入

```
function calc_cart_total() {
shopping_cart_total = calc_total(shopping_cart);
set_cart_total_dom();
update_shipping_icons();
update_tax_dom();
}

function calc_total(cart) {
  var total = 0;
  for(var i = 0; i < cart.length; i++) {
    var item = cart[i];
    total += item.price;
  }
  return total;
}
```

不使用全域變數，而是改用引數

完成以上更動後，calc_total() 就變成 Calculation 了。其中一切輸入皆為引數、輸出則只有傳回值。從 Action 擷取 Calculation 的任務完成！

喬治與吉娜的建議已全部完成

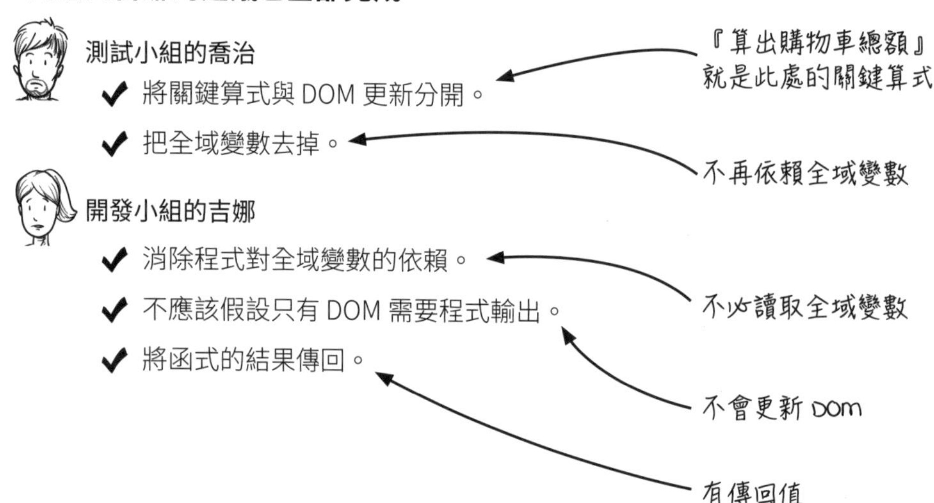

4.10 擷取另一個 Action 中的 Calculation

接著我們把同樣的過程套用在 add_item_to_cart() 函式上，具體步驟與之前相同：先找到適當程式碼並將其分離出來，再用顯性輸入與輸出取代隱性。

此處要改成 Calculation 的段落是：add_item_to_cart() 中用來更動購物車內容的程式，讓我們先來建立新函式：

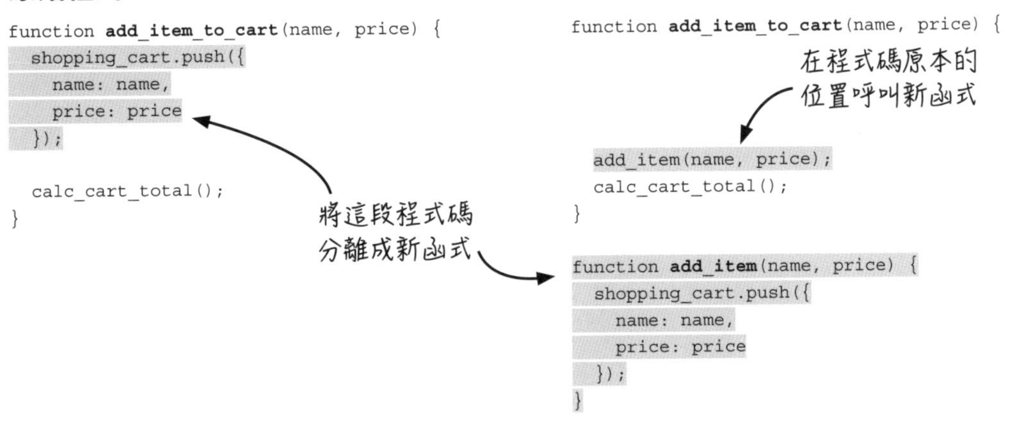

我們寫了名為 add_item() 的新函式，並把選擇的程式段落移到其中。可以看到此函式有 name 和 price 兩個參數。然後，舊的程式就以『呼叫 add_item()』來取代。

正如之前所述，上述重構過程稱為**擷取子程序** (extract subroutine)。由於擷取出來的程式會修改全域變數 shopping_cart 陣列，故其仍為 Action，下面的工作就是將其轉換為 Calculation。

想想看

我們將擷取出的一段程式碼寫成一個新函式，請問這會影響系統的行為嗎？

要將 add_item() 變成 Calculation，我們得先找到該函式中的隱性輸入與輸出。首先，add_item() 會讀取全域變數，此即隱性輸入；再來，它會透過 push() 修改前述全域變數，此為隱性輸出：

```
function add_item(name, price) {
  shopping_cart.push({
    name: name,
    price: price
  });
}
```

這裡用 .push() 修改了全域陣列

這裡讀取了全域陣列 shopping_cart

請記住：

因為有資料進入函式，故讀取全域陣列值屬於**輸入**。

因為有資料從函式離開，故修改全域陣列屬於**輸出**。

既然隱性輸入和輸出都找到了，現在就用引數與傳回值來取代它們。這次我們從輸入下手。

在目前的設計中，add_item() 會直接參照全域變數 shopping_cart。為了避免該情形，此處對 add_item() 增加一個名為 cart 的參數，並讓該函式參照到此參數 (而非全域變數) 上：

目前的程式

```
function add_item_to_cart(name, price) {
  add_item(name, price);
  calc_cart_total();
}

function add_item(name, price) {
  shopping_cart.push({
    name: name,
    price: price
  });
}
```

去除隱性輸入

```
function add_item_to_cart(name, price) {
  add_item(shopping_cart, name, price);
  calc_cart_total();
}

function add_item(cart, name, price) {
  cart.push({
    name: name,
    price: price
  });
}
```

將全域變數做為引數傳入

加入新參數

讓函式參照傳入的引數，而非全域變數

完成以上修改後，要記得把全域變數當成引數傳入 add_item()。這麼一來，我們便成功把隱性輸入轉換成顯性的引數輸入了。

但是請注意！函式目前仍是用 .push() 直接更動全域陣列，而這屬於隱性輸出。緊接著就來處理此問題。

函式add_item()的隱性輸出是由『修改儲存於全域變數shopping_cart裡的陣列』造成。對此，我們希望函式不再更改全域陣列，而是傳回一個內含更動資料的複製陣列，請看以下程式：

小字典

『先將可變資料拷貝一份再做修改』是實作不變性的方法之一。此方法稱為**寫入時複製**(copy-on-write)，相關細節會在第6章介紹。

將傳回值指定給原函式中的全域變數

目前的程式

```
function add_item_to_cart(name, price) {

  add_item(shopping_cart, name, price);
  calc_cart_total();
}

function add_item(cart, name, price) {

  cart.push({
    name: name,
    price: price
  });

}
```

去除隱性輸出

```
function add_item_to_cart(name, price) {
  shopping_cart =
    add_item(shopping_cart, name, price);
  calc_cart_total();
}

function add_item(cart, name, price) {
  var new_cart = cart.slice();
  new_cart.push({
    name: name,
    price: price
  });
  return new_cart;
}
```

複製一個資料複本，並指定給一區域變數

修改資料複本

將資料複本傳回

原始程式直接將函式的運算結果寫入全域變數。而在去除隱性輸出的修改版中，我們會先建立一個資料複本，修改之，再將其傳回。如此一來，隱性輸出就被傳回值給取代了。

擷取工作到此便告一段落。由於add_item()中不再有隱性輸入或輸出，故其已變成了Calculation。

深入探索

其實在JavaScript中，陣列是無法直接複製的。本書使用了.slice() method解決此問題，語法如下，第6章會談到更多細節。

`array.slice()`

想想看

在本節中，我們先將cart複製，然後才進行更動。問題來了：如果直接更改做為引數傳入的陣列，那麼add_item()仍會是Calculation嗎？為什麼？

練習 4-1

為了讓程式的可測試性與可重複使用性得到提升，本處擷取出 add_item() 函式（完整程式碼請見下方）。請問：add_item() 是否符合喬治與吉娜的要求呢？

```
function add_item_to_cart(name, price) {
  shopping_cart = add_item(shopping_cart, name, price);
  calc_cart_total();
}

function add_item(cart, name, price) {
  var new_cart = cart.slice();
  new_cart.push({
    name: name,
    price: price
  });
  return new_cart;
}
```

看看吉娜與喬治的建議是否都已達成：

測試小組的喬治

- ☐ 將關鍵算式與 DOM 更新分開。
- ☐ 把全域變數去掉。

開發小組的吉娜

- ☐ 消除程式對全域變數的依賴。
- ☐ 不應該假設只有DOM需要程式輸出。
- ☐ 將函式的結果傳回。

練習 4-1 解答

答案為『是』，本處的程式符合上列所有建議的要求。

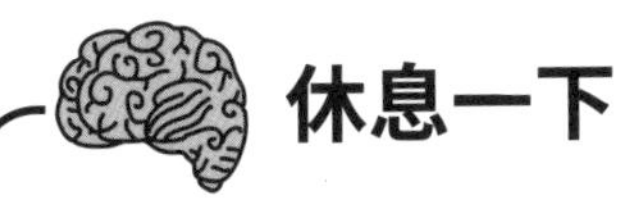

休息一下

問 1：我們的程式碼好像變長了！這是正常的嗎？程式不是越短越好嗎？

答 1：一般來說，程式是越短越好沒錯。但因為這裡得建立新函式，所以本章程式碼的總行數確實變長了。

話雖如此，將部分程式段落獨立成函式能取得意想不到的好處。舉例而言，本章的程式在可重複使用性與可測試性上皆有所提升 — 相同的函式不僅可供另外兩個部門使用，測試起來也更加快速。

此外，我們還有絕招還沒公開呢！請拭目以待吧！

問 2：FP 是否只能增進可測試性與可重複使用性？

答 2：當然不是！除了可測試性與可重複使用性，本書後面還會提到 FP 在**併發**(concurrency)、程式架構、以及資料模型上的應用。同時要提醒各位：FP 是個很大的領域，本書不可能觸及所有內容。

問 3：擷取後的 Calculation 似乎變得更加獨立，不再局限於原本設定的功能了。這一點很重要嗎？

答 3：是的。將程式分解成較小的部分是 FP 的一項重要特色，小段程式比較容易理解、測試與重複使用。

問 4：本章擷取的 Calculation 程式碼會修改變數，但前面的章節不是說 FP 有不變性嗎？這是怎麼一回事呢？

答 4：好問題。所謂不變性 (immutable) 是指 — 當變數建立後，其內容便不能再更動。但請注意，初次創建的變數必須初始化，此時修改是不可避免的。以新陣列為例，你必須在一開始初始化它的值，也就是將項目加到陣列中；但在這之後，我們就不再修改其內容了。

本章中，所有修改皆發生在區域變數剛建立、需要初始化的時候。且由於它們是『區域』變數，故函式外的程式無法存取。待初始化完成後，函式會將這些變數值傳回，這時我們就要遵守 FP 不變性的原則。第 6 章會對不變性做更深入的討論。

擷取 Calculation 的三步驟

從 Action 中擷取 Calculation 是個可重複的過程，以下便是其步驟：

步驟 1：選取並分離與計算有關的程式碼

將適當的程式碼挑出來，並重構成新的函式。注意！你可能得在合適的地方插入一些參數。另外，記得在原程式碼所在的位置呼叫上述新函式。

步驟 2：找出函式的隱性輸入與輸出

列出新函式的所有輸入與輸出，再標出其中為隱性者。輸入就是一切可影響函式運算結果的資料，輸出則是一切會被函式運算結果影響的東西。

輸入的例子包括：引數（只有這一項為顯性，其它皆為隱性）、讀取函式以外的變數、資料庫的查詢等。

輸出的例子包括：傳回值（只有這一項為顯性，其它皆為隱性）、修改全域變數、修改共享物件、發送網頁請求等。

步驟 3：將隱性輸入轉換為引數、隱性輸出轉換為傳回值

逐一把隱性輸入替換成引數、隱性輸出換成傳回值。注意！你可能得在原函式裡將傳回值指定給某個變數。

這裡必須強調：此處的傳入引數與傳回值必須具備不變性，也就是數值不能改變。假如我們傳回了某個值，但其它函式又改變了它的值，那麼該輸出就會變成隱性了。同理，若在函式接受了某引數後，又有另一個函式改變其值，該輸入將變成隱性輸入。各位會在第 6 章學到更多與資料不變性有關的概念，包括為什麼不能更動資料，以及如何確保資料不改變。但現在，先讓我們假設輸入與輸出都是不變的就好。

練習 4-2

前面提過，會計部門想要使用我們寫的稅金計算函式，但該函式與 DOM 緊密相連。請你將 `update_tax_dom()` 中的 Calculation 擷取出來，並把修正後的程式寫在下方空白處。下一頁會有參考答案。

```
function update_tax_dom() {
  set_tax_dom(shopping_cart_total * 0.10);
}
```

會計部門想使用這條算式

擷取 Calculation 的三步驟

1. 選取並分離與 Calculation 有關的程式碼
2. 找出函式的隱性輸入與輸出
3. 將隱性輸入轉換為引數、隱性輸出轉換為傳回值

前面所說的步驟總結在此

將你的程式碼寫在這裡

練習 4-2 解答

我們的任務是從 update_tax_dom() 中擷取負責稅金計算的程式碼。讓我們先建立名為 calc_tax() 的新函式，並把關鍵算式分離到其中：

原始程式

```
function update_tax_dom() {
  set_tax_dom(shopping_cart_total * 0.10);
}
```

擷取後的結果

```
function update_tax_dom() {
  set_tax_dom(calc_tax());
}

function calc_tax() {
  return shopping_cart_total * 0.10;
}
```

calc_tax() 只有一個隱性輸入，沒有隱性輸出

在上面的處理中，我們將一小段數學算式（原本是 set_tax_dom() 的引數）擷取至 calc_tax() 內。該函式只有一個隱性輸入，且沒有隱性輸出（唯一個輸出是顯性的傳回值）。

現在來把隱性輸入替換成顯性的傳入引數吧：

擷取後的結果

```
function update_tax_dom() {
  set_tax_dom(calc_tax());
}

function calc_tax() {
  return shopping_cart_total * 0.10;
}
```

最終版本

```
function update_tax_dom() {
  set_tax_dom(calc_tax(shopping_cart_total));
}

function calc_tax(amount) {
  return amount * 0.10;
}
```

這段乾淨的計算程式可提供給會計部門使用

這樣就完成了！我們已將關鍵程式碼擷取至新函式中，並用顯性輸入／輸出替換所有的隱性輸入／輸出。換言之，calc_tax() 已經變成了 Calculation，且具有高度可重複使用性。

練習 4-3

請檢查 calc_tax() 是否符合喬治與吉娜的所有要求：

```
function update_tax_dom() {
  set_tax_dom(calc_tax(shopping_cart_total));
}

function calc_tax(amount) {
  return amount * 0.10;
}
```

測試小組的喬治

- ☐ 將關鍵算式與 DOM 更新分開。
- ☐ 把全域變數去掉。

開發小組的吉娜

- ☐ 消除程式對全域變數的依賴。
- ☐ 不應該假設只有 DOM 需要程式輸出。
- ☐ 將函式的結果傳回。

練習 4-3 解答

答案為『是』，calc_tax() 符合上列所有要求。

練習 4-4

運輸部門想用我們的程式來判斷訂單是否免運費，為此你必須擷取 update_shipping_icons() 函式中的 Calculation。請把你的回答寫在下方空白處，答案在下一頁。

```
function update_shipping_icons() {
  var buy_buttons = get_buy_buttons_dom();
  for(var i = 0; i < buy_buttons.length; i++) {
    var button = buy_buttons[i];
    var item = button.item;
    if(item.price + shopping_cart_total >= 20)
      button.show_free_shipping_icon();
    else
      button.hide_free_shipping_icon();
  }
}
```

運輸部門想使用這條算式

擷取 Calculation 的三步驟

1. 選取並分離與 Calculation 有關的程式碼
2. 找出函式的隱性輸入與輸出
3. 將隱性輸入轉換為引數、隱性輸出轉換為傳回值

前面所說的步驟總結在此

將你的程式碼寫在這裡

練習 4-4 解答

我們的任務是從 update_shipping_icons() 中擷取判斷是否免運費的邏輯陳述。讓我們先把相關程式碼取出，再將其改寫為 Calculation：

原始程式

```
function update_shipping_icons() {
  var buy_buttons = get_buy_buttons_dom();
  for(var i = 0; i < buy_buttons.length; i++) {
    var button = buy_buttons[i];
    var item = button.item;
    if(item.price + shopping_cart_total >= 20)
      button.show_free_shipping_icon();
    else
      button.hide_free_shipping_icon();
  }
}
```

擷取後的結果

```
function update_shipping_icons() {
  var buy_buttons = get_buy_buttons_dom();
  for(var i = 0; i < buy_buttons.length; i++) {
    var button = buy_buttons[i];
    var item = button.item;
    if(gets_free_shipping(item.price))
      button.show_free_shipping_icon();
    else
      button.hide_free_shipping_icon();
  }
}

function gets_free_shipping(item_price) {
  return item_price + shopping_cart_total >= 20;
}
```

gets_free_shipping() 只有一個隱性輸入，也就是此處的全域變數讀取

現在，只要再把 gets_free_shipping() 的隱性輸入去除，即可將其轉換成 Calculation 了：

擷取後的結果

```
function update_shipping_icons() {
  var buy_buttons = get_buy_buttons_dom();
  for(var i = 0; i < buy_buttons.length; i++) {
    var button = buy_buttons[i];
    var item = button.item;
    if(gets_free_shipping(
                      item.price))
      button.show_free_shipping_icon();
    else
      button.hide_free_shipping_icon();
  }
}

function gets_free_shipping(item_price) {
  return item_price + shopping_cart_total >= 20;
}
```

最終版本

```
function update_shipping_icons() {
  var buy_buttons = get_buy_buttons_dom();
  for(var i = 0; i < buy_buttons.length; i++) {
    var button = buy_buttons[i];
    var item = button.item;
    if(gets_free_shipping(shopping_cart_total,
                          item.price))
      button.show_free_shipping_icon();
    else
      button.hide_free_shipping_icon();
  }
}

function gets_free_shipping(total, item_price) {
  return item_price + total >= 20;
}
```

練習 4-5

請檢查新函式gets_free_shipping()是否符合喬治與吉娜的所有要求：

```
function update_shipping_icons() {
  var buy_buttons = get_buy_buttons_dom();
  for(var i = 0; i < buy_buttons.length; i++) {
    var button = buy_buttons[i];
    var item = button.item;
    if(gets_free_shipping(shopping_cart_total, item.price))
      button.show_free_shipping_icon();
    else
      button.hide_free_shipping_icon();
  }
}

function gets_free_shipping(total, item_price) {
  return item_price + total >= 20;
}
```

測試小組的喬治

- ☐ 將關鍵算式與 DOM 更新分開。
- ☐ 把全域變數去掉。

開發小組的吉娜

- ☐ 消除程式對全域變數的依賴。
- ☐ 不應該假設只有 DOM 需要程式輸出。
- ☐ 將函式的結果傳回。

練習 4-5 解答

答案為『是』，gets_free_shipping()符合所有要求。

4.11 查看完整程式碼

以下為本章程式的全貌。我們會在每個變數與函式旁註記 A (Action)、C (Calculation)，以便於各位觀察現在的狀況：

```
var shopping_cart = []; A
var shopping_cart_total = 0; A

function add_item_to_cart(name, price) { A
  shopping_cart = add_item(shopping_cart, name, price);
  calc_cart_total();
}

function calc_cart_total() { A
  shopping_cart_total = calc_total(shopping_cart);
  set_cart_total_dom();
  update_shipping_icons();
  update_tax_dom();
}

function update_shipping_icons() { A
  var buttons = get_buy_buttons_dom();
  for(var i = 0; i < buttons.length; i++) {
    var button = buttons[i];
    var item = button.item;
    if(gets_free_shipping(shopping_cart_total, item.price))
      button.show_free_shipping_icon();
    else
      button.hide_free_shipping_icon();
  }
}

function update_tax_dom() { A
  set_tax_dom(calc_tax(shopping_cart_total));
}

function add_item(cart, name, price) { C
  var new_cart = cart.slice();
  new_cart.push({
    name: name,
    price: price
  });
  return new_cart;
}

function calc_total(cart) { C
  var total = 0;
  for(var i = 0; i < cart.length; i++) {
    var item = cart[i];
    total += item.price;
  }
  return total;
}

function gets_free_shipping(total, item_price) { C
  return item_price + total >= 20;
}

function calc_tax(amount) { C
  return amount * 0.10;
}
```


請記住：

只要函式內存在一個 Action，整個函式都會變成 Action。

結論

經過我們的修改後，所有人的需求都得到了滿足。喬治終於能回家抱孩子，吉娜的程式也立即被會計與運輸部門採用。MegaMart 的執行長對最終的成果也很滿意 — 由於加入了『免運費』標籤，平台使用者的數量上升，股價也跟著上漲。

話雖如此，開發小組的金恩似乎認為程式在設計上還有進步空間，我們下一章再討論。

重點整理

- 屬於 Action 的函式必然包含隱性輸入與 (或) 輸出。
- 根據定義，Calculation 程式碼沒有隱性輸入和輸出。
- 共享變數 (如：全域變數) 是一種常見的隱性輸入或輸出。
- 隱性輸入通常可用引數取代。
- 隱性輸出通常可用傳回值取代。
- 套用 FP 原則後，程式中 Actions 的比例會減少，Calculations 的比例則相應提高。

接下來 ...

本章介紹了如何擷取 Actions 裡的 Calculations，以提升程式碼的品質。不過，有時這招並不管用，畢竟有些 Actions 是必要的。那麼，我們有辦法改良這些去不掉的 Actions 嗎？
答案：『是的』！此為下一章的討論主題。

改良 Actions 的設計 | 5

本章將帶領大家：

- 瞭解為什麼去除隱性輸入與輸出，有助於程式的可重複使用性。
- 學習如何藉由拆解來改善程式的設計。

上一章已為各位說明：只要移除函式的所有隱性輸入與輸出，即可把 Actions 重構為 Calculations。然而，程式中的 Actions 是不可能完全消除的，因此本章要告訴大家：即便只是移除部分的隱性輸入與輸出，也能改善 Actions 程式碼的設計。

5.1 應配合需求設計程式

根據用途選擇合適的抽象化層級

我們想知道的是『某一筆訂單』是否免運費，而非『購物車總額加上某商品的價格』是否免運費。

在上一章中，我們只討論了將 Actions 重構為 Calculations 的『做法』，卻沒有考慮最後的成果是否為最佳設計（這一點得從程式使用者的角度來思考），故本章將討論此議題。事實上，開發小組的金恩已經想到了一些改良方法（譯註：本章延用了第 4 章的程式與案例，建議閱讀前先複習一下之前的內容）！

開發小組的金恩

舉例而言，gets_free_shipping() 的寫法就有問題。畢竟，我們想知道的是『某一筆訂單』是否享有免運優惠，但該函式考量的卻是『購物車總額加上某商品價格』的總和是否達到免運費標準。換言之，gets_free_shipping() 目前需要的兩項引數不符合實際需求。

這兩個引數不是我們想要的

```
function gets_free_shipping(total, item_price) {
  return item_price + total >= 20;
}
```

除此之外，第 4 章的程式碼還有隱藏的重複問題 — 我們分別在兩個地方做了『購物車總額 (total) 加商品價格 (item_price 或 item.price)』的運算。注意！程式碼重複雖然不見得是壞事，但卻是**程式碼異味** (code smell)，即：暗示程式可能存在問題的指標。

此計算（item + total）重複了

```
function calc_total(cart) {
  var total = 0;
  for(var i = 0; i < cart.length; i++) {
    var item = cart[i];
    total += item.price;
  }
  return total;
}
```

小字典

程式碼異味 (code smell) 即暗示程式可能有潛在問題的程式碼特徵。

也就是說，我們接下來要做的事情包括把：

```
gets_free_shipping(total, item_price)
```

改寫成：

```
gets_free_shipping(cart)
```

將函式簽章（function signature，譯註：此處是指函式的參數）改成這樣後，整個函式可直覺地理解成『傳回此購物車（透過 cart 參數輸入）是否享有免運優惠』。

並且透過 calc_total() 的再利用，來去除程式中重複的算式。

5.2 應依照需求撰寫函式

更改函式簽章並非重構，因為函式行為會改變

這裡先把 gets_free_shipping() 的輸入改為購物車，再利用 calc_total() 計算購物車總額，最後讓函式傳回該總額是否大於或等於符合免運費標準的 20 美元：

此處使用 calc_total() 來計算總額

原始程式

```
function gets_free_shipping(total,
                            item_price) {
  return item_price + total >= 20;
}
```

新函式簽章

```
function gets_free_shipping(cart) {

  return calc_total(cart) >= 20;
}
```

現在，gets_free_shipping() 要處理的資料結構從兩個數值 (分別代表總額與特定商品的價格) 變成了購物車陣列。對於網路電商而言，由於購物車是最主要的資料實體，故上述修改非常合理。

既然簽章不同了，所有使用舊版 gets_free_shipping() 的函式也得一併修改才行：

原始程式

```
function update_shipping_icons() {
  var buttons = get_buy_buttons_dom();
  for(var i = 0; i < buttons.length; i++)
{
    var button = buttons[i];
    var item = button.item;


    if(gets_free_shipping(
         shopping_cart_total,
         item.price))
      button.show_free_shipping_icon();
    else
      button.hide_free_shipping_icon();
  }
}
```

建立新購物車陣列來存放商品

使用新簽章

```
function update_shipping_icons() {
  var buttons = get_buy_buttons_dom();
  for(var i = 0; i < buttons.length; i++)
{
    var button = buttons[i];
    var item = button.item;
    var new_cart = add_item(shopping_cart,
                            item.name,
                            item.price);
    if(gets_free_shipping(
         new_cart))

      button.show_free_shipping_icon();
    else
      button.hide_free_shipping_icon();
  }
}
```

呼叫改良過後的函式

這麼一來，gets_free_shipping() 就符合需求了 — 該函式可以告訴我們：指定的購物車是否享有免運費優惠。

休息一下

在上面的範例中，我們先用 add_item() 將購物車的內容複製成 new_cart，再對 new_cart 進行修改；至於原始的購物車則維持不變。請問這樣的設計是否符合 FP 的原則？為什麼？

休息一下

問 1：程式的總行數一直在增加！這樣真的比較好嗎？

答 1：總行數雖然可以在一定程度上反映程式碼庫的寫入與維護難度，但卻並非唯一指標。事實上，另一項指標是看每個函式的長度有多長 — 短函式比較容易理解與修正，而本例中的 Calculations 函式都非常短，且具備高連貫性與可重複使用性。更何況，我們的程式還沒改完呢！

問 2：每次呼叫 add_item()，程式就會產生一個購物車陣列的複本，這樣不會很耗費資源嗎？

答 2：相較於修改單一陣列，複製陣列的成本當然較高。不過，對現在的執行期 (runtime) 與垃圾回收 (garbage collectors) 機制來說，這不會造成太大的問題。事實上，我們經常不經意地在程式裡複製資料。以字串 (string) 為例，該資料型別在 JavaScript 中是不可改變的，故每當你串接兩個字串時，實際上都是在生成新字串 (將舊字串的每個字元複製到新字串內)。

更重要的是，複製陣列的好處遠大於成本。只要繼續讀下去，各位就會曉得『修改複本並讓原始資料保持不變』其實是很有用的技巧。本書第 6、7 章會介紹更多與資料複製有關的內容，倘若陣列複製真的拖慢了程式，那麼到時候再進行優化也不遲！

5.3 設計原則 1：最小化隱性輸入與輸出

複習一下：隱性輸入就是所有非引數的輸入，而隱性輸出則是所有非傳回值的輸出。到目前為止，我們已經寫過好幾個不含此類輸入／輸出的函式了，本書將它們稱為 Calculations。

除了 Calculations 以外，『盡量避免使用隱性輸入和輸出』的原則也適用於 Actions 函式。當然，Actions 中的隱性輸入／輸出不可能完全去除，但你能消掉的東西越多，得到的結果越好。

事實上，一個含有隱性輸入與輸出的函式，就像被焊死在機器中的零組件一樣，不具備模組化 (modular) 特性，所以該函式不能用在其它地方，且其行為由與之焊接的其它程式決定。在上述比喻下，『將隱性輸入及輸出改為顯性』就如同賦予函式模組化性質 — 該函式不再和其它程式焊在一起，而是透過能輕易分離的連接器相連。

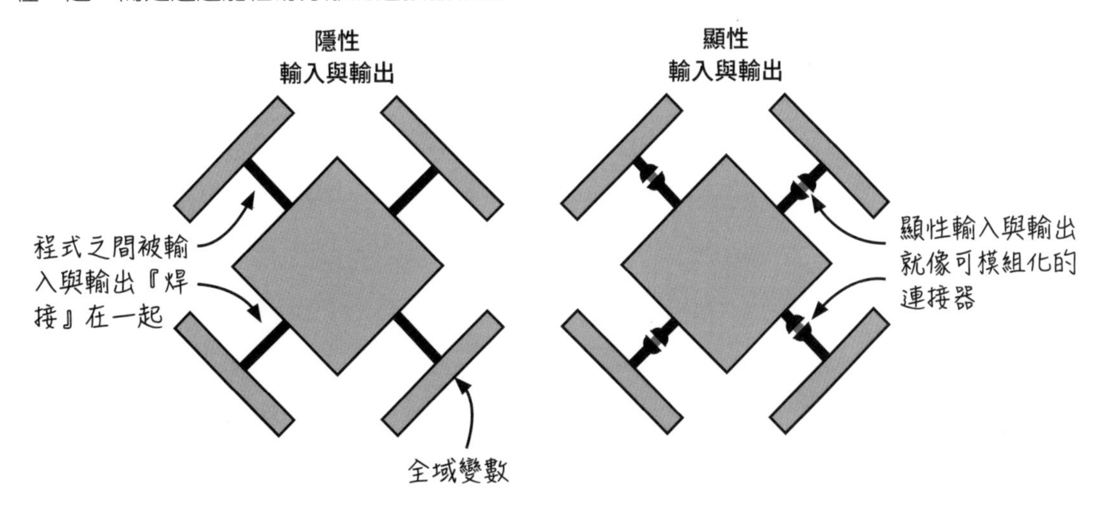

隱性輸入會限制呼叫函式的時機。以第 4 章的 `update_tax_dom()` 為例，在用 FP 原則改寫以前，我們必須先設定全域變數 shopping_cart_total 才能呼叫該函式（**譯註：** 這一點在第 4 章有明確提到，請參考 4.4 節）。那要是有別的函式正在使用 shopping_cart_total 怎麼辦？你得確保在 `update_tax_dom()` 執行時，沒有其它程式存取該變數才行。

隱性輸出也會對函式呼叫產生同樣的限制。換言之，只有當你想得到某函式的輸出時（**譯註：** 此處的輸出包含傳回值與其它效果，如：寄 email 或寫入全域變數），才能夠呼叫該函式。就 `update_tax_dom()` 來說，如果你不想更新 DOM 怎麼辦？在以 FP 原則改寫前，我們無法在不改變 DOM 的狀況下取得稅金值，並發佈在其它地方。

由於上述限制，擁有隱性輸入與輸出的函式較難測試。你必須事先設定好所有相關輸入的值，並記得檢查所有輸出。可以想像，當這樣的輸入／輸出越多時，函式測試便越困難。

Calculations 之所以較易測試，正是因為沒有隱性輸入和輸出。而 Actions 雖然不可避免地包含此類輸入／輸出，但減少其數量仍有助於提升可測試性與可重複使用性。

5.4 減少隱性輸入與輸出

若前一節的設計原則成立，那麼我們應該將其套用到所有函式上。下面就來看如何在 update_shipping_icons() 函式上應用該原則吧！在本例中，我們可以用引數（即：顯性輸入）取代與 shopping_cart 有關的隱性輸入（**譯註：** 注意！此處的重點不是把 Actions 改成 Calculations，而是減少 Actions 中的隱性輸入，故改完後的函式仍是 Actions）：

原始程式

此處讀取了全域變數

```
function update_shipping_icons() {
  var buttons = get_buy_buttons_dom();
  for(var i = 0; i < buttons.length; i++) {
    var button = buttons[i];
    var item = button.item;
    var new_cart = add_item(shopping_cart,
                            item.name,
                            item.price);
    if(gets_free_shipping(new_cart))
      button.show_free_shipping_icon();
    else
      button.hide_free_shipping_icon();
  }
}
```

改為顯性輸入

加入引數，並用其取代全域變數

```
function update_shipping_icons(cart) {
  var buttons = get_buy_buttons_dom();
  for(var i = 0; i < buttons.length; i++) {
    var button = buttons[i];
    var item = button.item;
    var new_cart = add_item(cart,
                            item.name,
                            item.price);
    if(gets_free_shipping(new_cart))
      button.show_free_shipping_icon();
    else
      button.hide_free_shipping_icon();
  }
}
```

既然函式簽章改變了，有呼叫 update_shipping_icons() 的程式也得跟著修改才行：

原始程式

這裡呼叫了原本的 update_shipping_icons()

```
function calc_cart_total() {
  shopping_cart_total =
    calc_total(shopping_cart);
  set_cart_total_dom();
  update_shipping_icons();
  update_tax_dom();
}
```

傳入引數

將 shopping_cart 變數當成引數傳入

```
function calc_cart_total() {
  shopping_cart_total =
    calc_total(shopping_cart);
  set_cart_total_dom();
  update_shipping_icons(shopping_cart);
  update_tax_dom();
}
```

想想看

在上面的範例中，我們去除了 update_shipping_icons() 的隱性輸入，而該函式仍是 Action。請問：套用設計原則 1 以後，update_shipping_icons() 是否能被用在更多地方？可測試性是否有所提升？

練習 5-1

以下列出本章程式範例中所有的 Actions 函式。請試著找出所有讀取全域變數的地方，並將它們用引數取代。答案見下一頁。

```
function add_item_to_cart(name, price) {
  shopping_cart = add_item(shopping_cart,
                           name, price);
  calc_cart_total();
}

function calc_cart_total() {
  shopping_cart_total = calc_total(shopping_cart);
  set_cart_total_dom();
  update_shipping_icons(shopping_cart);
  update_tax_dom();
}

function set_cart_total_dom() {
 ...
 shopping_cart_total
 ...
}

function update_shipping_icons(cart) {
  var buy_buttons = get_buy_buttons_dom();
  for(var i = 0; i < buy_buttons.length; i++) {
    var button = buy_buttons[i];
    var item = button.item;
    var new_cart = add_item(cart, item.name, item.price);
    if(gets_free_shipping(new_cart))
      button.show_free_shipping_icon();
    else
      button.hide_free_shipping_icon();
  }
}

function update_tax_dom() {
  set_tax_dom(calc_tax(shopping_cart_total));
}
```

我們之前沒看過這個函式的程式碼，但已知此處可以加入引數

練習 5-1 解答

下面顯示原始程式碼、以及將全域變數讀取改成引數以後的結果：

只在這兩處讀取全域變數 shopping_cart_global

原始程式

```
function add_item_to_cart(name, price) {
  shopping_cart = add_item(shopping_cart,
                           name, price);
  calc_cart_total();
}

function calc_cart_total() {
  shopping_cart_total =
    calc_total(shopping_cart);
  set_cart_total_dom();
  update_shipping_icons(shopping_cart);
  update_tax_dom();

}
```

此處將值寫入 shopping_cart_total 中（譯註：屬於隱性輸出），但並沒有讀取（譯註：即並非隱性輸入）

```
function set_cart_total_dom() {
  ...
  shopping_cart_total
  ...
}

function update_shipping_icons(cart) {
  var buttons = get_buy_buttons_dom();
  for(var i = 0; i < buttons.length; i++)
{
    var button = buttons[i];
    var item = button.item;
    var new_cart = add_item(cart,
                            item.name,
                            item.price);
    if(gets_free_shipping(new_cart))
      button.show_free_shipping_icon();
    else
      button.hide_free_shipping_icon();
  }
}

function update_tax_dom() {
  set_tax_dom(calc_tax(shopping_cart_
total));
}
```

去除全域變數讀取

```
function add_item_to_cart(name, price) {
  shopping_cart = add_item(shopping_cart,
                           name, price);
  calc_cart_total(shopping_cart);
}

function calc_cart_total(cart) {
  var total =
    calc_total(cart);
  set_cart_total_dom(total);
  update_shipping_icons(cart);
  update_tax_dom(total);
  shopping_cart_total = total;
}

function set_cart_total_dom(total) {
  ...
  total
  ...
}

function update_shipping_icons(cart) {
  var buttons = get_buy_buttons_dom();
  for(var i = 0; i < buttons.length; i++)
{
    var button = buttons[i];
    var item = button.item;
    var new_cart = add_item(cart,
                            item.name,
                            item.price);
    if(gets_free_shipping(new_cart))
      button.show_free_shipping_icon();
    else
      button.hide_free_shipping_icon();
  }
}

function update_tax_dom(total) {
  set_tax_dom(calc_tax(total));
}
```

5.5 快速清理一下程式碼

讓我們快速瀏覽當前的程式碼，看看還能刪除些什麼。這裡不僅要用上 FP 原則，還請各位留意重複或者不必要的函式。

以下就是本例中所有的 Actions 函式：

```
function add_item_to_cart(name, price) {
  shopping_cart = add_item(shopping_cart, name, price);
  calc_cart_total(shopping_cart);
}

function calc_cart_total(cart) {
  var total = calc_total(cart);
  set_cart_total_dom(total);
  update_shipping_icons(cart);
  update_tax_dom(total);
  shopping_cart_total = total;
}

function set_cart_total_dom(total) {
  ...
}

function update_shipping_icons(cart) {
  var buy_buttons = get_buy_buttons_dom();
  for(var i = 0; i < buy_buttons.length; i++) {
    var button = buy_buttons[i];
    var item = button.item;
    var new_cart = add_item(cart, item.name, item.price);
    if(gets_free_shipping(new_cart))
      button.show_free_shipping_icon();
    else
      button.hide_free_shipping_icon();
  }
}

function update_tax_dom(total) {
  set_tax_dom(calc_tax(total));
}
```

當使用者點『Buy Now』時，便會呼叫此函式

這個函式似乎有些多餘，為什麼不將其合併到 add_item_to_cart() 裡呢？

這裡將值寫入全域變數中，但整個程式沒有一處需要讀取該變數，故可以將此行刪去

其它程式碼目前看來沒有問題

總的來說，以上程式還有兩個地方有待清理。首先，沒有任何地方需要讀取全域變數 shopping_cart_total，故可將其刪除。其次，calc_cart_total() 是多餘的函式，可併入 add_item_to_cart() 底下。下面就來改寫一下吧！

實際的做法很簡單：只要把 calc_cart_total() 的前四行程式碼剪下（第五行的『shopping_cart_total = total;』刪掉），並取代 add_item_to_cart() 中原本呼叫 calc_cart_total() 的地方即可。

原始程式

```
function add_item_to_cart(name, price) {
  shopping_cart = add_item(shopping_cart,
                           name, price);
  calc_cart_total(shopping_cart);




}

function calc_cart_total(cart) {
  var total = calc_total(cart);
  set_cart_total_dom(total);
  update_shipping_icons(cart);
  update_tax_dom(total);
  shopping_cart_total = total;
}
```

清理過後

```
function add_item_to_cart(name, price) {
  shopping_cart = add_item(shopping_cart,
                           name, price);

  var total = calc_total(shopping_cart);
  set_cart_total_dom(total);
  update_shipping_icons(shopping_cart);
  update_tax_dom(total);
}
```

將 calc_cart_total() 中的全域變數去除，再把剩下的程式碼移到 add_item_to_cart() 內

由於其它函式並沒有更動，這裡就不展示了。現在，我們的 Action 已經改進不少，接下來的工作是將程式碼按照意義來分層。

想想看

我們繞了一大圈，才終於開始降低 Action 程式碼的總行數。請思考一下，改寫程式一定要花那麼長的時間嗎？有沒有更直接的方法呢？

5.6 替 Calculations 分類

透過幫 Calculations 分類，瞭解程式的意義分層

讓我們再來聊聊 Calculations 吧！以下列出本章範例中的 Calculations 函式，若函式可處理購物車的資料結構（即：包含多項商品的陣列），其後方會標註 C（代表 cart，即購物車）。能處理單項商品者，標記 I（代表 item）。至於那些表示業務規則的函式（譯註：例如『購物車內商品總金額達 20 美元者給予免運優惠』就是一條業務規則），標記 B（代表 business）。

標記符號

- C 購物車陣列操作
- I 單項商品操作
- B 業務規則

```
                                      C I
function add_item(cart, name, price) {
  var new_cart = cart.slice();
  new_cart.push({
    name: name,
    price: price
  });
  return new_cart;
}
```

請記住，在 JavaScript 中需以 .slice() 複製陣列

```
                           C I B
function calc_total(cart) {
  var total = 0;
  for(var i = 0; i < cart.length; i++) {
    var item = cart[i];
    total += item.price;
  }
  return total;
}
```

此函式很顯然能處理購物車陣列與商品的資料結構。此外，由於程式中定義了 Megamart 計算購物車總額（譯註：即 total）的方式，故其亦代表業務規則

```
                                  B
function gets_free_shipping(cart) {
  return calc_total(cart) >= 20;
}

                            B
function calc_tax(amount) {
  return amount * 0.10;
}
```

請各位注意上面的分類！隨著討論日益加深，它們最終會擴展為程式的**意義分層**（layers of meaning）。若你不曉得那是什麼，請不要擔心！第 8、9 章會更深入說明，這裡只是趁機提一下而已。事實上，當我們試圖拆解程式時，分層就會發生，所以下一節就為大家介紹拆解的原則。

5.7 設計原則 2：『拆解』是設計的本質

藉由函式，我們可以很自然地把程式中的各項元素分開。程式設計師經常犯一個錯誤，那就是把一大堆東西混雜在一塊兒；畢竟，長而複雜的程式碼看起來比較厲害。然而，『將繁複的大任務拆成多個小任務』其實才是程式『設計』的真諦，而找到適當的拆解方法正是最困難之處。

拆解後的小函式不僅可以再組合成大程式，還具有下列好處：

可重複使用性提升

小而簡單的函式功能單純、不會被太多限制條件束縛，易於在不同地方重複利用。

維護更方便

小函式的程式碼較短，較好理解與維護。我們通常一眼就能看出其中是否有錯。

測試更簡單

小函式僅負責單一任務，故只需針對該任務進行測試即可，非常單純。

綜上所述，即便某函式沒有錯誤，當你發現其中某段程式碼可拆解出功能獨立且單純的小函式時，不妨嘗試看看。

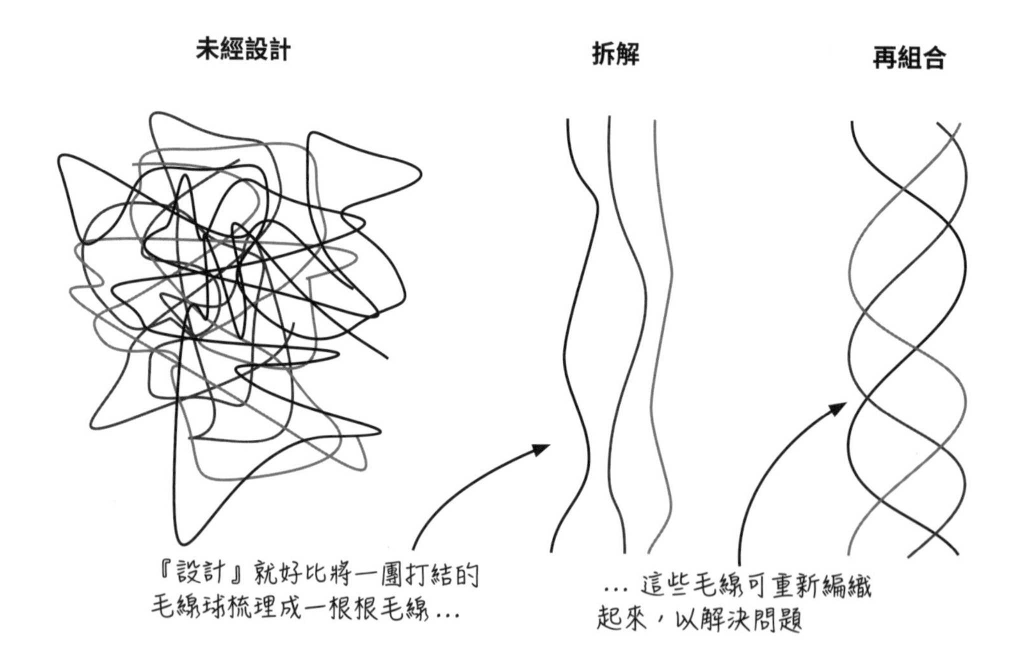

5.8 藉由拆解 add_item() 來改良程式

下面是本章的 add_item() 函式。乍看之下，該函式好像只有一個功能，即：將商品加入購物車。但真的是這樣嗎？經過仔細分析，我們發現 add_item() 實際上做了四件事：

```
function add_item(cart, name, price) {
  var new_cart = cart.slice();
  new_cart.push({
    name: name,
    price: price
  });
  return new_cart;
}
```

1. 複製陣列（cart.slice()）
2. 建立一個商品物件（{ name: name, price: price }）
3. 將商品加入複製陣列（new_cart.push(...)）
4. 將複製陣列傳回（return new_cart;）

如你所見，函式 add_item() 需處理『購物車陣列』與『商品物件』的資料結構，而我們其實可以把後者分離成新的函式（**譯註：**下方程式碼中的 3.45 單位是美元）：

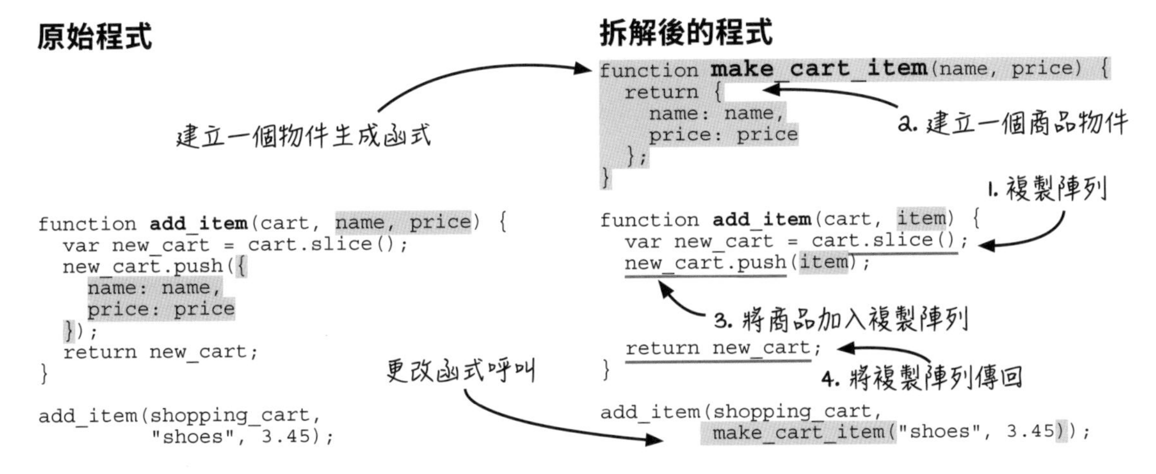

以上拆解產生了兩個函式 — make_cart_item() 可處理商品資料結構，但不能處理購物車；另一個 add_item() 則可處理購物車陣列，但無法處理商品。如此一來，購物車與商品就各自獨立了。為瞭解這麼做的好處為何，請試想一下：假如我們想把購物車的資料結構由陣列改成 hash map（用於提高效率），則要跟著修改的函式只有 add_item()，而 make_cart_item() 保持原樣即可。

至於上方的步驟 1（複製陣列）、3（將商品加入複製陣列）與 4（將複製陣列傳回），我們則希望它們處於同一函式下。注意！『在更改變數值前先複製』是實作資料不變性的一種策略，稱為**寫入時複製**（copy-on-write），本書第 6 章會深入介紹。

變更以後的 add_item() 不限於處理本範例的購物車和商品，而是能操作任何陣列與物件。為了反映這一點，我們會在下一頁替該函式與其引數改名。

5.9 擷取『寫入時複製』模式

若仔細觀察經過擷取的 add_item() 程式碼，會發現該函式的功能為：循『寫入時複製』的模式將任意物件加入到任意陣列中。這是一個很泛用的功能，但該函式與其引數的名稱卻無法反映這一點（例如：引數 cart 專指『購物車』）。.

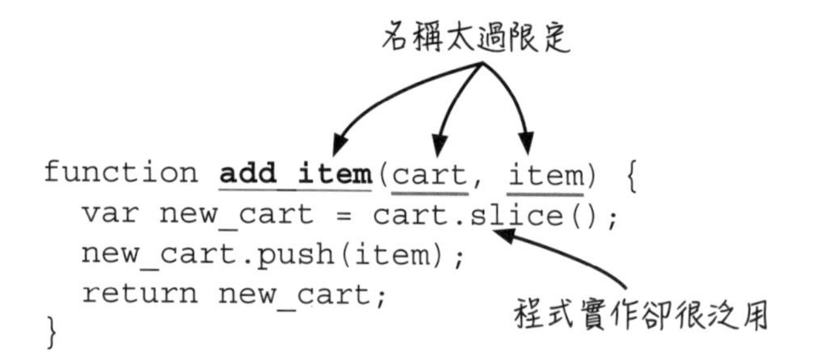

為解決此問題，讓我們把函式與兩個引數的名稱改得更普適化吧：

可代指任意陣列與元素的一般化名稱

原始程式 (名稱局限)

```
function add_item(cart, item) {
  var new_cart = cart.slice();
  new_cart.push(item);
  return new_cart;
}
```

名稱普適化

```
function add_element_last(array, elem) {
  var new_array = array.slice();
  new_array.push(elem);
  return new_array;
}
```

有了上述函式，我們就可以將專門處理『購物車』與『商品』的 add_item() 函式簡單定義成：

```
function add_item(cart, item) {
  return add_element_last(cart, item);
}
```

總結一下，此處擷取的 add_element_last() 可處理任何陣列與元素 (其中包括『購物車』和『商品』)。假如開發小組未來想在購物車以外的陣列中加入物件、同時維持該陣列內容的不變性，那麼 add_element_last() 就可派上用場。另外，關於不變性的部分，第 6、7 章會更深入介紹。

5.10 使用 add_item()

回想一下，最初的 add_item() 需要 cart、name 與 price 等三個引數輸入：

```
function add_item(cart, name, price) {
  var new_cart = cart.slice();
  new_cart.push({
    name: name,
    price: price
  });
  return new_cart;
}
```

但現在所需引數只剩下兩個，即 cart 與 item：

```
function add_item(cart, item) {
  return add_element_last(cart, item);
}
```

此外，別忘了我們將『建構商品物件』的程式擷取到了獨立的函式中：

```
function make_cart_item(name, price) {
  return {
    name: name,
    price: price
  };
}
```

因為上述改寫，呼叫 add_item() 的函式程式也得跟著變更，才能確保傳入引數的數目正確：

原始程式

```
function add_item_to_cart(name, price) {

  shopping_cart = add_item(shopping_cart,
                           name, price);
  var total = calc_total(shopping_cart);
  set_cart_total_dom(total);
  update_shipping_icons(shopping_cart);
  update_tax_dom(total);
}
```

使用新版函式

```
function add_item_to_cart(name, price) {
  var item = make_cart_item(name, price);
  shopping_cart = add_item(shopping_cart,
                           item);
  var total = calc_total(shopping_cart);
  set_cart_total_dom(total);
  update_shipping_icons(shopping_cart);
  update_tax_dom(total);
}
```

如你所見，以上程式先以 make_cart_item() 建立商品物件，再將此物件傳入 add_item() 中。至此，所有細節都已修改完畢，下面讓我們以宏觀角度重新檢視本例中的 Calculations 吧！

5.11 再次替 Calculations 分類

既然程式碼做了更動，這裡就再次討論一下本例的 Calculations 分類。這一次，我們會把能處理購物車資料結構的函式標記 C（代表 cart，即：包含多項商品的陣列）、操作單項商品的函式標記 I（代表 item）、表示業務規則者標記 B（代表 business）、能處理任意陣列的函式則標記 A（代表 array）：

標記符號

- **C** 購物車陣列操作
- **I** 單項商品操作
- **B** 業務規則
- **A** 任意陣列操作

```
function add_element_last(array, elem) {
  var new_array = array.slice();
  new_array.push(elem);
  return new_array;              A
}

function add_item(cart, item) {
  return add_element_last(cart, item);  C
}

function make_cart_item(name, price) {
  return {
    name: name,                  I
    price: price
  };
}

function calc_total(cart) {
  var total = 0;
  for(var i = 0; i < cart.length; i++) {  C I B
    var item = cart[i];
    total += item.price;
  }
  return total;
}

function gets_free_shipping(cart) {
  return calc_total(cart) >= 20;     B
}

function calc_tax(amount) {
  return amount * 0.10;         B
}
```

這三段程式本來屬於同一函式，現在分開了

這個函式很有趣！它匯集了三種不同的概念

這三個函式沒有改變

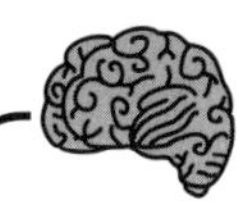

休息一下

問 1：為什麼要將函式分成任意陣列、購物車、商品與業務規則等類別呢？

答 1：好問題。這裡只是為之後要說明的設計技巧做準備而已，我們最終的目標是將這些分類整理成不同的分層 (layers)。此外，本章共討論了兩次 Calculaitons 分類，希望藉由重複解說能幫助讀者吸收。

問 2：為什麼要區分『業務規則』和『購物車操作』呢？ MegaMart 既然是一間電商，那麼它的所有業務不都應該建立在『購物車』上嗎？

答 2：這麼說吧，絕大多數的電商都有購物車，所以本例的『購物車操作』可能也適用於其它平台 (『購物車操作』對不同電商而言是通用的)。反之，『業務規則』則只限與 MegaMart 這家電商有關。舉例來說，我們能預期其它網路購物平台有購物車，但不見得會提供相同的免運費服務。

問 3：一個函式有可能同時表示『業務規則』與『購物車操作』嗎？

答 3：問得非常好！就目前而言，答案為『是』。但當我們開始討論分層時，這就變成了需處理的程式碼異味。說得更具體些，由於『業務規則』的改變頻率遠高於諸如購物車陣列的底層資料結構，故讓『業務規則函式只能夠處理購物車陣列』可能會產生問題。假如你想要使用分層設計，那就必須想辦法把『業務規則』與『購物車操作』分開來才行。各位先知道這樣就好了，細節留到後面再討論吧！

練習 5-2

update_shipping_icons() 是本例中最大、功能最多的函式，以下是其程式碼以及所有操作(已按本章介紹的方式分類)：

```
function update_shipping_icons(cart) {
  var buy_buttons = get_buy_buttons_dom();
  for(var i = 0; i < buy_buttons.length; i++) {
    var button = buy_buttons[i];
    var item = button.item;
    var new_cart = add_item(cart, item);
    if(gets_free_shipping(new_cart))
      button.show_free_shipping_icon();
    else
      button.hide_free_shipping_icon();
  }
}
```

以上函式會進行下列操作：

1. 取得網頁上所有的『Buy Now』按鈕
2. 走訪所有按鈕
3. 取得與按鈕對應的商品
4. 建立新的購物車陣列，並將商品放入
5. 檢查當前購物車是否需付運費
6. 顯示或隱藏『免運費』標籤

『Buy Now』按鈕操作

購物車陣列與商品操作

DOM 操作

你的任務是將上面的程式碼拆解成多個函式，使得每個函式只做一種操作。此題的正確答案不只一個，請試著做做看！

將你的程式碼寫在這裡

練習 5-2 解答

如前所述，本題的拆解方法有很多。以下是將各項操作分開的其中一種拆法，不過各位也可以寫出不同的答案。

```
function update_shipping_icons(cart) {
  var buy_buttons = get_buy_buttons_dom();
  for(var i = 0; i < buy_buttons.length; i++) {
    var button = buy_buttons[i];
    var item = button.item;
    var hasFreeShipping =
      gets_free_shipping_with_item(cart, item);
    set_free_shipping_icon(button, hasFreeShipping);
  }
}
```



```
function gets_free_shipping_with_item(cart, item) {
  var new_cart = add_item(cart, item);
  return gets_free_shipping(new_cart);
}
```



```
function set_free_shipping_icon(button, isShown) {
  if(isShown)
    button.show_free_shipping_icon();
  else
    button.hide_free_shipping_icon();
}
```


以上改寫的優點是能把『按鈕操作』與『購物車／商品操作』分開，這樣的練習對日後很有幫助。雖然我們還能做其它改良，但上面的結果對目前來說已經足夠，這裡就點到為止吧！

5.12 更小的函式與更多 Calculations

以下是修改後的所有程式碼。我們同樣會以 A (Action)、C (Calculation) 分別標記，讓各位瞭解兩者的比例：

```
                    A   ← 全域變數為 Action
var shopping_cart = [];
                         A
function add_item_to_cart(name, price) {
  var item = make_cart_item(name, price);
  shopping_cart = add_item(shopping_cart, item);
  var total = calc_total(shopping_cart);   ← 讀取全域變數是 Action
  set_cart_total_dom(total);
  update_shipping_icons(shopping_cart);
  update_tax_dom(total);
}
                                A
function update_shipping_icons(cart) {
  var buttons = get_buy_buttons_dom();
  for(var i = 0; i < buttons.length; i++) {   修改 DOM 為 Action
    var button = buttons[i];
    var item = button.item;
    var new_cart = add_item(cart, item);
    if(gets_free_shipping(new_cart))
      button.show_free_shipping_icon();   ←
    else
      button.hide_free_shipping_icon();
  }
}
                         A
function update_tax_dom(total) {
  set_tax_dom(calc_tax(total));   ← 修改 DOM 為 Action
}
                           C
function add_element_last(array, elem) {
  var new_array = array.slice();
  new_array.push(elem);   ← 沒有隱性輸入或輸出
  return new_array;
}
                   C
function add_item(cart, item) {
  return add_element_last(cart, item);   ← 沒有隱性輸入或輸出
}
                         C
function make_cart_item(name, price) {
  return {
    name: name,   ← 沒有隱性輸入或輸出
    price: price
  };
}
                     C
function calc_total(cart) {
  var total = 0;
  for(var i = 0; i < cart.length; i++) {
    var item = cart[i];
    total += item.price;   ← 沒有隱性輸入或輸出
  }
  return total;
}
                           C
function gets_free_shipping(cart) {
  return calc_total(cart) >= 20;   ← 沒有隱性輸入或輸出
}
                  C
function calc_tax(amount) {
  return amount * 0.10;   ← 沒有隱性輸入或輸出
}
```

請記住：

只要在某函式中找到一個 Action，整個函式都會變成 Action。

結論

金恩的設計變更似乎讓程式的架構更清楚了。不僅 Actions 不再需要知道資料結構，一些可重複使用的介面函式也逐一浮現。

本章的修改在日後會很有幫助，因為此處的購物車其實還潛藏一些 bugs。至於是哪些 bugs ？後面很快會揭曉！但在此之前，我們接下來得對不變性做更深入的討論。

重點整理

- 一般而言，我們應盡可能用顯性的引數和傳回值取代隱性輸入／輸出。
- 設計的本質就是『拆解』，且小函式可以再組合成大函式。
- 將大函式拆成多個負責單一操作的小函式以後，我們更能依照功能來整理函式。

接下來 ...

等到第 8 章會再回頭討論程式設計的問題。在接下來的第 6、7 章中，我們要探索的主題是不變性 — 在與既有程式保持互動的情況下，該如何透過新程式碼實作不變性。

MEMO

在變動的程式中讓資料保持不變 | 6

本章將帶領大家：

- 應用『寫入時複製（copy-on-write）』來確保資料不被改變。
- 對陣列及物件實作寫入時複製。
- 確保寫入時複製能在深度巢狀資料上生效。

我們在前幾章裡已經介紹過，甚至實作過**不變性**（immutability）。本章會帶各位深度探索此一概念，並學習如何在所有常用的 JavaScript 陣列與物件操作上實現資料不變。**譯註：**本章將繼續延用前一章的範例。

> **譯註：**在本書中，『操作（operations）』一詞可以理解為：對特定資料所做的處理，包括讀取、寫入、進行數學運算（如：上一章的業務規則）等，通常以函式表示。至於『資料』則是一個抽象的概念 — 其指的並非特定變數，而是變數內存放的訊息。以全域變數 shopping_cart 為例，該變數本身不是作者所說的『資料』，其內存放的資訊（如：商品名稱、數量、金額等）才是。當我們把一個變數當成引數傳入某函式（操作）時，變數中的『資料』便會進入該操作。

6.1 任何操作中的資料都能具有不變性嗎？

我們已經在某些購物車操作上實作過寫入時複製。也就是，程式會先將購物車陣列複製一份，再對複本進行修改並傳回。不過，本例中的操作其實還有很多，以下列出所有與購物車和商品有關的操作，想想看：你能讓與之相關的資料保持不變嗎？

購物車操作

1. 取得商品數量
2. 取得商品名稱
3. 加入商品
4. 根據名稱將指定商品刪除
5. 根據名稱更新指定商品的數量
6. 根據名稱更新指定商品的價格

商品物件操作

1. 設定價格
2. 取得價格
3. 取得商品名稱

已實作完成

作用於巢狀資料的操作

我已經知道如何在『加入商品至購物車』操作上實現不變性了。

但上述第 5 項購物車操作的資料不太可能保持不變吧？畢竟，我們得修改購物車內的商品欸！

開發小組的吉娜

小字典

當某資料結構中包含另一資料結構時，我們稱其為**巢狀** (nested) 資料結構。內含物件的陣列就是一例 (每個陣列元素都是一個物件)，其由陣列結構包裹物件結構而成。讀者可以將這類資料想成俄羅斯娃娃 — 在大娃娃中有小娃娃，小娃娃中還有更小的娃娃。

若上述巢狀結構持續很多層，則稱為**深度巢狀** (deeply nested；這裡的『深度』是相對詞彙，沒有明確定義)。

舉例來說，一個物件包裹陣列包裹物件 ... 的資料就是深度巢狀的，這種一環套一環的架構可以不斷延續下去。

看得出來，吉娜不相信以上所有操作中的資料都能維持不變。由於第 5 項購物車操作需修改購物車陣列中的商品物件 (此為**巢狀資料**)，故在實現不變性上確實較困難。那麼具體該怎麼做呢？繼續看下去就知道了！

6.2 將操作分為『讀取』、『寫入』與『讀取兼寫入』

一項操作有可能是『讀取』或『寫入』

讓我們用一種全新的角度來討論**操作** (operations) 吧。首先，上一節提到的某些項目屬於**讀取** (reads)，即：函式僅取得資料，並未對其進行修改。由於此類操作不會改變任何東西，所以不變性很容易實現 — 什麼都不做就行了。另外，當函式只透過引數讀取資料時，該函式即屬於 Calculation。

讀取
- 取得資料中的訊息
- 不會改變資料

寫入
- 會改變資料

其它操作則為**寫入** (writes)，它們會以某種方式改變資料。我們必須以特殊技巧在寫入上實作不變性，以防止其它使用相同資料的函式受數值變化影響。

購物車操作

1. 取得商品數量
2. 取得商品名稱
3. 加入商品
4. 根據名稱將指定商品刪除
5. 根據名稱更新指定商品的數量
6. 根據名稱更新指定商品的價格

讀取（1、2）
寫入（3、4、5、6）

以購物車操作為例，其中包括多項『寫入』操作，這些操作需要實現不變性。我們選擇的方法是**寫入時複製** (copy-on-write)，這也是 Haskell 和 Clojure 語言使用的技巧，只不過在這些語言中，資料不變性是預設的。然而，對於本書使用的 JavaScript 而言，資料預設是可變的，因此程式設計師必須自行實現不變性的程式碼。

有些讀者可能想問：能不能讓操作既『讀取』又『寫入』呢？簡單的回答為『能』！你可以在一項操作中同時對資料寫入與讀取。更詳細的說明在 6.8 節，各位過一會兒就會看到。

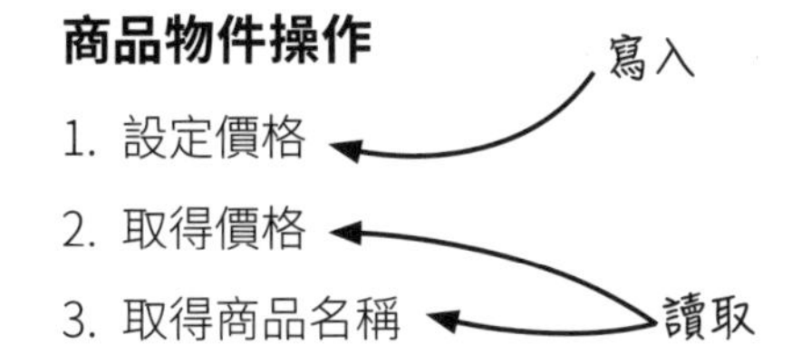

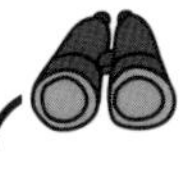

程式語言大觀園

資料不變性在 FP 語言中很常見，但不見得是預設。以下是預設資料不可變的 FP 語言：

- Haskell
- Clojure
- Elm
- Purescript
- Erlang
- Elixir

其它語言可能有不可變資料結構，但預設使用可變資料。還有另一些 FP 語言完全仰賴使用者自行實作不變性。

6.3 實作『寫入時複製』的三步驟

只要我們把本例中所有修改『購物車』的地方都換成寫入時複製，該全域變數的內容就永遠不會變化了。而要實作寫入時複製其實很簡單，只需以下三步驟：

1. 產生複本
2. 修改複本 (改幾次都沒問題！)
3. 傳回複本

讀取

- 取得資料中的訊息
- 不會改變資料

寫入

- 會改變資料

以前一章的 add_element_last() 函式為例，其中的寫入時複製便包含上述三步驟：

```
function add_element_last(array, elem) {
  var new_array = array.slice();
  new_array.push(elem);
  return new_array;
}
```


上面的實作之所以能避免原陣列內容發生變化，是因為：

1. 我們做了複製，所以不會動到原陣列的內容。
2. 複本是函式內的區域變數，只有該函式能修改，外部的程式碼無法存取。
3. 改完的複本會透過傳回 (return) 離開函式，其內容不會再有變化。

那麼，add_element_last() 到底是『讀取』還是『寫入』操作呢？注意該函式不會修改任何既有資料 (**譯註：** 這裡的『複製』相當於創造了一份新的資料，故所有舊資料皆維持原樣)，只會將資訊傳回，因此 add_element_last() 屬於『讀取』操作！換句話說，一項『寫入』操作能藉由寫入時複製變成『讀取』，這一點會在下一節中詳細介紹。

寫入時複製能把『寫入』轉化成『讀取』。

6.4 利用『寫入時複製』將『寫入』變成『讀取』

再來看另一個修改購物車的操作吧！以下函式可根據使用者傳入的商品名稱 (name)，從購物車陣列中移除對應的商品：

```
function remove_item_by_name(cart, name) {
  var idx = null;
  for(var i = 0; i < cart.length; i++) {
    if(cart[i].name === name)
      idx = i;
  }
  if(idx !== null)
    cart.splice(idx, 1);
}
```

會修改購物車陣列

陣列是表示『購物車』的最佳資料結構嗎？或許不是！但既然 MegaMart 的系統原本就這樣實作，我們目前也只能接受。

上面程式中的 cart.splice() 功能為何呢？ .splice() method 可以將陣列中的元素移除，語法如下：

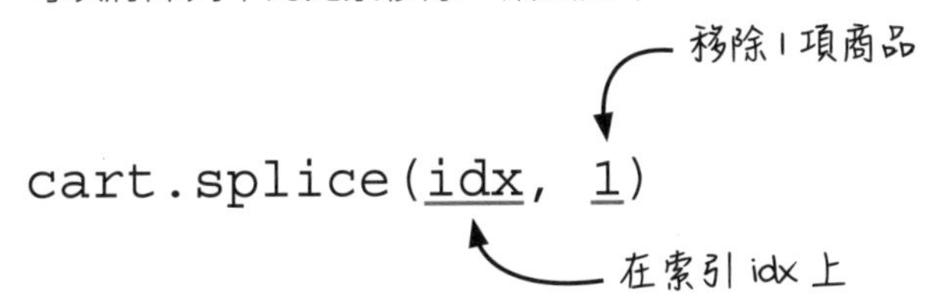

其實，隨著引數組合不同，.splice() 還能做到其它事情，但這裡只會用到上述移除功能。

由於有 cart.splice()，remove_item_by_name() 函式就會修改資料 (**譯註：** 即屬於寫入操作)。假如把全域變數 shopping_cart 傳入該函式，其內容就會發生改變。

但如前所述，我們希望購物車陣列能保持不變。因此，必須在 remove_item_by_name() 函式中加上寫入時複製才行。要實作寫入時複製，第一步是將傳入的購物車陣列複製一份：

『寫入時複製』三步驟

1. 產生複本
2. 修改複本
3. 傳回複本

複製 cart 引數，並存入一區域變數 new_cart 中

目前的程式

```
function remove_item_by_name(cart, name) {

  var idx = null;
  for(var i = 0; i < cart.length; i++) {
    if(cart[i].name === name)
      idx = i;
  }
  if(idx !== null)
    cart.splice(idx, 1);
}
```

複製引數

```
function remove_item_by_name(cart, name) {
  var new_cart = cart.slice();
  var idx = null;
  for(var i = 0; i < cart.length; i++) {
    if(cart[i].name === name)
      idx = i;
  }
  if(idx !== null)
    cart.splice(idx, 1);
}
```

注意！此處只產生了複本，並沒有對該複本做任何事。所以接下來的工作就是：將原本直接寫入 cart 引數的地方改掉，換成寫入陣列複本。

『寫入時複製』三步驟

1. ✔ 產生複本
2. 修改複本
3. 傳回複本

讓我們把 remove_item_by_name() 中所有用到 cart 引數的地方都改為複本 new_cart 吧：

『寫入時複製』三步驟

1. 產生複本 ✔
2. 修改複本
3. 傳回複本

目前的程式

```
function remove_item_by_name(cart, name) {
  var new_cart = cart.slice();
  var idx = null;
  for(var i = 0; i < cart.length; i++) {
    if(cart[i].name === name)
      idx = i;
  }
  if(idx !== null)
    cart.splice(idx, 1);
}
```

對複本進行修改

```
function remove_item_by_name(cart, name) {
  var new_cart = cart.slice();
  var idx = null;
  for(var i = 0; i < new_cart.length; i++) {
    if(new_cart[i].name === name)
      idx = i;
  }
  if(idx !== null)
    new_cart.splice(idx, 1);
}
```

如此一來，remove_item_by_name() 就不會修改原本的購物車陣列了。但我們的複本現在卡在函式裡，得將其傳回才行。

『寫入時複製』三步驟

1. 產生複本 ✔
2. 修改複本 ✔
3. 傳回複本

要將複本傳回，只需再加一行 return 指令：

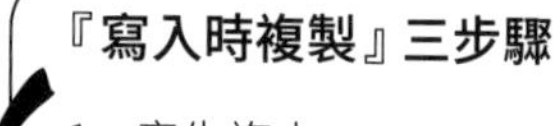

1. 產生複本
2. 修改複本
3. 傳回複本

目前的程式

```
function remove_item_by_name(cart, name) {
  var new_cart = cart.slice();
  var idx = null;
  for(var i = 0; i < new_cart.length; i++) {
    if(new_cart[i].name === name)
      idx = i;
  }
  if(idx !== null)
    new_cart.splice(idx, 1);

}
```

將複本傳回

```
function remove_item_by_name(cart, name) {
  var new_cart = cart.slice();
  var idx = null;
  for(var i = 0; i < new_cart.length; i++) {
    if(new_cart[i].name === name)
      idx = i;
  }
  if(idx !== null)
    new_cart.splice(idx, 1);
  return new_cart;
}
```

傳回複本

至此，remove_item_by_name() 的寫入時複製便實作完成了，該函式的寫入操作也就變成了讀取。下面只要再修改程式中呼叫 remove_item_by_name() 的地方即可。

『寫入時複製』三步驟

1. 產生複本
2. 修改複本
3. 傳回複本

這裡以 delete_handler() 函式為例 (當使用者按下購物車頁面上的『移除商品』按鈕時，便會呼叫 delete_handler()，此函式會再呼叫 remove_item_by_name() 以實現商品移除功能)，由於修改後的 remove_item_by_name() 不再修改購物車全域變數，因此我們得另外將 remove_item_by_name() 的傳回值指定給 shopping_cart：

此函式原本會更改全域變數

現在，我們得將 remove_item_by_name() 的傳回值另外指定給全域變數

delete_handler() 的程式碼

```
function delete_handler(name) {

  remove_item_by_name(shopping_cart, name);
  var total = calc_total(shopping_cart);
  set_cart_total_dom(total);
  update_shipping_icons(shopping_cart);
  update_tax_dom(total);
}
```

加入寫入時複製

```
function delete_handler(name) {
  shopping_cart =
    remove_item_by_name(shopping_cart, name);
  var total = calc_total(shopping_cart);
  set_cart_total_dom(total);
  update_shipping_icons(shopping_cart);
  update_tax_dom(total);
}
```

在 MegaMart 的系統中，呼叫 remove_item_by_name() 的函式不只有 delete_handler() 而已，我們得將它們全部找出來並做相同的修正。由於此過程冗長、重複性也高，這裡就不一一說明了。

6.5 對比實作『寫入時複製』前後的程式碼

我們在 6.4 小節裡做了不少更動，此處將完整的程式碼列出，方便各位比較：

原始程式

```
function remove_item_by_name(cart, name) {
  var new_cart = cart.slice();
var idx = null;
  for(var i = 0; i < cart.length; i++) {
    if(cart[i].name === name)
      idx = i;
  }
  if(idx !== null)
    cart.splice(idx, 1);

}

function delete_handler(name) {

  remove_item_by_name(shopping_cart, name);
  var total = calc_total(shopping_cart);
  set_cart_total_dom(total);
  update_shipping_icons(shopping_cart);
  update_tax_dom(total);
}
```

寫入時複製的版本

```
function remove_item_by_name(cart, name) {
  var new_cart = cart.slice();
  var idx = null;
  for(var i = 0; i < new_cart.length; i++) {
    if(new_cart[i].name === name)
      idx = i;
  }
  if(idx !== null)
    new_cart.splice(idx, 1);
  return new_cart;
}

function delete_handler(name) {
  shopping_cart =
    remove_item_by_name(shopping_cart, name);
  var total = calc_total(shopping_cart);
  set_cart_total_dom(total);
  update_shipping_icons(shopping_cart);
  update_tax_dom(total);
}
```

6.6 將實作『寫入時複製』的操作普適化

一項實作『寫入時複製』的操作可能被應用在多個函式中。為增加可重複使用性，我們可以把相關程式碼擷取出來，就像第 5 章的 add_element_last() 一樣（譯註：請回顧 5.9 節）。

這裡以陣列 .splice() method 的寫入時複製為例，說明如何將其普適化：

原始程式

```
function removeItems(array, idx, count) {

  array.splice(idx, count);

}
```

實作寫入時複製

```
function removeItems(array, idx, count) {
  var copy = array.slice();
  copy.splice(idx, count);
  return copy;
}
```

現在，我們能以 removeItems() 來實作 remove_item_by_name() 函式：

之前的實作

```
function remove_item_by_name(cart, name) {
  var new_cart = cart.slice();
  var idx = null;
  for(var i = 0; i < new_cart.length; i++) {
    if(new_cart[i].name === name)
      idx = i;
  }
  if(idx !== null)
    new_cart.splice(idx, 1);
  return new_cart;
}
```

由於 removeItems() 會複製陣列，所以不再需要此行

使用 removeItems()

```
function remove_item_by_name(cart, name) {

  var idx = null;
  for(var i = 0; i < cart.length; i++) {
    if(cart[i].name === name)
      idx = i;
  }
  if(idx !== null)
    return removeItems(cart, idx, 1);
  return cart;
}
```

若沒有要修改陣列，函式就不進行複製。這有利於增加執行效率！

總而言之，當你需要在多個函式裡使用相同的『寫入時複製』操作時，就可以用上面的做法將其普適化以節省力氣。以本節的例子來說，使用 removeItems() 以後，我們便不必重複撰寫複製陣列的指令了。

6.7 簡介 JavaScript 陣列

陣列 (array) 是 JavaScript 中最基本的 collection 資料型別之一。其中的元素有一定順序，且可以是異質的 (heterogeneous，意思是一個陣列能同時存放不同資料型別的元素)。你可以透過**索引** (index) 存取陣列中的元素。比較特別的是，JavaScript 裡的陣列可以改變長度，這一點和 C 與 Java 中的陣列截然不同。以下列出 JavaScript 中常見的陣列操作與 method，供各位參考：

以索引存取 [idx]

取得陣列中位於索引 idx 的元素，注意索引值是從 0 開始。

```
> var array = [1, 2, 3, 4];
> array[2]
3
```

設定元素 [idx] =

給定索引值後，可以用『=』指定或改變該位置的元素。

```
> var array = [1, 2, 3, 4];
> array[2] = "abc"
"abc"
> array
[1, 2, "abc", 4]
```

陣列長度 .length

此屬性能顯示陣列中的元素個數。注意！這不是 method，所以不要加小括號。

```
> var array = [1, 2, 3, 4];
> array.length
4
```

加到最後 .push(el)

此 method 能將新元素 (即 el) 加到陣列的最末端，同時傳回新的長度。

```
> var array = [1, 2, 3, 4];
> array.push(10);
5
> array
[1, 2, 3, 4, 10]
```

移除末端元素 .pop()

此 method 會傳回陣列最後方的元素，同時將該元素移除。

```
> var array = [1, 2, 3, 4];
> array.pop();
4
> array
[1, 2, 3]
```

加到開頭 .unshift(el)

此 method 能將新元素 (即 el) 加到陣列開頭，同時傳回新長度。

```
> var array = [1, 2, 3, 4];
> array.unshift(10);
5
> array
[10, 1, 2, 3, 4]
```

移除開頭元素 .shift()

此 method 會傳回陣列最前方 (索引值為 0) 的元素，同時將該元素移除。

```
> var array = [1, 2, 3, 4];
> array.shift()
1
> array
[2, 3, 4]
```

複製陣列 .slice()

此 method 會建立並傳回一陣列的**淺拷貝** (shallow copy) 複本。

```
> var array = [1, 2, 3, 4];
> array.slice()
[1, 2, 3, 4]
```

移除指定元素 .splice(idx, num)

此 method 會從索引 idx 開始，往後刪除 num 個元素 (包含位於 idx 者)，並將刪除的部分傳回。

```
> var array = [1, 2, 3, 4, 5, 6];
> array.splice(2, 3); // 從索引=2開始，往後移除3個元素
[3, 4, 5]
> array
[1, 2, 6]
```

練習 6-1

下面的操作可以將電子郵件地址加到郵寄名單 (mailing list，此為一全域變數) 中。該函式的呼叫者為表單提交處理函式 submit_form_handler()：

```
var mailing_list = [];

function add_contact(email) {
  mailing_list.push(email);
}

function submit_form_handler(event) {
  var form = event.target;
  var email = form.elements["email"].value;
  add_contact(email);
}
```

你的任務是將以上程式轉換為寫入時複製的形式。以下提供各位一些思考方向：

1. add_contact() 不應該存取全域變數。該函式必須以 mailing_list 為傳入引數、產生一個複本、修改該複本、再將其傳回。
2. 每次呼叫 add_contact() 時，記得要把該函式的傳回值指定給全域變數 mailing_list。

現在請讀者在程式碼中實作寫入時複製，答案會在下一頁揭曉。

將你的答案寫在這裡

練習 6-1 解答

如前所述，本題中有兩項工作待完成：

1. add_contact() 不應該存取全域變數。該函式必須以 mailing_list 為傳入引數、產生一個複本、修改該複本、再將其傳回。
2. 每次呼叫 add_contact() 時，記得要把該函式的傳回值指定給全域變數 mailing_list。

以下是一種可能的修改方式：

原始程式

```
var mailing_list = [];

function add_contact(email) {


  mailing_list.push(email);

}

function submit_form_handler(event) {
  var form = event.target;
  var email =
    form.elements["email"].value;

  add_contact(email);
}
```

實作寫入時複製

```
var mailing_list = [];

function add_contact(mailing_list,
                     email) {
  var list_copy = mailing_list.slice();
  list_copy.push(email);
  return list_copy;
}

function submit_form_handler(event) {
  var form = event.target;
  var email =
    form.elements["email"].value;
  mailing_list =
    add_contact(mailing_list, email);
}
```

6.8 如果操作既是『讀取』也是『寫入』怎麼辦？

一個函式有時需同時扮演兩種角色，即：既修改變數，又傳回值（譯註：傳回值屬於『讀取』，見 6.3 節）。JavaScript 陣列的 `.shift()` method 就是個好例子，請看以下範例：

```
var a = [1, 2, 3, 4];
var b = a.shift();
console.log(b); // prints 1
console.log(a); // prints [2, 3, 4]
```

傳回值

變數 a 被更改了

可以看到 `.shift()` method 不僅會修改陣列內容，同時也會傳回陣列中的第一個元素。

問題來了：要怎麼在這樣的函式中實作寫入時複製呢？

寫入時複製的精髓就在於把『寫入』轉換成『讀取』；換言之，我們需把原本的『修改變數』變為『傳回值』。然而，`.shift()` 已經有一個傳回值了，該怎麼辦？別擔心！有兩種方法可以處理此狀況：

1. 將函式的『讀取』和『寫入』部分拆開。
2. 讓函式傳回兩個值。

兩種解決方法

1. 拆解函式
2. 傳回兩個值

本書兩種做法都會介紹。不過若你可以選擇，請以第 1 種方法為優先。將函式拆開能讓不同函式的責任區分更清楚，且正如第 5 章所言：設計的本質正是『拆解』。

下面先來研究第 1 種方法吧！

6.9 拆解同時『讀取』與『寫入』的函式

利用拆解實作不變性的方法共包含兩個步驟 — 第一是把函式的『讀取』與『寫入』分解成兩個新函式，第二則是利用『寫入時複製』將『寫入』轉化為『讀取』（這一步與 6.3 節的說明相同）。

第一步：將讀取與寫入操作分開

.shift() method 的『讀取』部分便是其傳回值，也就是陣列中的第一個元素。因此，我們只要寫一個 Calculation 函式，把陣列中索引值為 0 的元素傳回即可。注意！此函式只『讀取』，不可以修改任何變數；且由於其沒有隱性輸入與輸出，故為 Calculation。

```
function first_element(array) {
  return array[0];
}
```

此函式的功能僅是傳回陣列中的第一個元素（若為空陣列則傳回 undefined），且屬於 Calculation

函式 first_element() 只讀取，不會修改陣列內容，所以不必對其實作寫入時複製。至於 .shift() method 中的『寫入』操作，則不必由我們自行撰寫程式，只需將該 method 包裹於另一函式內就行了。此函式沒有傳回值；也就是說，我們不會使用 .shift() method 傳回的結果。

```
function drop_first(array) {
  array.shift();
}
```

執行 .shift method，但捨棄該 method 的傳回值

第二步：對寫入函式實作『寫入時複製』

我們已將 .shift() method 的『讀取』與『寫入』分開，但後者（即 drop_first() 函式）會修改傳入引數，因此必須對其實作『寫入時複製』：

原始程式

```
function drop_first(array) {

  array.shift();

}
```

實作寫入時複製

```
function drop_first(array) {
  var array_copy = array.slice();
  array_copy.shift();
  return array_copy;
}
```

標準的『寫入時複製』實作

在拆解之前，讀取／寫入被迫一起發生；但在拆解以後，你能自由選擇要同時或分別進行讀取與寫入。此即為我們比較傾向使用此方法的原因（譯註：相較於讓函式傳回兩個值的第二種方法而言）！

6.10 讓一個函式傳回兩個值

第二種方法也包含兩個步驟 — 首先是把 .shift() method 包裹在一個可修改的新函式中（新函式同時進行『讀取』與『寫入』），其次則是將該函式轉換為純讀取。

第一步：將方法包裹在函式裡

先把 .shift() method 包裹在一個可由我們掌控與修改的函式裡。與前面不同的是，此處不要捨棄傳回值：

```
function shift(array) {
  return array.shift();
}
```

第二步：把既讀取又寫入的函式轉換成純讀取

現在，我們要改寫 shift() 函式，使其產生陣列複本、修改複本、再傳回該複本以及其中的第一個元素，以下就是實際做法：

原始程式

```
function shift(array) {

  return array.shift();





}
```

實作寫入時複製

```
function shift(array) {
  var array_copy = array.slice();
  var first = array_copy.shift();
  return {
    first  : first,
    array : array_copy
  };
}
```

使用物件傳回兩個不同值

另一種選擇

你也可以取上一節中的兩個函式：first_element() 和 drop_first()，並把它們的傳回值放到本節 shift() 函式的傳回物件中：

```
function shift(array) {
  return {
    first  : first_element(array),
    array : drop_first(array)
  };
}
```

因為 first_element() 和 drop_first() 皆為 Calculations，所以不必再做其它改寫（上面的 shift() 函式也必是 Calculation）。

練習 6-2

我們剛才撰寫的程式是『寫入時複製』版本的 .shift() method。回憶一下，6.7 節提過一個 .pop() method，會傳回陣列中最末端的元素同時將其移除。與 .shift() 類似，.pop() 也是既讀取又寫入的 method，下面的例子可說明其功能

```
var a = [1, 2, 3, 4];
var b = a.pop();
console.log(b); // prints 4
console.log(a); // prints [1, 2, 3]
```

現在，請各位利用上面介紹過的兩種做法，把包含『讀取』和『寫入』操作的 .pop() 轉換成只有『讀取』的『寫入時複製』版本：

1. 把『讀取』與『寫入』分解成兩個函式

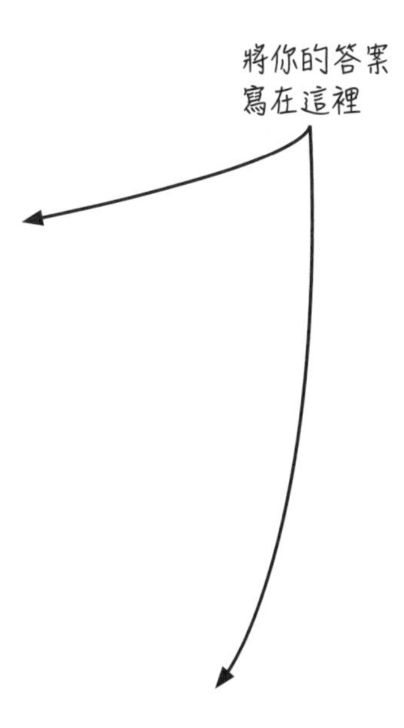

2. 讓一個函式傳回兩個值

練習 6-2 解答

本題的任務是利用寫入時複製改寫 .pop() method，以下是兩種不同的實作方式：

1. 把『讀取』與『寫入』拆成兩個函式

此做法的第一步是建立兩個新函式，分別對應 .pop() 的『讀取』與『寫入』操作：

```
function last_element(array) {
  return array[array.length - 1];
}
```

此為『讀取』

```
function drop_last(array) {
  array.pop();
}
```

此為『寫入』

讀取函式不需再做任何改變，但寫入的部分得改成『寫入時複製』版本：

原始程式

```
function drop_last(array) {

  array.pop();

}
```

實作寫入時複製

```
function drop_last(array) {
  var array_copy = array.slice();
  array_copy.pop();
  return array_copy;
}
```

2. 傳回兩個值

我們先建立一個 .pop() 的**包裝函式** (wrapper function)。此函式並沒有任何新功能，只是方便修改而已 (**譯註：** 包裝函式通常指的是一個函式包裝另一個函式，主要目的是在不修改原函式的情況下，為其增加額外的功能)：

```
function pop(array) {
  return array.pop();
}
```

然後把上述函式轉換成『寫入時複製』版本：

原始程式

```
function pop(array) {

  return array.pop();

}
```

實作寫入時複製

```
function pop(array) {
  var array_copy = array.slice();
  var first = array_copy.pop();
  return {
    first  : first,
    array : array_copy
  };
}
```

休息一下

前路還很長，所以先暫停並回答一些問題吧！

問 1：我們在第 4 章中對 add_item() 進行的修改實際上就是在實作寫入時複製。那麼，add_item() 也算是讀取函式嗎？

答 1：是的，由於實作了寫入時複製的 add_item() 不會更改購物車陣列，故屬於讀取。事實上，該函式的功能就好像在問：『**假如**我們在此購物車中加入這項商品，陣列將會變成怎樣？』

注意！以上問題為假設性提問，而回答此類提問對思考和計劃而言非常重要。不要忘了！ Calculation 函式經常用於計劃，所以將身為 Calculation 的 add_item() 看成假設性提問很合理。在本章接下來的內容中，我們還會討論更多例子。

問 2：本例的購物車是以陣列實作的。但這麼一來，為了找到給定名稱的商品，我們就必須一一走訪陣列中的元素才行。請問：陣列真的是實作購物車的最佳資料結構嗎？使用關聯資料結構 (如：物件) 不是更好嗎？

答 2：使用物件的確可能更好。不過，既存程式中的變數資料結構通常早已確定，且無法輕易更改。本例正屬於這樣的狀況！我們只能在『購物車為陣列』的前提下改寫程式碼。

問 3：實作不變性好像很費功夫。這麼做真的值得嗎？有沒有更簡單的方法？

答 3：JavaScript 中並無太多標準函式庫，所以你會感覺我們總是在撰寫基本功能。此外，JavaScript 也沒有支援寫入時複製，因此必須自行實作相關步驟。有鑑於此，我們有必要討論一下花那麼大功夫到底值不值得？

首先，如第 1 章所述，JavaScript 並非 FP 的最佳語言，所以才需要花那麼大力氣。假如你改用其它擁有完整函式庫、甚至是為 FP 設計的程式語言（**譯註：**如本章前面提過的 Haskell 和 Clojure），則實作不變性的過程會容易許多。

其次，在 6.6 節有說過，我們可以把『寫入時複製』操作普適化，以使用在多個地方。這麼做一開始可能很麻煩，但卻能有效降低日後撰寫重複程式碼的機會。

最後，不要忘記『去除隱性輸出 (如：直接寫入全域變數 shopping_cart) 可大大增加函式的可測試與可重複使用性 (詳見 5.3 節)』，而本章介紹的寫入時複製正好能做到這一點。後面會談到更多實作不變性的好處，請各位繼續看下去。

練習 6-3

請將陣列的 .push() method(把指定元素加到陣列最後) 改寫成寫入時複製版本(譯註:下面的elem代表要加入陣列的『元素』):

```
function push(array, elem) {

}
```

將你的實作寫於此處

練習 6-3 解答

```
function push(array, elem) {
  var copy = array.slice();
  copy.push(elem);
  return copy;
}
```

練習 6-4

下面是目前的 add_contact() 程式碼，請利用練習 6-3 的 push() 將其重構：

```
function add_contact(mailing_list, email) {
  var list_copy = mailing_list.slice();
  list_copy.push(email);
  return list_copy;
}
```

```
function add_contact(mailing_list, email) {


}
```

將你的實作寫於此處

練習 6-4 解答

```
function add_contact(mailing_list,
                     email) {
  var list_copy = mailing_list.slice();
  list_copy.push(email);
  return list_copy;
}
```

```
function add_contact(mailing_list,
                     email) {

  return push(mailing_list, email);

}
```

練習 6-5

請將指定陣列元素的操作實作成具備寫入時複製的 arraySet() 函式：

指定陣列元素範例：

將此操作改為寫入時複製

```
a[15] = 2;
```

將你的實作寫於此處

```
function arraySet(array, idx, value) {



}
```

練習 6-5 解答

```
function arraySet(array, idx, value) {
  var copy = array.slice();
  copy[idx] = value;
  return copy;
}
```

6.11 讀取不可變資料結構屬於 Calculations

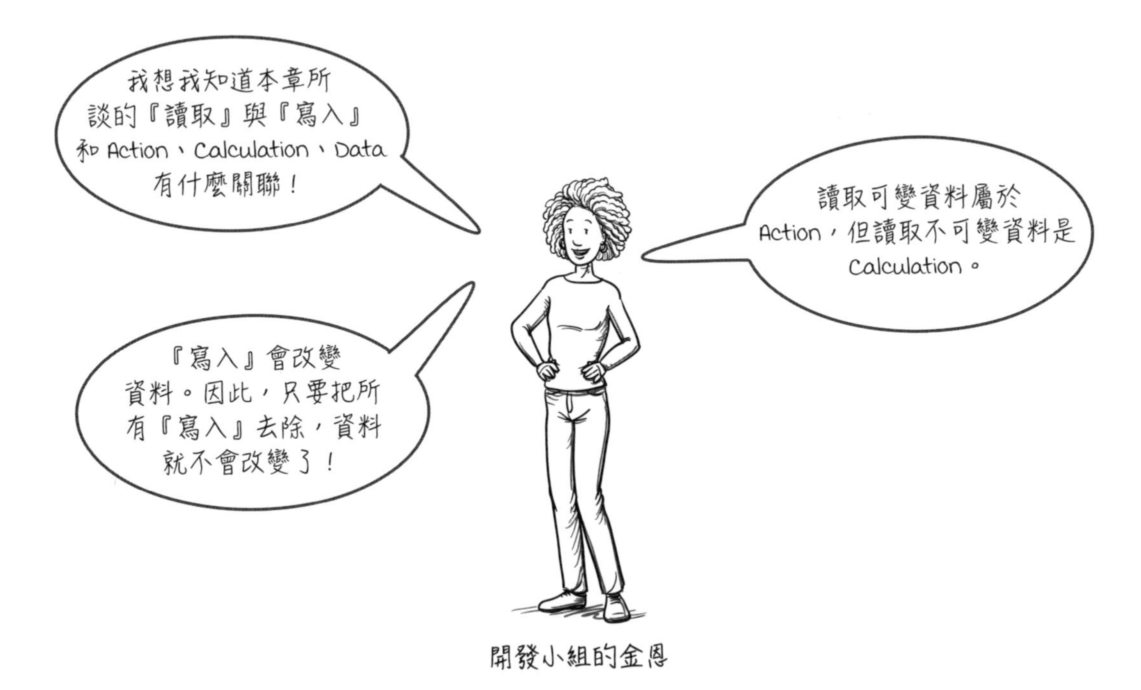

開發小組的金恩

讀取可變資料屬於 Actions

若資料的值可以改變，則每次讀取的結果可能會不同，所以讀取可變資料屬於 Actions。

寫入造成資料改變

寫入操作會修改資料，故為資料可變的成因。

假如一筆資料完全沒有寫入，則其必不變

如果我們把與某資料有關的所有寫入改成讀取，則該資料的值在初始化以後就不會再改變，也就具有不變性。

讀取不可變資料結構屬於 Calculations

一旦我們將資料轉換為不可變，所有讀取操作就會變成 Calculations。

將寫入轉為讀取，可以讓更多函式變成 Calculations

不變的資料結構越多，程式中 Calculations 的比例越高、Actions 的比例就越低。

6.12 程式中包含隨時間而變的狀態

各位已經知道如何讓程式中所有的資料維持不變了 — 只要把寫入全部轉換為讀取即可。但我們尚未討論一個嚴重的問題：假如所有東西都不可變，程式該如何追蹤會隨時間變化的資訊呢？以 MegaMart 購物平台為例，消費者該如何把新商品加到購物車中？

金恩說得很有道理。即便希望程式中一切資料皆不變，還是應該保留一處可修改的地方以追蹤變化。本例的程式確實有這麼一個地方，那就是全域變數 shopping_cart。

開發小組的金恩

如你所見，我們會將修改後的值指定給 shopping_cart，使其內容總是保持最新。事實上，更精確的說法是：用新值**替換** (swapping) 舊值。

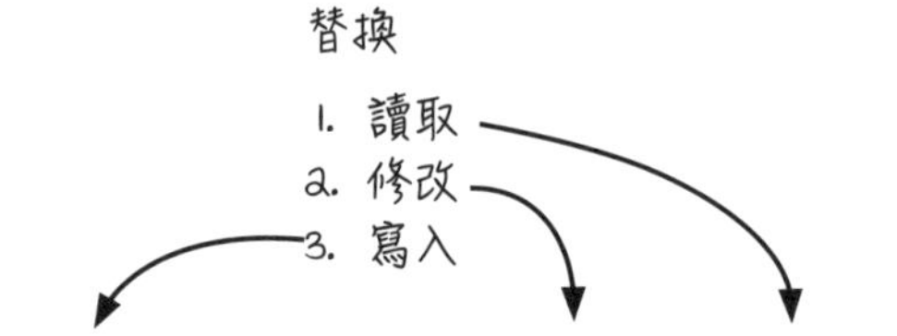


```
shopping_cart = add_item(shopping_cart, shoes);
```

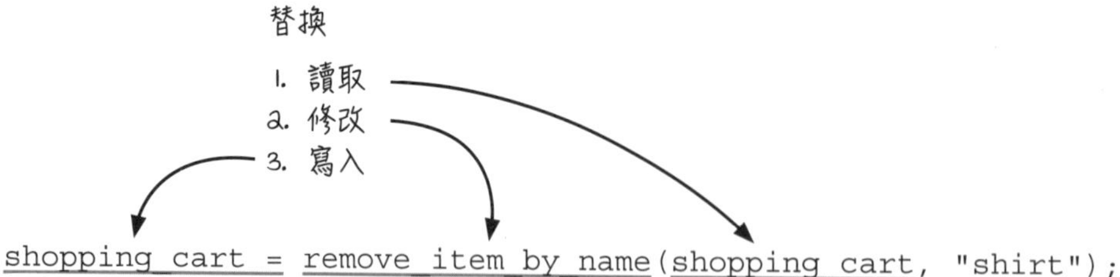

總而言之，全域變數 shopping_cart 總是指向最新的值；而每當需要修改其內容時，就需使用上面的替換程序。在 FP 裡，『替換』是個既常見又強大的過程，可以讓我們輕鬆實作或取消特定指令。到第二篇會深入說明。

6.13 不可變資料的效率已經夠高

讓我們把話說清楚：一般而言，不可變資料確實比可變資料消耗更多記憶體資源、操作起來也較慢。

測試小組的喬治

話雖如此，許多高效系統仍是由不可變資料寫成的，極需快速運行的高頻交易（high-frequency trading, HFT，譯註：HFT 的交易速度以微秒計，人類交易員根本跟不上，因此必須以電腦自動化完成）軟體就是一個例子。從這點看來，不可變資料的效率對日常應用來說已經足夠。此外，以下再提供其它可放心讓資料不變的理由。

最後再優化也不遲

所有軟體都有在開發過程中難以預料的效能瓶頸。而根據經驗，在確定哪些地方確實有必要提升效率以前，我們應該避免過早進行優化。FP 程式設計師習慣優先使用不可變資料。只有當發現程式的某部分真的跑太慢時，才會以可變資料來改寫。

垃圾回收器的效率非常高

絕大多數的程式語言（當然，不是全部）都在**垃圾回收器**（garbage collector）上投注了大量心力，以確保其效率。事實上，有些回收器經過了高度優化，釋出記憶體資源僅需一、兩條機器指令便可完成。因此，各位可以放心依賴該機制（但請先確認你用的語言具有高效垃圾回收器）。

複製的次數可能沒你想得那麼頻繁

假如你觀察到目前為止的寫入時複製程式碼，會發現拷貝的東西其實並沒有很多。以內含 100 件商品的購物車為例，我們複製的僅是擁有 100 個參照的單一陣列而已，並沒有動到商品本身。像這種只複製上層資料結構（譯註：以本例來說就是陣列）的做法稱為**淺拷貝**（shallow copy），所產生的兩筆資料會共享下層（譯註：即陣列內的商品）物件在記憶體中的參照位置，這叫做**結構共享**（structural sharing）。

支援 FP 的語言有效率更高的不可變資料結構

在本章中，我們得自行在 JavaScript 內建的資料結構上撰寫程式碼來實現不變性。然而，支援 FP 的語言通常已內建了不可變的資料結構，且效率比我們的實作還要高。舉例而言，Clojure 不僅具有這樣的資料結構，甚至還啟發了其它語言的不變性實作。

為什麼 FP 程式語言的實作效率較好呢？原來，這些語言的複本共享了更多的結構，使用的記憶體資源更少、對垃圾回收器造成的壓力也更小。但請記住！不變性的基礎仍是寫入時複製。

6.14 作用在物件上的寫入時複製操作

在此之前的寫入時複製操作都與 JavaScript 陣列有關。但這樣還不夠！我們還需要設定購物車內商品的價格，而該資料是以物件表示的。對物件實作寫入時複製的步驟和前面相同：

1. 產生複本
2. 修改複本
3. 傳回複本

在 JavaScript 中，陣列的淺拷貝可以透過 `.slice()` method 實現。然而，對於物件，JavaScript 標準庫中沒有一個與之直接等效的方法來複製物件。儘管如此，`Object.assign()` method 允許我們將一個物件中的所有可枚舉屬性（鍵（key）與值（value））拷貝到另一個物件中；如果目標物件是空的，這將相當於創建了一個原物件的淺拷貝。下面的例子說明如何用其複製物件：

```
var object = {a: 1, b: 2};
var object_copy = Object.assign({}, object);
```

在 JavaScript 裡複製物件的做法

讓我們利用以上方法對 `setPrice()` 實作寫入時複製！此函式的功能是設定商品物件的價格：

原始程式

```
function setPrice(item, new_price) {

  item.price = new_price;

}
```

實作寫入時複製

```
function setPrice(item, new_price) {
  var item_copy = Object.assign({}, item);
  item_copy.price = new_price;
  return item_copy;
}
```

如你所見，本小節的基本概念和陣列是一樣的。事實上，你可以對任意資料結構實作寫入時複製，只要依循相同的三大步驟即可。

小字典

淺拷貝（shallow copy）只會複製巢狀資料中的最上層結構。以內含多個物件的陣列為例，淺拷貝只會複製陣列，至於其中的物件，則由原陣列與其複本共享。之後的內容會為各位比較淺拷貝與深拷貝（deep copy）的異同。

兩個巢狀資料分享下層資料參照的情況稱為**結構共享**（structural sharing）。當一切皆不可變時，結構共享是很安全的。此技巧能降低記憶體用量，且快過複製所有資料。

6.15 簡介 JavaScript 物件

JavaScript 的物件 (object) 與其它語言裡的 hash map 或關聯陣列 (associative array) 很像，這種資料結構由一系列**鍵 (key) / 值 (value)** 配對所組成，且鍵在同一物件中不得重複。在一般的物件中，鍵必為字串 (編註： 自 ES6 加入的 Map 物件中，鍵可以是任何資料型別)，值可以是任意資料型別。本書會用到的物件操作包含以下幾項：

以鍵查值 [key]

該操作能查找與指定鍵對應的值。如果鍵不存在，則會傳回 undefined。

```
> var object = {a: 1, b: 2};
> object["a"]
1
```

以鍵查值 .key

你也可以使用**點表示法 (.)** 來存取物件的屬性。當屬性名稱符合 JavaScript 的識別符規則時，這種方法特別方便。

```
> var object = {a: 1, b: 2};
> object.a
1
```

設定特定鍵的值 .key 或 [key] =

以上列的兩種寫法皆可將值指定給鍵，進而改變物件內容。假如給定的鍵存在，則對應值會被取代；如果不存在，則會在物件中新增**鍵值對** (key-value pair)。

```
> var object = {a: 1, b: 2};
> object["a"] = 7;
7
> object
{a: 7, b: 2}
> object.c = 10;
10
> object
{a: 7, b: 2, c: 10}
```

刪除鍵值對 delete

在給定鍵的情況下，delete 算符能將對應的鍵／值配對移除。你可以在 delete 算符後面的物件加上 [key] 或 .key 來指定鍵。

```
> var object = {a: 1, b: 2};
> delete object["a"];
true
> object
{b: 2}
```

複製物件 Object.assign(a, b)

該 method 比較複雜，其作用是把物件 b 的所有鍵／值配對複製到物件 a (使 a 的內容改變)。倘若我們把 b 的鍵／值都拷貝到一空物件中，那就相當於產生了 b 的複本。

```
> var object = {x: 1, y: 2};
> Object.assign({}, object);
{x: 1, y: 2}
```

列出所有鍵 Object.keys()

假如需走訪某物件中的所有鍵／值配對，可以先用 `Object.keys()` 叫出該物件中所有的鍵。這些鍵會以陣列的形式傳回，使我們得以用迴圈走訪。

```
> var object = {a: 1, b: 2};
> Object.keys(object)
["a", "b"]
```

練習 6-6

請將物件的指定操作實作成具備寫入時複製的 objectSet() 函式：

指定物件值的範例：

```
object["price"] = 37;
```

將此操作改為寫入時複製

```
function objectSet(object, key, value) {




}
```

將你的實作寫於此處

練習 6-6 解答

```
function objectSet(object, key, value) {
  var copy = Object.assign({}, object);
  copy[key] = value;
  return copy;
}
```

練習 6-7

請利用練習 6-6 的 objectSet() 重構以下的 setPrice() 函式：

```
function setPrice(item, new_price) {
  var item_copy = Object.assign({}, item);
  item_copy.price = new_price;
  return item_copy;



}
```

將你的實作寫於此處

練習 6-7 解答

```
function setPrice(item, new_price) {
  return objectSet(item, "price", new_price);
}
```

練習 6-8

請用練習 6-6 的 `objectSet()` 撰寫一個能修改商品數量 (quantity) 的 `setQuantity()` 函式，需實作寫入時複製。

```
function setQuantity(item, new_quantity) {



}
```

將你的實作寫於此處

練習 6-8 解答

```
function setQuantity(item, new_quantity) {
  return objectSet(item, "quantity", new_quantity);
}
```

練習 6-9

請將物件的 delete 算符實作成具備寫入時複製的函式：

delete 物件值的範例：

```
> var a = {x : 1};
> delete a["x"];
> a
{}
```

將此操作改為寫入時複製

將你的實作寫於此處

```
function objectDelete(object, key) {




}
```

練習 6-9 解答

```
function objectDelete(object, key) {
  var copy = Object.assign({}, object);
  delete copy[key];
  return copy;
}
```

6.16 將巢狀資料的『寫入』轉換成『讀取』

任務還沒有結束！『購物車操作』中的『根據名稱更新指定商品價格』仍屬於『寫入』，而我們要將其改成『讀取』。不過，上述操作有些特別，因為其涉及到巢狀資料結構的修改（變更的對象是購物車陣列中的商品物件）。

一般而言，轉換巢狀資料下層的操作（**譯註：** 以本例來說就是指『商品操作』）是比較容易的。事實上，練習 6-7 已帶領各位實作了 setPrice()，該函式能修改商品。我們可以利用 setPrice() 將 setPriceByName()（後者操作的是購物車陣列）改寫成寫入時複製版本（**譯註：** setPriceByName() 具有『依名稱尋找購物車陣列中商品』的功能，故為『購物車操作』；setPrice() 則沒有處理陣列資料結構的能力，只能修改物件）。

原始程式

```
function setPriceByName(cart, name, price) {

  for(var i = 0; i < cart.length; i++) {
    if(cart[i].name === name)
      cart[i].price =
        price;
  }

}
```

實作寫入時複製

```
function setPriceByName(cart, name, price) {
  var cartCopy = cart.slice();
  for(var i = 0; i < cartCopy.length; i++) {
    if(cartCopy[i].name === name)
      cartCopy[i] =
        setPrice(cartCopy[i], price);
  }
  return cartCopy;
}
```

先產生複本，再修改複本

這裡呼叫了寫入時複製的操作來更改位於巢狀結構下層的商品物件

可以看到，巢狀資料的寫入時複製遵循與非巢狀相同的模式，即『產生複本、修改複本、傳回複本』。唯一不同的是：此處得進行兩次複製：一次是拷貝購物車陣列，另一次則拷貝商品（已實作於 setPrice() 函式中）。

倘若像原始程式一樣直接更改商品物件，資料就無法維持不變 — 雖然商品在購物車陣列中的參照位置沒有變化，但其中的值卻不同了（**譯註：** 換言之，巢狀資料上層的陣列結構相同，但下層的商品物件被改變）。我們不能接受這樣的結果！整個巢狀資料都應保持原樣。

巢狀結構中每一層的資料都不能改變！此觀念非常重要。當需要修改巢狀資料時，你不僅得複製最底層的值，上面各層也得一併複製才行。由於這是本章的一大重點，因此接下來會花數頁篇幅向各位說明我們到底拷貝了什麼。

6.17 巢狀資料中的哪些東西需要複製？

假設購物車中共有三件商品：一件 T 恤、一雙鞋、一對襪子。也就是說，目前的巢狀結構包含：一個陣列（購物車）與其下的三個物件（商品）。

我們想把 T 恤的價格設為 13 美元。要達成此目的，需使用能操作巢狀資料的 setPriceByName()，如下所示：

```
shopping_cart = setPriceByName(shopping_cart, "t-shirt", 13);
```

現在來檢視一下完整的程式碼，看看其中進行了哪些複製：

```
function setPriceByName(cart, name, price) {
  var cartCopy = cart.slice();
  for(var i = 0; i < cartCopy.length; i++) {
    if(cartCopy[i].name === name)
      cartCopy[i] = setPrice(cartCopy[i], price);
  }
  return cartCopy;
}

function setPrice(item, new_price) {
  var item_copy = Object.assign({}, item);
  item_copy.price = new_price;
  return item_copy;
}
```

複製陣列

當迴圈找到 T 恤時，會呼叫『一次』setPrice()

複製物件

本例中的資料包括一個陣列與三個物件，其中有哪些被拷貝了呢？答案是：只有一個陣列（購物車）和一個物件（T 恤），另外兩個物件沒有被複製。這是怎麼一回事？

原來，此處對巢狀資料進行的複製屬於淺拷貝，因此產生了結構共享。下面先幫大家複習一下專有名詞，下一節會以視覺化方式討論結構共享與淺拷貝。

小字典

以下詞彙先前已介紹過，故這裡只做簡單說明：

巢狀資料 (6.1 節)：即資料結構內還包含另一資料結構；在內部的資料為下層、外部則為上層。

淺拷貝 (6.14 節)：只複製巢狀資料的上層資料結構。

結構共享 (6.14 節)：兩巢狀資料參照相同的內部資料結構。

6.18 將『淺拷貝』與『結構共享』視覺化

上一節的例子共包含四筆資料：一個購物車 (陣列) 以及三項商品 (物件)，我們的任務是把 T 恤的價格設為 13 美元。

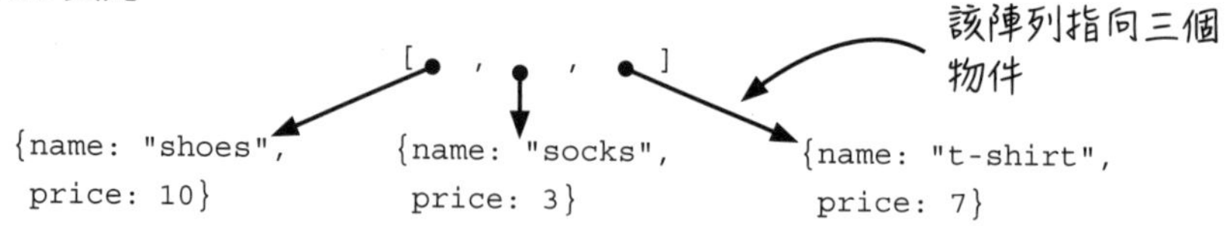

程式先對購物車陣列做淺拷貝。在最一開始，複本與原陣列會指向記憶體中的相同物件。

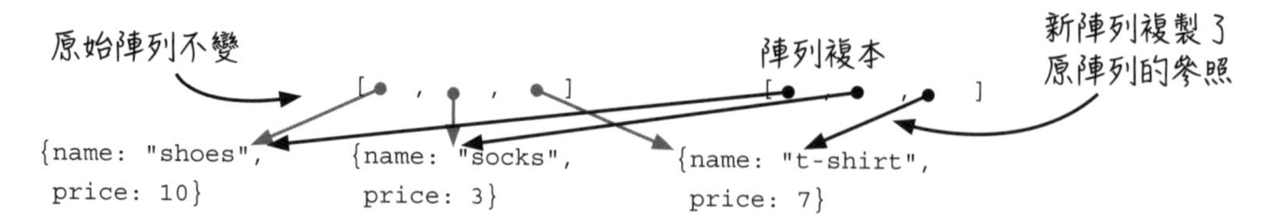

當迴圈終於走訪到 T 恤時，會呼叫 `setPrice()`。該函式先淺拷貝 T 恤物件，再把價格改為 13。

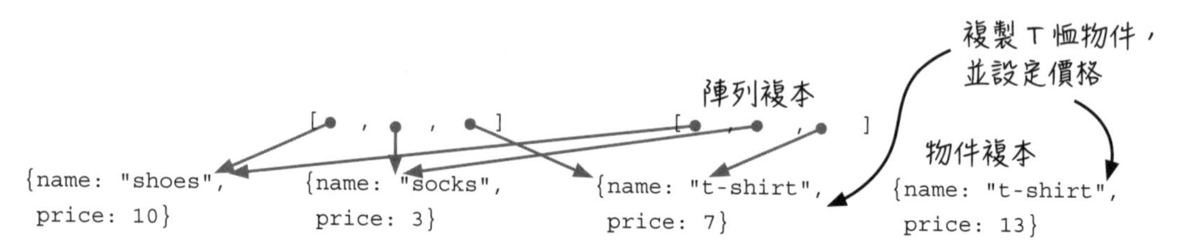

`setPrice()` 把改完的物件複本傳回，傳回值在 `setPriceByName()` 裡被指定給陣列複本，替換掉原本的 T 恤物件。

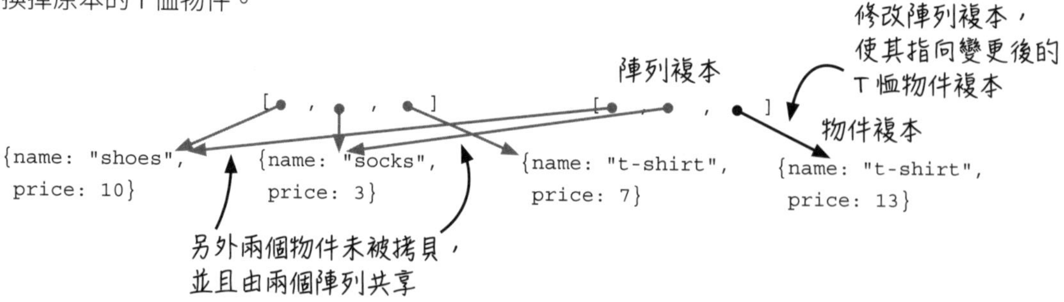

雖然本例中有四筆資料 (一個陣列與三個物件)，但只有兩筆資料被複製 (陣列與其中一個物件)。其它兩個物件因為並無變化，所以程式也沒有進行拷貝。注意！原陣列與陣列複本皆指向相同的未修改物件，此即前面所說的結構共享 — 只要我們不去改變共享的物件，這麼做就不會有問題。總的來說，寫入時複製能同時保留原資料與複本，且複本上的更動不會影響原資料。

練習 6-10

shopping_cart陣列裡共有 4 件商品：

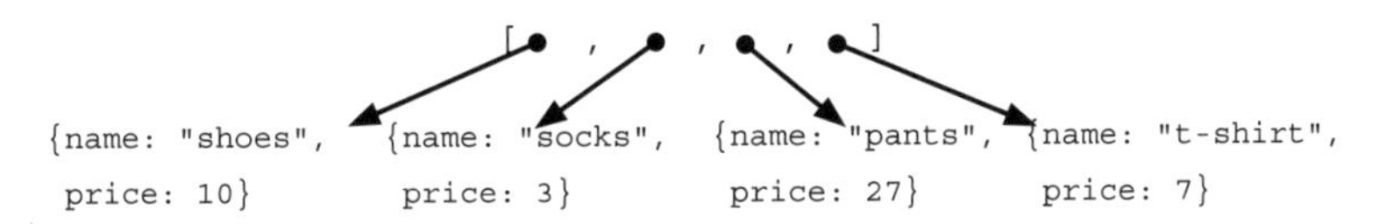

假如執行了下面這行程式碼，請問哪些東西會被複製？請把它們全部圈起來：

```
setPriceByName(shopping_cart, "socks", 2);
```

練習 6-10 解答

我們只需複製被修改的物件、以及該物件的上層資料結構即可。以本例來說，有變化的資料是『襪子 (socks)』物件，所以必須拷貝。內含舊襪子的陣列得改存放新襪子，故也需要拷貝。

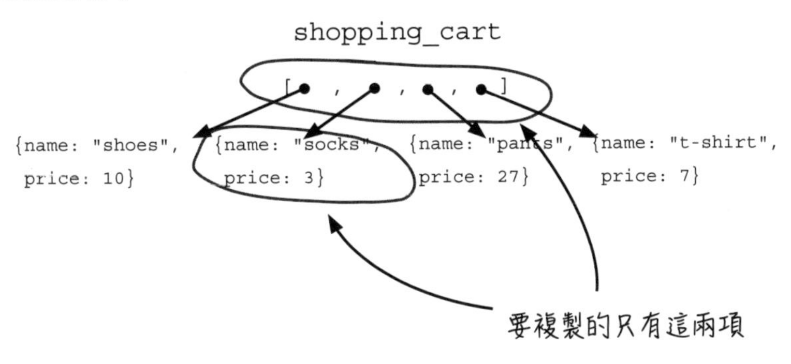

練習 6-11

請將以下巢狀資料操作改成寫入時複製版本：

```
function setQuantityByName(cart, name, quantity) {
  for(var i = 0; i < cart.length; i++) {
    if(cart[i].name === name)
      cart[i].quantity = quantity;
  }
}
```

將你的實作寫於此處

```
function setQuantityByName(cart, name, quantity) {





}
```

練習 6-11 解答

```
function setQuantityByName(cart, name, quantity) {
  var cartCopy = cart.slice();
  for(var i = 0; i < cartCopy.length; i++) {
    if(cartCopy[i].name === name)
     cartCopy[i] =
       objectSet(cartCopy[i], 'quantity', quantity);
  }
  return cartCopy;
}
```

結論

本章說明了『寫入時複製』與讀取／寫入的關係。JavaScript 的寫入時複製需要自行實作，正因為如此，將相關操作包裹在公用函式裡會比較方便，當日後需要寫入時複製時，只要使用這些包裝函式便萬無一失。請各位將『寫入時複製』當成教條一般遵守。

重點整理

- FP 程式設計師喜歡不可變資料，因為使用可變資料無法寫出 Calculations。
- 在寫入時複製裡，我們會產生複本，再以修改複本來取代更動原資料。
- 實作不可變的巢狀資料時，需先進行淺拷貝，然後更改複本，最後將其傳回。
- 我們可以先將基本的陣列與物件操作實作成寫入時複製函式，再利用這些函式定義其它函式，這麼做可避免重複撰寫相同的程式碼。

接下來 ...

寫入時複製雖然強大，但別人所寫的函式裡卻未必有實作。事實上，我們時常需要用到未實作寫入時複製的舊程式碼，此時該如何確保資料在流動過程中不被改變呢？這就需要用到下一章介紹的技巧：**防禦型複製** (defensive copying)。

MEMO

讓不變性不受外來程式破壞 | 7

本章將帶領大家：

- 利用『防禦型複製』(defensive copying) 保護你的程式，使其中的不可變資料不受其它來源的程式影響。
- 比較深拷貝與淺拷貝。
- 瞭解『防禦型複製』與『寫入時複製』的使用時機。

各位已經知道怎麼用寫入時複製，在自行撰寫的程式中實現不變性了。然而，我們的程式經常需要與未實作寫入時複製的程式碼 (如：使用可變資料的函式庫或既有程式碼) 互動，此時該如何傳遞不可變資料呢？本章就來教大家避免不變性受外來程式破壞。

7.1 使用既有程式(legacy code)時的不變性

MegaMart 每個月都會舉辦一次黑色星期五促銷活動，好讓行銷部門有機會清掉舊庫存。與該活動相關的函式已經寫好且延用多年，該函式不但有效，且能確保購物平台獲利。

小字典

本書以**既有程式**（legacy code）一詞代指很久前已寫好（寫法可能較舊）、且我們目前無法取代的程式。使用這些程式時，得假設它們無法更改。**譯註：**本章的black_friday_promotion()就是既有程式。

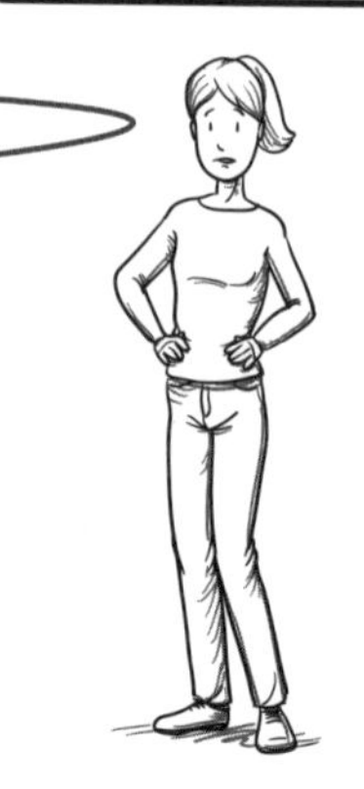

到目前為止，我們管理的所有程式碼都實作了寫入時複製，使購物車資料保持不變。然而，與黑色星期五促銷有關的函式並非如此！它會更改購物車中的大量資料。該函式是多年前就寫好的，功能值得信賴，不過開發人員還沒有時間回頭改寫。有鑑於此，我們得在當前程式碼與黑色星期五函式之間，建立能維持資料不變性的溝通介面才行。

為了啟動黑色星期五折扣，add_item_to_cart() 得進行以下修改：

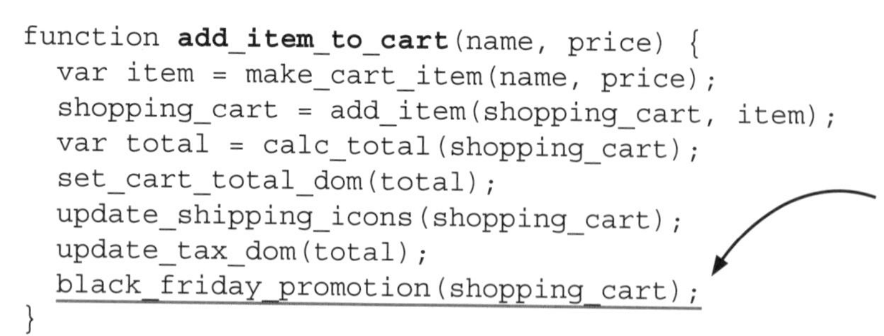

```
function add_item_to_cart(name, price) {
  var item = make_cart_item(name, price);
  shopping_cart = add_item(shopping_cart, item);
  var total = calc_total(shopping_cart);
  set_cart_total_dom(total);
  update_shipping_icons(shopping_cart);
  update_tax_dom(total);
  black_friday_promotion(shopping_cart);
}
```

我們得加入這行程式碼，但其會改變購物車陣列的內容

呼叫 black_friday_promotion() 會破壞寫入時複製，但你又不能修改此函式！幸運的是，**防禦型複製**可以解決上述問題，我們會用此方法與未實作不變性的程式交換資料。

7.2 寫入時複製函式需與未實作不變性的函式互動

本範例中的 black_friday_promotion() 並沒有實作寫入時複製，所以是不受信任的函式（譯註：此處的『不受信任』不是指不安全，而是『該函式可能會改變資料』）。

假設把所有程式歸入下圖的兩個圓圈中，位於『安全區』內的可信任函式皆能保持資料不變。也就是說，你可以放心使用這些程式碼。

black_friday_promotion() 並不在上述的安全區內，但我們又一定得執行它。執行時，受信任程式勢必會以輸入／輸出的形式與 black_friday_promotion() 交換資料。說得更清楚一些：所有從安全區離開的資料都可能被不受信任的函式修改，所以是潛在可變的，而從外面進入安全區者亦是如此。不受信任的函式有可能保留資料的參照、並隨時修改參照上的值，所以怎麼在維持不變性的前提下交換資料成了一大挑戰。

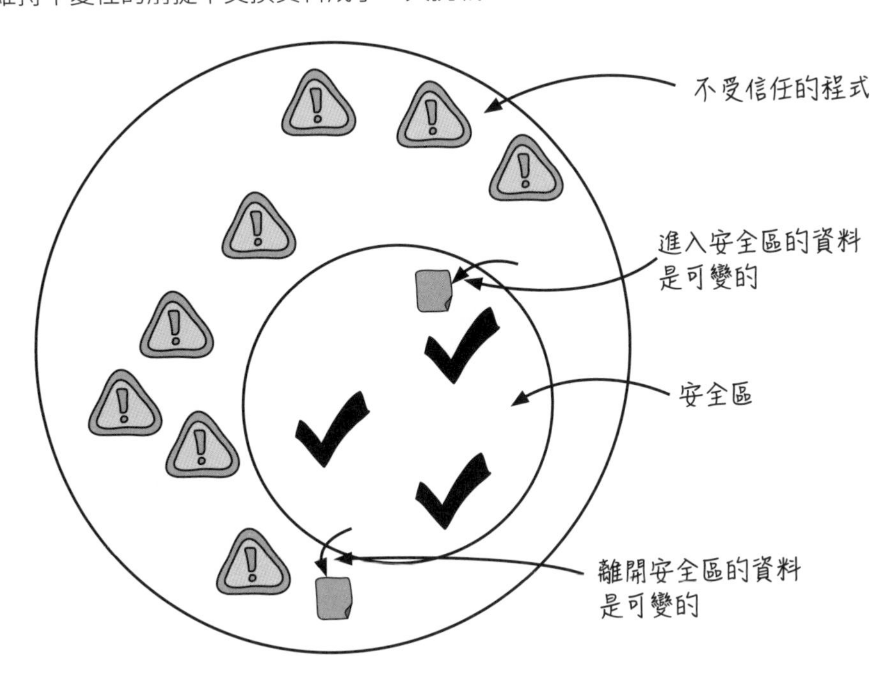

各位已在前一章看過寫入時複製了，但該技巧在這裡卻派不上用場。寫入時複製要求在修改資料前先拷貝，因此你得瞭解修改發生在何處，才知道哪裡需要複製。但在 black_friday_promotion() 的例子裡，程式碼實在太過龐雜，導致我們難以弄清該函式到底做了哪些事。有鑑於此，此處需改用能徹底避免資料修改的強大保護措施，即**防禦型複製**，下面就來說明其機制吧！

7.3 防禦型複製能守護資料不變性

O 表示原始資料

C 表示複本

避免資料被不受信任程式改變的方法是：在資料傳入與傳出安全區時進行複製！具體原理如下。

首先討論如何保護傳入安全區的資料。當資料從不受信任的函式進入安全區時，應假設其為可變的。此時需立即對其產生**深拷貝** (deep copy) 複本，然後將原始資料拋棄。由於這麼做能保證只有受信任程式具有複本的參照，故能維持資料不變。

1. 不受信任程式中的資料

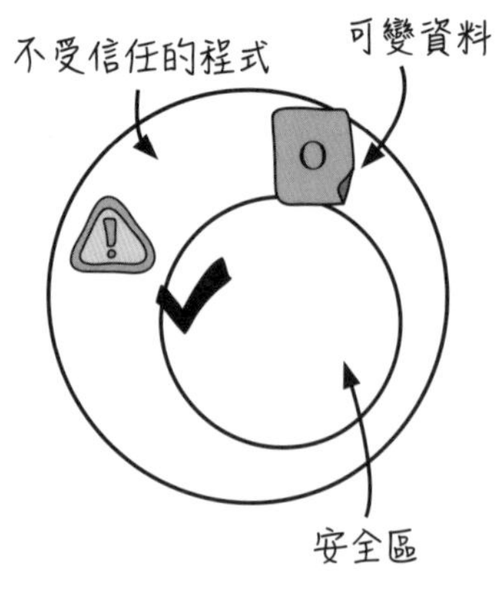

2. 資料進入安全區

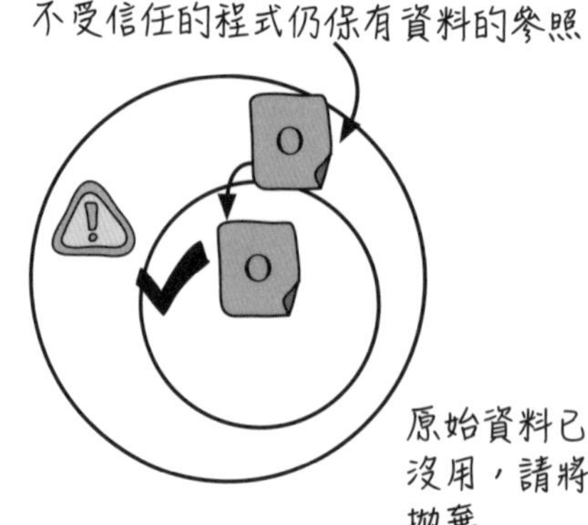

3. 產生深拷貝複本

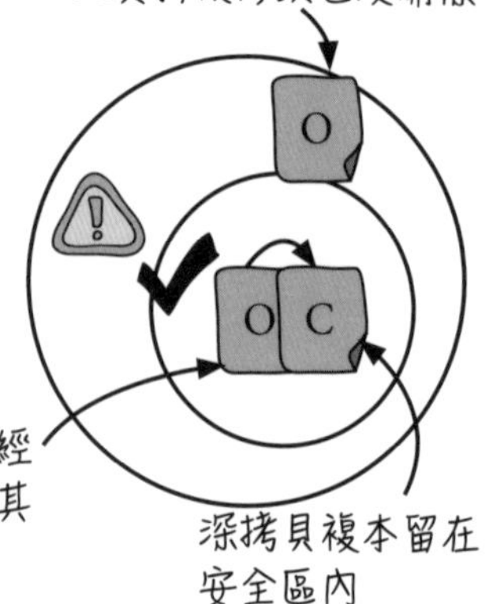

現在來看怎麼保護離開安全區的資料。如前所述，由於不受信任的程式可能進行修改，故所有從安全區離開的資料都應被視為可變。解決方法是：先對資料做深拷貝，再把複本傳給不受信任的程式。

1. 安全區中的資料

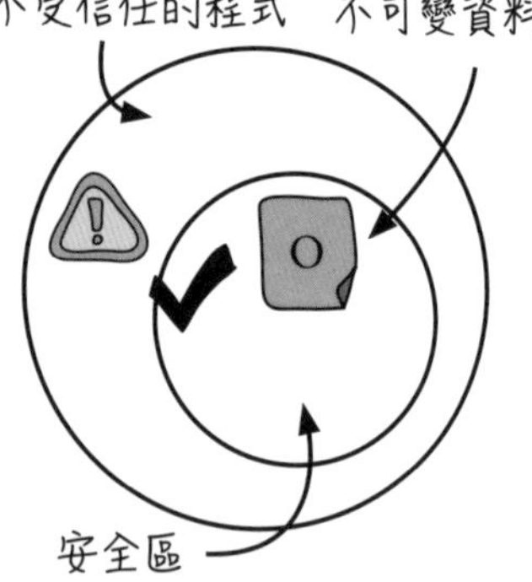

2. 產生深拷貝複本

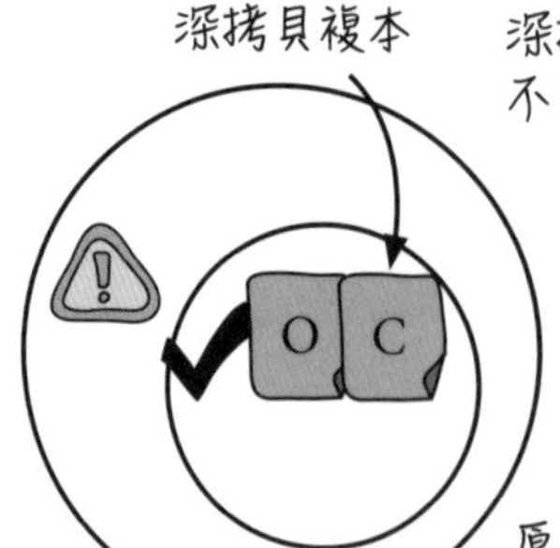

3. 深拷貝複本離開安全區

深拷貝複本進入不受信任的程式

此資料被修改也沒關係

原始資料從未離開安全區

以上就是防禦型複製的概念：當資料進入時做深拷貝，離開時也做深拷貝。上述操作能確保不可變資料永不離開安全區，可變資料則永遠無法進入。瞭解這一點後，讓我們討論如何將此技巧套用在 `black_friday_promotion()` 上吧！

7.4 實作防禦型複製

如上一節所述：當需要呼叫會改變傳入引數的函式時，**防禦型複製**能保障安全區中的資料維持不變。該技巧之所以稱為『防禦型』，是因為其能抵禦外來程式碼所造成的資料修改。本章範例中的 black_friday_promotion() 就是一個會更動傳入引數（即：購物車陣列）的函式。若想讓原始資料保持不變，我們得在把購物車傳入該函式以前先做深拷貝：

原始程式

```
function add_item_to_cart(name, price) {
  var item = make_cart_item(name, price);
  shopping_cart = add_item(shopping_cart,
                           item);
  var total = calc_total(shopping_cart);
  set_cart_total_dom(total);
  update_shipping_icons(shopping_cart);
  update_tax_dom(total);

  black_friday_promotion(shopping_cart);
}
```

資料離開安全區前先複製

```
function add_item_to_cart(name, price) {
  var item = make_cart_item(name, price);
  shopping_cart = add_item(shopping_cart,
                           item);
  var total = calc_total(shopping_cart);
  set_cart_total_dom(total);
  update_shipping_icons(shopping_cart);
  update_tax_dom(total);
  var cart_copy = deepCopy(shopping_cart);
  black_friday_promotion(cart_copy);
}
```

資料離開前先複製

以上處理只能讓 black_friday_promotion() 的輸入不變，卻未考慮該函式的輸出（也就是 black_friday_promotion() 對購物車所做的更動）。我們知道：black_friday_promotion() 修改的其實是複本 cart_copy。但變更後的 cart_copy 是不可變的嗎？是否能直接使用呢？上述兩題的答案為『否』！這是因為：black_friday_promotion() 會保有一份 cart_copy 的參照，並且有可能在未來變更該參照的值。由上述原因造成的程式錯誤很難被發現，解決辦法則是在 black_friday_promotion() 的輸出進入安全區時再做一次深拷貝。

資料離開安全區前先複製

```
function add_item_to_cart(name, price) {
  var item = make_cart_item(name, price);
  shopping_cart = add_item(shopping_cart,
                           item);
  var total = calc_total(shopping_cart);
  set_cart_total_dom(total);
  update_shipping_icons(shopping_cart);
  update_tax_dom(total);
  var cart_copy = deepCopy(shopping_cart);
  black_friday_promotion(cart_copy);

}
```

資料離開與進入安全區皆複製

```
function add_item_to_cart(name, price) {
  var item = make_cart_item(name, price);
  shopping_cart = add_item(shopping_cart,
                           item);
  var total = calc_total(shopping_cart);
  set_cart_total_dom(total);
  update_shipping_icons(shopping_cart);
  update_tax_dom(total);
  var cart_copy = deepCopy(shopping_cart);
  black_friday_promotion(cart_copy);
  shopping_cart = deepCopy(cart_copy);
}
```

資料進入時再次複製

以上模式就是完整的防禦型複製。如你所見，資料離開安全區時要複製，回來時也要複製，如此才能保證不變性。此處要強調的是：必須使用**深拷貝複本**，我們會在後面詳細介紹。

7.5 防禦型複製的原則

當我們必須使用未實作不變性的程式（即：不受信任的程式）時，防禦型複製能確保資料維持不變。以下是防禦型複製的兩大原則：

原則 1：資料離開安全區時需複製

當有不可變資料要從安全區進入不受信任函式時，請依下列步驟保護之：

1. 產生不可變資料的深拷貝複本。
2. 將複本傳入不受信任函式中。

原則 2：資料進入安全區時需複製

從不受信任函式取得的資料可能是可變的，請依下列步驟確保不變性：

1. 產生可變資料的深拷貝複本。
2. 在安全區中使用該複本。

只要遵守上述兩原則，就能在不破壞資料不變性的前提下，與任何不受信任的函式互動。

其中，原則 1 和 2 並沒有一定先後順序。當我們在安全區內呼叫不受信任的函式時，資料需先離開安全區再返回；反之，若是不受信任的程式呼叫安全區函式，則資料得先進入安全區再離開。也就是說，你要依當下情況判斷原則 1 和 2 何者在前。此外，也有只需要原則 1 或原則 2 的狀況（即：資料只離開安全區而不進入，或相反），詳見練習 7-2。

本章會帶大家多次練習防禦型複製實作。但在此之前，讓我們先繼續討論黑色星期五的例子 — 該實作可以用包裝函式進一步改良。

小字典

深拷貝 (deep copying) 會複製巢狀資料中從最底層到最上層的所有資料結構。

7.6 將不受信任的程式包裝起來

雖然前面已實作好防禦型複製了，但程式中進行拷貝的地方並不明顯。此外，black_friday_promotion() 函式以後還會被呼叫許多次，但一直重複撰寫相同程式碼會增加出錯的風險。為解決以上問題，讓我們把 black_friday_promotion() 包裹在內含防禦型複製機制的新函式裡吧！

開發小組的金恩

原始程式

```
function add_item_to_cart(name, price) {
  var item = make_cart_item(name, price);
  shopping_cart = add_item(shopping_cart,
                           item);
  var total = calc_total(shopping_cart);
  set_cart_total_dom(total);
  update_shipping_icons(shopping_cart);
  update_tax_dom(total);
  var cart_copy = deepCopy(shopping_cart);
  black_friday_promotion(cart_copy);
  shopping_cart =
    deepCopy(cart_copy);
}
```

將這些程式碼擷取成新函式

擷取防禦型複製的程式

```
function add_item_to_cart(name, price) {
  var item = make_cart_item(name, price);
  shopping_cart = add_item(shopping_cart,
                           item);
  var total = calc_total(shopping_cart);
  set_cart_total_dom(total);
  update_shipping_icons(shopping_cart);
  update_tax_dom(total);


  shopping_cart =
    black_friday_promotion_safe(shopping_cart);
}

function black_friday_promotion_safe(cart) {
  var cart_copy = deepCopy(cart);
  black_friday_promotion(cart_copy);
  return deepCopy(cart_copy);
}
```

black_friday_promotion_safe() 在使用上更便利，且能讓程式碼更清楚。由於其能保證資料不變，故我們可以放心呼叫。

下頁來看另一個例子。

練習 7-1

MegaMart 公司使用第三方函式庫中的payrollCalc() 來計算薪水；只要傳入內含員工記錄的陣列，該函式便會將每個人的薪資單放入陣列傳回。需注意的是：payrollCalc() 是不可信任的函式 — 它可能會修改員工記錄陣列，且我們也不知道薪資單產生的具體過程。

你的任務是把payrollCalc() 包裹進新函式裡，並利用防禦型複製使其變得安全。以下是該函式的簽章：

```
function payrollCalc(employees) {
  ...
  return payrollChecks;
}
```

將此函式改成防禦型複製版本

請撰寫名為payrollCalcSafe() 的包裝函式：

將你的實作寫於此處

```
function payrollCalcSafe(employees) {

}
```

練習 7-1 解答

```
function payrollCalcSafe(employees) {
  var copy = deepCopy(employees);
  var payrollChecks = payrollCalc(copy);
  return deepCopy(payrollChecks);
}
```

練習 7-2

MegaMart 還有另一個能提供用戶資訊的既有系統 (legacy system)。每當有使用者更改個人訊息時，該系統便會把新資料傳送至所有訂閱『更新通知』的程式。

然而，此系統傳給不同訂閱程式 (位於安全區內) 的新資料，全部指向同一個參照位置；也就是說，訂閱程式收到的資料來自不受信任的系統。為解決此問題，請你用防禦型複製保護安全區。注意！本例中沒有資料離開安全區 — 各位只需考慮進入安全區的可變資料即可。

呼叫上述用戶資訊系統如下所示：

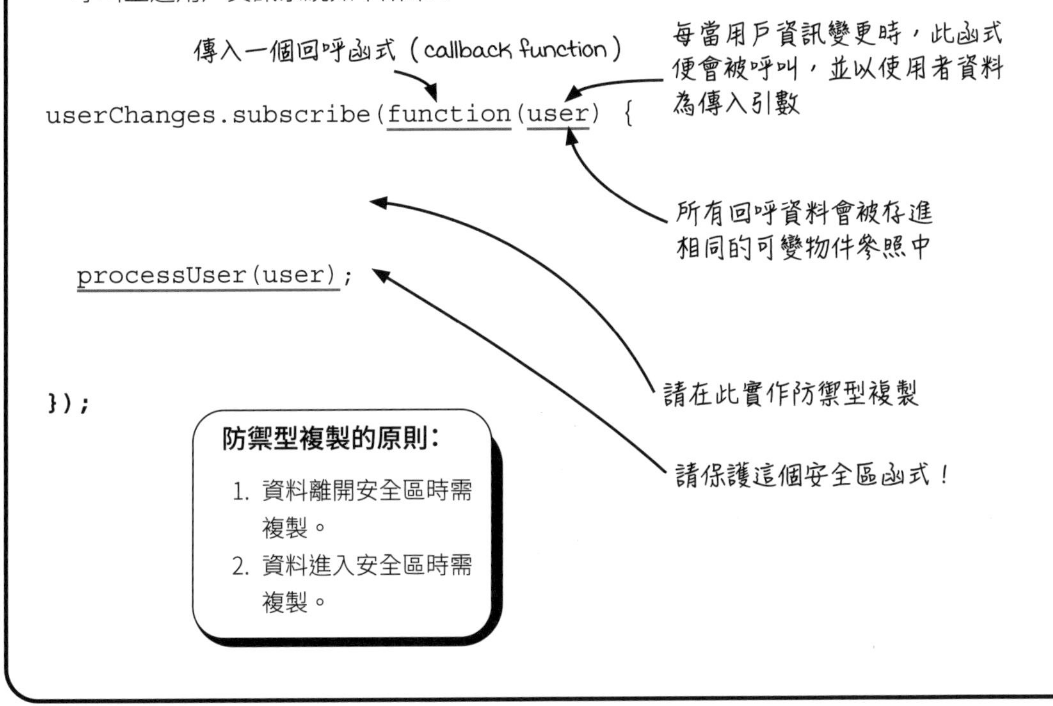

練習 7-2 解答

```
userChanges.subscribe(function(user) {
  var userCopy = deepCopy(user);
  procssUser(userCopy);
});
```

由於沒有資料離開安全區，故不必再複製一次

7.7 你或許看過的防禦型複製

防禦型複製其實是個常見技巧（但不容易發現），各位或許曾在以下地方見過：

網路應用程式開發介面中的防禦型複製

許多基於網路的應用程式開發介面（API, application programming interface）都隱含防禦型複製機制，下面就是一例。

一個網路 request 會以 JSON 的形式進入你的 API，而這個 JSON 資料就是序列化客戶端訊息的**深拷貝複本**。接著伺服器會進行處理並產生同為 JSON 的 response，該資料亦是序列化的**深拷貝複本**。換言之，當資料進入或離開 API 時都會被拷貝。

這其實就是防禦性複製。只要在**服務導向**（service-oriented）或**微服務**（microservice）系統上使用此技巧，即便是設計方法不同的服務（services）也能毫無阻礙地互相溝通。

小字典

當多個模組採用『防禦型複製』互相溝通時，由於模組之間不分享資料參照，故此架構又稱**無共享架構**（shared nothing architecture）。我們應避免使用『寫入時複製』的程式碼與不受信任的程式碼共享資料參照。

Erlang 與 Elixir 裡的防禦型複製

Erlang 和 Elixir（這兩種程式語言都支援 FP）中都實現了防禦型複製。以 Erlang 為例，每當兩個程序需要交換訊息時，該訊息（資料）就會被複製到接收方的 mailbox（編註：在 Erlang 中，每個程序都有一個稱為 mailbox 的組件，作為程序的專用佇列（queue），儲存從其它程序接收的訊息，直到被處理）。這種防禦型複製機制確保了程序間通訊的資料在傳遞過程中保持不變，程序互不影響，這是 Erlang 系統高可靠性的關鍵。

想知道更多與 Erlang 和 Elixir 有關的資訊，請造訪 https://www.erlang.org 與 https://elixir-lang.org。

當我們撰寫自己的模組時，不妨學習微服務系統和 Erlang 的作法，取得防禦型複製帶來的好處。

休息一下

問 1：等一下！同時保留兩份（即：原始資料與複本）相同使用者的資料真的好嗎？哪一份才能真正代表該使用者呢？

答 1：問得好！在接觸 FP 以前，很多人會以唯一的『使用者』物件來表示軟體上的特定用戶。也因此當存在兩份資料時，你自然會想問：哪一份代表使用者？

但在 FP 中，以上觀念必須轉變 — 我們不會用單一物件表示用戶，而是分別記錄不同事件（如：提交表單）中的使用者資料（如：表單上的用戶姓名）。請注意！這符合前面對『資料（Data）』一詞的定義，即：與事件有關的事實。在此情況下，我們要把資料複製幾次都沒問題。

問 2：『寫入時複製』和『防禦型複製』好像啊！它們真的不一樣嗎？是否使用其中一個就夠了？

答 2：『寫入時複製』與『防禦型複製』的功能都是確保不變性，因此兩者好像可以二擇一。實際上也的確如此！在安全區內外都使用防禦型複製也能保證資料不變（**譯註：**本書的做法是在安全區內用『寫入時複製』，安全區與非安全區之間的溝通用『防禦型複製』）。

不過，防禦型複製需仰賴深拷貝，而這種拷貝會複製巢狀資料中的每一層結構，所以消耗的資源較淺拷貝高上不少。當我們只是要傳遞資料給值得信賴的函式時，深拷貝顯然是沒必要的。因此，為了節省處理和記憶資源，我們會在適當地方（也就是安全區內）使用寫入時複製。如你所見，兩種方法剛好能互補。

進一步比較『寫入時複製』和『防禦型複製』有助於我們熟悉兩者的應用時機，此即下一節的主題。

7.8 比較『寫入時複製』與『防禦型複製』

寫入時複製 (copy-on-write)

何時使用？

當你能自行控制程式實作時，請用此方法。

在哪裡使用？

安全區內的所有函式皆用此方法。事實上，寫入時複製就是安全區之所以安全的原因（即：資料不可變）。

複製的類型？

淺拷貝 — 需要的資源相對較低。

基本步驟為何？

1. 對欲變更的資料淺拷貝，產生複本。
2. 修改複本。
3. 傳回複本。

防禦型複製 (Defensive copying)

何時使用？

當需要和不受信任的程式交換資料時，請用此方法。

在哪裡使用？

在資料進出安全區的地方使用。

複製的類型？

深拷貝 — 需要的資源相對較高。

基本步驟為何？

1. 資料進入安全區時做深拷貝。
2. 資料離開安全區時做深拷貝。

7.9 深拷貝所需資源較淺拷貝高

深拷貝複本與淺拷貝複本的差異在於：前者與原始資料不會共享任何結構，因為巢狀資料內的所有物件與陣列都被複製了。後者則是任何沒有被修改的資料結構都是共享的 (見 6.18 節)：

淺拷貝

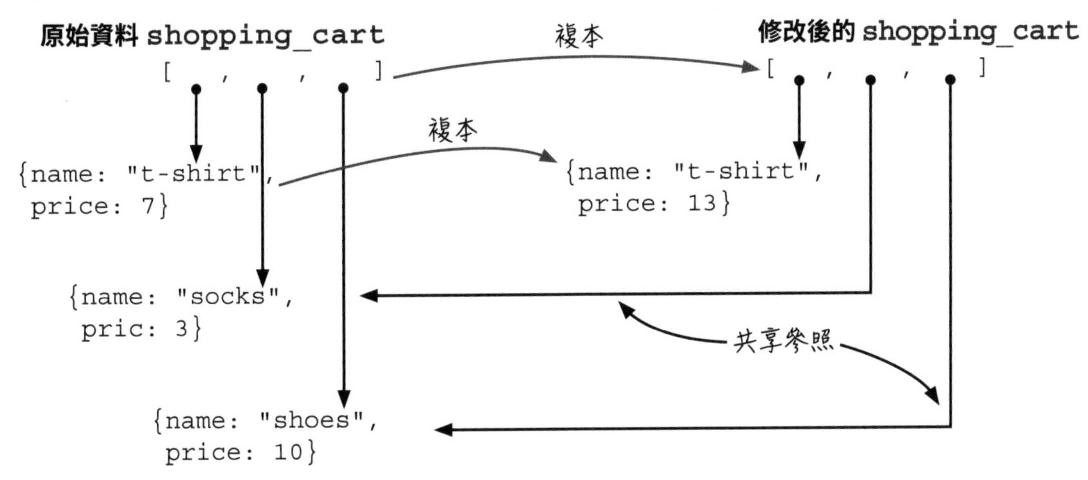

當原始資料來自不受信任的程式時，其中所有東西都有可能改變，所以我們得用深拷貝將每一層資料結構都複製才行：

深拷貝

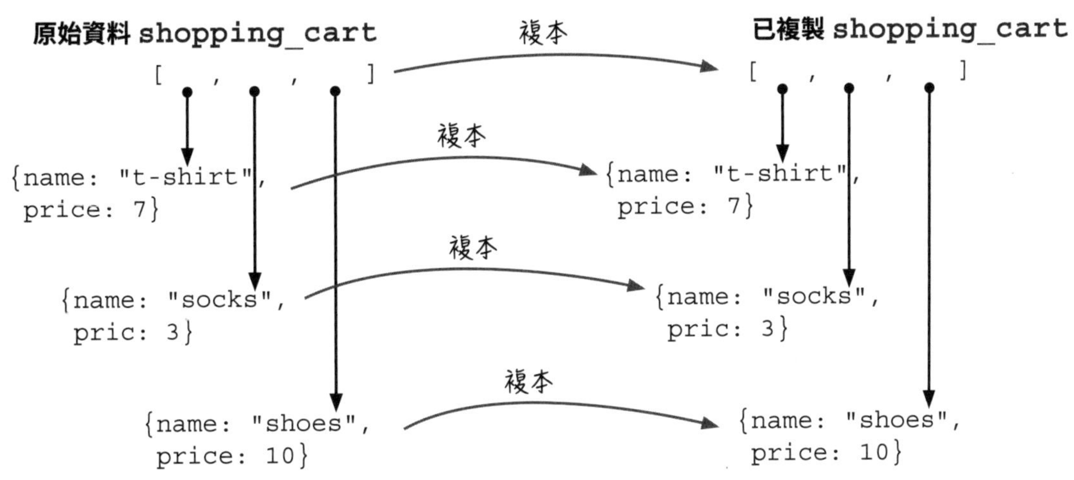

很明顯，深拷貝消耗的資源較多，所以我們只會在不確定『寫入時複製』是否存在的場合中使用。

7.10 以 JavaScript 實作深拷貝很困難

深拷貝的概念很簡單，所以實作上應該也不複雜才對。但由於 JavaScript 裡並沒有適用的標準函式庫，要正確深拷貝其實有一定難度。

雖然如何實作強深拷貝（**譯註：**這裡的『強（robust）』指能處理任何情況或資料）不在本書的討論範圍內，這裡還是給各位一些建議。首先，我們推薦 Lodash 函式庫（參考 **lodash.com**），其中的 **.cloneDeep()**（參考 **lodash.com/docs/#cloneDeep**）函式可產生巢狀資料的深拷貝複本。Lodash 函式庫受到眾多 JavaScript 使用者的推崇。

其次，為了討論的完整性並滿足讀者好奇心，下面就來看一個簡單的深拷貝實作（適用於所有 JSON 格式的資料與函式）：.

```
function deepCopy(thing) {
  if(Array.isArray(thing)) {
    var copy = [];
    for(var i = 0; i < thing.length; i++)
      copy.push(deepCopy(thing[i]));
    return copy;
  } else if (thing === null) {
    return null;
  } else if(typeof thing === "object") {
    var copy = {};
    var keys = Object.keys(thing);
    for(var i = 0; i < keys.length; i++) {
      var key = keys[i];
      copy[key] = deepCopy(thing[key]);
    }
    return copy;
  } else {
    return thing;
  }
}
```

用迴圈複製資料中的所有元素

字串、數字、布林值與函式本來就是不可變的，所以不需要複製

遺憾的是，JavaScript 中還存在許多資料型別是以上函式無法應付的，但該實作足以呈現深拷貝的關鍵，即：不僅要複製上層的陣列或物件，還必須以迴圈走訪其中的元素。

實務上，建議各位務必使用諸如 Lodash 函式庫裡的強深拷貝實作。本節的 deepCopy() 只是教學範例，不宜實際開發中應用。

練習 7-3

以下 5 條敘述中，有些是描述深拷貝，另一些則是描述淺拷貝。請在適用於深拷貝的敘述前面標上 DC、適用淺拷貝者則標 SC：

1. 此類拷貝會複製巢狀資料中的每一層結構。
2. 此類拷貝允許結構共享，因此較另一種更有效率。
3. 此類拷貝只複製有修改的元素。
4. 由於不存在結構共享，此類拷貝能保護來自不受信任程式的資料。
5. 可利用此類拷貝實作**無共享架構** (shared nothing architecture)。

標記名稱

DC 深拷貝

SC 淺拷貝

練習 7-3 解答

1. DC；2. SC；3. SC；4. DC；5. DC

7.11 想像『寫入時複製』與『防禦型複製』之間的對話

『寫入時複製』與『防禦型複製』在爭論誰比較重要...

『寫入時複製』說：

我能保證資料不變，所以顯然比較重要！

『防禦型複製』說：

不對吧！我也能讓資料不變啊！

『寫入時複製』說：

但是我的淺拷貝要比你的深拷貝有效率多了。

『防禦型複製』說：

效率對你來說之所以重要，是因為每一次資料修改時你都得複製。不像我，只要在資料進入或離開安全區時複製就好。

『寫入時複製』說：

但安全區之所以存在，完全是我的功勞呀！

『防禦型複製』說：

確實如此！但如果無法把資料傳給外頭的既有程式碼和函式，安全區不就沒意義了嗎？

『寫入時複製』說：

那些既有程式碼庫和函式庫也應該用我來實作才對！我能將『寫入』轉換成『讀取』，使得操作自然而然地變成Calculations。

『防禦型複製』說：

但這是不切實際的。接受事實吧！外來的程式實在太多了，根本不可能一一改寫！

『寫入時複製』說：

你說得對（流淚）！是時候正視事實了：我不能沒有你！

『防禦型複製』說：

別哭（淚目），我也離不開你啊！

於是，他們停止爭辯，並緊緊地擁抱在一起...

練習 7-4

以下 10 條敘述中，有些是描述防禦型複製（DC）、有些則是描述寫入時複製（CW）、有些則兩者皆適用！請在防禦型複製的敘述前標上 DC、寫入時複製的敘述則標 CW：

1. 此技巧依賴深拷貝。
2. 相較於另一種做法，此技巧所需的資源較少。
3. 此技巧對維持資料不變性來說非常重要。
4. 此技巧會在修改資料前先產生複本。
5. 我們利用此技巧讓安全區內的資料不變。
6. 與不受信任的程式交換資料時，應使用此技巧。
7. 理論上，此技巧可以完全取代另一種做法。
8. 此技巧依賴淺拷貝。
9. 傳送資料給不受信任的函式時，需先複製資料。
10. 接受不受信任程式送來的資料時，需複製。

標記名稱

DC 防禦型複製

SC 寫入時複製

練習 7-4 解答

1. DC；2. CW；3. DC 和 CW；4. CW；5. CW；6. DC；7. DC；8. CW；9. DC；10. DC

練習 7-5

假設你的開發團隊已為某專案打造了安全區，其中所有函式都實作了寫入時複製，以便維持資料不變。現在，有一項新任務要求你的程式與既有函式互動，但該函式可能會改變資料，請問：你應該採取以下哪些措施來維持不變性呢？選出所有適當的選項，並解釋原因。

1. 與既有函式交換資料時使用防禦型複製。
2. 與既有函式交換資料時使用寫入時複製。
3. 實際閱讀既有函式的程式碼，看其是否會改變資料。假如不會，那就不需要做任何事。
4. 以寫入時複製重寫既有函式，然後直接呼叫新函式。
5. 本例中的既有函式也是你的開發團隊所寫，所以理所當然值得信任。

練習 7-5 解答

1. 正確！防禦型複製雖然會消耗記憶體資源以產生複本，但確實可以保護安全區。
2. 錯誤！只有當呼叫的函式有實作寫入時複製時，此方法才行得通。如果你無法確定既有函式如何實作，請不要假設其中包含寫入時複製。
3. 依情況而定！檢視原始碼的確能幫助我們瞭解既有函式是否有更動資料。但要特別注意該函式是否還做了其它事情，例如：把資料再傳給第三方程式。
4. 正確！倘若時間足夠，以寫入時複製改寫確實能解決問題。
5. 錯誤！就算既有函式來自你的團隊，也不應該預設已實作了資料不變性。

結論

在本章中，我們學會了代價較高，但也較強大的不變性實作方法，即：**防禦型複製**。之所以說此方法較強大，是因為其可以取代寫入時複製。但別忘了！由於防禦型複製中拷貝的資料較多，因此消耗資源也較大。不過，只要適當選擇使用『防禦型複製』（較強大）和『寫入時複製』（效率較好）的時機，你便能同時享用兩者的好處！

重點整理

- 防禦型複製是實作資料不變性的另一種方式，其原理是在資料進入安全區時進行拷貝。
- 因為防禦型複製會進行深拷貝，所以消耗資源較寫入時複製多。
- 防禦型複製即便與未實作不變性的程式互動，也能保證資料不改變。
- 由於寫入時複製拷貝的資料較少，我們通常優先使用。只有當需要用到不受信任的程式時，才會做防禦型複製。
- 深拷貝會複製巢狀資料中的每一層結構，淺拷貝則只做最低程度的複製。

接下來 ...

在下一章，我們會以前面學到的知識為基礎，討論一種能改善系統設計的程式架構。

MEMO

分層設計 (1) | 8

本章將帶領大家：

- 學習軟體設計的實用定義。
- 掌握分層設計的概念與用法。
- 明白如何透過函式擷取讓程式更簡潔。
- 瞭解將軟體分層為何能夠幫助我們思考。

我們來到第一篇的最後一個主題 – **分層設計** (stratified design)。主要概念為：利用底層的函式來撰寫上層函式。但到底什麼是層 (layers)？它們的功能又是什麼？這些問題的答案都會在本章與下一章揭曉。待各位讀完後，就能為進入第二篇做好準備了。

8.1 何謂軟體設計？

MegaMart 的軟體設計師都知道購物車對該平台的重要性，但他們一致認為此功能目前的實作並不理想。

開發小組的吉娜

吉娜的顧慮暗示軟體中仍存在問題。一個設計完善的程式應讓人感到放心，並協助我們順利渡過開發週期中的每個階段，包括最初的構想、程式撰寫，到最後的測試與維護。

事實上，以上敘述就是本書對**軟體設計**的定義：

軟體設計（software design；名詞）

根據某種『原則』決定程式實作的方式，讓軟體在撰寫、測試與維護上更容易。

注意！此處的重點不是爭論軟體設計究竟為何，各位也不必死背上述定義。我們只是希望你瞭解本書對這個詞的解釋而已。

本章要介紹的『原則』名為**分層設計**，下面就開始說明吧！

8.2 何謂分層設計？

分層設計 (stratified design) 就是將軟體區隔成數個**層** (layers)，且每一層的函式都以其層的函式來定義。有良好設計直覺的人可以找到適當的分層方式，大大增加軟體的可修改性、可讀性、可測試性、以及可重複使用性。以 MegaMart 程式為例，下面是本章所用的分層：

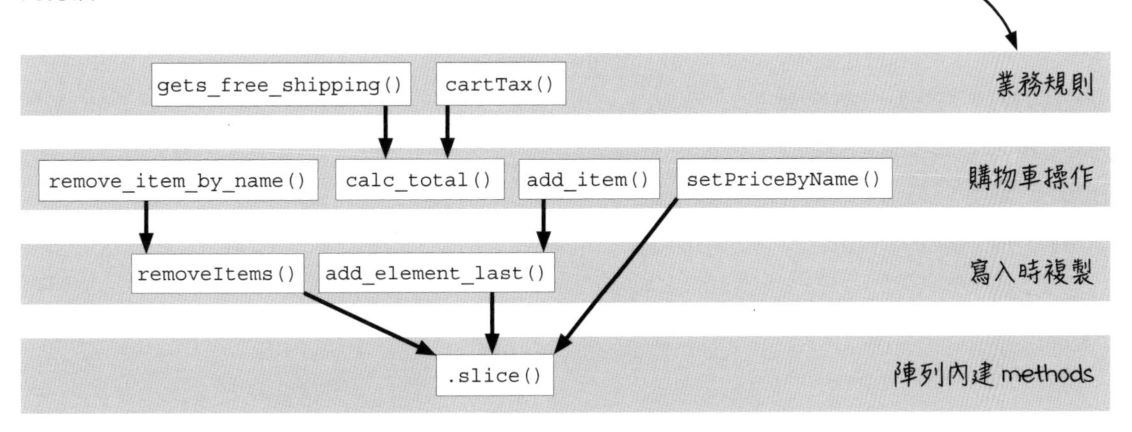

讓我們先說清楚：決定適當的分層並不簡單！什麼是『最佳設計』需考量的因素多到數不清。不過，你可以培養自己判斷設計好壞的直覺，這樣在撰寫程式時便能有個方向。

那麼，該如何培養這樣的直覺呢？這個問題同樣不好回答，本書採用的方式如下。首先，我們要仔細閱讀程式碼，從中尋找有改進空間的地方；接著實際更改設計，看看會發生什麼事。只要夠努力，相信所有讀完本章的讀者都能建立良好的設計直覺，並為未來更上層樓做好準備。

小字典

分層設計 (stratified design) 是一種將軟體分隔成多個**層** (layers) 的設計方法。其具有悠久的歷史，且由許多人共同發展而成。其中，Harold Abelson 與 Gerald Sussman 的著作促成了此技術的出現。

8.3 建立設計直覺

專業的原罪

許多專家雖然在專業工作上表現不俗，卻無法解釋自己是如何做到的。他們已在腦中建立了完善的模型，但無法用言語傳達。這就是專業的『原罪』— 擅長做並不代表能解釋怎麼做。之所以如此，是因為人腦就像個能處理複雜事情的黑盒子，可接受大量多變的『輸入』，經過複雜的過程才產生大量多變的『輸出』。

分層設計的『輸入』有哪些？

各位可以把分層設計的『輸入』當成改進程式的『線索』。你需要閱讀程式碼並搜尋這些線索，再採取適當處置措施。以下列出一些有用的線索供大家參考：

如果你不曉得這些詞的意思，不用緊張！本章和下一章會解釋

函式本體
- 程式碼長度
- 複雜度
- 細節程度
- 函式呼叫
- 使用的程式語言元素

層的結構
- 箭頭長度
- 內聚性
- 細節程度

函式簽章
- 函式名稱
- 參數名稱
- 參數的引數值
- 傳回值

分層設計的『輸出』有哪些？

收到『輸入』後，腦袋便會開始處理。如前所述，我們無法說明處理的過程，卻有能力根據輸入產生一系列複雜的行動，包括：

程式架構
- 決定哪裡需要新函式
- 移動函式的位置

程式實作
- 修改實作
- 擷取函式
- 改變資料結構

程式碼變更
- 決定在何處加入新程式碼
- 選擇適當的細節程度

接下來，我們要從多個角度觀察程式碼，並套用分層設計原則。請跟著練習，相信各位的大腦很快就能掌握其中的要領而變成專家。

8.4 分層設計的原則

第 8、9 章會從多個面向來討論分層設計，但其內容可總結成四大原則。本章主要說明原則 1，其它則在下一章介紹。**譯註：** 8.4 節的內容對尚未讀完第 8、9 章的讀者可能較難理解。建議各位先跳過，等完整讀過第 8、9 章後，再把本節內容當做複習或重點提示使用。

原則 1：讓實作更直觀

分層設計中的層應能讓實作更直觀。在直觀的函式實作中，所有元素的細節程度應該相似，才不會造成程式碼難以理解。事實上，混雜不同的細節程度可視為**程式碼異味**（參考 5.1 節）。

原則 2：以抽象屏障輔助實作

我們可以將某些層當成**介面**（interface），用來隱藏關鍵的實作細節。有了這些層，你就不必顧慮底層程式碼如何運作，而能從更高階的觀點思考與撰寫程式。

原則 3：讓下層函式保持簡約與不變

系統會隨時間改變，為使日後的修改更容易，我們會希望低層的基本操作函式越簡單越好，並用它們直接或間接定義其它高層函式。

原則 4：分層只要舒適即可

當我們為企業撰寫程式時，千萬不要抱持完美主義、或盲目亂加新層。反之，請多花時間在能縮短軟體交付時間或提升品質的層上。請記住！分層應該能讓你事半功倍，而不是讓事情變得更複雜。

以上所提的原則都很空泛，所以下面會提供具體的例子、圖示、解釋與練習，以幫助各位建立對分層設計的直覺。現在，讓我們開始討論原則 1 吧！

8.5 原則 1：讓實作更直觀

本節會告訴讀者如何增加實作的可讀性。你所選擇的分層架構不僅需幫助理解各函式的功能，還不能增加程式的複雜度。這裡先回憶一下吉娜在 8.1 節提出的顧慮吧！

分層設計原則

- [ ] **讓實作更直觀**
- [ ] 以抽象屏障輔助實作
- [ ] 讓下層函式保持簡約與不變
- [ ] 分層只要舒適即可

目前討論這個主題

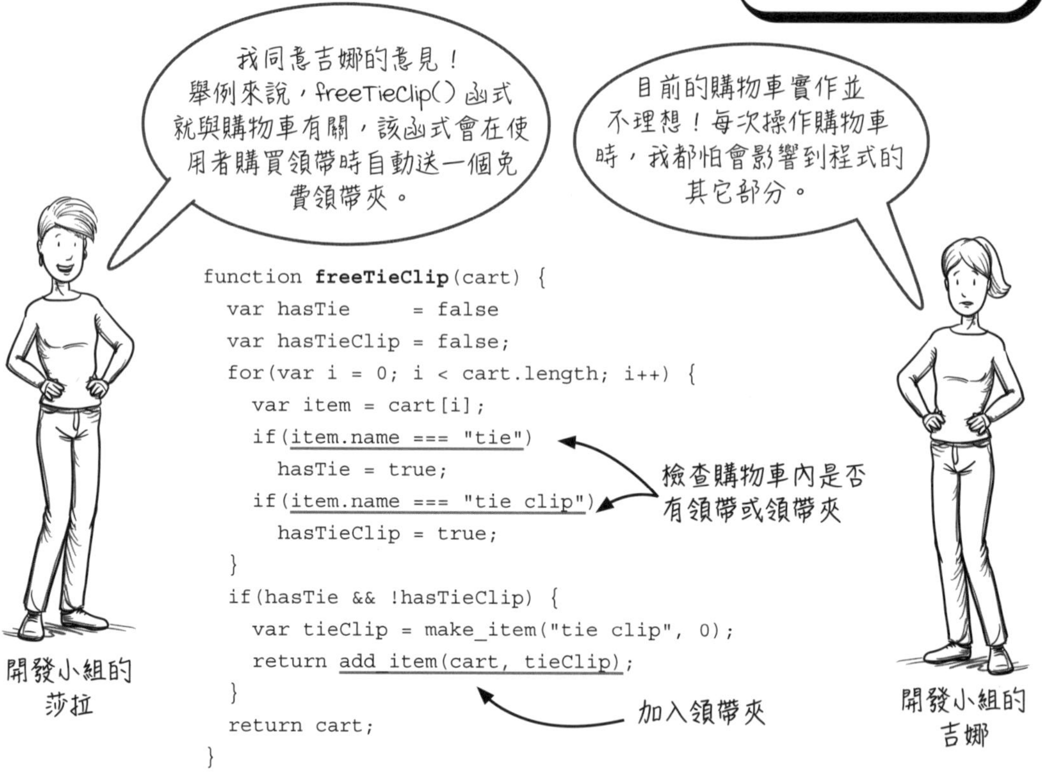

我同意吉娜的意見！舉例來說，freeTieClip() 函式就與購物車有關，該函式會在使用者購買領帶時自動送一個免費領帶夾。

目前的購物車實作並不理想！每次操作購物車時，我都怕會影響到程式的其它部分。

```
function freeTieClip(cart) {
  var hasTie     = false
  var hasTieClip = false;
  for(var i = 0; i < cart.length; i++) {
    var item = cart[i];
    if(item.name === "tie")
      hasTie = true;
    if(item.name === "tie clip")
      hasTieClip = true;
  }
  if(hasTie && !hasTieClip) {
    var tieClip = make_item("tie clip", 0);
    return add_item(cart, tieClip);
  }
  return cart;
}
```

檢查購物車內是否有領帶或領帶夾

加入領帶夾

開發小組的莎拉

開發小組的吉娜

雖然上述函式並不難懂，但其中有幾段程式碼會走訪購物車、檢查商品內容、並做出相應的決策。這種函式都是為特定目的或需求而寫的！換言之，程式設計師為了解決特定問題 (即：加入領帶夾)，所以才根據自身對購物車的理解 (該資料是個陣列) 寫了這些程式碼，其本身並未遵循任何設計原則。顯然，每次都要撰寫這樣的程式碼並不簡單，維護起來也很困難。

顯然 freeTieClip() 函式並不符合『原則 1：讓實作更直觀』。說得更精確一點，該實作中存在太多細節，不符合該層的思考尺度 — 行銷部門根本沒必要知道購物車是個陣列！而走訪購物車陣列時可能產生的**差一錯誤** (off-by-one error) 也不應影響促銷活動的成敗！**編註：** 差一錯誤是一種邏輯錯誤，常發生在迴圈或索引，導致少走訪一次或多走訪一次。

列出需要的購物車操作

MegaMart 的開發小組決定針對『購物車』進行一次**設計衝刺**（design sprint）。成員們先憑藉各自對軟體的瞭解，列出一系列基本的購物車操作 — 這有助於我們預測程式的全貌。下一步則是用這些基本操作，把特定目的的程式碼全部取代。

下方清單就是開發小組所列的操作。打勾的項目表示已經存在，其程式碼放在右側。

分層設計原則

- ☐ **讓實作更直觀**
- ☐ 以抽象屏障輔助實作
- ☐ 讓下層函式保持簡約與不變
- ☐ 分層只要舒適即可

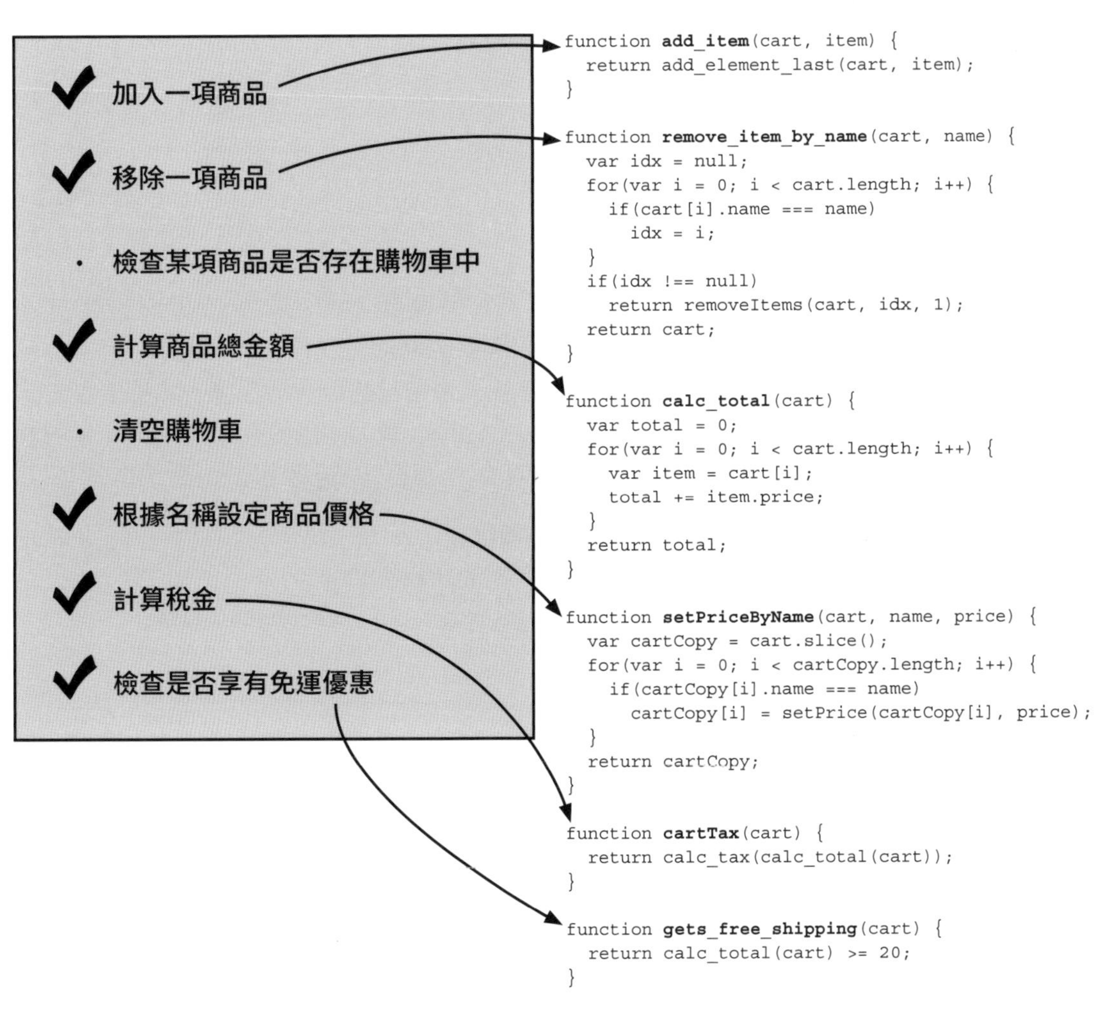


```
function add_item(cart, item) {
  return add_element_last(cart, item);
}

function remove_item_by_name(cart, name) {
  var idx = null;
  for(var i = 0; i < cart.length; i++) {
    if(cart[i].name === name)
      idx = i;
  }
  if(idx !== null)
    return removeItems(cart, idx, 1);
  return cart;
}

function calc_total(cart) {
  var total = 0;
  for(var i = 0; i < cart.length; i++) {
    var item = cart[i];
    total += item.price;
  }
  return total;
}

function setPriceByName(cart, name, price) {
  var cartCopy = cart.slice();
  for(var i = 0; i < cartCopy.length; i++) {
    if(cartCopy[i].name === name)
      cartCopy[i] = setPrice(cartCopy[i], price);
  }
  return cartCopy;
}

function cartTax(cart) {
  return calc_tax(calc_total(cart));
}

function gets_free_shipping(cart) {
  return calc_total(cart) >= 20;
}
```

可以看到，還有兩項購物車操作尚未被實作，而這就是我們接下來的任務。

檢查商品是否存在的購物車操作正是我們需要的

把所有購物車操作列出後，開發小組的金恩很快就看出能讓 freeTieClip() 更直觀的方法。

```
function freeTieClip(cart) {
  var hasTie     = false;
  var hasTieClip = false;
  for(var i = 0; i < cart.length; i++) {
    var item = cart[i];
    if(item.name === "tie")
      hasTie = true;
    if(item.name === "tie clip")
      hasTieClip = true;
  }
  if(hasTie && !hasTieClip) {
    var tieClip = make_item("tie clip", 0);
    return add_item(cart, tieClip);
  }
  return cart;
}
```

此 for 迴圈的功能僅是檢查特定兩類商品是否存在於購物車內

我知道了！『檢查商品是否存在購物車中』的函式能讓 freeTieClip() 的實作更清楚易懂！

開發小組的金恩

假如有函式(如：下方的 isInCart()) 能確認某項商品是否在購物車內，我們就能以該函式替換較低階的迴圈(**譯註：**此處的『低階』可理解為『與程式底層的運作較有關』，請參考後面對『抽象層級』的解釋)。一般而言，低階程式碼通常都是取代的目標。商品檢查函式 isInCart() 的實作、以及修改後的 freeTieClip() 如下；其中，由於原始程式的 for 迴圈會檢查兩類商品，故在新版 freeTieClip() 中需呼叫 isInCart() 兩次：

原始程式

```
function freeTieClip(cart) {
  var hasTie     = false;
  var hasTieClip = false;
  for(var i = 0; i < cart.length; i++) {
    var item = cart[i];
    if(item.name === "tie")
      hasTie = true;
    if(item.name === "tie clip")
      hasTieClip = true;
  }
  if(hasTie && !hasTieClip) {
    var tieClip = make_item("tie clip", 0);
    return add_item(cart, tieClip);
  }
  return cart;
}
```

將 for 迴圈拆解成 isInCart() 函式

新版程式

```
function freeTieClip(cart) {
  var hasTie     = isInCart(cart, "tie");
  var hasTieClip = isInCart(cart, "tie clip");






  if(hasTie && !hasTieClip) {
    var tieClip = make_item("tie clip", 0);
    return add_item(cart, tieClip);
  }
  return cart;
}

function isInCart(cart, name) {
  for(var i = 0; i < cart.length; i++) {
    if(cart[i].name === name)
      return true;
  }
  return false;
}
```

如你所見，新版實作不僅較短，且函式中的所有程式碼皆有類似的細節程度，以上兩項因素皆能增加程式的可讀性。

將函式的呼叫關係畫成呼叫圖

讓我們用另一種方式觀察舊版 `freeTieClip()` 的實作。首先，找出 `freeTieClip()` 呼叫了哪些函式、以及使用了哪些程式語言元素(如：迴圈)，然後將這些東西畫出來；像這樣的圖示稱作**呼叫圖** (call graph)。注意！ `freeTieClip()` 用到的程式語言元素其實有很多，但由於我們只想強調『for loop (迴圈)』和『array index (陣列索引)』，故圖中只顯示這兩個元素。

被呼叫的元素畫在下方，故箭頭向下(**譯註：** 此處作者想強調的是：上層函式只能呼叫下層函式，或者說上層函式的功能只能用下層函式來實現，所以不會出現向上箭頭。)

程式碼

```
function freeTieClip(cart) {
  var hasTie     = false
  var hasTieClip = false;
  for(var i = 0; i < cart.length; i++) {
    var item = cart[i];
    if(item.name === "tie")
      hasTie = true;
    if(item.name === "tie clip")
      hasTieClip = true;
  }
  if(hasTie && !hasTieClip) {
    var tieClip = make_item("tie clip", 0);
    return add_item(cart, tieClip);
  }
  return cart;
}
```

呼叫圖

箭頭代表呼叫
freeTieClip()
array index
for loop
make_item()
add_item()
程式語言元素
被呼叫的函式

仔細看，位於下層的元素抽象層級(**譯註：** 此處的『抽象層級』就好比程式語言的『高低階』一層級越低者，與程式底層的運作細節越有關，程式碼也越難讀懂；反之，層級越高越能反映我們想執行的任務，因此程式碼越容易讀懂) 相同嗎？答案為『否』！程式語言內建的元素 (for loop 與 array index) 和開發人員撰寫的函式 (`make_item()` 與 `add_item()`) 並不在同樣的抽象層級上—前者的層級較低，後者則較高。讓我們將呼叫圖修改如下：

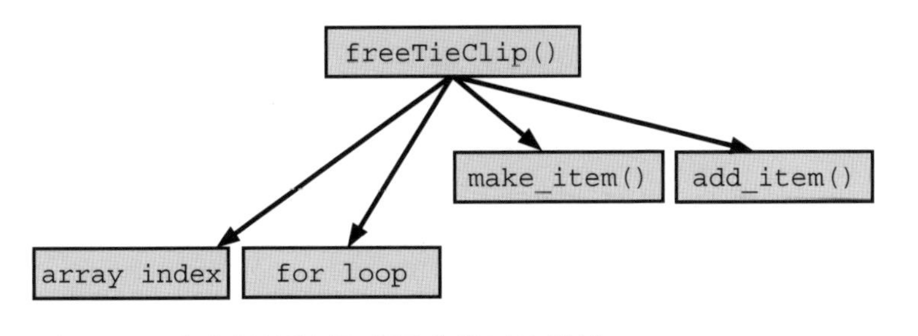

分層設計原則

- ☐ **讓實作更直觀**
- ☐ 以抽象屏障輔助實作
- ☐ 讓下層函式保持簡約與不變
- ☐ 分層只要舒適即可

上圖呈現出之前閱讀程式碼時得到的結論：`freeTieClip()` 在實作上使用了抽象層級不同的元素，這一點在圖中是以『箭頭指向不同層』來表達。也因為指向兩個層，使得 `freeTieClip()` 的實作沒那麼容易看懂。

直觀的實作需使用抽象層級相當的元素

前頁下方的呼叫圖顯示：舊版的 freeTieClip() 中包含了抽象層級明顯不同的元素，因此其並非直觀的實作。這一點呼應了我們在閱讀程式碼時所下的結論。

程式碼

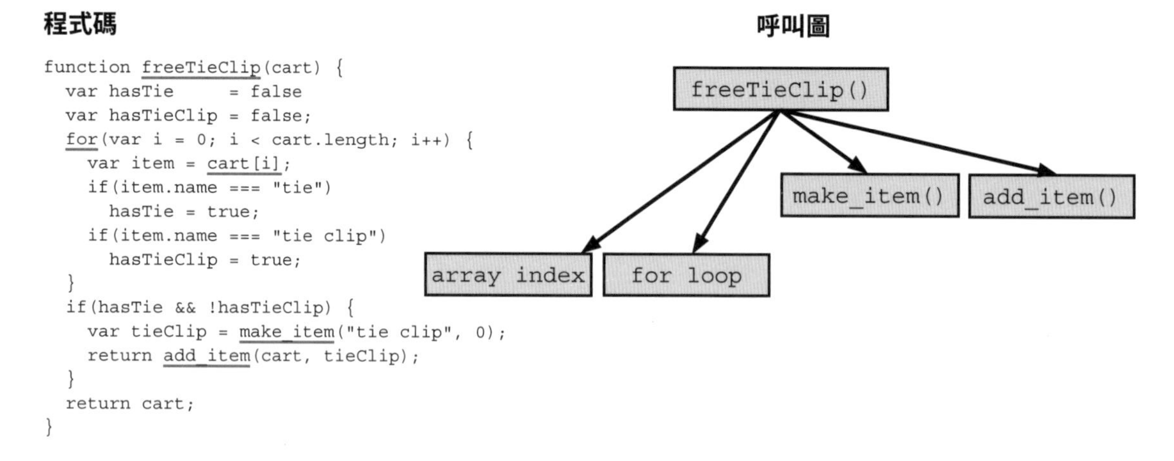


```
function freeTieClip(cart) {
  var hasTie     = false
  var hasTieClip = false;
  for(var i = 0; i < cart.length; i++) {
    var item = cart[i];
    if(item.name === "tie")
      hasTie = true;
    if(item.name === "tie clip")
      hasTieClip = true;
  }
  if(hasTie && !hasTieClip) {
    var tieClip = make_item("tie clip", 0);
    return add_item(cart, tieClip);
  }
  return cart;
}
```

現在，來看一下新版的實作吧！新函式理應比較直觀，因此我們會預期該函式所用的元素具有相似的抽象層級：

程式碼

```
function freeTieClip(cart) {
  var hasTie     = isInCart(cart, "tie");
  var hasTieClip = isInCart(cart, "tie clip");
  if(hasTie && !hasTieClip) {
    var tieClip = make_item("tie clip", 0);
    return add_item(cart, tieClip);
  }
  return cart;
}
```

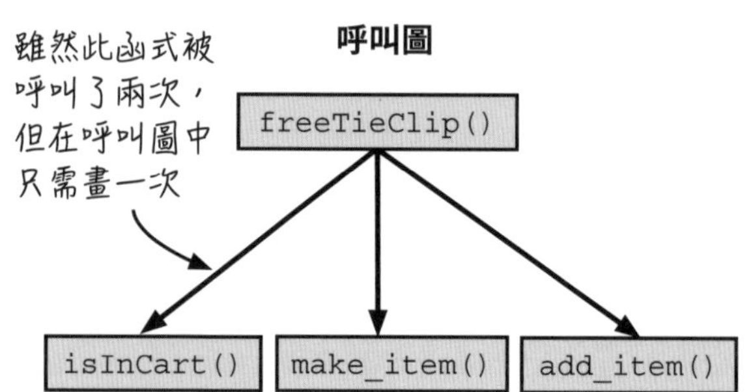

如你所見，新版 freeTieClip() 確實呼叫了抽象層級相當的函式。如果各位認為以上說明還不夠清楚，沒關係！因為後面還會用更多方法來討論相同主題。就目前來說，讀者只要問自己下面的問題就好：當呼叫與購物車操作有關的函式時，你需要先瞭解『購物車』嗎？你是否必須知道『購物車』是個陣列呢？

就新版的實作而言，上述兩問題的答案皆為『否』— 呼叫 isInCart()、make_item() 與 add_item() 時，不需要知道『購物車』為陣列。由於以上三個函式皆忽略相同的細節，所以我們有理由稱它們三者位於同一個抽象層級；也因為如此，新版 freeTieClip() 的實作就更為直觀。

休息一下

問 1：有必要畫呼叫圖嗎？從程式碼應該就能看出問題了吧？

答 1：在 freeTieClip() 的例子裡，函式實作很明顯不直觀，而畫呼叫圖只是用來確認這一點而已。所以就本例而言，很容易看出問題，呼叫圖確實非必要。

然而，freeTieClip() 只有兩個層而已。隨著實作中的函式越來越多，層的數量也會跟著增加。此時，呼叫圖就能提供全局觀，讓我們瞭解各個層如何架構成完整的系統 — 這樣的訊息難以單靠閱讀程式碼得到。總的來說，瞭解層狀結構對於培養設計直覺非常有幫助。

問 2：每次寫程式時都要畫呼叫圖嗎？

答 2：這個問題問得好！一般來說，我們只會用想像的，不見得會真的把圖畫出來。只要各位熟悉此方法，那就完全可以在腦中建構呼叫圖。

不過，當需要與他人合作時，畫呼叫圖不失為有效的溝通工具。有關程式設計的討論有時會變得非常抽象，此時若有一張圖在手邊，就能讓對方知道你到底在說什麼。

問 3：這些『層』是真實存在的嗎？有沒有可能不同人畫出來的層不一樣？（譯註：作者的意思是，如果層是『客觀』存在的實體，那麼所有人都應觀察到一樣的東西；若真是如此，那麼分層結構應該會是唯一的）

答 3：好一個困難的哲學問題啊！

請記住！分層設計僅是一種觀點，許多人用其思考如何撰寫程式。你可以將此概念想像成一副放大鏡；透過它，我們能看到程式碼的細節，進而找出提升可重複使用性、可測試性與可維護性的方法。但程式的『層』並非絕對的！當分層對解決目前的問題沒有幫助時，你大可把放大鏡拿掉。而當別人的放大鏡中照出不同東西時，不妨與之交換看看！譯註：即分層方式與你不同時，可瞭解別人的分層邏輯為何。

問 4：你說 freeTieClip() 只有兩個層而已，但我好像能畫出更多層！這是正常的嗎？

答 4：完全正常！這不過是代表你關注的抽象層級與本章所教的不同罷了。放大鏡已在各位手上，請自由調整倍率，觀察程式中由細節到高階的各個層！

在呼叫圖中加入 remove_item_by_name()

freeTieClip() 的呼叫圖為瞭解程式提供了良好的基礎。現在，我們可以把所有購物車操作逐一加到這張圖中，進一步延伸該基礎。這裡以 remove_item_by_name() 為例說明 。首先，請標出該實作呼叫的函式、以及所有關鍵程式元素：

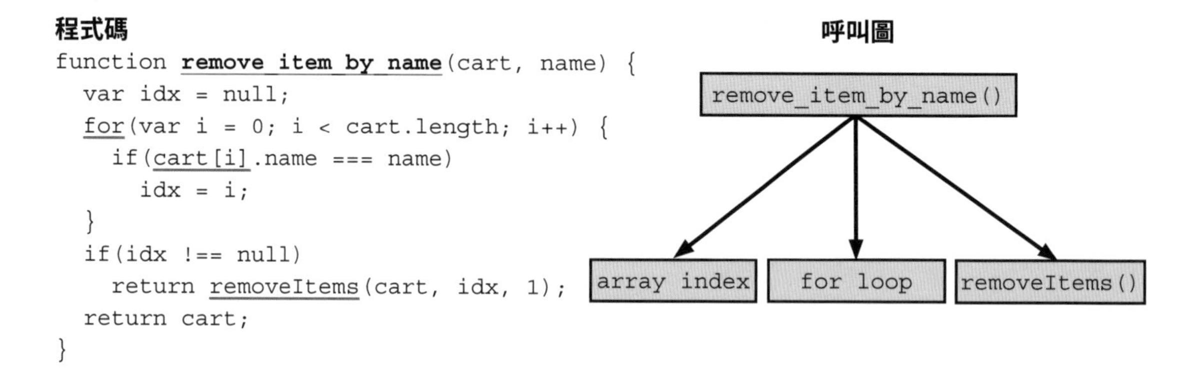


```
function remove_item_by_name(cart, name) {
  var idx = null;
  for(var i = 0; i < cart.length; i++) {
    if(cart[i].name === name)
      idx = i;
  }
  if(idx !== null)
    return removeItems(cart, idx, 1);
  return cart;
}
```

我們想要將上面的呼叫圖與 freeTieClip() 的圖(見下方)合併在一起。問題來了：該把 remove_item_by_name() 放在哪一層呢？下圖呈現了五個可能位置：

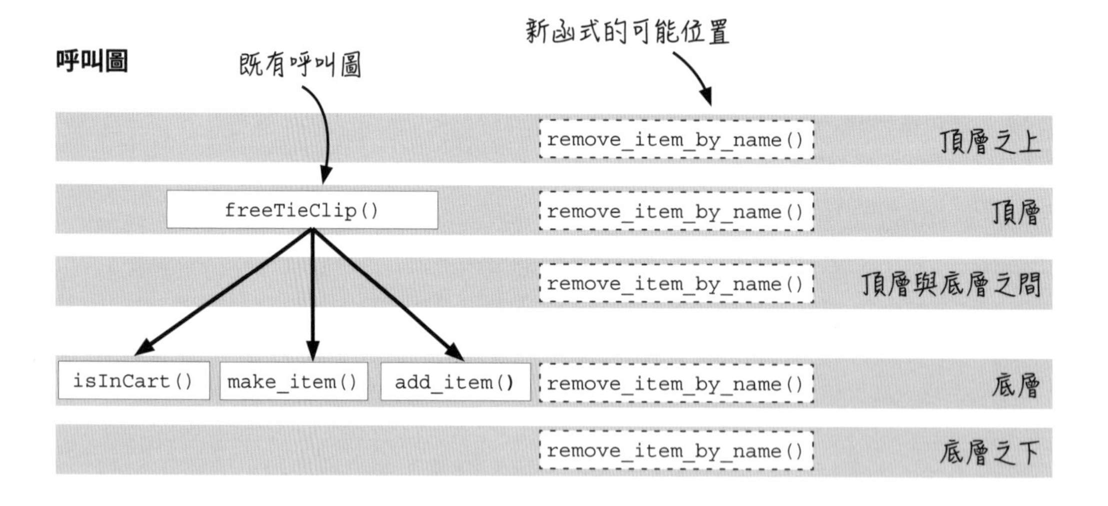

練習 8-1

根據上圖，能擺放 remove_item_by_name() 的位置共有五個 — 有些位置會產生新的層，有些則在原有的層上。請問：哪個位置才是答案呢？你應該根據哪些訊息來做決定？我們會在接下來的幾頁中為大家詳細說明過程。

練習 8-1 解答

有很多訊息可以幫助我們決定 remove_item_by_name() 的適當層級。以下過程使用的是刪除法（**譯註：**請讀者注意以下每一層的稱呼，後面討論會用到）：

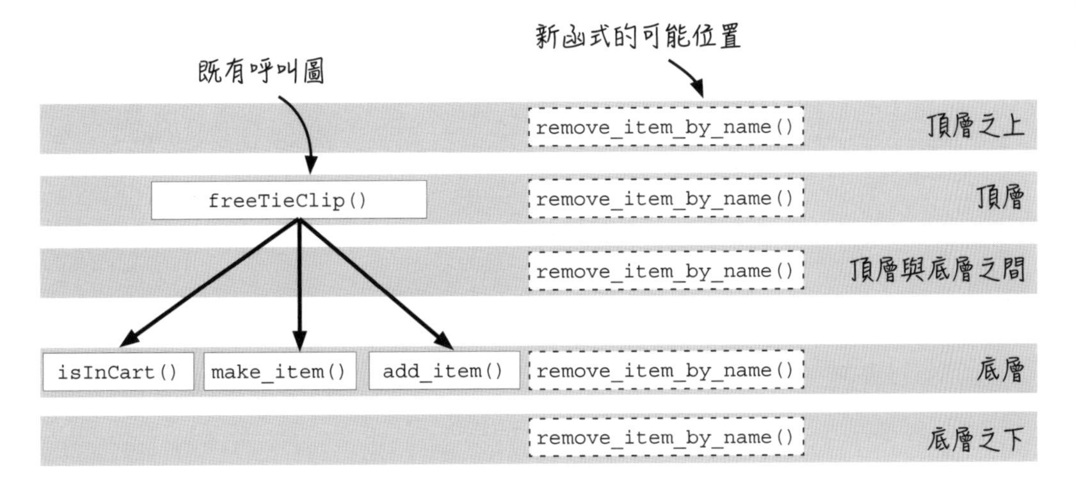

首先，該將 remove_item_by_name() 放在頂層嗎？頂層目前已經有 freeTieClip() 了，根據該函式的名稱，可知其與促銷活動有關。remove_item_by_name() 則是功能更廣泛的操作 — 不但可以用在促銷上，還能用於使用者介面（UI）等其它地方。事實上，remove_item_by_name() 應該是各種促銷函式呼叫的對象。因此，為了維持呼叫圖中的箭頭向下（**譯註：**如前所述，即『上層函式只能呼叫下層函式』），remove_item_by_name() 應該要放在比頂層低的層才對，這樣就可以將最上方的兩個層排除。

函式名稱可為分層提供線索

→ 續下頁

練習 8-1 解答（續）

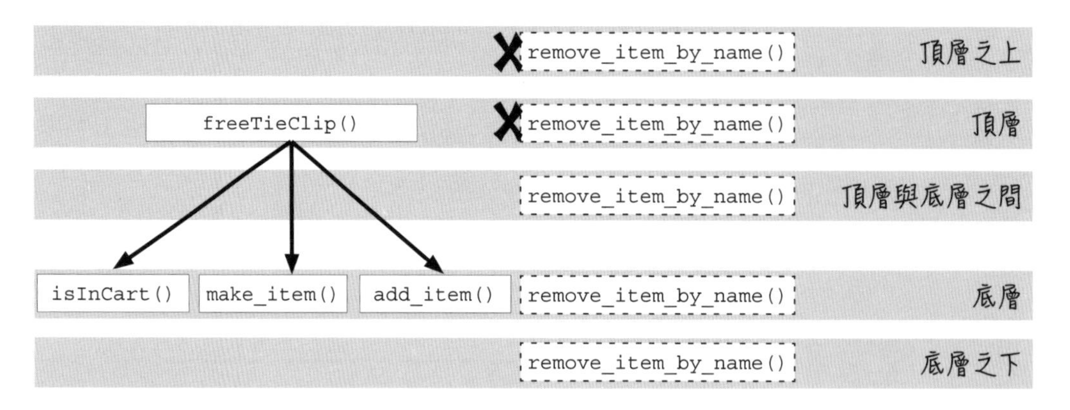

由於和促銷有關的函式（應位於頂層）有可能呼叫 remove_item_by_name()，故最上面兩個層已被排除。那麼底層呢？此層中的函式名稱皆涉及購物車和商品的操作，而 remove_item_by_name() 也是購物車操作的一種，因此底層是目前看來最好的選擇。

那麼，我們能排除剩下的兩個層（**譯註：**即『頂層與底層之間』和『底層之下』）嗎？首先，可以確定位於底層下方的函式不需要呼叫 remove_item_by_name()，所以『底層之下』直接落選。

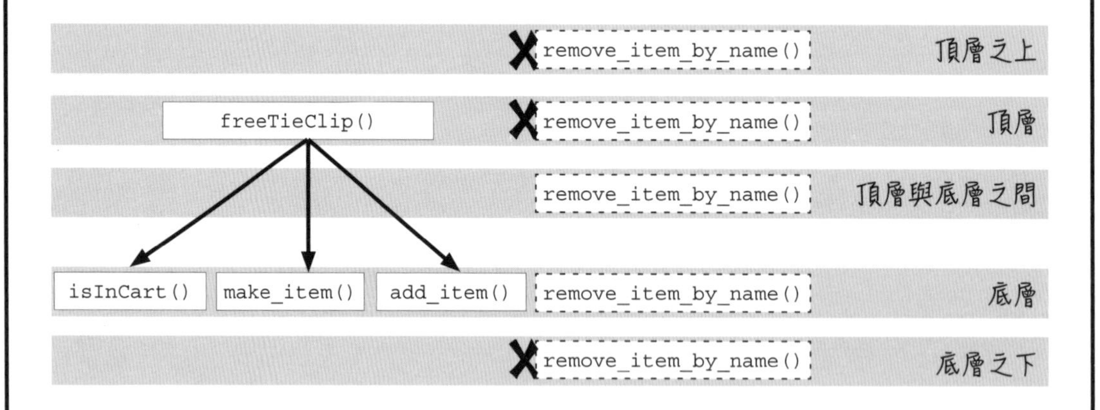

如前所述，remove_item_by_name() 是一項作用於『購物車』上的通用操作，這一點與底層中的 add_item() 和 isInCart() 相同（**譯註：**make_item() 僅與商品物件有關，不會操作『購物車』），因此底層看似是最佳選項。但別忘了我們尚未討論『頂層與底層之間』，可以把這一層也排除嗎？

→ 續下頁

練習 8-1 解答(續)

答案是：沒辦法 100% 確定！不過，**我們可以檢視一下位於底層的操作都呼叫了哪些函式、或使用了哪些程式語言元素**。假如底層函式的呼叫與 remove_item_by_name() 的呼叫高度重疊，那就能進一步支持『remove_item_by_name() 應屬於底層』的結論。

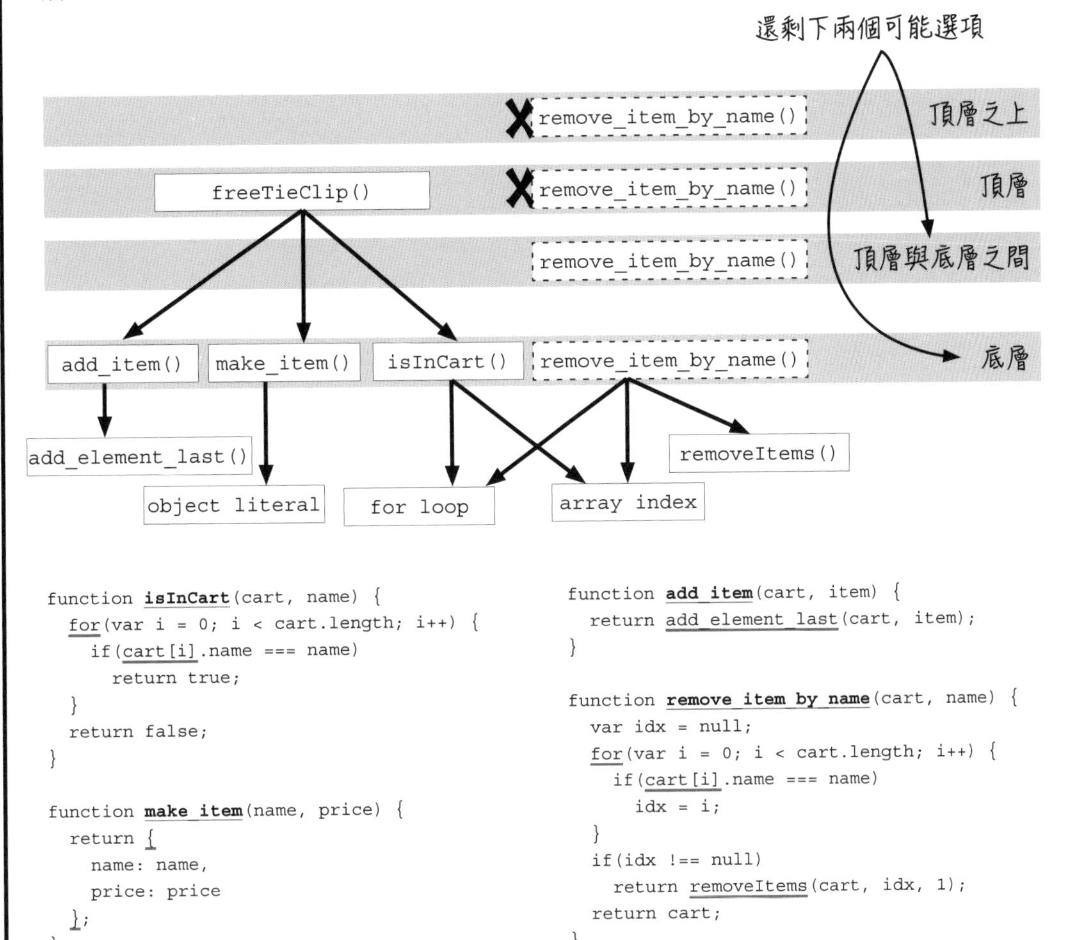


```
function isInCart(cart, name) {
  for(var i = 0; i < cart.length; i++) {
    if(cart[i].name === name)
      return true;
  }
  return false;
}

function make_item(name, price) {
  return {
    name: name,
    price: price
  };
}
```

```
function add_item(cart, item) {
  return add_element_last(cart, item);
}

function remove_item_by_name(cart, name) {
  var idx = null;
  for(var i = 0; i < cart.length; i++) {
    if(cart[i].name === name)
      idx = i;
  }
  if(idx !== null)
    return removeItems(cart, idx, 1);
  return cart;
}
```

可以看到，isInCart() 和 remove_item_by_name() **指向相同的兩個程式元素，可視為兩者函式應位於同一層的證據**。稍後會說明怎麼進一步強化上述結論，就目前而言，將 remove_item_by_name() 與 isInCart()、make_item()、add_item() 都放在底層是最佳解答。

練習 8-2

下面是我們實作的所有購物車操作。其中標示底色者已存在於呼叫圖 (見最下方) 中了，但還有很多尚未被加入。

你的任務是把其餘的一些函式 (不限於本頁列出的) 加到呼叫圖裡，並把各函式 (包括已在圖中者) 調整到最合適的層。參考答案見下一頁。

```
function freeTieClip(cart) {
  var hasTie     = isInCart(cart, "tie");
  var hasTieClip = isInCart(cart, "tie clip");
  if(hasTie && !hasTieClip) {
    var tieClip = make_item("tie clip", 0);
    return add_item(cart, tieClip);
  }
  return cart;
}

function add_item(cart, item) {
  return add_element_last(cart, item);
}

function isInCart(cart, name) {
  for(var i = 0; i < cart.length; i++) {
    if(cart[i].name === name)
      return true;
  }
  return false;
}

function remove_item_by_name(cart, name) {
  var idx = null;
  for(var i = 0; i < cart.length; i++) {
    if(cart[i].name === name)
      idx = i;
  }
  if(idx !== null)
    return removeItems(cart, idx, 1);
  return cart;
}
```

```
function calc_total(cart) {
  var total = 0;
  for(var i = 0; i < cart.length; i++) {
    var item = cart[i];
    total += item.price;
  }
  return total;
}

function gets_free_shipping(cart) {
  return calc_total(cart) >= 20;
}

function setPriceByName(cart, name, price) {
  var cartCopy = cart.slice();
  for(var i = 0; i < cartCopy.length; i++) {
    if(cartCopy[i].name === name)
      cartCopy[i] =
        setPrice(cartCopy[i], price);
  }
  return cartCopy;
}

function cartTax(cart) {
  return calc_tax(calc_total(cart));
}
```

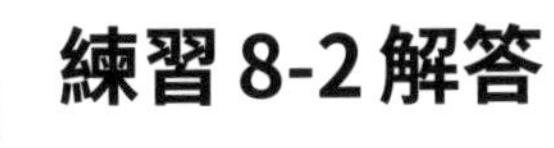

練習 8-2 解答

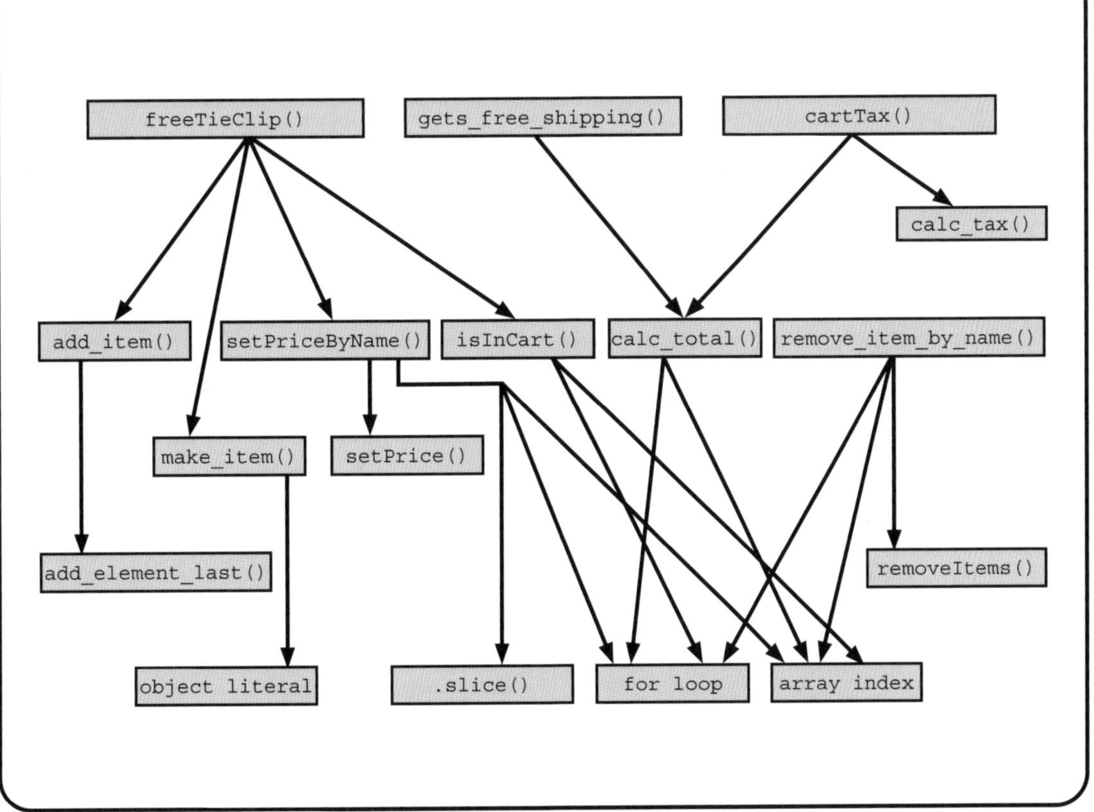

freeTieClip()
gets_free_shipping()
cartTax()
calc_tax()
add_item()
setPriceByName()
isInCart()
calc_total()
remove_item_by_name()
make_item()
setPrice()
add_element_last()
removeItems()
object literal
.slice()
for loop
array index

休息一下

問 1：我的圖和書上的很像，但卻有不同之處。我是不是答錯了？

答 1：不一定！假如你的圖符合以下敘述，那就沒有問題：

1. 所有函式都在圖上。
2. 每個函式與其呼叫的所有函式之間都有箭頭。
3. 所有呼叫箭頭皆朝下（不應該存在平行或向上的箭頭）。

問 2：上面的函式分層是如何決定出來的呢？

答 2：這個問題非常關鍵。簡言之，此處的分層反映了函式的抽象層級，我們會在接下來的內容中詳細解釋。

同一層的函式應服務相同目的

練習 8-2 解答中的呼叫圖一共有六層。這些層和函式位置都是透過一定原則決定出來，不是隨便亂寫的。雖然決定分層的過程很複雜，但如果你能用簡單的語言總結出每個層的目的，那通常就表示目前的分層沒問題。記住！同一層內的函式應該服務相同目的，以下就以本例的六個層來說明：

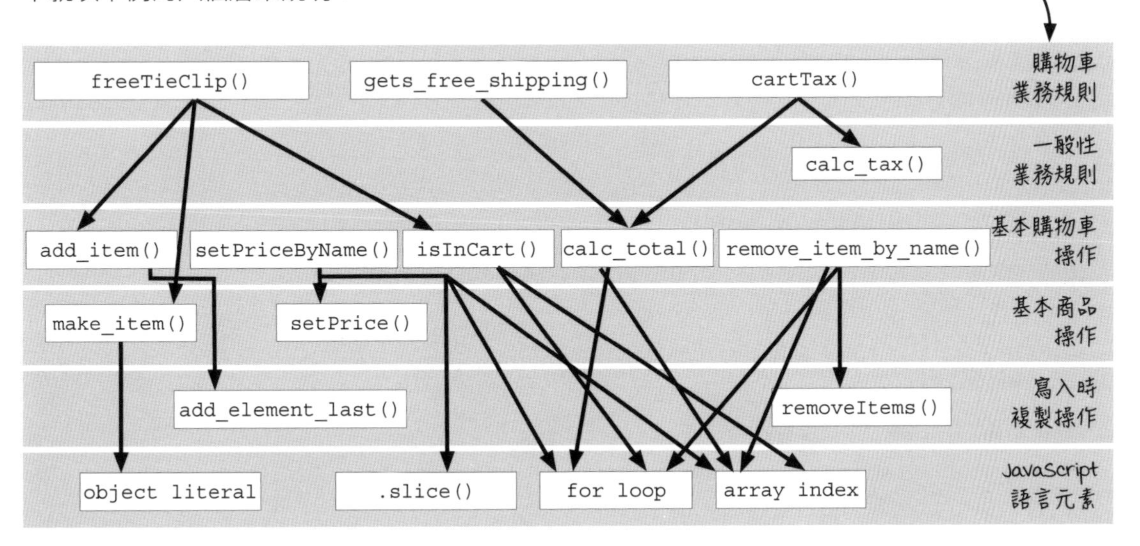

上面的每個層都代表一個抽象層級。也就是說，當使用某一層的函式時，我們毋須擔心任何低於該層的細節訊息。舉例來說，呼叫位於『購物車業務規則』層的函式時，你不需要知道『購物車』是以陣列實作的，因為『基本購物車操作』層的函式會處理該訊息。

總的來說，呼叫圖結合了事實（函式之間的呼叫關係）與個人推論（決定如何將函式分層），是有效且高階的程式表示法。

但請不要忘記，使用分層設計的目標之一是讓程式碼更直觀（回顧 8.4 節的原則 1）。那麼，呼叫圖如何協助我們達成此目標呢？簡單來說，透過呼叫圖，你可以自由檢視不同細節程度的資訊（如同調整放大鏡的倍率），這樣就能避免一次顧慮太多事情！後面為各位詳細說明。

分層設計原則

- ☐ **讓實作更直觀**
- ☐ 以抽象屏障輔助實作
- ☐ 讓下層函式保持簡約與不變
- ☐ 分層只要舒適即可

8.6 三個不同的檢視等級

呼叫圖可以幫助我們發現錯誤，但由於圖中的資訊繁多，我們很難確知該錯誤來自哪裡。事實上，在分層設計中，問題有可能源自以下三個地方：

1. 層與層的互動。
2. 某一層的實作。
3. 某一函式的實作。

這三個地方需以不同的檢視等級來查看：

1. 全域檢視（Global zoom level）

全域檢視就是觀察整張呼叫圖，此為預設的檢視等級。我們可以從中得知程式的整體資訊，包括層之間的互動。

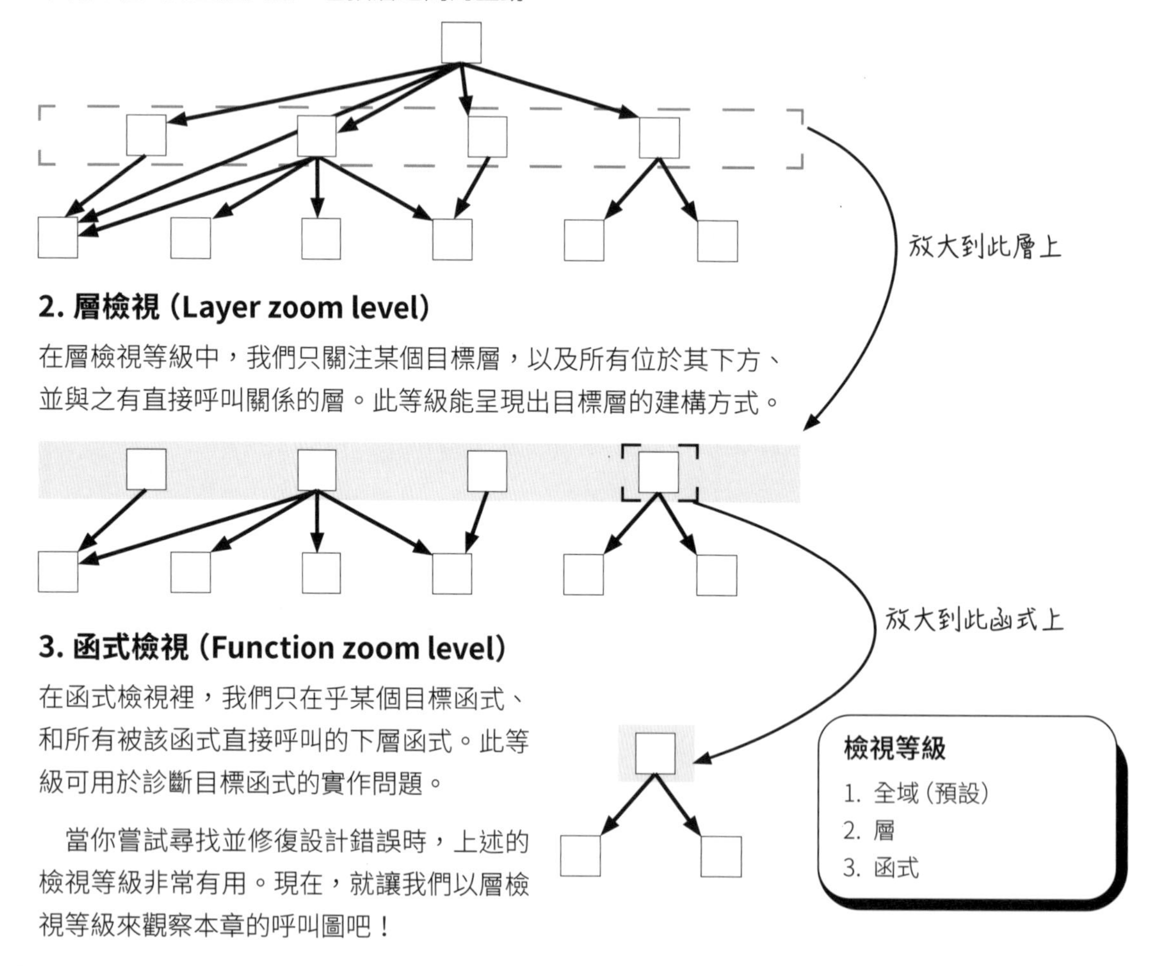

2. 層檢視（Layer zoom level）

在層檢視等級中，我們只關注某個目標層，以及所有位於其下方、並與之有直接呼叫關係的層。此等級能呈現出目標層的建構方式。

3. 函式檢視（Function zoom level）

在函式檢視裡，我們只在乎某個目標函式、和所有被該函式直接呼叫的下層函式。此等級可用於診斷目標函式的實作問題。

當你嘗試尋找並修復設計錯誤時，上述的檢視等級非常有用。現在，就讓我們以層檢視等級來觀察本章的呼叫圖吧！

檢視等級

1. 全域（預設）
2. 層
3. 函式

以層檢視等級比較不同函式的箭頭關係

先看一眼完整的『全域檢視』呼叫圖：

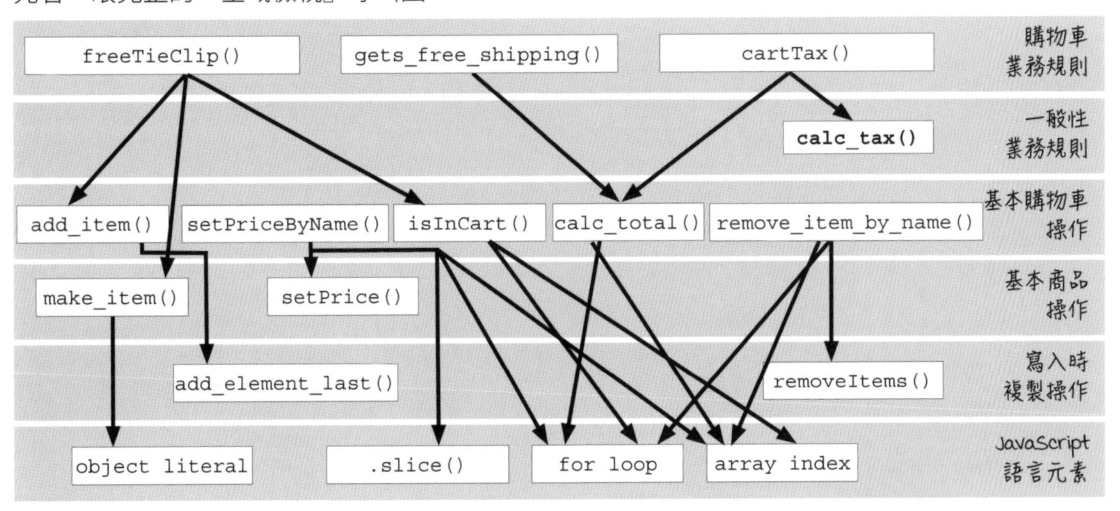

切換到『層檢視』時，我們只看目標層中的函式、以及所有被這些函式**直接**呼叫的元素。這裡以『基本購物車操作』層為例：

檢視等級

1. 全域（預設）
2. 層
3. 函式

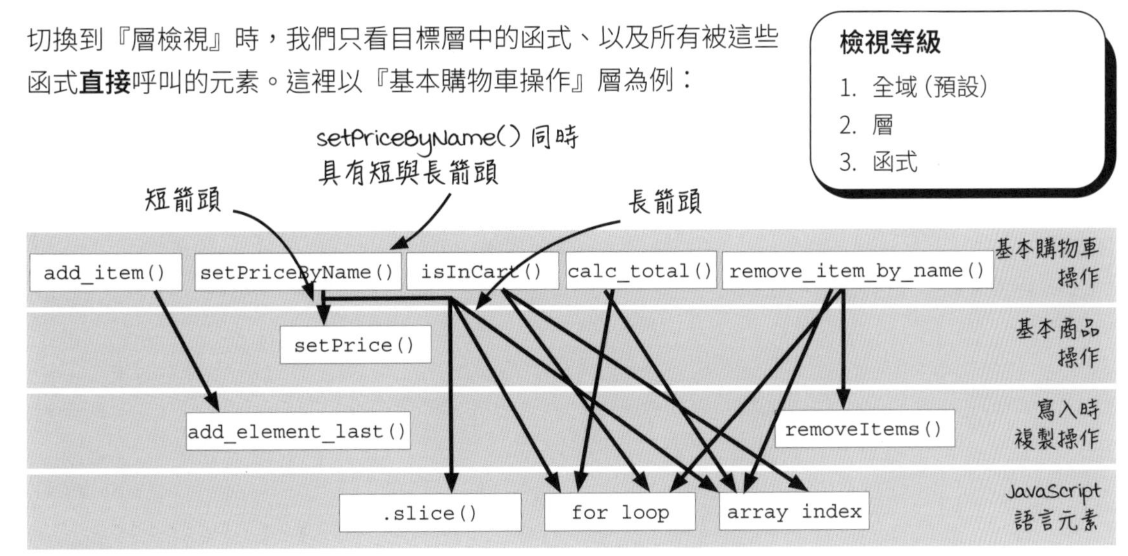

上圖的箭頭看起來很雜亂。回憶一下，呼叫圖中的箭頭代表程式的呼叫關係，而箭頭看起來很亂就表示：程式的實際呼叫關係也很亂！我們得想辦法讓其變得更整齊才行。

事實上，在直觀的實作中，**所有箭頭的長度應該要一致。**然而，上述呼叫圖的箭頭有些只橫跨一層、有些卻跨了三層！這代表：同一層的函式具有不同的細節程度。在討論解決方法以前，讓我們先放大到單一函式上。從『函式檢視』等級著手處理問題，往往能讓事情變得更簡單。

分層設計原則

- ☐ **讓實作更直觀**
- ☐ 以抽象屏障輔助實作
- ☐ 讓下層函式保持簡約與不變
- ☐ 分層只要舒適即可

以函式檢視等級查看單一函式的箭頭關係

切換到函式檢視時，我們只看被目標函式的箭頭指到的元素。下圖是放大檢視 remove_item_by_name() — 其中畫出 remove_item_by_name() 及其使用的下層函式與程式語言元素：

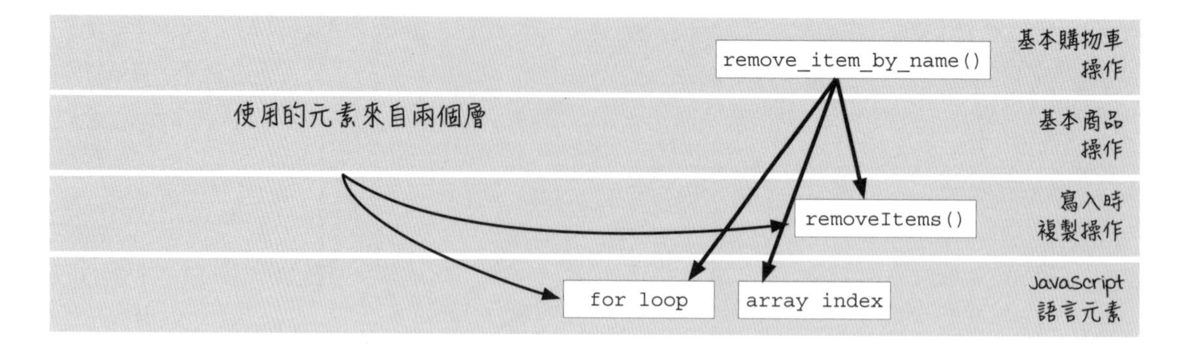

可看出，即便在單一函式中，我們也用了來自兩個不同層的元素，這樣的設計不能稱為直觀。

如前所述，在最直觀的實作裡，所有從 remove_item_by_name() 射出的箭頭長度都應該相同。但該如何做到這一點呢？

最常見的方法就是加入中繼函式。以上例而言，我們想要把兩道深入『JavaScript 語言元素』層的箭頭縮短。為達成此目標，可以在 removeItems() 所在的層中加入能取代 for loop 和 array index 的新函式，並讓 remove_item_by_name() 改呼叫此新函式。如此一來，所有箭頭的長度就能保持一致了，以下是示意圖：

分層設計原則

- ☐ **讓實作更直觀**
- ☐ 以抽象屏障輔助實作
- ☐ 讓下層函式保持簡約與不變
- ☐ 分層只要舒適即可

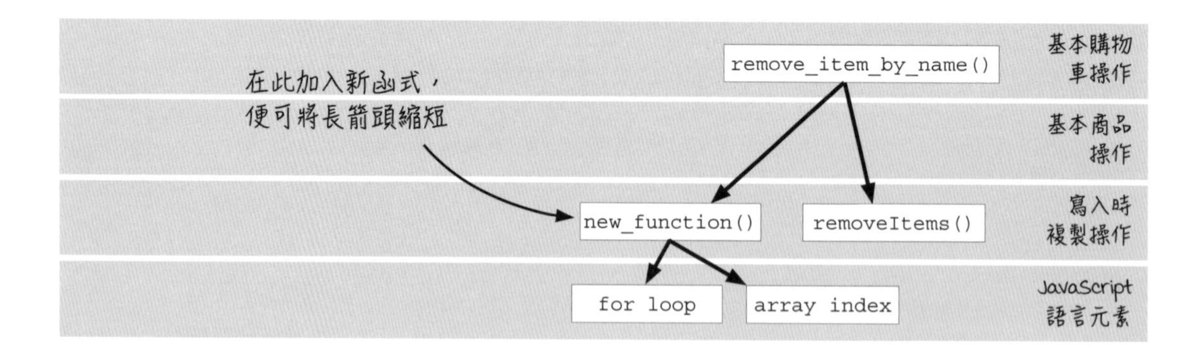

幸運的是，要產生上面所說的新函式，只需把 remove_item_by_name() 裡 for loop 的部分擷取出來就行了！類似的程序先前已經介紹過，這裡只是用呼叫圖的觀點來說明而已。

檢視等級

1. 全域 (預設)
2. 層
3. 函式

8.7 擷取 for loop

下面就來擷取 remove_item_by_name() 的 for loop。該迴圈的功能是逐一走訪陣列中的商品，並找出指定商品的索引值，故我們將新函式命名為 indexOfItem()。

擷取前

```
function remove_item_by_name(cart, name) {
  var idx = null;
  for(var i = 0; i < cart.length; i++) {
    if(cart[i].name === name)
      idx = i;
  }
  if(idx !== null)
    return removeItems(cart, idx, 1);
  return cart;
}
```

將 for loop 擷取成新函式

擷取後

```
function remove_item_by_name(cart, name) {
  var idx = indexOfItem(cart, name);



  if(idx !== null)
    return removeItems(cart, idx, 1);
  return cart;
}

function indexOfItem(cart, name) {
  for(var i = 0; i < cart.length; i++) {
    if(cart[i].name === name)
      return i;
  }
  return null;
}
```

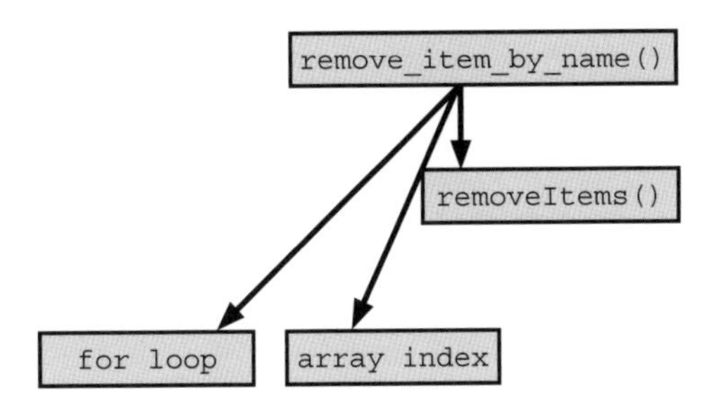

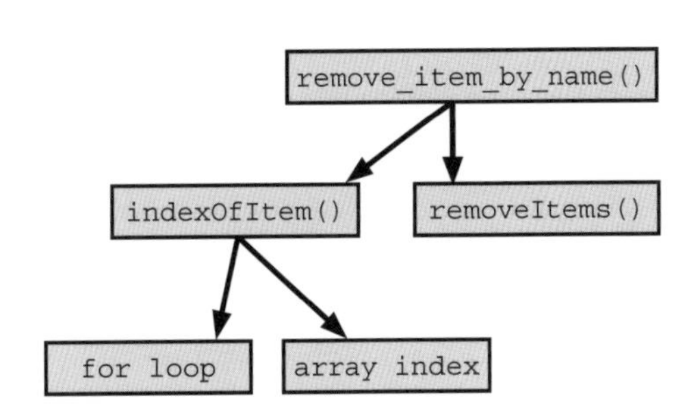

如圖所示，修改之後的 remove_item_by_name() 實作讀起來較簡單。需注意的是，由於 removeItems() 在功能上較 indexOfItem() 更廣泛，因此我們把後者的位置畫得較高。indexOfItem() 函式知道陣列元素的資料結構；說得更清楚一點，該函式曉得陣列中的物件具有名為『name』的屬性。第 10 章會告訴各位，如何將類似的 for loop 變得更通用。

此外，將上述 for loop 擷取成函式後，我們便能重複利用該函式。事實上，當程式具有良好的分層架構時，函式經常可以重複使用，請見接下來的練習。

練習 8-3

isInCart() 和 indexOfItem() 具有非常相似的程式碼。這是否代表我們可以重複利用這些函式呢？或者說，有沒有可能用其中一個函式來撰寫另一個？

```
function isInCart(cart, name) {
  for(var i = 0; i < cart.length; i++) {
    if(cart[i].name === name)
      return true;
  }
  return false;
}
```

```
function indexOfItem(cart, name) {
  for(var i = 0; i < cart.length; i++) {
    if(cart[i].name === name)
      return i;
  }
  return null;
}
```

請讀者用其中一個函式實作出另一個，並畫出修改前後 isInCart()、indexOfItem()、for loop（迴圈）、array index（陣列索引）之間的呼叫關係。

練習 8-3 解答

indexOfItem() 和 isInCart() 的程式碼看起來很像，但前者的抽象層級較後者低 — indexOfItem() 傳回的是特定商品的 array index (陣列索引) 值，因此呼叫此函式的程式必須能處理『購物車』**陣列** (**譯註：** 如果不能，那呼叫程式收到『商品的陣列索引值』也不知道接下來要做什麼) ；反之，isInCart() 則傳回布林值，所以其呼叫程式不必知道任何資料結構。

而 isInCart() 的抽象層級較高，我們應該要用 indexOfItem() 來實作 isInCart()。

原始程式

```
function isInCart(cart, name) {
  for(var i = 0; i < cart.length; i++) {
    if(cart[i].name === name)
      return true;
  }
  return false;
}

function indexOfItem(cart, name) {
  for(var i = 0; i < cart.length; i++) {
    if(cart[i].name === name)
      return i;
  }
  return null;
}
```

indexOfItem() 中有個類似的 for loop

用 indexOfItem() 實作 isInCart()

```
function isInCart(cart, name) {

  return indexOfItem(cart, name) !== null;
}

function indexOfItem(cart, name) {
  for(var i = 0; i < cart.length; i++) {
    if(cart[i].name === name)
      return i;
  }
  return null;
}
```

用函式呼叫取代迴圈

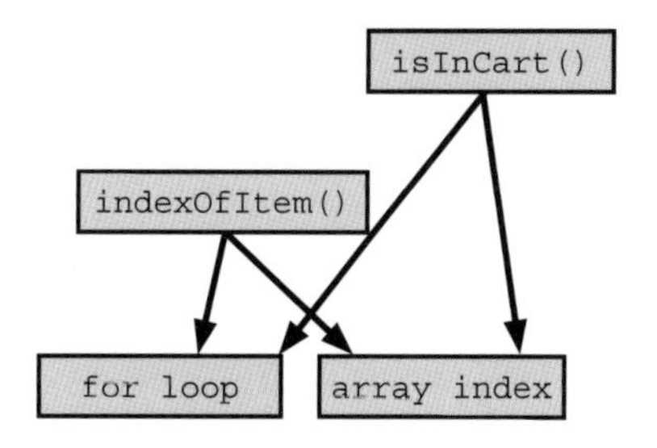

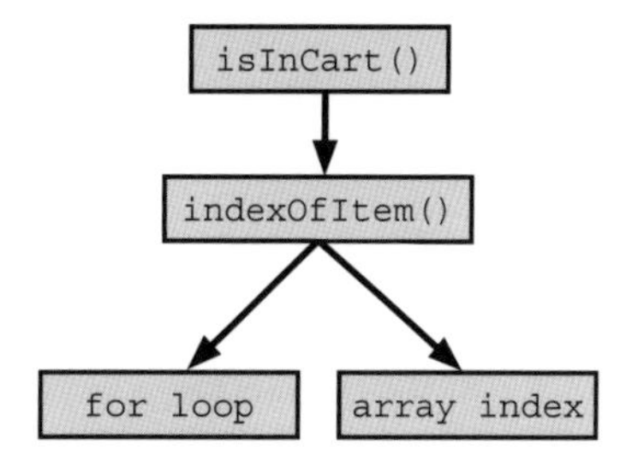

因為函式重複利用的關係，我們的程式碼不僅變短，分層也更清楚了。兩者皆是好事！不過，不是所有重複使用都能帶來這麼明顯的好處，請看下一個練習。

練習 8-4

仔細觀察，`setPriceByName()` 裡也有一個與 `indexOfItem()` 很像的 for loop。

```
function setPriceByName(cart, name, price) {
  var cartCopy = cart.slice();
  for(var i = 0; i < cartCopy.length; i++) {
    if(cartCopy[i].name === name)
      cartCopy[i] =  setPrice(cartCopy[i], price);
  }
  return cartCopy;
}
```

```
function indexOfItem(cart, name) {

  for(var i = 0; i < cart.length; i++) {
    if(cart[i].name === name)
      return i;
  }
  return null;
}
```

請讀者用其中一個函式實作出另一個，並畫出修改前後 `setPriceByName()`、`indexOfItem()`、for loop、array index 之間的呼叫關係。

練習 8-4 解答

indexOfItem() 和 setPriceByName() 的程式碼很像，但前者的抽象層級低於後者，因此我們得用 indexOfItem() 實作 setPriceByName()。

原始程式

```
function setPriceByName(cart, name, price) {
  var cartCopy = cart.slice();
  for(var i = 0; i < cartCopy.length; i++) {

    if(cartCopy[i].name === name)

      cartCopy[i] =
        setPrice(cartCopy[i], price);
  }
  return cartCopy;
}

function indexOfItem(cart, name) {
  for(var i = 0; i < cart.length; i++) {
    if(cart[i].name === name)
      return i;
  }
  return null;
}
```

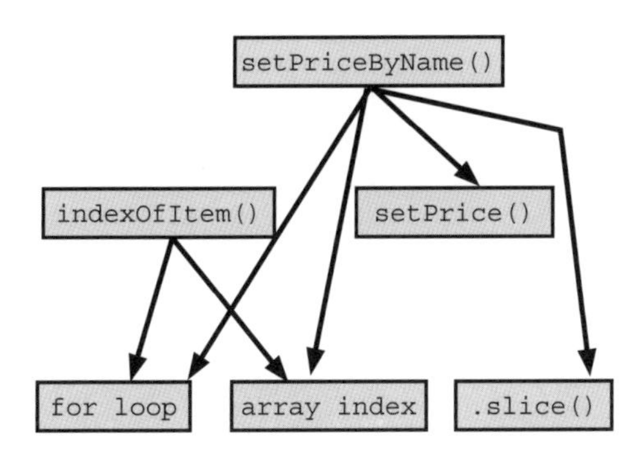

用 indexOfItem() 實作 setPriceByName()

```
function setPriceByName(cart, name, price) {
  var cartCopy = cart.slice(b);

  var i = indexOfItem(cart, name);

  if(i !== null)
    cartCopy[i] =
      setPrice(cartCopy[i], price);

  return cartCopy;
}

function indexOfItem(cart, name) {
  for(var i = 0; i < cart.length; i++) {
    if(cart[i].name === name)
      return i;
  }
  return null;
}
```

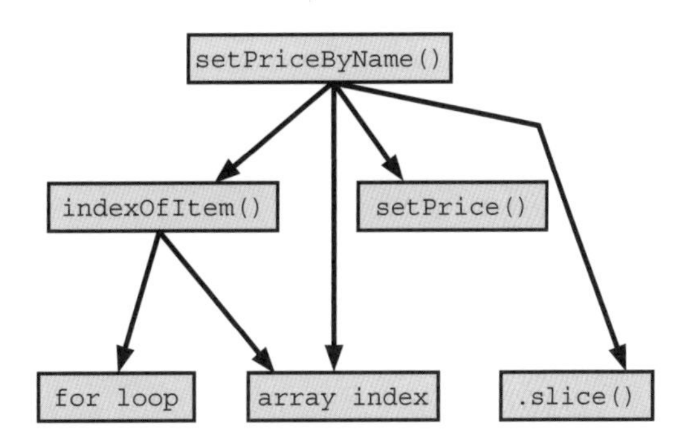

在本例中，雖然函式的程式碼看起來變簡單（for loop 不見了），但呼叫圖似乎沒有比較好。修改前 setPriceByName() 指向兩個不同的層，修改後的狀況仍相同。為什麼會這樣呢？

一般而言，瞭解某函式指向幾個不同的層確實能反映程式複雜度，但在本例中卻並非如此。此處應該強調的是：圖中有一個長箭頭被短箭頭取代了（長箭頭數量從三個減少成兩個），這也算是進步之一！事實上，類似的改寫還能繼續下去，讓程式的分層更清楚。下個練習會帶各位探討其中一種改良方式。

練習 8-5

我們在第 6 章實作了很多能對陣列和物件進行『寫入時複製』操作的函式。arraySet() 就是其中之一；該函式能以寫入時複製的方式，將元素指定到傳入的 array index 位置上（譯註：請回顧練習 6-5）。經過觀察，可以發現 arraySet() 和 setPriceByName() 的程式碼也有很多重疊的地方，請問：有可能用 arraySet() 來實作 setPriceByName() 嗎？

```
function setPriceByName(cart, name, price) {
  var cartCopy = cart.slice();
  var idx = indexOfItem(cart, name);
  if(idx !== null)
    cartCopy[idx] =
      setPrice(cartCopy[idx], price);
  return cartCopy;
}
```

```
function arraySet(array, idx, value) {
  var copy = array.slice();


  copy[idx] =
    value;
  return copy;
}
```

請試著以 arraySet() 實作 setPriceByName()，然後畫出改寫前後的呼叫關係。

練習 8-5 解答

由於 arraySet() 的抽象層級低於 setPriceByName()，我們用前者來實作後者。

原始程式

```
function setPriceByName(cart, name, price) {
  var cartCopy = cart.slice();
  var i = indexOfItem(cart, name);
  if(i !== null)
    cartCopy[i] =

      setPrice(cartCopy[i], price);
  return cartCopy;
}

function arraySet(array, idx, value) {
  var copy = array.slice();
  copy[idx] = value;
  return copy;
}
```

用 arraySet() 實作 setPriceByName()

```
function setPriceByName(cart, name, price) {

  var i = indexOfItem(cart, name);
  if(i !== null)

    return arraySet(cart, i,
      setPrice(cart[i], price));
  return cart;
}

function arraySet(array, idx, value) {
  var copy = array.slice();
  copy[idx] = value;
  return copy;
}
```

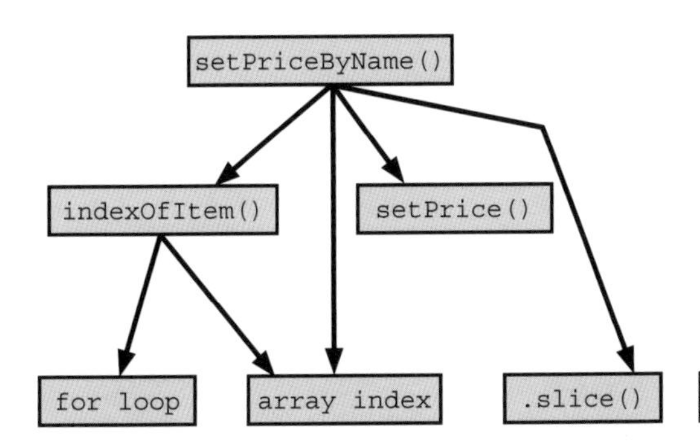

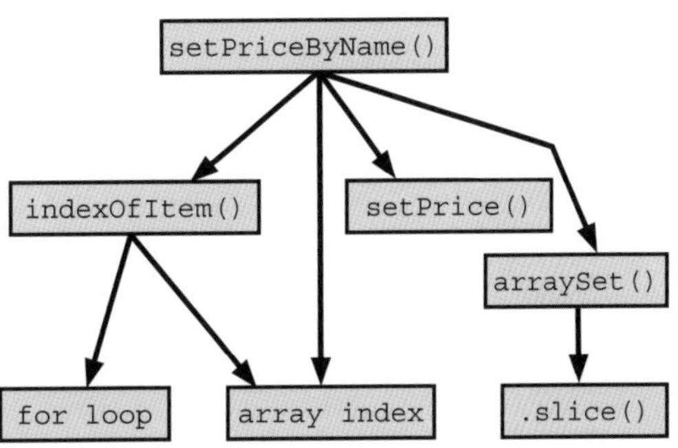

改寫後的程式碼比原版好。原本指向 .slice() 的長箭頭被取代，換成了只延伸到 arraySet() 的較短箭頭。然而，setPriceByName() 所指的層數卻變成了三層！和之前一樣，此處的重點不在層數，而是**箭頭的長度縮短！**這表示呼叫 setPriceByName() 時，我們可以忽略的細節（**譯註：**如『購物車』的資料結構為何）變多了！

話雖如此，setPriceByName() 依然指向最底層的 array index，所以感覺上該函式仍不夠直觀。請相信這種感覺！ FP 程式設計師就是憑藉這種直覺，尋找可擷取成通用函式的程式碼，好讓程式看起來更清楚。讀者可能已經知道如何把 setPriceByName() 的最後一根長箭頭移除了，請自行嘗試一下！

對程式碼的討論到此已告一段落。在下一章中，我們會應用抽象屏障（原則 2）讓實作更簡單易懂。第 10 章則會教各位一種新技巧，能讓程式的直觀性更上層樓。

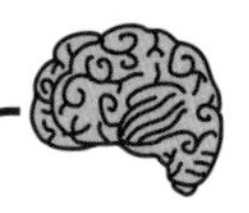

休息一下

問：`setPriceByName()` 的設計真的有變好嗎？函式的呼叫圖看起來沒變簡單，反而更複雜了啊！

答：這個問題很重要，卻難以回答！如前所述，我們沒辦法精確說明什麼是『好』設計。畢竟，其中涉及的變因實在太多 — 軟體的用途為何、程式設計師的技術能力等等，皆會影響對好壞的判斷。因此，本章介紹的線索 (例如：呼叫圖的箭頭長短、箭頭指向的層數等) 皆為參考而已，最終還是得仰賴嘗試錯誤與直覺決定最合適的實作，而本章與下一章的練習就是為了幫大家建立這樣的直覺。

『設計』本身是個複雜的主題！其好壞往往見仁見智，且受到當時情況的影響。雖然如此，本章提到的分層設計與呼叫圖提供了一種共同語言，讓我們能互相交流對設計的看法。就這一點而言，本章的內容還是非常重要的！

想想看

透過插入新函式(arrayGet())的方式，我們可以輕鬆去除 setPriceByName() 與 indexOfItem() 中所有與 array index 有關的程式碼。請問：下面經過改寫的設計有比較好嗎？

有 array index

```
function setPriceByName(cart, name, price) {
  var i = indexOfItem(cart, name);
  if(i !== null) {
    var item = cart[i];
    return arraySet(cart, i,
      setPrice(item, price));
  }
  return cart;
}

function indexOfItem(cart, name) {
  for(var i = 0; i < cart.length; i++) {
    if(cart[i].name === name)
      return i;
  }
  return null;
}
```

無 array index

```
function setPriceByName(cart, name, price) {
  var i = indexOfItem(cart, name);
  if(i !== null) {
    var item = arrayGet(cart, i);
    return arraySet(cart, i,
      setPrice(item, price));
  }
  return cart;
}

function indexOfItem(cart, name) {
  for(var i = 0; i < cart.length; i++) {
    if(arrayGet(cart, i).name === name)
      return i;
  }
  return null;
}

function arrayGet(array, idx) {
  return array[idx];
}
```

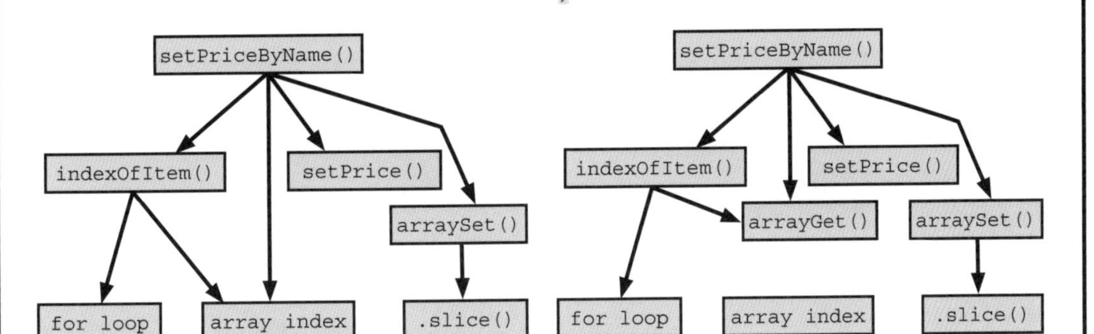

請各位不要只回答『有』或『沒有』，而是想一想：在不同情況下，使用哪一種設計更適當！讀者可以試著補完以下空白：

在以下狀況中，使用 array index 較好：

- 我的設計團隊對陣列比較熟悉
-
-
-
-
-

在以下狀況中，使用包裝函式較好：

- 讓程式分層更清楚
-
-
-
-
-

8.8 總結 — 原則 1：讓實作更直觀

直觀的函式實作具有單一細節程度

當我們不使用任何設計原則時，寫出來的程式往往難以閱讀或修改。但為何會如此呢？最常見的理由是：因為程式碼中存在細節程度不同的元素！換言之，要瞭解各函式的功能，你得先掌握一堆瑣碎的資訊（譯註：以 `setPriceByName (cart, name, price)` 為例，若不使用分層設計實作該函式，則我們得先知道『cart 是陣列、且其中的商品物件至少有 name 和 price 兩個屬性』，才好閱讀或修改 `setPriceByName()` 的程式碼）。反之，在直觀的實作中，程式設計師會盡量讓所有元素的細節程度相同，以利理解。

> 譯註：在本書中，『抽象層級』與『細節程度』基本上可當同義詞看待 — 前者的層級越低，代表程式涉及越多實作細節，以此類推。

分層設計能幫我們鎖定特定細節程度

原則上，同一層的函式具有相同細節程度。因此，處理某一層的函式時，不需要知道與下層有關的資訊。雖然分層本身並不容易，但只要多加留意相關線索，大家都能培養出敏銳的設計直覺，並做出適當決定。

呼叫圖能提供大量與細節程度有關的線索

儘管直接閱讀程式碼也能得到與細節程度有關的線索，但往往因為需要消化的訊息太多，導致我們無法獲得全局觀。相反地，只要將函式放到細節程度適當的層，呼叫圖便能呈現出函式之間彼此實作的關係。可以說：呼叫圖、函式簽章與本體，是寫出直觀程式碼的好幫手。

透過擷取程式碼建立更通用的函式

讓函式實作更直觀的方法之一，就是將其中某一段程式碼擷取出來，成為功能更通用的新函式。這些新函式位於原函式的下層，能處理原函式的細節。由於通用的函式只負責單一任務，故測試上通常較方便。且若新函式的名稱適當，則原函式的實作不僅變得簡短，可讀性也將提升。

> **分層設計原則**
>
> - [x] **讓實作更直觀**
> - [ ] 以抽象屏障輔助實作
> - [ ] 讓下層函式保持簡約與不變
> - [ ] 分層只要舒適即可

以擷取產生的新函式可重複利用性較高

與『尋找重複程式碼』不同之處在於，『擷取』最初的目的只是讓特定函式的實作更容易瞭解，但我們往往會發現新函式在程式的其它地方也能派上用場。也就是說，藉由擷取獲得的新函式較原函式通用！若仔細搜尋，經常能意外找到可重複利用新函式的機會。

重點並非隱藏複雜的程式碼

要讓程式『表面上』很直觀其實並不難 — 把所有不清楚的程式碼藏到『輔助(helper)函式』內就行了。然而，這麼做並不是分層設計！在分層設計中，每一個層都要明明白白，絕不能把過於複雜的程式直接丟到其它層去。位於低層的函式功能較通用，但卻非常簡單；而這些函式又能幫助我們建構上層函式，進而讓整個軟體直觀易懂。

結論

本章介紹了如何將程式畫成呼叫圖，以及辨識不同的抽象層級。此外，我們還討論分層設計中最重要的原則，即：讓實作保持直觀。有了層狀結構，各位便知道怎麼用簡單的底層函式，撰寫出同樣簡單的上層函式。不過，分層設計的內容可不只於此！我們在下一章會說明更多原則。

重點整理

- 在分層設計中，我們會根據抽象層級將函式整理成層，越上層的函式忽略越多實作細節。
- 實作函式時應思考：哪些程式細節對於實現該函式的功能很重要。這項資訊決定了函式應放在哪一層。
- 函式的簽章、本體、呼叫圖都能為其在分層中的位置提供線索。
- 函式的名稱應反映其目的，我們可以把目的相關的函式放在一起。
- 觀察函式本體可知道其需要的細節有哪些，該線索對分層很重要。
- 當呼叫圖中存在長短不一的箭頭時，通常表示目前的程式實作並不直觀。
- 利用擷取產生通用函式有助於改進分層結構。通用函式位於較低層，且能在程式中重複利用。
- 原則1告訴我們：分層可以讓函式實作更加清楚、簡約。

接下來 ...

讓實作更直觀只是分層設計的第一項原則。下一章還會介紹另外三項原則，好讓各位瞭解如何利用層狀結構增加軟體的可重複使用性、可維護性與可測試性。

MEMO

分層設計 (2) | 9

本章將帶領大家：

- 學習如何建立抽象屏障，以模組化程式碼。
- 認識好的抽象屏障要做到什麼事。
- 瞭解分層設計需要適可而止。
- 瞭解分層設計能提高可維護性、可測試性、可重複使用性。

在上一章中，我們學到如何畫呼叫圖，以及用分層來整理程式。本章會進一步加深各位對分層設計的理解，並討論其它的三個原則，以幫助讀者磨練設計直覺。上述三個原則對於程式維護、測試與重複使用有莫大幫助。

9.1 複習分層設計的原則

各位應該還記得，分層設計有四大原則，第 8 章已經說明了第一項原則。有了該基礎，本章將繼續討論其餘三項原則。下面複習一次各原則的內容。

分層設計原則

- [x] **讓實作更直觀**
- [ ] 以抽象屏障輔助實作
- [ ] 讓下層函式保持簡約與不變
- [ ] 分層只要舒適即可

本章會介紹接下來的三個原則

原則 1：讓實作更直觀

分層設計中的層應能讓實作更直觀。在直觀的函式實作中，所有元素的細節程度應該相似，才不會造成程式碼難以理解。事實上，混雜不同的細節程度可視為程式碼異味。

原則 2：以抽象屏障輔助實作

我們可以將某些層當成介面，用來隱藏關鍵的實作細節。有了這些層，你就不必顧慮底層程式碼如何運作，而能從更高階的觀點思考與撰寫程式。

原則 3：讓下層函式保持簡約與不變

系統會隨時間改變，為使日後的修改更加容易，我們會希望下層的基本函式越簡單越好，並用它們直接或間接定義其它高層函式。

原則 4：分層只要舒適即可

當我們為企業撰寫程式時，千萬不要抱持完美主義，或盲目亂加新層。反之，請多花時間在能縮短軟體交付時間或提升品質的層上。請記住！分層要能事半功倍，而不是讓事情變得更複雜。

我們已經有關於畫呼叫圖與分層的基礎知識了，接下來就直接進入原則 2。

9.2 原則 2：以抽象屏障輔助實作

原則 2 涉及**抽象屏障 (abstraction barrier)** 的應用。此工具能帶來很多好處，其中之一是有助於團隊分工。

目前討論這個主題

分層設計原則

- [x] 讓實作更直觀
- [ ] **以抽象屏障輔助實作**
- [ ] 讓下層函式保持簡約與不變
- [ ] 分層只要舒適即可

使用抽象屏障以前

使用抽象屏障之後

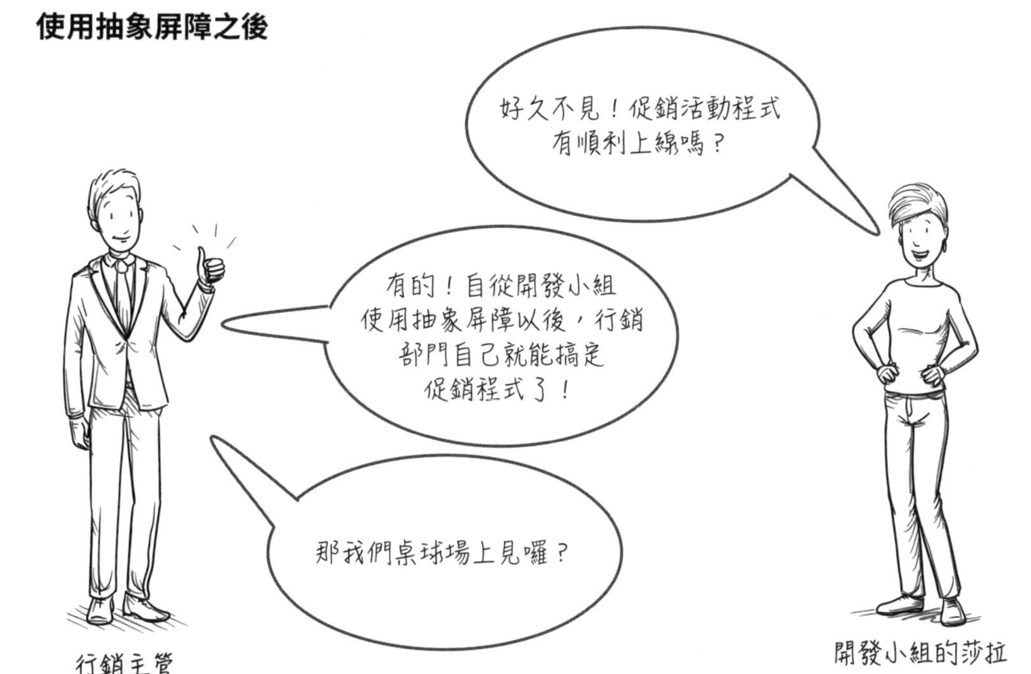

9.3 抽象屏障可隱藏實作細節

所謂**抽象屏障**，其實就是完美隱藏實作細節的函式層。換句話說，當你使用該層中的函式時，完全不需要考慮底層的程式如何運作。

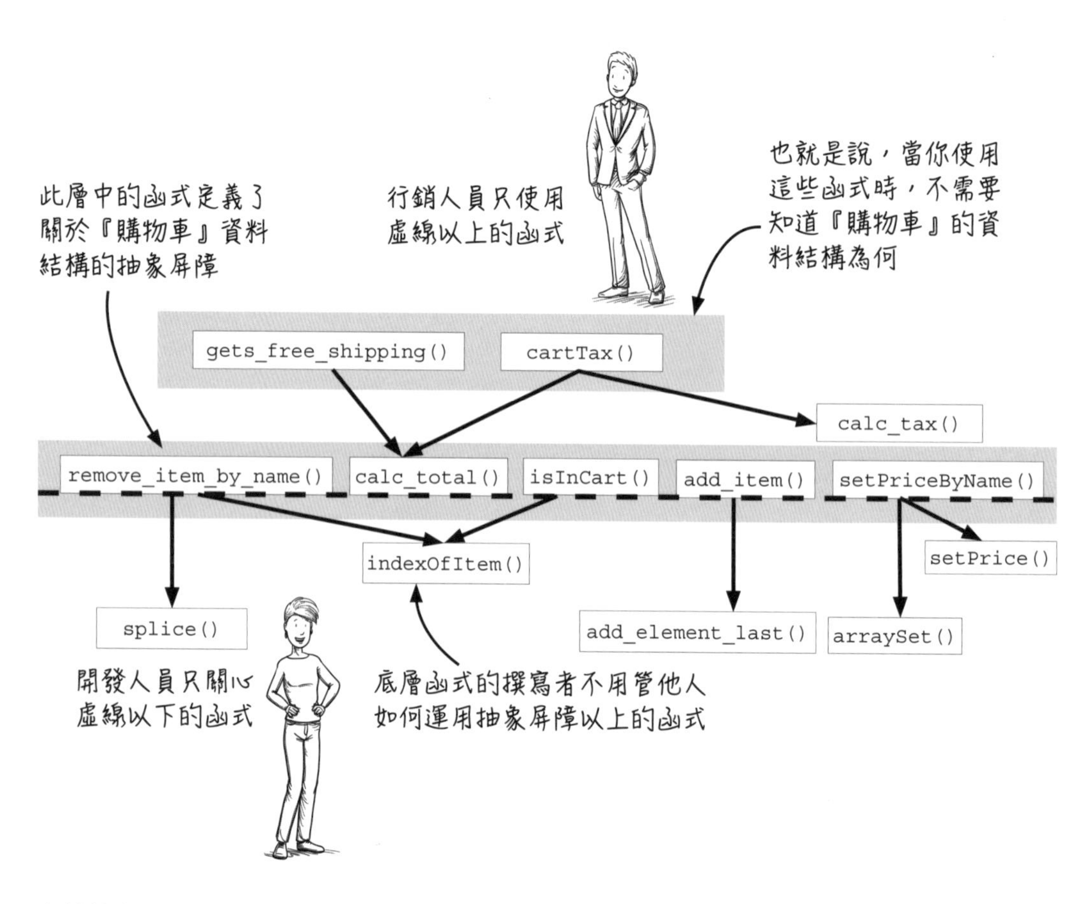

由於抽象屏障能讓我們從高階的觀點來思考問題，故 FP 程式設計師經常應用。以前面的促銷活動為例，行銷人員只會用到與促銷活動直接相關的函式（**譯註：** 位於抽象屏障以上），而不需面對惱人的迴圈和陣列。

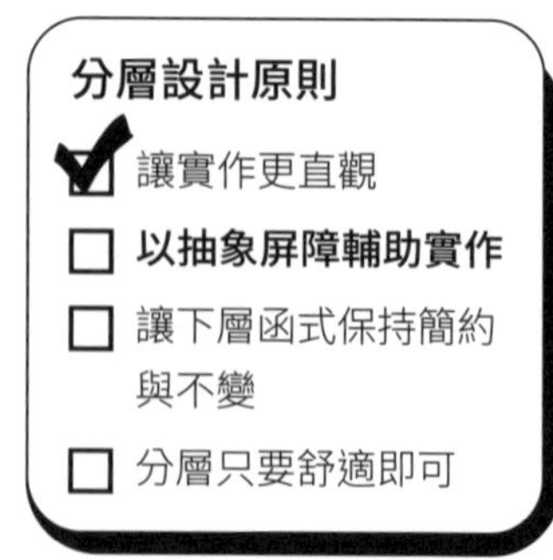

9.4 細節忽略是雙向的

如前所述，抽象屏障讓行銷部門得以忽略底層程式細節，但這樣的『忽略』其實是雙向的 — 負責實作抽象屏障的開發小組也不必瞭解行銷部門的促銷程式（就算該程式是以屏障上的函式撰寫的）。也就是說，兩個部門的工作可完全獨立！

事實上，各位使用的函式庫或 API（應用程式介面）也具有相同特色。舉個例子，當利用 RainCo 公司的氣象資料 API 開發天氣應用程式時，你只要思考如何撰寫 app 就好，不必管 API 的實作；同理，RainCo 也只負責 API 的開發，而不必瞭解你的 app 程式碼。此處的 API 實際上就是抽象屏障，它區隔了你和 RainCo 公司所負責的工作。

分層設計原則

- ☑ 讓實作更直觀
- ☐ **以抽象屏障輔助實作**
- ☐ 讓下層函式保持簡約與不變
- ☐ 分層只要舒適即可

為了讓讀者體會一下抽象屏障的威力，讓我們假設：開發小組打算改變『購物車』的資料結構。如果屏障的實作正確，那麼行銷部門將完全感受不到變化，他們所寫的程式也毋須任何修改！

9.5 更改『購物車』的資料結構

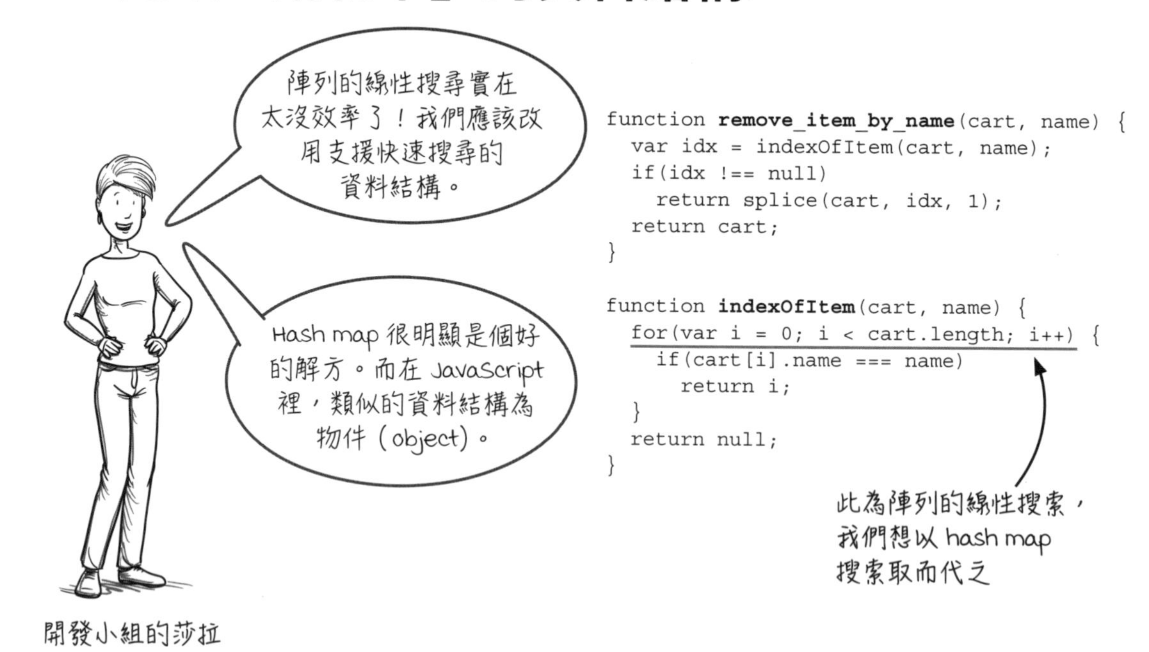

莎拉的提議很有道理。我們必須解決陣列線性搜索造成的效率問題，而不應該因為其藏在抽象屏障之下就不去理它。

陣列可以用 JavaScript 物件 (類似 hash map) 取代，後者的『新增元素』、『移除元素』與『檢查元素是否存在』皆為快速操作 (譯註：關於常見的 JavaScript 物件操作，請回顧 6.15 節)。

練習 9-1

請問：『購物車』資料結構改變後，以下哪些函式需要改寫？

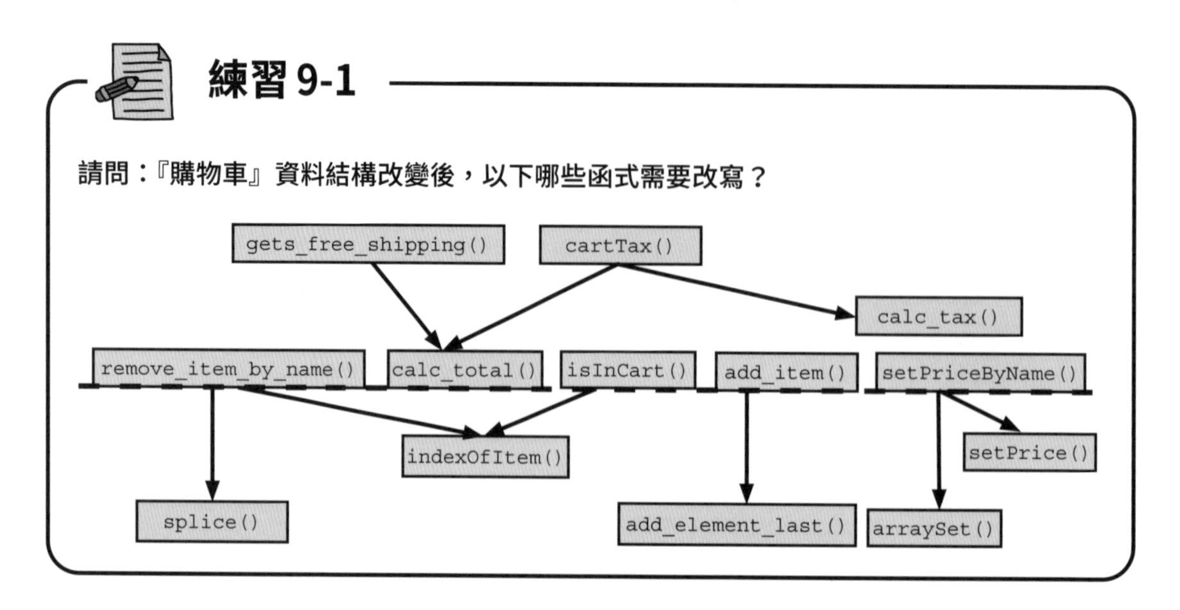

練習 9-1 解答

只有下圖灰色層中的函式需要改寫，其它函式皆未假定『購物車』為陣列。注意！就是這些函式定義了『購物車操作』的抽象屏障。

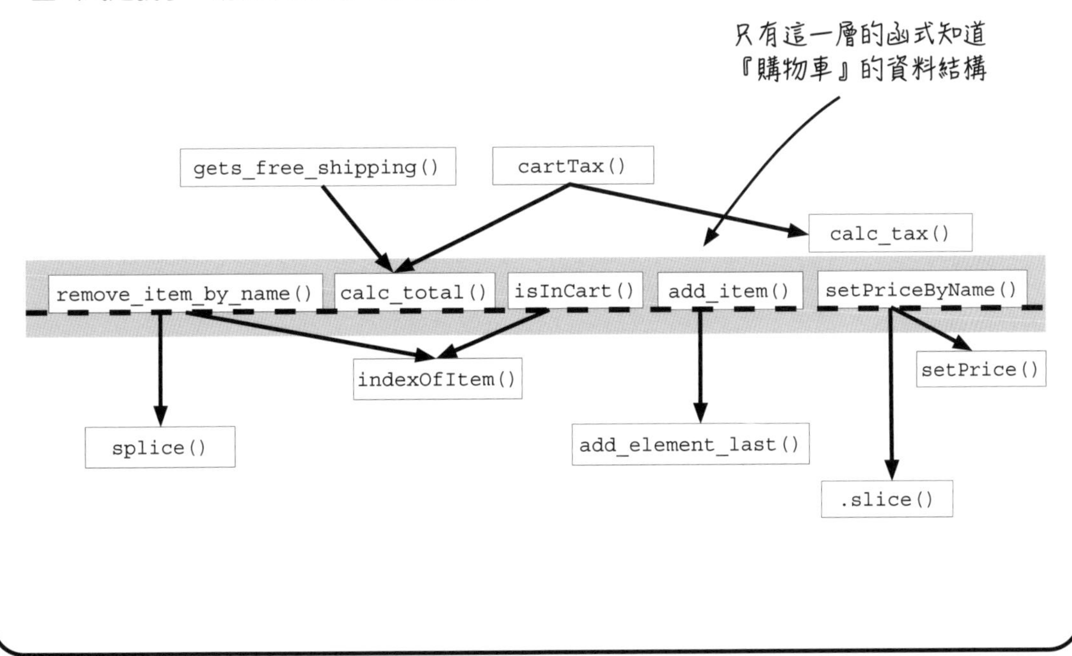

9.6 將『購物車』重新實作為物件

對於需要隨機存取的資料而言，物件是更合適的資料結構。把『購物車』重新實作為 JavaScript 物件不僅能提高效率，還能讓程式碼更直觀 (這正好符合原則 1)。

『購物車』為陣列

```
function add_item(cart, item) {
  return add_element_last(cart, item);
}

function calc_total(cart) {
  var total = 0;

  for(var i = 0; i < cart.length; i++) {
    var item = cart[i];
    total += item.price;
  }
  return total;
}

function setPriceByName(cart, name, price) {
  var cartCopy = cart.slice();
  for(var i = 0; i < cartCopy.length; i++) {
    if(cartCopy[i].name === name)
      cartCopy[i] =
        setPrice(cartCopy[i], price);
  }
  return cartCopy;

}

function remove_item_by_name(cart, name) {
  var idx = indexOfItem(cart, name);
  if(idx !== null)
    return splice(cart, idx, 1);
  return cart;
}

function indexOfItem(cart, name) {
  for(var i = 0; i < cart.length; i++) {
    if(cart[i].name === name)
      return i;
  }
  return null;
}

function isInCart(cart, name) {
  return indexOfItem(cart, name) !== null;
}
```

『購物車』為物件

```
function add_item(cart, item) {
  return objectSet(cart, item.name, item);
}

function calc_total(cart) {
  var total = 0;
  var names = Object.keys(cart);
  for(var i = 0; i < names.length; i++) {
    var item = cart[names[i]];
    total += item.price;
  }
  return total;
}

function setPriceByName(cart, name, price) {
  if(isInCart(cart, name)) {
    var item = cart[name];
    var copy = setPrice(item, price);
    return objectSet(cart, name, copy);
  } else {
    var item = make_item(name, price);
    return objectSet(cart, name, item);
  }
}

function remove_item_by_name(cart, name) {
  return objectDelete(cart, name);


}

function isInCart(cart, name) {
  return cart.hasOwnProperty(name);
}
```

此函式已經沒有存在的意義了，故將其去除

此內建 method 能檢查物件中是否存在指定的鍵

這個例子告訴我們：有時程式碼之所以不清楚，是因為用了錯誤的資料結構。經過此次變更，實作變得更短、更直觀、也更加有效率。最重要的是，行銷部門寫的程式碼不必修改也能照常運行！

9.7 抽象屏障讓我們能夠忽略細節

分層設計原則

讓實作更直觀

- ☐ **以抽象屏障輔助實作**
- ☐ 讓下層函式保持簡約與不變
- ☐ 分層只要舒適即可

為什麼更改『購物車』的資料結構以後，不必再修改所有使用該資料的程式碼？

『購物車』中的商品原本儲存在陣列中，但我們發現這麼做效率很差。為解決此問題，這裡把『購物車』的資料結構改成了 JavaScript 物件，還更動了幾個能操作『購物車』的函式。儘管如此，行銷部門卻完全不必修改他們的程式；事實上，他們可能根本不知道『購物車』的資料結構不同了！這是怎麼辦到的？

我們之所以能只更改『購物車』資料結構與五個函式，關鍵就在於上述函式定義了抽象屏障。此處的『抽象』相當於問：『哪一項實作細節可以忽略？』而當某一個分層被稱為抽象屏障時，其實就是在說：由於此屏障中的函式已為我們處理了某項細節，所以使用該層以上的元素時，就不再需要顧慮該細節資訊（**譯註：** 以本例來說就是『購物車』的資料結構）：

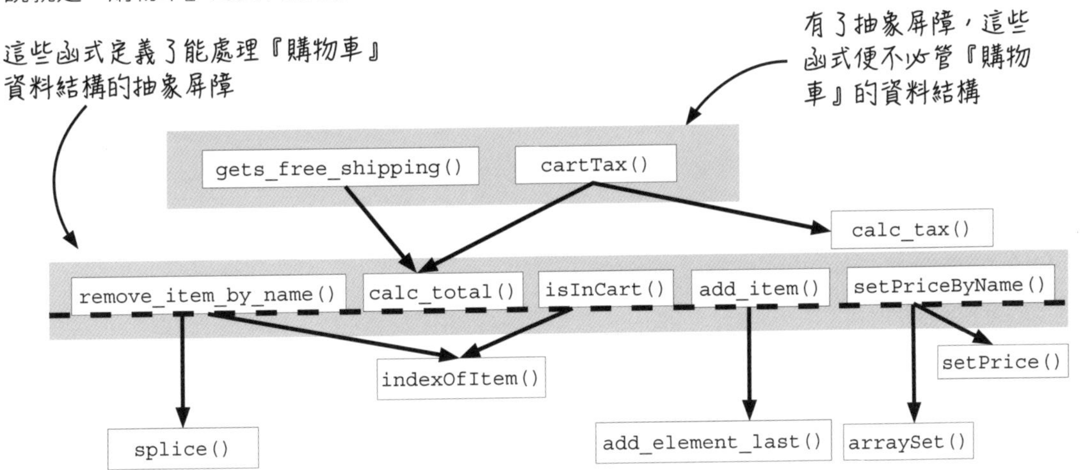

本例的抽象屏障讓所有位於該層之上的函式皆不必處理『購物車』資料結構。只要利用屏障中的函式撰寫其它上層程式，『購物車』的具體實作就變成了可忽略細節。因此，就算把該資料從陣列換成物件，也**不會影響到抽象屏障以上的程式。** **譯註：** 不包含抽象屏障 — 如你所見，更改『購物車』資料結構以後，定義該屏障的函式必須跟著修改。

最後請再看看上面的呼叫圖，注意其中沒有任何箭頭跨過虛線。要是有某個抽象屏障以上的函式直接呼叫了虛線以下的 `splice()`，那麼抽象屏障就會被破壞了！換言之，該函式就必須處理原本應該忽略的實作細節，那麼這樣的抽象屏障是『不完整的』，而修正方法就是在屏障中加入新函式，以移除跨虛線的箭頭。

9.8 何時該(或不該)用抽象屏障？

雖然抽象屏障對程式設計很重要，卻不能隨便亂用。以下列出使用抽象屏障的原則：

分層設計原則

- [x] 讓實作更直觀
- [ ] **以抽象屏障輔助實作**
- [ ] 讓下層函式保持簡約與不變
- [ ] 分層只要舒適即可

1. 抽象屏障應讓實作修改更容易

當不確定如何實作某項功能時，抽象屏障可提供一個間接層，允許稍後再來更改實作方式；這個特性在你還在製作原型，且尚未確定最佳實作方式時非常有用。另一種抽象屏障能派上用場的情況是：你**已經確定**未來需進行某項更動，只是現階段還沒準備好 — 例如，你知道最終資料會從伺服器而來，但目前暫時用假資料代替。

不過，以上好處也有可能變成陷阱！我們經常為了未來**不確定是否發生**的變更寫了過多的程式碼，只期盼到時候能少寫一些。但這種『以備不時之需』的做法其實並不明智，因為寫好的程式可能根本沒必要修改。比如說，資料結構有 99% 的機會不需要更動；而前例之所以需要將購物車的資料結構由陣列改為物件，是因為 MegaMart 的開發團隊到了很晚的階段才考慮效率問題。

2. 抽象屏障應讓程式更易讀、易撰寫

某些實作細節正是程式中容易出錯的地方 (如：某個迴圈中的變數是否正確初始化、迴圈是否犯了差一錯誤等)。抽象屏障讓程式設計師得以忽略這些細節，進而讓撰寫程式碼的工作更輕鬆。只要被隱藏的細節是正確的，那麼即使是經驗粗淺的程式設計師，也能利用抽象屏障中的函式順利寫出程式。

3. 抽象屏障應降低不同部門的協調頻率

在本章的例子裡，開發小組變更程式碼時不需告知行銷部門，而行銷人員也能在不諮詢開發小組的情況下撰寫簡單的促銷程式。抽象屏障使得位於屏障兩端的開發人員毋須顧及對方負責的細節，因此提高了兩者的工作效率。

4. 抽象屏障應允許程式設計師專注於特定問題

其實，使用抽象屏障最大的好處，是讓程式設計師得以專心解決當下的問題。我們都知道人類的注意力有限，但要處理的資訊實在太多，抽象屏障能把與眼前難題無關的細節藏起來，這不僅有助於思考，更能避免注意力發散，從而降低錯誤率。

9.9 總結 — 原則 2：以抽象屏障輔助實作

抽象屏障是非常有用的工具，其定義了屏障上、下端分別可以忽略什麼細節，進而有效降低兩端的依賴性。

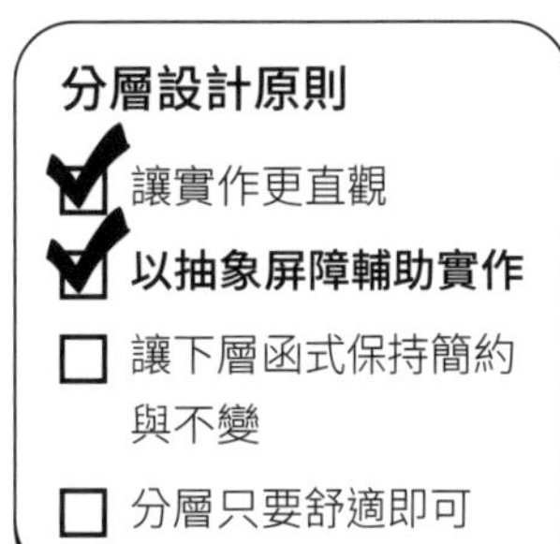

一般來說，使用抽象屏障上方函式的人員毋須顧及程式實作細節（例如：資料的結構為何）。以我們的例子而言，在屏障之上的促銷程式碼不必知道『購物車』到底是陣列還是物件。

至於負責屏障中或屏障以下程式的人員則可忽略高階用途，他們所寫的函式可以被用在任何地方。在本章的例子中，抽象屏障的函式實作與行銷部門的促銷程式完全無關。

實際上，所有『抽象化』的運作方式都一樣 — 其定義了抽象層上方與下方的函式可忽視哪些資訊，且不同函式可定義相同忽略細節。『抽象屏障』則更加直接且嚴格 — 以 MegaMart 的程式舉例，行銷部門的程式永遠也不需要曉得『購物車』的實作方式，而這都拜屏障內的函式所賜。

話雖如此，各位應避免落入『以備不時之需』的陷阱（見 9.8 節）。當然，如果程式更動是確定且有必要的，那麼抽象屏障確實能讓修改更容易。但請注意！這並非應用抽象屏障最主要的原因。反之，我們希望透過此類屏障降低不同部門耗在協調上的時間、讓複雜的程式碼更易懂、並協助相關人員專注於眼前的問題。

總的來說，當提到抽象屏障時，請大家記住一件事：其與細節忽略有關。所以，要建立有用的屏障，你需要問自己以下問題：哪裡有細節可以忽略？能忽略的具體資訊為何？是否有可能寫一組函式，讓選定的細節變得可忽略？

9.10 程式變得更清楚了！

修改後的程式更加符合原則 1（讓實作更直觀）

我們發現，變更『購物車』資料結構以後，很多函式的實作只剩下一行。注意！這裡想強調的重點並非行數，而是函式在細節程度上的一致性 — 由於單行函式通常沒有空間容納細節度不同的程式碼，因此是屬於好的設計。

```
function add_item(cart, item) {
  return objectSet(cart, item.name, item);
}

function gets_free_shipping(cart) {
  return calc_total(cart) >= 20;
}

function cartTax(cart) {
  return calc_tax(calc_total(cart));
}

function remove_item_by_name(cart, name) {
  return objectDelete(cart, name);
}

function isInCart(cart, name) {
  return cart.hasOwnProperty(name);
}
```

至於下列兩函式的實作則仍然很複雜：

```
function calc_total(cart) {
  var total = 0;
  var names = Object.keys(cart);
  for(var i = 0; i < names.length; i++) {
    var item = cart[names[i]];
    total += item.price;
  }
  return total;
}

function setPriceByName(cart, name, price) {
  if(isInCart(cart, name)) {
    var itemCopy = objectSet(cart[name], 'price', price);
    return objectSet(cart, name, itemCopy);
  } else {
    return objectSet(cart, name, make_item(name, price));
  }
}
```

我們現在還無法簡化以上函式，相關工具要等到第 10、11 章才會介紹。就目前來說，還是把心思先放在其餘的分層設計原則上吧！

9.11 原則 3：讓下層函式保持簡約與不變

分層設計的第三項原則是**讓下層函式保持簡約與不變**。此原則提醒我們：為新功能撰寫函式時需仔細考慮該函式在分層架構中的位置，以避免底層被不必要的功能塞滿。下面來看個例子吧。

分層設計原則

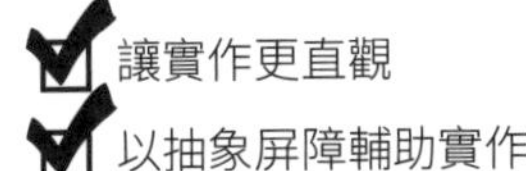

- ☑ 讓實作更直觀
- ☑ 以抽象屏障輔助實作
- ☐ **讓下層函式保持簡約與不變**
- ☐ 分層只要舒適即可

目前討論到這裡了

行銷部門想針對手錶提供折扣優惠

MegaMart 行銷部門正在策劃新的促銷活動 — 只要購物車內的商品總金額超過某個值、且其中包含手錶，便能獲得 10% 折扣優惠。

手錶促銷活動

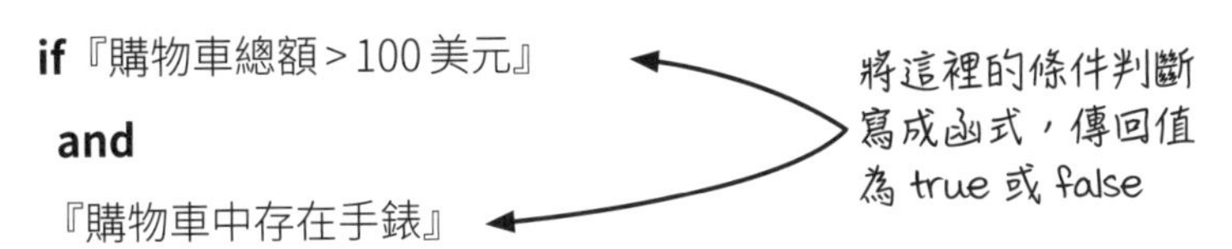

if『購物車總額 > 100 美元』

and

『購物車中存在手錶』

then

提供 10% 折扣

新促銷函式的兩個可能位置

上述促銷活動函式的位置共有兩種可能性：第一是實作在抽象屏障中（譯註：不要忘記『抽象屏障』也是一個『層』），第二則是高於屏障的層（注意！上述函式不能放在抽象屏障以下，否則行銷部門就無法呼叫了）。我們該選哪個位置呢？

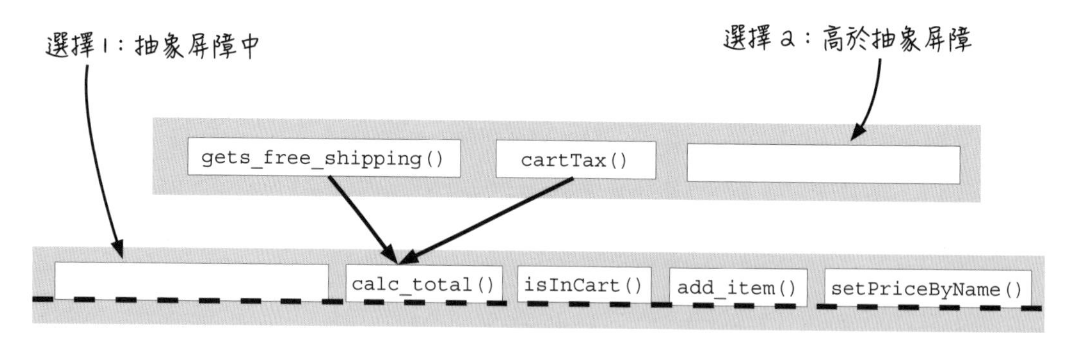

選擇 1：抽象屏障中

若選擇此位置，則促銷函式可以利用 hash map 操作來存取『購物車』，但其實作裡不能出現來自同一層的函式（譯註：如前所述，分層設計呼叫圖中的箭頭只能向下，即：只能用下層函式定義上層函式）：

```
function getsWatchDiscount(cart) {
  var total = 0;
  var names = Object.keys(cart);
  for(var i = 0; i < names.length; i++) {
    var item = cart[names[i]];
    total += item.price;
  }
  return total > 100 && cart.hasOwnProperty("watch");
}
```

選擇 2：高於抽象屏障

若選擇此位置，則促銷函式不知道『購物車』是 hash map，
相關處理得交由抽象屏障中的函式執行：

```
function getsWatchDiscount(cart) {
  var total     = calcTotal(cart);
  var hasWatch = isInCart("watch");
  return total > 100 && hasWatch;
}
```

你認為上面兩個位置何者較佳？為什麼？

將促銷函式實作在屏障的上方比較好

由於許多相互關聯的原因，把促銷函式放在屏障上方 (選擇 2) 是較佳的做法。首先，選擇 2 的程式碼要比選擇 1 (其中包含許多低階程式元素) 更加直觀，因此更符合分層設計的原則 1。

選擇 1

```
function getsWatchDiscount(cart) {
  var total = 0;
  var names = Object.keys(cart);
  for(var i = 0; i < names.length; i++) {
    var item = cart[names[i]];
    total += item.price;
  }
  return total > 100 &&
    cart.hasOwnProperty("watch");
}
```

選擇 2

```
function getsWatchDiscount(cart) {
  var total    = calcTotal(cart);
  var hasWatch = isInCart("watch");
  return total > 100 && hasWatch;
}
```

其次，雖然選擇 1 沒有破壞抽象屏障規則 (也就是說，函式的呼叫箭頭從未跨過屏障層)，但卻違背了屏障存在的目的 — 定義抽象屏障是為了讓行銷部門可以忽略底層程式細節，但此處的實作中卻出現了 for 迴圈。此外，選擇 1 將促銷函式放在屏障中，因此開發小組得負責維護該函式，這顯然不合理！選擇 2 則沒有這個問題。

實作直觀性

- 選擇 1

此外，為決定抽象屏障中要包含哪些函式，開發小組與行銷部門之間必須取得共識，而在屏障中加入新函式就相當於擴增共識的內容。此時開發小組與行銷部門必須重新協商，且後者需瞭解更多函式與實作細節，這些因素都會提高改變程式碼的成本。換言之，選擇 1 會稀釋使用抽象屏障的好處，故選擇 2 更能滿足分層設計的原則 2。

對抽象屏障的利用程度

- 選擇 1

總的來說，根據原則 3，我們應該盡可能將新功能加到高層中，同時避免擴充或修改較低的函式層 (注意！此原則適用於所有層，而非只有抽象屏障)。這一點在手錶促銷範例中很容易達成 — 我們顯然不必在抽象屏障中添加任何額外函式。

不更改下層函式

- 選擇 1

但對於某些例子而言，事情就沒有那麼簡單了。下面就來看一個連老手也有可能犯錯的例子吧！討論過程中，請各位務必牢記原則 3。

記錄消費者將哪些商品加到購物車中

行銷部門發現：消費者有時會將商品加入購物車，但最後卻放棄結帳，為什麼會這樣？為了回答此問題並提高銷售率，行銷人員需要更多資訊，所以他們要求你撰寫新程式，以記錄消費者加入購物車的每項商品。

分層設計原則

- [x] 讓實作更直觀
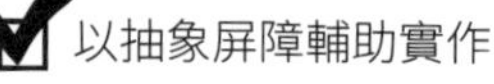
- [x] 以抽象屏障輔助實作
- [ ] **讓下層函式保持簡約與不變**
- [ ] 分層只要舒適即可

行銷主管

開發小組的吉娜

為此，吉娜建立了資料庫表格，以及能將記錄存入表格中的新函式。該函式的呼叫方法如下：

```
logAddToCart(user_id, item)
```

現在，只要將 `logAddToCart()` 放在程式某處就行了。吉娜建議將其加到 `add_item()` 函式中，如下：

```
function add_item(cart, item) {
  logAddToCart(global_user_id, item);
  return objectSet(cart, item.name, item);
}
```

問題來了：這是最佳的位置嗎？擺在此處的好處有哪些？壞處呢？就讓我們以 FP 設計師的思維來仔細討論吧！

函式位置與其影響

吉娜的建議看上去很有道理 — 我們的目標是：每當消費者將商品加到購物車時，便將該商品記錄在表格上，而add_item()負責的功能正是在購物車中添加新物件。修改後，add_item()便擔負起記錄的功能，因此在撰寫高於add_item()所在層的函式時，就可以忽略這項細節（**譯註：**換言之，只要撰寫程式的人用add_item()實作更高層的函式，那麼就算他不知道要記錄也沒關係，資訊仍會被存到資料庫中）。

話雖如此，在add_item()中執行記錄函式卻有幾項致命缺點。首先，logAddToCart()是一個Action函式。假如在add_item()中呼叫Action函式，則add_item()也會變成Action，且所有呼叫add_item()的函式也都會成為Action（別忘了！ Action會在程式中傳播）。這會對程式測試造成麻煩。

除此之外，由於add_item()原本是Calculation函式，故我們使用時不需顧慮呼叫時機或地點。若該函式變成Action，就有可能產生意外錯誤！請看下面的例子：

```
function update_shipping_icons(cart) {
  var buttons = get_buy_buttons_dom();
  for(var i = 0; i < buttons.length; i++) {
    var button = buttons[i];
    var item = button.item;
    var new_cart = add_item(cart, item);
    if(gets_free_shipping(new_cart))
      button.show_free_shipping_icon();
    else
      button.hide_free_shipping_icon();
  }
}
```

裡呼叫了add_item()，但並沒有商品真的被加到購物車內

我們並不想在此處進行記錄！

可看出來，即便消費者並未將任何東西加入購物車，update_shipping_icons()仍呼叫了add_item()（事實上，只要有商品呈現在消費者眼前，此呼叫就會發生！）。所以，如果按吉娜的建議放置logAddToCart()，資料庫中就會有一堆消費者沒有加到購物車的商品，而這並非我們想要的結果！

最後，同時也最重要的一點是：我們已經有一系列實作簡潔且有效的『購物車』函式了（**譯註：**其實就是第8、9章抽象屏障內的函式，其中就包括add_item()）！這些函式（或稱作『介面』）不僅滿足了操作『購物車』的需要、還允許我們忽略適當的細節，因此沒有必要就不應隨意更動它們（**譯註：**讀者可以將此處的『介面』想成程式設計師與『購物車』的橋樑，我們得透過介面中的函式以存取『購物車』）。就本例而言，修改add_item()未能讓上述介面變得更好；也就是說，logAddToCart()的呼叫應該發生在抽象屏障上方。

以下就來說明更合適的做法吧！

更理想的記錄函式位置

先前的討論已建立了兩項關於 logAddToCart() 的事實。第一，此函式為 Action。第二，其位置應高於本例的抽象屏障。但到底該把 logAddToCart() 擺在哪兒呢？

事實上，這種與設計有關的決定沒有放諸四海皆準的答案。不過，放在 add_item_to_cart() 函式裡是個不錯的選擇！此函式為『Buy Now』按鈕的『點擊』事件處理器，因此當其被呼叫時，我們知道消費者**確實想**把商品添加到購物車中。此外，add_item_to_cart() 已經是個 Action 了，它會呼叫其它函式來執行各種將商品加入後的必要動作，而此處只是再多呼叫一個 logAddToCart() 而已！

```
function add_item_to_cart(name, price) {
  var item = make_cart_item(name, price);
  shopping_cart = add_item(shopping_cart, item);
  var total = calc_total(shopping_cart);
  set_cart_total_dom(total);
  update_shipping_icons(shopping_cart);
  update_tax_dom(total);
  logAddToCart();
}
```

『Buy Now』按鈕的『點擊』事件處理器

當消費者點擊時，會呼叫這些函式

可以將 logAddToCart() 放在這裡，成為在商品加入購物車後必須執行的動作之一

注意！以上位置並非最佳解，但卻是當前設計下最正確的選擇。若要尋求更好的答案，則需要改變整個應用程式的架構！在本例中，logAddToCart() 的位置差一點就擺錯了！幸運的是，我們想起了以下事情：第一是『Actions 會在程式裡傳播』，其次是與『商品加入購物車』無關的 update_shipping_icon() 也呼叫了 add_item()。

不過，好設計不能靠碰運氣！這裡需要一個法則來告訴我們如何避免上述狀況，而該法則就是分層設計的原則 3。根據原則 3，你應該讓下層的介面函式（**譯註：**回想一下，這裡的『介面』指本例中負責『購物車』基本操作的函式）越簡單越好，且盡量避免擴增或修改。當需要加入新功能時，則利用這些介面函式，將新程式實作在較高的層。

9.12 總結 — 原則 3：讓下層函式保持簡約與不變

進行分層設計時，我們會在抽象屏障功能完善的前提下，盡可能使其簡約、並避免擴充或修改。這麼做有許多好處：

1. 在屏障中加入的函式越少，未來更改實作時要變更的東西也越少。
2. 屏障內的函式屬於『下層』程式（**譯註：**即與程式的底層運作較有關），因此較容易出錯。簡化此層中的程式碼能讓除錯更容易。
3. 下層程式碼較難理解，而簡單的屏障有助於提升可讀性。
4. 如前所述，在抽象屏障中加入新函式時，不同部門之間需重新協調。若保持屏障不變，則可降低浪費在溝通上的時間成本。
5. 抽象屏障中的函式越少，使用者越容易記得其中有哪些操作可用。

原則 3 在實務中應如下應用：當需要在程式中加入新功能時，應在適當的抽象層級下，儘可能在更高的層級實現新函式。在此過程中，應利用下層提供的函式作為基礎，避免直接修改下層函式，以保持層次的獨立性。

雖然原則 3 的好處在抽象屏障層上最為明顯，它實際上也適用於其它層級。在理想情況下，每個程式層級應只包含必須的函式，且無需進行修改或添加新函式，保持每層的簡潔性。

這樣的理想狀態有可能實現嗎？答案是：在某些層上確實可以。筆者過去就看過一些函式，其原始碼數年未曾變更，卻被廣泛應用在程式碼庫各處。一般而言，上述理想通常能在『位於呼叫圖下方、且定義了程式中重要操作的函式層』上實現（**譯註：**例如本章的抽象屏障，其中的函式負責與『購物車』有關的基本操作）。話雖如此，此種狀態其實更像是指引我們的大方向，而非能確定到達的目的地。

總而言之，各位在設計程式時，應仔細思考各層中的函式是否符合該層的功能。同時問自己：函式的實作與數量能不能再簡化？當前所做的變更是否真的能讓層更完善？

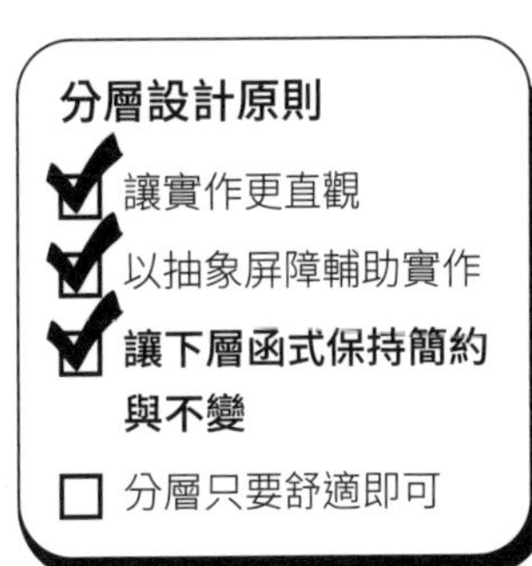

9.13 原則 4：分層只要舒適即可

前三個分層設計原則為定義理想函式層提供了理論基礎，而最後一個原則 — 分層只要舒適即可 — 則回歸到實務考量。

不可否認，看著函式層越疊越高是一件很有成就感的事情 (想像一下，這些層能幫你忽略 (處理掉) 多少細節)！然而，要創造抽象層級合理的層並不簡單。當回頭檢視先前建立的抽象屏障時，往往會發現它們其實一點用都沒有，要不是定義不完全，就是多了這一層反而更礙手礙腳。事實上，所有 FP 程式設計師都有將層堆得太高的經驗，這種分層上的嘗試錯誤是必經的道路，畢竟層數越多則設計越困難！

不過，如果分層的抽象程度定義良好，有時能把不可能的任務變成可能。舉個例子，讀者可以把 JavaScript 視為人類和機器語言之間溝通的『抽象屏障』。由於兩者如此不同，若少了該屏障，人類根本難以與機器溝通！但正如前面所述，要建立有用的層絕非易事 — 就 JavaScript 來說，由於有數千位開發人員數十年的努力，我們才能享受功能完善的語法分析器、編譯器與虛擬機器。

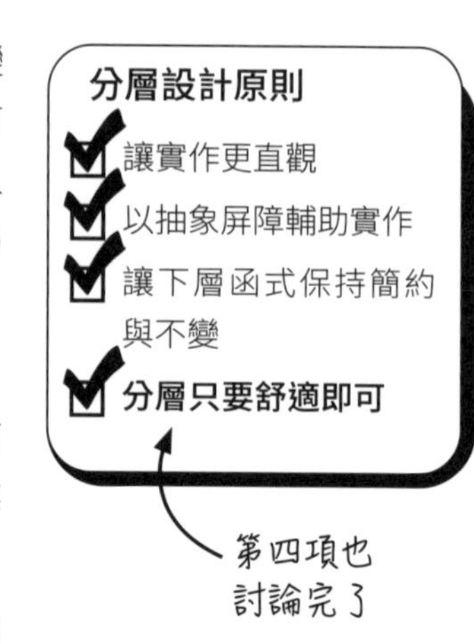

回到實務面上來談。當為企業開發軟體時，程式設計師往往沒有機會建立『完美』的抽象屏障，因為這需要投入大量時間，而企業通常無法等那麼久。

但怎樣的程式算是『足夠好』呢？原則 4 為我們提供了判斷標準。簡單來說，你應該問自己：當前的程式有沒有任何讓人『不舒服』的地方 (例如：某一函式層包含太多細節、某函式的實作太過雜亂等)？假如答案為『否』，則即便程式碼中仍有未包裝的迴圈、或者呼叫圖上仍有過長的箭頭，也不必再進一步改善設計。但若答案為『是』，那就必須利用原則 1 到 3 繼續改良程式碼。

譯註： 至此，我們已經將第 8、9 章的四項原則都說明過了，請再回顧一遍 9.1 節 (或 8.4 節)。本章後續幾節會用更抽象的觀點來討論呼叫圖，看其能為程式的可重複使用性、可測試性和可維護性提供哪些訊息，當要加入新程式碼到函式層中時，各位就需要注意該些訊息。

總之，沒有軟體是完美的！程式設計師總在追加新功能，卻又期望設計維持簡約。此時就請用上述方法做為指引，評估實作是否還有改進的必要。當發現程式已能滿足你和企業的需求時，就應該適可而止。

到此，四個分層設計原則就全部介紹完畢了。讓我們先總結一下，然後再次討論呼叫圖吧！

9.14 呼叫圖呈現了哪些與程式有關的資訊？

我們已在第 8 章學過怎麼畫呼叫圖、建構函式層的原則，以及用此工具讓實作更直觀。然而之前從未提過：其實呼叫圖的結構能提供非常多程式的訊息。

回憶一下，呼叫圖的結構取決於函式之間的呼叫關係，且這種關係是一項事實。倘若把圖中的函式名稱拿掉，可以獲得如下的抽象架構：

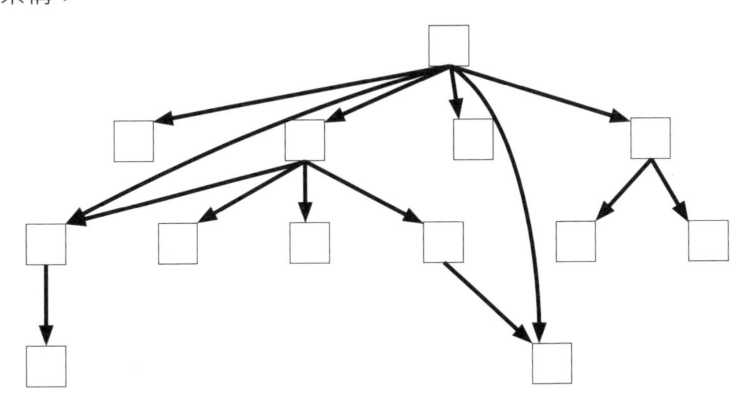

信不信由你！這樣的架構圖能告訴我們三項非功能性的重要需求。這裡先說明一下：軟體的**功能性需求（functional requirements）**指的是程式在功能上需達到的標準，如：稅金函式必須能正確計算課稅金額。至於**非功能性需求（nonfunctional requirements, NFRs）**則與軟體的可測試性（testability）、可重複使用性（reusability）和可維護性（maintainability）有關，而這也是程式需要『設計』的原因。有趣的是，由於以上三者的英文都以『ility』結尾，故它們經常被合稱為『**ilities**』（是的，沒有在開玩笑）！

關於上述三項 NFRs，呼叫圖能顯示的資訊包括：

1. **可維護性：**當需求改變時，哪些函式修改起來較安全？
2. **可測試性：**哪些函式需要重點測試？
3. **可重複使用性：**哪些函式較容易重複使用？

透過去除函式名稱以觀察呼叫圖的結構，各位會發現：函式在圖中的『位置』就是決定以上 NFRs 的真正條件。

9.15 修改呼叫圖上層的函式較安全

給你一張抽象的呼叫圖（未顯示函式名稱），你能說出更改哪些函式較不會產生重大後果嗎？這個問題之所以重要，是因為：一個軟體中通常會有需要經常更動的程式碼（例如與上層業務規則相關的函式），也有不太會改變的部分。假如能把程式放在對的地方，之後的維護成本就會顯著下降。

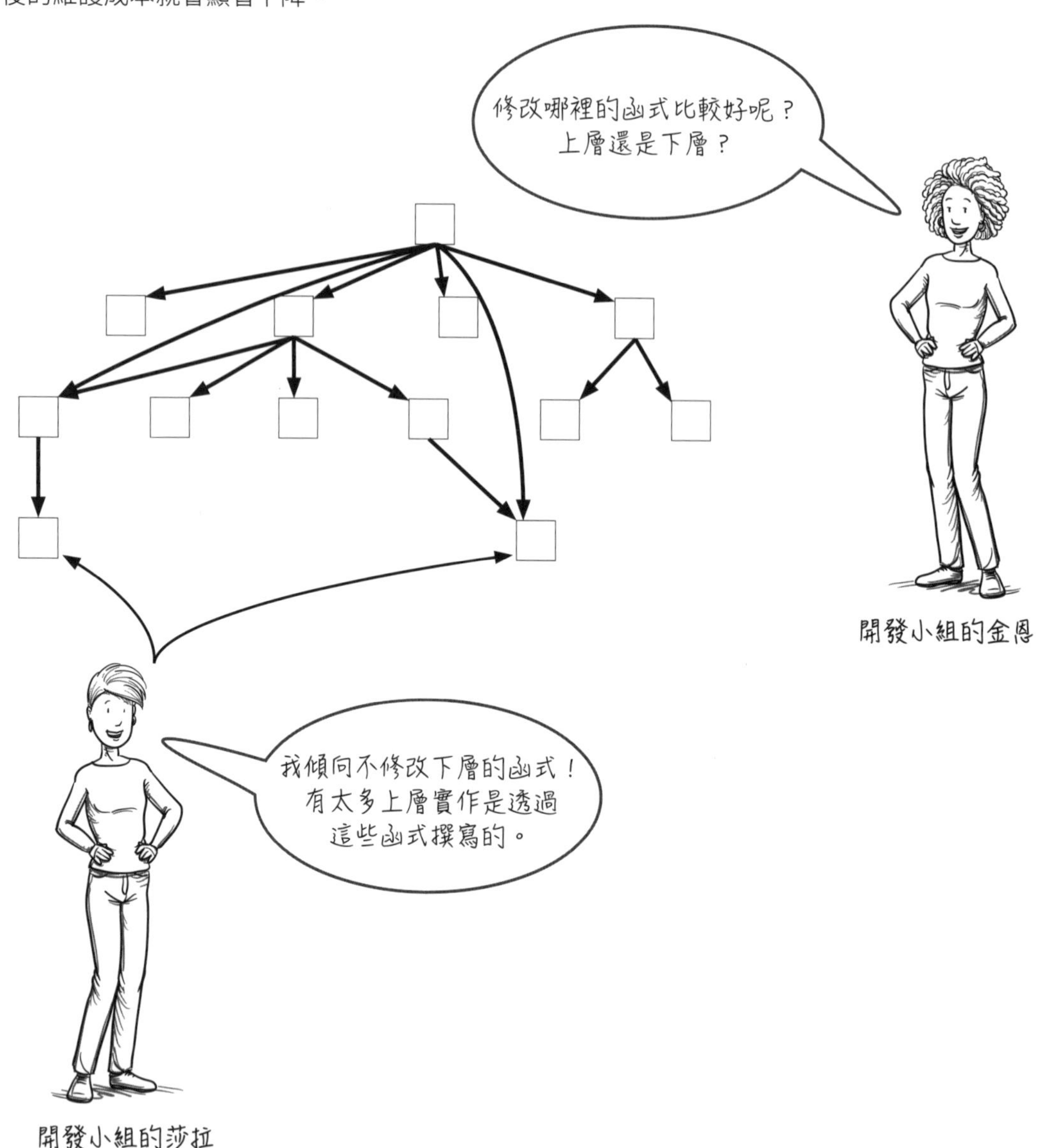

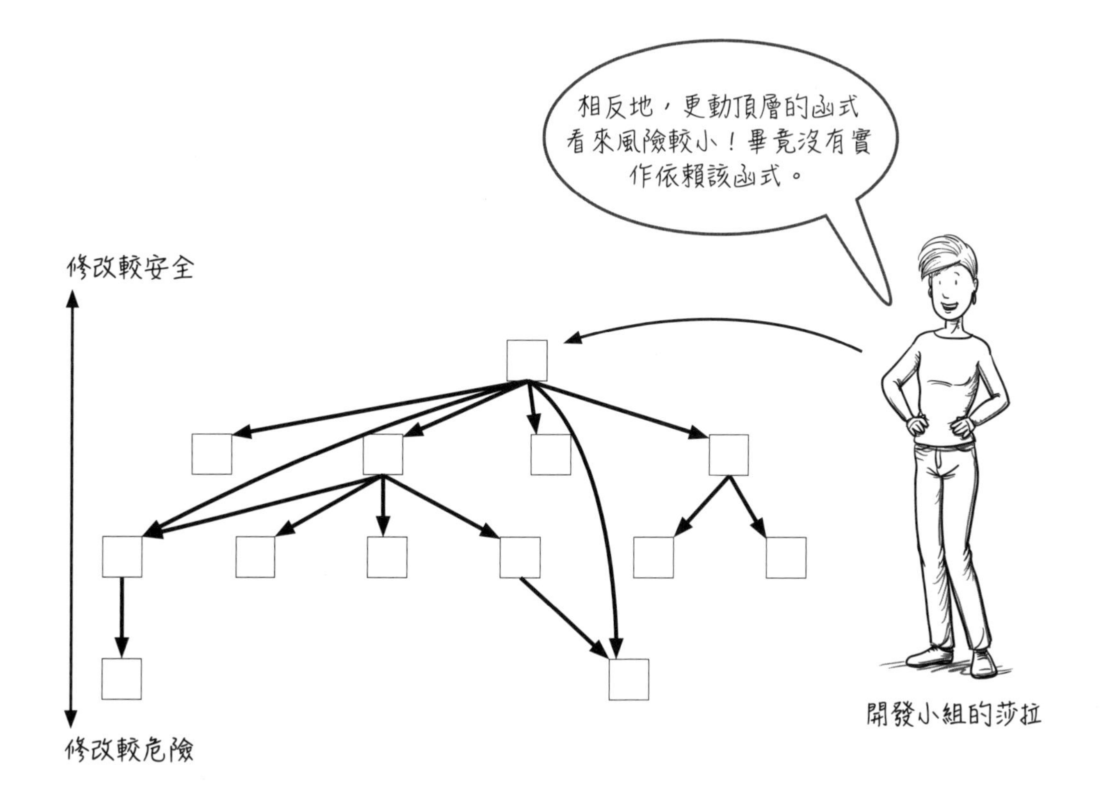

莎拉的觀察是正確的！越上層的函式改起來越安全。以最頂層的函式為例，由於沒有其它程式呼叫該函式，故修改時毋須顧慮其呼叫關係。事實上，就算頂層函式的行為與之前完全不同，其它函式也不會受影響。

最底層函式的情況則與頂層剛好相反。以本例而言，呼叫圖的上三層實作皆依賴於此層。如果你把底層函式的行為改了，則其影響將一路延伸到圖的最上層，也因此這樣的變更較危險。

函式的呼叫關係延伸越多層，其修改成本越高

有鑑於此，我們應該把不隨時間改變的程式碼擺在呼叫圖下層。這就是為什麼『寫入時複製』函式的位置那麼下面的原因 — 只要一開始實作正確，這些函式就不會再變更。分層設計的原則 1 和 3 也與此有關 —『把函式中的低階元素擷取成下層函式（原則 1）、並把新功能實作到上層（原則 3）』的動作，就相當於依未來修改程式碼的可能性為函式分層。

將需變更頻繁的函式擺在上層，能讓日後的維護工作更輕鬆。另外，請避免用可能改變的函式去定義其它函式。

9.16 測試底層函式較重要

現在，來看看根據呼叫圖，哪些函式在測試上更重要。各位可能會想：『測試所有程式不就好了？』但有時這麼做不切實際。當遇到這種狀況，我們應該優先檢查哪些地方，才能收獲最大的長期效益呢？

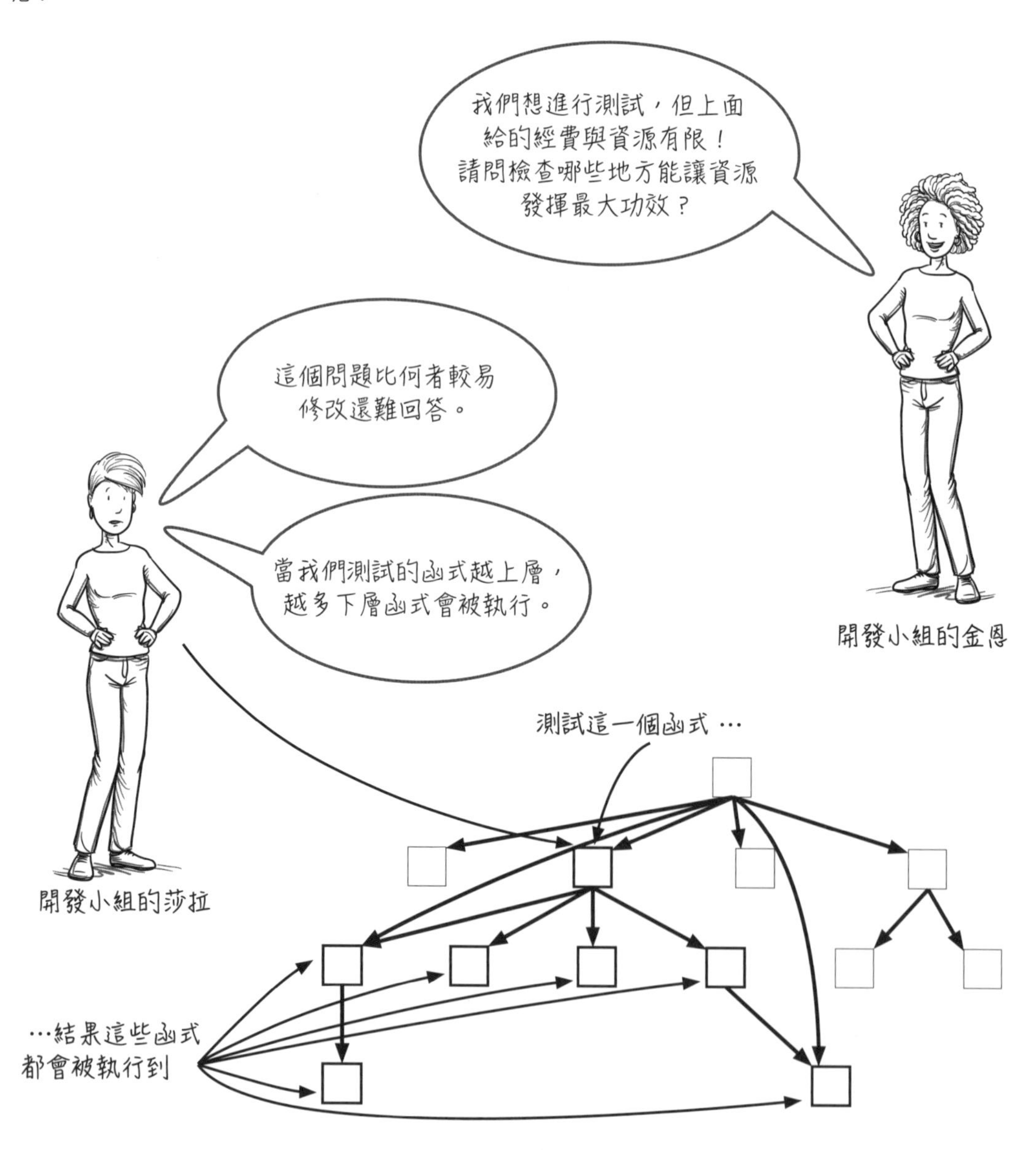

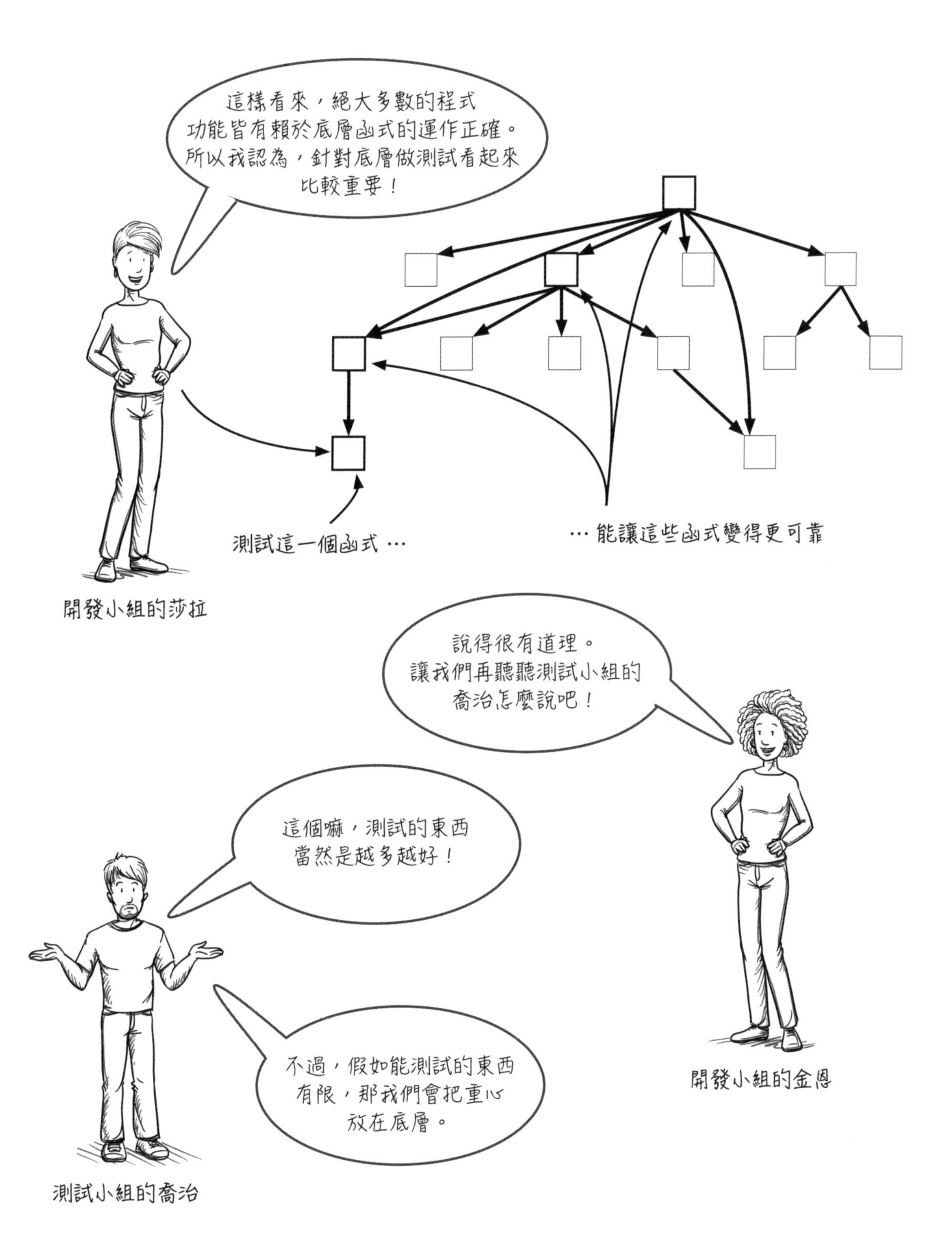
這樣看來，絕大多數的程式
功能皆有賴於底層函式的運作正確。
所以我認為，針對底層做測試看起來
比較重要！
測試這一個函式 …
… 能讓這些函式變得更可靠
開發小組的莎拉
說得很有道理。
讓我們再聽聽測試小組的
喬治怎麼說吧！
開發小組的金恩
這個嘛，測試的東西
當然是越多越好！
不過，假如能測試的東西
有限，那我們會把重心
放在底層。
測試小組的喬治

在恰當的分層設計中，頂層函式較底層更常發生變化。

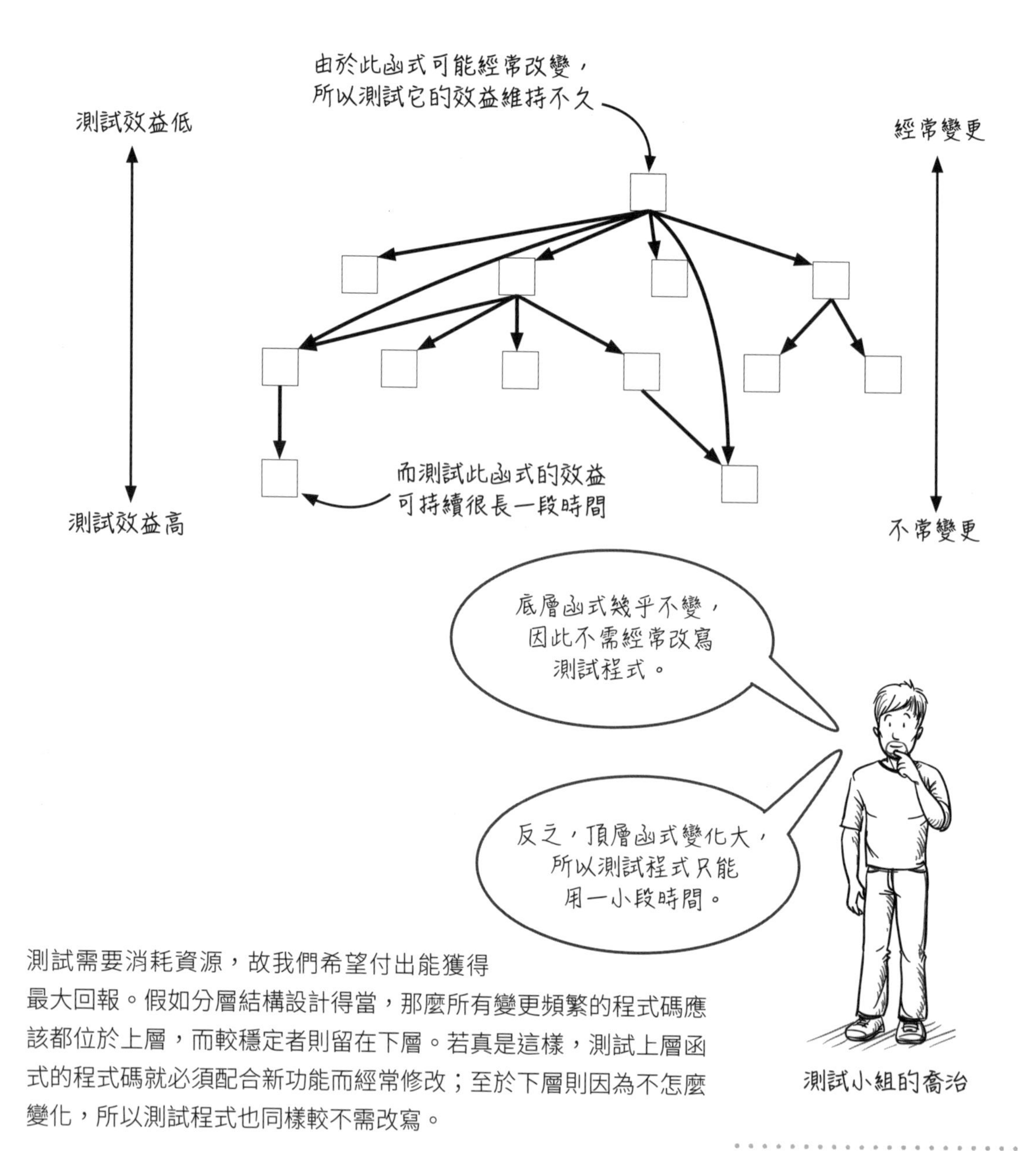

測試需要消耗資源，故我們希望付出能獲得最大回報。假如分層結構設計得當，那麼所有變更頻繁的程式碼應該都位於上層，而較穩定者則留在下層。若真是這樣，測試上層函式的程式碼就必須配合新功能而經常修改；至於下層則因為不怎麼變化，所以測試程式也同樣較不需改寫。

第 8、9 章介紹的原則其實就是將函式依可測試性分層。換言之，『**將低階元素擷取成下層函式、並把新功能實作到上層**』這件事，即反映了程式碼未來的測試價值。

長期來看，測試底層函式的好處較大。

9.17 底層函式較能重複利用

如前所述，位於上層的函式較易修改，而下層函式測試價值較高。但何者的可重複使用性較好呢？重複利用既有函式可減少撰寫、測試與更改程式碼的機會，進而省下時間與經濟成本。

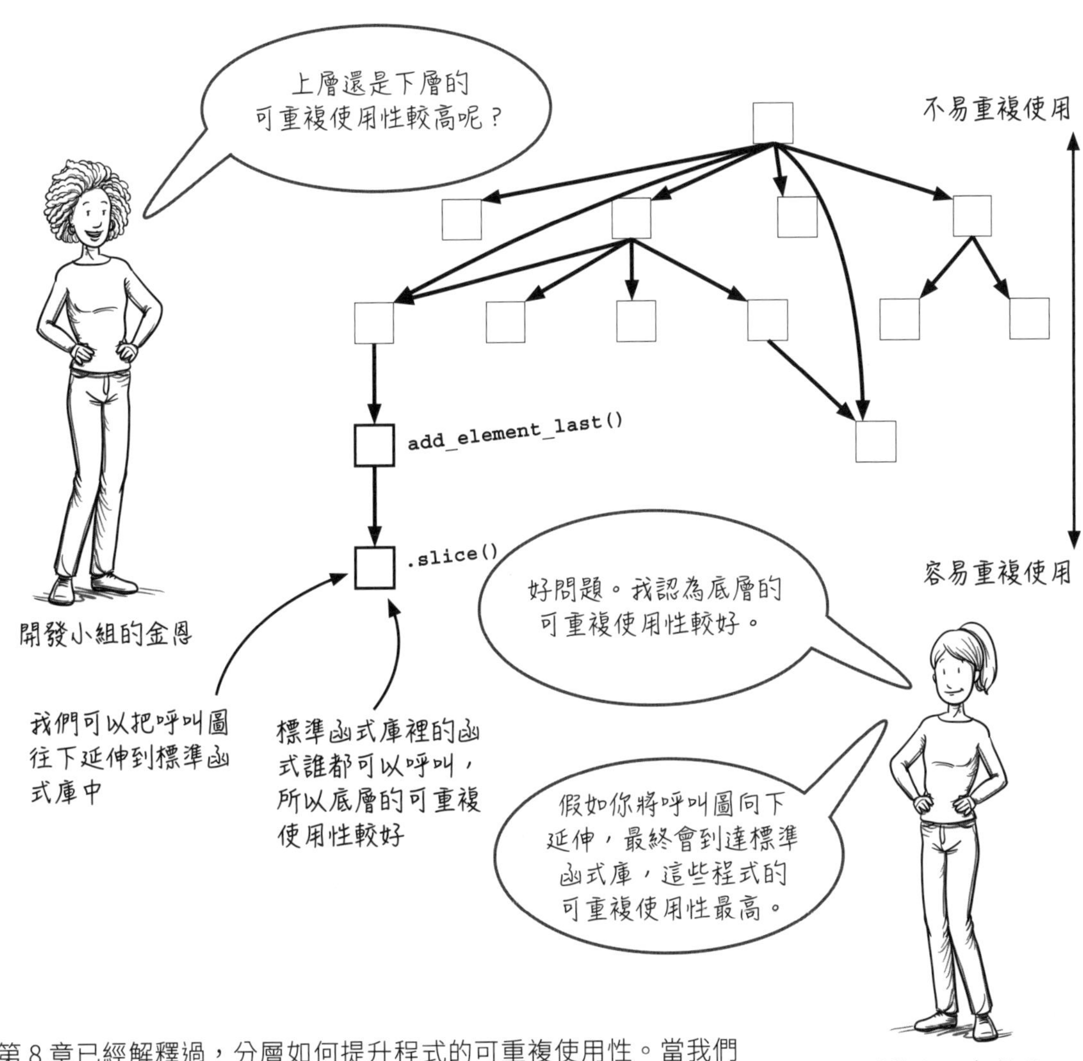

第 8 章已經解釋過，分層如何提升程式的可重複使用性。當我們把程式碼擷取成底層函式時，通常會發現這些函式可應用在多個地方，這完全符合此處所說的：越下層的函式，可重複使用性越好。換言之，若你套用本書介紹的分層設計原則，其實就是在依可重複使用性替函式分層。

對呼叫圖中的特定函式而言，其下方的函式越多，則可重複使用性越差。

9.18 總結 — 呼叫圖告訴我們的訊息

各位已經看到，呼叫圖能呈現許多與非功能性需求 (NFRs) 有關的資訊。讓我們稍微複習一下，並將內容整理成如下經驗法則。

可維護性

法則：一個函式與上層連接的箭頭越少，修改起來越安全。.

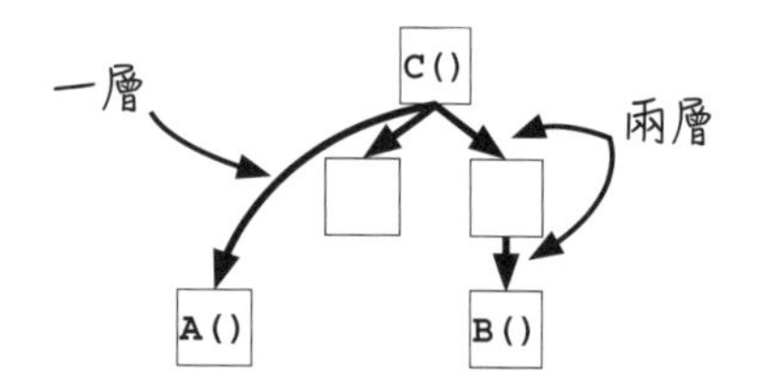

- 與函式B()相比，A()在修改上較安全，因為A()上方只有一個函式，而B()有兩個。
- C()是整張圖中修改影響最小的函式，因為其上沒有其它函式。

實務建議：將經常改變的程式碼放到上層去。

可測試性

法則：一個函式與上層連接的箭頭越多，測試價值越高。

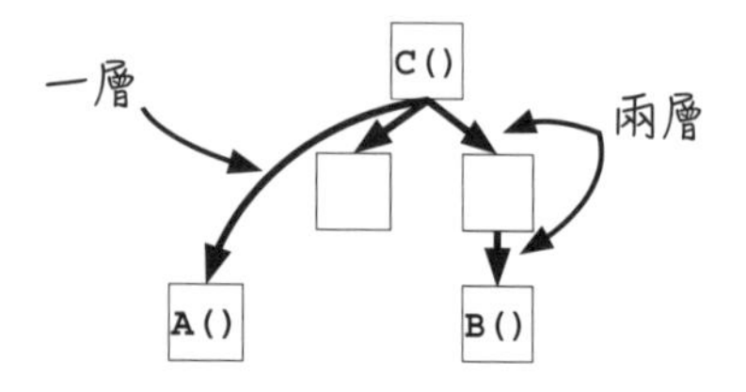

- B() 的測試價值較A()高。前者上方有兩個函式，也就是說，依賴B()的程式碼較A()多。

實務建議：把測試重點放在底層函式上。

可重複使用性

法則：一個函式下方的其它函式越少，可重複使用性越高。

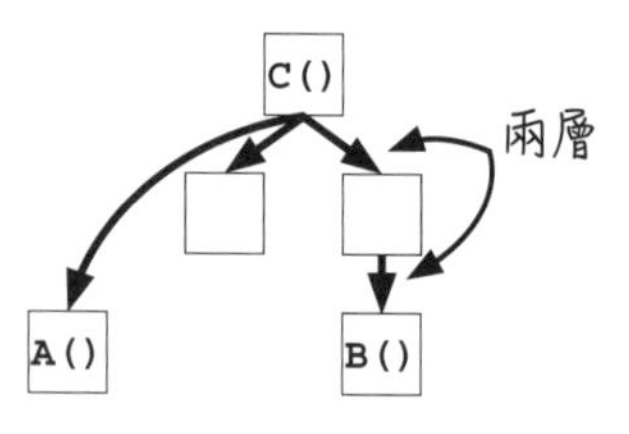

- A()和B()的可重複使用性大致相同，兩者下方皆沒有其它函式。
- C()下面有兩層函式，故可重複使用性最低。

實務建議：將函式的程式碼擷取成底層函式，以增加可重複使用性。

以上經驗法則會自然而然地從程式的分層架構中浮現出來，各位可以用它們來提升可維護性、可測試性以及可重複使用性。

結論

在分層設計中，我們會依函式的抽象層級將它們分層，且每一層的函式只能用下層函式來實作。當目前的程式沒有任何讓人『不舒服』的地方，並且符合需求方的需要時，設計就算完成了。此外，分層架構還能反映函式的可測試性、可維護性、可重複使用性。

重點整理

- 分層設計原則 2 中的抽象層級能完全隱藏底層運作細節，讓我們用更高階的角度思考。
- 根據分層設計原則 3，我們應當為重要的操作建立介面，並避免修改或擴增該介面。
- 應用原則 1 到 3 時，很容易建立過多的抽象屏障，分層設計原則 4 告訴我們何時該停止。
- 許多法則會自然從呼叫圖的結構中浮現。我們可以用這些法則來安排函式的位置，以便最大化可測試性、可維護性與可重複使用性。

接下來 ...

本章就是第一篇的尾聲。各位已經知道 Actions (動作)、Calculations (計算) 與 Data (資料) 的區別，也明白它們在程式碼中如何實現。過程中，我們一起改寫了許多程式碼，但仍有一些函式無法被輕易擷取。下一章就要來教大家如何真正將迴圈抽象化，並由此展開第二篇的旅程 — 學習如何將函式轉換為 Data。

第二篇

頭等抽象化

將程式碼區分 Actions、Calculations 和 Data，讓我們得以學習到許多新技巧，而本篇各章的內容也仍然以此為基礎。

在開始進階的討論之前，我們得先瞭解『**頭等物件** (first-class objects)』的概念，其中之一是『**頭等函式** (first-class functions)』。有了此概念，各位便能學習如何以函式為基礎完成迴圈走訪、用一系列連鎖操作建立複雜的 Calculations、找到操作深度巢狀 Data 的方法，並藉由控制 Actions 的執行順序和重複次數，來消除與時間因素有關的錯誤。在本篇最後，我們會以兩種軟體架構收尾。而這一切都要從認識頭等物件開始。

編註：頭等物件、頭等函式、頭等抽象化

第一次接觸這幾個名詞的人可能會產生困擾，在此做簡單的說明。

在程式語言中的『first-class』沒有統一的翻譯用詞，例如有譯為『頭等』或『一級』的 (本書採用頭等)。各位或許看過 first-class citizens (頭等公民或一級公民) 一詞，而隨著時代的演進，為了更清楚表達不同類型的頭等元素在程式語言中的角色和使用方式，現在則改名為更具體的 first-class values (頭等值)、first-class entites (頭等實體) 或 first-class objects (頭等物件)，這三個詞通常會混用。本書考慮到讓讀者直覺認知所操作的是物件，因此採用『頭等物件』一詞。

凡是可以做到以下四種操作的程式語言元素就稱為**頭等物件**：

- 可賦值給變數
- 可做為參數傳入函式
- 可做為函式的傳回值
- 可存入資料結構中

JavaScript 的基本資料型別，如數字、字串、物件、布林值和陣列都符合以上四種操作，因此它們都是頭等物件。而當我們將函式的通用特性或行為做**抽象化**後，也可以將函式當作變數來操作，使其符合頭等物件的四種操作，這種函式我們稱之為**頭等函式** (first-class functions)，也是頭等物件的成員。

可能有些人看到『抽象化』這三個字就有點頭痛吧！在此以咖啡機為例。每次要製作一杯咖啡時，都需要經過啟動水泵、調整水溫、研磨咖啡豆、沖泡咖啡粉等過程，這些其實都是底層的細節，如果每個步驟都需要自己完成，那顯然需要具備許多技術才能沖泡一杯好喝的咖啡。

但自動咖啡機只需要提供一個『開始』按鈕，功能更多的咖啡機還會提供『美式咖啡』、『Espresso』等按鈕。這些按鈕被設計出來，就是為了隱藏機器內部運作的細節，這個就叫做抽象化。優點是讓絕大多數不懂咖啡機原理的人，也可以透過抽象化後的按鈕喝到咖啡。套用到程式設計來說，許多套件提供的 API 就是抽象化後的介面，隱藏了底層的細節。

→ 接下頁

頭等抽象化 (first-class abstraction) 是指在程式語言中，函式本身作為頭等物件，可以像資料一樣被傳遞、賦值，或做為參數傳入其它函式。這樣的設計允許函式的行為被抽象化，可以動態決定程式的執行邏輯，從而提高靈活性和可重複使用性。例如，在 JavaScript 中，函式可以作為參數傳遞給其它函式，這就是頭等抽象化的一種實現。下面舉個簡單的例子：

```
const applyOperation = (a, b, operation) => operation(a, b);

const addition = (x, y) => x + y;

const multiply = (x, y) => {
   if (typeof x === 'number' && typeof y === 'number') {
      return x * y;
   } else if (typeof x === 'string' && typeof y === 'number') {
      return x.repeat(y);
   } else {
      throw new Error('Invalid types for multiplication');
   }
};

console.log(applyOperation(5, 3, addition));        // 輸出 8
console.log(applyOperation(5, 3, multiply));        // 輸出 15
console.log(applyOperation("Good", "day", addition)); //輸出 "Goodday"
console.log(applyOperation("Hi", 3, multiply));        // 輸出 "HiHiHi"
```

上面的程式中，addition 與 multiply 是具體實作邏輯的函式，而 applyOperation 函式則是抽象化的高階函式。使用此高階函式的人，不需要管運算的細節，只需將要處理的兩個參數 a、b (可以是數字或字串)，交給第三個參數 operation (將要運算的函式名稱傳入)，就可以得到答案。

頭等函式（1） | 10

本章將帶領大家：

- 體會頭等物件的強大威力。
- 瞭解如何用頭等函式的語法撰寫程式。
- 學習如何將敘述包裹在高階函式內。
- 應用頭等與高階函式重構程式碼。

歡迎來到第二篇的入口，現在擋在各位面前的是名為『**頭等函式（first-class functions）**』的大門。我們在本章會與讀者一起開啟這扇門，並一窺隱藏在上述概念背後的強大技巧。到底什麼是頭等函式？它們的用途為何？又該怎麼實作？這些問題都會獲得解答，後續章節則會探索此概念的各種用法。

本章會介紹一種新的程式碼異味與兩種重構技巧。這些知識可幫助我們去除程式中的重複元素並建立更好的抽象化，各位會在整個第二篇中看到大量應用。本頁只是簡單的摘要，暫時看不懂的讀者也不用緊張，相關內容之後都會詳細說明。

程式碼異味：函式名稱中的隱性引數 (implicit argument)

此程式碼異味代表了程式中可以用頭等物件來改進的部分。假如你發現某函式的實作裡有某個引數，且該引數出現於函式的名稱上，則此處所提的程式碼異味就存在於該函式，可以用下面的重構 1 來解決。

> **小字典**
>
> **程式碼異味** (code smell) 即暗示程式可能有潛在問題的程式碼特徵。

特徵

1. 程式中有許多相似的函式實作。
2. 上述實作的差異會出現在函式名稱上。

重構 1：將隱性引數轉換為顯性

當函式名稱中藏有隱性引數時，你該如何處理呢？我們會在函式簽章中加入新參數，並將可能的隱性引數值轉換為頭等物件，再以顯性方式傳入。這不旦有助於我們表達程式碼的意圖，更有機會消除重複元素。

步驟

1. 辨識出函式名稱裡的隱性引數。
2. 加入新參數以接收顯性輸入。
3. 利用新參數取代函式實作中的固定值。
4. 更改呼叫程式碼。

重構 2：以回呼取代主體實作

程式語言的語法往往不包含頭等抽象化。我們會將一段程式的主體區塊 (即：有變化的部分) 轉換成回呼，如此一來便可將該區塊的行為傳入頭等函式內。透過此種方法，你可以輕鬆用既有程式碼建立更高階的函式。

步驟

1. 辨識一段程式的前段、主體與後段區塊。
2. 將所有區塊包裝成函式 a。
3. 將主體區塊擷取成函式 b，並將其當成引數傳入函式 a。

以上三點可視為本章的大綱，同時也是接下來八章的基礎。

10.1 行銷部門仍需與開發小組協調

我們延用第一篇的 MegaMart 範例。開發小組先前建立的抽象屏障為行銷部門提供了良好的 API，但這似乎還不夠！說得更準確一些，雖然耗費於協調的時間變短了，但行銷部門仍經常要求開發小組在 API 中加入新函式；換言之，行銷部門仍有些需要的功能無法利用 API 裡的函式完成。像這樣的要求多不勝數，下面列出幾個例子：

新功能請求：設定購物車內商品的價格

設定價格

重要性：緊急！

下週的優惠券促銷活動需要此功能。

申請人：
行銷主管

執行人：
開發小組的吉娜

新功能請求：設定購物車內商品的數量

設定數量

重要性：緊急！

本週的超級週六特惠活動需要此功能。

申請人：
行銷主管

執行人：
開發小組的吉娜

新功能請求：設定購物車內商品的運費

設定運費

重要性：非常緊急！！

明天啟動的運費減半優惠急需此功能！

申請人：
行銷主管

執行人：
開發小組的吉娜

以上三項功能非常類似，差別僅在於設定的屬性不同

諸如此類的請求還有很多，這裡就不一一列舉了。如你所見，以上三項功能很類似，且對應的程式碼其實也很接近。照理說，開發小組的抽象屏障應該要能防止這種事情才對。但我們發現：原本行銷人員可以直接存取『購物車』的資料結構並設定資料，現在細節被屏障隱藏後，行銷部門又得等待開發小組完成才能繼續工作！顯然，抽象屏障在這裡完全沒有任何幫助！

10.2 程式碼異味：函式名稱中的隱性引數

為了實作特定促銷功能（如：讓某項商品免運，或將價格設定為零），行銷人員必須能修改購物車中的商品資料才行。起先，開發小組按行銷部門提出的要求來撰寫函式，但他們很快意識到：這些函式看起來都大同小異。請看下面四個例子：

```
function setPriceByName(cart, name, price) {
  var item = cart[name];
  var newItem = objectSet(item, 'price', price);
  var newCart = objectSet(cart, name, newItem);
  return newCart;
}
```

```
function setQuantityByName(cart, name, quant) {
  var item = cart[name];
  var newItem = objectSet(item, 'quantity', quant);
  var newCart = objectSet(cart, name, newItem);
  return newCart;
}
```

這些函式的不同點只有此字串而已

```
function setShippingByName(cart, name, ship) {
  var item = cart[name];
  var newItem = objectSet(item, 'shipping', ship);
  var newCart = objectSet(cart, name, newItem);
  return newCart;
}
```

關鍵字串也出現在函式名稱中

```
function setTaxByName(cart, name, tax) {
  var item = cart[name];
  var newItem = objectSet(item, 'tax', tax);
  var newCart = objectSet(cart, name, newItem);
  return newCart;
}
```

關鍵字串也出現在函式名稱中

函式 objectSet() 的定義在第 6 章中，這裡再列一次，以便喚醒大家的記憶

```
function objectSet(object, key, value) {
  var copy = Object.assign({}, object);
  copy[key] = value;
  return copy;
}
```

以上程式碼飄散著濃濃的程式碼異味！首先，最明顯的問題是重複 — 上述四個函式幾乎一模一樣。但更微妙的異味在於，這些程式碼唯一的不同點（即：指定屬性名的字串）也出現在函式名稱中，就好像函式名稱的某部分為該函式的引數一樣。現在，各位可以理解為什麼本書將此程式碼異味稱為『函式名稱中的隱性引數』了 — 這裡並未實際傳入任何引數，而是用函式名稱指出我們寫給函式的值為何！

辨識程式碼異味

本章所談的程式碼異味（函式名稱中的隱性引數）有以下兩項特徵：

1. 函式實作非常相似。
2. 上述實作的不同之處顯示在函式名稱上。

在這種情況下，函式名稱中有差異的部分可視為隱性引數。

行銷主管：等一下！程式碼還能有異味的嗎？

吉娜：喔！這個詞的意思是：程式碼中存在一些值得注意的地方。這倒不是說程式碼一定不好，但異味有可能暗示了潛在的問題。

金恩：像上面提到的幾個函式就鐵定有問題，它們的實作重複性實在太高了！

吉娜：我同意這些實作有大量重複，但卻想不到該如何去除。比方說，價格和數量是不同的，所以顯然得用兩個函式來設定，不是嗎？

金恩：這個嘛，此處的重複就是在告訴我們：兩者其實**沒有那麼不同**！仔細看，這些函式的差別只有在指定屬性的字串而已，也就是：'price'、'quantity' 和 'tax'。

吉娜：喔，我注意到了！還有，這些字串也出現在函式名稱中。

金恩：沒錯，這就是此次要處理的程式碼異味 — 我們沒有把屬性名稱當引數傳入，反而寫在函式名稱中。

行銷主管：所以你找到解決方法囉？

金恩：是的，我知道一種重構方法可以把上面四個函式縮減成一個 — 只要把物件的屬性名稱**頭等化** (first-class) 即可！

行銷主管：頭等？是頭等艙的頭等嗎？

金恩：寫法是一樣的，但這裡的意思是：把屬性名稱當成引數傳入，我接下來會解釋怎麼做。

10.3 重構 1：將隱性引數轉換為顯性參數

當發現函式名稱中藏有引數時，我們便可透過**將隱性引數轉換為顯性參數**的方式重構。下面就是具體步驟：

1. 辨識出函式名稱裡的隱性引數。
2. 加入新參數以接收顯性輸入。
3. 利用新參數取代函式實作中的固定值。
4. 更改呼叫程式碼。

下面就來看看重構前後是如何將 setPriceByName() 函式改寫成 setFieldByName() 的吧！前者只能設定價格，後者則能設定所有屬性的值。

將代表屬性值的參數名稱普適化

加入代表屬性的顯性參數

這裡的『price』就是函式名稱中的隱性引數

重構前

```
function setPriceByName(cart, name, price) {
  var item = cart[name];
  var newItem = objectSet(item, 'price', price);
  var newCart = objectSet(cart, name, newItem);
  return newCart;
}
```

```
cart = setPriceByName(cart, "shoe", 13);
cart = setQuantityByName(cart, "shoe", 3);
cart = setShippingByName(cart, "shoe", 0);
cart = setTaxByName(cart, "shoe", 2.34);
```

重構後

```
function setFieldByName(cart, name, field, value) {
  var item = cart[name];
  var newItem = objectSet(item, field, value);
  var newCart = objectSet(cart, name, newItem);
  return newCart;
}
```

在實作中使用新參數

```
cart = setFieldByName(cart, "shoe", 'price', 13);
cart = setFieldByName(cart, "shoe", 'quantity', 3);
cart = setFieldByName(cart, "shoe", 'shipping', 0);
cart = setFieldByName(cart, "shoe", 'tax', 2.34);
```

更改呼叫程式碼

本書用單引號表示屬性名稱(鍵)、雙引號表示屬性的值

（**譯註：**屬性 'price' 的值為 13，此為數字，故不需加雙引號；同樣的道理也適用於此處的 'quantity'、'shipping' 和 'tax' 屬性）。另外，若遇到既是屬性名、又是屬性值的引數，則統一用雙引號(如："shoe")。

如你所見，以上重構把四個既有函式變成了單一的 setFieldByName()。有了這個普適化函式，我們就能少寫很多程式碼。

此外，這種做法相當於將屬性名稱（**譯註：**即 'price'、'quantity'、'shipping' 和 'tax'）當成**頭等物件**（first-class values）。在此之前，上述的值（以本例來說是字串）只隱藏在客戶端 API 的函式名稱內，行銷部門沒辦法直接使用。但重構之後，你不僅可將它們做為引數傳入函式，還能將其儲存在變數或陣列中。事實上，這就是**頭等**的意思 — 程式語言的各種功能現在都能套用在這些頭等物件上，而把選定的目標頭等化便是本章的主題。

各位可能會想：讓 API 使用者打字串好像不怎麼安全。關於這一點，本章稍後會討論，目前只要做到這樣就夠了。

行銷主管：你的意思是，我們不必再請開發小組撰寫專門設定某屬性的函式？

吉娜：是的，你現在可以存取任意屬性。只要先把屬性名寫成字串，再傳入函式即可。

行銷主管：但我們怎麼知道屬性名稱叫什麼？

金恩：這個好辦！我們會把屬性名稱當做抽象屏障的一部分，寫在 API 規格書裡。

行銷主管：我開始有概念了。再問一個問題：要是你們之後加入新的購物車或商品屬性怎麼辦？

吉娜：不管是既有或新加的屬性，`setFieldByName()` 函式都能應付。假如開發小組加入新屬性，我們只要提供該屬性的名稱，行銷部門就能繼續使用既有的函式了。

行銷主管：瞭解，這樣確實比較簡單。

金恩：嗯！本來行銷部門需要知道好幾個函式，且時不時還得發出新增函式的請求，現在只要一個函式和幾個屬性名稱字串就行了！

舊的 API 介面

```
function setPriceByName(cart, name, price)

function setQuantityByName(cart, name, quant)

function setShippingByName(cart, name, ship)

function setTaxByName(cart, name, tax)

...
```

新的 API 介面

```
function setFieldByName(cart, name, field, value)
```

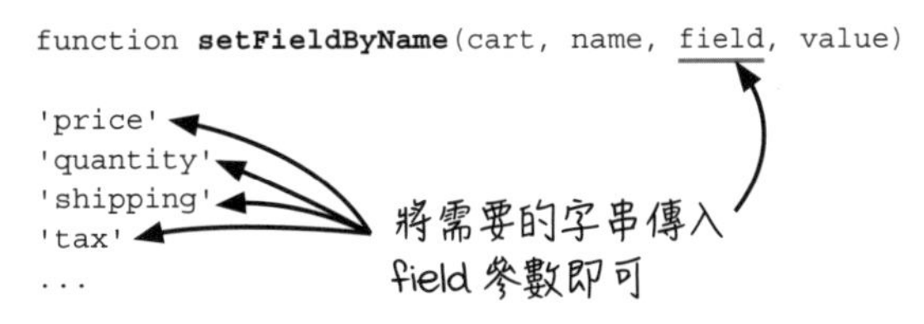

10.4 辨識頭等與非頭等

絕大多數的程式語言（包括 JavaScript）都包含許多非頭等物件

請大家思考一下，我們能對 JavaScript 的數字、字串、布林值、陣列和物件做哪些事？你可以將其傳入函式中、儲存在變數內、當成陣列中的項目或物件裡的值。事實上，各位稍後會看到：諸如 JavaScript 等語言也允許使用者以上述方式使用函式。由於這些值（values）可進行如此廣泛的操作，故我們用『**頭等物件**（first-class objects）』一詞形容它們。

不過，JavaScript 裡也存在許多非頭等物件。舉例來說，你不可以把『+』算符（operator）指定成某變數的值，也無法將『*』傳入函式內。還有 if 和 for 等關鍵字在 JavaScript 中也不能做類似操作。換言之，像算術算符與關鍵字這樣不能如數字一般使用的東西，即是**非頭等物件**。

注意！非頭等物件本身並非壞事，其幾乎存在於所有程式語言中。但讀者必須瞭解如何辨識它們，並學習把本來的非頭等物件做頭等化。

有了以上概念，再回頭看看前面的重構：

> **JavaScript 中的非頭等物件**
>
> 1. 算術算符
> 2. for 迴圈
> 3. if 敘述
> 4. try / catch 區塊

『函式名稱中的一小段文字』不能像數值一樣操作（非頭等）！為解決此問題，這裡先加入此一參數，再將上述文字化為字串引數傳入

```
function setPriceByName(cart, name, price)
function setFieldByName(cart, name, field, value)
```

> **可對頭等物件做的操作**
>
> 1. 將其指定給變數
> 2. 以引數形式傳入函式中
> 3. 用函式將其傳回
> 4. 儲存在陣列或物件內

顯然，函式名稱中的一小段文字不能當成數值使用。因此，我們把這些文字變成頭等化的字串，再將其做為引數傳入。而之所以能這麼做，是因為 JavaScript 允許程式設計師利用字串存取物件的屬性。這種做法帶來更大的彈性，也解決了本例的程式碼異味。

在整個第二篇裡，上述重構模式會不斷出現，即：先辨識出一個非頭等物件，再將其頭等化，進而解決某些問題。此技巧對 FP 而言極為重要，能為我們開啟通往其它進階技術的大門。

10.5 用字串當屬性名稱會不會增加錯誤發生率？

將隱性引數頭等化為字串，雖然去除了程式碼異味，但喬治擔心這反而會招來 bugs（萬一行銷部門的人打錯字怎麼辦）？

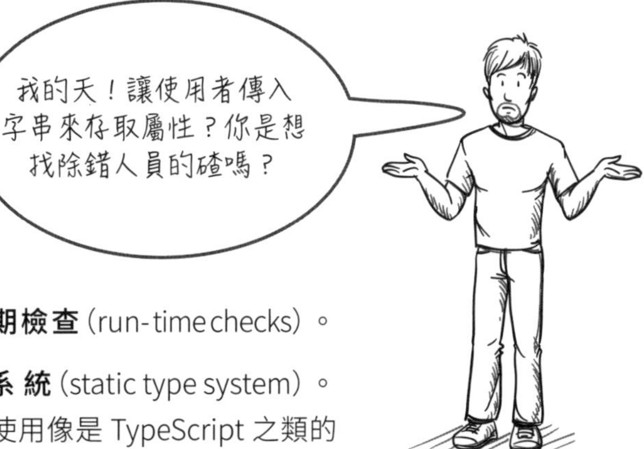

測試小組的喬治

這樣的擔憂很合理，但不是沒辦法解決。事實上，我們有兩個選擇：**編譯期檢查**（compile-time checks）或**執行期檢查**（run-time checks）。

編譯期檢查通常需要**靜態型別系統**（static type system）。JavaScript 雖然沒有此系統，但我們可以使用像是 TypeScript 之類的語言來彌補。TypeScript 可以檢測給定的字串是否與既有屬性名稱吻合；假如字串拼寫有誤，其型別檢測器會在程式碼執行前就指出錯誤。

許多程式語言都提供了靜態型別檢測工具，請善加利用這些工具來確保屬性名稱的正確性。例如，在 Java 語言中可以使用 enum 型別，而在 Haskell 語言中可以使用『可辨識聯合（discriminated union）』來達成類似的目的。（**編註：**『可辨識聯合』是指『代數資料型別（algebraic data type）』中的『和型別（sum type）』，通常可以用代數資料型別一詞來概括。）由於這類系統會隨語言不同而有所變化，請讀者根據具體情況與團隊成員一同決定最適當的做法。

至於執行期檢查則與編譯過程無關，而是發生在函式實際執行時。此機制同樣能告訴我們傳入的字串是否正確。由於 JavaScript 沒有靜態型別系統，故此選項可能較合適。下面就是具體做法：

```
var validItemFields = ['price', 'quantity', 'shipping', 'tax'];

function setFieldByName(cart, name, field, value) {
  if(!validItemFields.includes(field))
    throw "Not a valid item field: " +
          "'" + field + "'.";
  var item = cart[name];
  var newItem = objectSet(item, field, value);
  var newCart = objectSet(cart, name, newItem);
  return newCart;
}

function objectSet(object, key, value) {
  var copy = Object.assign({}, object);
  copy[key] = value;
  return copy;
}
```

請把正確的屬性名稱列在這裡

當 field 的引數值為頭等物件時，執行期檢測就很容易

objectSet() 是在第 6 章定義的

想想看

JavaScript 不會主動檢查屬性或函式名稱。在這樣的前提下，喬治擔心用一個接受字串的 field 參數取代四個修改個別屬性的函式會比較安全嗎？為什麼？

10.6 將屬性名稱頭等化，會不會造成 API 難以修改？

開發小組的吉娜

開發小組的吉娜提出了另一個問題，她的顧慮源自以下事實：將屬性名稱頭等化的做法，相當於暴露了抽象屏障下的實作細節。說得更清楚一點，本例的『購物車』與『商品』皆是 JavaScript 物件，且兩者的屬性皆定義於抽象屏障以下。

問題來了：若我們允許屏障之上的使用者傳入屬性名稱，那不就破壞抽象屏障的意義了嗎（**譯註：** 這裡的意思是：『開發小組若要更改屬性，就得先通知行銷部門，且屏障以上的實作也得一併修改』，但這種想法並不精確，請看接下來的討論）？因此，當你把屬性名稱加到 API 規格書上時，同時也扼殺了未來變更這些屬性的可能性。

不過，以上結論其實並不正確！更準確的說法是：API 上的屬性『字串』確實不應更動，但定義在屏障底層的屬性名稱還是能自由修改，因為內部實作細節實際上並沒有暴露！也就是說，就算下層的屬性真的改了，API 的使用者還是能延用相同『字串』，我們只需將傳入字串換成正確屬性名稱即可。

舉個例子，假如開發小組想將 'quantity' 屬性名稱改成 'number'，但不想影響到屏障以上的程式碼，則他們可以讓行銷部門繼續使用 'quantity' 字串，然後在底層自行將該字串轉換成 'number'：

```
var validItemFields = ['price', 'quantity', 'shipping', 'tax', 'number'];
var translations = { 'quantity': 'number' };

function setFieldByName(cart, name, field, value) {
  if(!validItemFields.includes(field))
    throw "Not a valid item field: '" + field + "'.";
  if(translations.hasOwnProperty(field))
    field = translations[field];
  var item = cart[name];
  var newItem = objectSet(item, field, value);
  var newCart = objectSet(cart, name, newItem);
  return newCart;
}
```

可以把舊屬性名稱轉換成新名稱

請注意！以上轉換之所以行得通，正是因為屬性名稱已經頭等化了！因為頭等化，我們才能把屬性名稱存在陣列和物件裡，並對其做邏輯判斷。

想想看

在我們把屬性名稱改成字串以前，這些屬性其實已經暴露在函式名稱中了（**譯註：** 例如 setPriceByName() 中的 Price）！且開發小組即使變更了屬性，也不一定會修改函式名稱。在上述前提下，請問：使用字串和使用函式的相異之處為何？相同處又在哪兒？

練習 10-1

先來看一個很簡單的例子。某人寫了以下幾個函式，其中包含了本章談到的程式碼異味(函式名稱中存在隱性引數)。請各位使用重構 1 消除此處的重複：

```
function multiplyByFour(x) {
  return x * 4;
}

function multiplyBy12(x) {
  return x * 12;
}

function multiplyBySix(x) {
  return x * 6;
}

function multiplyByPi(x) {
  return x * 3.14159;
}
```

將你的答案寫在這裡

重構 1 的步驟

1. 辨識出函式名稱裡的隱性引數。
2. 加入新參數以接收顯性輸入。
3. 利用新參數取代函式實作中的固定值。
4. 更改呼叫程式碼。

在這個練習裡，讀者毋須考慮呼叫程式碼

練習 10-1 解答

```
function multiply(x, y) {
  return x * y;
}
```

練習 10-2

再來看一個使用者介面 (UI) 的例子。在購物車頁面上，消費者可找到『增加商品數量 (quantity)』與『增加衣服尺寸 (size)』等兩個按鈕，兩者會分別呼叫以下函式：

```
function incrementQuantityByName(cart, name) {
  var item = cart[name];
  var quantity = item['quantity'];
  var newQuantity = quantity + 1;
  var newItem = objectSet(item, 'quantity', newQuantity);
  var newCart = objectSet(cart, name, newItem);
  return newCart;
}

function incrementSizeByName(cart, name) {
  var item = cart[name];
  var size = item['size'];
  var newSize = size + 1;
  var newItem = objectSet(item, 'size', newSize);
  var newCart = objectSet(cart, name, newItem);
  return newCart;
}
```

隱性引數

如你所見，實作中的屬性名稱 ('quantity' 與 'size') 也出現在函式名稱裡，請利用重構 1 消除此處的程式碼重複。

將你的答案寫在這裡

重構 1 的步驟

1. 辨識出函式名稱裡的隱性引數。
2. 加入新參數以接收顯性輸入。
3. 利用新參數取代函式實作中的固定值。
4. 更改呼叫程式碼。

在這個練習裡，讀者毋須考慮呼叫程式碼

練習 10-2 解答

```
function incrementFieldByName(cart, name, field) {
  var item = cart[name];
  var value = item[field];
  var newValue = value + 1;
  var newItem = objectSet(item, field, newValue);
  var newCart = objectSet(cart, name, newItem);
  return newCart;
}
```

練習 10-3

在 API 中加入 incrementFieldByName() 以後（譯註：這個函式的功能是將指定屬性的值加 1），開發小組開始擔心：有人會利用此函式更改不應被修改的屬性，例如：商品的 'name'（譯註：商品名稱不是數字，不能加 1）和 'price' 屬性（譯註：讓消費者自行增加商品價格並不合理）。請各位撰寫程式碼做執行期檢查 — 當傳入的屬性名稱不是 'size' 或 'quantity' 時，拋出錯誤訊息。注意！執行期檢查程式通常實作在函式開頭，如下所示：

```
function incrementFieldByName(cart, name, field) {

  var item = cart[name];
  var value = item[field];
  var newValue = value + 1;
  var newItem = objectSet(item, field, newValue);
  var newCart = objectSet(cart, name, newItem);
  return newCart;
}
```

將你的答案寫在這裡

練習 10-3 解答

```
function incrementFieldByName(cart, name, field) {
  if(field !== 'size' && field !== 'quantity')
    throw "This item field cannot be incremented: " +
          "'" + field + "'.";
  var item = cart[name];
  var value = item[field];
  var newValue = value + 1;
  var newItem = objectSet(item, field, newValue);
  var newCart = objectSet(cart, name, newItem);
  return newCart;
}
```

10.7 為什麼要用物件實作資料？

由於具有 hash map 特性的資料結構，允許使用不同型別的鍵(如本例中的字串)來存取屬性值，因此我們在實作『購物車』與『商品』實體時選用了這類結構。在 JavaScript 中，『物件』是一種非常適合的選擇，因此我們經常使用它來表示鍵值對。

開發小組的金恩

但並非所有程式語言都這樣做。例如，在 Haskell 中，代數資料型別(algebraic data type) 可能更適合用來建構複雜的資料結構；在 Java 中，當需要處理鍵值對時，可以使用 HashMap 類別，特別是當你需要能夠靈活操作鍵的情況下。而在其它物件導向語言(如 Ruby)，則可以透過靈活定義和使用存取器方法(accessor methods)來達到類似的效果。總之，不同語言的實作方法各有不同，需根據具體情況判斷。但在 JavaScript 中，你會發現自己比以前更頻繁地使用物件。

諸如『商品』與『購物車』等通用實體應以通用的資料結構(如：物件和陣列)來實作。

這裡有一項重點：我們希望資料(Data)能到處通用，而非局限於少數介面裡。要知道，為特定目的設計的介面通常只允許一種對資料的詮釋，限制了其它可能的使用方式。然而，本例中的『購物車』與『商品』必須能被各函式存取。事實上，從呼叫圖的角度來看，『購物車』與『商品』位於相對較低的層級，因此需以物件或陣列等通用資料結構實作之。

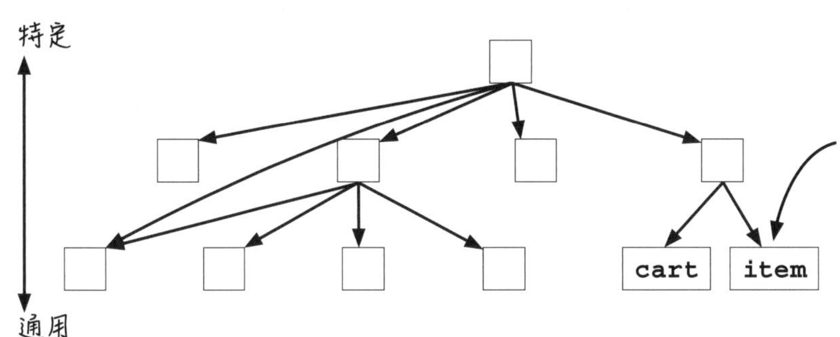

與 Actions 和 Calculations 相比，Data 的關鍵優勢之一即詮釋方式多元(**譯註：**換句話說，你可以根據不同目的，以多種方法使用或解釋 Data)。若以特定 API 來定義 Data，則上述優勢會大打折扣。這樣當未來有需要從全新角度詮釋 Data 時，就會遇到困難。

上述這種讓 Data 保持靈活，以便在程式各處重複使用的設計原則稱為**資料導向**(data orientation)，這也是本書所遵循的原則。當然，你還是能為 Data 設計一些非必須的介面，第 9 章的『購物車操作』抽象屏障就是一例。

小字典

以通用資料結構表示『與事件和實體有關之事實』的設計原則，稱為**資料導向**(data orientation)。

靜態型別 vs. 動態型別

『應該在編譯期還是在執行期進行資料型別檢查？』這是軟體工程界長期爭論的話題。在編譯期檢查型別的程式語言稱為**靜態型別**（statically typed）語言，而在執行期檢查型別的則是**動態型別**（dynamically typed）語言。儘管這個討論已經持續了數十年，熱度依然不減，尤其在 FP 領域尤為激烈。

事實上，此問題沒有標準答案！兩邊的支持者都提供了合理的論點，本書也不可能平息這場持久的爭辯，但光是『語言可分為靜態與動態，且任何一方都未能顯著勝過另一方』這件事就值得我們注意。即便經過仔細研究，仍沒有人能說明何者較能寫出高品質軟體，甚至還有文章認為：晚上的睡眠狀態對程式品質的影響，大過於選擇靜態或動態型別（https://increment.com/teams/the-epistemology-of-software-quality/）！

此處要特別強調的是，雖然本書使用的是動態型別的 JavaScript，但這並不代表我們認為動態型別優於靜態型別，或是 JavaScript 優於其它語言。我們選擇 JavaScript 的主要原因是它廣為人知且語法易於理解，有助於大多數讀者跟隨學習。此外，由於靜態型別系統本身就涉及許多複雜概念，我們使用一個非靜態型別的語言，可以讓讀者更專注於學習 FP 的基本原理。

不過，在此需特別指出：有關靜態與動態型別的討論經常忽略『不同語言的型別系統並不一致』的事實 — 有些靜態／動態型別系統很好、有些則很糟，試圖比較這兩個群體其實沒什麼道理可言。

那麼，你該如何選擇呢？我們建議：不要糾結於靜態或動態型別，選一個你與團隊成員覺得適當的語言即可，然後睡飽一點！

傳遞字串是否不安全？

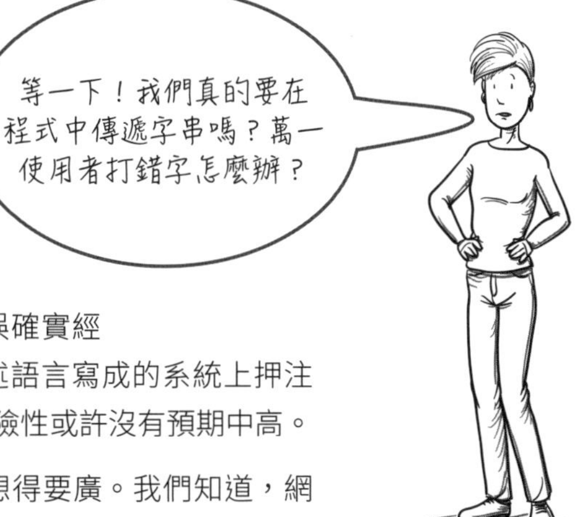

是的，字串確實可能包含拼字錯誤！但在你徹底否定這種做法以前，請先考慮以下幾件事。

首先，許多動態型別的程式語言（包括 JavaScript、Ruby、Clojure 以及 Python 等）也使用字串表示資料結構的屬性。雖然在這些例子裡，拼字錯誤確實經常造成麻煩，但仍有眾多大型企業在上述語言寫成的系統上押注上億、甚至上兆美元。這表示，字串的危險性或許沒有預期中高。

除此之外，字串的應用範圍可能比你想得要廣。我們知道，網路瀏覽器會傳送 JSON 資料給伺服器，而 JSON 實際上就是字串。伺服器與資料庫的連線也一樣。前者會將化為字串的序列化指令傳給後者，而後者則解讀與分析。換言之，這裡依賴的仍是字串。

最後，就算在上述提到的資料格式中（**譯註：**即 SQL 和 JSON）存在不同的型別，其本質其實都是位元碼，而位元碼也有可能出錯或被惡意誤用。就這一點來看，使用字串也沒有比較差。

總而言之，莎拉的擔憂雖然有理，但我們認為此問題並不嚴重，各位可以放心在程式中傳遞字串！

10.8 頭等函式可取代任何語法

前面已經提過，JavaScript 中存在很多非頭等的成員。舉例而言，你沒辦法把『+』算符指定給變數。話雖如此，你可以定義一個功能等同於『+』的函式，如下：

```
function plus(a, b) {
  return a + b;
}
```

而函式在 JavaScript 裡是頭等物件，故可以將 plus() 視為頭等化的『+』算符。有些讀者可能認為這麼做是多此一舉，直接打『+』不就好了？但我們很快就會看到頭等加法函式的妙用。請記住！頭等化就是力量，可以幫你化解各式難題！

練習 10-4

請將其它算術算符 (* 、 – 和 /) 頭等化 (即：把它們包裹在函式裡)：

*

\-

/

練習 10-4 解答

```
function times(a, b) {
  return a * b;
}

function minus(a, b) {
  return a - b;
}

function dividedBy(a, b) {
  return a / b;
}
```

行銷主管：哦，真的可以嗎？你知道，我們是行銷人員，不是工程師！要寫出沒有錯誤的 for 迴圈真的很困難。

吉娜：但要怎麼做才能避開 for 迴圈呢？我知道了！把迴圈頭等化就行了。

金恩：嗯，吉娜的說法只對一半。技術上來說，確實必須把 for 迴圈頭等化，但光是這樣還不夠！我們得幫行銷部門寫一個『以頭等函式為引數的新函式』，這稱為**高階函式**。

行銷主管：頭等？高階？這些詞是什麼意思？

金恩：這兩個詞是相關的。頭等函式的『頭等』，代表你可以將該函式當成另一個函式的引數。而高階函式裡的『高階』，則意謂著此函式能接受其它函式做為引數。換句話說，沒有頭等函式，就不可能寫出高階函式。

行銷主管：瞭解了！那麼，再麻煩開發小組寫一個高階函式，我們真的不想再碰 for 迴圈了。

金恩：沒問題！有一種重構可以做到這一點，我將其稱為『以回呼取代主體實作』。

吉娜：請務必讓我見識一下！

小字典

高階函式 (higher-order functions) 會以其它函式做為傳入引數或傳回值。

10.9 For 迴圈重構範例

讓我們先跳出 MegaMart 的案例，來看兩個走訪陣列的 for 迴圈吧！第一個迴圈表示『料理與吃飯』，第二個則是『洗碗』。

料理與吃飯

```
for(var i = 0; i < foods.length; i++) {
  var food = foods[i];
  cook(food);
  eat(food);

}
```

洗碗

```
for(var i = 0; i < dishes.length; i++) {
  var dish = dishes[i];
  wash(dish);
  dry(dish);
  putAway(dish);
}
```

如你所見，這兩個迴圈的目的不同，但程式碼卻極為相似。話雖如此，除非兩者在實作上一模一樣，否則無法將其認定為程式碼重複。為確認它們有多雷同，下面就來進行系統化改寫，好讓兩個迴圈盡可能接近。假如我們真能把兩者改得完全一致，那就可以把其中一個刪除。提醒一下，接下來的步驟比較詳細，若各位覺得步調太慢了，可自行略過一些環節。

首先，把相同的部分標起來：

```
for(var i = 0; i < foods.length; i++) {
  var food = foods[i];
  cook(food);
  eat(food);

}
```

```
for(var i = 0; i < dishes.length; i++) {
  var dish = dishes[i];
  wash(dish);
  dry(dish);
  putAway(dish);
}
```

這些加底線的程式碼都很重複，也包括結尾的大括號

我們的最終目標是讓所有沒畫底線的部分也變得一樣。但在此之前，先把迴圈包裹在函式中吧，這樣事情會更加簡單：

給兩者有意義的函式名稱

```
function cookAndEatFoods() {
  for(var i = 0; i < foods.length; i++) {
    var food = foods[i];
    cook(food);
    eat(food);

  }
}

cookAndEatFoods();
```

```
function cleanDishes() {
  for(var i = 0; i < dishes.length; i++) {
    var dish = dishes[i];
    wash(dish);
    dry(dish);
    putAway(dish);
  }
}

cleanDishes();
```

呼叫兩函式來執行迴圈

我們注意到函式中有些元素本質上相同，只是名稱不同：

```
function cookAndEatFoods() {
  for(var i = 0; i < foods.length; i++) {
    var food = foods[i];
    cook(food);
    eat(food);

  }
}

cookAndEatFoods();
```

```
function cleanDishes() {
  for(var i = 0; i < dishes.length; i++) {
    var dish = dishes[i];
    wash(dish);
    dry(dish);
    putAway(dish);
  }
}

cleanDishes();
```

這兩個變數的功能相同，但名稱不同

辨識函式名稱中的隱性引數

1. 函式實作相似
2. 實作中的不同處反映在函式名稱上

上面的區域變數命名方式(即 food 和 dish)顯然太過特定了。由於名稱本來就能自訂，此處改用更普適化的名稱：

```
function cookAndEatFoods() {
  for(var i = 0; i < foods.length; i++) {
    var item = foods[i];
    cook(item);
    eat(item);

  }
}

cookAndEatFoods();
```

```
function cleanDishes() {
  for(var i = 0; i < dishes.length; i++) {
    var item = dishes[i];
    wash(item);
    dry(item);
    putAway(item);
  }
}

cleanDishes();
```

將兩者都命名為『item』

重構 1 的步驟

1. 辨識出函式名稱裡的隱性引數。
2. 加入新參數以接收顯性輸入。
3. 利用新參數取代函式實作中的固定值。
4. 更改呼叫程式碼。

各位可能已經發現了！這兩個函式有程式碼異味，即：**函式名稱中有隱性引數**。以本例來說，第一個函式名稱中的 Foods 對應實作中的 foods 陣列，第二個函式名稱中的 Dishes 則對應實作中的 dishes 陣列。你可以運用重構 1 (將隱性引數轉換為顯性) 改寫：

改用更普適化的名稱

```
function cookAndEatArray(array) {
  for(var i = 0; i < array.length; i++) {
    var item = array[i];
    cook(item);
    eat(item);

  }
}

cookAndEatArray(foods);
```

```
function cleanArray(array) {
  for(var i = 0; i < array.length; i++) {
    var item = array[i];
    wash(item);
    dry(item);
    putAway(item);
  }
}

cleanArray(dishes);
```

加入接受顯性陣列引數的新參數

將陣列傳入

在上一頁中，函式名稱內的隱性引數已被改為顯性了。重構之後，foods 與 dishes 陣列都能以 array 取代。以下是目前的程式碼：

```
function cookAndEatArray(array) {
  for(var i = 0; i < array.length; i++) {
    var item = array[i];
    cook(item);
    eat(item);

  }
}

cookAndEatArray(foods);
```

```
function cleanArray(array) {
  for(var i = 0; i < array.length; i++) {
    var item = array[i];
    wash(item);
    dry(item);
    putAway(item);
  }
}

cleanArray(dishes);
```

現在，只剩下 for 迴圈的主體區塊尚未處理了，這是兩函式唯一不同之處。由於該區塊中包含多行程式碼，故我們可以將其擷取成新函式：

兩者唯一的不同點反映在函式名稱內的這兩個隱性引數

```
function cookAndEatArray(array) {
  for(var i = 0; i < array.length; i++) {
    var item = array[i];
    cookAndEat(item);
  }
}

function cookAndEat(food) {
  cook(food);
  eat(food);
}

cookAndEatArray(foods);
```

```
function cleanArray(array) {
  for(var i = 0; i < array.length; i++) {
    var item = array[i];
    clean(item);
  }
}

function clean(dish) {
  wash(dish);
  dry(dish);
  putAway(dish);
}

cleanArray(dishes);
```

呼叫擷取函式

定義擷取函式

將迴圈的主體區塊改成函式呼叫後，我們再度聞到同樣的程式碼異味：**函式名稱中存在隱性引數** — `cookAndEatArray()` 呼叫的是 `cookAndEat()`，而 `cleanArray()` 則呼叫 `clean()`。顯然，此處可以用重構 1 再改寫一次。

辨識函式名稱中的隱性引數

1. 函式實作相似
2. 實作中的不同處反映在函式名稱上

為了使讀者更清楚本例的程式碼異味在哪裡，讓我們再看一次：

> **辨識函式名稱中的隱性引數**
>
> 1. 函式實作相似
> 2. 實作中的不同處反映在函式名稱上

函式名稱反映了實作上的不同

```
function cookAndEatArray(array) {
  for(var i = 0; i < array.length; i++) {
    var item = array[i];
    cookAndEat(item);
  }
}

function cookAndEat(food) {
  cook(food);
  eat(food);
}


cookAndEatArray(foods);
```

```
function cleanArray(array) {
  for(var i = 0; i < array.length; i++) {
    var item = array[i];
    clean(item);
  }
}

function clean(dish) {
  wash(dish);
  dry(dish);
  putAway(dish);
}


cleanArray(dishes);
```

類似程式碼，只不過呼叫的函式不同

下面就來套用重構 1 吧！

改成普適化的名字

加入新參數來接受顯性隱數

```
function operateOnArray(array, f) {
  for(var i = 0; i < array.length; i++) {
    var item = array[i];
    f(item);
  }
}

function cookAndEat(food) {
  cook(food);
  eat(food);
}


operateOnArray(foods, cookAndEat);
```

```
function operateOnArray(array, f) {
  for(var i = 0; i < array.length; i++) {
    var item = array[i];
    f(item);
  }
}

function clean(dish) {
  wash(dish);
  dry(dish);
  putAway(dish);
}


operateOnArray(dishes, clean);
```

在函式實作中使用新參數

在呼叫程式碼中傳入引數

> **重構 1 的步驟**
>
> 1. 辨識出函式名稱裡的隱性引數。
> 2. 加入新參數以接收顯性輸入。
> 3. 利用新參數取代函式實作中的固定值。
> 4. 更改呼叫程式碼。

現在，原先的兩個函式看起來完全一致了，所有實作上的差異（以本例來說即：迴圈中的操作以及被操作的陣列）都能以引數來彌補。

請再看一次目前的程式碼，並注意相同的部分：

```
function operateOnArray(array, f) {
  for(var i = 0; i < array.length; i++) {
    var item = array[i];
    f(item);
  }
}

function cookAndEat(food) {
  cook(food);
  eat(food);
}

operateOnArray(foods, cookAndEat);
```

這兩個函式變得一模一樣

```
function operateOnArray(array, f) {
  for(var i = 0; i < array.length; i++) {
    var item = array[i];
    f(item);
  }
}

function clean(dish) {
  wash(dish);
  dry(dish);
  putAway(dish);
}

operateOnArray(dishes, clean);
```

既然相異的程式碼已被移除，我們可以將其中一個函式刪掉。另外，如上的函式在 JavaScript 中通常稱為 `forEach()`，故此處依慣例將 `operateOnArray()` 重新命名：

可以看到，forEach() 有一個引數為函式

```
function forEach(array, f) {
  for(var i = 0; i < array.length; i++) {
    var item = array[i];
    f(item);
  }
}

function cookAndEat(food) {
  cook(food);
  eat(food);
}

forEach(foods, cookAndEat);
```

```
function clean(dish) {
  wash(dish);
  dry(dish);
  putAway(dish);
}

forEach(dishes, clean);
```

因為 `forEach()` 可接受一個函式引數，故其為高階函式。

小字典

高階函式 (higher-order functions) 會以其它函式做為傳入引數或傳回值。

到這裡，重構就完成了。由於上面的步驟繁多，讀者很容易見樹不見林，故讓我們比較一下新、舊程式碼 (注意！這裡使用了**匿名函式**來呈現兩者的不同)：

原始程式

```
for(var i = 0; i < foods.length; i++) {
  var food = foods[i];
  cook(food);
  eat(food);
}

for(var i = 0; i < dishes.length; i++) {
  var dish = dishes[i];
  wash(dish);
  dry(dish);
  putAway(dish);
}
```

看看我們丟掉了多少東西

使用 forEach()

```
forEach(foods, function(food) {
  cook(food);
  eat(food);
});

forEach(dishes, function(dish) {
  wash(dish);
  dry(dish);
  putAway(dish);
});
```

此函式為匿名函式

這個 forEach() 就是整個程式中唯一需要為陣列實作 for 迴圈的地方。原本我們得在許多地方撰寫相同的程式碼，但現在，只要呼叫 forEach() 就行了！

如前所述，forEach() 會以其它函式為引數，所以是高階函式，而高階函式最強大的能力便是將程式碼抽象化。在重構以前，因為 for 迴圈的主體區塊得執行不同功能，所以每次都需定義不同的迴圈內容。但在把 for 寫成高階函式後，你可以直接把不同的程式碼傳入。

本例的 forEach() 相當重要，本書會在第 12 章進一步探討，並介紹更多高階函式。但此處的重點其實在於：如何建立高階函式。前面所做的重構是方法之一，其步驟可總結如下：

1. 將目標程式碼包裹在新函式中。
2. 用普適化名稱替換過於專一的命名。
3. 將隱性引數改為顯性 (重構 1)。
4. 擷取函式。
5. 再次將隱性引數改為顯性 (重構 1)。

小字典

匿名函式 (anonymous function) 就是沒有名稱的函式。你可以用內嵌 (inline) 的方式，直接將該函式定義在需要的地方 (**譯註：** 在 10.11 節有更清楚的說明)。

如你所見，這些步驟過於繁瑣，而我們希望能一步到位。這就是為什麼你需要重構 2：**以回呼取代主體實作**。簡單來說，該重構能以較少步驟，取得和之前一樣的成果。下面就以喬治正在開發的記錄系統為例，來學習重構 2 吧！

10.10 重構 2：以回呼取代主體實作

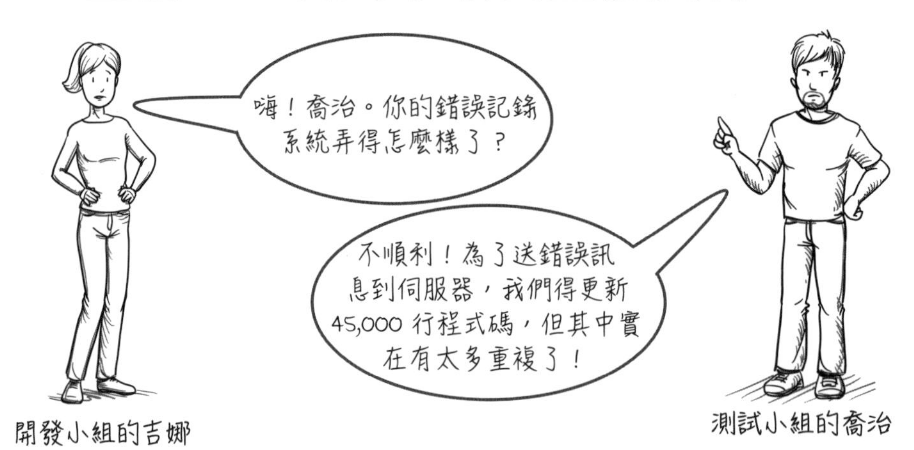

吉娜：聽起來就很麻煩。

喬治：確實。我們得將上千行程式碼包裹在 try／catch 區塊裡，這樣才能捕捉錯誤並送往 **Snap Errors®** 錯誤記錄服務。老實說，我不在乎打字，但那麼多 try／catch 敘述全部都是重複程式碼！你看，就像下面這樣：

```
try {
  saveUserData(user);
} catch (error) {
  logToSnapErrors(error);
}
```

我們有想過將其包裹在函式裡，但卻不知道怎麼做！畢竟，catch 區塊不能和 try 區塊分開，否則語法就錯了，所以不可能把它們擷取成獨立的函式。我真的不知道該如何才能消除這些重複！

> **Snap Errors®**
>
> 犯錯乃人之常情，抓錯是神聖使命。
>
> **Snap Errors API 文件中的函式說明**
>
> `logToSnapErrors(error)`
>
> 將程式碼拋出的錯誤捕捉後，利用此函式將其送至 **Snap Errors®** 服務。

吉娜：噢！如果是這樣的話，我剛好知道一種重構可以滿足你的需求，叫做**以回呼取代主體實作。**

喬治：說說看吧！我們現在有什麼試什麼。

吉娜：老實說，我也是最近才學到這個方法。簡單來說，你得先辨識出程式碼中維持不變的前段與後段部分，以及會變的主體區塊。然後，用新函式取代主體實作。

喬治：但如何用新函式取代主體實作？

吉娜：這個嘛，你得把新函式當做引數傳入。隨著傳入的函式不同，就可以在主體區塊執行不同功能了！

喬治：我大概懂了。但還是想看看實際的程式碼長怎樣！

基本上，不斷撰寫 try ／ catch 區塊包裹重要程式碼，就是喬治數個禮拜以來的工作。下面的兩段程式只是冰山一角，但已足夠讓我們說明重構2了：

```
try {
  saveUserData(user);
} catch (error) {
  logToSnapErrors(error);
}
```

catch 區塊都相同

```
try {
  fetchProduct(productId);
} catch (error) {
  logToSnapErrors(error);
}
```

Snap Errors API 的函式

如你所見，雖然 try 區塊不同，但 catch 區塊都一樣。這讓吉娜想到：**以回呼取代主體實作**的重構技巧可以消除此處的重複。

上述重構的關鍵是先識別出程式的『前段－主體－後段』結構。以喬治的程式碼為例，結果如下：

```
try {                          ← 前段 →   try {
  saveUserData(user);          ← 主體 →     fetchProduct(productId);
} catch (error) {                         } catch (error) {
  logToSnapErrors(error);      ← 後段 →     logToSnapErrors(error);
}                                         }
```

前段與後段不會改變，中間的主體則像個『洞』一樣，需填入不同的程式碼

以上兩段程式的前段與後段是相同的；換言之，這兩部分不會隨情況而改變。然而，夾在兩者之間的主體區塊則不一樣。因此，我們必須在重複利用前、後段程式碼的同時，保留變動主體區塊的能力。這一點可透過以下步驟完成：

1. 辨識前段、主體、與後段區塊。 ← 已完成！
2. 將所有區塊包裝成函式 a。
3. 將主體區塊擷取成函式 b，並將其當成引數傳入函式 a。

顯然，步驟 1 已完成，接著來看下面兩個步驟吧！

小字典

在 JavaScript 社群裡，被當成引數傳入的函式通常稱為**回呼** (callback)。至於 JavaScript 以外的地方，有時會用相同名稱，有時則將其稱為**處理器函式** (handler functions)。由於熟練的 FP 程式設計師太習慣把函式當引數了，因此反而不需要特別的名稱。

重構 2 的第二步是把整段程式包裝到新函式中，這裡將其命名為 withLogging()：

原始程式

```
try {
  saveUserData(user);
} catch (error) {
  logToSnapErrors(error);
}
```

包裝以後

```
function withLogging() {
  try {
    saveUserData(user);
  } catch (error) {
    logToSnapErrors(error);
  }
}

withLogging();
```

等我們定義完此函式之後，才可以呼叫

為新函式取名（此例為 withLogging()），未來才有辦法呼叫。現在來看第三步 — 擷取主體實作（即：會變化的區塊），並當成引數傳入 withLogging()：

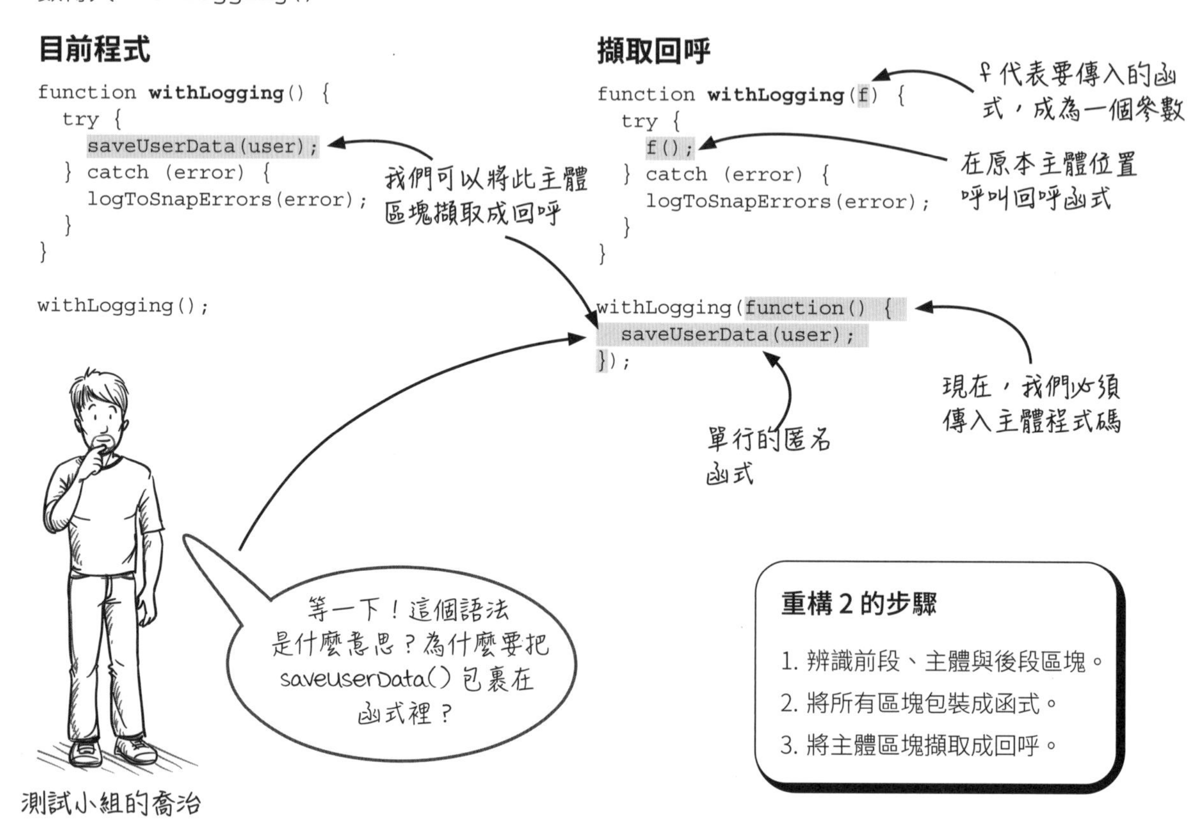

喬治問了兩個很重要的問題！下面馬上來說明。

10.11 內嵌與匿名函式

小字典

內嵌函式（inline function）就是在有需要的地方直接定義的函式。舉例而言，當需要傳入函式時，便把該函式定義在參數列中。

在前頁的程式中，喬治有疑問的是這一句：

```
withLogging(function() { saveUserData(user); });
```

其實，這只是定義和傳入函式的一種做法罷了。說得更清楚一點，定義函式總共有如下三種方法：

1. 全域定義

第一種方法是在全域範圍上定義並命名函式。這種做法很常見，絕大多數函式都是這麼定義的。當未來需要該函式時，你可以透過其名稱在程式內任何地點呼叫。

```
function saveCurrentUserData() {
  saveUserData(user);
}

withLogging(saveCurrentUserData);
```

定義全域範圍的函式

將函式名稱當引數傳入

2. 區域定義

我們也能在區域範圍內定義和命名函式。這樣的函式同樣有名稱，但卻不能在指定區域以外的地方呼叫。當你需要在特定範圍內多次呼叫同一函式，卻又不希望該函式被範圍外的程式呼叫時，這種定義方式就很有用。

```
function someFunction() {
  var saveCurrentUserData = function() {
    saveUserData(user);
  };
  withLogging(saveCurrentUserData);
}
```

此函式名稱只能在 someFunction() 的範圍內呼叫

利用名稱傳入函式

小字典

匿名函式（anonymous function）就是沒有名稱的函式，通常使用內嵌方式定義。

3. 內嵌定義

最後一種方法是將函式當場定義在需要的位置。換言之，我們不會將該函式指定給變數，故其沒有名稱。像這樣的函式就稱為**匿名函式**（anonymous function）；當實作很短、符合當下脈絡且函式僅需呼叫一次時，選擇這種方法最為合適。

```
withLogging(function() { saveUserData(user); });
```

這個函式沒有名稱

在需要的地方直接定義函式

如你所見，我們在 withLogging() 函式中所做的事，實際上就是內嵌匿名函式。這裡的**匿名**指函式沒有（也不需要）名稱，**內嵌**則表示函式直接定義在需要的地方。

10.12 為什麼要將 saveUserData() 包裹在函式中？

喬治的下一個問題是：為什麼要把 saveUserData(user) 包裹在另一個函式裡？讓我們再看一次之前的程式碼，然後仔細分析背後的原因：

```
function withLogging(f) {
  try {
    f();
  } catch (error) {
    logToSnapError(error);
  }
}

withLogging(function() { saveUserData(user); });
```

為什麼要將此函式包裹在另一函式裡？

首先，請思考一下：如果直接寫『**withLogging(saveUserData(user));**』會發生什麼事？答案是：saveUserData(user) 會**先**被呼叫，再進入 withLogging() 中。但如果是這樣，那麼 saveUserData(user) 的呼叫地點不就在 try 區塊外了嗎？為了讓該函式在正確的地方被呼叫，我們得將其包裹在另一函式中，再當做引數傳入 — 這麼做相當於把 saveUserData(user) 先『存放』在包裝函式內，並推遲到時機成熟時再執行。

```
function() {
  saveUserData(user);
}
```

在包裹函式被呼叫以前，這一行都不會執行

順帶一提，由於 JavaScript 裡的函式是頭等物件，你可以對它們進行很多操作，例如：指定給變數（等於賦予該函式名稱）、存放至 collection 資料結構（如：陣列與物件）中，或者當成引數傳入另一個函式等等。

賦予名稱

```
var f = function() {
  saveUserData(user);
};
```

存入陣列

```
array.push(function() {
  saveUserData(user);
});
```

當成函式引數

```
withLogging(function() {
  saveUserData(user);
});
```

本例的處理方式即當成函式引數。如前所述，我們能自行決定傳入函式的執行時機 — 你可以在特定條件下呼叫包裝函式、等待一段時間再呼叫，或者在指定脈絡下呼叫：

在特定條件下呼叫

```
function callOnThursday(f) {
  if(today === "Thursday")
    f();
}
```

只在週四時呼叫傳入的 f()

等待一段時間再呼叫

```
function callTomorrow(f) {
  sleep(oneDay);
  f();
}
```

等待一天，然後再呼叫傳入的 f()

在指定脈絡下呼叫

```
function withLogging(f) {
  try {
    f();
  } catch (error) {
    logToSnapErrors(error);
  }
}
```

在 try／catch 區塊內呼叫傳入的 f()

總結一下，為了把 `saveUserData(user)` 推遲到 `withLogging()` 的 try／catch 區塊內執行，這裡必須先將前者包裹起來，再當成引數傳入後者，如此才符合喬治的要求。本章的討論到此便結束了，我們會在下一章學到進一步改良以上實作的方法。

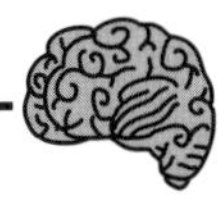

休息一下

問 1：重構 2（以回呼取代主體實作）似乎對消除特定類型的程式重複非常有效，但其只能處理重複而已嗎？

答 1：從某個層面來說，重構 2 的目的確實就是減少重複！此重構其實和建立非高階函式很像：兩者都允許以函式呼叫取代撰寫相同程式碼。不過，高階函式不只能處理 Data，還能依照你所傳入的回呼執行不同程式。

問 2：為什麼要傳入函式？只傳入 Data 數值不行嗎？

答 2：以前面的 try／catch 為例，如果我們傳入 Data（『正常的』數值引數）而非函式，則程式碼應如下所示：

```
function withLogging(data) {
  try {
    data;
  } catch (error) {
    logToSnapErrors(error);
  }
}

withLogging(saveUserData(user));
```

傳入的不是函式，而是函式的執行結果

函式的呼叫地點在 try／catch 區塊之外

問題就在於：假如 `saveUserData()` 發生錯誤了，`withLogging()` 的 try／catch 區塊捕捉得到嗎？答案為『否』— `saveUserData()` 的呼叫會發生在 `withLogging()` 之前，導致後者的 try／catch 無用武之地。

正如前面所述，之所以要傳入函式，就是為了在特定脈絡下執行該函式。以本例來說，此脈絡指的是 try／catch，而在 `forEach()` 中則是 for 迴圈。換言之，高階函式讓我們得以為其它函式設定執行脈絡，並在程式各處重複使用。

結論

本章介紹了**頭等物件**、**頭等函式**、**高階函式**的概念，下一章則會探索這些概念的潛力。在學會區分 Actions、Calculations 與 Data 後，高階函式讓 FP 的力量得到進一步釋放，而本篇就是帶讀者體會這股威力。

重點整理

- 頭等物件就是任何能被存放在變數、以引數形式傳給函式，或者被函式傳回的程式元素。你可以利用程式碼對這類元素做各種操作。
- 程式語言中通常有許多非頭等物件。可以將它們包裝成功能相同的函式，進而變成頭等物件。
- 某些程式語言允許我們將函式當成頭等物件，稱為頭等函式。在 FP 的頭等抽象化中，此類函式必不可少。
- 高階函式就是以其它函式為引數（或傳回其它函式）的函式。此工具允許我們將各種程式行為抽象化。
- **函式名稱中的隱性引數**（即：函式實作中的不同點反映在名稱上）是程式碼異味的一種。我們可以透過重構 1（**將隱性引數改為顯性**），將本來不可操作的部分函式名稱頭等化。
- 重構 2（**以回呼取代主體實作**）能將程式行為抽象化。透過此技巧，我們可以將兩函式不同的地方擷取成新的頭等函式，再將後者做為引數傳入。

接下來 ...

頭等物件與高階函式的大門已開啟，各位將看到兩者在 Calculations 與 Actions 上的奇效。我們在下一章會繼續使用本章教過的重構 1、2 來改良程式碼。

頭等函式 (2) | 11

本章將帶領大家：

- 探索重構 2 (以回呼取代主體實作) 的更多應用。
- 瞭解讓函式傳回函式能帶來什麼好處。
- 大量練習撰寫高階函式。

上一章已初步介紹過高階函式了，本章要進一步將其應用到更多例子中。首先，我們會重構『寫入時複製』的程式碼，接著再改良喬治的記錄系統以降低工作量。

11.1 函式名稱中的隱性引數與兩種重構

在第 10 章中，我們介紹了一項程式碼碼異味以及兩種重構技巧。相關知識可用於建立頭等物件與高階函式，進而消除重複並增進抽象化（**譯註：** 這裡的抽象化可理解為：讓程式不限於執行特定功能。以前面的 `forEach()` 為例，原本迴圈中的程式碼固定，故程式行為也固定；但將迴圈改寫成 `forEach()` 高階函式後，其功能就能隨著傳入的函式而改變，這就相當於把 for 迴圈『抽象化』了）。由於第二篇會不斷應用上述概念，為防止各位忘記，這裡就再簡單說明一次。

程式碼異味：函式名稱中的隱性引數

此程式碼異味代表程式中可以用頭等物件來改進的部分。假如你發現某函式的實作裡有某個引數，且該引數出現於函式的名稱上，則此處所提的程式碼異味就存在於該函式，可以用重構 1 來解決。

程式碼異味的特徵

1. 程式中有許多相似的函式實作。
2. 上述實作的差異顯示在函式名稱上。

重構 1：將隱性引數轉換為顯性

當函式名稱中藏有隱性引數時，你該如何處理呢？根據重構 1，我們會在函式中加入新參數，並將可能的隱性引數值轉換為頭等物件，再以顯性方式傳入。這不但有助於我們表達程式碼的意圖，更有機會消除重複元素。

步驟

1. 辨識出函式名稱裡的隱性引數。
2. 加入新參數以接收顯性輸入。
3. 利用新參數取代函式實作中的固定值。
4. 更改呼叫程式碼。

重構 2：以回呼取代主體實作

程式語言的語法往往不包含頭等抽象化。在重構 2 裡，我們會將一段程式的主體區塊（即：有變化的部分）轉換成回呼（callback），如此一來便可將該區塊的行為傳入頭等函式內。透過此種方法，你可以輕鬆以既有程式碼建立更高階的函式。

步驟

1. 辨識一段程式的前段、主體與後段區塊。
2. 將所有區塊包裝成函式 a。
3. 將主體區塊擷取成函式 b，並將其當成引數傳入函式 a。

在接下來幾章中，我們將一而再、再而三地應用以上技巧，好讓讀者習慣成自然。

11.2 重構寫入時複製

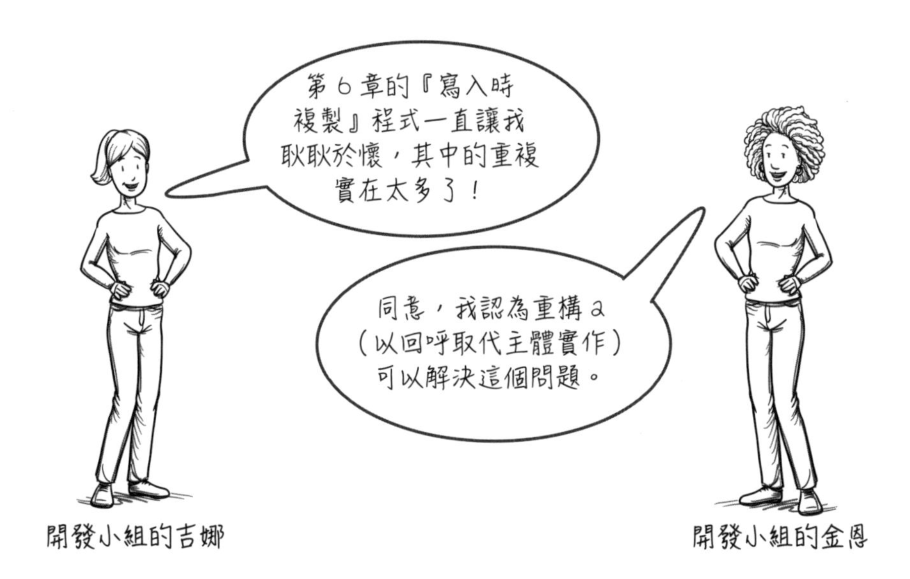

吉娜：真的嗎？我以為重構 2 只對消除語法上的重複有效，像是 for 迴圈或 try ／ catch 敘述等。

金恩：不僅僅是語法，重構 2 也能去除其它重複，其中就包括『寫入時複製』的實作。

吉娜：太好了！我等不及想見識一下。

金恩：這個嘛，你應該已經知道第一步是什麼了！

吉娜：我想想 ... 對了！是辨識前段、主體與後段區塊。

金恩：沒錯！這一步驟完成後，其它就是小菜一碟。

吉娜：如果沒記錯的話，寫入時複製的步驟是：產生複本、修改複本、傳回複本。其中會改變的部分只有『修改』，剩下兩個步驟對任何資料結構都相同。

金恩：在前段和後段之間，且會變化的段落一定就是主體區塊。

吉娜：哇！重構 2 果然可以用在這裡！

金恩：說得沒錯！下面讓我們實際做做看吧！

重構 2 的步驟

1. 辨識前段、主體與後段區塊。
2. 將所有區塊包裝成函式。
3. 將主體區塊擷取成回呼。

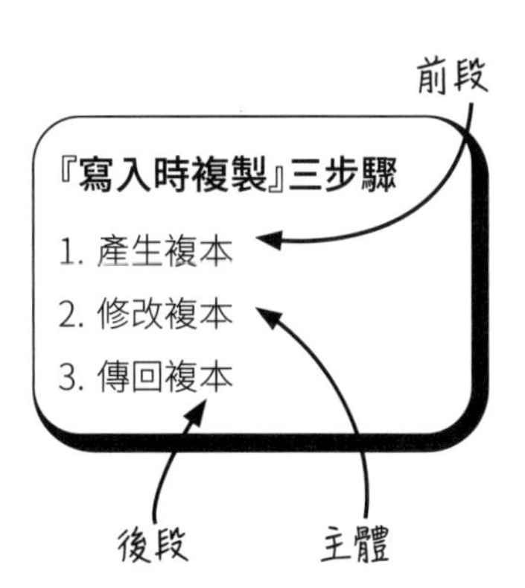

11.3 重構陣列的寫入時複製

『寫入時複製』三步驟

1. 產生複本
2. 修改複本
3. 傳回複本

在第 6 章裡，我們為陣列實作了許多『寫入時複製』程序，但它們的基本模式都一樣，即：產生複本、修改複本、傳回複本。為進一步讓該程序標準化，這裡就來套用重構 2。

1. 辨識前段、主體與後段區塊

以下是四個寫入時複製的函式例子。我們可看出它們的程式碼非常相像。事實上，拷貝、修改、傳回等三個步驟剛好對應前段、主體與後段區塊。

```
function arraySet(array, idx, value) {
  var copy = array.slice();      ← 前段 →
  copy[idx] = value;             ← 主體 →
  return copy;                   ← 後段 →
}

function push(array, elem) {
  var copy = array.slice();
  copy.push(elem);
  return copy;
}

function drop_last(array) {
  var array_copy = array.slice();   ← 前段 →
  array_copy.pop();                 ← 主體 →
  return array_copy;                ← 後段 →
}

function drop_first(array) {
  var array_copy = array.slice();
  array_copy.shift();
  return array_copy;
}
```

既然這四個函式的拷貝和傳回相同，下面就以 arraySet() 為例來討論，其它三個函式就留給各位做練習。

重構 2 的步驟

1. 辨識前段、主體與後段區塊。
2. 將所有區塊包裝成函式。
3. 將主體區塊擷取成回呼。

2. 將所有區塊包裝成函式

下一步是把以上三個區塊包裝到新函式中。由於該函式最後只會包含前段 (陣列拷貝) 與後段 (傳回) 程式碼，而其中前者又比後者具代表性，因此其名稱應與『陣列拷貝』有關 (編註：因此，這個新函式取名為 withArrayCopy()，並補上一個 array 做為參數)：

原始程式

```
function arraySet(array, idx, value) {
  var copy = array.slice();
  copy[idx] = value;
  return copy;
}
```

三區塊包裝到新函式中

建立包裝函式

```
function arraySet(array, idx, value) {
  return withArrayCopy(array);
}

function withArrayCopy(array) {
  var copy = array.slice();
  copy[idx] = value;
  return copy;
}
```

函式內容被抽到新函式，因此改寫為傳回新函式的結果

此變數在新函式中未定義 (idx)

此變數在新函式中未定義 (value)

至此，已完成將重構 2 套用在『寫入時複製』的前兩個步驟，下面就是目前為止的程式碼，我們再看一次：

重構 2 的步驟

1. 辨識前段、主體與後段區塊。
2. 將所有區塊包裝成函式。
3. 將主體區塊擷取成回呼。

```
function arraySet(array, idx, value) {
  return withArrayCopy(array);
}

function withArrayCopy(array) {
  var copy = array.slice();
  copy[idx] = value;
  return copy;
}
```

包含『寫入時複製』操作

前段

主體

後段

這兩個變數在此區域中未定義

此時，withArrayCopy() 函式中有兩個未定義變數：idx、value。接著來看下一步。

3. 將主體區塊擷取成回呼

這一步的目標是把 withArrayCopy() 的那一行主體程式碼擷取成回呼程式，放進 arraySet() 函式中。以本例來說，回呼的功能是『修改』陣列 (也就是 copy[idx] = value)，此處將該回呼函式命名為 modify (**編註：** withArrayCopy() 需要增加一個名為 modify 的參數，用於接受一個回呼函式。當 withArrayCopy() 執行到這個 modify 回呼函式時，就會在內部執行傳入的函式主體：『function(copy) { copy[idx] = value; }』。此匿名函式會修改傳入的陣列複本 (copy)，將索引 idx 的位置設為新的值 value)。

目前程式

```
function arraySet(array, idx, value) {
  return withArrayCopy(
    array


  );
}

function withArrayCopy(array) {
  var copy = array.slice();
  copy[idx] = value;
  return copy;
}
```

改寫成一個匿名函式，做為呼叫 withArrayCopy() 的第 2 個引數

擷取回呼

```
function arraySet(array, idx, value) {
  return withArrayCopy(
    array,
    function(copy) {
      copy[idx] = value;
    });
}

function withArrayCopy(array, modify) {
  var copy = array.slice();
  modify(copy);
  return copy;
}
```

傳入一個回呼函式

這個例子完成了！ withArrayCopy() 的設計方式，允許它根據傳入的不同回呼函式而執行不同的操作，有很高的使用彈性。

來比較一下改寫前後的程式，以便討論重構的影響：

重構前

```
function arraySet(array, idx, value) {
  var copy = array.slice();
  copy[idx] = value;
  return copy;
}
```

重構後

```
function arraySet(array, idx, value) {
  return withArrayCopy(array, function(copy) {
    copy[idx] = value;
  });
}

function withArrayCopy(array, modify) {
  var copy = array.slice();
  modify(copy);
  return copy;
}
```

寫入時複製程序變成可重複利用的標準化函式

重構和重複消除有時能讓程式碼變短，但在本例中並非如此 — 畢竟，原本的函式實作已經夠短了，只有兩行而已。話雖如此，此處的改寫還是有顯著的好處。首先，陣列的『寫入時複製』程序變成了標準化、可重複利用的函式；也就是說，你不必再重複寫相同的程式碼，只需要修改回呼函式即可。

> **重構的好處：**
>
> 1. 產生標準化、可重複利用的函式。
> 2. 在新操作上實現『寫入時複製』更方便。
> 3. 優化序列式（**譯註：** 此處指前一步的輸出為後一步的輸入）操作的效能。

經重構得到的 withArrayCopy() 也能提升程式的彈性。請回憶一下第 6 章，我們為所有重要的陣列操作撰寫了『寫入時複製』的版本。現在，假設你找到一個更高效的新排序函式（這裡以假想函式庫 SuperSorter 的 sort() 為例）並想運用到程式中（需包含寫入時複製），該怎麼辦呢？很簡單，由於任何陣列操作函式都可成為 withArrayCopy() 的傳入引數，故只需加入以下程式碼即可：

```
var sortedArray = withArrayCopy(array, function(copy) {
  SuperSorter.sort(copy);
});
```

效率更高，修改原陣列的排序函式

此外，本例的重構還有助於優化效能。舉例來說，執行一系列『寫入時複製』操作時，每次都會產生一個新陣列複本；這不僅耗記憶體資源，還會拖慢程式。反之，withArrayCopy() 允許我們只產生一個複本，如下：

中繼過程產生多個複本

```
var a1 = drop_first(array);
var a2 = push(a1, 10);
var a3 = push(a2, 11);
var a4 = arraySet(a3, 0, 42);
```

這段程式會產生四個陣列複本

只產生一個複本

```
var a4 = withArrayCopy(array, function(copy){
  copy.shift();
  copy.push(10);
  copy.push(11);
  copy[0] = 42;
});
```

只產生一個複本

對唯一複本做四次修改

各位可以將所有第 6 章的『寫入時複製』實作改成 withArrayCopy()。

練習 11-1

前面已將第 6 章的『寫入時複製』實作成 withArrayCopy()，並用此函式重構了 arraySet()。請各位用相同方式改寫 push()、drop_last() 和 drop_first()。

```
function withArrayCopy(array, modify) {
  var copy = array.slice();
  modify(copy);
  return copy;
}
```

範例

```
function arraySet(array, idx, value) {
  var copy = array.slice();
  copy[idx] = value;
  return copy;
}
```

```
function arraySet(array, idx, value) {
  return withArrayCopy(array, function(copy) {
    copy[idx] = value;
  });
}
```

練習

將你的答案寫於此

```
function push(array, elem) {
  var copy = array.slice();
  copy.push(elem);
  return copy;
}
```

```
function drop_last(array) {
  var array_copy = array.slice();
  array_copy.pop();
  return array_copy;
}
```

```
function drop_first(array) {
  var array_copy = array.slice();
  array_copy.shift();
  return array_copy;
}
```

練習 11-1 解答

原始程式

```
function push(array, elem) {
  var copy = array.slice();
  copy.push(elem);
  return copy;
}
```

```
function drop_last(array) {
  var array_copy = array.slice();
  array_copy.pop();
  return array_copy;
}
```

```
function drop_first(array) {
  var array_copy = array.slice();
  array_copy.shift();
  return array_copy;
}
```

使用 withArrayCopy()

```
function push(array, elem) {
  return withArrayCopy(array, function(copy) {
    copy.push(elem);
  });
}
```

```
function drop_last(array) {
  return withArrayCopy(array, function(copy) {
    copy.pop();
  });
}
```

```
function drop_first(array) {
  return withArrayCopy(array, function(copy) {
    copy.shift();
  });
}
```

練習 11-2

先前的 withArrayCopy() 實作了陣列的寫入時複製，那麼物件呢？以下是兩個針對物件實作寫入時複製的函式 — objectSet() 與 objectDelete()：

```
function objectSet(object, key, value) {
  var copy = Object.assign({}, object);
  copy[key] = value;
  return copy;
}
```

```
function objectDelete(object, key) {
  var copy = Object.assign({}, object);
  delete copy[key];
  return copy;
}
```

請撰寫一個 withObjectCopy()，並用它改寫上面兩個函式的實作。

將你的答案寫於此

練習 11-2 解答

```
function withObjectCopy(object, modify) {
  var copy = Object.assign({}, object);
  modify(copy);
  return copy;
}

function objectSet(object, key, value) {
  return withObjectCopy(object, function(copy) {
    copy[key] = value;
  });
}

function objectDelete(object, key) {
  return withObjectCopy(object, function(copy) {
    delete copy[key];
  });
}
```

練習 11-3

喬治剛把所有需要放在 try 區塊的程式包裹在 `withLogging()` 內 (見 10.10 節)。然而，他很快發現相關程式可以改得更普適化。基本上，try ／ catch 中有兩個可變部分 — try 區塊、catch 區塊，但 `withLogging()` 只能讓 try 執行不同程式。請利用前面介紹的重構，讓 try 和 catch 區塊都能執行不同程式碼。說得更具體一點，喬治想將以下程式：

```
try {
  sendEmail();
} catch(error) {
  logToSnapErrors(error);
}
```

改成這樣：

```
tryCatch(sendEmail, logToSnapErrors)
```

而你的任務就是實作 `tryCatch()`。

提示：`tryCatch()` 的實作和 `withLogging()` 很像，但前者具有兩個可接受函式引數的參數。

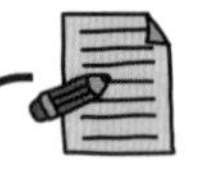

練習 11-3 解答

```
function tryCatch(f, errorHandler) {
  try {
    return f();
  } catch(error) {
    return errorHandler(error);
  }
}
```

練習 11-4

請各位嘗試以重構 2 (以回呼取代主體實作) 將 if 敘述包裝成函式。這麼做雖然不實際，但卻是個不錯的練習。為了簡化問題，此處毋須考慮 else。下面列出兩個 if 敘述供讀者練習改寫：

test 語句　then 語句

```
if(array.length === 0) {
  console.log("Array is empty");
}
```

```
if(hasItem(cart, "shoes")) {
  return setPriceByName(cart, "shoes", 0);
}
```

請套用重構 2，把 if 敘述實作成 when() 函式，其呼叫方法如下 (**編註：** 提示：when() 會有兩個參數，分別取名為 test 與 then：when(test, then)。將 if 內的 test 語句做為 when() 的第一個引數傳入；將匿名函式 (即回呼函式) 的 then 語句做為第二個引數傳入)。

test 語句　then 語句

```
when(array.length === 0, function() {
  console.log("Array is empty");
});
```

```
when(hasItem(cart, "shoes"), function() {
  return setPriceByName(cart, "shoes", 0);
});
```

將你的答案寫於此

練習 11-4 解答

```
function when(test, then) {
  if(test)
    return then();
}
```

練習 11-5

自從寫出練習 11-4 的 `when()` 之後，得到不少同事的好評，但也有人反映：如果能再加上 else 語句會更好。請將 `when()` 改名為 `IF()`，並加入能執行 else 回呼的段落。`IF()` 的呼叫方法如下（編註： Javascript 是區分字母大小寫的語言，因此函式取名為 `IF()` 不會與關鍵字 if 衝突。此例中，`IF()` 會有三個參數，分別取名為 test、then 與 ELSE：IF(test, then, ELSE)，因為 else 是關鍵字，此處參數名就改用 ELSE。第一個引數是 test 語句，第二、三個引數則是 then 與 else 語句的回呼函式）。

test 語句

then 語句

```
IF(array.length === 0, function() {
  console.log("Array is empty");
}, function() {
  console.log("Array has something in it.");
});
```

else 語句

```
IF(hasItem(cart, "shoes"), function() {
  return setPriceByName(cart, "shoes", 0);
}, function() {
  return cart; // unchanged
});
```

將你的答案寫於此

練習 11-5 解答

```
function IF(test, then, ELSE) {
  if(test)
    return then();
  else
    return ELSE();
}
```

11.4 讓函式傳回函式

請回憶一下第 10 章的錯誤記錄系統：喬治需將可能拋出錯誤的程式碼放入 try 區塊中，好讓 catch 能捕捉這些錯誤並傳給 Snap Errors® 記錄服務。在此可以將 try／catch 敘述比喻成超級英雄的服裝，一般人（即：會拋出錯誤的程式碼）穿上該服裝後，便可獲得超能力（以本例而言即『捕捉錯誤並送至 Snap Errors®』的能力）。

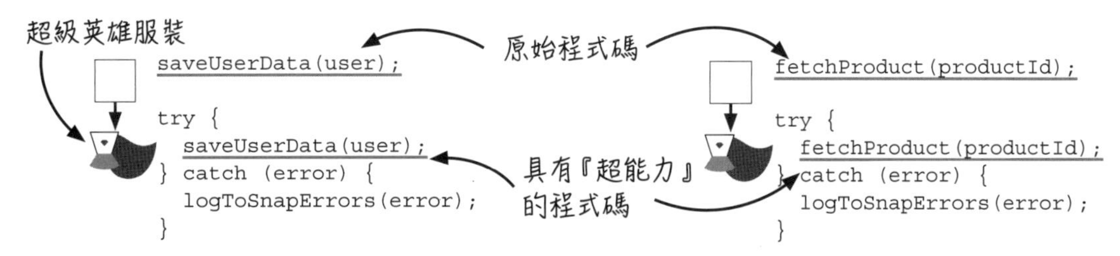

現在的問題是：喬治得以手動方式，為程式中幾千行程式碼一一穿上這套衣服，工程浩大。

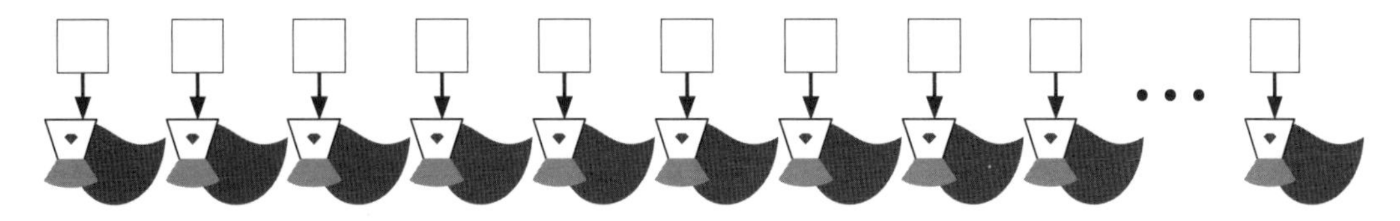

該如何解決這個問題呢？只要寫一個能代替我們完成上述作業的新函式就行了。

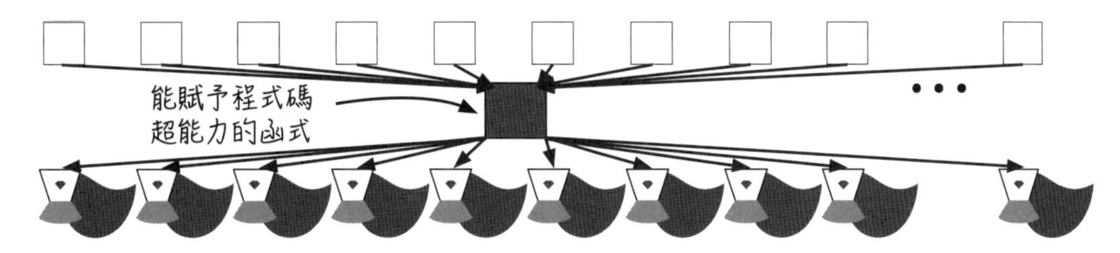

各位可能已經猜到，該函式會是一個高階函式。那麼，馬上來看看如何實作吧！

先複習一下喬治先前的進度吧。以下就是兩段能捕捉錯誤並傳給 Snap Errors® 的程式碼：

這兩段程式只有一行不同，其它全部重複！

```
try {
  saveUserData(user);
} catch (error) {
  logToSnapErrors(error);
}
```

```
try {
  fetchProduct(productId);
} catch (error) {
  logToSnapErrors(error);
}
```

超級英雄服裝代表該程式有超能力

我們可以看出，只要程式中有呼叫 `saveUserData()` 和 `fetchProduct()` 之處，喬治就必須撰寫類似的 try／catch 區塊。為消除此處的重複問題，他依照吉娜的建議建立了以下函式：

```
function withLogging(f) {
  try {
    f();
  } catch (error) {
    logToSnapErrors(error);
  }
}
```

此函式包裝了重複的程式碼

即便使用 withLogging()，重複仍然存在！兩段程式的不同之處只有畫底線的部分而已

套用上述函式以後，原本的 try／catch 敘述變成了：

```
withLogging(function() {
  saveUserData(user);
});
```

```
withLogging(function() {
  fetchProduct(productID);
});
```

以上處理已將 try／catch 轉換成標準化的函式，但卻依然有兩個問題：

1. 仍需手動將 `withLogging()` 加到程式內所有需要的地方。
2. 我們仍可能忘記登錄錯誤（**譯註：** 即忘記將某函式傳入 `withLogging()` 中）。

換句話說，雖然相同的程式碼變少了，但問題並未完全消失。得想辦法將一切重複給消除掉才行。

為此，我們要建立名為 `wrapLogging()` 的新函式 — 其以無超能力（不會記錄錯誤）的函式為引數，並傳回該函式的超能力（會記錄錯誤）版本。如此一來，你只要在一開始利用 `wrapLogging()` 將所有一般函式轉換成超能力函式，之後就不必再管錯誤記錄了！下面就來說明怎麼做。

Snap Errors®

犯錯乃人之常情，抓錯是神聖使命。

Snap Errors API 文件中的函式說明

`logToSnapErrors(error)`

將程式碼拋出的錯誤捕捉後，利用此函式將其送至 **Snap Errors®** 服務。

原本喬治需手動將程式碼包裝進 try ／ catch 區塊中，而此處的目標則是將該功能寫成函式。讓我們先回頭檢視最初的程式碼：

這兩段程式既執行一般功能，又有超能力（記錄錯誤）

原始程式

```
try {
  saveUserData(user);
} catch (error) {
  logToSnapErrors(error);
}
```

```
try {
  fetchProduct(productId);
} catch (error) {
  logToSnapErrors(error);
}
```

為了讓程式更清楚，此處將 try 區塊的一般程式改名，以反映它們『不主動記錄錯誤』的事實：

改名以反映它們不會記錄錯誤

重新命名

```
try {
  saveUserDataNoLogging(user);
} catch (error) {
  logToSnapErrors(error);
}
```

```
try {
  fetchProductNoLogging(productId);
} catch (error) {
  logToSnapErrors(error);
}
```

若將以上 try ／ catch 敘述整個包裝到新函式裡，就可產生**會記錄錯誤**的版本。和上一步一樣，此步驟也純粹是為了增加可讀性：

只要呼叫這兩個函式，就能確保錯誤被記錄

會記錄錯誤的函式

```
function saveUserDataWithLogging(user) {
  try {
    saveUserDataNoLogging(user);
  } catch (error) {
    logToSnapErrors(error);
  }
}
```

```
function fetchProductWithLogging(productId) {
  try {
    fetchProductNoLogging(productId);
  } catch (error) {
    logToSnapErrors(error);
  }
}
```

但主體實作中仍存在太多重複

在以上兩函式中，沒有記錄功能的 saveUserDataNoLogging() 和 fetchProductNoLogging() 被包裹在有記錄功能的 try ／catch 裡。因此，日後只要呼叫 saveUserDataWithLogging() 與 fetchProductWithLogging()，就能保證錯誤被記錄。也就是說，只要在程式開頭先準備好這些『有超能力』的函式，日後就不必辛苦將上千條呼叫 saveUserDataNoLogging() 和 fetchProductNoLogging() 的程式碼一一包裝到 try ／catch 中了。

但以上做法導致了新的重複 — 如你所見，saveUserDataWithLogging() 和 fetchProductWithLogging() 非常類似。要解決此問題，我們得找方法將指定函式自動包裝成上面的樣子。

上一頁展示了兩個功能不同，但實作高度重疊的函式，而此處的目標正是消除兩者的重複。

存在太多重複程式碼

```
function saveUserDataWithLogging(user) {
  try {
    saveUserDataNoLogging(user);
  } catch (error) {
    logToSnapErrors(error);
  }
}
```

```
function fetchProductWithLogging(productId) {
  try {
    fetchProductNoLogging(productId);
  } catch (error) {
    logToSnapErrors(error);
  }
}
```

讓我們把上面的實作改寫成匿名函式，同時把參數名稱普適化（譯註：這麼做是為了突顯重複的程式碼）：

```
function(arg) {
  try {
    saveUserDataNoLogging(arg);
  } catch (error) {
    logToSnapErrors(error);
  }
}
```

前段　主體　後段

```
function(arg) {
  try {
    fetchProductNoLogging(arg);
  } catch (error) {
    logToSnapErrors(error);
  }
}
```

現在，各位應能清楚看出程式的前段、主體與後段，這樣就能進行重構 2（以回呼取代主體實作）了！但這一次，我們不僅要將整個 try／catch 區塊包裝到新函式裡，還要將該區塊當成匿名函式傳回。這裡用 saveUserDataNoLogging() 舉例：

```
function(arg) {

  try {
    saveUserDataNoLogging(arg);
  } catch (error) {
    logToSnapErrors(error);
  }
}
```

wrapLogging() 的傳回值是函式

wrapLogging() 可接受一個函式引數

```
function wrapLogging(f) {
  return function(arg) {
    try {
      f(arg);
    } catch (error) {
      logToSnapErrors(error);
    }
  }
}

var saveUserDataWithLogging = wrapLogging(saveUserDataNoLogging);
```

能執行不同程式碼的 try／catch 被包裝在匿名函式中

將 wrapLogging() 的傳回函式指定給變數，藉此賦予該函式名稱

上面的 wrapLogging() 會接受一個函式（以 f 表示）、將 f 包裝到 try／catch 中、再以函式形式傳回。有了它，我們就能將任何一般函式（不具記錄功能）轉換成超能力函式（會記錄錯誤）了！

```
var saveUserDataWithLogging = wrapLogging(saveUserDataNoLogging);
var fetchProductWithLogging = wrapLogging(fetchProductNoLogging);
```

總的來說，wrapLogging() 讓我們能輕易將登錄錯誤的行為附加到函式上，進而消除重複程式碼（譯註：因為你不必反覆打類似的 try／catch 敘述）。下面比較一下改寫前後的程式：

手動加上『超能力』

```
try {
  saveUserData(user);
} catch (error) {
  logToSnapErrors(error);
}
```

自動加上『超能力』

```
saveUserDataWithLogging(user);
```

想像一下，如果有一千行程式需錯誤記錄，那麼就得重複撰寫一千次 try／catch 敘述

而我們之所以有 saveUserDataWithLogging() 可以呼叫，都要歸功於能給予任意函式超能力的 wrapLogging()：

```
function wrapLogging(f) {
  return function(arg) {
    try {
      f(arg);
    } catch (error) {
      logToSnapErrors(error);
    }
  }
}
```

以下圖示呈現 wrapLogging() 將 saveUserDataNoLogging() 轉換成 saveUserDataWithLogging() 的過程：

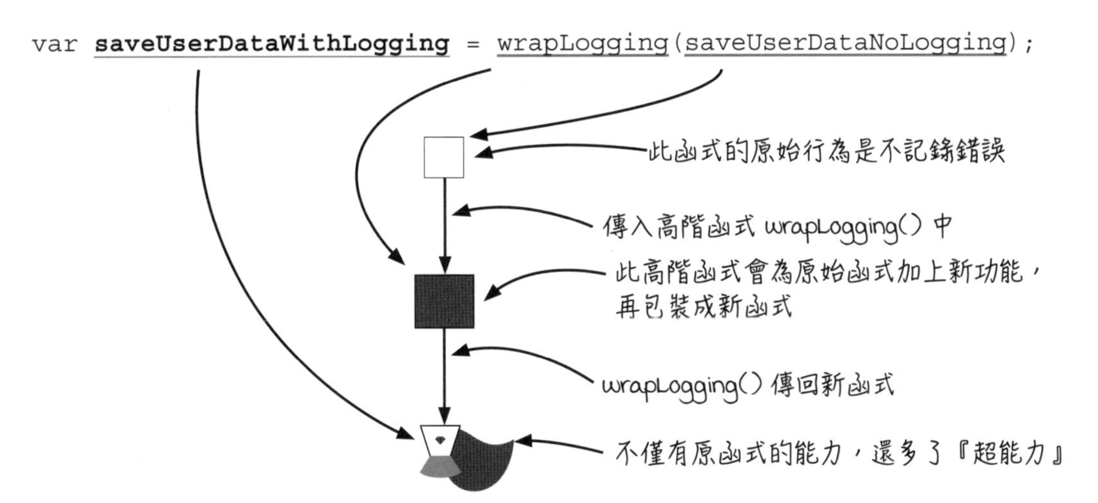

簡單來說，『讓函式傳回函式』使我們得以建立自動的『函式生成工廠』，並有助於將特定程序標準化。

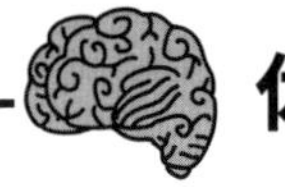

休息一下

問 1：使用 function 關鍵字定義的函式很容易辨認。但本例是把 `wrapLogging()` 傳回的函式指定給變數，這樣不會混淆嗎？怎麼知道哪些變數是數值、哪些是函式呢？

答 1：這確實需要一段時間適應。不過，程式設計師早就用一些慣例做法區分數值和函式變數了。例如：函式的變數名稱通常由動詞開頭，而數值變數則是單純的名詞。

在此請大家一定要習慣不同的函式定義方法 — 有時我們會直接手動實作，有時則讓高階函式自動生成並傳回。

問 2：在本例中，`wrapLogging()` 傳回的新函式可接受一個引數。請問：怎麼讓新函式接受更多引數？還有，如何讓新函式傳回值？

答 2：傳回值的部分比較簡單，只要把 wrapLogging() 函式 try 區塊中原本的『**f(arg);**』改為『**return f(arg);**』就可以了。

要在 JavaScript 中實作可變參數函式則較為困難。若真要這麼做，建議使用 ES6 版的 JavaScript，並瞭解一下其中的 rest arguments 與 spread operator。其它程式語言中可能也有類似功能。

話雖如此，由於 JavaScript 對於傳入過多或過少引數很寬容，所以實務上要讓函式接受不同數量的引數其實不成問題。此外，實際函式的參數數量通常也不會太多。

以 wrapLogging() 為例，若你想傳回『最多』擁有 9 個參數的新函式，可使用如下的實作：

呼叫時，JavaScript 會忽略未傳入引數的參數

```
function wrapLogging(f) {
  return function(a1, a2, a3, a4, a5, a6, a7, a8, a9) {
    try {
      return f(a1, a2, a3, a4, a5, a6, a7, a8, a9);
    } catch (error) {
      logToSnapErrors(error);
    }
  }
}
```

只要在內部函式加入 return，就能傳回值了

要達成相同效果的做法其實還有很多，但這一種解釋起來最簡單，且不需要更進階的 JavaScript 知識。對於可變參數有興趣的讀者，請自行依你所用的語言搜尋實作方法。

練習 11-6

請撰寫名為 `wrapIgnoreErrors()` 的高階函式，能賦予傳入函式（以 f 表示）捕捉錯誤的能力，且當錯誤發生時傳回 null。`wrapIgnoreErrors()` 傳回的新函式至少要能接受三個引數。

提示：

要在捕捉到錯誤時傳回 null，可使用如下的 try ／ catch 敘述（`codeThatMightThrow()` 代表任何可能拋出錯誤的程式碼）：

```
try {
  codeThatMightThrow();
} catch(e) {
  return null;
}
```

將你的答案寫於此

練習 11-6 解答

```
function wrapIgnoreErrors(f) {
  return function(a1, a2, a3) {
    try {
      return f(a1, a2, a3);
    } catch(error) {
      return null;
    }
  };
}
```

練習 11-7

撰寫名為 makeAdder() 的高階函式，其傳回結果是能將兩數字相加的新函式，使用方法如下：

```
var increment = makeAdder(1);

> increment(10)
11
```

```
var plus10 = makeAdder(10);

> plus10(12)
22
```

將你的答案寫於此

練習 11-7 解答

```
function makeAdder(n) {
  return function(x) {
    return n + x;
  };
}
```

休息一下

問：能傳回新函式的高階函式似乎能做到很多事情。那麼，有沒有可能只用這樣的高階函式撰寫整個程式呢？

答：只用高階函式撰寫程式或許有可能，問題是：這麼做有好處嗎？

實作高階函式和解困難的邏輯問題一樣，能帶來挑戰與成就感，故程式設計師有時會太過沉迷其中。然而，軟體工程的重點可不只是解決問題而已，還得考慮解法是否理想。

事實上，最理想的高階函式使用時機，是用來降低程式碼重複。例如：我們經常需撰寫迴圈，此時如果有對應的高階函式（即 `forEach()`）就會很方便。還有，錯誤捕捉也相當常見，因此高階函式同樣能派上用場。

有些 FP 程式設計師確實會走火入魔。筆者就曾見過一本書，專門討論如何只用高階函式實現極為簡單的功能。但當回頭檢查時，這樣的程式碼會比直接實作更簡單、更易讀嗎？

在此，我們鼓勵大家自行探索、實驗。嘗試在不同地方、為不同目的撰寫高階函式，以便找出新的應用，並認識其極限。但注意！請利用私人的程式碼練習，切勿拿工作上的正式軟體做試驗。

當你用高階函式成功解決一個問題時，記得和非高階的實作方法比較一下，看看前者是否真的較優？可讀性是否有提升？總共移除了多少重複程式碼？別人是否能看懂我們在做什麼？這一點很關鍵，千萬別忘記！

總的來說，高階函式是強大的工具，但使用上需付出一定的代價。如前所述，用此工具寫程式的成就感較高，故往往誘使人過度使用，犧牲了可讀性而不自知。我們建議：各位務必熟悉高階函式，但只在它們能產生實質上的好處時使用。

結論

本章為各位加深了對**頭等物件**、**頭等函式**與**高階函式**的理解。在下一章中，我們會討論這些概念的潛在應用。在學會區分 Actions、Calculations 與 Data 後，高階函式讓 FP 的力量得到進一步釋放，而第二篇的主題就是帶讀者體會這股威力。

重點整理

- 高階函式能將固定程序或敘述轉換成標準化的函式。如此一來，我們只需定義一次，就能在整個程式中重複使用這些標準化函式，而不必手動撰寫重複程式碼。
- 我們可以讓高階函式產生並傳回新函式。將傳回函式指定給變數後（相當於為函式命名），就能像一般函式一樣使用。
- 使用高階函式有一定代價。此工具能消除大量程式重複，卻會讓可讀性降低。請各位謹慎使用。

接下來 ...

上一章曾介紹過能走訪陣列的 `forEach()` 函式。而在接下來的第 12 章裡，我們會延伸此概念，進而瞭解如何以函式實現走訪功能，並且能學到三項函數式工具（functional tools），分別對應三種不同的陣列走訪模式。

利用函式走訪 | 12

本章將帶領大家：

- 認識 map()、filter() 與 reduce() 等三個函數式工具。
- 瞭解如何用上述函數式工具取代簡單的陣列 for 迴圈。
- 實作 map()、filter() 與 reduce()。

許多 FP 程式語言都提供能走訪 collection 資料（編註：例如 array、list、set 等等）的抽象函式，本章就要來探討其中三個常見工具：**map()**、**filter()** 和 **reduce()**。它們共同組成了 FP 的骨幹，可以取代 for 迴圈。由於經常需要走訪陣列，上述函數式工具對我們非常有用。

編註：在 Javascript 中，**map()**、**filter()**、**reduce()** 是陣列物件內建的 method，但在一些書籍中會將三者做為自定義函式，而不是做為 method 使用。這通常是為了教育的目的，讓讀者了解這些函式的核心概念及其實作方式。

12.1 函式名稱中的隱性引數與兩種重構

我們在第 10 章介紹了一項程式碼異味以及兩種重構技巧。相關知識可用於建立頭等物件與高階函式，進而消除重複並增進抽象化。第二篇會不斷應用上述概念，我們強迫你再複習一遍。

程式碼異味：函式名稱中的隱性引數

此程式碼異味代表了程式中可以用頭等物件來改進的部分。假如你發現某函式的實作裡有某個引數、且該引數出現於函式的名稱上，則程式碼異味就存在於該函式，可以用重構 1 來解決。

特徵

1. 程式中有許多相似的函式實作。
2. 上述實作的差異顯示在函式名稱上。

重構 1：將隱性引數轉換為顯性

當函式名稱中藏有隱性引數時，你該如何處理呢？根據重構 1，我們會在函式中加入新參數，並將可能的隱性引數值轉換為頭等物件，再以顯性方式傳入。這不旦有助於我們表達程式碼的意圖，更有機會消除重複元素。

步驟

1. 辨識出函式名稱裡的隱性引數。
2. 加入新參數以接收顯性輸入。
3. 利用新參數取代函式實作中的固定值。
4. 更改呼叫程式碼。

重構 2：以回呼取代主體實作

程式語言的語法往往不包含頭等抽象化。在重構 2 裡，我們會將一段程式的主體區塊(即：有變化的部分)轉換成回呼，如此一來便可把該區塊的行為傳入頭等函式內。透過此種方法，你可以輕鬆以既有程式碼建立更高階的函式。

步驟

1. 辨識一段程式的前段、主體與後段區塊。
2. 將所有區塊包裝成函式 a。
3. 將主體區塊擷取成函式 b，並將其當成引數傳入函式 a。

在接下來幾章中，我們將一而再、再而三地應用以上技巧，好讓讀者習慣成自然。

12.2 MegaMart 想建立新的電子郵件系統

To：全體 MegaMart 員工

From：MegaMart 管理層

大家好！

有鑑於 MegaMart 平台註冊人數突破一百萬，發送下列主題的 e-mail 已成為相當重要的工作：

- 促銷活動郵件
- 法律相關郵件
- 帳戶相關郵件
- 其它

為避免顧客收到不正確的電子郵件，公司已將使用者劃分成上百個子群體，並計劃開發一套電子郵件系統，將特定主題的郵件寄送給正確的顧客群體。

在此我們宣布，公司將成立新的團隊，專門負責建立與維護上述電子郵件程式，成員包括：

- 開發小組的金恩
- 行銷部門的約翰
- 客服部門的哈利

另外，從此刻起，所有與客戶資料有關的請求，也一律交由此團隊處理。

感謝配合！

MegaMart 管理團隊　敬上

今天一大早，MegaMart 的員工便收到以上通知。且新團隊才剛成立，馬上就收到了如下請求：

資料請求：寄送優惠碼電子報

我們已在第 3 章實作相關程式了，現在轉交由你們負責。

申請人：行銷主管

執行人：開發小組的金恩

第 3 章的程式碼

譯註： 請回顧3.6節，但注意此處的 `emailsForCustomers()` 相當於第3章的 `emailsForSubscribers()`，`emailsForCustomer()` 則等於第3章的 `emailsForSubscriber()`。

```
function emailsForCustomers(customers, goods, bests) {
  var emails = [];
  for(var i = 0; i < customers.length; i++) {
    var customer = customers[i];
    var email = emailForCustomer(customer, goods, bests);
    emails.push(email);
  }
  return emails;
}
```

這裡使用了 for 迴圈，有想起我們曾做過的 forEach() 了嗎？

約翰：你認為這段程式還有改進空間？

哈利：我覺得已經夠簡單了！畢竟這個函式已經是 Calculation，而非 Action。

金恩：是沒錯，但通知郵件裡說過：使用者被分成了上百個子群體，因此我們可能得撰寫類似的程式碼好幾次。

約翰：確實！寫一堆 for 迴圈會把人逼瘋！

金恩：我們之前不是把迴圈轉換成高階函式了嗎？應該可以套用在這裡！

哈利：說得對！那就試試把 for 迴圈改成 `forEach()` 吧！

把 for 轉換成 forEach()

```
function emailsForCustomers(customers, goods, bests) {
  var emails = [];
  forEach(customers, function(customer) {
   var email = emailForCustomer(customer, goods, bests);
   emails.push(email);
  });
  return emails;
}
```

哈利：這樣好多了！我們不必再打一堆重複的程式碼。

約翰：話雖如此，但一直打相同的 forEach() 還是很煩吧？我加入行銷部門的目的可不是為了打字啊！

金恩：等一下！這段程式很像我之前讀過的東西，叫做 map()。

約翰：map() ？你是說用來查路線的地圖嗎？

金恩：不是！我說的 map() 是能將一個陣列轉換成另一個等長陣列的函式。你看，這段程式會接收一個 customers 陣列（**譯註：**相當於第 3 章的訂閱者清單），然後傳回 emails 陣列（此陣列包含每位訂閱者應收到的電子報內容），這裡正好能使用 map()。

哈利：能解釋得更清楚些嗎？

金恩：沒問題！ forEach() 和 map() 都是能走訪陣列的高階函式，差別在於後者還能傳回一個新陣列。

約翰：你說的新陣列是指？

金恩：這就是 map() 最厲害的地方：新陣列的內容會根據你所傳入的函式來決定。

約翰：這能讓以上程式更簡單？

金恩：沒錯！程式碼不僅能縮短，看起來也更簡單。下面由我詳細說明...

12.3 從範例函式中擷取 map() 的實作

顧客服務團隊需要用到的一些函式，確實符合這種模式，以下列出四個蘊含 map() 用途的函式：

```
function emailsForCustomers(customers, goods, bests) {
  var emails = [];
  for(var i = 0; i < customers.length; i++) {
    var customer = customers[i];
    var email = emailForCustomer(customer, goods, bests);
    emails.push(email);
  }
  return emails;
}
```

```
function biggestPurchasePerCustomer(customers) {
  var purchases = [];
  for(var i = 0; i < customers.length; i++) {
    var customer = customers[i];
    var purchase = biggestPurchase(customer);
    purchases.push(purchase);
  }
  return purchases;
}
```

```
function customerFullNames(customers) {
  var fullNames = [];
  for(var i = 0; i < customers.length; i++) {
    var cust = customers[i];
    var name = cust.firstName + ' ' + cust.lastName;
    fullNames.push(name);
  }
  return fullNames;
}
```

```
function customerCities(customers) {
  var cities = [];
  for(var i = 0; i < customers.length; i++) {
    var customer = customers[i];
    var city = customer.address.city;
    cities.push(city);
  }
  return cities;
}
```

（圖中標註：前段、主體、後段）

仔細觀察上面四個函式，就會發現不同之處只有負責產生新陣列元素的部分(也就是主體)而已。因此，我們可以套用前兩章介紹的重構 2，即：以回呼取代主體實作。下面以 emailsForCustomers() 為例：

重構 2 的步驟

1. 辨識前段、主體與後段區塊。
2. 將所有區塊包裝成函式。
3. 將主體區塊擷取成回呼。

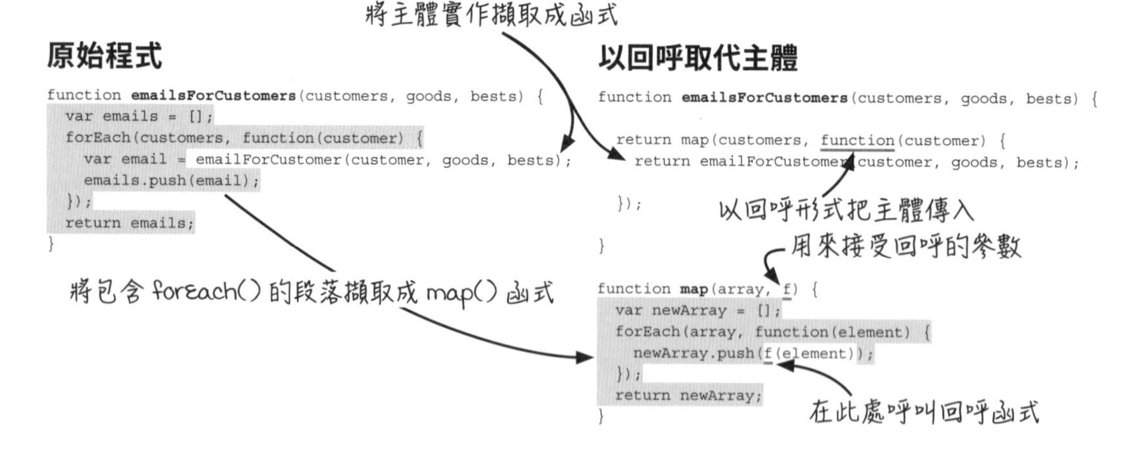

這裡將陣列走訪擷取成了名為 map() 的新函式。由於此函式非常好用，我們將其列為 FP 的三大函數式工具之一！下面繼續深入探討。

12.4 三大函數式工具 — map()

map() 是 FP 設計師依賴的三大『函數式工具』之一(另外兩個是 filter() 和 reduce(),後面會介紹),讓我們仔細檢視其實作:

```
function map(array, f) {
  var newArray = [];
  forEach(array, function(element) {
    newArray.push(f(element));
  });
  return newArray;
}
```

接受一個陣列和一個函式
建立空的新陣列
呼叫 f() 將原陣列中的元素轉換成新元素
將上述新元素加到剛建立的新陣列中
傳回新陣列

可以這麼說:map() 是能把輸入陣列(以下用 X 表示)轉換成輸出陣列(Y)的函式。而為了達成此目的,你必須傳入另一個從 X 指向 Y 的函式(換言之,該函式接受 X 的元素,並傳回 Y 的元素)。注意!上述傳入函式原本只能操作單一數值,map() 可賦予其處理陣列的能力。

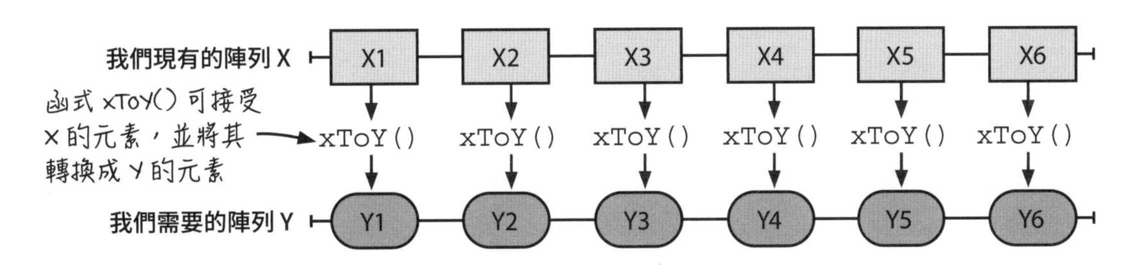

要讓情況盡可能單純,我們傳入 map() 的函式最好是 Calculation;如此一來,呼叫 map() 的程式碼也會是 Calculation。倘若傳入 map() 的函式是 Action,那麼 map() 每處理一個原始陣列中的元素,便會執行一次 Action 的 side effect(額外作用);也就是說,此時呼叫 map() 的程式碼會變成 Action。下面請看如何在本章的例子中使用 map():

```
function emailsForCustomers(customers, goods, bests) {
  return map(customers, function(customer) {
    return emailForCustomer(customer, goods, bests);
  });
}
```

將包含顧客資料的陣列傳入 map()
把能接受單一顧客資料並傳回對應電子報內容的函式傳入 map()
該 return 會傳回給定顧客的電子報內容

等一下！這裡的語法是不是有點亂啊？這個『customer』是哪來的？

這兩個『customer』指的是什麼？

客服部門的哈利

```
function emailsForCustomers(customers, goods, bests) {
  return map(customers, function(customer) {
    return emailForCustomer(customer, goods, bests);
  });
}
```

剛接觸高階函式的人確實不容易瞭解以上程式碼，所以下面讓我們詳細說明。

一步一步來。首先，map() 需要兩個引數：一個陣列和一個函式。在本例中，我們提供的陣列應只包含顧客資料。不過，因為 JavaScript 不會做型別檢查，故這一點無法保證（陣列中可能夾帶不相關資訊）。不過，在此就假設程式碼正確無誤吧！

小字典

內嵌函式（inline function）就是在有需要的地方直接定義的函式。舉例而言，當需要傳入函式時，便把該函式定義在參數列中。

匿名函式（anonymous function）就是沒有名稱的函式，通常使用內嵌方式定義。

```
function emailsForCustomers(customers, goods, bests) {
  return map(customers, function(customer) {
    return emailForCustomer(customer, goods, bests);
  });
}
```

至於傳入 map() 的函式則是一個**內嵌**（inline；即在有需要之處當場實作）的**匿名函式**。利用匿名方法定義函式時，我們可以在關鍵字 function() 的小括號中加入參數，且名稱可自由決定：

```
function(X) {
  return emailForCustomer(
    X, goods, bests
  );
}
```

```
function(Y) {
  return emailForCustomer(
    Y, goods, bests
  );
}
```

```
function(pumpkin) {
  return emailForCustomer(
    pumpkin, goods, bests
  );
}
```

這三個函式是相等的

如上所示，你可以將參數命名為 X、Y，甚至是 pumpkin，但為了清楚起見，本例採用 customer 做為名稱。為什麼是 customer？原因有兩個：第一，此處所談的參數代表單一顧客資料，而 customer 正是顧客的意思；第二，上述單一顧客資料來自陣列 customers（注意是複數），既然有多筆資料的陣列用複數，那麼其中一筆資料以單數 customer 表示非常合理。

12.5 傳入函式的三種方法

在 JavaScript 中，將函式傳入另一函式的做法共有三種。其它語言提供的方法可能更多或更少，但對於有頭等物件的語言來說，JavaScript 的情況非常典型（譯註：以下內容會提到函式的全域定義、區域定義和內嵌定義，忘記的讀者也可以複習 10.11 節）。

傳入全域定義函式

第一種方法是傳入在全域範圍上定義的函式。由於這些函式都有名稱，傳入時只需用該名稱取代另一函式的對應參數即可。注意！傳入函式的名稱後面不需加小括號。

```
function greet(name) {
  return "Hello, " + name;
}

var friendGreetings = map(friendsNames, greet);
```

在程式某處定義函式並給予其名稱

利用名稱在程式其它地方取用該函式；在這裡，我們將名為 greet 的函式傳入 map() 中（注意 greet 不要加小括號）

傳入區域定義函式

區域定義的函式同樣有名稱，因此可以像全域函式一樣透過名稱傳入。不同的地方在於：前者只能在指定區域內存取。

```
function greetEverybody(friends) {
  var greeting;
  if(language === "English")
    greeting = "Hello, ";
  else
    greeting = "Salut, ";

  var greet = function(name) {
    return greeting + name;
  };

  return map(friends, greet);
}
```

這個例子位於此函式的範圍內

在 greetEverybody() 的某處定義區域函式，並給予其名稱

利用名稱在相同區域內取用該函式

傳入內嵌函式

我們也可以把欲傳入的函式直接定義在對應的參數位置上。這種『需要時當場定義』的做法稱為**內嵌**；且因為此類函式沒有名稱，故為**匿名函式**。

```
var friendGreetings = map(friendsNames, function(name) {
  return "Hello, " + name;
});
```

直接把函式定義在需要的地方

此處的『}』是『function(name){』的結尾，『)』則是『map(』的結尾

12.6 範例：取得所有顧客的電子郵件地址

現在來看另一個簡單卻經典的 map() 使用實例。已知我們能取得完整的顧客物件陣列，且每位顧客的電子信箱存放在物件的 email 屬性中，請問：如何用 map() 取得顧客電子郵件地址陣列（裡面需包含所有顧客的 e-mail 地址）？

我們擁有：顧客物件（customers）陣列

我們想要：顧客電子郵件地址（email）陣列

需要函式：接受單一顧客物件（customer）後，將其中的 email 屬性值傳回

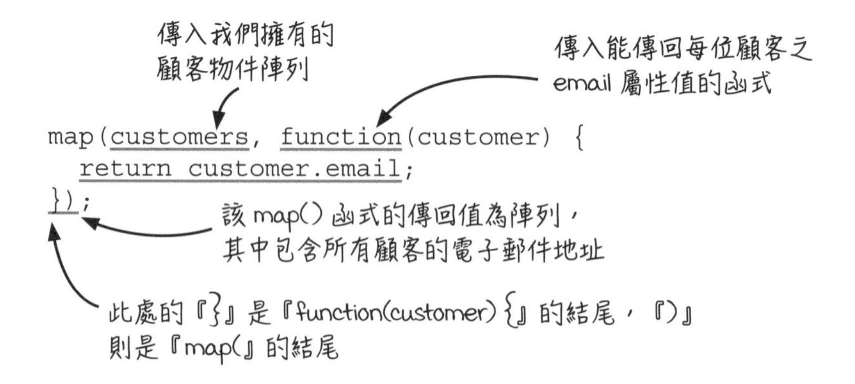

再次強調，我們傳入 map() 的函式本來一次只能處理一個顧客物件，map() 可幫我們將該函式套用在陣列中的所有物件上。

小心陷阱！

如各位所見，map() 是既簡單又有用的函式，FP 程式設計師非常喜歡且經常使用它。然而其並不會檢查資料，故當 customer.email 的值為 null 或 undefined（可能顧客沒有提供電子郵件地址）時，傳回陣列中就會出現 null 或 undefined。

注意！ null 的存在有時會造成嚴重問題 — 若我們傳入 map() 的函式無法處理 null，程式便可能出錯。此時的解決方法有兩個：不要使用具有 null 的語言，或者利用下一節會教到的 filter() 來排除 null。

練習 12-1

MegaMart 計畫在節日到來時寄送實體賀卡給顧客，為此必須先將每位顧客的名字、姓氏以及地址等三項資料儲存成 JavaScript 物件 (為方便起見，我們將此物件稱為賀卡物件；一位顧客對應一個賀卡物件，物件裡包括該顧客的名字、姓氏與地址)，再把所有顧客的賀卡物件放入陣列中傳回。請用 `map()` 寫一段程式來達成此要求：

已知的資料：

- customers 陣列中包含所有 customer 物件 (**譯註：** 每個 customer 物件代表一位顧客的所有資訊)。
- 顧客的名字、姓氏以及地址分別記錄在 customer.firstName、customer.lastName 與 customer.address 屬性中。

將你的答案寫在這裡

練習 12-1 解答

```
map(customers, function(customer) {
  return {
    firstName : customer.firstName,
    lastName  : customer.lastName,
    address   : customer.address
  };
});
```

資料請求：與高消費力顧客聯繫

我們想寄 e-mail 給高消費力顧客，說服他們購買更多商品！對了，高消費力顧客指消費次數達三次或以上的使用者。

申請人：
行銷主管

執行人：
開發小組的金恩

哈利：這個請求不知能否用 `map()` 完成？

約翰：可能不行。`map()` 的傳回陣列長度總是和傳入陣列相同（**譯註：**換句話說，若傳入陣列為顧客清單，則 `map()` 的傳回陣列會包含清單上**所有**顧客的資訊），但這裡要求的是顧客子集，也就是消費力高的那一群人。

金恩：說得沒錯！讓我們先用 `forEach()` 寫寫看吧：

```
function selectBestCustomers(customers) {
  var newArray = [];
  forEach(customers, function(customer) {
    if(customer.purchases.length >= 3)
      newArray.push(customer);
  });
  return newArray;
}
```

哈利：這段程式和 `map()` 很像，但卻存在關鍵差異 — `map()` 的實作中沒有條件判斷。

約翰：金恩，你對程式比較熟，這有讓你想起什麼嗎？

金恩：還真有！這段程式碼符合 `filter()` 的實作。

約翰：`filter()` 又是什麼？

金恩：和 `map()` 類似，`filter()` 也是能根據傳入陣列產生新陣列的高階函式。但後者只會將符合給定條件的傳入陣列元素加到新陣列中，不符合者則跳過。

哈利：我懂了！所以只要把顧客清單和代表選擇條件的函式傳入 `filter()`，就能把高消費力顧客篩選出來。

金恩：完全正確，來看看怎麼實作吧！

12.7 從範例函式中擷取 filter() 的實作

以下列出四個蘊含 filter() 用途的函式：

```
function selectBestCustomers(customers) {
  var newArray = [];
  forEach(customers, function(customer) {
    if(customer.purchases.length >= 3)
      newArray.push(customer);
  });
  return newArray;
}
```

```
function selectCustomersAfter(customers, date) {
  var newArray = [];
  forEach(customers, function(customer) {
    if(customer.signupDate > date)
      newArray.push(customer);
  });
  return newArray;
}
```

```
function selectCustomersBefore(customers, date) {
  var newArray = [];
  forEach(customers, function(customer) {
    if(customer.signupDate < date)
      newArray.push(customer);
  });
  return newArray;
}
```

```
function singlePurchaseCustomers(customers) {
  var newArray = [];
  forEach(customers, function(customer) {
    if(customer.purchases.length === 1)
      newArray.push(customer);
  });
  return newArray;
}
```

前段

主體(以 if 敘述寫成的篩選條件)

後段

這四個函式不同之處只有 if 敘述的內容，而該內容決定了傳入陣列中的哪些元素會被加到新陣列中。換言之，if 小括號裡的程式碼就是主體，可以用**以回呼取代主體實作**來重構。以下用 selectBestCustomers() 舉例：

原始程式

```
function selectBestCustomers(customers) {
  var newArray = [];
  forEach(customers, function(customer) {
    if(customer.purchases.length >= 3)
      newArray.push(customer);
  });
  return newArray;
}
```

將包含 forEach() 的段落擷取成 filter() 函式

以回呼取代主體

```
function selectBestCustomers(customers) {
  return filter(customers, function(customer) {
    return customer.purchases.length >= 3;
  });
}
```

將原本的條件式包裝成匿名函式，做為傳入 filter() 的引數

```
function filter(array, f) {
  var newArray = [];
  forEach(array, function(element) {
    if(f(element))
      newArray.push(element);
  });
  return newArray;
}
```

在此處呼叫回呼函式

我們已擷取了名為 filter() 的函式，其同樣具有走訪功能。由於此函式非常有用，且在 FP 裡相當常見，故在此將其列為三大函數式工具的第二項。

如前所述，傳入高階函式的回呼可以是全域、區域或內嵌定義。考慮到本例的回呼程式碼既短又簡單，因此我們選擇了內嵌的做法。

定義函式的三種方法

1. 全域定義
2. 區域定義
3. 內嵌定義

下面再花點時間來討論 filter() 吧！

12.8 三大函數式工具 — filter()

`Filter()` 是 FP 程式設計師依賴的第二項『函數式工具』(另外兩項是 `map()` 和 `reduce()`，後者稍後就會介紹)，讓我們仔細檢視其實作：

```
function filter(array, f) {
  var newArray = [];
  forEach(array, function(element) {
    if(f(element))
      newArray.push(element);
  });
  return newArray;
}
```

接受一個陣列和一個函式

建立空的新陣列

呼叫 f() 以檢查某元素是否應該被加入新陣列

將通過檢查的元素加到新陣列中

傳回新陣列

`filter()` 的功能就是篩選出給定陣列的子集。換言之，若傳入陣列為 X，則傳回陣列的元素亦屬於 X (**譯註：** 即 `filter()` 不會改變來自 X 的元素) 且先後順序不變，只不過 X 中的某些元素可能被跳過，造成傳回陣列的元素個數小於或等於 X。而為了進行篩選，你必須傳入另一個從 X 指向 Boolean 的函式 (即：此函式接受 X 的元素，然後傳回 true 或 false)，以決定元素應該被保留 (若判定為 true) 還是剔除 (false)。順帶一提，這種傳回 true ／ false 的函式通常稱為**謂語** (predicates)。

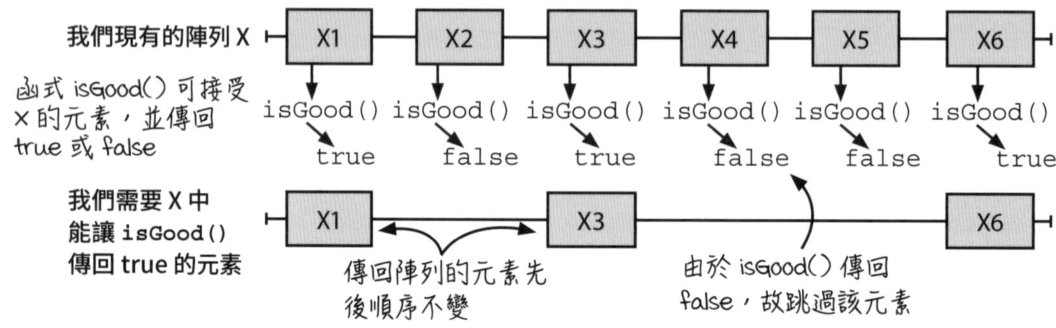

由於 `filter()` 每處理 X 中的一個元素就會呼叫一次我們傳入的函式，故以 Calculation 函式做為引數會讓情況簡單很多。下面請看如何在 `selectBestCustomers()` 中使用 `filter()`：

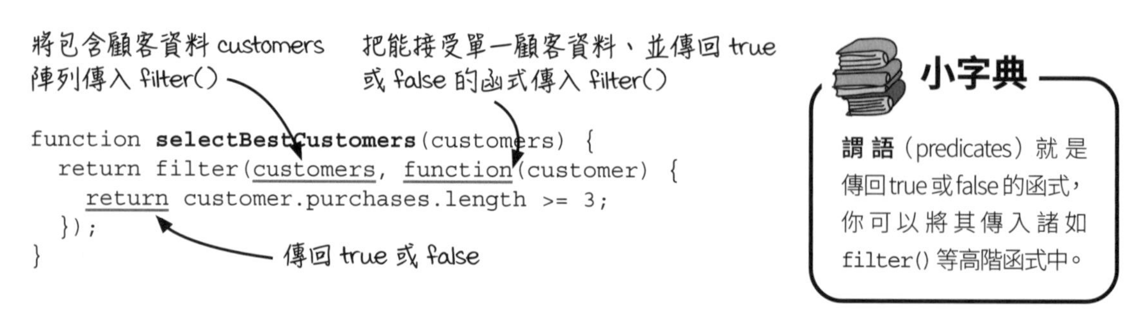


```
function selectBestCustomers(customers) {
  return filter(customers, function(customer) {
    return customer.purchases.length >= 3;
  });
}
```

小字典

謂語 (predicates) 就是傳回 true 或 false 的函式，你可以將其傳入諸如 `filter()` 等高階函式中。

12.9 範例：找出從未消費過的顧客

來看另一個簡單又經典的 `filter()` 使用實例 — 將所有從未消費過的顧客列成陣列後傳回。

我們擁有：顧客物件 (customers) 陣列

我們想要：由消費次數為零 (即：customer.purchases.length 等於 0) 之顧客物件所組成的陣列

需要函式：接受單一顧客物件 (customer) 後，若其消費次數為零則傳回 true

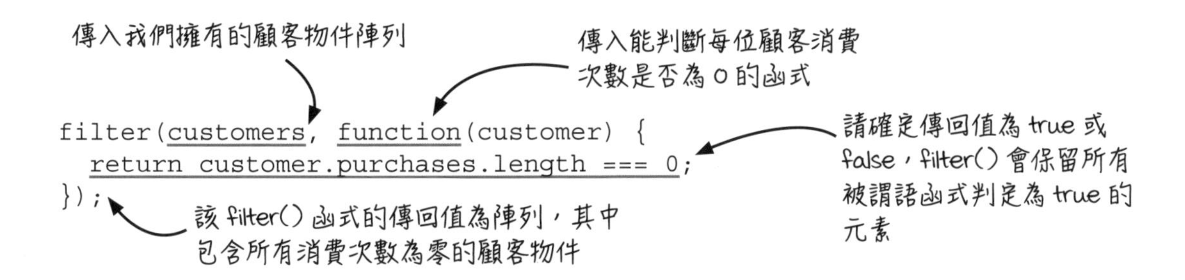

再次強調，`filter()` 可產生給定陣列的子集，並保留原陣列的元素順序。

小心陷阱！

譯註：以下內容連結本章 12.6 節，和上面的範例無關，請各位注意！

在 12.6 節曾經談過 `map()` 可能出現 null 值的情況。有時這並不會產生問題，但若你想去除所有的 null 值，可以用 `filter()` 過濾掉：

```
var allEmails = map(customers, function(customer) {
  return customer.email;
});
```

因為顧客物件的 email 屬性值有可能為 null，所以傳回陣列裡也可能包含 null

```
var emailsWithoutNulls = filter(allEmails, function(email) {
  return email !== null;
});
```

可以把傳入的 allEmails 中所有的 null 值去除，只留下有用的電子郵件地址

`map()` 和 `filter()` 可以搭配使用。下一章會以大篇幅說明如何結合 `map()`、`filter()` 與 `reduce()` 實現更複雜的功能。

練習 12-2

MegaMart 的行銷部門想寄測試信件給顧客清單中三分之一的使用者。他們的計劃是：顧客 ID 能整除 3 者列入測試名單中，否則屬於非測試名單。你的任務是利用 `filter()` 分別產生『測試名單 (testGroup)』與『非測試名單 (nonTestGroup)』。

已知的資料：

- customers 陣列中包含所有 customer 物件。
- 顧客的 ID 記錄在 customer.id 屬性中。
- 『% 』是餘數算符，故『**x % 3 === 0**』可檢查 x 是否能被 3 整除。

```
var testGroup =
```

將你的答案寫在這裡

```
var nonTestGroup =
```

練習 12-2 解答

```
var testGroup = filter(customers, function(customer) {
  return customer.id % 3 === 0;
});

var nonTestGroup = filter(customers, function(customer) {
  return customer.id % 3 !== 0;
});
```

資料請求：請計算所有顧客的總消費次數

每位顧客的消費次數分別記錄在不同顧客物件中，而我們想知道所有顧客的總消費次數是多少。

申請人：
行銷主管

執行人：
開發小組的金恩

行銷部門的約翰

客服部門的哈利

開發小組的金恩

哈利：這個請求想要的不是陣列，所以應該沒辦法用 map() 或 filter() 了！

約翰：你說的對！對方要的是一個數字。金恩，你有想到適合的函數式工具嗎？

金恩：這個嘛，還是先用 forEach() 寫寫看吧：

```
function countAllPurchases(customers) {
  var total = 0;
  forEach(customers, function(customer) {
    total = total + customer.purchases.length;
  });
  return total;
}
```

哈利：程式碼又和之前很像，但卻不是 map() 或 filter()。

約翰：有意思！我們得用前一輪迴圈的 total 來計算下一輪的 total。

金恩：我想起來了！這是 reduce()。它是 FP 三大函數式工具中的第三個，同樣為高階函式。reduce() 可以走訪陣列，並『累進』其中的數值。雖然在本例中『累進』就是指累加，但此處其實可以是任意操作。

哈利：讓我猜猜看 — 所以你可以傳入函式，告訴 reduce() 如何『合併』陣列元素？

金恩：完全正確！下面來看 reduce() 的實作。

12.10 從範例函式中擷取 reduce() 的實作

以下列出幾個蘊含 reduce() 的函式：

```
function countAllPurchases(customers) {
  var total = 0;
  forEach(customers, function(customer) {
    total = total + customer.purchases.length;
  });
  return total;
}
```

```
function concatenateArrays(arrays) {
  var result = [];
  forEach(arrays, function(array) {
    result = result.concat(array);
  });
  return result;
}
```

前段
主體(合併操作)
後段

```
function customersPerCity(customers) {
  var cities = {};
  forEach(customers, function(customer) {
    cities[customer.address.city] += 1;
  });
  return cities;
}
```

```
function biggestPurchase(purchases) {
  var biggest = {total:0};
  forEach(purchases, function(purchase) {
    biggest = biggest.total>purchase.total?
              biggest:purchase;
  });
  return total;
}
```

前段
主體(合併操作)
後段

在以上例子中，不同的東西只有兩個：第一是累進變數初始值，第二則是計算下一輪迴圈之累進變數值的算式。上述變數值是由『此輪的累進變數值』與『當前處理之陣列元素』共同決定，兩者透過某種可變的『合併操作』加以結合。下面以 countAllPurchases() 做說明：

下一輪迴圈的累進變數值取決於

1. 此輪迴圈的累進變數值
2. 此輪處理的陣列元素

原始程式

```
function countAllPurchases(customers) {
  var total = 0;
  forEach(customers, function(customer) {
    total = total + customer.purchases.length;
  });
  return total;
}
```

將這一段包含 forEach() 的程式碼擷取成 reduce()

以回呼取代主體

```
function countAllPurchases(customers) {
  return reduce(
    customers, 0, function(total, customer) {
      return total + customer.purchase.length;
    }
  );
}
```

```
function reduce(array, init, f) {
  var accum = init;
  forEach(array, function(element) {
    accum = f(accum, element);
  });
  return accum;
}
```

累進變數初始值
回呼函式
本例的回呼需要兩個引數

這裡將陣列走訪擷取成名為 reduce() 的新函式。由於此函式非常有用，且在 FP 裡相當常見，故我們將其列為三大函數式工具的第三項。下面再花點時間來研究 reduce() 吧！

12.11 三大函數式工具 — reduce()

reduce() 是 FP 程式設計師所依賴的第三項『函數式工具』(另外兩項是 map() 和 filter()),讓我們仔細檢視其實作:

接受一個陣列、一個初始累進變數值、一個函式

```
function reduce(array, init, f) {
  var accum = init;
  forEach(array, function(element) {
    accum = f(accum, element);
  });
  return accum;
}
```

累進變數初始化

呼叫 f(),利用當前迴圈的累進變數值與陣列元素計算下一輪的累進變數值

傳回累進變數值

如前所述,reduce() 會一邊走訪陣列,一邊『累進』其中的元素。注意!此處的『累進』有很多種實現方式,例如:數值累加、將新元素加到 hash map 中,或是連接字串等,具體依照傳入的『合併函式』來決定,該函式只有一項限制:必須用上每一輪迴圈的累進變數值與陣列元素。reduce() 的傳回值則是累進完成後的變數值。

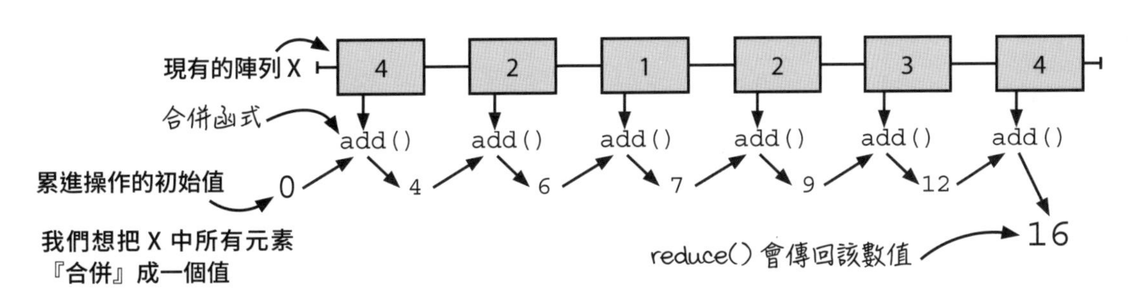

我們傳入 reduce() 的函式需要兩個引數:第一是當前迴圈的累進變數值、第二則是目前的陣列元素,傳回值的資料型別則應與第一個引數相同。下面請看如何在 countAllPurchases() 裡使用 reduce():

將顧客物件陣列傳入 reduce()

將初始變數值傳入 reduce()

```
function countAllPurchases(customers) {
  return reduce(
    customers, 0,
    function(total, customer) {
      return total + customer.purchase.length;
    });
}
```

傳入 reduce() 的函式能接受兩個引數,且傳回值的資料型別與第一個引數相同

傳回『當前 total 變數值』與『當前顧客消費次數』的和

12.12 範例：連接字串

來看另一個簡單卻經典的 reduce() 使用實例 — 給你一個字串陣列，請將其中所有字串連接起來。

我們擁有：字串陣列 (strings)

我們想要：將陣列中所有字串連接成單一字串 ← 合併操作

需要函式：接受累進字串與當前正在處理的陣列字串，並連接兩者

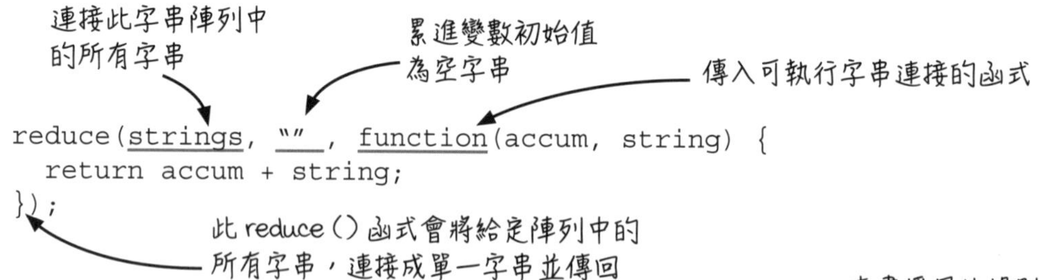

再次強調，reduce() 可將傳入陣列中的元素『合併』成單一結果，但我們必須提供該函式一個初始值。

本書採用此規則，但不同程式語言的做法可能不同

> **本書三大函數式工具的參數順序為**
>
> 1. 第一個參數接受欲走訪陣列
> 2. 最後一個參數接受回呼函式
> 3. 若有接受其它引數的參數，則放以上兩參數中間

小心陷阱！

關於 reduce() 有兩件事需要注意。首先是參數順序 — 由於 reduce() 本身就有三個參數，而你傳入 reduce() 的合併函式又有兩個參數，所以這些參數的順序很容易弄混。更糟的是，不同程式語言中的 reduce()（此處指功能等同於 reduce() 的函式，其名稱不一定是 reduce）參數順序可能不同，沒有統一規範！本書採用了『用第一個參數接受欲走訪的陣列，並用最後一個參數接受傳入函式』的原則，因此接受『累進變數初始值』的參數也就只能擺在兩者中間。

需注意的第二件事是怎麼決定累進變數初始值。該值應取決於合併操作和問題脈絡，並可總結為以下兩個問題：

- **計算的起點在哪裡？**舉例而言，累加一般從零開始，故應以 0 為起始值；但乘法則從 1 開始，故初始值得改用 1。
- **若傳入空陣列，函式應傳回什麼結果？**以本例來說，若傳入陣列為空的字串陣列，則傳回值應為空字串。

> **決定累進參數初始值需考慮以下問題**
>
> 1. 計算的起點為何？
> 2. 若傳入陣列為空，則傳回結果應為何？
> 3. 需遵守哪些業務規則？

練習 12-3

MegaMart 的會計部門需處理大量的加法與乘法。請用 reduce() 撰寫兩個函式，以幫助他們求取給定陣列中的數字總和與乘積。提示：請小心選擇要傳入 reduce() 的累進變數初始值。

將你的答案寫在這裡

```
// 將 numbers 陣列中的所有數字加總
function sum(numbers) {



}

// 將 numbers 陣列中的所有數字相乘
function product(numbers) {



}
```

練習 12-3 解答

```
function sum(numbers) {
  return reduce(numbers, 0, function(total, num) {
    return total + num;
  });
}

function product(numbers) {
  return reduce(numbers, 1, function(total, num) {
    return total * num;
  });
}
```

練習 12-4

選擇適當的合併函式能讓 `reduce()` 發揮奇效。請用 `reduce()` 撰寫兩個函式，分別找出給定陣列中的最大值與最小值，但不能使用 `Math.min()` 與 `Math.max()`。

已知的資料：

- JavaScript 中的最大數值為 `Number.MAX_VALUE`。
- JavaScript 中的最小數值為 `Number.MIN_VALUE`。

將你的答案寫在這裡

```
// 傳回 numbers 陣列中的最小值
// （若傳入空陣列，則傳回 Number.MAX_VALUE）
function min(numbers) {




}

// 傳回 numbers 陣列中的最大值
// (若傳入空陣列，則傳回 Number.MIN_VALUE)
function max(numbers) {




}
```

練習 12-4 解答

```
function min(numbers) {
  return reduce(numbers, Number.MAX_VALUE, function(m, n) {
    if(m < n) return m;
    else      return n;
  });
}

function max(numbers) {
  return reduce(numbers, Number.MIN_VALUE, function(m, n) {
    if(m > n) return m;
    else      return n;
  });
}
```

練習 12-5

瞭解 FP 三大函數式工具的方法之一，是推想這些函式在邊界 (極端) 條件下會傳回什麼結果。請試著回答以下問題：

1. 若傳入空陣列，`map()` 會傳回什麼？
```
> map([], xToY)
```

2. 若傳入空陣列，`filter()` 會傳回什麼？
```
> filter([], isGood)
```

3. 若傳入空陣列，`reduce()` 會傳回什麼？**譯註：** init 代表初始值，combine 則是合併函式。
```
> reduce([], init, combine)
```

4. 若將一個『原封不動把引數傳回的函式』傳入 `map()`，那麼下列敘述的傳回結果是？
```
> map(array, function(x) { return x; })
```

5. 若將一個『永遠傳回 true 的函式』傳入 `filter()`，那麼下列敘述的傳回結果是？
```
> filter(array, function(_x) { return true; })
```

6. 若將一個『永遠傳回 false 的函式』傳入 `filter()`，那麼下列敘述的傳回結果是？
```
> filter(array, function(_x) { return false; })
```

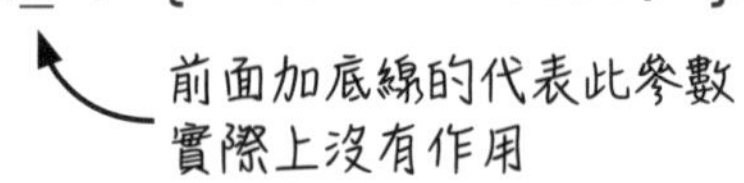

練習 12-5 解答

1. `[]`
2. `[]`
3. `init`
4. `array` 的淺拷貝複本
5. `array` 的淺拷貝複本
6. `[]`

12.13 reduce() 可以做什麼？

有趣的是，喬治的看法和實際情況正好相反！ reduce() 要比另外兩項函數式工具強大多了。事實上，map() 和 filter() 都可以用 reduce() 來實作，但反過來卻行不通。

測試小組的喬治

能夠以 reduce() 實現的功能很多。本章雖然不會詳述，但下面先列一些例子給各位做參考。

復原

一般而言，復原與重做 (請見下一段) 是非常難實作的功能，特別是當事先沒有計劃的時候。假如我們把使用者的一系列操作列在陣列中，並對該陣列套用 reduce()，則『復原』其實就相當於將最後一項操作移除。

重做

試想一下：若將『系統原始狀態 (當成累進變數初始值)』和『按順序記錄使用者操作的陣列』傳入 reduce()，我們應該能得到最近一次操作之後的系統狀態 (**譯註：** 此處的累進變數值代表系統狀態；在每一輪迴圈中，reduce() 會拿陣列中的使用者操作處理當前變數值，得到下一輪的系統狀態)。

時間移動除錯 (time-traveling debugger)

某些程式語言允許我們回溯所有更動，直到過去的某一步為止。假如錯誤發生，你可以先備份並回頭檢視之前各時間點的狀態、修正錯誤，然後正常執行程式。這聽起來很神奇，但其實也是用 reduce() 實現的。

程式語言大觀園

不同語言中的 reduce() 功能可能是用不同的名稱。fold() 就是其中一例，且該函式還有諸如 foldLeft() 和 foldRight() 等的變形，代表處理陣列的方向。

審計軌跡 (audit trails)

有時，我們需要知道系統在指定時間點上的狀態為何。舉個例子，司法單位可能會質問你：『去年 12 月 31 日時這台電腦上發生了什麼事？』透過 reduce()，我們可以合併歷史記錄與時間訊息，以便找出給定日期的資料。

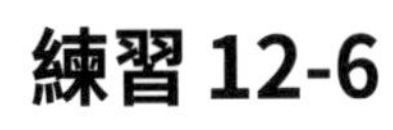

練習 12-6

前面提過，map() 和 filter() 可以用 reduce() 來實作，請讀者們自行試試看。

練習 12-6 解答

此題的答案不只一種。這裡分別提供兩種 map() 和 filter() 的實作方法，其中一種使用不可變操作，另一種則會在每輪迴圈中修改最後要傳回的陣列。注意！後者的效率較前者高，但由於可變操作其實只修改區域變數，所以兩者都屬於 Calculations。

```
function map(array, f) {
  return reduce(array, [], function(ret, item) {
    return ret.concat(f([item]));
  });
}
```

只使用不可變操作（效率較低）

```
function map(array, f) {
  return reduce(array, [], function(ret, item) {
    ret.push(f(item));
    return ret;
  });
}
```

使用可變操作（效率較高）

```
function filter(array, f) {
  return reduce(array, [], function(ret, item) {
    if(f(item)) return ret.concat([item]);
    else        return ret;
  });
}
```

只使用不可變操作（效率較低）

```
function filter(array, f) {
  return reduce(array, [], function(ret, item) {
    if(f(item))
      ret.push(item);
    return ret;
  });
}
```

使用可變操作（效率較高）

在此需強調一項重點 — 前面曾提過：傳入 reduce() 中的函式最好是 Calculation。而在可變操作的實作裡，我們打破了這條規則。但正如上一段所說，由於上述實作只在區域範圍內修改陣列，所以最後的 map() 和 filter() 仍然是 Calculations！這表示：所謂的『規則』其實只是『指導方針』而已 — 沒事不要特意去違背方針；但當違背時請仔細想一想，因為結果未必不好！

12.14 比較三大函數式工具

`map()`：利用給定函式，將傳入陣列中的元素一一轉換成新陣列的元素。

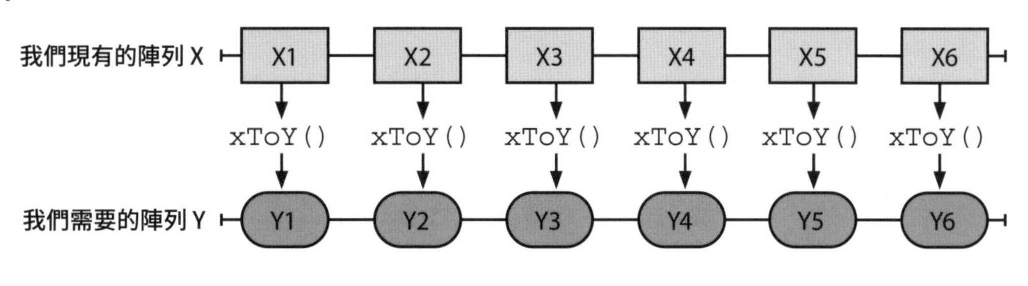


```
map(array, function(element) {
  ...
  return newElement;
});
```

傳入 map() 的函式接受 X 的元素

並傳回 Y 的元素

`filter()`：選取傳入陣列中的部分元素，並加入新陣列中。

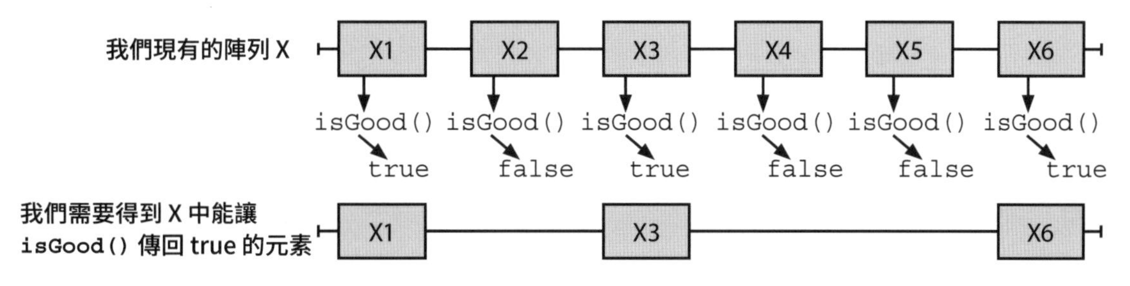


```
filter(array, function(element) {
  ...
  return true;
});
```

傳入 filter() 的函式需傳回 true 或 false

`reduce()`：將傳入陣列中的元素『合併』成單一結果。

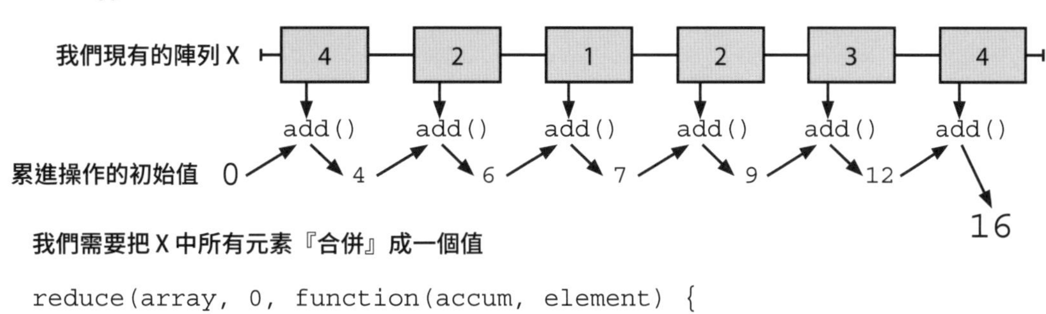


```
reduce(array, 0, function(accum, element) {
  ...
  return combine(accum, element);
});
```

你可以選擇任意合併函式

結論

FP 中充滿了各種小巧且抽象的函式，每一種都專精某項功能。本章介紹的 `map()`、`filter()` 與 `reduce()` 是我們最常使用的三項工具。各位應該已經知道這些函式的功能，並曉得如何從陣列走訪操作中擷取它們。

重點整理

- `map()`、`filter()` 與 `reduce()` 是最常見的三項函數式工具，每一位 FP 程式設計師都會經常使用。
- 由於 `map()`、`filter()` 與 `reduce()` 能走訪陣列，且有各自清楚的功能，故它們能取代程式中的 for 迴圈並增加可讀性。
- `map()` 會利用你給的回呼函式，將傳入陣列中的元素一一轉換成新陣列的元素。
- `filter()` 會選取傳入陣列中的部分元素，並加入新陣列中。選取的標準由你所傳入的謂語函式決定。
- `reduce()` 會以給定的初始值為基礎，將傳入陣列中的所有元素『合併』成單一結果。你可以用該函式總結資料，或者將序列數值轉換成單一數值。

接下來 ...

本章介紹了能操作序列資料的強大函數式工具。然而，仍有一些複雜問題是目前仍處理不了的。我們在下一章會學習如何把 `map()`、`filter()` 與 `reduce()` 串連成多步驟的程序。這樣就能把三大函式的力量結合起來，以便對資料做更進階的處理。

串連函數式工具 | 13

本章將帶領大家：

- 學習結合函數式工具，以完成更複雜的請求。
- 瞭解使用函數式工具鏈取代龐雜的 for 迴圈。
- 學習如何建立資料處理管道。

現在你已經知道如何單獨利用 `map()`、`filter()` 或 `reduce()` 這些函數式工具，來完成一般以迴圈處理的陣列任務。然而，當需求變得複雜時，僅靠單一個函數式工具可能無法應付。本章將學習如何透過多步驟的**鏈式操作**（chain）來完成繁複的計算。透過此方法結合三大函數式工具，既能處理複雜的任務，又能確保每個步驟易讀、易撰寫。這在 FP 中是一項重要技能，並充分展現了這三大函數式工具的威力。

13.1 新的資料請求

此處沿用第 12 章的情境。

資料請求：請計算高消費力顧客的最高消費金額

行銷部門假設：對 MegaMart 越忠實的用戶，消費金額也越大。

申請人：
行銷主管

執行人：
開發小組的金恩

為了驗證行銷部門的假設，我們想知道每位高消費力（消費次數達三次或以上）顧客的最高消費金額是多少。

哈利： 這個請求好像比之前的複雜許多！

約翰： 同意。我們得先找出所有高消費力顧客，然後再列出他們的最高消費金額。聽起來就很困難！

金恩： 這個請求確實比前幾個複雜。但約翰提到的兩個步驟之前都討論過了，只要再把兩者結合起來即可。補充一點，這種串連多步驟的做法一般稱為**鏈化** (chaining)。

哈利： 瞭解！所以，要先用 `filter()` 找出高消費力顧客，然後再用 `map()` 取得他們的最高消費金額，對吧？

金恩： 是的。問題是要怎麼找出消費金額的最大值？

約翰： 我們之前不是用 `reduce()` 寫過尋找最大值的函式嗎（見練習 12-4）？也許這裡可以派上用場？

金恩： 嗯，有可能。來看看程式碼長怎樣吧！記得：串連多個函式步驟時，上一步的輸出就是下一步的輸入。

整理一下哈利、金恩和約翰之間的對話。我們的目標是『找到每一位高消費力顧客的最大消費金額』，而這需要兩個步驟：

1. 以 filter() 篩選出高消費力 (即：消費次數達三次或以上) 的顧客。
2. 以 map() 取得最大消費金額。注意！尋找最大值可用 reduce()，如練習 12-4 所示。

下面進入實作。首先，定義『能傳回每位高消費力顧客之最大消費金額』的函式：

```
function biggestPurchasesBestCustomers(customers) {
```

接下來是篩選高消費力顧客的部分，實作方法已在 12.7 節介紹過。此為函式鏈的第 1 步：

```
function biggestPurchasesBestCustomers(customers) {
  var bestCustomers = filter(customers, function(customer) {   // 第 1 步
    return customer.purchases.length >= 3;
  });
```

現在，我們得存取每位高消費力顧客的最高消費金額，並將結果存入陣列中。接下來要做第 2 步，也就是取得最大消費金額，其具體程式碼目前仍未知，但必然與 map() 有關。下面將該步驟加入函式鏈：

```
function biggestPurchasesBestCustomers(customers) {
  var bestCustomers = filter(customers, function(customer) {   // 第 1 步
    return customer.purchases.length >= 3;
  });

  var biggestPurchases = map(bestCustomers, function(customer) {   // 第 2 步
    return ...;   // 我們知道要用 map()，但 return 後面應該怎麼寫呢？
  });
}
```

幸運的是，只要簡單修改練習 12-4 的 max()，便能得到『傳回最高消費金額』的函式。如前所述，該函式的實作會用到 reduce()，下面就是實際程式碼：

```
function biggestPurchasesBestCustomers(customers) {
  var bestCustomers = filter(customers, function(customer) {
    return customer.purchases.length >= 3;
  });

  var biggestPurchases = map(bestCustomers, function(customer) {
    return reduce(customer.purchases, {total: 0}, function(biggestSoFar, purchase) {
      if(biggestSoFar.total > purchase.total)
        return biggestSoFar;
      else
        return purchase;
    });
  });
  return biggesetPurchases;
}
```

第 1 步

使用消費金額 = 0 當做 reduce() 的初始值

第 2 步

要找到每位高消費力顧客的最高消費金額，我們得在 map() 的回呼函式中運用 reduce()

傳回最大消費金額

以上程式雖然能達成目的，但卻過於繁複！其中的巢狀回呼 (回呼中還有回呼) 令人難以理解。像這樣的程式碼導致很多人對函式鏈避之唯恐不及，為破除這種誤解，下面就來討論如何簡化這段實作！

讓我們先把巢狀回呼的部分標出來：

```
function biggestPurchasesBestCustomers(customers) {
  var bestCustomers = filter(customers, function(customer) {
    return customer.purchases.length >= 3;
  });

  var biggestPurchases = map(bestCustomers, function(customer) {
    return reduce(customer.purchases, {total: 0}, function(biggestSoFar, purchase) {
      if(biggestSoFar.total > purchase.total)
        return biggestSoFar;
      else
        return purchase;
    });
  });
  return biggesetPurchases;
}
```

巢狀回呼非常難理解

接下來，將上面 reduce() 的部分與練習 12-4 解答中 max() 函式的 reduce() 部分做個比較：

尋找最高消費金額

```
reduce(customer.purchases,
       {total: 0},
       function(biggestSoFar, purchase) {
         if(biggestSoFar.total > purchase.total)
           return biggestSoFar;
         else
          return purchase;
       });
```

尋找最大值

```
reduce(numbers,
       Number.MIN_VALUE,
       function(m, n) {
         if(m > n)
           return m;
         else
           return n;
       });
```

用最小的可能數字當初始值

比較運算

傳回最大值

上面兩段 reduce() 的不同之處在於：『尋找最高消費金額』的 reduce() 需先取得『total』屬性再做比較，而『尋找最大值』的 reduce() 則直接比較兩數值 (即：m 和 n)。為讓兩者一致，可以把『存取 total 屬性』的操作改寫成回呼函式，如下所示：

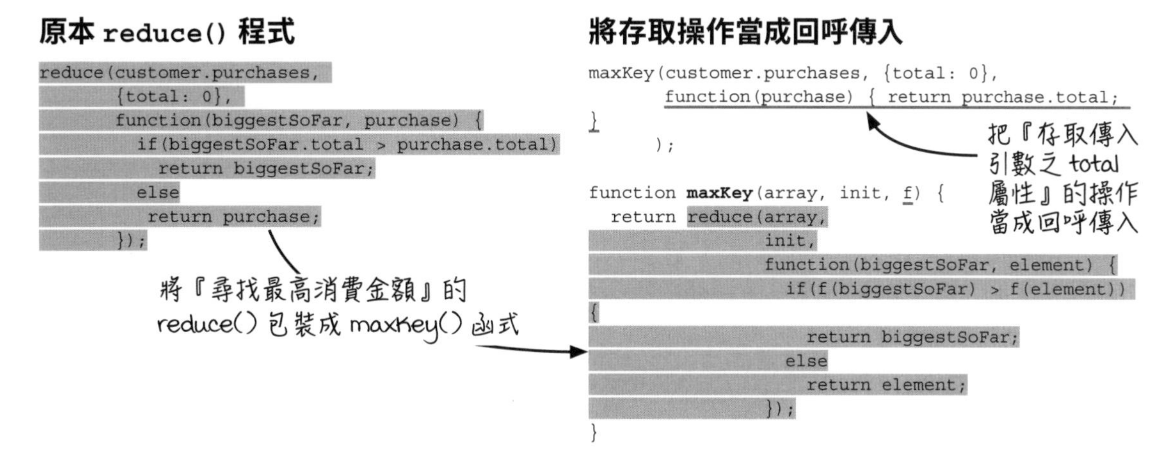

此處的 maxKey() 需要有三個參數：傳入的陣列、初始值、傳入的回呼函式，用以搜尋陣列中的最大值，而其中的回呼則是告訴該函式：要比較的部分是『total 屬性值』。

現在，將 maxKey() 代回原本的 biggestPurchasesBestCustomers() 看看：

```
function biggestPurchasesBestCustomers(customers) {
  var bestCustomers = filter(customers, function(customer) {
    return customer.purchases.length >= 3;
  });

  var biggestPurchases = map(bestCustomers, function(customer) {
    return maxKey(customer.purchases, {total: 0}, function(purchase) {
      return purchase.total;
    });
  });

  return biggestPurchases;
}
```

第 1 步

第 2 步

巢狀的 return 還是在

用『呼叫 maxKey()』來取代 reduce()

改完後的程式碼看起來比較簡潔了！由於原來的 `reduce()` 屬於相對低階的函式，功能也較不特定（只要是『將陣列中的元素合併成單一數值』的操作，都可以用此函式），閱讀時也就比較難知道其具體功能為何。反之，較高階的 `maxKey()` 只執行特定任務（找到陣列中的最大值），故其意義顯而易懂。

話雖如此，以上程式中仍存在難以理解的巢狀回呼與 return 敘述，這表示尚有簡化空間。為了讓程式碼更清楚，我們會在接下來的兩節中介紹兩種整理函式鏈的方法。

練習 13-1

`maxKey()` 和練習 12-4 解答的 `max()` 在功能上很像，因此兩者的實作應該也類似才對。請各位試著回答以下問題：

1. 若你想用其中一個函式實作出另一個，請問應該用 `max()` 實作 `maxKey()`，還是相反？為什麼？
2. 承上題，應該如何實作（請寫出 `max()` 和 `maxKey()` 的程式碼）？
3. 請試著畫出 `max()`、`maxKey()`、`reduce()`、`forEach()` 和 for 迴圈的呼叫圖？
4. 根據上一題的呼叫圖，請問 `max()` 和 `maxKey()` 何者較泛用（即：功能較不特定、較低階）？

練習 13-1 解答

1. max() 只能直接比較給定的兩個引數（**譯註：** 即程式碼中的 m 和 n），maxKey() 則可先對兩引數進行任意函式處理、再做比較，因此後者的泛用性較前者高。考慮到這一點，我們應用 maxKey() 來實作 max()。

2. 上面提過：maxKey() 可先對給定引數執行某種處理、再做比較；max() 則只能直接比較引數。所以，若讓 maxKey() 以恆等函式 (identity function，即：將傳入引數原封不動傳回的函式) 處理引數，maxKey() 就會變成 max() 了：

```
function maxKey(array, init, f) {
  return reduce(array,
                init,
                function(biggestSoFar, element) {
                  if(f(biggestSoFar) > f(element))
                    return biggestSoFar;
                  else
                    return element;
                });
}

function max(array, init) {
  return maxKey(array, init, function(x) {
    return x;
  });
}
```

讓 maxKey() 比較原本的引數

將傳入引數原封不動傳回的函式稱為『恆等函式』

3. 本題的呼叫圖如下：

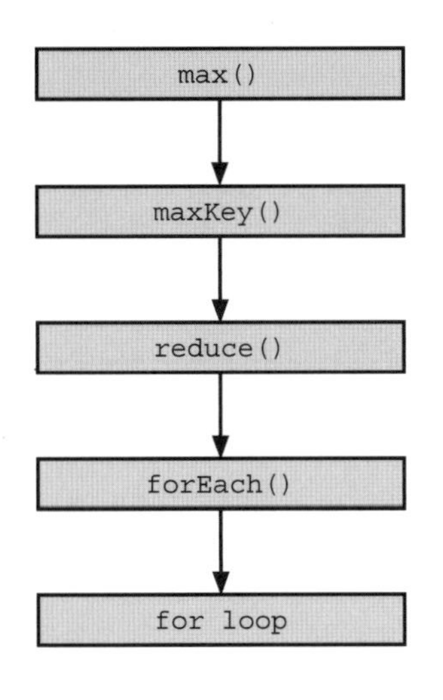

小字典

高階函式可以接受其它函式作為引數傳入，並對資料進行某種操作，例如：轉換、過濾或累加。但在某些情況下，我們希望高階函式不要改變資料。為了保持處理流程的一致性，此時可以傳入恆等函式 (identity function)，恆等函式只會返回輸入的值，而不做任何改變。

編註： 在 Javascript 中，可以使用 Lodash 工具庫 (utility library) 中的 identity() 恆等函式，或者也可以自行定義：『const identity = x => x;』。

4. maxKey() 在呼叫圖中的位置比 max() 低，代表前者較後者泛用。該結論呼應之前所述：max() 其實只是 maxKey() 的一個特例而已。

13.2 函式鏈整理方法（1）— 為步驟命名

要讓函式鏈更清楚，第一種方法是替每一個步驟命名。以下是目前的程式碼：

```
function biggestPurchasesBestCustomers(customers) {
  var bestCustomers = filter(customers, function(customer) {    ← 第1步
    return customer.purchases.length >= 3;
  });

  var biggestPurchases = map(bestCustomers, function(customer) {    ← 第2步
    return maxKey(customer.purchases, {total: 0}, function(purchase) {
      return purchase.total;
    });
  });

  return biggestPurchases;
}
```

若將其中的步驟（第1步、第2步）分別擷取成高階函式並賦予名稱，則整段程式碼會變成：

```
function biggestPurchasesBestCustomers(customers) {
  var bestCustomers    = selectBestCustomers(customers);    ← 第1步
  var biggestPurchases = getBiggestPurchases(bestCustomers);    ← 第2步
  return biggestPurchases;
}

function selectBestCustomers(customers) {
  return filter(customers, function(customer) {
    return customer.purchases.length >= 3;
  });
}

function getBiggestPurchases(customers) {
  return map(customers, getBiggestPurchase);
}

function getBiggestPurchase(customer) {
  return maxKey(customer.purchases, {total: 0}, function(purchase) {
    return purchase.total;
  });
}
```

步驟變短了，且能從函式名稱看出其意義

為高階函式取名，這樣呼叫時就知道在執行什麼步驟

將原本位於此處的函式擷取成名為 getBiggestPurchase() 的高階函式

> **譯註：** getBiggestPurchase() 只能處理單一顧客物件，getBiggestPurchases() 則可處理顧客物件陣列

經過改寫後，不僅 biggestPurchasesBestCustomers() 中的函式鏈變得一目了然，鏈中兩個步驟的函式實作（即 selectBestCustomers() 與 getBiggestPurchases()）也更加易懂。然而，此結果仍不盡理想。由於 selectBestCustomers() 和 getBiggestPurchase() 的回呼函式仍是以內嵌方式定義，故無法重複利用。此外，selectBestCustomers()、getBiggestPurchases() 與 getBiggestPurchase() 本身也不能重複使用。前面提過，可重複利用的函式不但要小，還必須位處呼叫圖的下層，而上述三者並不符合該條件！

那麼，有沒有可能擷取出更小且更低階的函式呢？答案是肯定的，只要使用下一節介紹的方法 2 即可。

13.3 函式鏈整理方法（2）— 為回呼函式命名

整理函式鏈的第二種方法是替回呼函式取名（編註：原本是內嵌定義）。讓我們先把程式碼復原到最初的模樣：

```
function biggestPurchasesBestCustomers(customers) {
  var bestCustomers = filter(customers, function(customer) {
    return customer.purchases.length >= 3;
  });

  var biggestPurchases = map(bestCustomers, function(customer) {
    return maxKey(customer.purchases, {total: 0}, function(purchase) {
      return purchase.total;
    });
  });

  return biggestPurchases;
}
```

第1步

第2步

這一次，要擷取和命名的不是步驟，而是 filter() 和 map() 函式的**回呼**：

```
function biggestPurchasesBestCustomers(customers) {
  var bestCustomers    = filter(customers, isGoodCustomer);
  var biggestPurchases = map(bestCustomers, getBiggestPurchase);
  return biggestPurchases;
}

function isGoodCustomer(customer) {
  return customer.purchases.length >= 3;
}

function getBiggestPurchase(customer) {
  return maxKey(customer.purchases, {total: 0}, getPurchaseTotal);
}

function getPurchaseTotal(purchase) {
  return purchase.total;
}
```

第1步

第2步

替回呼函式命名

此方法同樣能讓步驟變短且易讀

藉由回呼的擷取與命名，我們建立了可重複使用性更高的函式。之所以這麼說，是因為這些函式在呼叫圖中的位置比較低，且該結論也與直覺相符：以 isGoodCustomer() 為例，其處理的是單一顧客物件；但只要有 filter() 的協助，isGoodCustomer() 也能應付顧客物件陣列。反之，方法 1 的 selectBestCustomers() 雖能處理顧客物件陣列，卻拿單一顧客物件沒輒。

下面來比較一下兩種函式鏈整理方法吧！

13.4 比較兩種函式鏈整理方法

請各位再看一次兩種方法所產生的程式碼，然後做個討論：

方法 1：命名步驟

```
function biggestPurchasesBestCustomers(customers) {
  var bestCustomers    = selectBestCustomers(customers);
  var biggestPurchases = getBiggestPurchases(bestCustomers);
  return biggestPurchases;
}

function selectBestCustomers(customers) {
  return filter(customers, function(customer) {
    return customer.purchases.length >= 3;
  });
}

function getBiggestPurchases(customers) {
  return map(customers, getBiggestPurchase);
}

function getBiggestPurchase(customer) {
  return maxKey(customer.purchases, {total: 0}, function(purchase) {
    return purchase.total;
  });
}
```

方法 2：命名回呼

```
function biggestPurchasesBestCustomers(customers) {
  var bestCustomers    = filter(customers, isGoodCustomer);
  var biggestPurchases = map(bestCustomers, getBiggestPurchase);
  return biggestPurchases;
}

function isGoodCustomer(customer) {
  return customer.purchases.length >= 3;
}

function getBiggestPurchase(customer) {
  return maxKey(customer.purchases, {total: 0}, getPurchaseTotal);
}

function getPurchaseTotal(purchase) {
  return purchase.total;
}
```

就本例而言，方法 2 的程式碼更簡潔，且回呼函式的可重複使用性也比方法 1 的高階函式好。此外，由於回呼在方法 2 中有名稱，而不再是內嵌定義，故巢狀敘述也不見了。

當然，哪一種方法比較好，要依照你所用的語言和寫法而定。FP 設計師會實際嘗試兩種做法，再選擇結果較優的那一個。

13.5 範例：寄送電子郵件給僅消費過一次的顧客

來看另一個簡單且典型的函式鏈使用實例：先找出只消費過一次的顧客，然後將這些顧客的電子郵件地址匯集到一陣列中。

我們擁有：顧客物件陣列 (customers)

我們想要：找到消費次數為一次 (即：customer.purchases.length 等於 1) 的顧客物件 (customer)，並取得其中的 email 屬性值

函式鏈步驟：

1. 以 `filter()` 找出消費次數為一次的顧客物件
2. 以 `map()` 取得上述顧客物件的 email 屬性值

建立新變數來接收 filter() 的傳回值

```
var firstTimers = filter(customers, function(customer) {
  return customer.purchases.length === 1;
});

var firstTimerEmails = map(firstTimers, function(customer) {
  return customer.email;
});
```

把 firstTimers 變數當成下一步的傳入引數

最後一步的變數就是想要的結果

要讓上面的程式更為簡約，可以為回呼命名，如下所示：

```
var firstTimers      = filter(customers, isFirstTimer);
var firstTimerEmails = map(firstTimers, getCustomerEmail);

function isFirstTimer(customer) {
  return customer.purchases.length === 1;
}

function getCustomerEmail(customer) {
  return customer.email;
}
```

這些函式的可重複使用性更高

練習 13-2

行銷部門將符合以下條件的顧客定義為『頂級消費者』：『總消費次數達兩次或以上』**且**『其中至少有一筆消費的金額大於 $100』。你的任務是用函式鏈找出這些顧客，並讓程式碼簡單易讀。

```
function bigSpenders(customers) {



}
```

將你的答案寫在這裡

練習 13-2 解答

```
function bigSpenders(customers) {
  var withBigPurchases     = filter(customers, hasBigPurchase);
  var with2OrMorePurchases = filter(withBigPurchases, has2OrMorePurchases);
  return with2OrMorePurchases;
}

function hasBigPurchase(customer) {
  return filter(customer.purchases, isBigPurchase).length > 0;
}

function isBigPurchase(purchase) {
  return purchase.total > 100;
}

function has2OrMorePurchases(customer) {
  return customer.purchases.length >= 2;
}
```

練習 13-3

『計算陣列中數值的平均值』是很常見的任務，請寫一段程式碼來完成此任務。

提示：

1. 平均值等於『數值總和』除以『數值個數』，請用 reduce() 計算總和。
2. 若令 numbers 為一陣列，則該陣列中的元素個數為 numbers.length。

```
function average(numbers) {

}
```

將你的答案寫在這裡

練習 13-3 解答

```
function average(numbers) {
  return reduce(numbers, 0, plus) / numbers.length;
}

function plus(a, b) {
  return a + b;
}
```

練習 13-4

請使用練習 13-3 的 `average()` 函式計算所有顧客的『總消費金額』平均。

提示：

1. 若令 customer 代表某消費者的顧客物件，則 customer.purchases 陣列中包含了該名消費者的所有消費記錄（亦為物件）。
2. 假設 purchase 是 customer.purchases 中的一個消費記錄物件，則該筆消費的金額為 purchase.total。

```
function averagePurchaseTotals(customers) {

}
```

將你的答案寫在這裡

練習 13-4 解答

```
function averagePurchaseTotals(customers) {
  return map(customers, function(customer) {
    var purchaseTotals = map(customer.purchases, function(purchase) {
      return purchase.total;
    });
    return average(purchaseTotals);
  });
}
```

吉娜說得沒錯！每當 filter() 和 map() 被呼叫時，程式就會產生新陣列、且可能得在其中加入許多新元素。這種做法雖然沒效率，卻通常不會造成問題。現代程式語言的垃圾回收器都非常高效，所以新產生的陣列很快就會被回收。

而就算程式效率真的過低，也別急著將實作改回 for 迴圈。事實上，由 map()、filter() 和 reduce() 構成的函式鏈很容易優化，只要使用名為**流融合** (stream fusion) 的程序即可，下面就來討論怎麼做。

首先，你可以將兩個用到 map() 呼叫的步驟合併成一步，如以下這個例子：

連續兩次 map() 呼叫

```
var names       = map(customers, getFullName);
var nameLengths = map(names, stringLength);
```

融合成一次 map() 呼叫

```
var nameLengths = map(customers, function(customer) {
  return stringLength(getFullName(customer));
});
```

將 map() 的兩個回呼操作合併成一個

以上兩段程式碼會給出相同結果，但融合成只呼叫一次 map() 的程式不需產生中繼陣列 (names)。

你也可以對 filter() 做類似的處理。請注意！連續對一陣列『進行兩次 filter()』就如同對該陣列中的元素『做 AND 邏輯檢定』，請看下方的例子：

連續兩次 filter() 呼叫

```
var goodCustomers = filter(customers, isGoodCustomer);
var withAddresses = filter(goodCustomers, hasAddress);
```

融合成一次 filter() 呼叫

```
var withAddresses = filter(customers, function(customer) {
  return isGoodCustomer(customer) && hasAddress(customer);
});
```

使用『&&』算符結合兩個 filter() 的謂語函式（譯註：謂語函式請回顧 12.8 節）

和之前一樣，這兩段程式的執行結果一致，但只呼叫一次 filter() 者產生的垃圾較少。

最後來看 reduce()。如前所述，reduce() 的功能較另外兩項函數式工具強大（見 12.13 節），所以原本位於 map() 或 filter() 中的操作，可以放到 reduce() 內一併執行。例如下面這個『先呼叫 map()、再呼叫 reduce()』的函式鏈：

先呼叫 map()、再呼叫 reduce()

```
var purchaseTotals = map(purchases, getPurchaseTotal);
var purchaseSum    = reduce(purchaseTotals, 0, plus);
```

只呼叫一次 reduce()

```
var purchaseSum = reduce(purchases, 0, function(total, purchase) {
  return total + getPurchaseTotal(purchase);
});
```

在 reduce() 的回呼中執行所有操作

同理，修改後的程式碼由於不呼叫 map()，因此不會產生需回收的中繼陣列。

此處要強調的是：流融合是一種優化程序，只有當程式效率不夠高時才需使用。一般來說，將每個步驟分開還是比較好的，因為單一步驟較簡單易讀。

13.6 以函數式工具重構既有的 for 迴圈

前面介紹的例子說明了：如何根據需求從零開始將函數式工具串成鏈。問題來了：假如程式中有既存的 for 迴圈，該怎麼將它們重構成函式鏈呢？

策略 1：理解並重寫

策略 1 相當直接 — 先讀懂 for 迴圈的目的，然後用函數式工具重構。一旦瞭解了程式碼，接下來就和本章前半的說明一樣了：把需求實作成函式步驟。

策略 2：依線索進行重構

雖然不常發生，但有時要讀懂一段程式碼沒那麼簡單。遇到這種狀況，你仍能根據既有 for 迴圈所展示的低階訊息，將其轉換成函式鏈。

下面來看個實際範例，下面的程式片段包含巢狀迴圈：

```
var answer = [];

var window = 5;

for(var i = 0; i < array.length; i++) {
  var sum   = 0;
  var count = 0;
  for(var w = 0; w < window; w++) {
    var idx = i + w;
    if(idx < array.length) {
      sum   += array[idx];
      count += 1;
    }
  }
  answer.push(sum/count);
}
```

answer 陣列，其中的元素由迴圈生成

外層迴圈走訪陣列中的每個元素

內層迴圈走訪 0、1、2、3、4 等五個整數

計算新的索引值

累進 count 變數中的值

將計算結果加入 answer 陣列

即便無法徹底瞭解上述程式碼的作用，其仍提供了足夠的線索，使我們得以將迴圈分解成基於三大函數式工具的步驟。

此處最明顯的提示為：外層迴圈將 array 陣列中的每一元素取出，進行某種處理後，將結果加入 answer 陣列中 — 這顯然要用 `map()` 實現。至於內層迴圈則會把 array 陣列的元素累進成一個值，而這正是 `reduce()` 的功能。

本例的最佳重構起點為內層迴圈，但到底該怎麼做呢？下面就告訴各位幾個小訣竅。

13.7 訣竅 1：將資料儲存至獨立陣列

我們知道：map() 與 filter() 會按順序走訪陣列中的**所有**元素。然而，for 迴圈卻並非如此！為了方便日後把 for 替換成函數式工具，應該先把迴圈要處理的資料儲存成獨立陣列 — 此即訣竅 1。

> **重構訣竅**
> 1. **將資料儲存至獨立陣列**
> 2. 細化步驟

上面的說明有些抽象，在看實際範例之前先複習前一節的程式碼：

```
var answer = [];

var window = 5;

for(var i = 0; i < array.length; i++) {
  var sum   = 0;
  var count = 0;
  for(var w = 0; w < window; w++) {
    var idx = i + w;
    if(idx < array.length) {
      sum   += array[idx];
      count += 1;
    }
  }
  answer.push(sum/count);
}
```

idx 的值是 i 到 i + window − 1 的整數；由於內層迴圈目前處理的資料是 array 陣列的子集，故需另外計算 idx

此處會存取 array 陣列中索引為 i 到 i + window − 1 的元素；如前所述，這些元素是 array 的子集，而非來自獨立的陣列

如你所見，由於內層迴圈只走訪 array 陣列下的一部分元素，所以必須另外計算 idx 索引值、並做 if 判斷，這使得程式碼特別複雜。此時，若先把內層迴圈需要的元素放入獨立陣列、再走訪，問題便可迎刃而解！你可以用 array 陣列的 .slice() method 將該陣列的元素子集存成新陣列 subarray，如下：

```
var answer = [];

var window = 5;

for(var i = 0; i < array.length; i++) {
  var sum   = 0;
  var count = 0;
  var subarray = array.slice(i, i + window);
  for(var w = 0; w < subarray.length; w++) {
    sum   += subarray[w];
    count += 1;
  }
  answer.push(sum/count);
}
```

將 array 陣列的元素子集存成新陣列

如此一來，就能用最標準的 for 敘述進行走訪（**譯註：**不用再計算 idx，也不需要 if 判斷）

經過前面的修改，內層迴圈現在可按順序走訪 subarray 陣列中的所有元素，這就讓我們有機會以 map()、filter() 或 reduce() 取代該迴圈。為說明怎麼做，請再看一眼目前的程式：

重構訣竅

1. **將資料儲存至獨立陣列**
2. 細化步驟

```
var answer = [];

var window = 5;

for(var i = 0; i < array.length; i++) {
  var sum   = 0;
  var count = 0;
  var subarray = array.slice(i, i + window);
  for(var w = 0; w < subarray.length; w++) {
    sum   += subarray[i];
    count += 1;
  }
  answer.push(sum/count);
}
```

使用標準 for 敘述走訪 subarray 陣列

將 subarray 中的值加總成 sum，同時計算元素個數 count

計算 sum 除以 count，以得到平均值

以上劃底線的程式碼會把 subarray 中的數值加總成 sum、並計算元素個數 count，然後將兩者相除得到平均值，這正是練習 13-3 中 average() 函式的功能 (先前已解釋過如何用 reduce() 實作出該函式，請讀者自行複習)！此處有兩個選擇：第一是再寫一次練習 13-3 的程式碼，第二是直接呼叫 average()，我們採用後一種做法，畢竟撰寫 average() 的目的就是為了能重複利用：

```
var answer = [];

var window = 5;

for(var i = 0; i < array.length; i++) {
  var subarray = array.slice(i, i + window);
  answer.push(average(subarray));
}
```

外層迴圈並未直接存取 array 陣列中的元素，只是提供迴圈索引 i 給 .slice() 做切片

內層迴圈完全被 .slice() 與 average() 取代了

以上程式看起來簡單多了！現在來處理外層迴圈。如前所述，此迴圈應該與 map() 有關，但是有個問題：這個 for 實作並未直接存取 array 陣列的元素！反之，其只是提供迴圈索引 i，好讓 .slice() 產生 subarray 陣列。由於 map() 的回呼需作用於陣列元素上，故此處無法直接用該函數式工具取代 for。要解決此問題，我們得介紹下一個訣竅。

想想看

原本的內層 for 迴圈跑去哪裡了？

13.8 訣竅 2：細化步驟

本例的巢狀迴圈本來非常複雜，前面已成功將其縮減，但我們認為剩下的 for 迴圈還能用 map() 再簡化。注意！上述迴圈的迭代次數由 array 陣列的長度決定，且最後會產生與 array 等長的 answer 陣列。請看目前的程式碼：

重構訣竅

1. 將資料儲存至獨立陣列
2. **細化步驟**

```
var answer = [];

var window = 5;

for(var i = 0; i < array.length; i++) {
  var subarray = array.slice(i, i + window);
  answer.push(average(subarray));
}
```

此行程式使用迴圈索引 i 產生 subarray 陣列

這裡的問題是：以上 for 敘述走訪的並非 array 陣列的元素，而是**迴圈索引** i。不過，我們無法在一個步驟內用函數式工具實現迴圈索引的走訪，故此處必須拆解成多個小步驟。首先，既然我們要處理的是 i，那為何不將其值先儲存成獨立陣列呢 (請回想訣竅 1，可以將此操作當成第 1 步)？有了該陣列，我們就能用 map() 來走訪了 (第 2 步)。來實際做做看吧：

```
var indices = [];

for(var i = 0; i < array.length; i++)
  indices.push(i);
```

插入一個小步驟來生成迴圈索引 i 的值，並存入 indices 陣列中

請注意！以上步驟是新加的，在原始程式中找不到。現在，只要讓 map() 走訪 indices 陣列就行了：

```
var indices = [];

for(var i = 0; i < array.length; i++)
  indices.push(i);

var window = 5;

var answer = map(indices, function(i) {
  var subarray = array.slice(i, i + window);
  return average(subarray);
});
```

用 map() 處理 indices 陣列

map() 每走訪一個 indices 中的元素，此回呼就會被呼叫

成功以 map() 取代原來的 for 迴圈後，我們發現 map() 的回呼中包含了兩項操作，如下所示：

```
var indices = [];
for(var i = 0; i < array.length; i++)
  indices.push(i);

var window = 5;

var answer = map(indices, function(i) {
  var subarray = array.slice(i, i + window);
  return average(subarray);
});
```

重構訣竅

1. 將資料儲存至獨立陣列
2. **細化步驟**

這裡進行了兩項操作：建立 subarray 陣列，以及計算平均

根據訣竅 2『細化步驟』，我們要將它們拆成兩步執行：

```
var indices = [];
for(var i = 0; i < array.length; i++)
  indices.push(i);

var window = 5;

var subarrays = map(indices, function(i) {
  return array.slice(i, i + window);
});

var answer = map(subarrays, average);
```

第 1 步：建立 subarrays 陣列（**譯註：** 注意此處的變數名稱為 subarrays，因為其中包含了多個 subarray 陣列）

第 2 步：計算平均

至此，要做的事只剩下一件 — 將產生 indices 陣列的程式擷取成名為 range() 的輔助函式：

```
function range(start, end) {
  var ret = [];
  for(var i = start; i < end; i++)
    ret.push(i);
  return ret;
}

var window = 5;

var indices = range(0, array.length);
var subarrays = map(indices, function(i) {
  return array.slice(i, i + window);
});
var answer = map(subarrays, average);
```

下面的程式碼會用到 range()

使用 range() 來產生 indices 陣列

第 1 步：建立 indices 陣列

第 2 步：建立 subarrays 陣列

第 3 步：計算 subarrays 的平均

我們已將所有 for 迴圈替換成函數式工具了，下一節會帶各位回顧我們做了什麼事。

13.9 比較巢狀迴圈與函式鏈寫法

先比較一下重構前後的程式有何差異：

基於迴圈的原始程式

```
var answer = [];

var window = 5;

for(var i = 0; i < array.length; i++) {
  var sum   = 0;
  var count = 0;
  for(var w = 0; w < window; w++) {
    var idx = i + w;
    if(idx < array.length) {
      sum   += array[idx];
      count += 1;
    }
  }
  answer.push(sum/count);
}
```

基於函數式工具的程式

```
var window = 5;

var indices = range(0, array.length);
var subarrays = map(indices, function(i) {
  return array.slice(i, i + window);
});
var answer = map(subarrays, average);
```

外加可重複使用的輔助函式

```
function range(start, end) {
  var ret = [];
  for(var i = start; i < end; i++)
    ret.push(i);
  return ret;
}
```

如你所見，原始程式中包含巢狀迴圈、複雜的 idx 計算與判斷、以及可變的區域變數。經過重構後，程式碼變成了三個簡單易懂的步驟。事實上，我們可以用白話解釋這些步驟（**譯註：** 注意！本章的巢狀迴圈其實就是計算**移動平均**（moving average）的程式）：

移動平均

1. 給定一個數值陣列，並針對其中每一數值產生一個『窗口（window）』；這對應本例的第 1 與第 2 步驟。
2. 接著，計算每一『窗口』的平均值；這對應本例的第 3 步驟。

除此之外，基於函數式工具的寫法還產生了輔助函式 `range()`，此函式在 FP 很常見。

想想看

`range()` 函式應該放在呼叫圖的哪個位置？請從以下方向考慮：

1. 此函式可重複使用性有多高？
2. 此函式是否容易測試？
3. 此函式是否好維護？

13.10 總結撰寫函式鏈的訣竅

前面介紹的兩個訣竅能幫我們把迴圈重構成由 map()、filter() 與 reduce() 組成的鏈。本節做個回顧，順便告訴各位一些額外的技巧。

將資料儲存至獨立陣列

我們的三大函數式工具專精於走訪完整的陣列。因此，若你發現某個 for 迴圈只存取陣列中的部分元素，請先將這些元素儲存至獨立陣列中，再交由 map()、filter() 或 reduce() 處理。

此外，請思考如何用相同的操作處理陣列中的所有元素，然後將該操作寫成 map()、filter() 或 reduce() 的回呼。注意！map() 會用回呼轉換傳入陣列中的所有元素，filter() 會根據回呼判斷要保留或捨棄傳入陣列元素，而 reduce() 則會根據回呼的指示將元素合併成單一結果。你應依目的選擇適合的函數式工具。

細化步驟

當你發現原程式中的某項處理很難在一步之內完成時，請將其拆解成多個小步驟。這乍聽之下有點反直覺：步驟變多應該不利於理解才對，但其實不然！由於每一步變簡單了，程式可讀性反而會提升。因此，請盡量用詳細的步驟來達成想要的目標。

額外技巧：用 filter() 取代條件判斷

迴圈中的條件判斷，一般用來跳過陣列中的特定元素，而 filter() 可實現同樣的功能。

額外技巧：擷取輔助函式

map()、filter() 與 reduce() 並非僅有的函數式工具，它們只是最常見而已。讀者在撰寫程式時有可能發現更多有用的函式，請將其擷取出來並賦予適當名稱，方便日後使用。

額外技巧：請多嘗試錯誤

有些人很擅長用函數式工具解決問題，他們是怎麼做到的？簡單來說就是四個字：熟能生巧。所以，請各位勇於嘗試、勤奮練習、接受挑戰，嘗試不同的函數式工具組合。

練習 13-5

以下程式碼來自 MegaMart 的程式碼庫，請將其重構成函式鏈。注意！本題的做法不只一種。

```
function shoesAndSocksInventory(products) {
  var inventory = 0;
  for(var p = 0; p < products.length; p++) {
    var product = products[p];
    if(product.type === "shoes" || product.type === "socks") {
      inventory += product.numberInInventory;
    }
  }
  return inventory;
}
```

將你的答案寫在這裡

練習 13-5 解答

```
function shoesAndSocksInventory(products) {
  var shoesAndSocks = filter(products, function(product) {
    return product.type === "shoes" || product.type === "socks";
  });
  var inventories = map(shoesAndSocks, function(product) {
    return product.numberInInventory;
  });
  return reduce(inventories, 0, plus);
}
```

13.11 替函式鏈除錯的訣竅

高階函式有時很抽象，因此當程式出錯時，很難弄清楚到底哪裡出了問題。以下訣竅有助於各位除錯。

替變數取有意義的名字

在撰寫了一堆函式鏈步驟後，我們很容易忘記每一步產生的資料為何。有鑑於此，請務必為存放這些資料的變數取有意義的名字。像 x 或 a 這樣的名稱雖然簡短，卻看不出個所以然，請不要使用。

用 print 列印結果

即便是最老練的 FP 程式設計師也會弄混每個函式鏈步驟的輸出，他們的應對方法就是：在兩步驟間插入 print 指令，以便在執行時檢查結果。透過這種做法，我們能輕易看出每一步的運作是否符合預期。小技巧：在撰寫頗為複雜的函式鏈時，請在每完成一個步驟後就用 print 查看結果，確定沒問題後再撰寫下一步。

留意各步驟的資料型別

每個函數式工具只輸出特定型別的資料。注意！這和程式語言是動態或靜態型別無關，前者（如：JavaScript）僅是不會用編譯器檢查型別而已（**譯註：**關於動態和靜態型別，請見第 10 章的『靜態 vs. 動態型別』專欄）。因此，請確認函式鏈中各步驟的資料是什麼型別。

以三大函數式工具為例。`map()` 輸出陣列中的元素資料型別由回呼的傳回結果決定，`filter()` 的資料型別應與傳入陣列中的元素一致。至於 `reduce()` 的型別則必與回呼傳回值、以及累進初始值相同。

有了以上概念，你就能追蹤函式鏈上每一步驟所產生的資料型別，這有助於程式的理解和除錯。

13.12 其它函數式工具

如前所述，map()、filter() 和 reduce() 只是最常見的而已，FP 程式設計師還會使用其它許多工具。事實上，標準的 FP 函式庫中還有著各種函式，請花點時間查閱它們的說明檔，這裡僅介紹其中一些供參考：

1. pluck()：

還在撰寫 map() 的回呼以存取某物件的屬性嗎？請改用 pluck() 試試：

```
function pluck(array, field) {
  return map(array, function(object) {
    return object[field];
  });
}
```

用法

```
var prices = pluck(products, 'price');
```

變體

```
function invokeMap(array, method) {
  return map(array, function(object) {
    return object[method]();
  });
}
```

2. concat()：

此函式可以挖出陣列中的陣列，拆解惱人的巢狀結構：

```
function concat(arrays) {
  var ret = [];
  forEach(arrays, function(array) {
    forEach(array, function(element) {
      ret.push(element);
    });
  });
  return ret;
}
```

用法

```
var purchaseArrays = pluck(customers, "purchases");
var allPurchases = concat(purchaseArrays);
```

變體

```
function concatMap(array, f) {
  return concat(map(array, f));
}
```

在某些語言中，該函式也稱作 mapcat() 或 flatmap()

3. frequenciesBy() 與 groupBy()：

計數和分類是很重要的功能；前者可以用 frequenciesBy() 實現，後者則用 groupBy()。此兩函式的傳回結果皆為物件（或者說 hash map）。

```
function frequenciesBy(array, f) {
  var ret = {};
  forEach(array, function(element) {
    var key = f(element);
    if(ret[key]) ret[key] += 1;
    else         ret[key]  = 1;
  });
  return ret;
}

function groupBy(array, f) {
  var ret = {};
  forEach(array, function(element) {
    var key = f(element);
    if(ret[key]) ret[key].push(element);
    else         ret[key] = [element];
  });
  return ret;
}
```

用法

```
var howMany = frequenciesBy(products, function(p) {
  return p.type;
});
> console.log(howMany['ties'])
4

var groups = groupBy(range(0, 10), isEven);
> console.log(groups)
{
  true:  [0, 2, 4, 6, 8],
  false: [1, 3, 5, 7, 9]
}
```

譯註： 本例的 isEven() 函式可判斷給定數字是否為偶數

哪裡可以查找函數式工具？

FP 程式設計師知道的函數式工具越多，寫起程式來就越有效率，且即便跨語言也能得心應手。舉例而言，當使用 Clojure 的設計師要以 JavaScript 解決問題時，可以先將相對簡單的函數式工具轉譯成 JavaScript，再利用這些工具進行更複雜的實作（**譯註：**和抽象屏障一樣，函數式工具能讓我們忽略底層實作；以 `filter()` 為例，只要知道該函式的功能以及語法，我們就能直接用它來過濾陣列，而毋須以陌生的語言撰寫底層迴圈）。下面列出一系列參考網站，各位可以從中借用不同語言的函數式工具。

Lodash：JavaScript 的函數式工具

許多人將 Lodash 稱為『JavaScript 中缺失的標準函式庫』。Lodash 工具庫（utility library）包括各種操作資料的高階工具，且每項工具的實作皆只有數行程式碼而已。

- Lodash 說明文件：https://lodash.com/docs

Laravel Collections：PHP 的函數式工具

Laravel 提供適用於 PHP 內建 collection 資料上的工具。如果你想找到能大大強化 collection 的函式，請務必參閱以下網站：

- Laravel collections 說明文件：https://laravel.com/docs/collections#available-methods

Clojure 標準函式庫

Clojure 的標準函式庫中存在大量函數式工具。問題是：其中的項目實在太多了，但官方說明文件卻只是簡單按開頭字母順序排列，導致很難找到想要的工具。對此，筆者向各位推薦 ClojureDocs，此網站整理了所有函式。

- ClojureDocs 快速索引：https://clojuredocs.org/quickref#sequences
- 官方文件：https://clojure.github.io/clojure/clojure.core-api.html

Haskell Prelude

若你想見識一下真正簡潔的函數式工具，請參考 Haskell 的 Prelude 模組。雖然 Prelude 模組本身不如某些大型函數式語言庫那樣全面，但它仍然包含了許多實用的函式。只要讀者能理解型別簽章（type signatures），就能徹底瞭解這些函式的運作原理。以下文件包含了各種函式的型別簽章、實作、說明以及範例。

- Haskell Prelude：https://hackage.haskell.org/package/base-4.7.0.1/docs/Prelude.html

JavaScript 其實比本書介紹的更方便

再強調一次，雖然本書使用 JavaScript 語言，但我們的重點仍是放在 FP 的原理。事實上，為了呈現函數式工具如何運作，前面許多範例都用了較複雜的實作。如果真要在 JavaScript 中使用 map()、filter() 與 reduce()，程式碼應該更簡單才對！這麼說的原因有兩個：其一，JavaScript 裡其實內建了這些函式，根本不用自己實作。其二，陣列本身已提供了功能相同的 methods，可讓我們輕鬆呼叫。

本書的實作

```
var customerNames = map(customers, function(c) {
  return c.firstName + " " + c.lastName;
});
```

使用 JavaScript 的內建 method

```
var customerNames = customers.map(function(c) {
  return c.firstName + " " + c.lastName;
});
```

JavaScript 的 array 類別（class）已有內建的 .map() method

注意！既然陣列已提供 .map() method，我們就能把函式鏈寫成『method chaining（方法鏈）』，而不必仰賴中繼變數。例如，13.9 節的移動平均程式就能改成 method chaining，有些人偏好這種寫法：

本書的實作

```
var window = 5;

var indices = range(0, array.length);
var subarrays = map(indices, function(i) {
  return array.slice(i, i + window);
});
var answer = map(subarrays, average);
```

寫成 method chaining

```
var window = 5;

var answer =
  range(0, array.length)
    .map(function(i) {
      return array.slice(i, i + window);
    })
    .map(average);
```

你可以將每個 method 的『點』對齊

此外，用 JavaScript 定義內嵌函式有更簡單的語法，其能大幅縮短 map()、filter() 與 reduce() 敘述。舉例而言，若在上述 method chaining 中使用 JavaScript 的內嵌語法，程式碼將變得更精簡：

```
var window = 5;

var answer =
  range(0, array.length)
    .map(i => array.slice(i, i + window))
    .map(average);
```

『=>』語法能讓回呼實作更簡短易讀

最後，除了陣列元素本身以外，你也可以將元素的索引傳入 JavaScript 的 map() 和 filter() 中。透過這種寫法，移動平均的計算僅需一行程式即可完成，而其中的 average() 也能在一行內定義：

```
var window  = 5;
var average = array => array.reduce((sum, e) => sum + e, 0) / array.length;
var answer  = array.map((e, i) => array.slice(i, i + window)).map(average);
```

當前索引值是繼當前元素之後的第二個引數

總的來說，使用 JavaScript 進行函數式程式設計，其實比想像中來得方便！

Java 中的 FP 工具

Java 8 引進了一系列有利於 FP 的功能。由於篇幅有限，我們無法做詳細說明，故以下僅重點討論三個與函數式工具相關的項目。

Lambda 表達式

你可以用 **lambda 表達式** (lambda expression) 來簡化過去需要匿名類別才能實現的功能。實際上，編譯器會將 lambda 表達式優化為一個 method 或 method reference。無論其實作方式為何，lambda 表達式有許多好處：它們支援**閉包** (closure，即：可引用封閉範圍內的變數)，並能實現本章提到的許多操作。**編註：** 閉包是指在一個函式內部定義了另一個函式，並傳回此內部函式。即使外層函式執行完畢，我們仍可在全域範圍 (或其它外部範圍) 中使用這個內部函式，而且它還能記住並訪問外層函式中的變數。

函數式介面

在 Java 中，只有單一 method 的介面稱為**函數式介面** (functional interface)，且所有函數式介面都可以用 lambda 表達式來實現。此外，由於 Java 8 引入了許多事先定義好的泛型函數式介面，這使得我們可以將 Java 8 視為具備靜態型別的 FP 語言。以下介紹四個常見的函數式介面群，它們分別對應三大函數式工具 (`map()`、`filter()` 和 `reduce()`)，以及 `forEach()` 的回呼：

- **Function**：一個接受單一引數並返回一個值的函式，適合作為 `map()` 的回呼。
- **Predicate**：一個接受單一引數並返回 true 或 false 的函式，適合作為 `filter()` 的回呼。
- **BiFunction**：一個接受兩個引數並返回一個值的函式，適合作為 `reduce()` 的回呼，前提是第一個引數的資料型別與 `reduce()` 傳回值的型別一致。
- **Consumer**：一個接受單一引數且無傳回值的函式，適合作為 `forEach()` 的回呼。

Stream API

Stream API 是 Java 對函數式工具的回應。Streams 是從資料來源 (如陣列或 collections) 構建，並提供多種 methods 來使用函數式工具處理這些資料，包括 `map()`、`filter()`、`reduce()` 等。Stream 有許多優點：它們不會修改其資料來源、容易串接成鏈，並且由於支援自動融合故效率極佳。

13.13 以 reduce() 建立資料

到目前為止，各位已看過許多用 reduce() 來總結資料的例子；換言之，我們傳入某陣列，再讓 reduce() 把該陣列的元素合併成單一值（前面的求總和或求平均函式皆屬此類）。雖然此應用極為重要，但該函數式工具的能力絕不僅如此。

事實上，reduce() 還能用來建立資料。請看以下情境：某位顧客的購物車資料遺失了；萬幸的是，網站以陣列形式記錄了所有曾出現過的商品，如下：

顧客曾放進購物車的商品全部記錄在此陣列中

```
var itemsAdded = ["shirt", "shoes", "shirt", "socks", "hat", ....];
```

問題來了：是否可以利用上述陣列重建丟失的購物車呢？注意！若陣列中的商品有重複，則請將其重複次數轉換成數量（**譯註：** 例如，itemsAdded 陣列中有兩個 "shirt"，代表『兩件上衣』）。由於以上問題涉及『走訪陣列，並將元素合併成單一資料（這裡指『購物車』）』，因此非常適合用 reduce() 來解決。

讓我們一步步說明吧！先來準備呼叫 reduce() 需要的引數 — 第一個引數是商品陣列，即：itemsAdded。第二個引數是初始值；因為『購物車』本身是物件，且此處得從零開始建立，故傳入空物件做為初始值。

至於第三個引數則是回呼，其接受兩個引數：考慮到回呼的傳回值是『購物車』物件，第一個引數就命名為 cart（代表『購物車』）；第二個引數則是陣列中的『商品名稱』，故命名為 item。總結以上知識，可寫出如下程式碼：

```
var shoppingCart = reduce(itemsAdded, {}, function(cart, item) {
```

現在，只要把回呼實作出來即可。但具體要怎麼做呢？這裡討論兩種情況。第一種較簡單，即：item 所指的商品並未出現在 cart 中：

只要將商品名稱傳入 priceLookup() 函式中，就能得到該商品的價格

```
var shoppingCart = reduce(itemsAdded, {}, function(cart, item) {
  if(!cart[item])
    return add_item(cart, {name: item, quantity: 1, price: priceLookup(item)});
```

第二種情況較複雜，即：cart 引數內已經有 item 所指的商品了。下面是完整程式：

```
var shoppingCart = reduce(itemsAdded, {}, function(cart, item) {
  if(!cart[item])
    return add_item(cart, {name: item, quantity: 1, price: priceLookup(item)});
  else {
    var quantity = cart[item].quantity;
    return setFieldByName(cart, item, 'quantity', quantity + 1);
  }
});
```

商品數量加 1

這樣就大功告成了！此外，本例中 reduce() 的回呼非常有用，它能接受一個商品名稱與『購物車』物件，並傳回包含該商品的新『購物車』；倘若指定商品已存在，則將該商品的數量加 1。因此我們想將其擷取出來，放到『購物車操作』的抽象介面 API 中。修改後的程式如下：

```
var shoppingCart = reduce(itemsAdded, {}, addOne);

function addOne(cart, item) {
  if(!cart[item])
    return add_item(cart, {name: item, quantity: 1, price: priceLookup(item)});
  else {
    var quantity = cart[item].quantity;
    return setFieldByName(cart, item, 'quantity', quantity + 1);
  }
}
```

擷取回呼函式並命名

此函式非常有用

以上範例透露了一項關鍵訊息，即：只要將顧客加入『購物車』的商品名稱記錄下來，我們隨時都能根據該記錄產生相應的『購物車』物件。換言之，平時沒必要保留『購物車』物件，有需要時再重新生成即可。

這在 FP 中是個重要技巧，因為某些功能用陣列來實現更簡單，例如『復原 (undo)』：只要用 .pop() method 移除陣列最末端的元素即可 (譯註：關於 .pop()，請參考 6.7 節)。對於該主題，本書就點到為止，有興趣的讀者請自行搜尋**事件溯源** (event sourcing)。

現在，為介紹更多有用的訣竅，讓我們繼續擴充本章範例。之前的程式碼只能在『購物車』內加入商品，卻不能移除。有沒有可能同時實現這兩項功能呢？下面就來看怎麼做。

13.14 擴增原本的資料

在上一節中，我們學到如何讓 reduce() 根據『商品名稱陣列』建立『購物車』物件，程式碼如下：

```
var itemsAdded = ["shirt", "shoes", "shirt", "socks", "hat", ....];

var shoppingCart = reduce(itemsAdded, {}, addOne);

function addOne(cart, item) {
  if(!cart[item])
    return add_item(cart, {name: item, quantity: 1, price: priceLookup(item)});
  else {
    var quantity = cart[item].quantity;
    return setFieldByName(cart, item, 'quantity', quantity + 1);
  }
}
```

這段程式雖有用，卻無法讓顧客刪除商品。為解決此問題，我們要改寫 itemsAdded 陣列—新陣列不僅記錄商品名稱，還能顯示與每項商品關聯的操作是『添加 (add)』還是『去除 (remove)』，如下：

```
var itemOps = [['add', "shirt"], ['add', "shoes"], ['remove', "shirt"],
               ['add', "socks"], ['remove', "hat"], ....];
```

注意此處的『remove』

新陣列的每一項皆由一個操作與一個商品名稱構成

有了上述陣列，程式就能處理『加入』和『去除』商品等兩種狀況了：

```
var shoppingCart = reduce(itemOps, {}, function(cart, itemOp) {
  var op = itemOp[0];
  var item = itemOp[1];
  if(op === 'add')    return addOne(cart, item);
  if(op === 'remove') return removeOne(cart, item);
});
function removeOne(cart, item) {
  if(!cart[item])
    return cart;
  else {
    var quantity = cart[item].quantity;
    if(quantity === 1)
      return remove_item_by_name(cart, item);
    else
      return setFieldByName(cart, item, 'quantity', quantity - 1);
  }
}
```

藉由呼叫相應的函式來執行『加入』或『去除』操作

若商品不在 cart 內，則什麼都不做

若商品數量為 1，則需去除該商品

除此之外，將商品數量減 1

改寫後，程式已能根據顧客的操作記錄生成『購物車』物件。在本例中，我們擴增了原本的資料—陣列中不僅有商品名稱，顧客對每項商品進行的操作名稱也被記錄了下來；每個操作名稱對應一個函式（**譯註：** 如『add』對應『addOne()』），而與其配對的商品名稱則成了該函式的引數（**譯註：** 以 ['add', "shirt"] 為例，"shirt" 就是 addOne() 的引數）。上述技巧在 FP 中很常見，且對於建立更好的函式鏈很有幫助。當各位撰寫程式時，請務必考慮是否需要擴增資料，以利之後的鏈化。

練習 13-6

MegaMart 每年都會派人參加為電商公司舉辦的壘球大賽。為了組建今年的球隊，公司聘請的專業教練評估了每一位員工，並給出每人的建議位置（如：投手、捕手等）以及表現分數。

假設教練給出的建議被存放在 evaluations 陣列中，且其中的資料已按照『表現分數由高到低』排好，如下（**譯註：** pitcher 代表『投手』、catcher 為『捕手』、first base 為『一壘手』，position 是教練給的『建議位置』，而 score 則是『表現分數』）：

```
var evaluations = [{name: "Jane", position: "catcher", score: 25},
                   {name: "John", position: "pitcher", score: 10},
                   {name: "Harry", position: "pitcher", score: 3},
                   ...];
```

而公司最後想得到的參賽人員名單（英文為 roster）如下：

```
var roster = {"pitcher": "John",
              "catcher": "Jane",
              "first base": "Ellen",
              ...};
```

請撰寫出能根據 evaluations 陣列生成 roster 物件的程式碼。

將你的答案寫在這裡

> **譯註：** 由於題目有說：『evaluations 裡的資料已經按表現分數由高到低排列』，故即便有兩人或以上的建議位置相同，先被加入 roster 中的人表現分數一定較高。也就是說，在 roster 中，一旦某個位置已經有人選了，那麼就算之後再出現相同建議位置的人也不用理會（此人的表現分數一定較低）。舉例而言，可以看到：evaluations 陣列中的 John 和 Harry 建議位置皆為『pitcher』，由於 John 的資料在 Harry 前面，故 roster 中會先出現『"pitcher": "John"』。此時當程式讀到 Harry 的資料時就應忽略，因為 Harry 的建議位置同樣是『pitcher』，表現分數卻一定比 John 低。

練習 13-6 解答

```
var roster = reduce(evaluations, {}, function(roster, eval) {
  var position = eval.position;
  if(roster[position]) // 假如指定位置已經有人選了
    return roster;     // 那就什麼都不做
  return objectSet(roster, position, eval.name); // 若還沒人選, 則填入後傳回
});
```

練習 13-7

由練習 13-6 可知，roaster 參賽人員名單是由 evaluations 陣列而來。那麼 evaluations 又是怎麼來得呢？顯然，必須先有 MegaMart 員工名單，再為每位員工指定一個適合的『建議位置』。

因此，教練對每位員工做了一系列的測試，並提供了一個寫好的 `recommendPosition()` 函式（編註：我們只要呼叫此函式，不需要實作），只要以『員工名字』字串為引數傳入，就會傳回此員工的『建議位置』，如下：

```
> recommendPosition("Jane")
"catcher"
```

假設 MegaMart 所有員工的名字都列在 employeeNames 陣列裡：

```
var employeeNames = ["John", "Harry", "Jane", ...];
```

我們想利用現成的 `recommendPosition()` 產生 recommendations 陣列（每位員工可對應到建議的位置）；此陣列中的每個物件皆包含兩個屬性，分別是『員工名字』以及『建議位置』（兩者的屬性值皆為字串），下面以 Jane 為例：

```
{
  name: "Jane",
  position: "catcher"
}
```

請問該如何實作？

```
var recommendations =
```

將你的答案寫在這裡

練習 13-7 解答

```
var recommendations = map(employeeNames, function(name) {
  return {
    name: name,
    position: recommendPosition(name)
  };
});
```

練習 13-8

接續上一個練習。有了 recommendations 之後，其中一定會有多名員工的建議位置相同，而我們只想挑選出每個位置中表現最好的那一位入隊。由於之前的測試也給了每位員工一個『表現分數 (score)』，可以利用教練提供的 scorePlayer() 函式（**編註：**我們只要呼叫此函式，不需要實作），將『員工名字』和『建議位置』做為引數傳入，即可傳回員工在該位置的『表現分數』，如下：

```
> scorePlayer("Jane", "catcher")
25
```

現在，假設已有如下的 recommendations 陣列：

```
var recommendations = [{name: "Jane", position: "catcher"},
                       {name: "John", position: "pitcher"},
                       ...];
```

我們想擴增該陣列，即：在其中每個物件裡插入新的『score』屬性。下面以 Jane 的資料為例：

```
{
  name: "Jane",            ← 員工名字
  position: "catcher",     ← 建議位置
  score: 25                ← 表現分數
}
```

擴增後的陣列命名為 evaluations，請實作程式碼：

```
var evaluations =
```

將你的答案寫在這裡

練習 13-8 解答

```
var evaluations = map(recommendations, function(rec) {
  return objectSet(rec, 'score', scorePlayer(rec.name, rec.position));
});
```

練習 13-9

練習 13-7、13-8、13-6 的順序，其實是在引導各位，將『員工名字陣列（即 employeeNames）』一步步轉換成『參賽人員名單（roster）』（**編註：** employeeNames → recommendations → evaluations → roaster）。現在，請將這些過程的函式整合成函式鏈！

請注意！在練習 13-6 的 evaluations 是依『表現分數（score）』由高至低排序過的，但我們實作到 evaluations 時，其實根本沒做過排序，因此請各位在函式鏈中，利用下面兩個排序函式（假設已經寫好了），為 evaluations 先用 `sortBy()` 做升冪排序，再用 `reverse()` 將升冪排序結果反轉成降冪排序，即可得到練習 13-6 的 evaluations。

- sortBy(array, f)：傳回 array 的複本，其中的元素會根據回呼 f 的傳回值做升冪排序。
- reverse(array)：傳回 array 的複本，其中的元素順序與傳入的 array 相反。

以下是員工名單陣列，請完成函式鏈實作：

```
var employeeNames = ["John", "Harry", "Jane", ...];
```

將你的答案寫在這裡

練習 13-9 解答

```
var recommendations = map(employeeNames, function(name) {
  return {
    name: name,
    position: recommendPosition(name)
  };
});

var evaluations = map(recommendations, function(rec) {
  return objectSet(rec, 'score', scorePlayer(rec.name, rec.position));
});

var evaluationsAscending = sortBy(evaluations, function(eval) {
  return eval.score;
});

var evaluationsDescending = reverse(evaluationsAscending);

var roster = reduce(evaluationsDescending, {}, function(roster, eval) {
  var position = eval.position;
  if(roster[position]) // 假如指定位置已經有人選了
    return roster;     // 那就什麼都不做
  return objectSet(roster, position, eval.name);
});
```

13.15 將 method chaining 中的『點』對齊

我們曾在 13.12 節的『JavaScript 其實比本書介紹的更方便』專欄中簡單談過『method chaining』，並建議各位將每個 method 的『點』對齊。事實上，這種寫法看起來特別乾淨，因此許多程式設計師很愛用。此外，『一長串的點』通常代表函數式工具整合得很好，串連的點越長，我們的程式越像一條**處理管道** (pipeline)：初始資料從上方進入後，經過一步步轉換，最終變成答案從底下輸出。

為滿足讀者的好奇心，底下列出『移動平均』在幾種語言下的 method chaining 寫法，各位簡單參考就好：

JavaScript ES6

```
function movingAverage(numbers) {
  return numbers
         .map((_e, i) => numbers.slice(i, i + window))
         .map(average);
}
```

能簡化 JavaScript 的 Lodash 函式庫

```
function movingAverage(numbers) {
  return _.chain(numbers)
         .map(function(_e, i) { return numbers.slice(i, i + window); })
         .map(average)
         .value();
}
```

Java 8 Streams

```
public static double average(List<Double> numbers) {
  return numbers
         .stream()
         .reduce(0.0, Double::sum) / numbers.size();
}

public static List<Double> movingAverage(List<Double> numbers) {
  return IntStream
         .range(0, numbers.size())
         .mapToObj(i -> numbers.subList(i, Math.min(i + 3, numbers.size())))
         .map(Utils::average)
         .collect(Collectors.toList());
}
```

C#

```
public static IEnumerable<Double> movingAverage(IEnumerable<Double> numbers) {
  return Enumerable
         .Range(0, numbers.Count())
         .Select(i => numbers.ToList().GetRange(i, Math.Min(3, numbers.Count() - i)))
         .Select(l => l.Average());
}
```

結論

本章介紹如何將前一章的函數式工具串連起來成為**鏈** (chain) 的多步驟程序。鏈中的每一步都是一項簡單操作，能將資料逐步處理成想要的結果。此外，你也學到了怎麼把既有的 for 迴圈重構成函數式工具鏈。最後，我們體會了 `reduce()` 的威力。以上提到的所有東西在 FP 中都很常見，它們共同衍生出了『計算就是資料轉換』的概念。

重點整理

- 我們可以將數個函數式工具串連成多步驟的鏈。利用此做法，複雜的資料計算可被分解成一組簡單的小操作。
- 你可以將函式鏈視為一種查詢語言 (query language)，如 SQL。串成鏈的函數式工具可表達對陣列資料的複雜查詢。
- 為了撰寫函式鏈中的下一步，有時需先產生新資料或擴增既有的資料。請讀者考慮：有什麼方法可將隱性的訊息表示成顯性資料。
- 函數式工具有很多。你可以在重構程式碼時擷取它們，或者從其它程式語言中尋找靈感。
- 即便是傳統上非函數式的語言 (如：Java) 也開始支援函數式工具，可適時使用這些工具。

接下來 ...

我們已經知道如何用串連成鏈的操作處理資料，但卻未討論過怎麼應付巢狀資料 — 巢狀的程度越高，處理起來就越麻煩。下一章會帶各位以高階函式建立更多工具，以處理深度巢狀資料。

處理巢狀資料的函數式工具 14

本章將帶領大家：

- 建立高階函式操作 hash map 中的數值。
- 學習用高階函式輕鬆處理深度巢狀資料。
- 瞭解遞迴以及如何安全地執行。
- 判斷何時該在深度巢狀結構上套用抽象屏障。

之前的章節已為大家介紹過許多操作陣列的函式，本章則要實作能處理 hash map 資料（如：物件）的函數式工具。隨著我們的資料結構越來越複雜，深度巢狀 map 也會越來越常見，此時就需要用上述工具來對付；若非如此，則在深度巢狀資料上執行不可變操作將會非常麻煩。總而言之，本章的高階函式在 FP 使用甚廣；有了它們，即便結構的巢狀程度再高也不必害怕，因此能根據需求自由設計資料。

14.1 用高階函式處理物件內的值

行銷主管：自從使用高階函式，重構後的程式碼真的變得乾淨不少！

吉娜：那太好了！

行銷主管：是的。但我們現在遇到一些和高階函式相關的問題，不知該怎麼辦。

吉娜：哦？能詳細說明一下嗎？

行銷主管：當然可以。我們需要修改存放在物件中的數值，例如：增加或減少『商品數量』、『衣服尺寸』等等。但無論怎麼做，似乎都擺脫不了程式碼重複。

吉娜：我知道了！之前介紹給你們的工具只能操作陣列，但你們現在想用高階函式來處理物件裡的資料。

金恩：這個我們可以處理，下面來看怎麼做吧！

14.2 讓屬性名稱變顯性

為了讓顧客能增加『商品數量』與『衣服尺寸』，行銷部門先撰寫了以下程式碼：

函式名稱包含名為『quantity』的商品屬性

```
function incrementQuantity(item) {
  var quantity = item['quantity'];
  var newQuantity = quantity + 1;
  var newItem = objectSet(item, 'quantity', newQuantity);
  return newItem;
}
```

函式名稱包含名為『size』的商品屬性

```
function incrementSize(item) {
  var size = item['size'];
  var newSize = size + 1;
  var newItem = objectSet(item, 'size', newSize);
  return newItem;
}
```

首先，可以發現以上兩函式名稱中藏有商品的屬性名，這正是第 10 章介紹的程式碼異味：**函式名稱中的隱性引數**。於是，行銷部門利用之前學到的重構 1 (**將隱性引數轉換為顯性**) 改寫，得到以下結果 (此處以 incrementQuantity() 為例)：

含有程式碼異味的程式

```
function incrementQuantity(item) {
  var quantity = item['quantity'];
  var newQuantity = quantity + 1;
  var newItem = objectSet(item, 'quantity', newQuantity);
  return newItem;
}
```

將屬性名稱轉為顯性

將屬性名稱轉換成顯性引數

```
function incrementField(item, field) {
  var value = item[field];
  var newValue = value + 1;
  var newItem = objectSet(item, field, newValue);
  return newItem;
}
```

到此為止都很好。問題是：當我們對負責『increment (增加)』、『decrement (減少)』、『double (加倍)』和『halve (減半)』等四項操作的函式做相同重構後，重複的程式碼就又出現了：

實際『操作』出現在函式名稱中

```
function incrementField(item, field) {
  var value = item[field];
  var newValue = value + 1;
  var newItem = objectSet(item, field, newValue);
  return newItem;
}
```

```
function decrementField(item, field) {
  var value = item[field];
  var newValue = value - 1;
  var newItem = objectSet(item, field, newValue);
  return newItem;
}
```

實際『操作』出現在函式名稱中

```
function doubleField(item, field) {
  var value = item[field];
  var newValue = value * 2;
  var newItem = objectSet(item, field, newValue);
  return newItem;
}
```

```
function halveField(item, field) {
  var value = item[field];
  var newValue = value / 2;
  var newItem = objectSet(item, field, newValue);
  return newItem;
}
```

如你所見，這些函式只有劃底線的操作不同，其餘部分都一樣。此外，我們再次嗅到『**函式名稱中的隱性引數**』程式碼異味：上列函式名稱皆反映了其中的操作。這個問題其實不難處理，只要再做一次重構即可，下一節繼續討論。

14.3 實作更新物件內屬性值的 update()

再看一次上一節的四個函式：

```
function incrementField(item, field) {
  var value = item[field];
  var newValue = value + 1;
  var newItem = objectSet(item, field, newValue);
  return newItem;
}

function doubleField(item, field) {
  var value = item[field];
  var newValue = value * 2;
  var newItem = objectSet(item, field, newValue);
  return newItem;
}
```

前段
主體
後段

```
function decrementField(item, field) {
  var value = item[field];
  var newValue = value - 1;
  var newItem = objectSet(item, field, newValue);
  return newItem;
}

function halveField(item, field) {
  var value = item[field];
  var newValue = value / 2;
  var newItem = objectSet(item, field, newValue);
  return newItem;
}
```

請注意它們的實作非常類似，只不過對數值的操作不同而已，且此操作差異反映在函式名稱上。在此我們想寫一個能更新 (update) 物件內屬性值的函數式工具，進而消除程式碼重複。

要達成上述目的，我們可同時套用第 10 章介紹的重構 1 (**將隱性引數轉換為顯性**) 與重構 2 (**以回呼取代主體實作**)。和之前一樣，重構 1 可以將函式名稱中的隱藏引數 (即：不同『操作』) 變顯性；但由於該引數實際上為函式 (『操作』得透過函式實現)，故可以透過重構 2 將其擷取成回呼。下面就以 incrementField() 為例，說明具體如何改寫：

```
function incrementField(item, field) {
  var value = item[field];
  var newValue = value + 1;
  var newItem = objectSet(item, field, newValue);
  return newItem;
}
```

擷取成新函式

```
function incrementField(item, field) {
  return updateField(item, field, function(value) {
    return value + 1;
  });
}

function updateField(item, field, modify) {
  var value = item[field];
  var newValue = modify(value);
  var newItem = objectSet(item, field, newValue);
  return newItem;
}
```

透過 modify 參數將此函式傳入

現在，本例中的四個函式都可以透過更高階的 updateField() 來表達，你只要把不同的操作當成回呼傳入 modify 參數即可。由於不需強調此函式修改的是屬性 (field)，我們可以將其重新命名為 update()，同時普適化各參數的名稱：

```
function update(object, key, modify) {
  var value     = object[key];
  var newValue  = modify(value);
  var newObject = objectSet(object, key, newValue);
  return newObject;
}
```

取得屬性值
修改屬性值
設定新物件

總的來說，只要傳入物件、屬性名稱 (鍵，key) 以及操作函式，update() 便能修改對應的物件屬性值。注意！因為使用了實作『寫入時複製』的 objectSet()，此函式同樣具有『寫入時複製』性質。下一節會說明 update() 的用法。

14.4 以 update() 修改物件屬性值

假設某公司將員工資訊存放在物件中，如下：

```
var employee = {
  name: "Kim",        ← 名字
  salary: 120000      ← 薪水
};
```

人事部門想為該員工加薪 10%，此時就需要下面的 raise10Percent()；該函式接受『加薪前薪資』，並傳回『漲 10% 後』的結果：

```
function raise10Percent(salary) {
  return salary * 1.1;
}
```

要完成調薪，只要將 employee 物件與 raise10Percent() 傳入 update()，並指定是『salary』屬性。更新後如下：

```
> update(employee, 'salary', raise10Percent)

{
  name: "Kim",
  salary: 132000
}
```

如上所示，透過 update()，我們就能將特定操作(如：本例的 raise10Percent())套用在 hash map 資料(如：employee 物件)的指定屬性值(如：儲存在『salary』屬性的薪水)上。

休息一下

先暫停一會兒，回答一些問題吧！

問 1：`update()` 會修改原本的 hash map 資料嗎？

答 1： 不會，`update()` 不更動原始 hash map。該函式實作了第 6 章介紹的『寫入時複製』，所以傳回值其實是傳入 hash map 的修改版複本。

問 2：但假如 `update()` 不會修改原始資料，那該怎麼使用呢？

答 2： 只要用 `update()` 的傳回值（是一個物件）取代原本的物件就行了（可複習第 6 章）。下面以 14.4 節的例子說明：

```
var employee = {
  name: "Kim",
  salary: 120000
};

employee = update(employee, salary, raise10Percent);
```

用新物件取代舊物件

注意！以上步驟相當於把 Calculation（計算加薪後的薪水）與 Action（修改物件屬性值）分離。

14.5 重構 3：以 `update()` 取代『取得、修改、設定』

在前面的例子裡，我們同時應用了重構 1（**將隱性引數轉換為顯性**）與重構 2（**以回呼取代主體實作**），但這裡其實有更直接的做法。下面來比較一下重構前後的 `incrementField()`：

重構前

```
function incrementField(item, field) {
  var value = item[field];
  var newValue = value + 1;
  var newItem = objectSet(item, field, newValue);
  return newItem;
}
```

取得屬性值

修改屬性值

設定新物件

重構後

```
function incrementField(item, field) {
  return update(item, field, function(value) {
    return value + 1;
  });
}
```

各位應該發現了，重構前的程式碼做了三件事情：

1. **取得**物件內的屬性值。
2. **修改**該屬性值。
3. 依循寫入時複製原則，利用新屬性值來**設定**物件。

換言之，假如某個函式中也有上述三項處理，我們就能以『呼叫 update()』來取代相關實作。請記住！ update() 需要的引數依序為：『物件』、欲修改的『屬性名稱』或稱為『鍵』，以及『實際執行修改的 Calculation 函式』。

重構 3 的步驟

以 update() 取代『取得、修改、設定』共包括兩個步驟：

1. 辨識『取得、修改、設定』程式段落。
2. 利用 update() 取代以上三個段落，其中『修改』的部分為回呼。

以下用 14.3 節的 halveField() 為例做一遍：

步驟 1：辨識『取得、修改、設定』程式段落

```
function halveField(item, field) {
  var value = item[field];
  var newValue = value / 2;
  var newItem = objectSet(item, field, newValue);
  return newItem;
}
```


步驟 2：利用 update() 取代以上三個段落

```
function halveField(item, field) {
  return update(item, field, function(value) {
    return value / 2;
  });
}
```


這種重構方式將原本『取得、修改、設定』操作封裝在一個 update() 函式中呼叫，讓程式碼變得簡潔，提高可讀性也易於維護，特別有利於處理複雜的巢狀物件。

14.6 函數式工具 — update()

前幾章用到的函數式工具皆是操作陣列，而本章介紹的 update() 也是一個重要的函數式工具，操作的是物件（視為 hash map 資料）。讓我們仔細檢視其實作：

此函式接受物件、屬性名稱（鍵）及操作函式

```
function update(object, key, modify) {
  var value = object[key];
  var newValue = modify(value);
  var newObject = objectSet(object, key, newValue);
  return newObject;
}
```

取得

修改

設定

傳回修改後的物件複本（寫入時複製）

update() 可接受一個操作函式，並將其套用在物件內的指定屬性值上。注意！和包含迴圈的 map()、filter() 與 reduce() 不同之處在於 update() 只更改一個值：

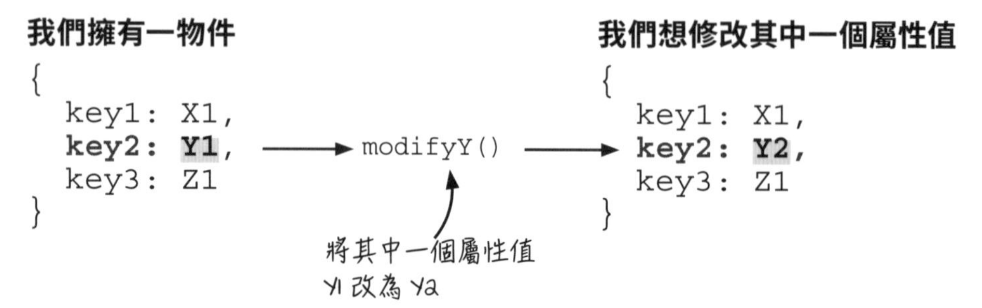

再強調一次，update() 需要的引數有三項：(1) 目標物件、(2) 用來找到欲修改屬性值的『鍵』、(3) 能修改屬性值的操作函式（此函式是 Calculation）。上述操作函式能接受一個引數（當前的屬性值），並傳回更改後的新值。下面請再看一次我們如何在 incrementField() 中使用 update()：

將物件（商品）傳入 update()

將目標屬性名稱傳入 update()

```
function incrementField(item, field) {
  return update(item, field, function(value) {
    return value + 1;
  });
}
```

將能修改屬性值的回呼函式傳入 update()

回呼函式將加1後的新屬性值傳回（譯註：注意！回呼函式傳回的是新屬性值，但 update() 傳回的是包含新屬性值的物件）

14.7 將 update() 的行為視覺化

本節帶各位用視覺化方式來瞭解 update() 的運作。首先，假設有如下的商品物件：

程式碼

```
var shoes = {
  name: "shoes",
  quantity: 3,
  price: 7
};
```

本節將以此圖示來表示物件

對應圖示

```
shoes
  name: "shoes"
  quantity: 3
  price: 7
```

我們的目標是執行以下指令，將上述物件的商品數量加倍：

```
> update(shoes, 'quantity', function(value) {
  return value * 2; // 數值加倍
});
```

下面就來一步步拆解 update() 中的操作：

操作 #	程式碼
	`function update(object, key, modify) {`
1.	`  var value = object[key];` ← 取得
2.	`  var newValue = modify(value);` ← 修改
3.	`  var newObject = objectSet(object, key, newValue);` ← 設定
	`  return newObject;`
	`}`

操作 1：取得鍵（key）所指定的物件屬性值（value）

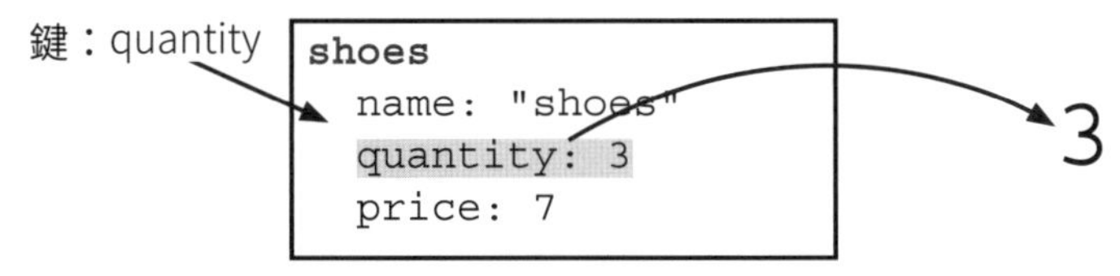

操作 2：呼叫回呼函式以處理前面取得的屬性值

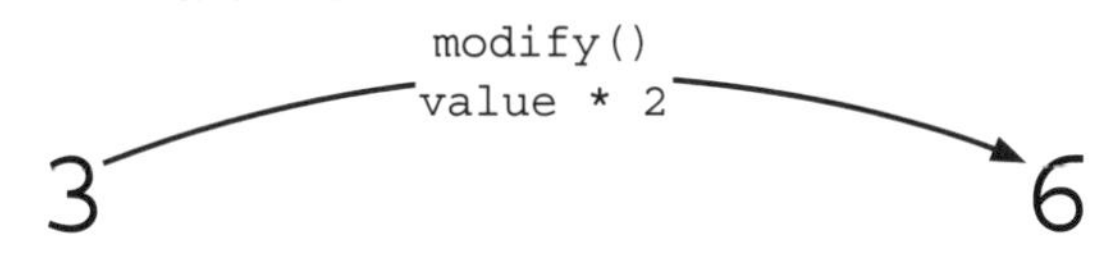

操作 3：產生具有屬性新值的物件複本

objectSet() 將 quantity 鍵的值設定為 6

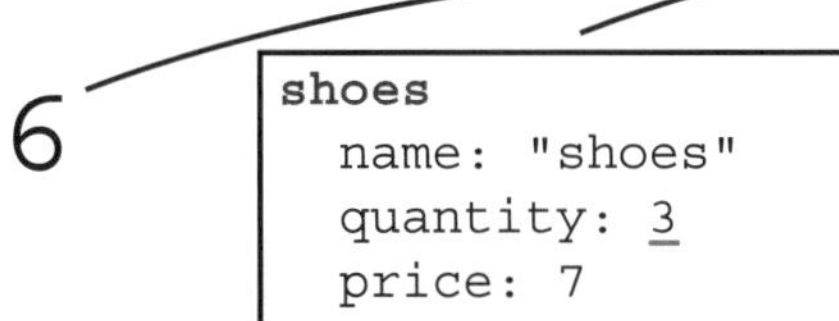


```
shoes 複本
  name: "shoes"
  quantity: 6
  price: 7
```

練習 14-1

`lowercase()` 函式（不用實作）的功能是將傳入字串中的字元全部改成小寫。假設我們有如下的 user 物件，其中 email 的屬性值為大寫，請呼叫 `update()` 將 email 屬性值改為全部小寫，並寫出結果：

```
var user = {
  firstName: "Joe",
  lastName: "Nash",
  email: "JOE@EXAMPLE.COM",
  ...
};
```

將此字串改為小寫

將你的答案寫在這裡

練習 14-1 解答

```
> update(user, 'email', lowercase)

{
  firstName: "Joe",
  lastName: "Nash",
  email: "joe@example.com",
  ...
}
```

練習 14-2

MegaMart 的行銷部門想讓顧客更容易大量採購。為此，他們規劃在購買頁面加入一個『10x』按鈕，能直接將目前的商品數量乘以 10。你的任務是利用 `update()` 撰寫一個名為 `tenXQuantity()` 的函式，能將商品物件 (item) 中的數量 (quantity) 屬性值乘以 10。以下是 item 物件的一例：

```
var item = {
  name: "shoes",
  price: 7,
  quantity: 2,
  ...
};

function tenXQuantity(item) {
```

將此屬性值乘以 10

將你的答案寫在這裡

練習 14-2 解答

```
function tenXQuantity(item) {
  return update(item, 'quantity', function(quantity) {
    return quantity * 10;
  });
}
```

練習 14-3

接下來是個題組，請參考以下資料結構與可使用的3個函式：

```
var user = {
  firstName: "Cindy",
  lastName: "Sullivan",
  email: "cindy@randomemail.com",
  score: 15,
  logins: 3
};
```

本題組可用的函式：

- increment()：將給定屬性值加1
- decrement()：將給定屬性值減1
- uppercase()：將給定字串的字母變成大寫

1. 請問以下程式的執行結果為何（譯註：注意update()後面接著『.score』，表示update()更新後取得物件的『score』屬性值）？

```
> update(user, 'score', increment).score
```

將你的答案寫在這裡

2. 請問以下程式的執行結果為何？

```
> update(user, 'logins', decrement).score
```

3. 請問以下程式的執行結果為何？

```
> update(user, 'firstName', uppercase).firstName
```

練習 14-3 解答

1.

```
> update(user, 'score', increment).score
16
```

2.

```
> update(user, 'logins', decrement).score
15
```

logins 的值變成 2，但 score 仍是上面的 15

3.

```
> update(user, 'firstName', uppercase).firstName
"CINDY"
```

行銷主管：用 update() 處理物件裡的資料是很方便，但我們有時需要處理物件裡的物件，甚至是三層的物件！

吉娜：可以給我們看個具體的例子嗎？

行銷主管：沒問題。例如下面的衣服物件，以及用來增加尺寸的函式：

```
var shirt = {
  name: "shirt",
  price: 13,
  options: {
    color: "blue",
    size: 3
  }
};
```

shirt 物件中還有 options 物件，形成巢狀結構

必須存取到 options 物件裡面的屬性值

```
function incrementSize(item) {
  var options = item.options;
  var size = options.size;
  var newSize = size + 1;
  var newOptions = objectSet(options, 'size', newSize);
  var newItem = objectSet(item, 'options', newOptions);
  return newItem;
}
```

取得

取得

修改

設定

設定

實作結尾需要呼叫兩次 objectSet()

金恩：我瞭解你說的問題了。incrementSize() 的程序是『取得、取得、修改、設定、設定』，這和 14.5 節重構 3 的『取得、修改、設定』不太一樣。

行銷主管：所以，你有辦法解決嗎？

吉娜：來研究一下吧！我認為這裡頭藏了一個 update()，重構 3 應該還是可行的。

14.8 將巢狀資料的 update() 視覺化

下面是上一節中行銷主管展示的 incrementSize() 函式。為了瞭解其如何操作巢狀結構內的 options 物件，我們得逐行解說：

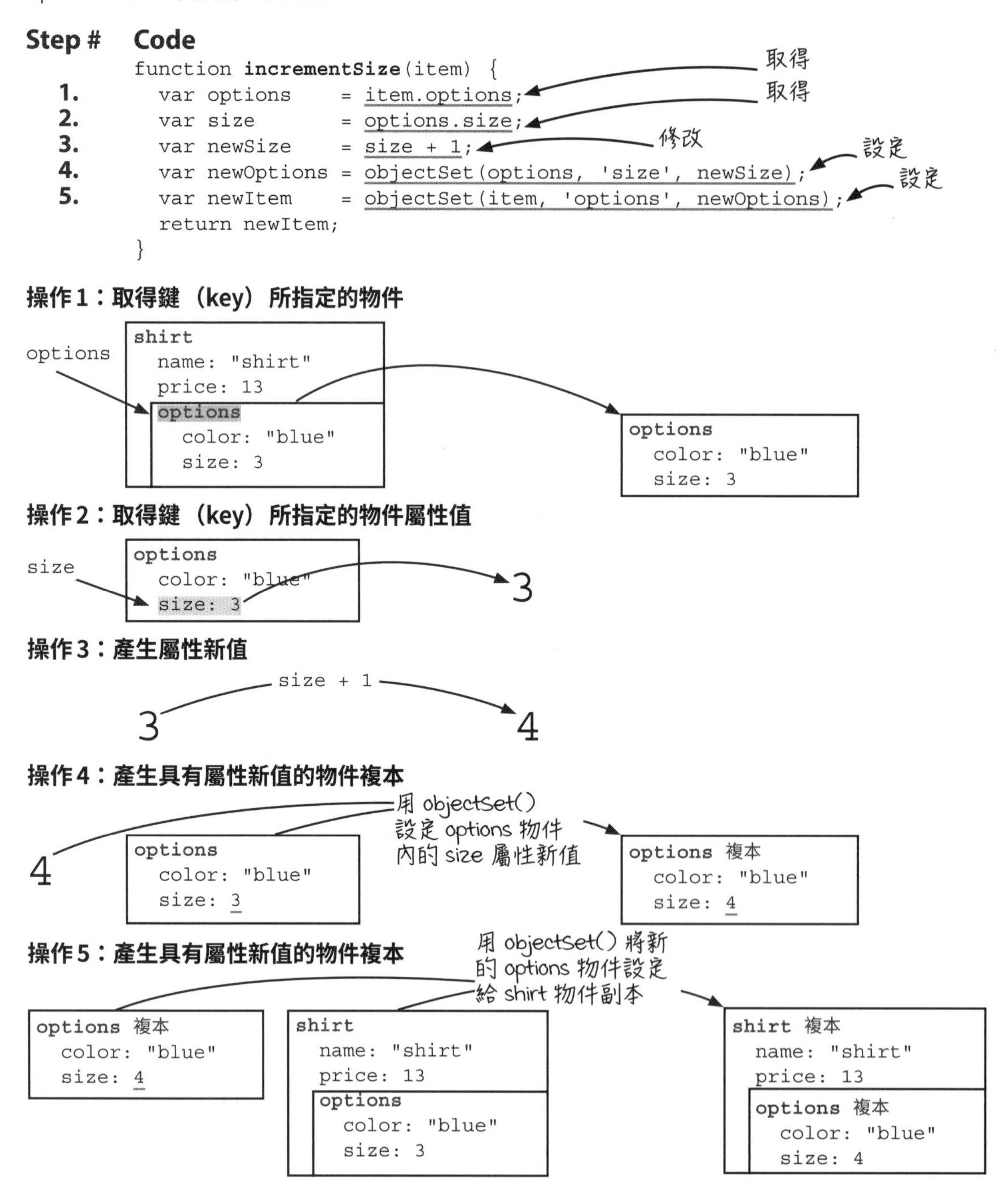

14.9 用 update() 處理巢狀資料

經過前面的視覺化說明後，是時候來討論如何以 update() 重構 incrementSize() 了。以下是原本的程式碼：

```
function incrementSize(item) {
  var options = item.options;
  var size = options.size;
  var newSize = size + 1;
  var newOptions = objectSet(options, 'size', newSize);
  var newItem = objectSet(item, 'options', newOptions);
  return newItem;
}
```

取得
取得
修改
設定
設定

有另一套『存取、修改、設定』存在於巢狀結構中，即 item 物件中還有 options 物件

重構 3 的步驟

1. 辨識『取得』、『修改』與『設定』程式段落。
2. 利用 update() 取代以上三個段落，其中『修改』的部分為回呼。

我們想再次使用重構 3（**以 update() 取代取得、修改與設定**），為此必須先辨識出函式內的『取得、修改、設定』。問題是：這裡的某些操作似乎重複了許多次，該怎麼辦呢？

不用擔心！只要注意觀察，就會發現程式碼中有一套完整的『取得、修改、設定』操作，像三明治一樣夾在開頭的『取得』與結尾的『設定』中間。讓我們先將重構 3 套用在這三行程式碼上：

原始程式

```
function incrementSize(item) {
  var options = item.options;
  var size = options.size;
  var newSize = size + 1;
  var newOptions = objectSet(options, 'size', newSize);
  var newItem = objectSet(item, 'options', newOptions);
  return newItem;
}
```

用 update() 取代這三項『存取、修改、設定』操作

重構後

```
function incrementSize(item) {
  var options = item.options;


  var newOptions = update(options, 'size', increment);
  var newItem = objectSet(item, 'options', newOptions);
  return newItem;
}
```

取得
修改
設定

程式再度回到『取得、修改、設定』模式

神奇的事情出現了！經過改寫，原本夾在中間的『取得、修改、設定』變成了新的『修改』（即：利用 update() 修改 options 物件中的值）。這麼一來，程式又回到了『取得、修改、設定』各自只出現一次的狀況，就可直接套用重構 3：

執行一次重構 3

```
function incrementSize(item) {
  var options = item.options;
  var newOptions = update(options, 'size', increment);
  var newItem = objectSet(item, 'options', newOptions);
  return newItem;
}
```

取得
修改
設定

執行兩次重構 3

```
function incrementSize(item) {
  return update(item, 'options', function(options) {
    return update(options, 'size', increment);
  });
}
```

外層操作也用 update() 取代

內層 update() 是外層 update() 的回呼

由此，我們得到了重要的啟示：要處理巢狀資料，只要讓 update() 的呼叫也變成巢狀即可。換言之，每在 update() 中呼叫一次 update()，你就能進入巢狀物件的更深一層。下一節會帶大家進一步延伸此概念。

14.10 實作成普適化的 updateOption()

上一節撰寫的 incrementSize() 會在 update() 中再次呼叫 update()，而且其中藏著程式碼異味，因此我們想將其普適化為一個新的 updateOption()。請再看一次之前的實作：

```
function incrementSize(item) {
  return update(item, 'options', function(options) {
    return update(options, 'size', increment);
  });
}
```

以巢狀方式呼叫 update()

本例操作的巢狀資料

```
var shirt = {
  name: "shirt",
  price: 13,
  options: {
    color: "blue",
    size: 3
  }
};
```

size 屬性值被包裹在 options 內

注意！由於 size 屬性值位於兩層巢狀結構內（經過兩個物件才能取得該值），故需呼叫兩次 update()。換言之，**資料的巢狀深度有多少，update() 的巢狀呼叫次數就有多少**。

以上結論相當重要，之後還會再提到。但這裡還是先來看如何改寫 incrementSize() 吧！我們注意到該函式有兩個前面曾見過的程式碼異味 — 或者應該說：是同一個程式碼異味重複了兩次：

```
function incrementSize(item) {
  return update(item, 'options', function(options) {
    return update(options, 'size', increment);
  });
}
```

可以看到，函式名稱中又出現了隱性引數，而且還出現了兩個（譯註：第一個是屬性名稱『size』，第二個是操作『increment』）！

下面就來把這兩個引數改為顯性：先處理 size（隱性屬性名稱），再處理 increment（隱性修改操作）：

譯註：第一個 update() 的第 2 個參數『'options'』有加單引號，代表取得 item 物件內的 options 物件；第二個 update() 的第 2 個參數『option』沒有單引號，指 options 物件內的一個屬性

包含隱性屬性名稱

```
function incrementSize(item) {
  return update(item, 'options', function(options) {
    return update(options, 'size', increment);
  });
}
```

改為顯性屬性名稱

```
function incrementOption(item, option) {
  return update(item, 'options', function(options) {
    return update(options, option, increment);
  });
}
```

包含隱性修改操作

```
function incrementOption(item, option) {
  return update(item, 'options', function(options) {
    return update(options, option, increment);
  });
}
```

改為顯性修改操作

```
function updateOption(item, option, modify) {
  return update(item, 'options', function(options) {
    return update(options, option, modify);
  });
}
```

完成！新的 updateOption() 需要一個商品物件（傳入 item 參數）、options 物件內的屬性名稱（傳入 option 參數），以及用來修改屬性值的函式（傳入 modify 參數）。但各位應該發現了，這個函式仍然飄出相同的程式碼異味：

```
function updateOption(item, option, modify) {
  return update(item, 'options', function(options) {
    return update(options, option, modify);
  });
}
```

函式名稱中仍有隱性引數，下一節繼續

14.11 實作兩層巢狀結構的 update2()

在上一節裡，我們已將兩個隱性引數轉換為顯性，但重構後的程式又出現第三個隱性引數。好消息是，只要再做一次重構，即可得到普適化的兩層巢狀結構的函數式工具 update2()。請再看一次到目前為止的實作：

此處的『'options'』隱藏在函式名稱中，我們需將其改成顯性引數

```
function updateOption(item, option, modify) {
  return update(item, 'options', function(options) {
    return update(options, option, modify);
  });
}
```

讓我們執行第三次重構 1，同時把各參數名稱改得更廣義。

為了更為普適化了，將外層的鍵參數名改為 key1，內層的鍵參數名改為 keya，並將 item 改為 object

包含隱性引數

```
function updateOption(item, option, modify) {
  return update(item, 'options', function(options) {
    return update(options, option, modify);
  });
}
```

函式名稱中的『2』表示用於兩層巢狀結構

改為顯性引數

```
function update2(object, key1, key2, modify) {
  return update(object, key1, function(value1) {
    return update(value1, key2, modify);
  });
}
```

將此引數改為顯性

至此，普適化已大功告成！最後，來看看如何以 update2() 實作出 incrementSize()。再複習一次本例的資料結構：

```
var shirt = {
  name: "shirt",
  price: 13,
  options: {
    color: "blue",
    size: 3
  }
};
```

我們想對 options 底下的 size 屬性值做『加 1』操作

重構 1 的步驟

1. 辨識出函式名稱裡的隱性引數。
2. 加入新參數以接收顯性輸入。
3. 利用新參數取代函式實作中的固定值。
4. 更改呼叫程式碼。

然後比較一下原本的 incrementSize() 修改成用 update2() 實作的版本：

原始程式

```
function incrementSize(item) {
  var options = item.options;
  var size = options.size;
  var newSize = size + 1;
  var newOptions = objectSet(options, 'size', newSize);
  var newItem = objectSet(item, 'options', newOptions);
  return newItem;
}
```

改以 update2() 實作

```
function incrementSize(item) {

  return update2(item, 'options', 'size', function(size) {
    return size + 1;
  });


}
```

總的來說，update2() 確實可處理前面提到的『取得、取得、修改、設定、設定』程序。由於新寫法變得比較抽象，下面就用視覺化方式說明發生了什麼事吧！

14.12 視覺化說明 update2() 如何操作巢狀物件

上一節實作的 update2() 可修改兩層巢狀物件下的屬性值。考慮到其複雜性，本節會用圖示來解說。

小字典

用來定位巢狀物件中之屬性值的鍵序列稱為**路徑** (path)，其中每個鍵對應一個巢狀層。

本例的目標是『對 size 屬性值加 1』。為此，update2() 需先取得 item 物件，接著進入『'options'』鍵所指定的物件，然後才能存取到『'size'』鍵的值。以上提到的鍵共同組成了**路徑** (path)，可用來定位目標屬性值在巢狀物件中的位置。

以下就是我們要執行的程式碼：

```
> return update2(shirt, 'options', 'size', function(size) {
    return size + 1;
  });
```

將該屬性值加 1

通往目標屬性值的路徑

需處理的商品物件如下 (注意！ options 物件位於 item 物件內，形成巢狀結構)：

```
var shirt = {
  name: "shirt",
  price: 13,
  options: {
    color: "blue",
    size: 3
  }
};
```

```
shirt
  name: "shirt"
  price: 13
  options
    color: "blue"
    size: 3
```

整個『取得、取得、修改、設定、設定』流程以下圖呈現：

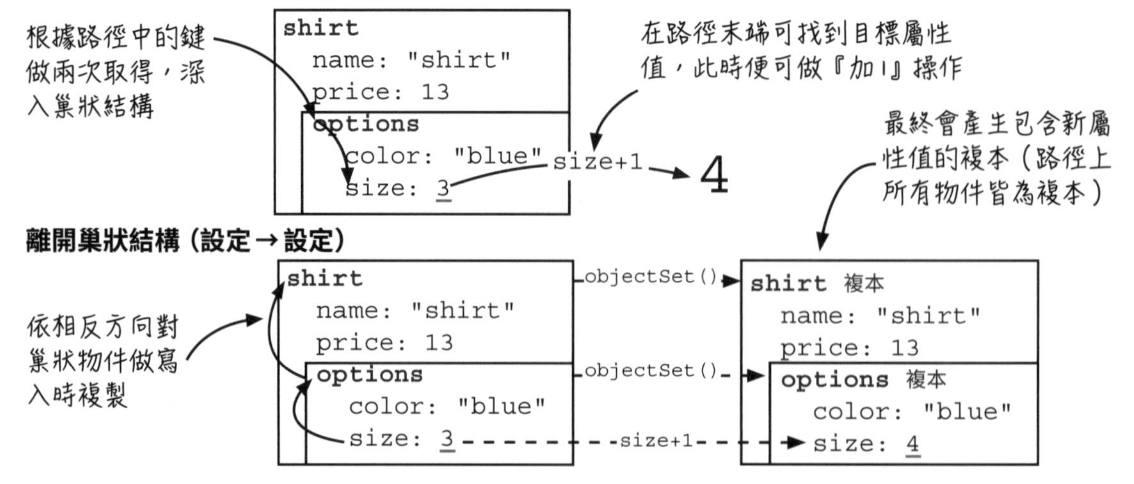

行銷主管：其實也沒什麼，就是我們經常要處理『購物車』中的商品物件。

吉娜：你的意思是？

行銷主管：意思是 — 我們需要修改的屬性值是在 options 物件內，且 options 物件又在商品物件內，然而這些商品物件又會在購物車物件內！

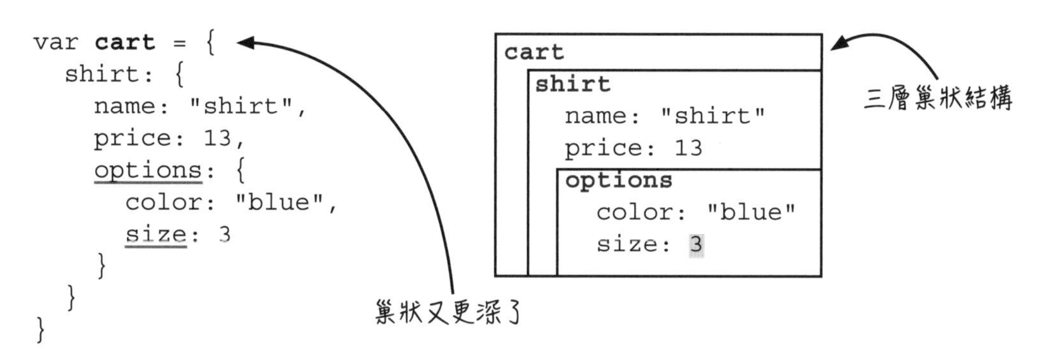

吉娜：我懂了，你想處理三層巢狀結構。

行銷主管：正是如此！這是不是代表我們需要 `update3()`？

金恩：其實不需要！讓我們按部就班，先從已知的函數式工具討論起吧！

14.13 函式 incrementSizeByName() 的四種實作方法

在本例中，行銷主管希望我們撰寫一個 incrementSizeByName()，此函式能接受購物車物件（cart 參數）和商品名稱（name 參數），然後將購物車內對應商品的 size 屬性值（位於 options 內）加 1。該問題涉及三層巢狀結構，以下提供四種解決方法：

方法 1：使用 update() 和 incrementSize()

回想一下：前面介紹的 incrementSize() 已經能處理雙層巢狀結構了，因此只要在外面再加一層『存取購物車內商品』的 update()，問題便迎刃而解：

```
function incrementSizeByName(cart, name) {
  return update(cart, name, incrementSize);
}
```

實作非常簡單，且只用了我們已知的工具

方法 2：使用 update() 和 update2()

你可以將方法 1 的 incrementSize() 改成基於 update2() 的內嵌實作：

```
function incrementSizeByName(cart, name) {
  return update(cart, name, function(item) {
    return update2(item, 'options', 'size', function(size) {
      return size + 1;
    });
  });
}
```

用內嵌實作取代 incrementSize()，形成『update() 中有 update2()』的巢狀呼叫構造

方法 3：只用 update()

承接上面，update2() 也能替換成內嵌實作，即以巢狀方式呼叫兩次 update()：

```
function incrementSizeByName(cart, name) {
  return update(cart, name, function(item) {
    return update(item, 'options', function(options) {
      return update(options, 'size', function(size) {
        return size + 1;
      });
    });
  });
}
```

不斷使用內嵌定義，直到實作中只剩下 update() 呼叫

想想看

這四種方法中，你比較偏好哪一種？為什麼？有沒有哪個方法是你完全不考慮使用的？為什麼？我們稍後就會討論到這些問題。

方法 4：自行實作所有『取得、修改、設定』步驟

不要忘記：每個 update() 都能拆解成一組『取得、修改、設定』程序：

```
function incrementSizeByName(cart, name) {
  var item       = cart[name];
  var options    = item.options;
  var size       = options.size;
  var newSize    = size + 1;
  var newOptions = objectSet(options, 'size', newSize);
  var newItem    = objectSet(item, 'options', newOptions);
  var newCart    = objectSet(cart, name, newItem);
  return newCart;
}
```

取得、取得、取得

修改

設定、設定、設定

14.14 實作三層巢狀結構的 update3()

如果還是希望提供一個能處理三層巢狀結構的 update3() 也是可以做到的。由於前面已做過類似的事情，這裡的說明就相對簡潔許多 — 只要對前一節的方法 2 的程式碼套用重構 1（**將隱性引數轉換為顯性**）即可：

方法 2

```
function incrementSizeByName(cart, name) {
  return update(cart, name, function(item) {
    return update2(item, 'options', 'size',
      function(size) { return size + 1; });
  });
}
```

隱性引數

擷取成 update3()

update3() 其實只是『在 update() 中呼叫 update2()』而已

重構後

```
function incrementSizeByName(cart, name) {
  return update3(cart,
    name, 'options', 'size',
    function(size) { return size + 1; });
}

function update3(object, key1, key2, key3, modify) {
  return update(object, key1, function(object2) {
    return update2(object2, key2, key3, modify);
  });
}
```

具有三個鍵的路徑

編註： 上面重構後的 update3() 已經經過普適化，其參數分別是：

- object：購物車物件
- key1：商品名稱
- key2：商品名稱內的 options 物件
- key3：options 物件內的屬性
- modify：操作函式

update3() 相當於『在 update() 中呼叫 update2()』。因為多了這個 update()，update3() 能處理的巢狀深度比 update2() 多一層，總共達三層。

重構 1 的步驟

1. 辨識出函式名稱裡的隱性引數。
2. 加入新參數以接收顯性輸入。
3. 利用新參數取代函式實作中的固定值。
4. 更改呼叫程式碼。

練習 14-4

假設行銷部門還需要 update4() 和 update5()，請將兩者實作出來。

練習 14-4 解答

```
function update4(object, k1, k2, k3, k4, modify) {
  return update(object, k1, function(object2) {
    return update3(object2, k2, k3, k4, modify);
  });
}

function update5(object, k1, k2, k3, k4, k5, modify) {
  return update(object, k1, function(object2) {
    return update4(object2, k2, k3, k4, k5, modify);
  });
}
```

14.15 實作任意巢狀深度的 nestedUpdate()

前面已討論了 update3() 的實作，並辨識出其中的模式，讓我們能藉由該模式快速寫出 update4() 與 update5()。而既然有如此清晰的模式，照理來說應該可以擷取出新函式才對。所以，為了避免日後行銷部門又來要求撰寫 update6() 或甚至到 update21()，不如來研究如何實作可處理任意巢狀深度的 nestedUpdate() 吧！

首先，請注意以下規律：

```
function update3(object, key1, key2, key3, modify) {
  return update(object, key1, function(value1) {
    return update2(value1, key2, key3, modify);
  });
}
```

X　X-1

```
function update4(object, key1, key2, key3, key4, modify) {
  return update(object, key1, function(value1) {
    return update3(value1, key2, key3, key4, modify);
  });
}
```

X　X-1

此規律非常單純：要定義 updateX()，只要在 update() 中呼叫 updateX-1() 即可；此時 update() 會使用第一個鍵，剩餘的鍵則按順序、連同 modify 函式引數一起傳給 updateX-1()。另外，考慮到 X 剛好等於鍵的個數、而這些鍵又共同組成路徑，各位可以將 X 解釋成『路徑長度』或『巢狀深度』。來看看此模式能否套用在前面實作過的 update2() 上：

```
function update2(object, key1, key2, modify) {
  return update(object, key1, function(value1) {
    return update1(value1, key2, modify);
  });
}
```

這裡的『2』表明該函式需要兩個鍵，並呼叫了 update1()（譯註：update1() 其實就是 update()）

那麼 update1() 又如何呢？注意 X-1 會變成 0，故：

```
function update1(object, key1, modify) {
  return update(object, key1, function(value1) {
    return update0(value1, modify);
  });
}
```

這裡的『1』表明該函式只需一個鍵，並呼叫了 update0()

不過，當繼續討論到 update0() 時，上述模式就不管用了。主要原因有以下兩點：第一，update0() 中沒有鍵，因此無法呼叫 update()（沒有『第一個鍵』可供 update() 使用）。第二，此處的 X-1 會變成 -1，這並非合理的路徑長度。

直覺上來說，update0() 應該表示『沒有巢狀結構』—因此我們不需要『取得』、也不用『設定』，直接做『修改』就行了。換言之，欲修改的數值赤裸裸地展現在眼前，故可以直接對其套用 modify()：

```
function update0(value, modify) {
  return modify(value);
}
```

這裡的『0』表明該函式不需要鍵

> **辨識函式名稱中的隱性引數**
>
> 1. 函式實作相似
> 2. 實作中的不同處反映在函式名稱上

抱歉！目此的討論有點無趣。但有趣的事來了！我們再度發現程式飄出『**函式名稱中的隱性引數**』程式碼異味—**函式名稱中的數字總是和鍵的數量相同**。下面就來處理這個問題。

希望大家還記得，上面提到的程式碼異味可以用重構 1 (**將隱性引數轉換為顯性**) 來解決。此處就以 update3() 為例，說明怎麼把函式名稱中的『3』改為顯性引數。先再看一次該函式的實作：

X ← 有 X 個鍵

```
function update3(object, key1, key2, key3, modify) {
  return update(object, key1 function(value1) {
    return update2(value1, key2, key3, modify);
  });
}
```

X-1

第一個鍵已被 update() 用掉了，這裡剩兩個鍵

我們在此先加入一個代表『巢狀深度』的 depth 參數：

顯性的『深度』參數

depth 的值應該和鍵的數量相同

```
function updateX(object, depth, key1, key2, key3, modify) {
  return update(object, key1, function(value1) {
    return updateX(value1, depth-1, key2, key3, modify);
  });
}
```

注意！此函數目前是未完成狀態

遞迴呼叫

此處傳入 depth − 1，代表後面跟著的鍵數

會比上一層減少一個鍵

以上改寫確實讓『巢狀深度』變顯性了，但卻衍生了新的問題：如何才能確保 depth 參數值和鍵的數量相同呢？這個問題很難解決，因此『加入 depth 參數』的做法可能行不通。話雖如此，我們還是得到了啟發：假如將所有鍵**按順序**存成一個陣列 (也就是將 key1、key2、key3、…，改用一個 keys 陣列取代)，那就不需設額外的 depth 參數了，也就是說該陣列的長度 (即：元素數量) 就是『巢狀深度』！有鑑於此，可以將 updateX() 的函式簽章改成：

小字典

遞迴函式 (recursive function) 就是在定義中呼叫自己的函式，這種『自己呼叫自己』的做法即**遞迴呼叫** (recursive call)。

本章稍後會深入介紹此主題，此處先專心處理 nestedUpdate()

包含所有鍵的陣列

```
function updateX(object, keys, modify) {
```

接下來只要遵循前面的模式就好：先將陣列中的第一個鍵取出並傳入 update()，然後把排在後面的那些鍵存成 restOfKeys 陣列再傳給 updateX()。注意！ restOfKeys 陣列的長度為 X–1：

呼叫 update() 時傳入第一個鍵

```
function updateX(object, keys, modify) {
  var key1 = keys[0];
  var restOfKeys = drop_first(keys);
  return update(object, key1, function(value1) {
    return updateX(value1, restOfKeys, modify);
  });
}
```

在遞迴呼叫之前，先把第一個鍵移掉

除了 update0() 以外，以上實作可適用於所有正整數 X 值。由於 update0() 的模式與之前不同，下面就來特別討論。

首先，考慮以下問題：

```
function updateX(object, keys, modify) {
  var key1 = keys[0];
  var restOfKeys = drop_first(keys);
  return update(object, key1, function(value1) {
    return updateX(value1, restOfKeys, modify);
  });
}
```

假如 keys 陣列中沒有鍵怎麼辦？

如前所述，update0() 只會呼叫回呼(即：modify())，而不會呼叫 update() ！這一點與其它 updateX() 顯著不同。該怎麼實現呢？

```
function update0(value, modify) {
  return modify(value);
}
```

update0() 的定義與其它 updatex() 不同

此函式並非遞迴函式

其實很簡單，只需多加一個判斷式 — 若 keys 陣列的長度為零(即：沒有鍵)，則直接呼叫 modify()，否則遞迴呼叫 updateX()，如下：

未處理 X = 0

```
function updateX(object, keys, modify) {


  var key1 = keys[0];
  var restOfKeys = drop_first(keys);
  return update(object, key1, function(value1) {
    return updateX(value1, restOfKeys, modify);
  });
}
```

已處理 X = 0

```
function updateX(object, keys, modify) {
  if(keys.length === 0)
    return modify(object);
  var key1 = keys[0];
  var restOfKeys = drop_first(keys);
  return update(object, key1, function(value1) {
    return updateX(value1, restOfKeys, modify);
  });
}
```

此判斷敘述可處理 x = 0 的狀況

就不做遞迴了

遞迴呼叫

現在，我們已實作出了可處理任意多個鍵的 updateX()。只要指明路徑，無論巢狀結構有多深，其都能將 modify() 套用到指定的屬性值上。只不過，這個函式通常不會叫做 updateX()，而是用目的更明確的 nestedUpdate()。

小字典

所有遞迴呼叫皆應收斂到某種不涉及遞迴呼叫的情況，稱為**基本條件**(base case)。

nestedUpdate() 需要的引數包含：目標巢狀資料、包含指定路徑中所有鍵的陣列，以及用來處理目標屬性值的函式。傳回值則是修改過的巢狀資料複本 (其中每一層的物件都會被複製)。以下便是其程式碼：

```
function nestedUpdate(object, keys, modify) {
  if(keys.length === 0)
    return modify(object);         ← 基本條件 (路徑長度為零)
  var key1 = keys[0];
  var restOfKeys = drop_first(keys);   ← 透過不斷從 keys 陣列中取出元素，一步步朝基本條件邁進
  return update(object, key1, function(value1) {
    return nestedUpdate(value1, restOfKeys, modify);
  });          ↑ 遞迴條件
}
```

總的來說，nestedUpdate() 可處理任意合理長度的巢狀路徑 — 其理論上沒有上限，下限則是 0。由於 nestedUpdate() 函式是個遞迴函式，代表它會在定義中呼叫自己。事實上，FP 程式設計師比其它領域的人更常用到遞迴。由於此概念不易理解，後面會花幾頁篇幅說明。

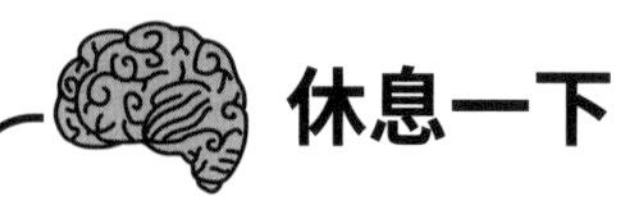

休息一下

問 1：是否能再解釋一次什麼是『遞迴』？

答 1：沒問題。定義一個函式時，你可以在實作中呼叫任何東西，包括你正在定義的函式本身。這種『在定義中呼叫自己』的做法就叫做**遞迴** (recursive)，nestedUpdate() 就是很好的例子：

```
function nestedUpdate(object, keys, modify) {
  if(keys.length === 0)
    return modify(object);
  var key1 = keys[0];
  var restOfKeys = drop_first(keys);
  return update(object, key1, function(value1) {
    return nestedUpdate(value1, restOfKeys, modify);
  });
}
```

呼叫自己

問 2：為什麼要用『遞迴』這麼難懂的方法寫程式呢？

答 2：問得好！就算是經驗老道的程式設計師也無法輕易理解遞迴程式，但這種寫法特別適合對付巢狀資料。事實上，我們在 7.10 節用遞迴實作 deepCopy() 正是出於這個原因。操作巢狀資料時，往往需對每個層做類似處理，而遞迴函式剛好能做到這一點 (每一層都呼叫該函式，只不過傳入不同引數)。

問 3：難道不能用較好理解的 for 迴圈達到同樣目的嗎？

答 3：一般而言，for 迴圈確實比遞迴好懂；但在本章的例子裡，後者卻較為簡單。遞迴可利用函式呼叫堆疊 (stack) 追縱每一輪的引數與傳回值；要是使用 for 迴圈，則你必須自行處理此問題。總而言之，有了 JavaScript 的堆疊功能，我們不必手動 push 和 pop (**譯註：**將資料放進堆疊稱為 push，移出則稱為 pop)，故省去了許多麻煩。

問 4：但遞迴不會很危險嗎？萬一產生無限迴圈或堆疊溢位怎麼辦？

答 4：遞迴的確有可能造成無限迴圈。此外，根據你的實作和所用語言，函式呼叫有可能遞迴太多次以致於堆疊空間不足。注意！如果一切運作正確，你的程式不應該堆疊那麼多層，下一節介紹的訣竅可幫助各位寫出安全的遞迴。

14.16 安全的遞迴需具備什麼？

如同不正確的 for 或 while 敘述，遞迴也可能意外導致無限迴圈。因此必須留意以下事項：

1. 一定要有基本條件

要防止遞迴無限循環下去，就一定要定義不含任何遞迴呼叫的**基本條件**，並以此當做終點。請再看一次 nestedUpdate() 的例子：

```
function nestedUpdate(object, keys, modify) {
  if(keys.length === 0)              ← 基本條件
    return modify(object);           ← 其中不含遞迴呼叫
  var key1 = keys[0];
  var restOfKeys = drop_first(keys);
  return update(object, key1, function(value1) {
    return nestedUpdate(value1, restOfKeys, modify);
  });
}
```

基本條件其實不難找，其通常發生在『當某次呼叫的傳入引數為空陣列』、『遞減變數值變成 0』或『答案已經找到』時。在這些狀況下，我們只剩最後一個步驟要處理，而該步驟一般來說很容易實作。

2. 弄清楚遞迴條件為何

遞迴函式的定義中至少要包含一次**遞迴條件**，也就是包含了遞迴呼叫的敘述。此處同樣以 nestedUpdate() 為例：

```
function nestedUpdate(object, keys, modify) {
  if(keys.length === 0)
    return modify(object);
  var key1 = keys[0];
  var restOfKeys = drop_first(keys);   ← 每經過一次遞迴，restOfKeys 就少一個元素（與第 3 點有關）
  return update(object, key1, function(value1) {
    return nestedUpdate(value1, restOfKeys, modify);
  });      ↑ 遞迴呼叫
}
```

3. 確定函式呼叫有朝著基本條件前進

撰寫遞迴呼叫時，必須確保其中至少有一個引數正在『變小』，並且使得呼叫條件越來越接近基本條件。舉個例子：假如『以空陣列做遞迴呼叫』是基本條件，那麼你應該在每次遞迴時移除該陣列裡的一個元素（**譯註：**請參考 nestedUpdate() 中的 restOfKeys 陣列）。

只要能保證遞迴呼叫的引數越來越像基本條件、且最終會到達該情況，則遞迴就必有停止之時。最糟的做法則是每次遞迴呼叫都傳入相同引數，這樣必定會產生無限迴圈。

14.17 將 nestedUpdate() 的行為視覺化

遞迴非常抽象，所以本節會以視覺化方法，一步步拆解 nestedUpdate() 中的呼叫。為了便於說明，這裡假設資料有三層巢狀結構，指令如下：存取購物車中的衣服商品，並對 size 屬性值加 1（**編註：**下方為巢狀結構執行狀態的堆疊 (Stack) 圖，每呼叫一次 nestedUpdate() 就往下堆疊，直到執行 modify()，然後再一層一層執行 obejctSet() 從堆疊中移除）：

```
> nestedUpdate(cart, ["shirt", "options", "size"], increment)
```

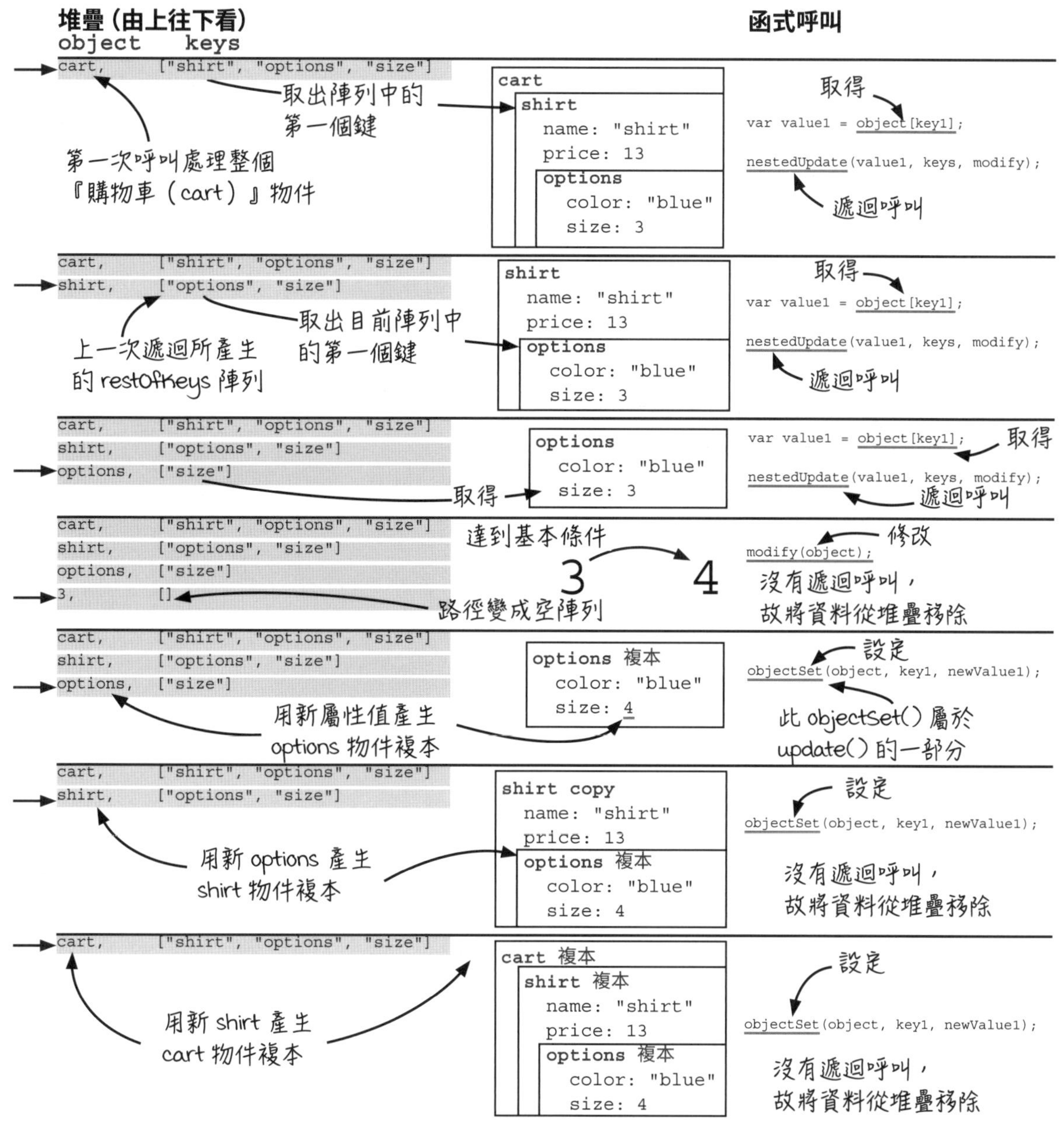

14.18 比較遞迴和迴圈

在此先鄭重聲明：for 迴圈很有用，特別是走訪陣列的時候。即便是我們的陣列函數式工具，其實作也是基於 for 迴圈。然而，由於本例要對付的是巢狀資料，故情況有些不同。

走訪陣列時，程式會從索引 0 開始，一邊處理其中的元素，一邊將生成的結果加到傳回陣列末端，如下圖所示：

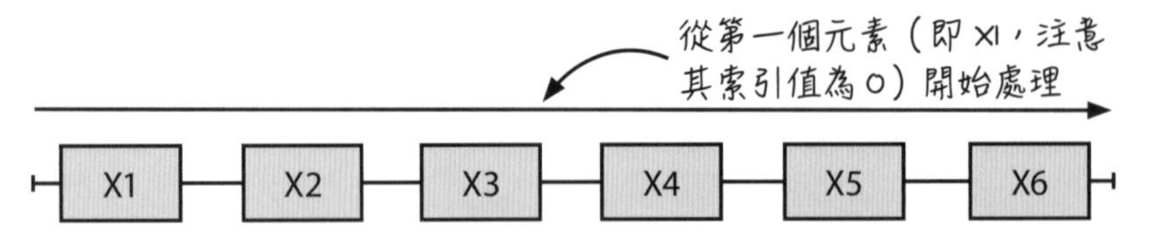

巢狀資料的操作方式則不一樣：我們需要先一層一層進行『取得』，接著『修改』目標屬性值，最後再循相反方向完成每一層的『設定』。此外，因為使用了『寫入時複製』，故『設定』其實會產生資料複本：

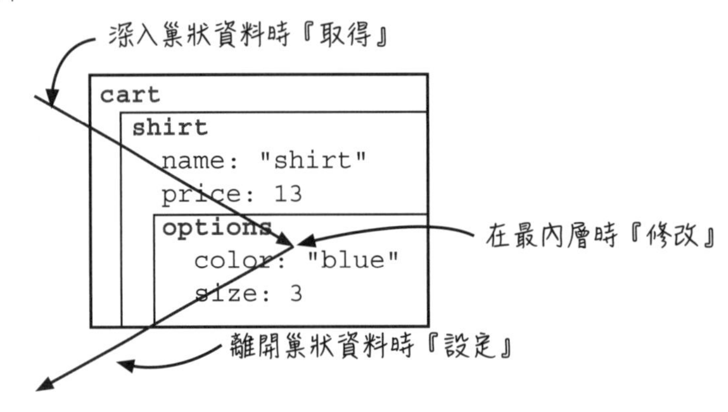

事實上，『取得、修改、設定』的巢狀執行方式恰好反映了資料的巢狀結構，而這樣的構造很難不用遞迴和呼叫堆疊實現。

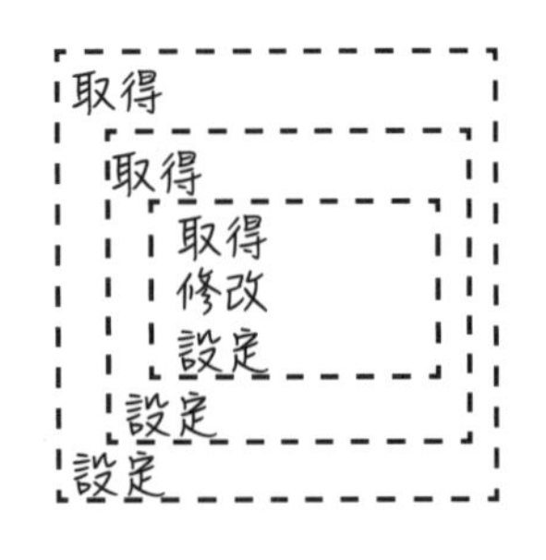

想想看

你能用 for 或 while 迴圈實作出 `nestedUpdate()` 嗎？請自行試試看！

練習 14-5

在 14.13 節已介紹過 incrementSizeByName() 的四種實作方法。在此請各位利用 nestedUpdate() 寫出第五種實作：

```
function incrementSizeByName(cart, name) {
```

將你的答案寫在這裡

練習 14-5 解答

```
function incrementSizeByName(cart, name) {
  return nestedUpdate(cart, [name, 'options', 'size'],
                      function(size) {
                        return size + 1;
                      });
}
```

14.19 遇到深度巢狀資料時的設計考量

金恩提到的問題很常見。

用 `nestedUpdate()` 處理深度巢狀資料時，需傳入一長串鍵做為路徑，但我們很難記得這些鍵到底是指什麼。此問題在使用他人提供的 API 或資料模型時尤為明顯。下面來看個例子：

回呼

```
httpGet("http://my-blog.com/api/category/blog", function(blogCategory) {
  renderCategory(nestedUpdate(blogCategory, ['posts', '12', 'author', 'name'], capitalize));
});
```

巢狀物件　一長串的鍵　修改函式

此段程式碼會先取得 blog API 中的 blogCategory（部落格分類），再將其傳回的 JSON 交由回呼處理。在回呼中，我們會用 `capitalize()` 將第 12 篇部落格貼文的作者名改為大寫。注意！這個例子雖經過簡化、且並非出自真實程式，卻能清楚呈現前面提到的問題 — 假設過了三週之後再回來查看這段程式碼，你很可能已經忘記以下四件事情了：

1. blog category 的貼文 (post) 存放在『posts』鍵下。
2. 你可以藉由貼文編號 (ID) 存取特定的 post（**譯註：** 指範例中的『12』）。
3. 貼文的作者資訊 (user) 位於『author』鍵下。
4. 名字位於 user 的『name』鍵下。

如各位所見，每一個巢狀層都有自己的資料結構；你必須記得這些結構，才能解讀路徑的意思。反之，如果你不記得每個中繼物件都有哪些鍵，那麼 nestedUpdate() 的路徑讀起來就會像是天書。

那麼，此問題的解決方法是什麼呢？答案其實在說明分層設計時（第 9 章）便提過了 — 當程式中有元素過於複雜時，為其設計抽象屏障是可行的應對方法之一（回憶一下，抽象屏障能幫使用者忽略細節），下一節會為大家詳細解釋。

> **小提醒**
>
> **抽象屏障** (abstraction barrier) 是能有效隱藏實作細節的函式層。有了它，使用屏障中的函式時，完全不需瞭解函式的底層實作。

14.20 為巢狀資料建立抽象屏障

上一節說到：處理深度巢狀資料時，必須記得每個巢狀層的結構為何，這對腦容量產生了極大負擔。為解決此問題，得找到一種新方法：既可達成原本目的、又能降低需記憶的資料結構細節，而抽象屏障就是其中一個選項。說得更具體一點，我們要建立可操作目標資料結構的函式，並賦予這些函式有意義的名稱（建議：當資料結構確定下來後，各位都應朝著這個方向設計程式）。

首先，來寫一個能根據給定貼文編號（ID）修改部落格貼文（post）的函式（貼文儲存在 category 巢狀物件的『posts』鍵下）：

```
function updatePostById(category, id, modifyPost) {
  return nestedUpdate(category, ['posts', id], modifyPost);
}
```

明確的函式名稱

不必知道 posts 和 category 的關係也能使用此函式

位於屏障上層的程式不必知道 category 的資料結構為何

至於 post 的結構，則交由此回呼函式處理

接下來，寫一個能變更作者資訊（user，存放於『author』鍵下）的函式：

```
function updateAuthor(post, modifyUser) {
  return update(post, 'author', modifyUser);
}
```

明確的函式名稱

使用此函式時，不必知道 post 和 author 的關係

回呼 modifyuser 知道如何處理 user

在本例中，我們想將作者名字改為大寫（利用 capitalize() 完成），所以需再實作能取得『name』屬性的函式，並傳入 capitalize()：

```
function capitalizeName(user) {
  return update(user, 'name', capitalize);
}
```

明確的函式名稱

使用此函式，就不用知道 user 底下有『name』這個鍵了

現在，可以把所有東西結合起來：

```
updatePostById(blogCategory, '12', function(post) {
  return updateAuthor(post, capitalizeName);
});
```

將前面的函式合在一起

上面這樣做有比較好嗎？我們的答案是『有』，且原因有兩個：首先，我們需記得的事情從原本的四件（見 14.19 節）變成了三件（**譯註：**本節的三個函式）。其次，這些函式的名稱簡單易懂，所以不必特別記憶它們的功能。只要使用抽象屏障，即便不知道鍵的名稱也能順利修改目標屬性，例如：你不再需要知道部落格貼文位於『post』下、或者作者資訊位於『author』下等等。

14.21 總結高階函式的應用

還記得第一次接觸『高階函式』是在第 10 章，當時各位只知道：高階函式就是以其它函式為引數或傳回值的函式。但現在，我們已經看過此類函式的諸多用途了，這裡就來總結一下：

在走訪陣列時取代 for 迴圈

`forEach()`、`map()`、`filter()` 與 `reduce()` 皆是能操作陣列的高階函式。你可以將它們串連成鏈，以實現更複雜的計算。

• 請參考 p.10-26、p.12-6、p.12-13 和 p.12-18

有效處理巢狀資料

要改變巢狀資料中的值非常麻煩 — 不僅需進行多次『取得』，還得對每一層的物件做『寫入時複製』。為此，我們實作了 `update()` 和 `nestedUpdate()` — 無論巢狀結構有多深，這兩個高階函式都能精準更改指定屬性值。

• 請參考 p.14-4 與 p.14-26

套用『寫入時複製』

『寫入時複製』的步驟是固定的(即：產生複本、修改複本、傳回複本)，故實作時可能產生重複程式碼。但只要使用 `withArrayCopy()` 和 `withObjectCopy()`，就能把任意操作變成『寫入時複製』版本。以上兩個高階函式是將固定程序標準化的極佳範例。

• 請參考 p.11-5 與 p.11-9

將 try ／ catch 敘述標準化

我們曾寫過名為 `wrapLogging()` 的高階函式；其可接受任意函式 f，並傳回功能和 f 相同，但多了 try ／ catch 錯誤捕捉能力的新函式。這個例子讓我們瞭解：高階函式可改變其它函式的行為。

• 請參考 p. 11-16

結論

在前面幾章中，我們利用重構 1、2 推導出了能操作陣列資料的三大函數式工具。本章則使用相同的重構方法，實作了能處理巢狀資料的函式。為了對付任意巢狀深度的資料，我們應用了遞迴的技巧，並討論該技巧在設計上的意義，以及如何避免相應的問題。

重點整理

- 函數式工具 `update()` 能修改物件中的指定屬性值，為我們免去手動取得屬性值、修改，然後再將結果設定回物件中的麻煩。
- `nestedUpdate()` 能處理深度巢狀資料。當知道目標屬性值在巢狀物件中的路徑（由一系列的『鍵』構成）時，就能用此函數式工具輕鬆修改該值。
- 一般來說，迴圈比遞迴容易理解。但面對巢狀資料時，遞迴則比較好用。
- 函式在呼叫自己以前，遞迴會利用函式呼叫堆疊來追蹤目前進度，這使得遞迴函式的構造能反映巢狀資料結構。
- 深度巢狀結構會造成理解上的不便。要操作此類資料，你必須記得每一巢狀層的資料結構為何。
- 你可以為關鍵資料結構設計抽象屏障，藉此降低需要記憶的細節。這麼做能讓巢狀資料操作變得更簡單。

接下來 ...

既然各位對於頭等物件和高階函式有概念了，下面就來討論如何將其應用在現代程式設計中最困難的主題上 ─ 分散式系統。無論你是否喜歡，如今大多數的程式都至少有前端和後端系統，而在兩者之間交換資料可能產生各種問題。但只要使用頭等物件與高階函式，你就能應付上述問題。讓我們下一章見！

MEMO

解析時間線 15

本章將帶領大家：

- 學習如何根據程式碼畫出時間線圖。
- 瞭解利用時間線圖除錯。
- 探索透過減少多時間線共享資源，來改良程式碼。

在本章中，我們會開始用**時間線圖**(timeline diagram)來表示程式在時間線上的 Actions 序列，藉此瞭解該程式如何運作。這種做法對於分散式系統(如：網際網路上客戶端與伺服器的通訊)特別有用。時間線圖能診斷及預測錯誤，以利程式設計師提出修正方法。

 15.1 發現 bug！

MegaMart 的客服最近接到好幾通電話，都是顧客反映購物車頁面上的總金額有誤。這可不妙，趕緊來看看如何除錯吧！

當滑鼠點擊速度較慢時，無法重現此 bug

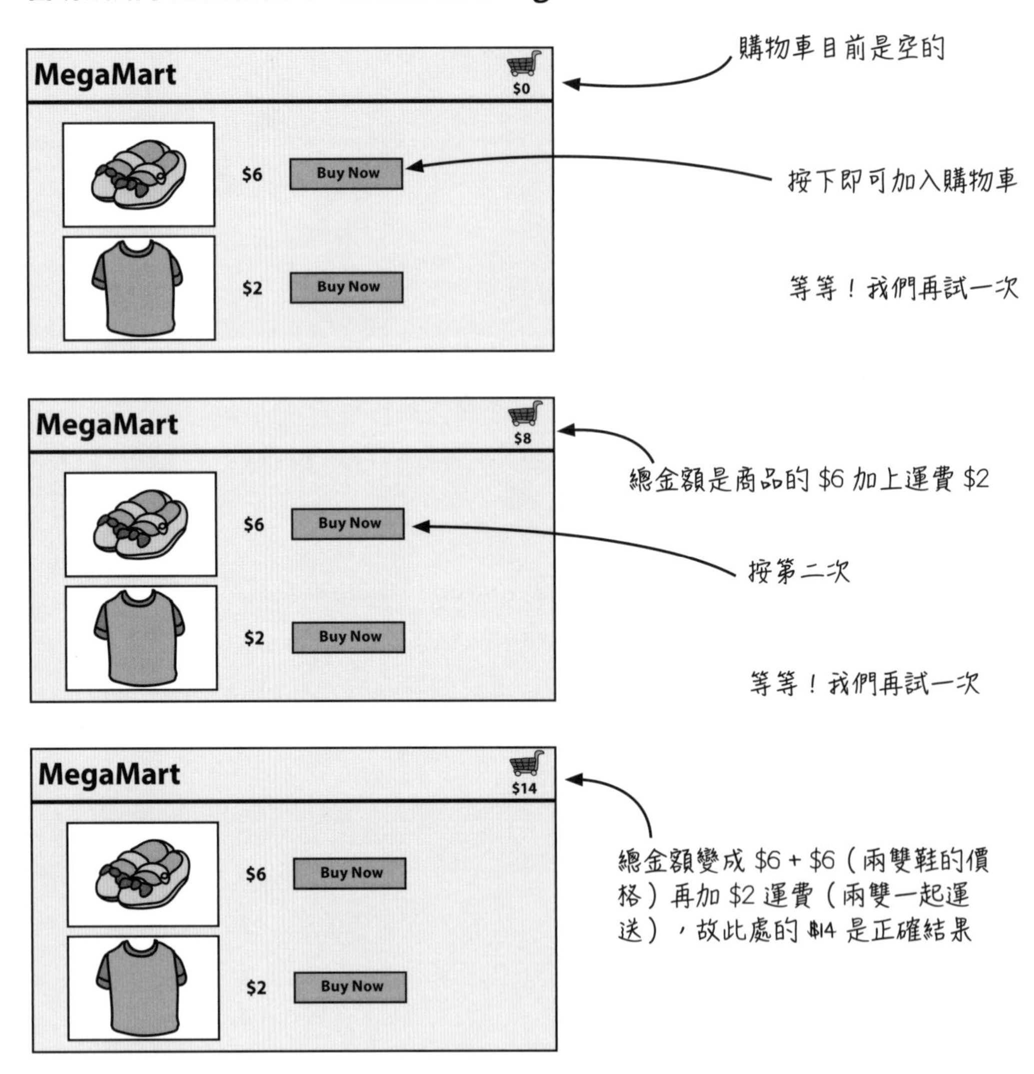

只要滑鼠不要連按，總金額的計算看來沒有問題。但當點擊過快時，結果可就不同了！下面就來嘗試一下。

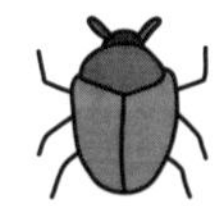 15.2 連續點兩下滑鼠

據顧客的說法：快速連點兩下『Buy Now』鈕，錯誤就會發生

要重現上述錯誤，我們需快速按『Buy Now』鈕兩次，如下：

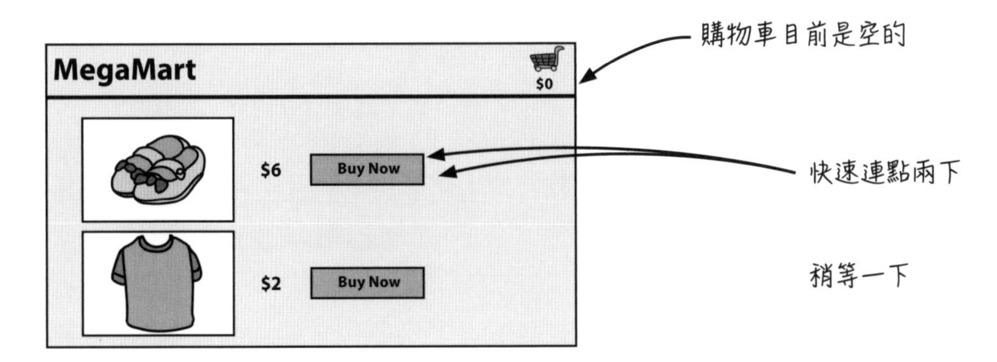

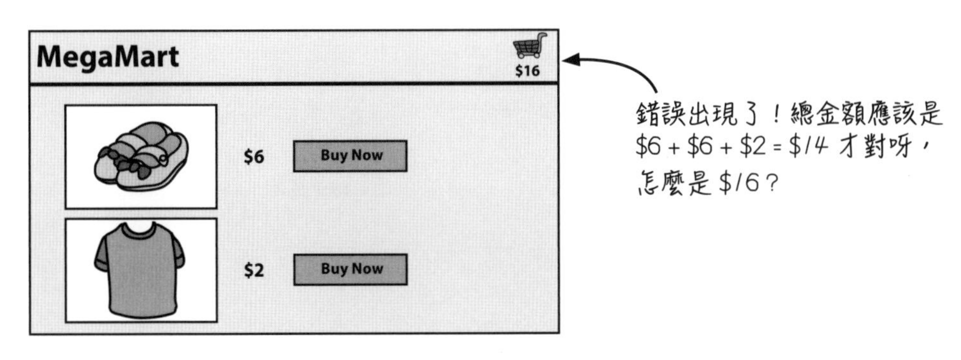

經過多次測試，發現可能出現以下三種結果

我們又將相同操作（即：連點兩次鞋子的『Buy Now』鈕）重複了幾次，結果出現下面三種可能數值：

- $14 ← 這個才是正確答案
- $16
- $22

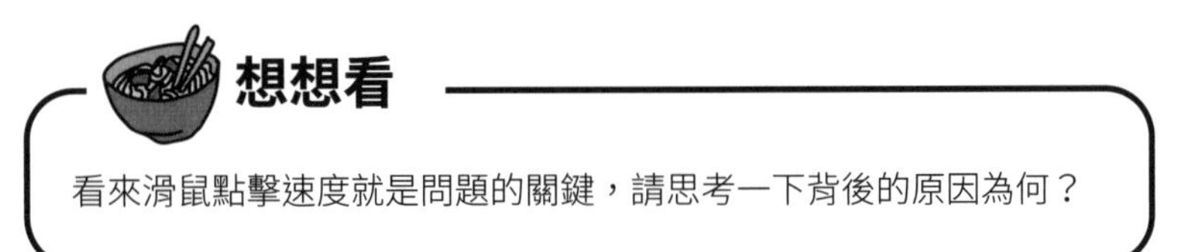

看來滑鼠點擊速度就是問題的關鍵，請思考一下背後的原因為何？

從程式碼中尋找 bug 為何發生

當顧客按下『Buy Now』鈕時，就會呼叫處理器函式 add_item_to_cart()，如下：

```
function add_item_to_cart(name, price, quantity) {
  cart = add_item(cart, name, price, quantity);
  calc_cart_total();
}

function calc_cart_total() {
  total = 0;
  cost_ajax(cart, function(cost) {
    total += cost;
    shipping_ajax(cart, function(shipping) {
      total += shipping;
      update_total_dom(total);
    });
  });
}
```

當顧客按下『Buy Now』鈕時，此函式便會執行

讀取與寫入 cart（購物車）全域變數

傳送 AJAX 請求至 products API

請求完成時執行此回呼

傳送 AJAX 請求至 sales API

當 sales API 回應時，執行此回呼

將 total（總金額）更新至 DOM（文件物件模型）

此外，觀察傳統的用例圖 (use case diagram) 也很有幫助 (注意！上述程式會依序和兩個相異 API 互動)：

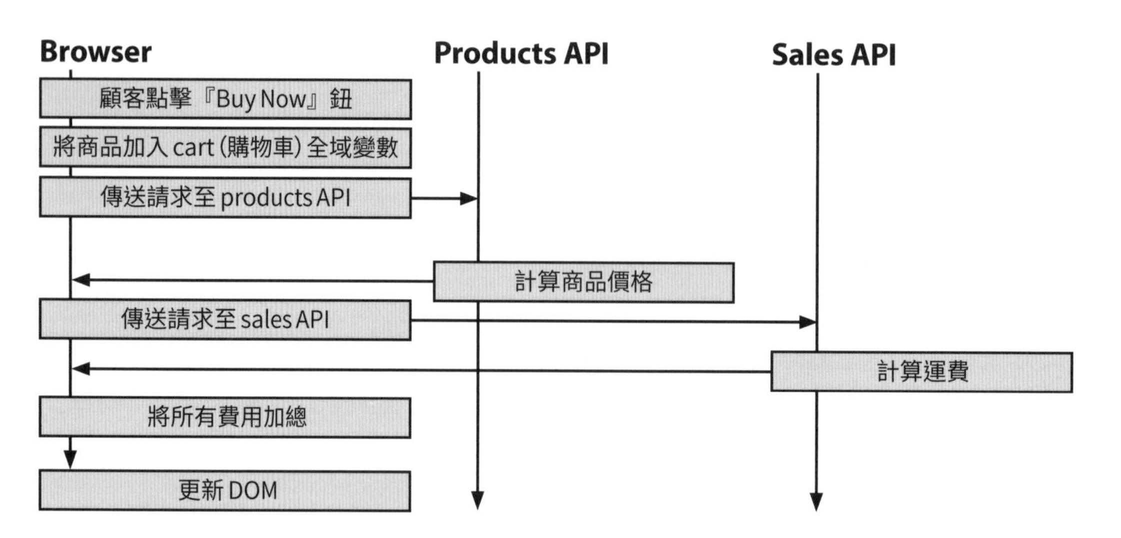

不過，無論是程式碼或是用例圖看起來都沒有問題。事實上，如前所述：只要在加入下一項商品前先暫停一下，程式行為就會是正確的。因此我們真正想知道的是；當兩次『Buy Now』鈕的操作過於接近時 (即：用滑鼠連點)，系統會如何運作，而這就需要下一節介紹的時間線圖。

15.3 用時間線圖呈現時間上的變化

以下是快速點兩下滑鼠的時間線圖。所謂**時間線** (timeline) 是由一系列的 Actions (編註：還記得嗎？ Actions 會與時間相關) 所構成，而**時間線圖** (timeline diagram) 則是包含一或多條時間線的圖解。透過該圖，我們能看出各 Actions 之間如何相互影響。

小字典

時間線 (timeline) 是由在時間軸上依序發生的一系列 Actions 構成。注意！一個系統中可能有多條時間線在同時執行。

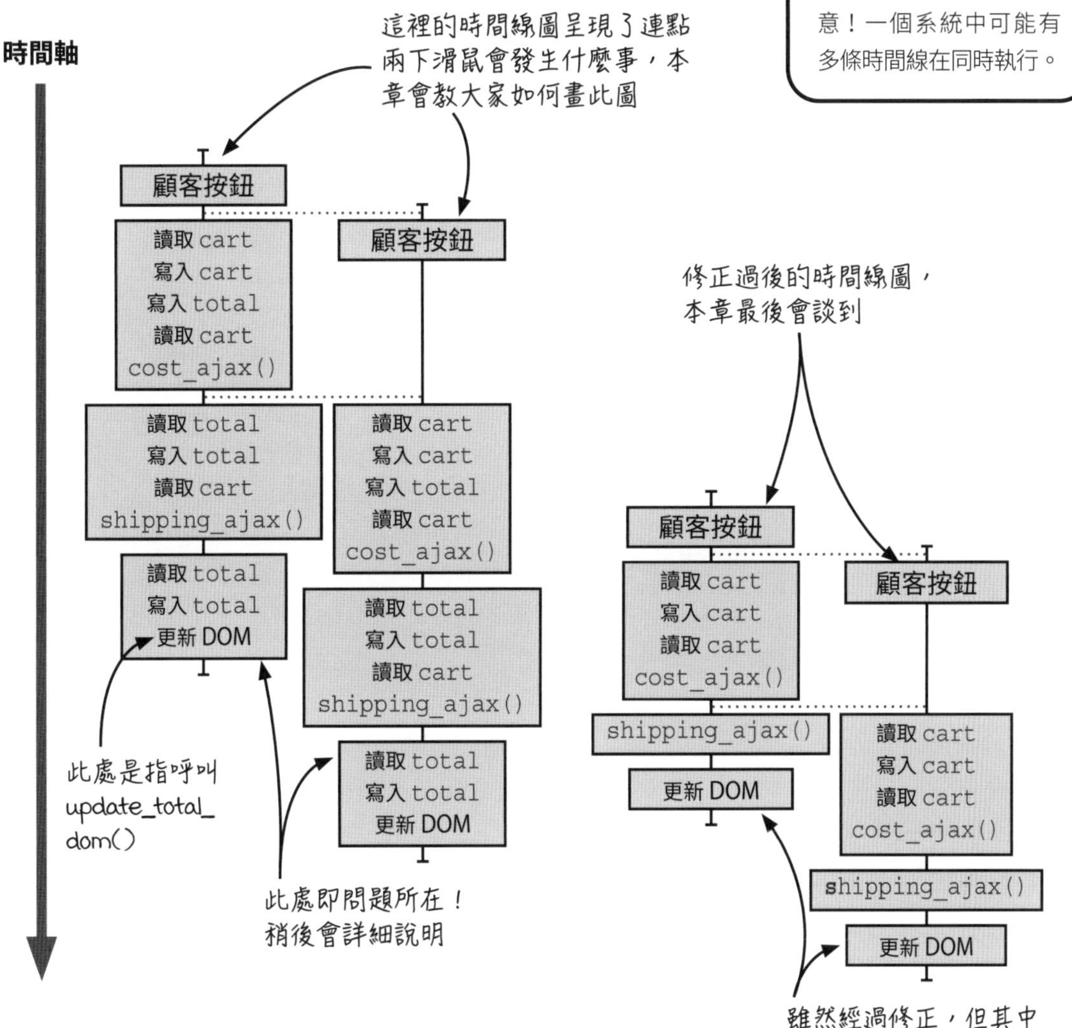

如你所見，左側的時間線圖清楚點出了問題所在。本章會教大家如何根據程式碼畫出時間線圖，並從中找出與時機有關的 bug。此外，我們還會用一些時間線原則，大致修正本例的程式。

事不宜遲，馬上來看怎麼畫時間線圖吧！

15.4 畫時間線圖需掌握兩項基本原則

時間線圖主要呈現兩件事，即：程式中有哪些 Actions 是序列式執行，又有哪些是平行處理。只要把這兩項訊息視覺化，就能瞭解程式的運行狀況，並察覺潛在錯誤。而要把程式碼轉譯成時間線圖，請遵循以下兩項基本原則：

1. 若兩 Actions 有固定先後順序，則將它們畫在同一條時間線上

範例：

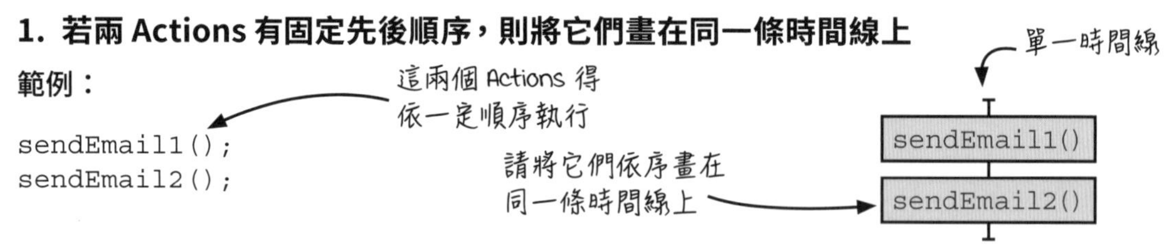

注意！因為 Calculations 的執行結果不受呼叫時機影響，畫時間線時只需考慮 Actions 函式即可。

2. 若兩 Actions 可同時發生或不需遵循特定順序，則它們屬於不同時間線

範例：

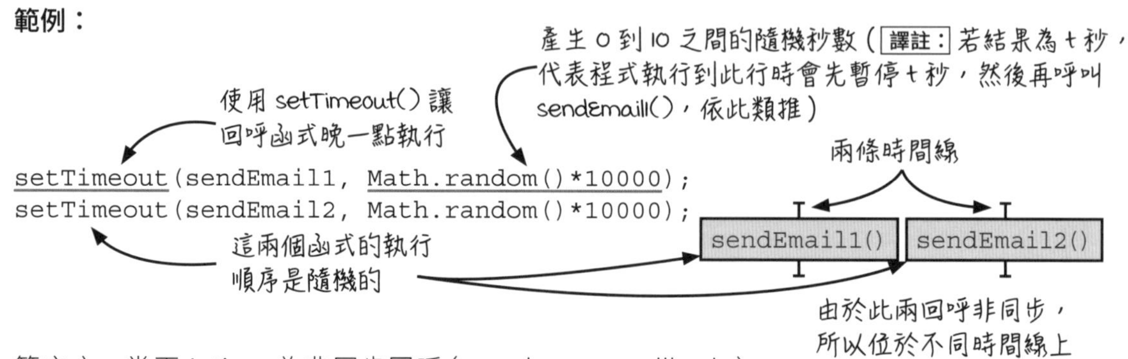

簡言之，當兩 Actions 為非同步回呼 (asynchronous callbacks)，又或者在不同執行緒 (threads)、程序 (processes) 或機器上執行時，它們就位於不同時間線。以上範例的兩個函式即屬非同步回呼，有鑑於兩者的暫停秒數是隨機的，我們無法預測何者會先執行。

整理

1. Actions 只可能是序列式或平行式執行。
2. 序列式執行的 Actions 需依順序畫在同一條時間線上。
3. 平行執行的 Actions 得畫在並列的不同時間線上。

只要運用上述原則，各位就能憑藉對函式執行順序的理解，順利將程式碼轉換成時間線圖了。

練習 15-1

以下程式碼用於準備晚餐餐點，請將其轉換成時間線圖。注意！ dinner() 呼叫的所有函式皆為 Actions。

```
function dinner(food) {
  cook(food);
  serve(food);
  eat(food);
}
```

將你的時間線圖畫在這裡

練習 15-1 解答

```
function dinner(food) {
  cook(food);
  serve(food);
  eat(food);
}
```

每個函式皆為 Action，且三者順序固定，所以它們在單一時間線上

練習 15-2

承練習 15-1，現在要為三個人分別準備晚餐。這三人分別按下點餐鈕三次，後廚機器就會以非同步回呼 `dinner()`。程式碼如下：

```
function dinner(food) {
  cook(food);
  serve(food);
  eat(food);
}

button.addEventListener('click', dinner);
```

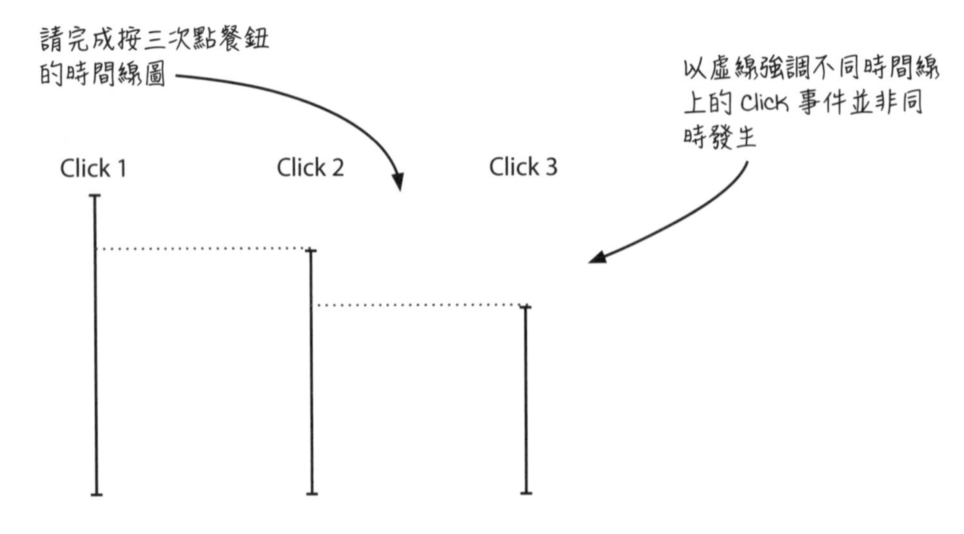

練習 15-2 解答

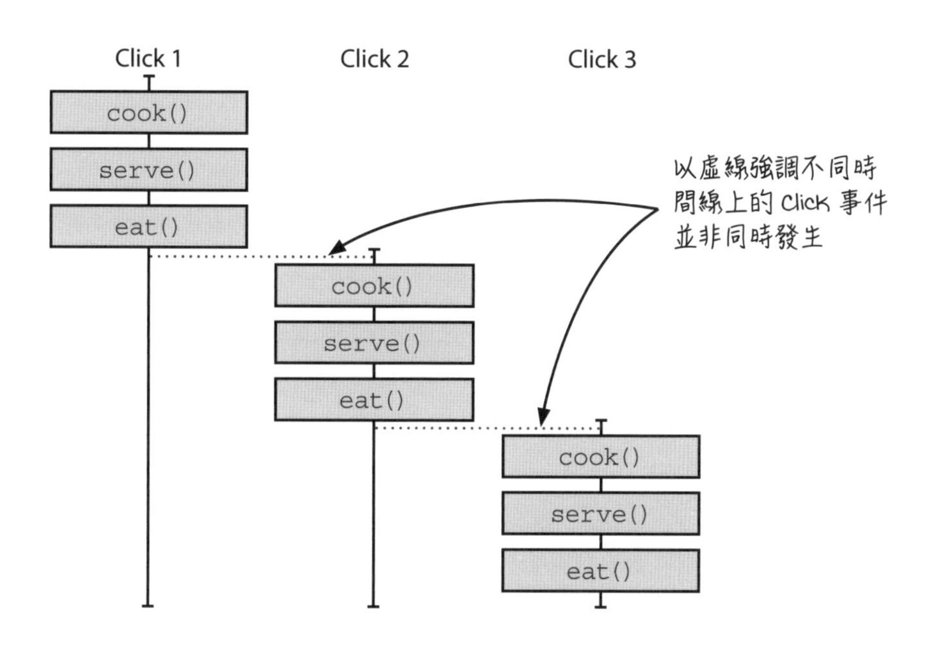
Click 1
Click 2
Click 3
cook()
serve()
eat()
cook()
serve()
eat()
cook()
serve()
eat()
以虛線強調不同時間線上的 Click 事件並非同時發生

15.5 Actions 執行順序的兩項細節

辨識所有 Action 函式，並瞭解其執行順序非常關鍵。每種程式語言在運作上各有不同，下面就來看兩項與 JavaScript 相關的細節。雖然各位已在本書第一篇看過這些細節了，但由於它們對時間線圖很重要，故這裡有必要再次強調。

1.『++』和『+=』實際上是三個步驟

在 JavaScript 中（以及 Java、C、C++ 和 C# 等），『++』和『+=』是兩個極為精簡的算符，但其中卻隱藏了三個步驟。請看以下用遞增算符操作全域變數的例子：

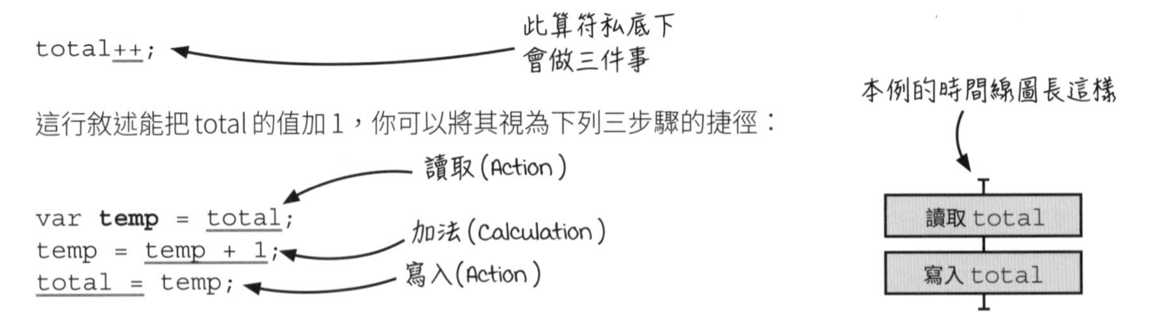

此處的步驟分別是：『讀取 total 的變數值』，『將該值加 1』，然後再『將答案寫入回 total 中』。因為 total 是全域變數，第 1、3 步屬於 Action。至於第 2 步（加 1）則為 Calculation，所以不需畫在時間線圖上。注意！以上例子告訴我們：若要把諸如『`total++`』或『`total+=3`』之類的敘述轉換成時間線圖，圖中應該出現兩個 Actions，即：『讀取』和『寫入』。

2. 在呼叫函式以前，函式的引數會先被執行

假如在呼叫函式時傳入引數，那麼引數的執行會早於函式。當引數與函式皆為 Action 時，該順序就必須反映在時間線圖上。在下面的例子中，我們打算記錄（Action）名為 total 的全域變數（Action）：

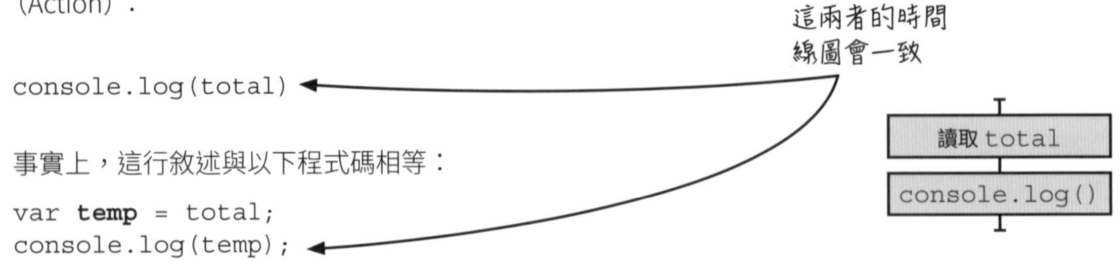

如各位所見，本例清楚說明：程式會先讀取全域變數，再執行 `console.log()`。總的來說，一個程式的時間線圖上必須包含所有 Actions，且按執行順序排列。

15.6 畫出放入購物車的時間線圖：步驟 1

前面已提過，時間線圖主要呈現兩項訊息：哪些 Actions 是序列執行，以及哪些 Actions 是平行執行。現在，我們要學習怎麼畫出 15.3 節的圖。繪製時間線圖有三大步驟：

1. 辨識 Actions
2. 依 Actions 是序列或平行執行，將它們畫在時間線上
3. 利用相關知識簡化時間線圖

本節先來討論第 1 步。請再看一次『Buy Now』鈕的程式碼，其中的 Actions 已全部被標記（Calculations 則予以忽略）：

```
function add_item_to_cart(name, price, quantity) {
  cart = add_item(cart, name, price, quantity);
  calc_cart_total();
}

function calc_cart_total() {
  total = 0;
  cost_ajax(cart, function(cost) {
    total += cost;
    shipping_ajax(cart, function(shipping) {
      total += shipping;
      update_total_dom(total);
    });
  });
}
```

讀取與寫入全域變數

先讀取 cart，再呼叫 cost_ajax()

先讀取 total，再寫入 total

Actions

1. 讀取 `cart`.
2. 寫入 `cart`.
3. 寫入 `total = 0`.
4. 讀取 `cart`.
5. 呼叫 `cost_ajax()`.
6. 讀取 `total`.
7. 寫入 `total`.
8. 讀取 `cart`.
9. 呼叫 `shipping_ajax()`.
10. 讀取 `total`.
11. 寫入 `total`.
12. 讀取 `total`.
13. 呼叫 `update_total_dom()`.

步驟 1 已完成！如上所示，這段短短的程式碼藏了 13 個 Actions。其中，存在兩個非同步回呼：第一個被傳入 `cost_ajax()` 中，另一個則傳給 `shipping_ajax()`。下面讓我們先研究如何畫回呼的時間線圖，之後再繼續討論步驟 2 和 3。

15.7 非同步回呼要畫在不同時間線上

在練習 15-2 中，各位已知道：非同步回呼應畫在不同時間線上。本節要來深入探索背後的原因，以及為什麼要在練習 15-2 的圖中畫虛線。另外，對 JavaScript 非同步引擎 (asynchronous engine) 有興趣的讀者，本章稍後會有相關內容，歡迎參考。

讓我們用以下程式做為範例（譯註：此範例是 15.7 到 15.9 節的討論主題，且與前面的放入購物車問題無關，請讀者注意）。此段程式碼能儲存使用者資訊及文件，並控制是否顯示『載入中』特效 (loading spinner，譯註：即等待資料下載時，畫面上不斷旋轉的圈圈)：

```
saveUserAjax(user, function() {        // 將使用者資料儲存到伺服器中 (ajax)
  setUserLoadingDOM(false);            // 隱藏『使用者資料載入中』
});
setUserLoadingDOM(true);               // 顯示『使用者資料載入中』
saveDocumentAjax(document, function() { // 將文件儲存到伺服器中 (ajax)
  setDocLoadingDOM(false);             // 隱藏『文件載入中』
});
setDocLoadingDOM(true);                // 顯示『文件載入中』
```

繪製時間線圖三步驟

1. 辨識 Actions
2. 將 Actions 畫在時間線上
3. 簡化時間線圖

以上範例最有趣的地方在於：每行程式的執行順序和撰寫順序並不相同。為了得到時間線圖，讓我們先完成上一節所述的前兩步驟，即：『辨識 Actions』以及『將 Actions 畫在時間線上』)。

第 1 步，先標出所有 Actions。這裡假設 user 和 document 為區域變數，故讀取它們並不算 Actions：

```
saveUserAjax(user, function() {
  setUserLoadingDOM(false);
});
setUserLoadingDOM(true);
saveDocumentAjax(document, function() {
  setDocLoadingDOM(false);
});
setDocLoadingDOM(true);
```

Actions

1. saveUserAjax()
2. setUserLoadingDOM(false)
3. setUserLoadingDOM(true)
4. saveDocumentAjax()
5. setDocLoadingDOM(false)
6. setDocLoadingDOM(true)

第 2 步則是實際畫出時間線。接下來會花幾頁篇幅講解詳細繪製過程，但在此之前，先來看一下最終結果吧！若讀者已能完全理解此圖，則可考慮跳過下面的說明。

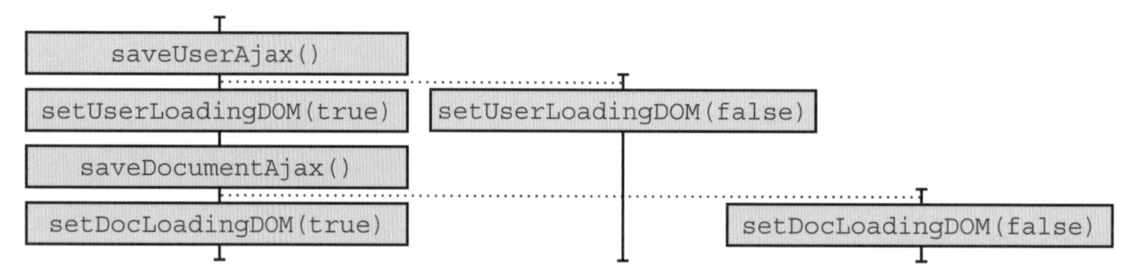

15.8 不同程式語言採用不同執行緒模型

JavaScript 使用『單一執行緒且非同步』模型。換言之，每當有新的非同步回呼出現時，程式就會開啟另一條時間線，但不是所有語言皆如此，下面就列出不同的執行緒模型並一一說明。

開發小組的吉娜

單一執行緒且同步

有些程式語言預設不允許多執行緒，例如：在不載入執行緒函式庫的前提下，PHP 就屬此類。對採用本模型的語言來說，一切都按順序執行；假如程式需要輸入或輸出，則所有處理都會暫停，直到輸入／輸出完成後才能繼續。雖然這會造成極大的限制，但同時也讓系統更容易理解。雖然這一類程式語言一般只需要一條時間線，但若你透過 API 與另一台電腦聯繫，則仍可能產生多條時間線；這些時間線之間無法分享記憶體，因此不存在共享資源。

單一執行緒且非同步

JavaScript 中只有單一執行緒。當要處理任何輸入或輸出時（如：回應使用者輸入、讀取檔案或進行網路呼叫），則需使用非同步模型，這表示：你必須提供一個回呼函式，再用收到的輸入或輸出結果呼叫該回呼。由於無法掌握輸入／輸出操作何時會完成，因此回呼被呼叫的時間並不固定，這就是為什麼非同步處理會創造新時間線的原因。

多執行緒

Java、Python、Ruby、C、C# 以及其它許多語言都允許多執行緒，且每個執行緒都會產生一條時間線。因為沒有任何順序上的限制，多執行緒最難設計：為了避免引發混亂，我們需借助 lock 之類的工具讓兩條執行緒無法同時執行，以便在一定程度上控制程式順序。

訊息傳遞程序

Erlang 和 Elixir 的程序模型（process model）允許多個程序同時進行，其中每個程序有各自獨立的時間線。這些程序之間不會共享記憶體，必須透過傳遞訊息（message）進行溝通。特別的是，程序可以自行決定接下來要處理哪個訊息，這一點與 Java 和其它物件導向語言的 method call 同步機制不同。雖然在這樣的模型中，不同時間線上的行為順序可能會改變，但由於沒有共享記憶體（沒有共享狀態），因此不會引發**競態條件**（race condition）等問題。

15.9 一步步建立時間線

各位已在 15.7 節最後看過完成版的時間線圖了，下面要詳細說明繪製的過程。請再複習一次程式碼，以及其中有哪些 Actions：

```
1 saveUserAjax(user, function() {
2   setUserLoadingDOM(false);
3 });
4 setUserLoadingDOM(true);
5 saveDocumentAjax(document, function() {
6   setDocLoadingDOM(false);
7 });
8 setDocLoadingDOM(true);
```

Actions

1. saveUserAjax()
2. setUserLoadingDOM(false)
3. setUserLoadingDOM(true)
4. saveDocumentAjax()
5. setDocLoadingDOM(false)
6. setDocLoadingDOM(true)

一般而言，JavaScript 程式是由上至下執行，所以讓我們從第 1 行開始討論吧！請新增一條時間線，並畫上第一個 Action：

繪製時間線圖三步驟

1. 辨識 Actions
2. 將 Actions 畫在時間線上
3. 簡化時間線圖

```
1 saveUserAjax(user, function() {
```

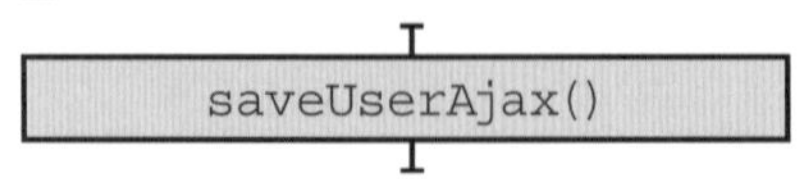

第 2 行程式是非同步回呼的一部分。此處的『非同步』代表：當請求完成後，該回呼才會被呼叫。有鑑於此，我們將其畫在新的時間線上，並以虛線表示：此回呼的呼叫時機發生在 ajax 函式之後。由於回呼不可能在送出請求前就回應，故這樣的安排非常合理。

```
2   setUserLoadingDOM(false);
```

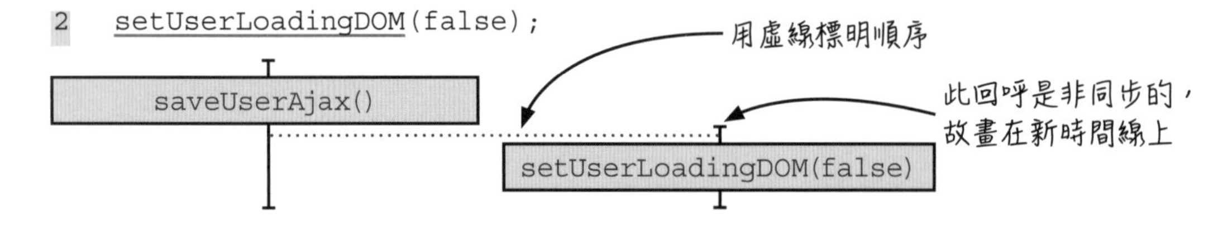

第 3 行沒有任何 Action，所以來看第 4 行的 `setUserLoadingDOM(true)`。問題來了：該把此 Action 放在哪裡呢？請注意 `setUserLoadingDOM()` 並非回呼，這表示其發生在最初的時間線上，且在虛線底下：

```
4 setUserLoadingDOM(true);
```

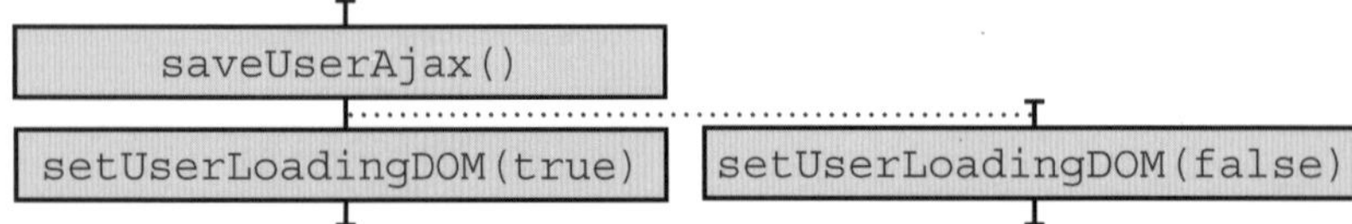

到此為止，請再看一次程式碼、全部 Actions 以及目前的圖示：

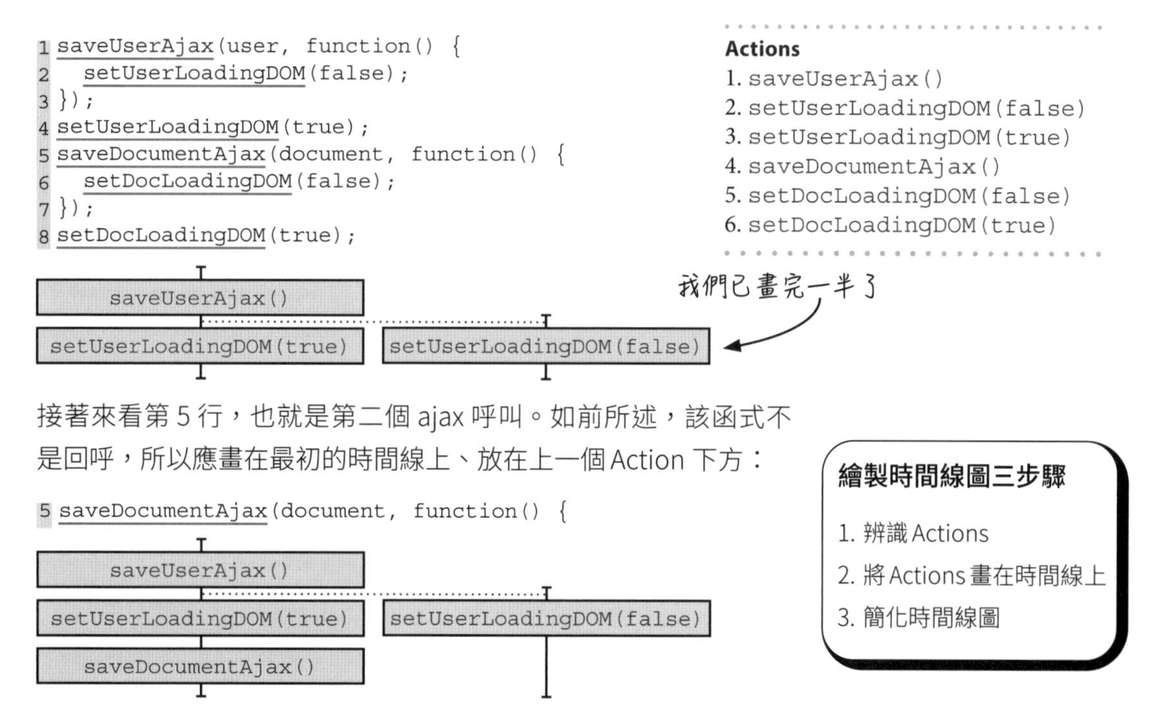

```
1 saveUserAjax(user, function() {
2   setUserLoadingDOM(false);
3 });
4 setUserLoadingDOM(true);
5 saveDocumentAjax(document, function() {
6   setDocLoadingDOM(false);
7 });
8 setDocLoadingDOM(true);
```

Actions

1. saveUserAjax()
2. setUserLoadingDOM(false)
3. setUserLoadingDOM(true)
4. saveDocumentAjax()
5. setDocLoadingDOM(false)
6. setDocLoadingDOM(true)

接著來看第 5 行，也就是第二個 ajax 呼叫。如前所述，該函式不是回呼，所以應畫在最初的時間線上、放在上一個 Action 下方：

```
5 saveDocumentAjax(document, function() {
```


繪製時間線圖三步驟

1. 辨識 Actions
2. 將 Actions 畫在時間線上
3. 簡化時間線圖

第 6 行又是回呼的一部分，因此需要一條新時間線，其開始時間發生在取得 ajax 回應之後。由於網路運作不可預測，我們不知道何時才能獲得回應，這裡的新時間線能反映上述不確定性：

```
6   setDocLoadingDOM(false);
```

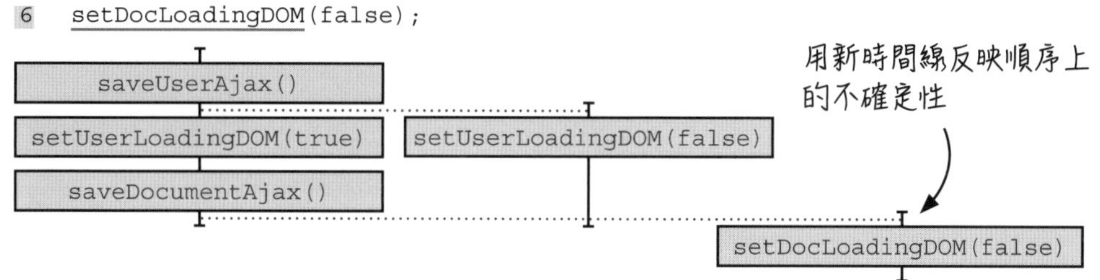

跳過沒有 Action 的第 7 行後，來到最後一個 Action 所在的第 8 行。
基於前面提過的理由，此函式應畫在最初的時間線上：

```
8 setDocLoadingDOM(true);
```

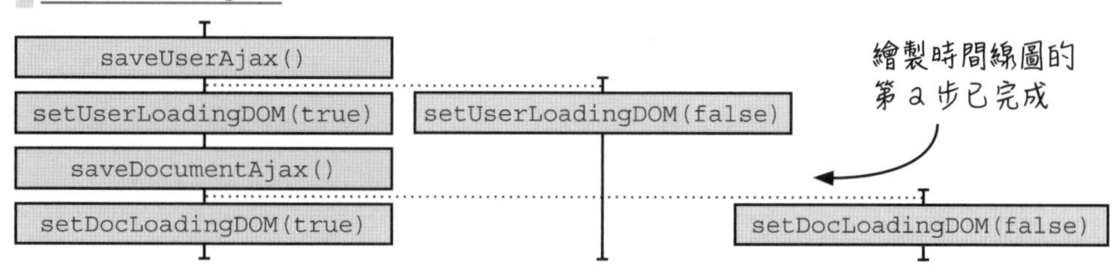

這樣就完成繪製時間線圖的第 2 步了，至於第 3 步就留到以後再做。
現在，讓我們回到『放入購物車』的例子，並將其中的 Actions 畫在時間線上。

15.10 畫出『放入購物車』的時間線圖：步驟 2

接續 15.6 節，我們已辨識出『放入購物車』程式碼的所有 Actions，並強調其中有兩個非同步回呼，是時候進入步驟 2：將 Actions 畫在時間線上。但在此之前，先複習一下步驟 1 的結果：

繪製時間線圖三步驟

1. 辨識 Actions
2. 將 Actions 畫在時間線上
3. 簡化時間線圖

```
function add_item_to_cart(name, price, quantity) {
  cart = add_item(cart, name, price, quantity);
  calc_cart_total();
}

function calc_cart_total() {
  total = 0;
  cost_ajax(cart, function(cost) {
    total += cost;
    shipping_ajax(cart, function(shipping) {
      total += shipping;
      update_total_dom(total);
    });
  });
}
```

Actions

1. 讀取 cart.
2. 寫入 cart.
3. 寫入 total = 0.
4. 讀取 cart.
5. 呼叫 cost_ajax().
6. 讀取 total.
7. 寫入 total.
8. 讀取 cart.
9. 呼叫 shipping_ajax().
10. 讀取 total.
11. 寫入 total.
12. 讀取 total.
13. 呼叫 update_total_dom().

列出所有 Actions 後，下一步就要判斷它們是序列式或平行式執行，並按順序畫在時間線上。請記住！本例中的兩個 ajax 回呼 (cost_ajax() 與 shipping_ajax()) 為非同步，故需畫在新時間線上：

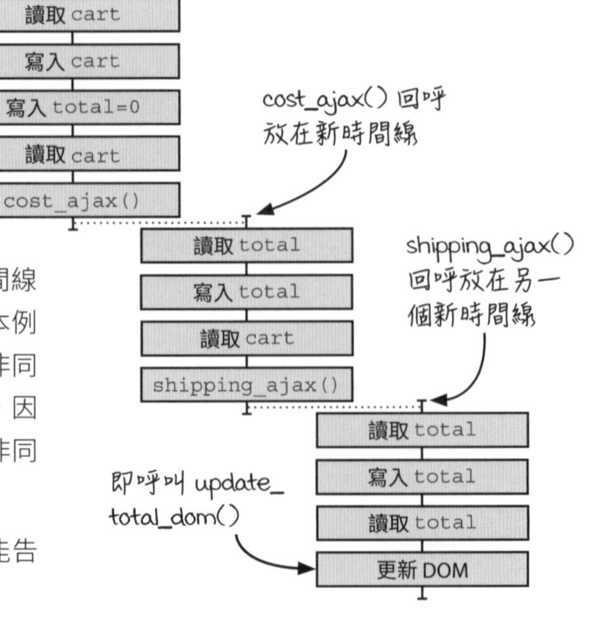

各位可參考 15.9 節的說明，自行畫出該時間線圖。這裡有兩項重點：(1) 所有 Actions (在本例中共有 13 個) 都必須出現在圖上，(2) 每個非同步回呼 (本例中有兩個) 需畫在新時間線上，因此圖中應有三條時間線 (初始時間線 + 兩條非同步回呼)。

在進入步驟 3 以前，先來討論時間線圖能告訴我們什麼訊息吧！

15.11 時間線圖能反映兩類序列式程式

一般來說，由於兩個 Actions 的相隔時間不固定，故另一條時間線上的 Action 可能剛好發生在兩者之間（**譯註：** 這稱為『插敘』，英文為 interleaving）。然而，在某些狀況下插敘是可以避免的。以 JavaScript 的執行緒模型為例，其中的同步（synchronous）Actions 就不會發生這種狀況（之後還會談到更多防止插敘的方法）。

有鑑於此，我們可以把序列式執行分為兩類：一類允許插敘、另一類則不允許，而時間線圖可以反映出兩者的不同。

允許插敘

在此情況下，兩 Actions 的相距時間並不固定；為了表現這一點，我們會把它們畫成兩個方格，兩者間的線段則代表間隔時長。你可以用線段的長短來反映 Actions 之間隔了多久，但無論如何，請記住：此線段的意義是 Action 1 和 Action 2 之間的時長未知。

不允許插敘

程式中存在某種機制確保兩 Actions 連續發生，所以中間不可能有其它 Action 插入。至於具體是什麼機制，我們之後會說明。對於此類 Actions，我們會將其畫在同一個方格中。

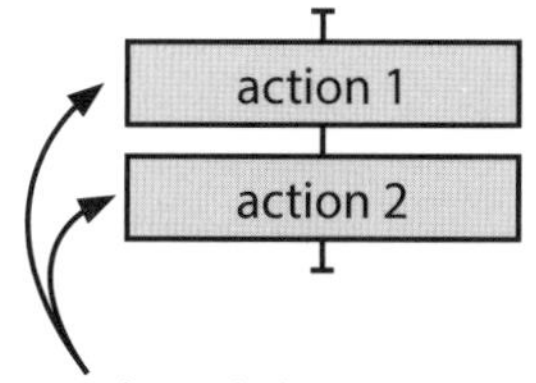

這兩個 Actions 的間隔時長不固定，且其它時間線上的 Action 可能剛好發生在兩者中間

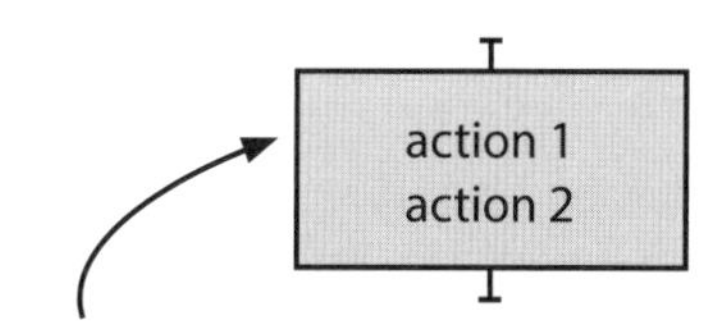

這兩個 Actions 連續發生，中間不存在插敘的可能

上面提到的兩種序列式執行可能產生不同結果。在允許插敘那一邊，其它時間線上的 Action 可能剛好在 Action 1 和 Action 2 中間執行（如：小字典中 Action 3）。而在不允許插敘那一邊，這種事就不可能發生。

相應地，允許插敘的時間線上有兩個格子，而不允許插敘的則只有一個。注意！越簡單的時間線越容易控制，因此我們會希望圖中的方格越少越好。

在本節以前，各位還未見過多個 Actions 出現在同一格子中。這是因為『將多個 Actions 整併成單一方格』通常是步驟 3 所做的事，而我們還未聊到那裡。這裡請讀者稍安勿躁，先繼續來看時間線圖能呈現什麼訊息，之後很快會介紹簡化時間線。

小字典

不同時間線上的 Actions 有可能會發生**插敘**（interleave），也就是某條時間線上的 Action 發生在另一條時間線的兩個 Actions 之間。注意！插敘只發生在多條時間線同時執行的時候。

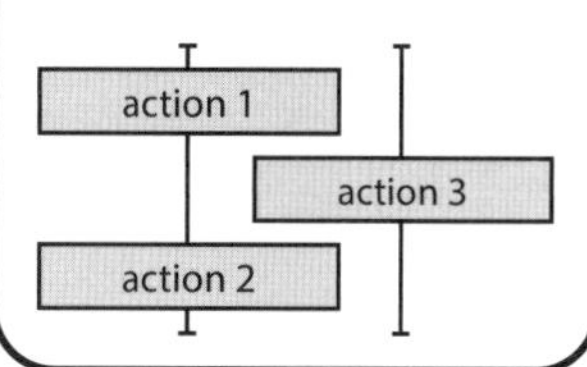

15.12 時間線圖能反映平行程式碼的順序不確定性

除了兩種類型的序列式執行，時間線圖還能表達平行程式碼在順序上的不確定性。

在下面的時間線圖中，平行執行的 Action 1 和 Action 2 放在並列的兩條時間線。不過，這裡的『並列』並不保證兩 Actions 會同時執行。事實上，平行時間線上的 Action 1、2 有三種可能順序：

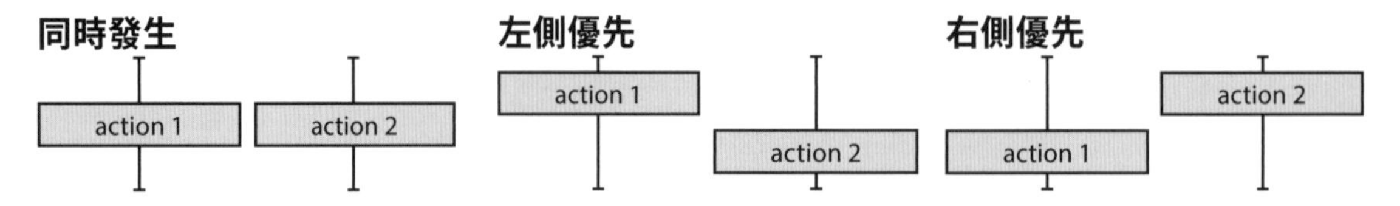

當閱讀時間線圖時，無論時間線有多長，或者其上的 Actions 如何對齊，你都要考慮上述三種可能性。以下面的三張圖為例，雖然其中的 Actions 排列各異，但它們其實對應相同程式：

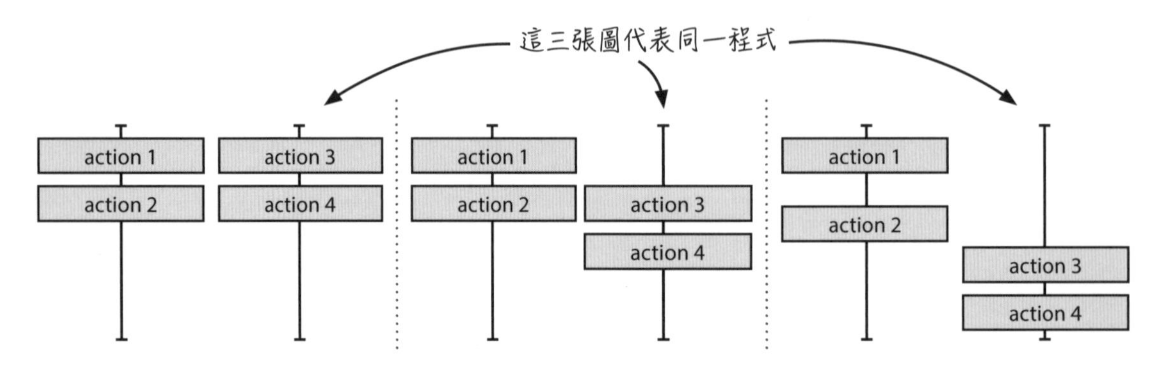

瞭解這一點能大大增進各位解讀時間線圖的能力。要知道，繪圖者通常只會在圖中強調一種順序，因此你必須自行想到其它**潛在順序**（possible ordering），特別是那些有可能引發問題者。

如前所示，兩條單一方格的時間線可組合出三種順序。而隨著格子數或時間線變多，潛在順序的數量也會快速增加。

此外，與插敘類似，潛在順序也受到程式語言的執行緒模型影響。將這一點反映在時間線圖上很重要，我們會在步驟 3 中處理。

小字典

多條時間線上的 Actions 可能有不同執行順序，稱為**潛在順序**（possible orderings）。注意！單一時間線只會有一種潛在順序。

15.13 改善時間線的原則

多時間線系統（譯註：如分散式系統）之所以不好設計，其中一個原因就是需要考量的潛在順序過多。但只要遵循以下幾個原則，我們就能用時間線來改良程式碼，使其更容易理解與操作。注意！本章只會使用以下五項原則中的前三項，剩下兩項會在第 16、17 章討論。

1. 時間線數量越少越好

最簡單的系統只有一條時間線，其上所有 Action 都會在上一個 Action 結束後立刻執行。然而，現代系統大多都包含多條時間線，那些具有多執行緒、非同步回呼，以及客戶端一伺服器通訊的系統皆屬此類。

由於 Actions 的潛在順序會隨時間線數量增加而上升（潛在順序可用右側公式計算，其中的 t 即『時間線數量』），故程式每多一條時間線，理解難度也顯著升高。按此邏輯，似乎只要降低時間線數量即可。只可惜，程式中有幾條時間線通常不是我們能決定的。

計算潛在順序數量的公式

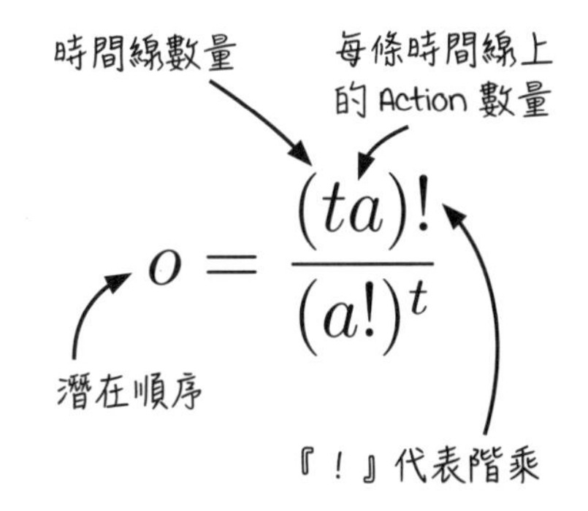

2. 時間線上的步驟越少越好

另一項可行的策略是削減時間線上的步驟數，即：公式中的 a（譯註：一個方格代表一個步驟），這麼做也能讓潛在順序變少。

3. 共享資源越少越好

如果兩條時間線之間沒有共享資源，則其上的 Actions 順序便無關緊要。換言之，此策略雖無法讓潛在順序減少，卻能降低我們需要考慮的順序數量。請記住！當處理兩條時間線時，你只需顧及有共享資源，且來自不同時間線的 Actions 即可。

4. 協調有共享資源的時間線

即便再怎麼努力，最終仍有一些共享資源是無法捨棄的。此時，就得確保資源共享的安全性，即：讓不同時間線以正確順序輪流存取該資源。簡言之，協調時間線能去除帶來錯誤結果的潛在順序。

5. 更改程式的時間模型

確保 Actions 在正確順序與時機執行很困難，而建立可重複使用的時間線管理物件可讓此任務變得簡單。各位會在未來幾章中看到相關範例。

在本章與接下來幾章裡，我們就要用上述原則來除錯，並降低程式的處理難度。

15.14 JavaScript 的單執行緒

JavaScript 的執行緒模型已為我們降低了共享資源造成的問題。由於 JavaScript 只允許一條主執行緒，因此時間線上大多數的 Actions 都能畫在同一方格裡。下面以一段 Java 程式碼為例（譯註：這裡的 Java 並非打錯；作者會先以 Java 說明，再比較 JavaScript）：

> **JavaScript 中的同步與非同步**
>
> - JavaScript 只有一條執行緒。
> - 不同時間線上的同步處理（如：修改全域變數）不會發生插敘。
> - 同步的兩個 Actions 無法同時執行。
> - 非同步呼叫的函式會在未來執行期的某個不定時間被執行。

```
int x = 0;

public void addToX(int y) {
  x += y;
}
```

回憶一下，『+=』算符其實包含以下三個步驟（注意！第 2 步為 Calculation，所以不需將其畫在時間線上）：

1. 讀取當前的全域變數值（在本例中為 x）
2. 對上述數值做加法（此處即把 x 的值加 y）
3. 將新值存回全域變數中

在 Java 中，若有兩條執行緒同時呼叫 addToX()，則不同時間線上的步驟 1 和 3 可能出現多種執行順序，而產生不固定的結果。

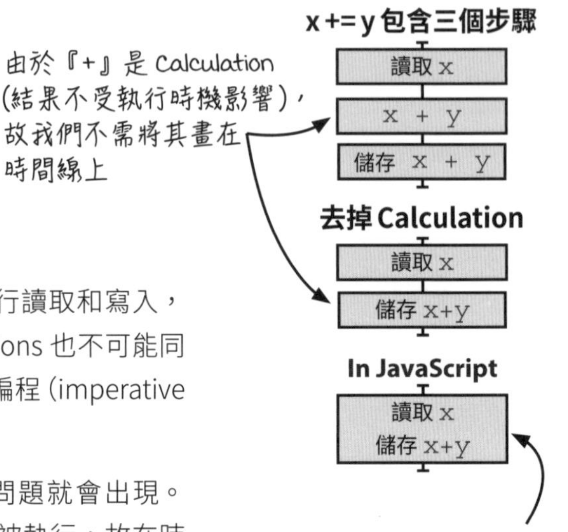

考慮到在 JavaScript 中不存在插敘的可能，你可以將這兩個 Actions 畫在同一方格裡

不過，因為 JavaScript 只允許一條執行緒，所以上述問題並不會出現。換言之，當在 JavaScript 中開啟一條執行緒，你可以隨意進行讀取和寫入，而毋須擔心 Actions 的插敘問題。此外，兩個 Actions 也不可能同時執行。這就表示：若用 JavaScript 進行指令式編程（imperative programming），則多條時間線不會構成問題。

然而，一旦引入非同步呼叫，Actions 插敘的問題就會出現。由於非同步呼叫的 Action 會在未來某個不定時間被執行，故在時間線圖上，該 Action 和上一個 Action 之間的線段長度可變，使得另一時間線上的 Action 有機會發生在兩者之間。有鑑於此，在 JavaScript 中，弄清楚某項操作是同步或非同步呼叫非常重要。

15.15 JavaScript 的非同步佇列

在瀏覽器的 JavaScript 引擎中，有一個由**事件迴圈**(event loop) 負責管理的**job 佇列**(job queue，或譯為**作業佇列**，有時也稱為**任務佇列**(task queue))。事件迴圈會從此佇列中依序提取job來執行，完成一項job後再進行下一項job，如此不斷重複。由於事件迴圈在單一執行緒內運行，所以兩項jobs不會同時發生，這保證了JavaScript程式碼的單執行緒特性。

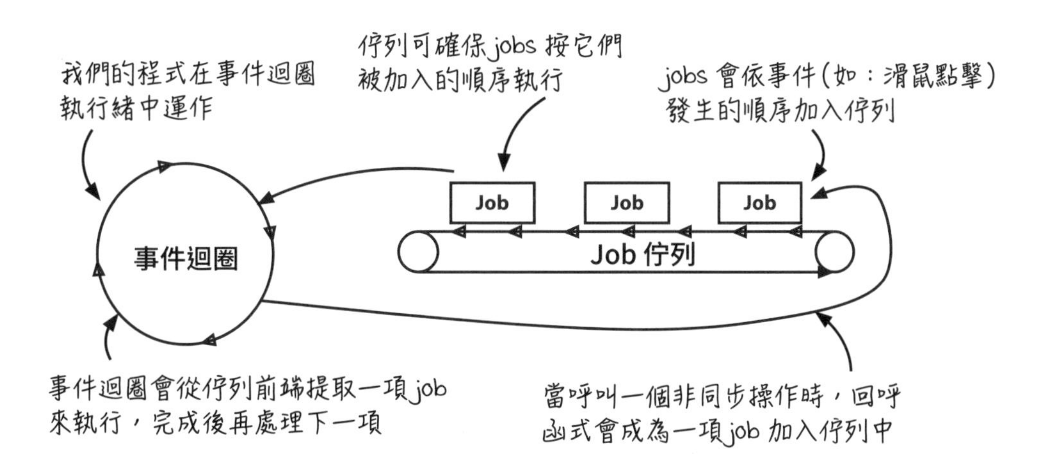

什麼是 jobs？

佇列中的jobs包含兩項元素：和事件有關的資料，以及處理事件的回呼函式。當事件迴圈呼叫回呼時，事件資料會被當成第一引數傳入。

Jobs 加入佇列中的時機為何？

每當有事件(像是：點擊滑鼠、用鍵盤打字、或是 AJAX 事件等)發生時，job 就會被加入佇列。舉例來說，若你用滑鼠點了某按鈕，則該按鈕的『點擊』回呼函式與事件資料(和該次點擊有關的資料)就會被加到佇列中。注意！由於無法得知使用者何時會點擊按鈕，因此程式收到jobs的時間**無法預測**，使用佇列則可確保jobs被有序處理。

當沒有 job 時，JavaScript 引擎在做什麼？

遇到這種狀況，事件迴圈有可能處於閒置狀態以節省電力，或者做垃圾回收等維護工作，具體依瀏覽器開發者的設計而定。

15.16 AJAX 請求與回應

AJAX 是 Asynchronous JavaScript And XML 的縮寫，你可以將其理解成基於瀏覽器的請求。雖然這個縮寫不是很好，且我們也不一定會用到 XML，但此名稱一直延用至今。在瀏覽器中，使用者通常都是透過 AJAX 與伺服器通訊。

本書會在所有能送出 AJAX 請求的函式名稱後面加上字尾『_ajax』，這樣各位就知道它們是非同步函式。

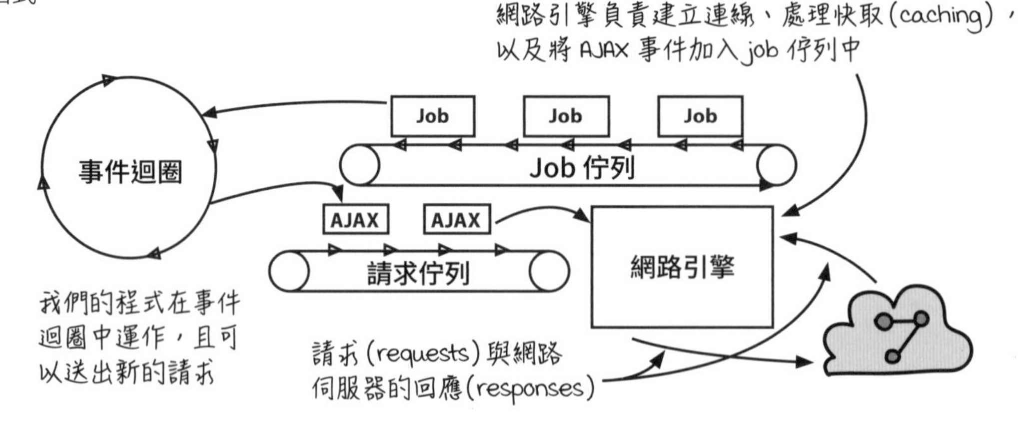

當在 JavaScript 中送出 AJAX 請求時，這些請求會被加入請求佇列中，等候被網路引擎處理。在此之後，程式不會停下來等待伺服器回應，而是繼續運行 — 此時就輪到 AJAX 的**非同步**呼叫上場了(許多程式語言會用同步方式對待請求，即：程式真的會等到請求處理完畢之後再繼續)。要注意的是，由於網路的運作十分複雜，回應不一定會按照請求順序傳回，也因此 AJAX 非同步回呼加入 job 佇列的順序也不固定。

> **譯註：** 關於從『事件觸發』到『AJAX 請求完成』的完整過程，請見 15.17 節的說明。在這裡，讀者只要先對『事件迴圈』、『jobs 與 job 佇列』、『AJAX 請求』、『請求佇列』，以及『網路引擎』有概念即可。

關於 AJAX 與 JavaScript

- AJAX 是 Asynchronous JavaScript And XML 的縮寫。
- 瀏覽器中的 JavaScript 網路請求是透過 AJAX 完成。
- 在 JavaScript 中，回應是利用回呼來非同步處理的。
- 回應不一定按照請求順序傳回。

如果程式不會等請求處理完畢，那我們要怎麼利用回應呢？

你可以在 AJAX 請求中註冊不同事件的回呼函式。回憶一下，此處的回呼函式是指：當特定事件發生時，程式會自動呼叫的函式。

在一個請求的生命週期中，網路引擎可能會觸發多個事件，其中兩種特別常見的事件是 load (載入) 和 error (錯誤)。load 事件會在回應成功下載完成時觸發，而 error 事件則在發生錯誤時觸發。假如你為這些事件提供了相應的回呼函式，那麼當請求處理完畢或發生錯誤時，程式就會呼叫相應的回呼函式來處理回應或錯誤。

15.17 AJAX 非同步處理的完整流程

下面是 MegaMart 購物網站的其中一個頁面，本節就帶各位一步步實現『Buy Now』按鈕的功能：

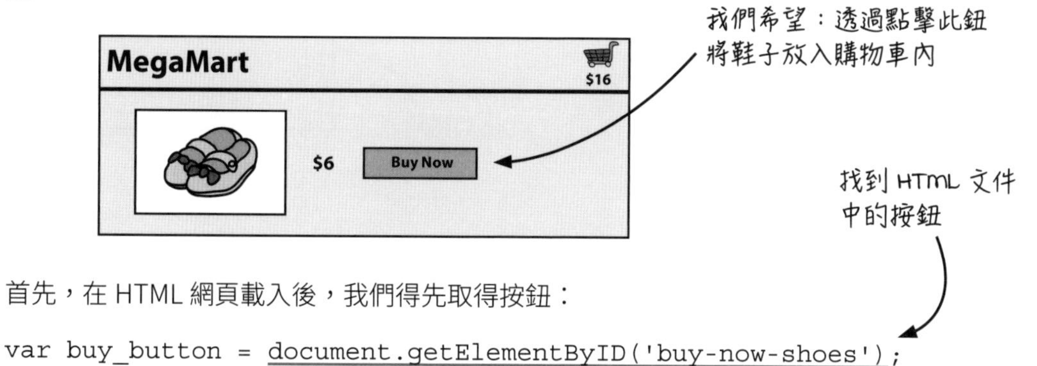

首先，在 HTML 網頁載入後，我們得先取得按鈕：

```
var buy_button = document.getElementByID('buy-now-shoes');
```

接著，為『Buy Now』鈕的『click (點擊)』事件設定回呼：

發起一個 AJAX 請求

為按鈕的『click』事件定義回呼

```
buy_button.addEventListener('click', function() {
  add_to_cart_ajax({item: 'shoes'}, function() {
    shopping_cart.add({item: 'shoes'});
    render_cart_icon();
    buy_button.innerHTML = "Buy Now";
  });
  buy_button.innerHTML = "loading";
});
```

AJAX 請求完成後，便執行此回呼

當 AJAX 請求完成，再次更新按鈕 UI

從請求送出到處理完畢以前，讓按鈕顯示『loading (處理中)』

譯註： 注意！此段程式碼有兩個回呼，一個是 `addEventListener()` 的回呼 (按鈕 click 事件的回呼)，另一個是 `add_to_cart_ajax()` 的回呼 (AJAX 請求的回呼)。如前所述，後者因為有字尾『_ajax』，故 AJAX 請求實際上是由 `add_to_cart_ajax()` 發起的。另外，請回憶一下，一個 job 底下應有兩項資訊：事件資料以及負責處理該事件的回呼函式。

一切就緒！現在，只要顧客按下『Buy Now』鈕 (即：觸發 click 事件)，程式便會將對應的 job 加到 job 佇列中。等到事件迴圈處理到該 job 時，便會呼叫其中的回呼 (此處指 `addEventListener()` 的回呼)。

`addEventListener()` 的回呼包含兩項操作。首先，`add_to_cart_ajax()` 會送出 AJAX 請求至請求佇列中，等候網路引擎的處理 (此時，`add_to_cart_ajax()` 的回呼還不會被呼叫)。然後，程式會執行『`buy_button.innerHTML = "loading";`』，把按鈕上的文字 (Buy Now) 改成『loading』。至此，按鈕點擊的 job 已處理完畢 (`addEventListener()` 的回呼結束)，事件迴圈繼續進行其它 jobs。

一段時間後，AJAX 請求終於完成，此時網路引擎會送一項新 job 到 job 佇列裡，其中的回呼則是 add_to_cart_ajax() 的回呼。當事件迴圈處理到上述 job 時，該回呼下的三項操作便會被執行，包括：將鞋子商品加入購物車、繪製購物車圖示、把按鈕的文字改回『Buy Now』。

以上就是從『觸發事件』到『執行請求回呼』的完整過程，其可用右列時間線圖表示：

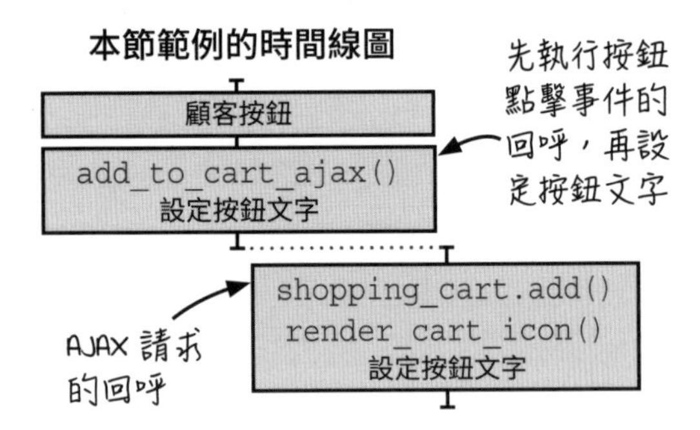

15.18 簡化時間線

前面已經完成繪製時間線圖的步驟 2。現在，是時候來討論步驟 3（簡化時間線）了。這裡再次以 15.7 節的程式碼為例，如下：

```
1 saveUserAjax(user, function() {
2   setUserLoadingDOM(false);
3 });
4 setUserLoadingDOM(true);
5 saveDocumentAjax(document, function() {
6   setDocLoadingDOM(false);
7 });
8 setDocLoadingDOM(true);
```

Actions

1. saveUserAjax()
2. setUserLoadingDOM(false)
3. setUserLoadingDOM(true)
4. saveDocumentAjax()
5. setDocLoadingDOM(false)
6. setDocLoadingDOM(true)

要讓本例的時間線圖更精簡，就需用到 15.14 節到 15.17 節介紹的 JavaScript／AJAX 運作原理。此外，由於 JavaScript 只允許單一執行緒，故相關簡化程序可總結成以下兩步：

1. 合併同一時間線上的 Actions
2. 若某時間線在末端產生單一條新時間線，將兩者合併

這兩步必須按以上順序進行。

繪製時間線圖三步驟

1. 辨識 Actions
2. 將 Actions 畫在時間線上
3. 簡化時間線圖

接下來，讓我們依序討論簡化 JavaScript 時間線的兩步驟：

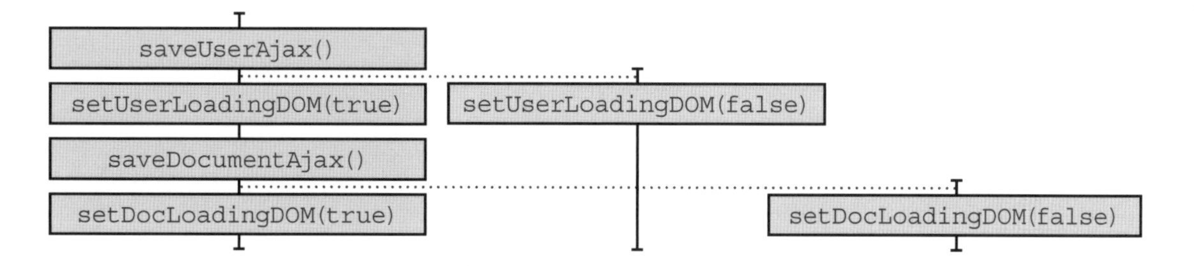

1. 合併同一時間線上的 Actions

因為 JavaScript 只允許一條執行緒上，所以單一時間線上的 Actions 不會有插敘的問題。換言之，當一條時間線結束時，下一條才可能開始。有鑑於此，你可以把同時間線的 Actions 合併到同一方格裡，並把虛線移至時間線末端：

> **適用 JavaScript 的時間線簡化步驟**
>
> 1. 合併同一時間線上的 Actions
> 2. 若某時間線在末端產生單一條新時間線，將兩者合併

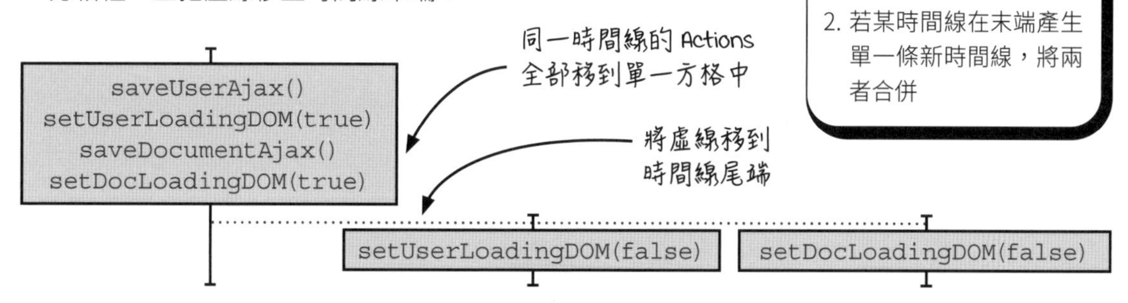

簡言之，JavaScript 的執行緒模型已替我們去除了許多潛在順序，因而大大簡化了程式的運行。

2. 若某時間線在末端產生單一條新時間線，將兩者合併

由於本例的初始時間線（**譯註：**最左邊的那一條）在末端產生了兩條新時間線，故此步驟並不適用。也就是說，本例的簡化已經完成。等到討論『放入購物車』的時間線時，我們再來示範這一步。

練習 15-3

承練習 15-2，假設我們用以下 JavaScript 程式碼替三個人準備晚餐，其中 cook()、serve() 與 eat() 是同步 Actions。請用第 1 項 JavaScript 簡化步驟讓下面的時間線圖更精簡：

```
function dinner(food) {
  cook(food);
  serve(food);
  eat(food);
}

button.addEventListener('click', dinner);
```

完成這一步就好

適用 JavaScript 的時間線簡化步驟

1. **合併同一時間線上的 Actions**
2. 若某時間線在末端產生單一條新時間線，將兩者合併

簡化此時間線圖

Click 1 Click 2 Click 3

cook() serve() eat()

cook() serve() eat()

cook() serve() eat()

練習 15-3 解答

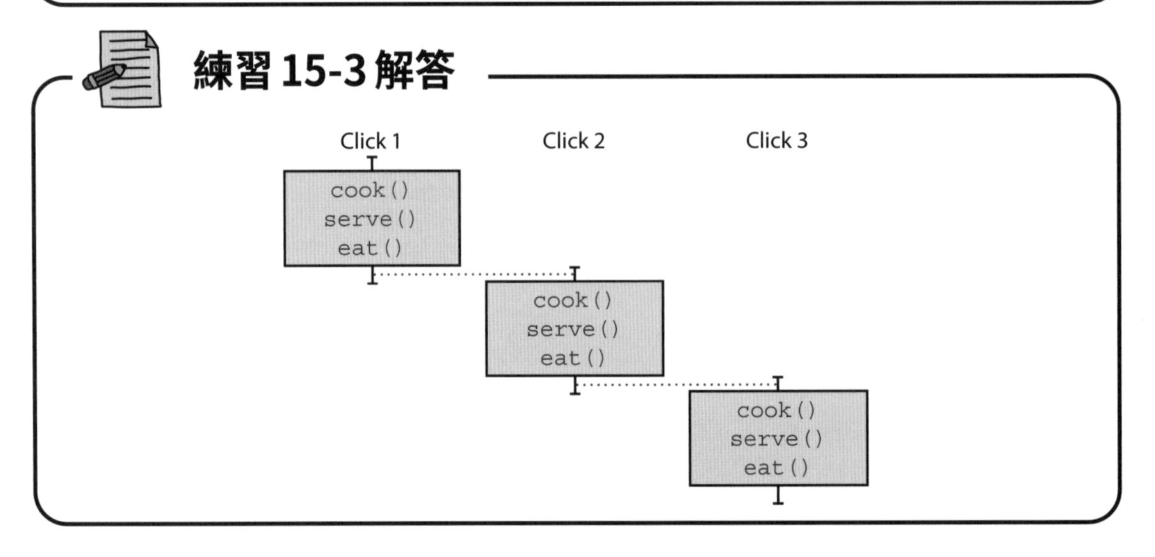

練習 15-4

請讀者自行嘗試以 JavaScript 簡化步驟 2，讓練習 15-3 的時間線圖更精簡：

```
function dinner(food) {
  cook(food);
  serve(food);
  eat(food);
}

button.addEventListener('click', dinner);
```

請試著完成這一步

適用 JavaScript 的時間線簡化步驟

1. 合併同一時間線上的 Actions
2. **若某時間線在末端產生單一條新時間線，將兩者合併**

簡化此時間線圖

Click 1 | Click 2 | Click 3

cook()
serve()
eat()

cook()
serve()
eat()

cook()
serve()
eat()

練習 15-4 解答

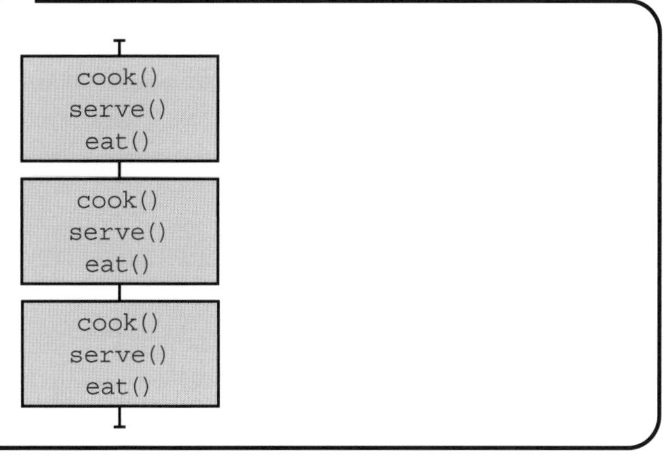

15.19 閱讀完成的時間線圖

再回到『放入購物車』的例子以前，來討論上一節的時間線圖能告訴我們什麼：

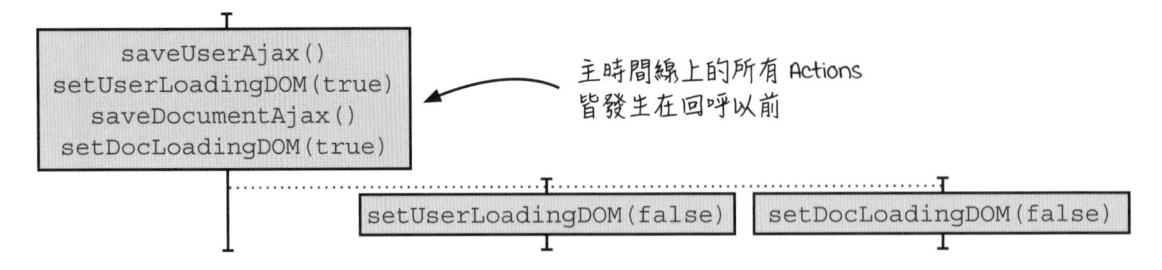

請記住！時間線圖可呈現出 Actions 有哪些潛在順序。一旦瞭解了這些順序，你就能進行除錯。假如某些順序會產生錯誤結果，那麼程式碼就需要修正；而倘若所有潛在順序的結果都正確，則可確定程式碼沒問題。

Actions 的順序可分為兩類，即：確定與不確定。先來看確定順序有哪些：在本例中，位於同一條時間線（主時間線）的 Actions 必然會按順序執行。此外，根據圖中的虛線，我們知道：只有在主時間線執行完畢後，其它時間線才能開始。

再來看不確定順序，本例的兩條回呼時間線就屬此類。如 15.12 節所述，兩條各含一個 Action 的時間線可能組合出三種潛在順序，如下：

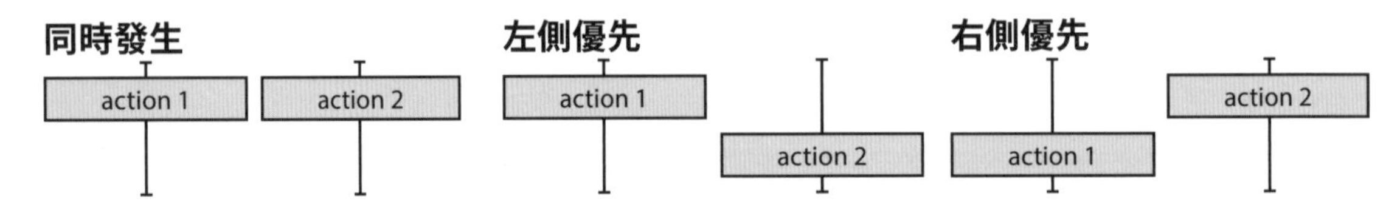

回憶一下，因為 JavaScript 只允許一條執行緒，所以 Actions 不可能同時發生。也就是說，本例的潛在順序只有以下兩種（何者為真，需視哪一個 AJAX 回應先傳回而定）：

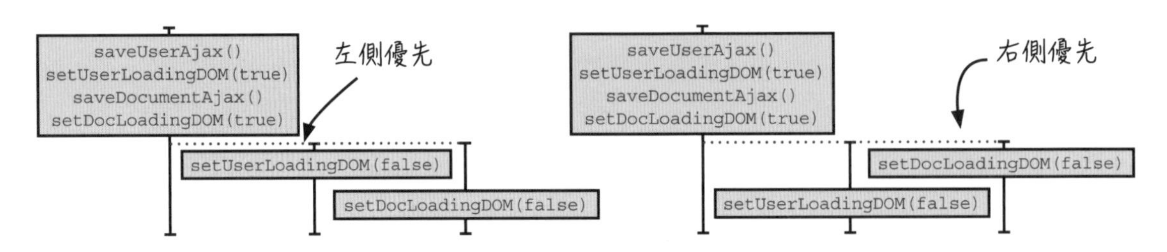

可以看到，在上述程式中，『顯示 loading 特效（`setUserLoadingDOM(true)` 與 `setDocLoadingDOM(true)`）』永遠發生在『不顯示 loading 特效（`setUserLoadingDOM(false)` 與 `setDocLoadingDOM(false)`）』之前。這符合預期，因此該程式沒有時序上的問題。

練習 15-5

以下時間線圖包含了三個以 JavaScript 寫成的 Actions，請寫出所有可能的潛在順序 (你也可以試著畫畫看)。

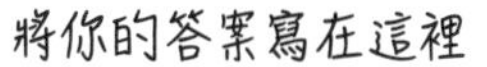

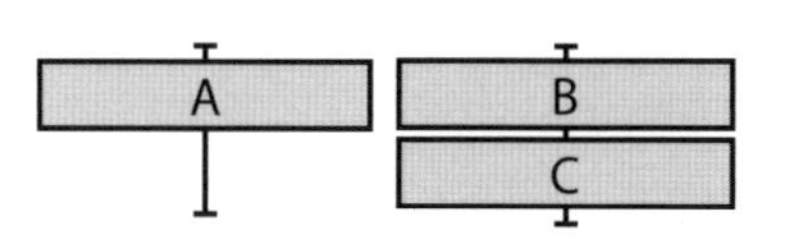

練習 15-5 解答

同一條時間線上的 B、C 可合併成一個方格，故答案為：

1. ABC
2. BCA

15.20 簡化『放入購物車』的時間線圖：步驟 3

好了，我們總算可以開始簡化『放入購物車』的時間線圖了！先看一下到步驟 2 為止的成果：

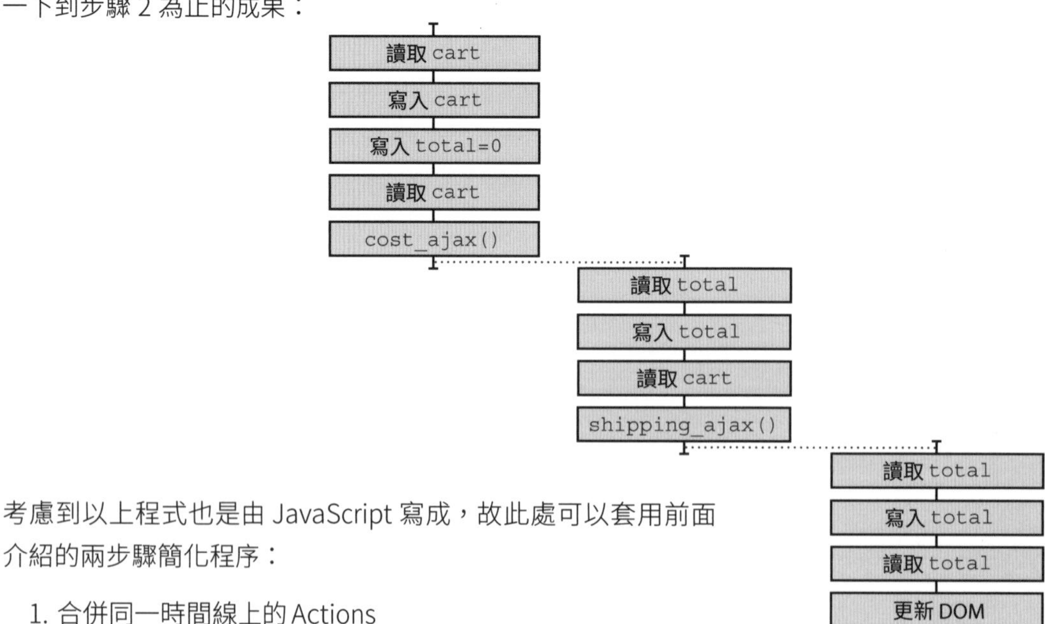

考慮到以上程式也是由 JavaScript 寫成，故此處可以套用前面介紹的兩步驟簡化程序：

1. 合併同一時間線上的 Actions
2. 若某時間線在末端產生單一條新時間線，將兩者合併

再強調一次，以上兩步需按順序進行，否則結果會不正確。

1. 合併同一時間線上的 Actions

JavaScript 只允許一條執行緒，因此正在執行的時間線不可能被其它執行緒干擾，不同時間線上的 Actions 也沒有插敘問題。也就是說，我們可以把同一條時間線上的 Actions 全部畫在同一方格裡：

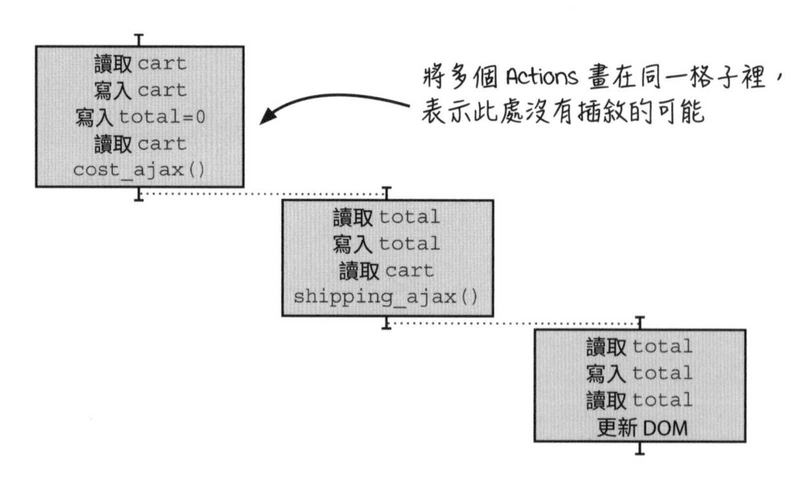

2. 若某時間線在末端產生單一條新時間線，將兩者合併

在本例中，前兩條時間線（除了最右邊那一條）皆以 AJAX 呼叫做結尾，然後緊接著一條回呼時間線；換言之，兩者的末端皆開啟一條新時間線。因為如此，你可以將原本的三條時間線併為一條：

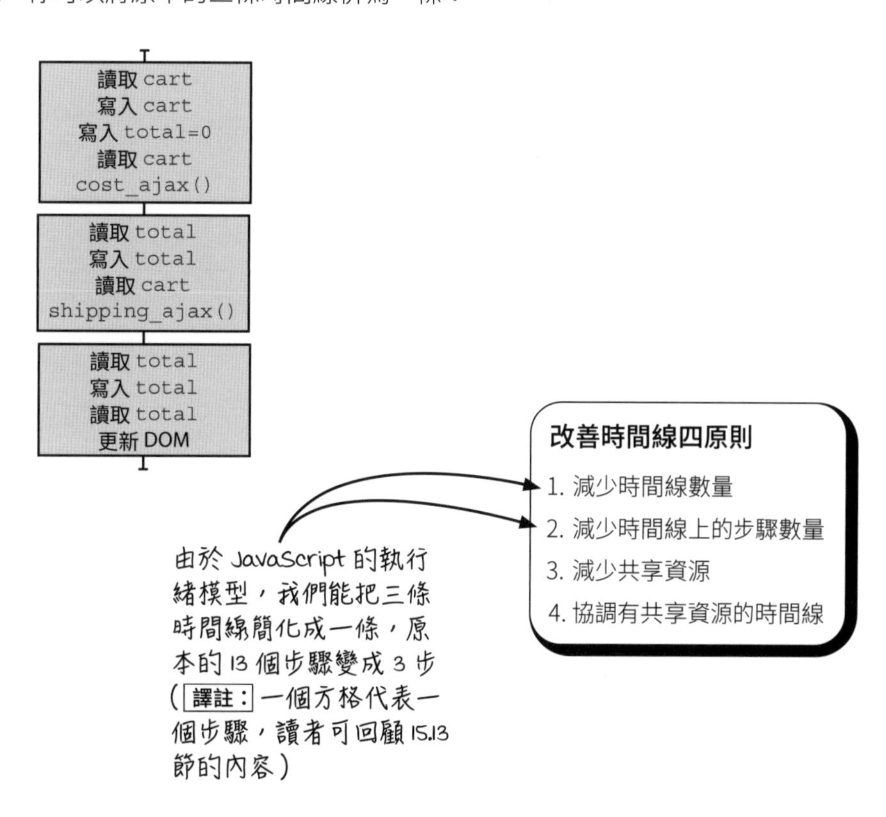

但請注意！完成上述步驟後，絕不能再回到第 1 步把圖中的三個方格合併起來，原因是：其它時間線上的 Actions 有可能插敘到此三方格之間。

至此，繪製時間線圖的三步驟就全部完成了！最終的結果符合我們對呼叫鏈的印象 — 整個程式感覺上只有單一時間線，且簡化後的圖看起來也較簡單。

15.21 複習時間線圖製作流程

讓我們從頭複習一次整個過程吧！第 1 步是找出程式中所有的 Actions，以本例來說共有 13 個：

```
function add_item_to_cart(name, price, quantity) {
  cart = add_item(cart, name, price, quantity);
  calc_cart_total();
}

function calc_cart_total() {
  total = 0;
  cost_ajax(cart, function(cost) {
    total += cost;
    shipping_ajax(cart, function(shipping) {
      total += shipping;
      update_total_dom(total);
    });
  });
}
```

Actions

1. 讀取 cart.
2. 寫入 cart.
3. 寫入 total = 0.
4. 讀取 cart.
5. 呼叫 cost _ ajax().
6. 讀取 total.
7. 寫入 total.
8. 讀取 cart.
9. 呼叫 shipping _ ajax().
10. 讀取 total.
11. 寫入 total.
12. 讀取 total.
13. 呼叫 update_total_dom().

第 2 步是實際畫出時間線，藉此反映各 Actions 之間是序列執行還是平行執行。記住：序列式的 Actions 需放在同一時間線上，平行者則畫在不同時間線。

繪製時間線圖三步驟

1. 辨識 Actions
2. 將 Actions 畫在時間線上
3. 簡化時間線圖

改善時間線四原則

1. 減少時間線數量
2. 減少時間線上的步驟數量
3. 減少共享資源
4. 協調有共享資源的時間線

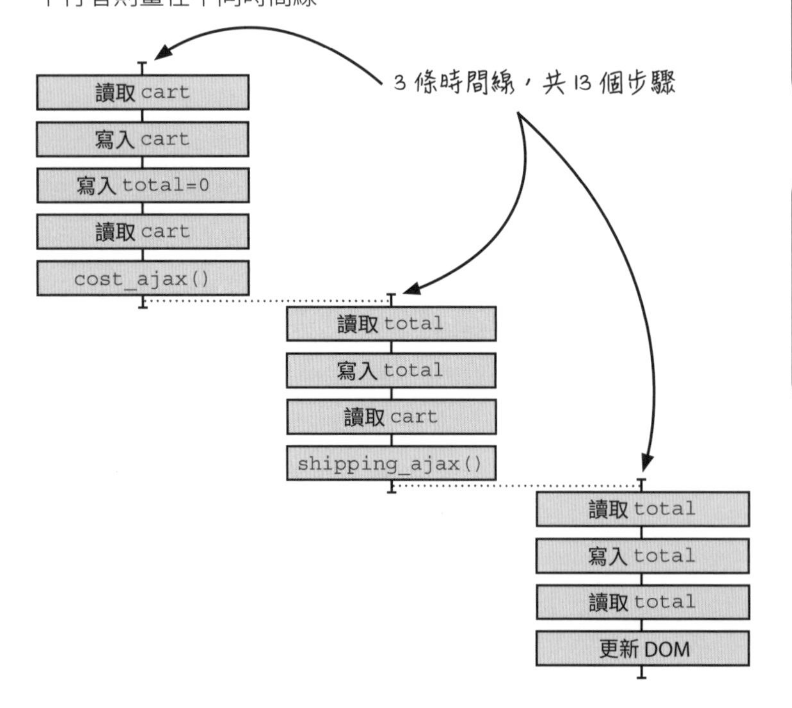

第 3 步，也是最後一步為：利用對程式運作的理解來簡化時間線圖。由於本例的程式是在瀏覽器的 JavaScript 上運作，故我們可套用兩大簡化步驟：首先，有鑑於 JavaScript 中只有一條執行緒，同時間線上的 Actions 可放在同一方格內；其次，當某條時間線的末尾產生單一新時間線時，可以將兩條時間線合而為一。

適用 JavaScript 的時間線簡化步驟

1. 合併同一時間線上的 Actions
2. 若某時間線在末端產生單一條新時間線，將兩者合併

以本例來說，最終圖包含三個方格；考慮到其它時間線上的 Actions 有可能插敘到這三個方格間，所以不可將它們合併為一個大格子。

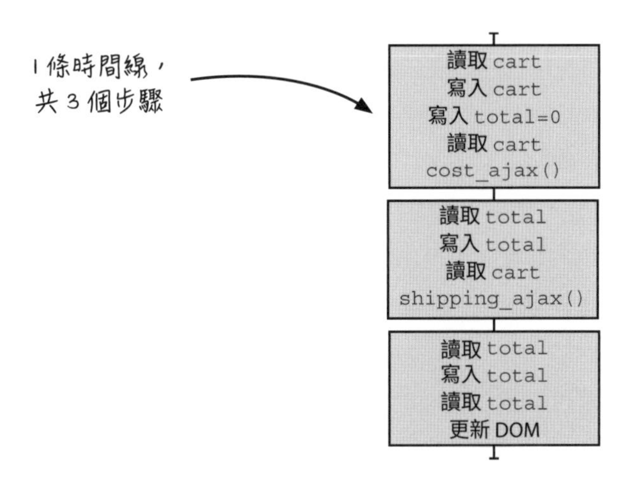

正是因為 JavaScript 的執行緒模型已去除了很多潛在順序，原本包含 13 個步驟的 3 條時間線才能被化簡成僅有 3 步驟的單一時間線。不過，我們也看到：JavaScript 不能解決所有問題 — 因為非同步回呼的存在，圖中的三個大方格無法再整併成一個。本章之後的內容會教大家，如何透過時間線圖來診斷錯誤。

改善時間線四原則

1. 減少時間線數量
2. 減少時間線上的步驟數量
3. 減少共享資源
4. 協調有共享資源的時間線

15.22 總結繪製時間線圖的技巧

本節總結所有繪製時間線圖的技巧，供各位參考。

辨識 Actions

務必確保程式中的所有 Actions 都畫在時間線圖上。請特別小心諸如『++』、『+=』與『讀取／寫入全域變數』等操作；這些操作中包含了不只一個 Actions，你必須把它們全部拆解出來。

繪製時間線

此處的重點是：考慮 Actions 是序列式還是平行執行。

❑ **序列式 Actions — 依序畫在同一條時間線上**

對於按順序執行的一系列 Actions，將它們畫到同一條時間線上。假如沒有特殊情況發生（如：JavaScript 的非同步回呼），則 Actions 在時間線上的順序一般會反映它們在程式中的撰寫順序，或者由左至右的引數處理順序。

❑ **平行式 Actions — 畫在不同條時間線上，且有不同潛在順序**

假如兩個 Actions 有可能同時發生，或者沒有固定執行順序，則將它們畫在不同時間線上。會造成此種情形的理由包括：

- 非同步回呼
- 多執行緒
- 多程序 (processes)
- 多機器平行處理

將所有 Actions 畫出後，可用虛線表示不同時間線之間的順序。舉例而言，AJAX 回呼不可能發生在 AJAX 請求之前，而圖中的虛線便能顯示這一點。

簡化時間線

我們選用的程式語言可能會對 Actions 的執行產生限制，進而減少潛在順序的數量。若能妥善運用相關知識，即可簡化時間線，讓整個圖示更好懂。以下列出化簡的一般性原則（**譯註：**注意！時間線上的一個方格代表一個『步驟』，而一個『步驟』可能包含多個 Actions）：

- 如果兩個 Actions 不可能被其它時間線的 Action 插敘，則將它們畫在同一方格中。
- 倘若某時間線末端產生了另一條新時間線，可以將兩者合併成單一時間線。
- 假如時間線之間有固定順序，請用虛線來標示。

閱讀時間線圖

請記得，兩條時間線上的不同 Actions 可能有三種潛在順序：同時、左側優先、右側優先。請評估所有可能的潛在順序，將它們分為『不可能發生』、『產生正確結果』與『產生錯誤結果』等三大類。

15.23 並列時間線圖能突顯出問題

如本章稍早所述（譯註：見 15.1、15.2 節），在『放入購物車』的例子裡，只點一次按鈕不會有任何問題。只有當顧客**快速**連點兩下按鈕時，購物車總金額才可能出錯。為了看出錯誤到底在哪裡，讓我們把兩張相同的『放入購物車』時間線圖並列如下：

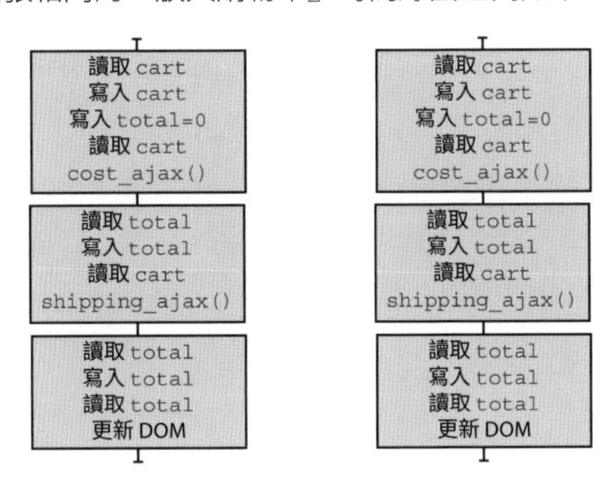

以上兩條時間線，每一條代表一次滑鼠點擊事件，且其上的步驟有可能相互插敘（譯註：不要忘記，一個方格代表一個步驟）。由於系統的佇列會確保事件按順序處理，因此可以在圖中加入一條虛線，註明『第二條時間線（即：右邊那一條）的開始時間』不可能早於『第一條時間線上的步驟 1』：

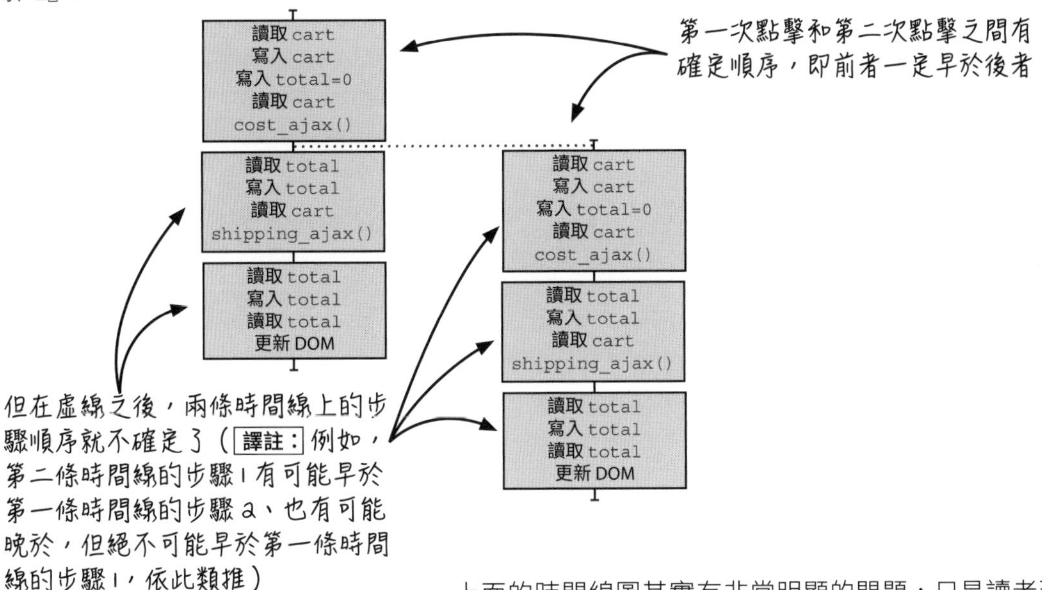

上面的時間線圖其實有非常明顯的問題，只是讀者現在還看不出來。但只要讀完本章，你便能自行發現其中的錯誤。

15.24『慢慢點兩次滑鼠』必產生正確結果

在前一節已建立了『兩次滑鼠點擊』的時間線圖。現在，我們能調整兩條時間線上各步驟的相對位置，以模擬各種插敘。下面就從最簡單的狀況開始討論，即：慢慢點兩次滑鼠。

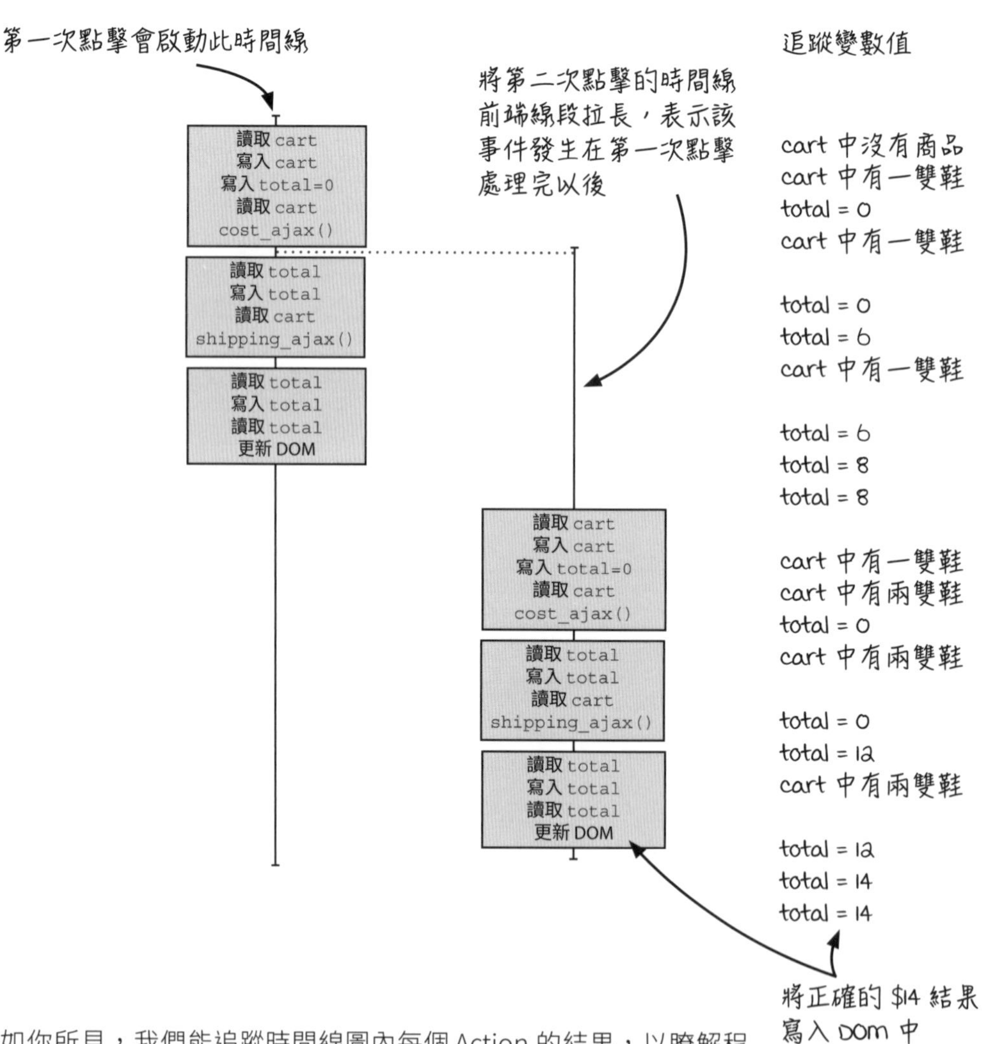

如你所見，我們能追蹤時間線圖內每個 Action 的結果，以瞭解程式的運作過程。對本例強調的順序而言，total 的最終結果是正確的。那麼，什麼樣的潛在順序會產生 15.2 節說的 $16 呢？下一節就來討論這個問題。

15.25 『快速連點兩次滑鼠』可能產生錯誤結果

在上一節裡，各位已看到『若第二次點擊發生在第一次點擊處理完之後』會發生的事。現在，我們要找出會產生錯誤結果的潛在順序。和之前一樣，每個 Action 對應的變數值變化顯示在圖右側：

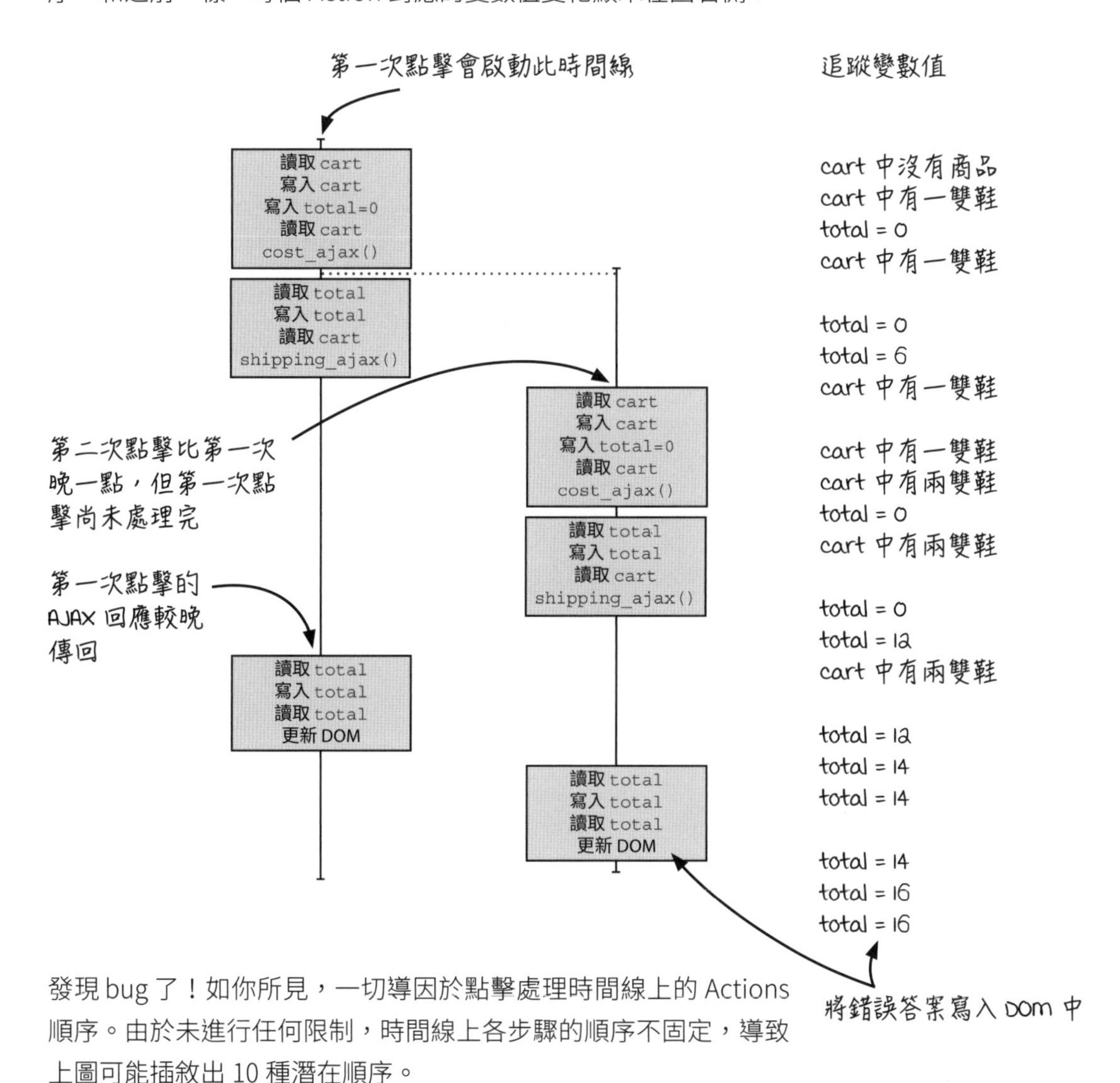

發現 bug 了！如你所見，一切導因於點擊處理時間線上的 Actions 順序。由於未進行任何限制，時間線上各步驟的順序不固定，導致上圖可能插敘出 10 種潛在順序。

那麼，怎麼確定哪些順序正確、哪些錯誤呢？我們當然可以像上面這樣，逐一追蹤變數值的變化。但大多數時間線都比本例長得多，其中可能出現上百、上千甚至上萬種潛在順序，要追蹤所有的 Actions 根本不可能。顯然，這裡需要引入更好的方法，以確保程式運作正確，下面就來處理這個問題。

15.26 共享資源的時間線是問題所在

透過讓資源不共享來解決問題

前面的說明讓我們充份瞭解了『放入購物車』的程式碼與時間線。但該怎麼解決這個快速雙擊的問題呢？就本例而言，關鍵在於共享資源 — 由於此處的兩條時間線會存取相同的全域變數，故不同順序有可能導致不同答案。

下面先標出程式中所有的全域變數：

```
function add_item_to_cart(name, price, quantity) {
  cart = add_item(cart, name, price, quantity);
  calc_cart_total();
}
function calc_cart_total() {
  total = 0;
  cost_ajax(cart, function(cost) {
    total += cost;
    shipping_ajax(cart, function(shipping) {
      total += shipping;
      update_total_dom(total);
    });
  });
}
```

全域變數（譯註：注意！雖然文件物件模型 DOM 並非變數，但也屬共享資源）

共享 total 全域變數者標註為錢幣圖示：

共享 cart 全域變數者標註為購物車圖示：

共享 DOM 者標註為文件圖示：

為清楚起見，我們分別用不同小圖示標註三種 Actions，分別是『共享 total 全域變數者』、『共享 cart 全域變數者』以及『共享 DOM 者』：

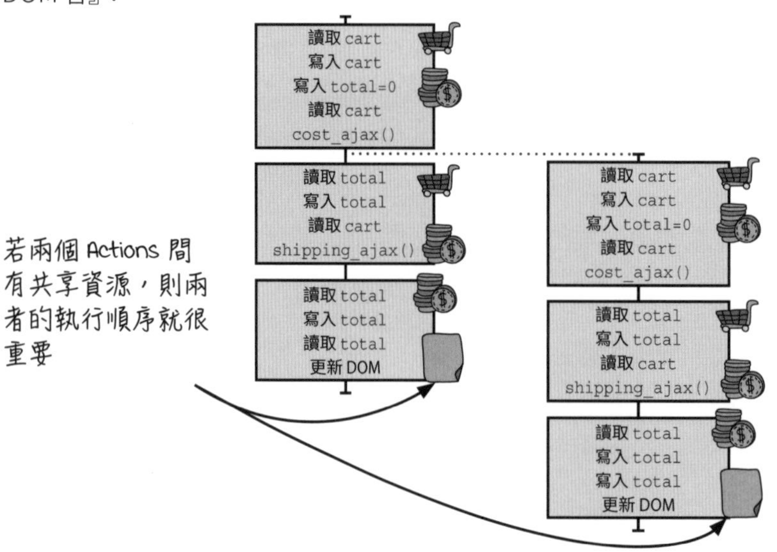

我們可以看到，本例的共享資源非常多！首先，只要讀取或寫入 total 的 Actions 順序不對，最終的結果就可能出錯。要解決此問題，只要將 total 從全域改成區域變數即可。

15.27 將全域變數轉換成區域變數

沒必要共享 total 全域變數

其實，total 變數沒必要是全域的，故此處最簡單的修正就是將其改為區域變數，以下是做法：

1. 辨識我們想修改的全域變數

```
function calc_cart_total() {
  total = 0;
  cost_ajax(cart, function(cost) {
    total += cost;
    shipping_ajax(cart, function(shipping) {
      total += shipping;
      update_total_dom(total);
    });
  });
}
```

其它時間線上的 Action 有可能在回呼執行前寫入此 total，導致其值並非 0

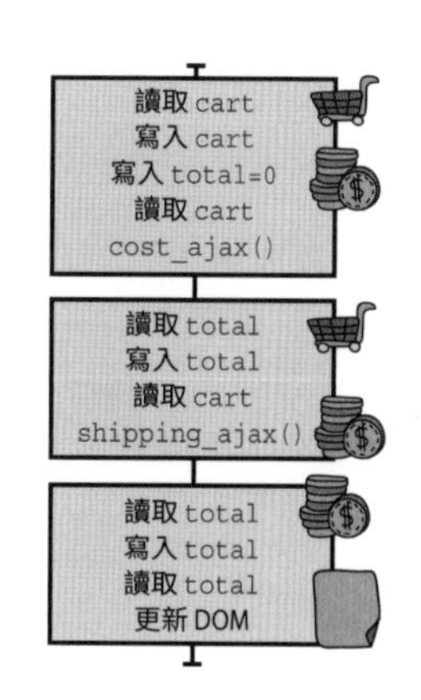

2. 用區域變數替換全域變數

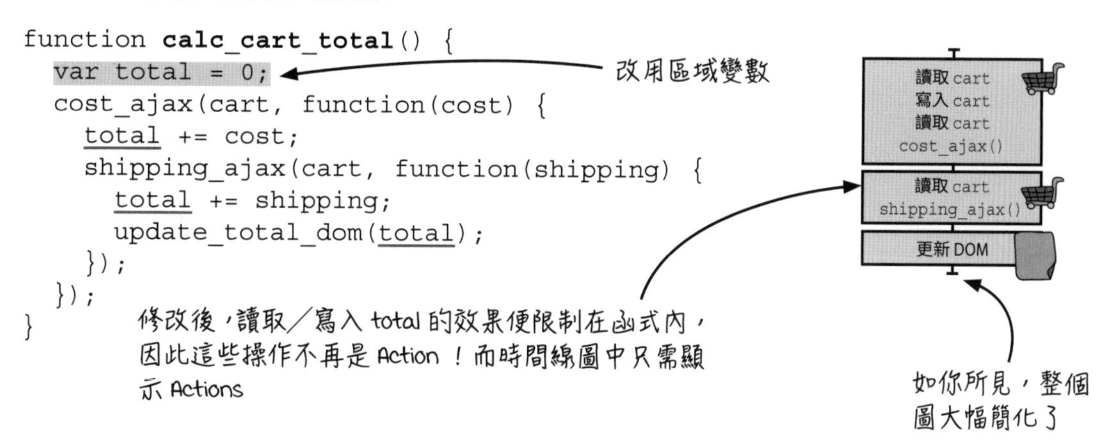

只要簡單把 total 改成區域變數，我們便能享受許多好處。注意！由於時間線上仍有三個步驟，故潛在順序的數量仍是 10 個，但這麼做能去除許多與共享 total 有關的錯誤順序。

接下來要處理的是全域變數 cart，趕緊來看看怎麼做！

15.28 將全域變數轉換成引數

還記得第 5 章曾提過『Action 中的隱性輸入越少越好』嗎？同樣的原則也適用於時間線上。在本例中，cart 全域變數相當於 calc_cart_total() 函式的隱性輸入；而只要將其改為顯性，便能進一步降低共享資源的數量。將全域變數改為引數（顯性輸入）的過程如下：

1. 辨識隱性輸入

```
function add_item_to_cart(name, price, quantity) {
  cart = add_item(cart, name, price, quantity);
  calc_cart_total();
}
function calc_cart_total() {
  var total = 0;
  cost_ajax(cart, function(cost) {
    total += cost;
    shipping_ajax(cart, function(shipping) {
      total += shipping;
      update_total_dom(total);
    });
  });
}
```

若 cart 在兩次讀取之間變化了，則此兩操作讀到的值就會不同

注意！時間線圖中仍有一步驟會用到 cart 全域變數（譯註：每一個方格表示一個步驟，此處指第一個方格）

2. 用區域變數替換全域變數

```
function add_item_to_cart(name, price, quantity) {
  cart = add_item(cart, name, price, quantity);
  calc_cart_total(cart);
}
function calc_cart_total(cart) {
  var total = 0;
  cost_ajax(cart, function(cost) {
    total += cost;
    shipping_ajax(cart, function(shipping) {
      total += shipping;
      update_total_dom(total);
    });
  });
}
```

將 cart 改為引數

修改後，這兩行所讀取的便不再是全域變數

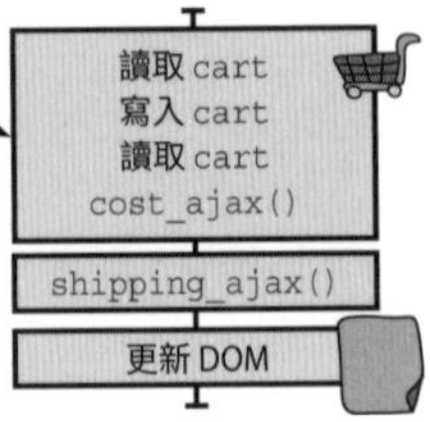

雖然在修改後的程式中，仍有一個步驟（即：第一個方格）用到 cart 全域變數，但由於『第二條時間線的開頭不能早於第一條時間線的步驟 1』（圖中虛線強調的就是這一點），所以與 cart 全域變數有關的步驟 1 必會按順序執行（第二條時間線的步驟 1 必發生在第一條時間線的步驟 1 之後）。本書之後的內容會大量使用上述技巧，其能在有多條時間線的情況下，保證全域變數更改的安全性。

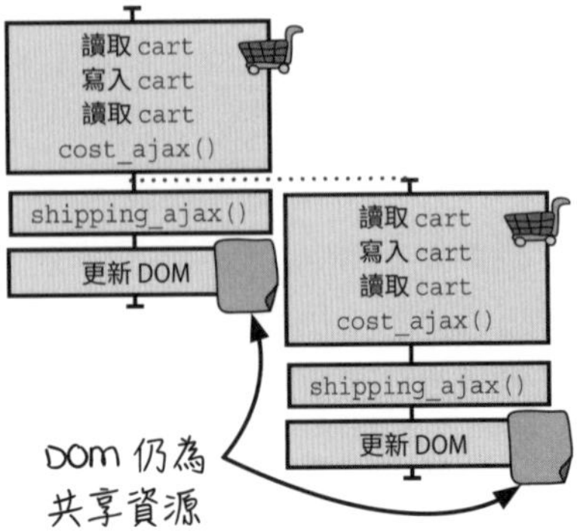

DOM 仍為共享資源

現在，程式只剩最後一個問題了，即共享資源 DOM。因為該資源為必須，我們無法直接將它移除。關於 DOM 的處理方式就留待下一章再做說明。

休息一下

問 1：我們把 `calc_cart_total()` 裡所有的全域變數都移除了，這表示該函式變成了 Calculation，對吧？

答 1：有意思，但並不正確！請注意 `calc_cart_total()` 中仍有兩個 Actions。首先，該函式會聯絡伺服器兩次，這顯然是 Action。其次，更新 DOM 也是 Action。

話雖如此，考慮到所有全域變數讀取／寫入皆被移除，該函式的確變得更像 Calculation 了，而這正是我們想要的。`calc_cart_total()` 雖然不像真正的 Calculation 完全與執行順序無關，但順序的影響力確實降低了。

在下面幾頁中，我們還會進一步將 DOM 更新操作移出 `calc_cart_total()`，使得此函式更像 Calculation，同時也提升其可重複使用性。

問 2：本章花了大量篇幅講解 JavaScript 執行緒模型、AJAX 以及 JavaScript 事件迴圈，但你之前不是說過：本書的重點是介紹 FP，而非 JavaScript 嗎？

答 2：我們確實這麼說過，而本書也的確將重心放在 FP 上。這裡之所以要說明 JavaScript 的底層運作機制，只是簡化時間線圖時需要。

由於要舉例說明，我們一定得挑選一個程式語言。而之所以選中 JavaScript，純粹是因為多數人很熟悉 JavaScript。假如改用 Java 或 Python，本書同樣得說明兩者如何運作才行。

總的來說，我們當然不希望與 JavaScript 有關的內容搶走 FP 的風采，故請讀者注意以下核心訊息：要知道如何化簡時間線，就得先瞭解所用的程式語言。

練習 15-6

請判斷以下敘述是真 (T) 或假 (F)？

1. 兩條時間線可共享資源。
2. 與沒有共享資源的時間線相比，有共享資源者更安全。
3. 避免同一條時間線上的兩 Actions 共享資源，對改進程式有幫助。
4. 不必將 Calculation 畫在時間線圖上。
5. 同一條時間線上的兩個 Actions 有可能同時發生。
6. 因為 JavaScript 使用單執行緒模型，所以程式不可能有多條時間線。
7. 不同時間線上的兩個 Actions 有可能同時發生、左邊優先或右邊優先。
8. 要移除共享全域變數，你可以將其改成引數或區域變數。
9. 時間線圖可幫助我們瞭解程式中各 Actions 執行時的潛在順序。
10. 有共享資源的時間線可能導致與順序有關的問題。

練習 15-6 解答

1. T, 2. F, 3. F, 4. T, 5. F, 6.F, 7. T, 8. T, 9. T, 10. T

15.29 增加函式的可重複使用性

會計部門的人員也想利用 calc_cart_total()，但他們只需要此函式算出來的數值，而不想要更新 DOM。麻煩的是，由於 calc_cart_total() 是在非同步回呼中算出 total 並更新 DOM 的，因此我們無法依第 4 和第 5 章介紹的方式，將隱性輸出 (**譯註：** 這裡的『更新 DOM』就是一種隱性輸出) 改成傳回值。這個問題該如何解決呢？其實，只要加入更多回呼就行了！

就本例來說，你可以用第 10 章的重構 2 (**以回呼取代主體實作**)，把程式內的 update_total_dom() 替換成回呼，如下：

重構 2 的步驟

1. 辨識前段、主體與後段區塊。
2. 將所有區塊包裝成函式。
3. 將主體區塊擷取成回呼。

update_total_dom() 已經是函式了，故毋須進行此步驟

原始程式

```
function calc_cart_total(cart) {
  var total = 0;
  cost_ajax(cart, function(cost) {
    total += cost;
    shipping_ajax(cart, function(shipping) {
      total += shipping;
      update_total_dom(total);
    });
  });
}

function add_item_to_cart(name, price, quant) {
  cart = add_item(cart, name, price, quant);
  calc_cart_total(cart);
}
```

重構前，我們只能將 total 傳入 update_total_dom() 中

主體

加入回呼

```
function calc_cart_total(cart, callback) {
  var total = 0;
  cost_ajax(cart, function(cost) {
    total += cost;
    shipping_ajax(cart, function(shipping) {
      total += shipping;
      callback(total);
    });
  });
}

function add_item_to_cart(name, price, quant) {
  cart = add_item(cart, name, price, quant);
  calc_cart_total(cart, update_total_dom);
}
```

改成回呼後，我們可以將 total 傳入任何函式

將 update_total_dom() 以回呼形式傳入

經過改寫後，我們便能以多元方式利用 calc_cart_total() 算出 total 的值 — 對於需要更新 DOM 的人，可用 update_total_dom() 做為回呼引數。而會計部門則可傳入其它函式，進而取得或操作 total。

15.30 在非同步呼叫中，需利用回呼實現顯性輸出

如上一節所言，有鑑於非同步回呼的呼叫時間不固定，我們無法將其中的隱性輸出改成傳回值（在非同步回呼被呼叫以前，上述輸出並不存在）。換句話說，同步函式可以透過傳回值得到結果，但非同步函式的結果是無法透過傳回值取得。若真要取得非同步呼叫中的值，你得傳入額外的回呼才行，並以想要的值為引數呼叫該回呼。此為 JavaScript 非同步程式設計的標準做法。

在 FP 中，以上技巧也能用於擷取函式內的 Action。對同步函式來說，請先把函式內的 Action 呼叫替換成傳回值，再以此傳回值為引數，於同步函式外呼叫該 Action。但假如是非同步函式，則必須以『傳入回呼』的做法取而代之。下面讓我們用虛構的同步函式 sync()、非同步函式 async() 來比較兩者的不同：

同步函式 (synchronous functions)

- 可傳回值，供呼叫者使用。
- 要擷取 Action，可將原本傳入該 Action 的引數改為傳回值。

非同步函式 (asynchronous functions)

- 會在未來某個時間點，以指定數值為引數呼叫回呼函式。
- 要擷取 Action，需將該 Action 當成回呼引數傳入。

原本的同步函式

```
function sync(a) {
  ...
  action1(b);
}

function caller() {
  ...
  sync(a);
}
```

原本的非同步函式

```
function async(a) {
  ...
  action1(b);
}

function caller() {
  ...
  async(a);
}
```

此處的同步與非同步函式乍看之下很像

呼叫兩者的方式也雷同

擷取 Action 以後

```
function sync(a) {
  ...
  return b;
}

function caller() {
  ...
  action1(sync(a));
}
```

擷取 Action 以後

```
function async(a, cb) {
  ...
  cb(b);
}

function caller() {
  ...
  async(a, action1);
}
```

但擷取 Action 時，對同步函式要用傳回值，非同步函式則用回呼

在同步函式的例子裡，caller() 會用 sync() 的傳回值呼叫 Action；而在非同步函式的例子中，caller() 需傳一個回呼函式給 Action

休息一下

問：非同步函式為什麼不能有傳回值？我以為所有函式都能有傳回值！

答：技術上來說，確實可以在非同步函式裡加入 return 指令。問題是，以此方法得到的傳回值極有可能是錯誤的。請看以下範例：

```
function get_pets_ajax() {
  var pets = 0;
  dogs_ajax(function(dogs) {
    cats_ajax(function(cats) {
      pets = dogs + cats;
    });
  });
  return pets;
}
```

dogs_ajax() 與 cats_ajax() 的回呼函式需等到網路引擎回應後才會被呼叫，而 pets 的值也是到那時才會被算出來

然而，return 指令不會等待 AJAX 請求處理完畢，而是立即把 pets 傳回

請思考一下，上面的函式會傳回什麼？答案是：AJAX 請求完成之前的 pets 值，但我們想要的卻是執行非同步回呼**之後**的 pets 值。也就是說，你確實能讓本例的 `get_pets_ajax()` 傳回某個結果，只不過該結果不符合需求。

之所以會發生上述情形，是因為：`get_pets_ajax()` 在呼叫 `dogs_ajax()` 之後（後者負責傳送 AJAX 請求給網路引擎），就會立刻執行『`return pets`』指令；但此時位於非同步回呼的『`pets = dogs + cats;`』根本還未完成，故傳回的 pets 值是錯的。那麼，非同步回呼什麼時候才會被呼叫呢？首先，網路引擎得先處理完 AJAX 請求，並在 job 佇列中加入相應的『完成事件（精確來說是 load 事件）』；然後，等到事件迴圈處理到上述 load job 時，回呼才會被呼叫。

總的來說，你可以在非同步函式中加入 return，但傳回值必須是某個在同步程式碼中算得的結果。任何以非同步呼叫進行的操作，皆是在不同的事件迴圈迭代中處理，故無法用 return 將結果傳回（以本例而言，事件迴圈會先迭代到『`return pets`』，之後才輪到『`pets = dogs + cats;`』）。再強調一次，要取得非同步程式碼中的值，請傳入回呼。

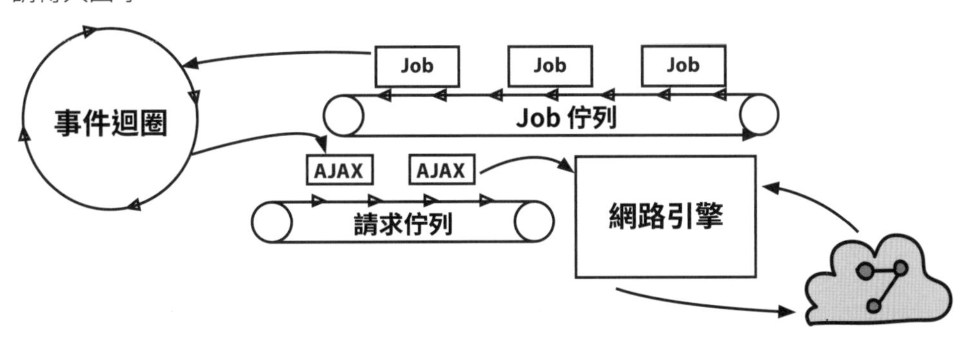

練習 15-7

以下函式會進行『洗碗』任務，其中涉及多個全域變數，最後還會更新 DOM 以顯示清洗完成的項目數量。請重構此函式，將其中的隱性輸入／輸出去除。提示：本例需用上前面介紹的所有技巧，包括把全域變數改成引數或區域變數，以及用回呼取代 DOM 更新。

```
var plates = ...;
var forks  = ...;
var cups   = ...;
var total  = ...;

function doDishes() {
  total = 0;
  wash_ajax(plates, function() {
    total += plates.length;
    wash_ajax(forks, function() {
      total += forks.length;
      wash_ajax(cups, function() {
        total += cups.length;
        update_dishes_dom(total);
      });
    });
  });
}

doDishes();
```

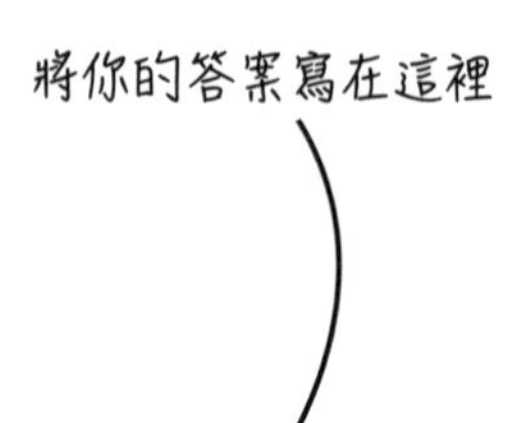

練習 15-7 解答

```
var plates = ...;
var forks  = ...;
var cups   = ...;

function doDishes(plates, forks, cups, callback) {
  var total = 0;
  wash_ajax(plates, function() {
    total += plates.length;
    wash_ajax(forks, function() {
      total += forks.length;
      wash_ajax(cups, function() {
        total += cups.length;
        callback(total);
      });
    });
  });
}

doDishes(plates, forks, cups, update_dishes_dom);
```

結論

本章旨在教大家如何畫出時間線圖，並解讀其中顯示的錯誤。此外，我們還以 JavaScript 執行緒模型的相關知識化簡時間線圖，進而降低了時間線與步驟的數量。最後，各位看到了如何利用減少共享資源的原則，避免程式結果出錯。

重點整理

- 時間線由一系列 Actions 構成。同一條線上的 Actions 序列式執行，不同時間線的 Actions 則可能同時發生。
- 現代的程式通常都具有多條時間線。每多一台機器、一條執行緒、一個程序或一個非同步回呼，就需多畫一條時間線。
- 由於不同時間線上的 Actions 可能以不可控的方式插敘執行，故會產生許多潛在順序。潛在順序越多，越難保證程式的執行結果正確。
- 透過時間線圖，你可以分析不同的 Actions 潛在順序，進而找出哪些順序會產生錯誤的結果。
- 要簡化分散式系統的時間線圖，瞭解程式語言與程式執行平台所用的執行緒模型是關鍵。
- 不同時間線的共享資源是錯誤的來源之一，去除這些共享資源能降低程式出錯的機會。
- 處理沒有共享資源的時間線時，完全不需要考慮其它時間線，因此較為簡單。

接下來 ...

經過本章的修改後，程式中仍剩下一個共享資源，即 DOM。換言之，兩條『放入購物車』時間線有可能在 DOM 上寫入不同的數值。由於必須在網站上顯示購物車總金額，所以這裡不能直接將該資源去除，而唯一能安全更新 DOM 的方法只有協調不同時間線。下一章就來討論該怎麼做。

多條時間線共享資源 | 16

本章將帶領大家：

- 診斷因共享資源造成的錯誤。
- 建立能確保資源安全共享的基本工具。

上一章已介紹過時間線的基礎，以及如何減少共享資源的數量。一般而言，共享資源越少越好，但有時卻又無法避免，因此必須確保共享的安全性。我們在本章會教大家建立 **concurrency primitives**（併發原語，或稱為併發基本工具）的可重複使用程式碼，並藉此達成安全資源共享。

> **編註：** Concurrency primitives 是指用來處理**併發**（concurrency）操作的**基本工具或機制**（primitives），例如鎖（locks）、信號量（semaphores）、條件變數（condition variables）等。這些工具用於程式設計中管理多個任務（執行緒或程序）的併發執行，協調共享資源的訪問、同步任務間的操作，並防止競態條件等問題。本章後面將探討如何利用佇列（queue）資料結構，在併發環境中傳遞任務或訊息。台灣科技人員對於專業用語通常直接用英文，因此後面皆以 concurrency primitives 稱之。

16.1 改善時間線的原則

還記得在 15.13 節已介紹過改善時間線五個原則中的 1 至 3，並示範如何用它們保證程式運作正確。本章要討論的則是原則 4 — 承之前的例子，我們的時間線裡存在一項去不掉的共享資源（譯註：即文件物件模型，英文簡寫 DOM）；為了能安全分享此資源，你必須建立一種可重複使用的工具來協調時間線。我們再複習一次 15.13 節的原則。

1. 時間線數量越少越好

由於 Actions 的潛在順序會隨時間線數量增加而上升（潛在順序可用右側公式計算，其中的 t 即『時間線數量』），故程式每多一條時間線，理解難度也顯著升高。按此邏輯，似乎只要降低時間線數量即可。只可惜，程式中有幾條時間線通常不是我們能決定的。

計算潛在順序數量的公式

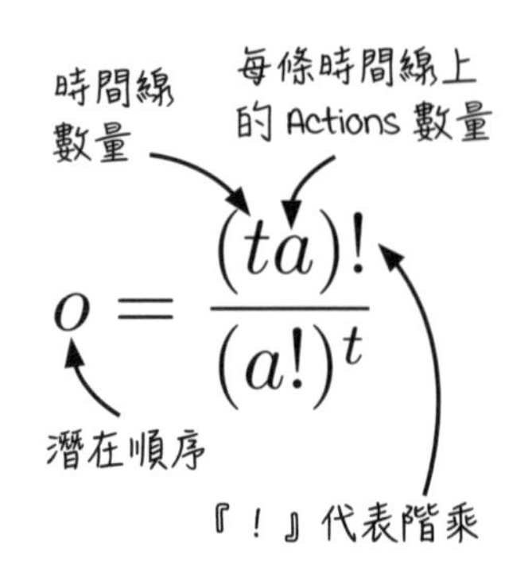

2. 時間線上的步驟越少越好

削減時間線上的步驟（譯註：一個方格代表一個步驟）數量（即：公式中的 a）也能有效減少潛在順序。

3. 共享資源越少越好

當處理兩條時間線時，你只需顧及有共享資源，且來自不同時間線的步驟。這能幫助我們大大減少時間線圖上的步驟數量，進而降低潛在順序。

4. 協調有共享資源的時間線

即便再怎麼努力，最終仍有一些共享資源是無法捨棄的，此時就得協調時間線（即：讓不同時間線以正確順序輪流存取該資源），以確保資源分享的安全性。協調時間線能去除帶來錯誤結果的潛在順序，同時簡化分析。在開發可重複利用的協調工具時，可從現實生活中的例子尋找靈感。

5. 更改程式的時間模型

要確保 Actions 在正確順序與時機執行很困難，而建立可重複使用的時間線管理物件能讓此任務變得簡單一些。各位會在下一章中看到相關範例。

下面就來看如何用原則 4 去除『放入購物車』範例中的錯誤吧！

16.2『放入購物車』程式仍可能出錯

以下是第 15 章尾聲的時間線圖，讀者應該已能看出其中的問題：

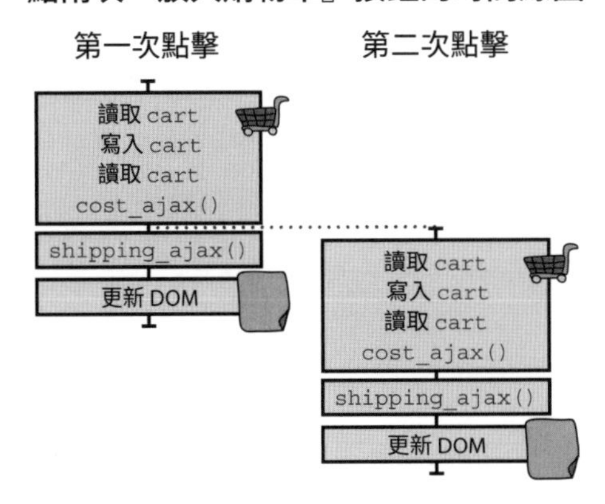

是的，此處的問題源自共享資源 — DOM（文件物件模型）。如前所述，若兩個 Actions 之間未分享資源，則它們的執行順序其實不重要，因為最終結果必會一樣。但對於有共享資源者，順序就很關鍵了。本例的時間線共享 DOM，所以程式運作有可能出錯。

如前一章所言，時間線圖中的『更新 DOM』（也就是呼叫 `update_total_dom()`）有以下三種潛在順序：

潛在順序

1. 同時發生
2. 左側優先
3. 右側優先

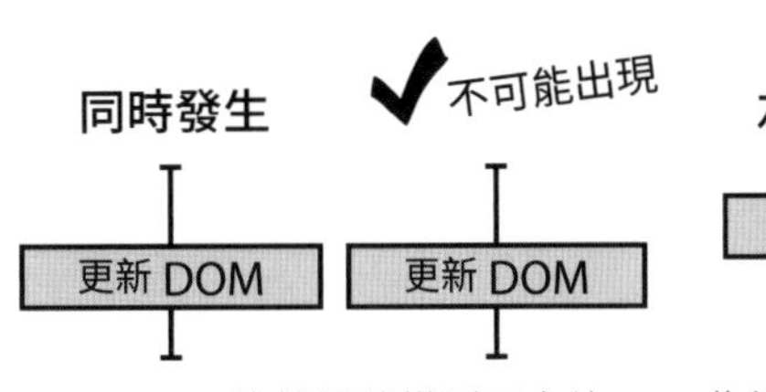

JavaScript 的執行緒模型不允許 Actions 同時執行，故可將其排除。要注意的是，遇到其它執行緒模型時，可能得考慮此狀況。

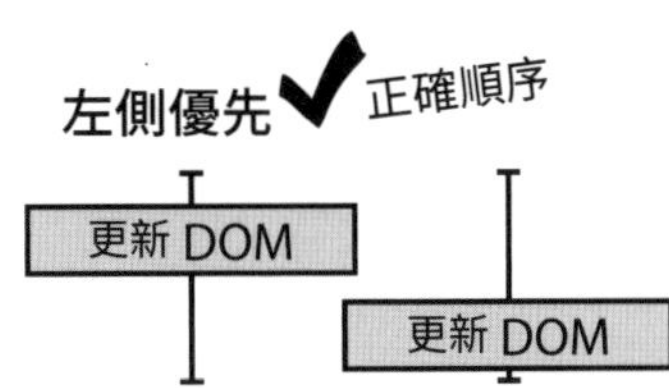

此為期望中的程式行為。由於右側時間線（代表第二次點擊）的資訊應該比左側（第一次點擊）新，因此我們希望右側的 DOM 更新能覆蓋左側。

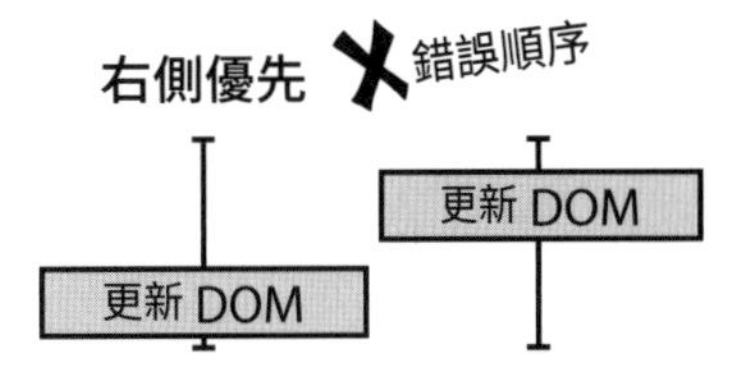

這是錯誤的程式行為。用第一次點擊的 DOM 更新結果（較舊）覆蓋第二次點擊的結果（較新）是沒道理的，但目前沒有任何東西能防止此順序發生！

總的來說，若第二次點擊的 DOM 更新發生在第一次 DOM 更新之前，則第二次點擊的更新會被第一次點擊的更新蓋掉，進而造成錯誤結果。

下方的圖解詳細解釋了背後的機制。可以看出，即便使用者輸入相同（即：以相同順序將兩項一樣的商品加入購物車），該程式也可能產生兩種結果：

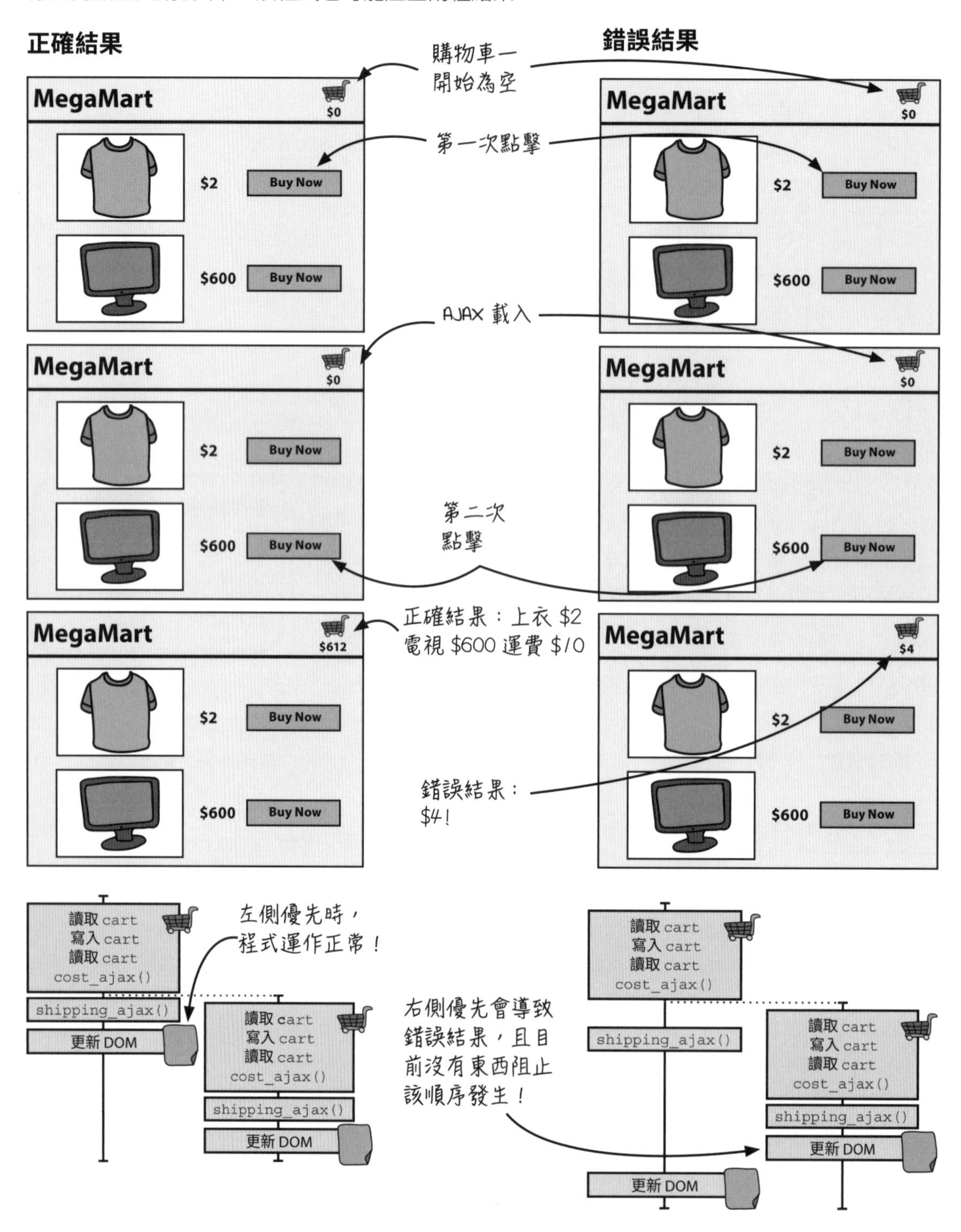

16.3 DOM 更新的順序必須固定

如前所述，本例的 DOM 必須以特定順序更新，但目前的時間線設計沒辦法做到這一點。為此，我們得在其中加入能阻止『右側優先』的元素才行，也就是讓右側優先不可能發生：

如何確定 DOM 的更新順序正確呢？這兩次點擊根本不知道有對方的存在！

開發小組的吉娜

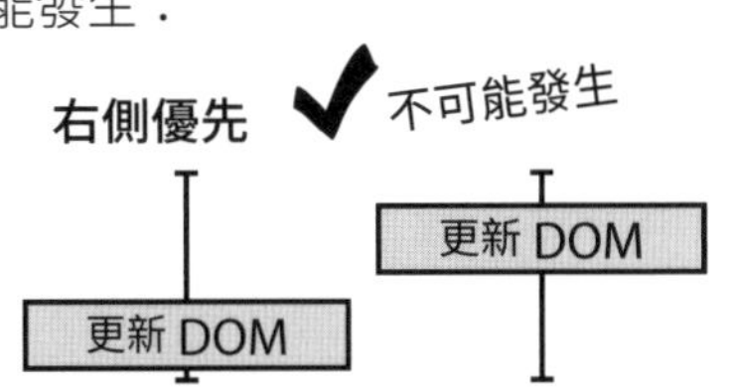

也就是說，我們要確保 DOM 的更新順序，要與滑鼠點擊的順序相同。但假如各位還記得，DOM 更新發生在 AJAX 請求處理完之後，而網際網路包含太多會影響速度的不可控因素，故沒有人能掌握 `update_total_dom()` 的呼叫時機。要解決這個問題，就需要協調 DOM 的存取，讓更新操作永遠按照點擊發生的次序進行。

事實上，協調共享資源在其它應用中也很常見，而這些例子有時能帶來啟發。下面就討論一下佇列 (queue)，這是讓事物維持一定順序的方法之一。

簡單來說，佇列就是一種保證『項目取出順序與加入順序相同』(**編註：**即 FIFO 先進先出) 的資料結構。換言之，若你將『滑鼠點擊事件』加入佇列，則先加入的點擊就會被優先取出處理。正因為這種性質，佇列經常被用來協調多條時間線上的 Actions，以維持特定執行順序。

小字典

佇列 (queue) 是一種資料結構，其項目取出順序與加入順序相同。

注意！協調時間線的佇列也是共享資源，但卻是安全的。當點擊 task 被加入後，我們便能依加入順序將它們取出。此外，這些 tasks 會在同一時間線中處理，如此更能確保先後次序不亂。

若點三次滑鼠，在佇列中就會加入三項 tasks

將點擊 task 加入佇列

加入佇列
加入佇列
加入佇列

這三項 tasks 的加入順序和點擊發生的先後相同

Task　Task　Task

佇列

佇列是共享資源

tasks 的取出順序和加入順序一致

處理器會依序處理佇列中的所有 tasks

由於這些 tasks 都在同一時間線上進行，故能確保順序不亂

Task

佇列處理器

練習 16-1

當有多條時間線時，下列哪些資源的共享可能會導致問題？請將它們圈出來：

1. 全域變數
2. 文件物件模型（DOM）
3. Calculations 函式
4. 區域變數
5. 不可變的數值
6. 資料庫
7. API 呼叫

練習 16-1 解答

被多條時間線共享時可能導致問題的資源有：1、2、4、6、7。

16.4 在 JavaScript 中自行建立佇列

JavaScript 中沒有內建佇列資料結構，故我們需自己實作

佇列是對資料結構的稱呼。而對於協調時間線的佇列，我們習慣稱之為 concurrency primitives。這個工具不僅能維護資源分享的安全性，還可以重複利用。其它語言可能內建了 concurrency primitives，但 JavaScript 沒有！故剛好能趁此機會說明如何自行建立（這麼做還有其它好處，各位很快就會看到）。

下面回到『放入購物車』的例子。由於只有『必須確保順序』的項目需交由佇列處理器（見下圖）執行，因此我們得先把 Actions 分成兩部分 — 毋須考慮順序的部分直接在點擊處理器中處理，次序不能亂的則以 task 形式加入佇列。問題是：兩者分別包含什麼？

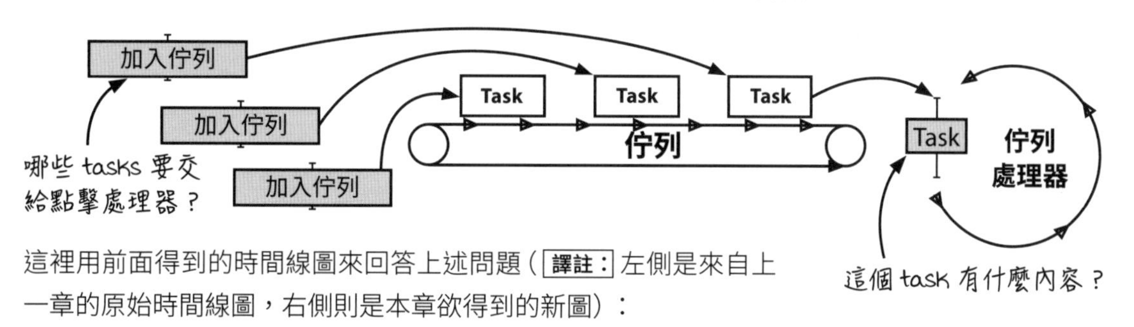

這裡用前面得到的時間線圖來回答上述問題（譯註：左側是來自上一章的原始時間線圖，右側則是本章欲得到的新圖）：

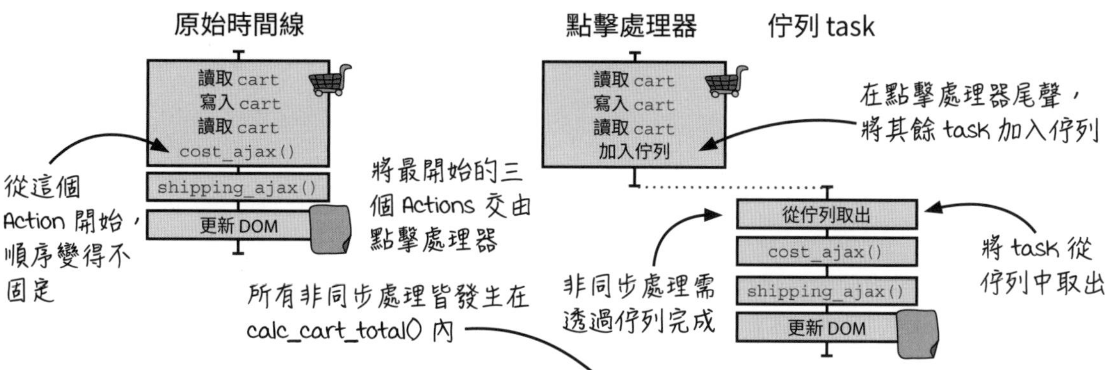

原則上，點擊處理器（無法維持順序）完成的 Actions 越多越好。考慮到從 cost_ajax() 開始才需注意先後問題（因為該函式為非同步呼叫的緣故），所以此處將 cost_ajax() 之前的所有函式全部交給點擊處理器。

我們很幸運，本例的非同步呼叫恰巧都在 calc_cart_total()。倘若並非如此，那就需要在不改變次序的前提下，調整一些 Actions 的位置了。

```
function add_item_to_cart(item) {
  cart = add_item(cart, item);
  calc_cart_total(cart, update_total_dom);
}

function calc_cart_total(cart, callback) {
  var total = 0;
  cost_ajax(cart, function(cost) {
    total += cost;
    shipping_ajax(cart, function(shipping) {
      total += shipping;
      callback(total);
    });
  });
}
```

讓點擊處理器能將商品加入佇列

如前所示，原始程式的 Actions 都在同一條時間線做處理，本章則要將 `cost_ajax()` 和其後的 Actions 移到另一條時間線上。這裡先來討論第一步，在點擊處理器時間線上增添『加入佇列』步驟：

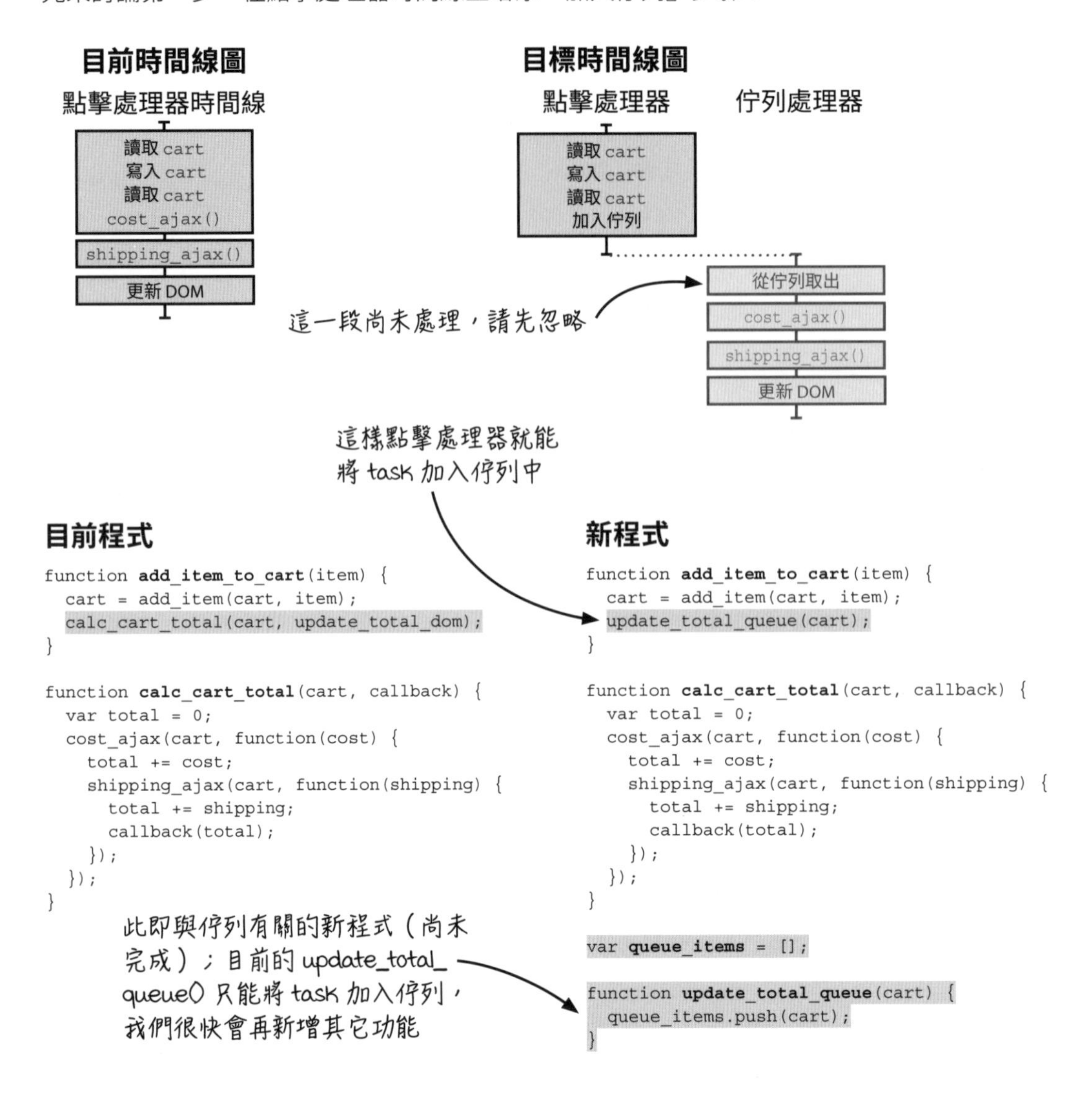

可以看到，我們的佇列本身很單純，就只是個陣列而已。因此，在佇列中加入元素其實等於把該元素接到陣列末端。

從佇列前端取出待處理的項目

成功將商品加入佇列末端了，我們現在要從佇列前端開始取出商品（這樣才能維持先進先出的順序）並執行：

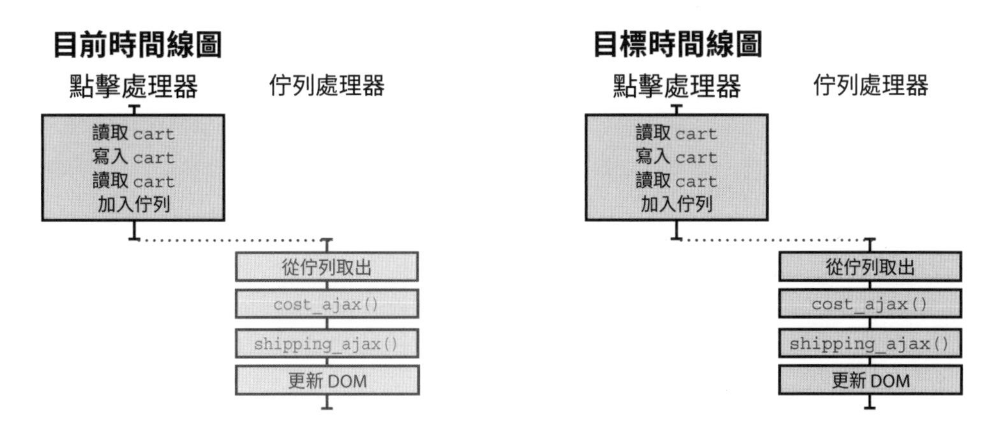

目前程式

```
function add_item_to_cart(item) {
  cart = add_item(cart, item);
  update_total_queue(cart);
}

function calc_cart_total(cart, callback) {
  var total = 0;
  cost_ajax(cart, function(cost) {
    total += cost;
    shipping_ajax(cart, function(shipping) {
      total += shipping;
      callback(total);
    });
  });
}

var queue_items = [];

function update_total_queue(cart) {
  queue_items.push(cart);

}
```

新程式

```
function add_item_to_cart(item) {
  cart = add_item(cart, item);
  update_total_queue(cart);
}

function calc_cart_total(cart, callback) {
  var total = 0;
  cost_ajax(cart, function(cost) {
    total += cost;
    shipping_ajax(cart, function(shipping) {
      total += shipping;
      callback(total);
    });
  });
}

var queue_items = [];

function runNext() {
  var cart = queue_items.shift();
  calc_cart_total(cart, update_total_dom);
}

function update_total_queue(cart) {
  queue_items.push(cart);
  setTimeout(runNext, 0);
}
```

將佇列中的第一項商品取出，並加入購物車中

商品加入佇列後，佇列處理器開始運行

setTimeout() 會新增一項 task 給 JavaScript 事件迴圈

以上程式已能按順序處理商品，但仍可能發生『同時有兩項商品加入佇列』的狀況。注意！要確保先後次序無誤，則一次只能增加一項商品。下面就來看怎麼確保這一點！

避免第二條時間線和第一條時間線同時發生

當前的程式碼仍無法阻止兩條時間線的插敘。要保證一次只有一條時間線運作，我們可以追蹤佇列處理器是否正在工作（譯註：下面是『兩次滑鼠點擊』的時間線圖，在此之前的圖皆只包含一次點擊）：

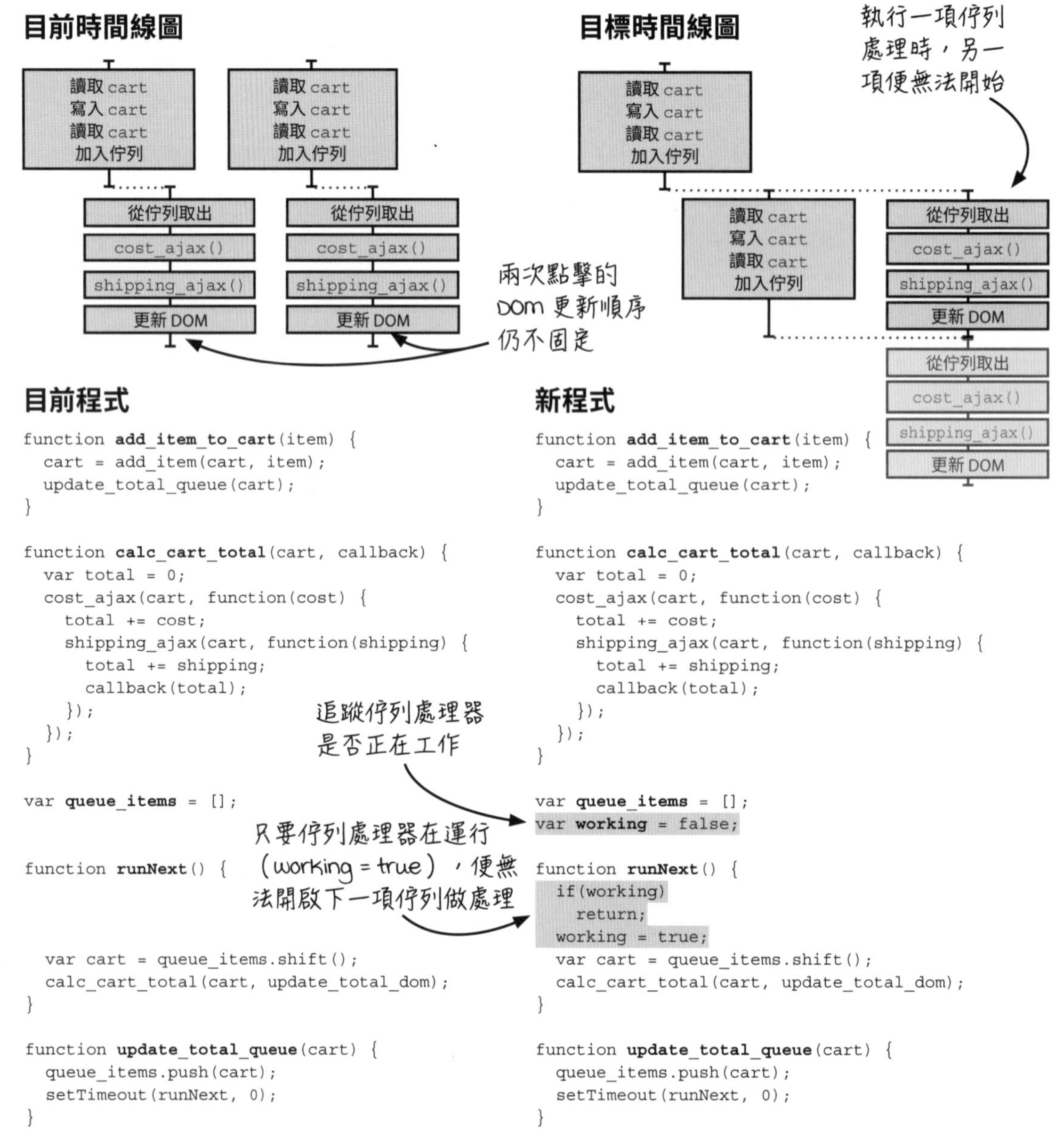

目前程式

```
function add_item_to_cart(item) {
  cart = add_item(cart, item);
  update_total_queue(cart);
}

function calc_cart_total(cart, callback) {
  var total = 0;
  cost_ajax(cart, function(cost) {
    total += cost;
    shipping_ajax(cart, function(shipping) {
      total += shipping;
      callback(total);
    });
  });
}

var queue_items = [];

function runNext() {

  var cart = queue_items.shift();
  calc_cart_total(cart, update_total_dom);
}

function update_total_queue(cart) {
  queue_items.push(cart);
  setTimeout(runNext, 0);
}
```

新程式

```
function add_item_to_cart(item) {
  cart = add_item(cart, item);
  update_total_queue(cart);
}

function calc_cart_total(cart, callback) {
  var total = 0;
  cost_ajax(cart, function(cost) {
    total += cost;
    shipping_ajax(cart, function(shipping) {
      total += shipping;
      callback(total);
    });
  });
}

var queue_items = [];
var working = false;

function runNext() {
  if(working)
    return;
  working = true;
  var cart = queue_items.shift();
  calc_cart_total(cart, update_total_dom);
}

function update_total_queue(cart) {
  queue_items.push(cart);
  setTimeout(runNext, 0);
}
```

此處的程式碼雖可防止 DOM 更新的插敘，但卻只能將『一項』商品加入購物車（譯註：working 變數變成 true 以後，程式中沒有任何地方能將其改回 false，進而造成佇列處理器完成一項 task 後，永遠無法進行下一項）。下面就來處理這個問題！

修改 `calc_cart_total()` 的回呼，讓下一項佇列處理得以開始

前面的程式只知道佇列處理的起點（working = true），卻並未記錄處理何時結束。新程式則在 `calc_cart_total()` 的回呼中加入了 working = false，使得下一項佇列處理能夠開始：

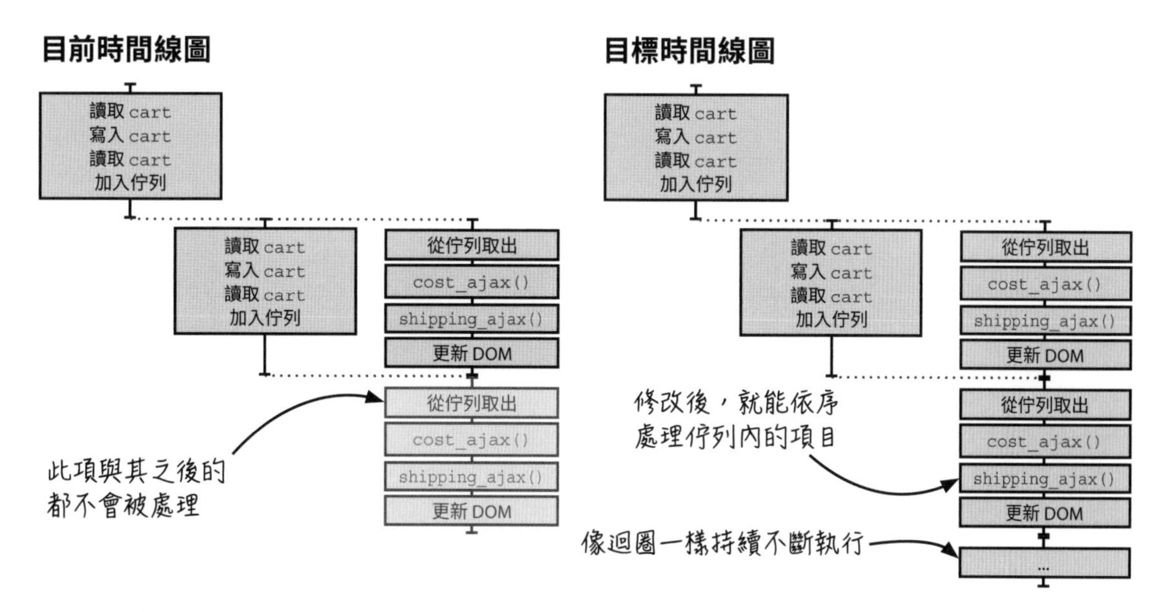

目前程式（只顯示後半段）

```
var queue_items = [];
var working = false;

function runNext() {
  if(working)
    return;
  working = true;
  var cart = queue_items.shift();
  calc_cart_total(cart, update_total_dom);
}

function update_total_queue(cart) {
  queue_items.push(cart);
  setTimeout(runNext, 0);
}
```

指出作業已結束，並開始處理下個項目

新程式

```
var queue_items = [];
var working = false;

function runNext() {
  if(working)
    return;
  working = true;
  var cart = queue_items.shift();
  calc_cart_total(cart, function(total) {
    update_total_dom(total);
    working = false;
    runNext();
  });
}

function update_total_queue(cart) {
  queue_items.push(cart);
  setTimeout(runNext, 0);
}
```

以上程式碼雖是非同步的，但基本上等同於迴圈（**譯註：** 可理解成如同事件迴圈的『佇列處理迴圈』），能走訪佇列中所有的商品。但這裡又碰到一個問題：即便佇列已經空了，當前的程式仍不會停止！下面來說明解決方法。

當陣列已空，便停止走訪

當佇列處理迴圈已到達佇列末端時，再次呼叫 `queue_items.shift()` 會得到傳回值 undefined。這不是我們想加入購物車的物件，故程式需做如下修改：

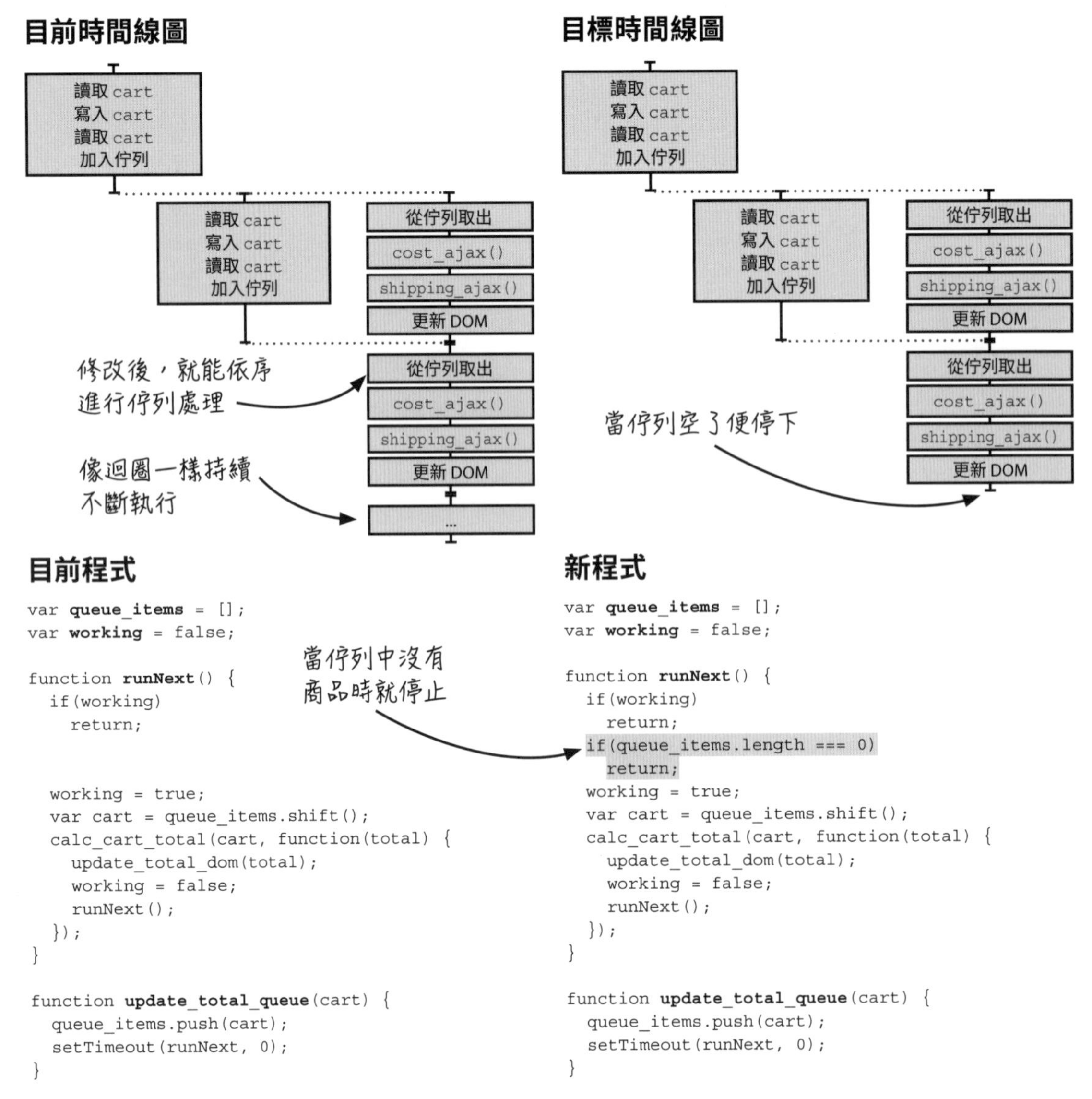

目前程式

```
var queue_items = [];
var working = false;

function runNext() {
  if(working)
    return;

  working = true;
  var cart = queue_items.shift();
  calc_cart_total(cart, function(total) {
    update_total_dom(total);
    working = false;
    runNext();
  });
}

function update_total_queue(cart) {
  queue_items.push(cart);
  setTimeout(runNext, 0);
}
```

新程式

```
var queue_items = [];
var working = false;

function runNext() {
  if(working)
    return;
  if(queue_items.length === 0)
    return;
  working = true;
  var cart = queue_items.shift();
  calc_cart_total(cart, function(total) {
    update_total_dom(total);
    working = false;
    runNext();
  });
}

function update_total_queue(cart) {
  queue_items.push(cart);
  setTimeout(runNext, 0);
}
```

至此，能正常運作的佇列便完成了！有了它，無論顧客按了幾次『Buy Now』鈕，或者按得多快，程式都會按照滑鼠點擊的順序來工作。

但在討論告一段落前，還有最後的問題要解決：前面的實作引入了兩個新的全域變數（**譯註：** 即充當佇列的 queue_items 陣列，以及追蹤佇列處理器是否在工作的 working 布林值變數）。如前所述，全域變數可能導致麻煩，故我們需將其消除。

把全域變數包裹到函式內

本例程式有兩個可變的全域變數。為避免產生問題，這裡要將這兩個變數連同使用它們的函式一起，包裹在名為 Queue() 的新函式中。另外，考慮到只有客戶端程式碼會呼叫 update_total_queue()，我們會把該函式傳回並儲存到變數中，以供其他人運用：

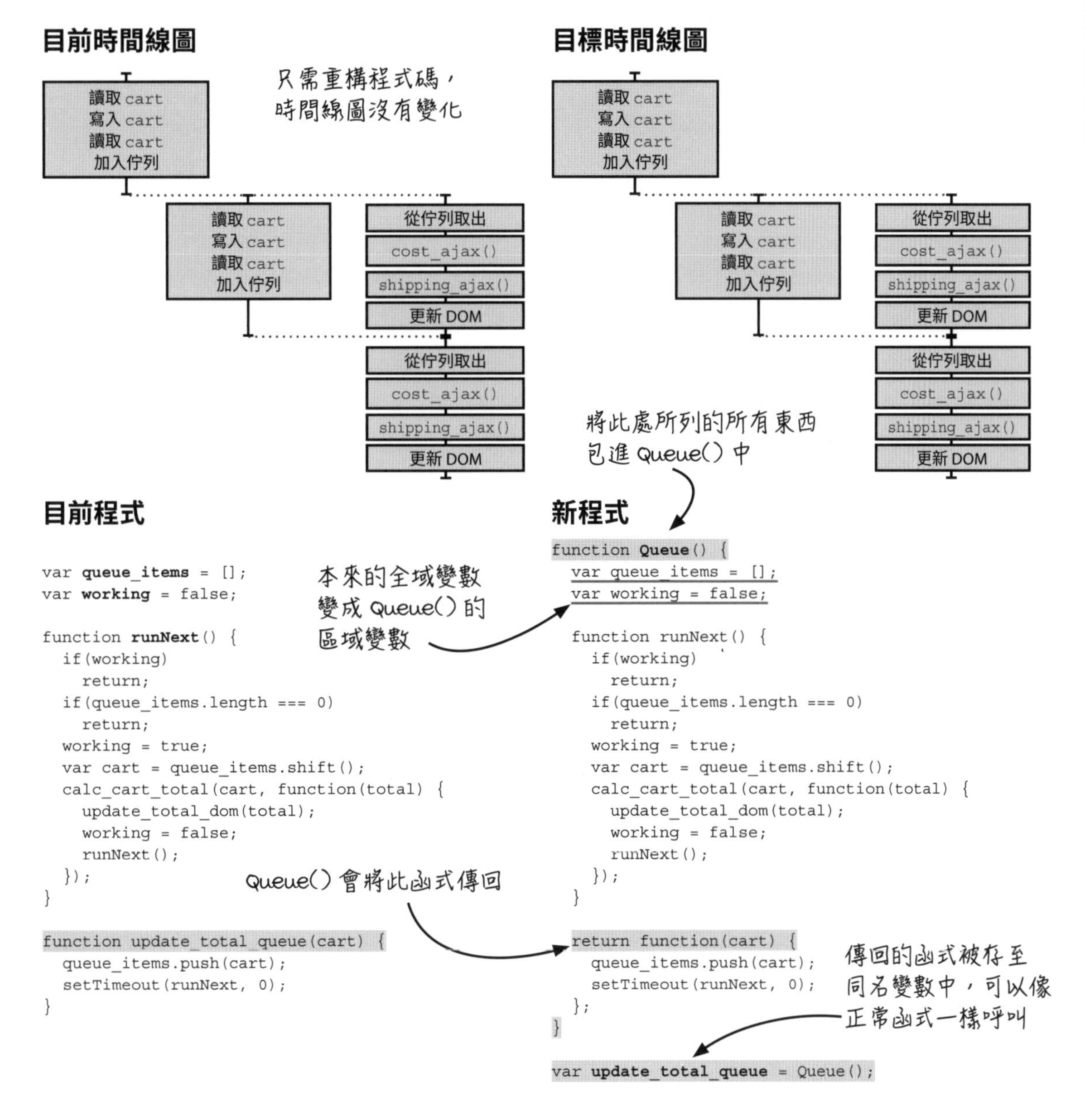

將全域變數包進函式後，函式外的程式便無法對其更動。此做法也允許我們建立多個佇列，只不過這些佇列的功能會全部相同（即：將商品加入購物車）。

休息一下

問 1：為什麼要把 `runNext()` 放到 `calc_cart_total()` 的回呼中？如果想要在 `calc_cart_total()` 之後呼叫 `runNext()`，為什麼不把後者寫在前者的下一行呢？

答 1：重述一下問題。你想知道為什麼我們把程式寫成左邊這樣，而非右邊：

```
calc_cart_total(cart, function(total) {
  update_total_dom(total);
  working = false;
  runNext();
});
```

```
calc_cart_total(cart, update_total_dom);
working = false;
runNext();
```

答案是：`runNext()` 是 `calc_cart_total()` 的非同步呼叫，而非只是單純發生在其之後。這代表，`runNext()` 會與兩個 AJAX 的回應一起加入事件佇列中，並在未來某個不固定時間點被事件迴圈處理；而在這段期間內，程式會執行其它事件。

假如在 `calc_cart_total()` 之後直接呼叫 `runNext()`，程式會在未收到 AJAX 回應以前就處理下一項商品，這並非我們想要的行為 (請參考下列時間線圖)。

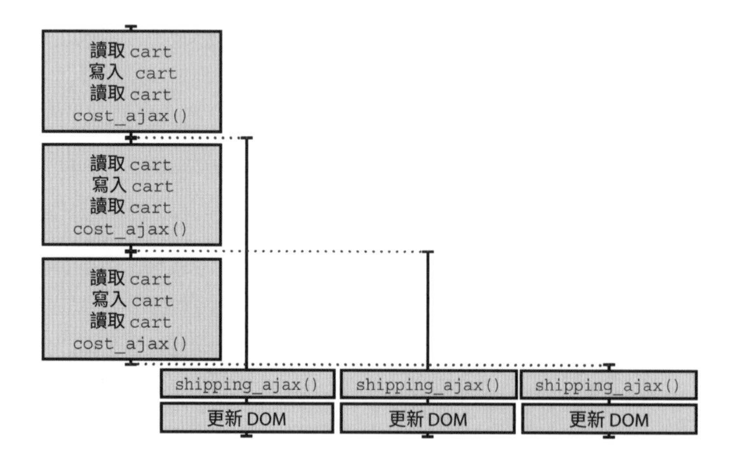

問 2：為了讓兩條時間線共享資源，我們要做的事也太多了吧！就沒有更簡單的方法嗎？

答 2：本例之所以有那麼多步驟，是因為我們從零開始實作佇列。此外，注意前面的程式碼其實也沒那麼多，且絕大多數可重複利用。

16.5 從現實生活中的共享案例獲取靈感

人們經常在日常生活中分享各式資源，這對我們來說是再自然不過的事。但電腦卻不知道如何共享，因此你得明白告訴程式怎麼做。

本章之所以選擇『佇列』來做說明（**譯註：** 這裡強調的是『佇列』處理資料的順序，即『先進先出』，讀者也可理解為『先到先處理』或『先到先使用』），是因為這是大家常用的資源共享方法，例如：排隊點餐的隊伍、郵局辦理儲匯業務領號碼牌，以及 ATM 提款的隊伍等都屬於佇列。

話雖如此，佇列仍有一些缺點（如：後到的人就必須等待），故並非所有情況都能使用。下面再介紹幾種不同的做法：

- 廁所的鎖：將門鎖上以後，一間廁所一次只能容納一人使用。
- 公共圖書館：一次可供一群人借閱多本書。
- 白板：允許一位老師寫白板，同時向整班學生分享資料。

當需要在程式中分享資源時，就可以使用上列或其它類似工具。此外，這些工具是可重複利用的，這一點在接下來的內容中會提到。

想想看

思考一下，現實生活中是否還有其它資源分享的方式？請一一列出，並說明它們的原理。

16.6 讓佇列可重複使用

將與佇列走訪有關的程式碼擷取至 done() 回呼

目前的程式碼只能將商品加入購物車，但我們想讓其中的佇列變得可重複使用。為此，你可以套用重構 2（**以回呼取代主體實作**），將負責佇列走訪的程式（包括 working = false 與 runNext()）與購物車相關處理（呼叫 calc_cart_total()）分離：

目前程式

```
function Queue() {
  var queue_items = [];
  var working = false;

  function runNext() {
    if(working)
      return;
    if(queue_items.length === 0)
      return;
    working = true;
    var cart = queue_items.shift();

    calc_cart_total(cart, function(total) {
      update_total_dom(total);



      working = false;
      runNext();
    });
  }

  return function(cart) {
    queue_items.push(cart);
    setTimeout(runNext, 0);
  };
}

var update_total_queue = Queue();
```

主體區塊

將此兩行擷取至新函式中

新程式

```
function Queue() {
  var queue_items = [];
  var working = false;

  function runNext() {
    if(working)
      return;
    if(queue_items.length === 0)
      return;
    working = true;
    var cart = queue_items.shift();
    function worker(cart, done) {
      calc_cart_total(cart, function(total) {
        update_total_dom(total);
        done(total);
      });
    }
    worker(cart, function() {
      working = false;
      runNext();
    });
  }

  return function(cart) {
    queue_items.push(cart);
    setTimeout(runNext, 0);
  };
}

var update_total_queue = Queue();
```

將回呼命名為 done

將區域變數 cart 也當成引數傳入

上面的 done() 回呼負責讓佇列持續工作。其先將 working 設為 false，這樣佇列處理才不會提早結束（**譯註：** 如 16.4 節所述，若 working 一直保持 true，則下一項佇列處理永遠無法開始，也就等同於佇列時間線提早終止了），接著再呼叫 runNext() 以開啟下一輪迭代。

編註： 這段新程式碼是一個三層巢狀函式。每一層的函式都在它的上層函式內部，形成閉包結構，有效封裝了狀態和行為。以下列出其結構圖供參考：

```
Queue()
├── runNext()
│     └── worker(cart, done)
└── 傳回匿名函式 function(cart) {...}
```

將 worker 改為參數，方便日後傳入不同行為

注意！既然 worker() 函式已獨立（**譯註：** 和購物車有關的 calc_cart_total() 就在其中），我們可以將其移出 Queue()，並做為引數傳入。如此一來，Queue() 內就只剩下純粹與佇列有關的程式碼。日後，只要傳入不同的 worker() 函式，就可改變佇列的行為；也就是說，Queue() 即變成可重複使用的工具了。

讓我們再做一次重構 2，將專門處理購物車的程式碼擷取成 calc_cart_worker()，待佇列建立時再將其當成引數傳入：

目前程式

```
function Queue() {
  var queue_items = [];
  var working = false;

  function runNext() {
    if(working)
      return;
    if(queue_items.length === 0)
      return;
    working = true;
    var cart = queue_items.shift();
    function worker(cart, done) {
      calc_cart_total(cart, function(total) {
        update_total_dom(total);
        done(total);
      });
    }
    worker(cart, function() {
      working = false;
      runNext();
    });
  }

  return function(cart) {
    queue_items.push(cart);
    setTimeout(runNext, 0);
  };
}

var update_total_queue = Queue();
```

擷取成新函式

新程式

加入新參數，方便傳入不同的處理函式

```
function Queue(worker) {
  var queue_items = [];
  var working = false;

  function runNext() {
    if(working)
      return;
    if(queue_items.length === 0)
      return;
    working = true;
    var cart = queue_items.shift();
    worker(cart, function() {
      working = false;
      runNext();
    });
  }

  return function(cart) {
    queue_items.push(cart);
    setTimeout(runNext, 0);
  };
}

function calc_cart_worker(cart, done) {
  calc_cart_total(cart, function(total) {
    update_total_dom(total);
    done(total);
  });
}

var update_total_queue = Queue(calc_cart_worker);
```

至此，一個泛用的佇列便完成了！Queue() 中沒有一行程式與特殊用途有關，特定功能的元素全部透過 worker 引數傳入。

允許佇列儲存回呼函式

我們希望程式能在每次佇列處理完成後（即：working 被設為 false 以後）呼叫一個回呼。為此，可以先將『想呼叫的回呼』與『佇列處理所需的資料』存成一個物件，再放至佇列中（**譯註：** 之前佇列中只放要加入購物車的商品，現在則要存放內含一項商品與一個回呼函式的物件）：

如果我想在每次佇列處理完成之後呼叫一個回呼，該怎麼做呢？

開發小組的吉娜

目前程式

```
function Queue(worker) {
  var queue_items = [];
  var working = false;

  function runNext() {
    if(working)
      return;
    if(queue_items.length === 0)
      return;
    working = true;
    var cart = queue_items.shift();
    worker(cart, function() {
      working = false;
      runNext();
    });
  }

  return function(cart) {
    queue_items.push(cart);


    setTimeout(runNext, 0);
  };
}

function calc_cart_worker(cart, done) {
  calc_cart_total(cart, function(total) {
    update_total_dom(total);
    done(total);
  });
}

var update_total_queue = Queue(calc_cart_worker);
```

新程式

```
function Queue(worker) {
  var queue_items = [];
  var working = false;

  function runNext() {
    if(working)
      return;
    if(queue_items.length === 0)
      return;
    working = true;
    var item = queue_items.shift();
    worker(item.data, function() {
      working = false;
      runNext();
    });
  }

  return function(data, callback) {
    queue_items.push({
      data: data,
      callback: callback || function(){}
    });
    setTimeout(runNext, 0);
  };
}

function calc_cart_worker(cart, done) {
  calc_cart_total(cart, function(total) {
    update_total_dom(total);
    done(total);
  });
}

var update_total_queue = Queue(calc_cart_worker);
```

只將佇列處理需要的資料傳入 worker()

先把資料和回呼一起存成物件，再放入佇列中

注意！上面的程式碼使用了 JavaScript 語法『`callback || function(){}`』來設定回呼的預設值。換言之，若使用者並未傳入函式給 callback 參數，則以『`function(){}`』（**譯註：** 即什麼也不做的函式）做為回呼。這麼一來，不管程式需不需要在完成佇列處理後呼叫回呼，你都能用相同的程式碼應付。

此時，新佇列雖能存放回呼，但程式卻並未呼叫該回呼。下面就來處理這個問題。

當佇列處理完成後，呼叫回呼

前一段的改寫讓佇列能同時存放資料與回呼。現在，我們要讓程式在執行完佇列處理後，實際呼叫上述回呼：

目前程式

```
function Queue(worker) {
  var queue_items = [];
  var working = false;

  function runNext() {
    if(working)
      return;
    if(queue_items.length === 0)
      return;
    working = true;
    var item = queue_items.shift();
    worker(item.data, function() {
      working = false;

      runNext();
    });
  }

  return function(data, callback) {
    queue_items.push({
      data: data,
      callback: callback || function(){}
    });
    setTimeout(runNext, 0);
  };
}

function calc_cart_worker(cart, done) {
  calc_cart_total(cart, function(total) {
    update_total_dom(total);
    done(total);
  });
}

var update_total_queue = Queue(calc_cart_worker);
```

新程式

```
function Queue(worker) {
  var queue_items = [];
  var working = false;

  function runNext() {
    if(working)
      return;
    if(queue_items.length === 0)
      return;
    working = true;
    var item = queue_items.shift();
    worker(item.data, function(val) {
      working = false;
      setTimeout(item.callback, 0, val);
      runNext();
    });
  }

  return function(data, callback) {
    queue_items.push({
      data: data,
      callback: callback || function(){}
    });
    setTimeout(runNext, 0);
  };
}

function calc_cart_worker(cart, done) {
  calc_cart_total(cart, function(total) {
    update_total_dom(total);
    done(total);
  });
}

var update_total_queue = Queue(calc_cart_worker);
```

由於 Queue() 非常泛用，故其中的變數名稱也普適化

讓傳入 done 的函式能接受一個引數

把 val 傳入回呼中

設定 item.callback 的非同步呼叫（譯註：即存放在佇列中的回呼函式）

佇列中的商品資料（item.data）會被存入 cart 中；完成後，done() 會被呼叫

因為此函式具特殊功能（譯註：即專門處理購物車與商品），故其中的變數名稱有具體意義

在此強調一下，考慮到 Queue() 未來可能會被用在其它地方，故其中的變數都使用普適化的名稱，如：item.data 或 val。相反地，由於已知 calc_cart_worker() 專門處理購物車與商品，所以函式內對應 item.data 與 val 的變數採用了具體的名稱，即：cart 和 total。也就是說，變數名稱應該要反映函式的抽象程度。

我們已實作出可重複使用度極高的佇列。它不僅能確保 tasks 的執行順序，還能在一項佇列處理結束後順利開啟下一輪處理。讓我們再花些篇幅來詳細討論 Queue() 吧！

Queue() 是能賦予 Action 超能力的高階函式

在漫長的 16.6 節中，我們完成了名為 Queue() 的高階函式，其能透過 worker 參數接受一個傳入函式，然後傳回另一個新函式：

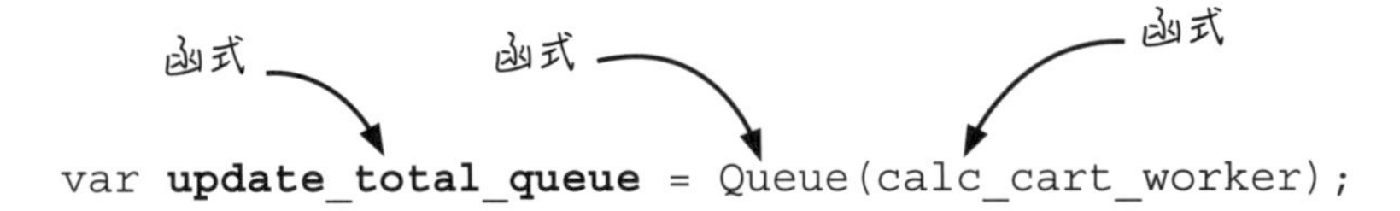

注意！新函式的功能與傳入函式相同，只不過多了**確保執行順序**的功能。還記得 11.4 節的超級英雄服裝譬喻嗎？ Queue() 正是這種能賦予 Action『超能力』的函式。

說得更精確一點，在經過 Queue() 處理以前，程式的時間線如下：

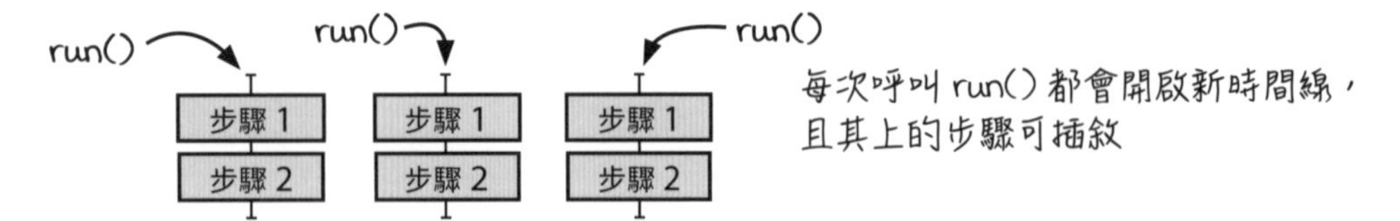

處理後的函式 (即 Queue() 傳回的函式) 時間線則變成：

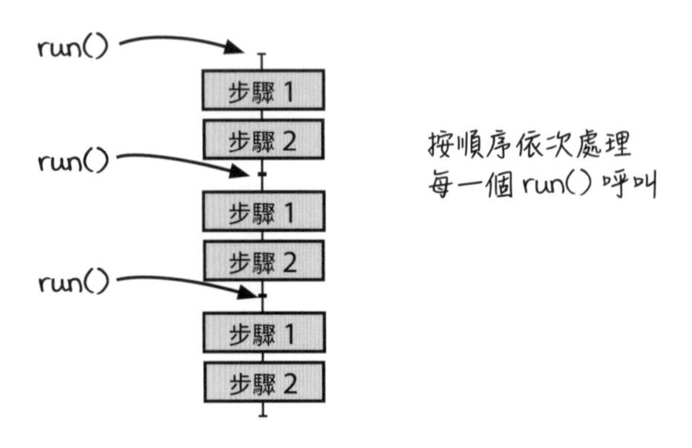

有鑑於此，或許 Queue() 更適當的名稱為 linearize() (**譯註：** linearize 可譯為『線性化』)，因為其功能正是將多次 Action 呼叫排列在一條時間線上。至於該函式內部所用的佇列，則僅為一項實作細節而已。

總而言之，Queue() 就是本章開頭所說的 **concurrency primitives** 之一：它可重複使用，並確保有多條時間線的程式正確運作。一般而言，concurrency primitives 的原理是藉由某種方式限制 Actions 的潛在順序；只要把所有錯誤的可能性去除，Actions 便必然會依對的次序執行。

小字典

concurrency primitives
是能幫助多條時間線安全共享資源的可重複使用工具。

16.7 分析時間線

程式碼是沒問題了。
但能再分析一次時間線圖，
以確保一切運作正確嗎？

客服部門的哈利

哈利的建議很好。下面就是本例的時間線圖，其中的共享資源已用不同圖示標明（其中的『更新 DOM』是指呼叫 `update_total_dom()`）：

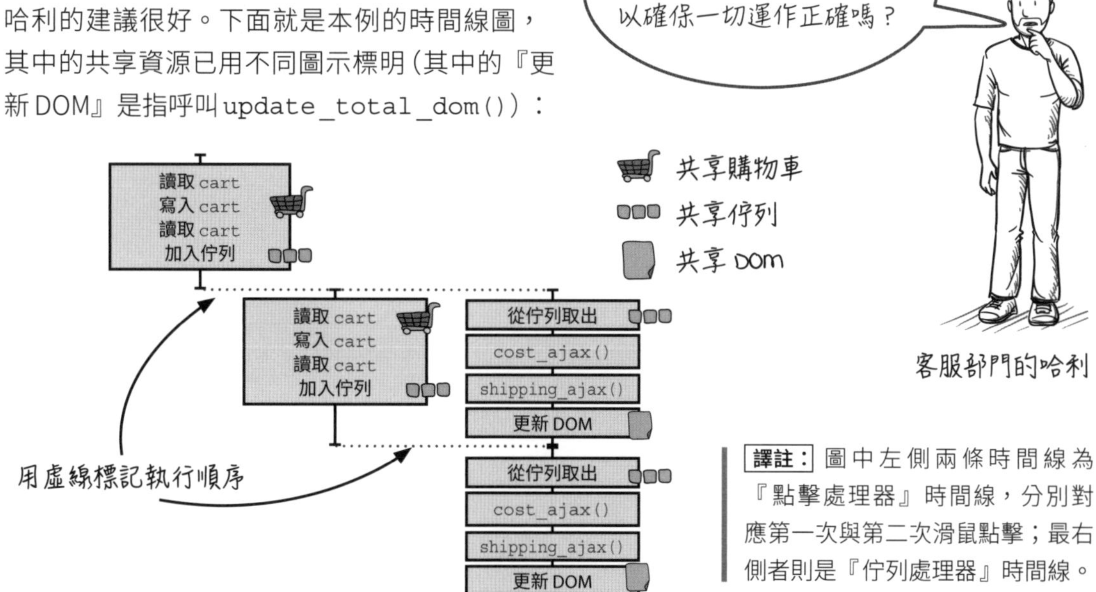

譯註： 圖中左側兩條時間線為『點擊處理器』時間線，分別對應第一次與第二次滑鼠點擊；最右側者則是『佇列處理器』時間線。

讓我們分別討論三種共享資源，確認與之有關的 Actions 皆以適當順序執行。請記住，你可以分別比較共享購物車（cart）、共享佇列以及共享 DOM 的 Actions。假如兩個 Actions 之間根本沒有共享資源，則它們的發生次序並不重要。

就從全域變數 cart 開始吧！可以看到，該變數出現在兩條『點擊處理器』時間線上；每當顧客點擊一次『Buy Now』鈕，全域變數 cart 就會被存取三次（讀取兩次、寫入一次）。由於這三次存取屬於同一步驟（畫在同一方格內，表示同步處理，順序固定），故你只需確認『兩條點擊處理器時間線上的步驟是否有可能插敘』即可。注意！其實圖中的虛線已經說明：此處只存在一種潛在順序，但為了清楚起見，以下還是列出所有可能性：

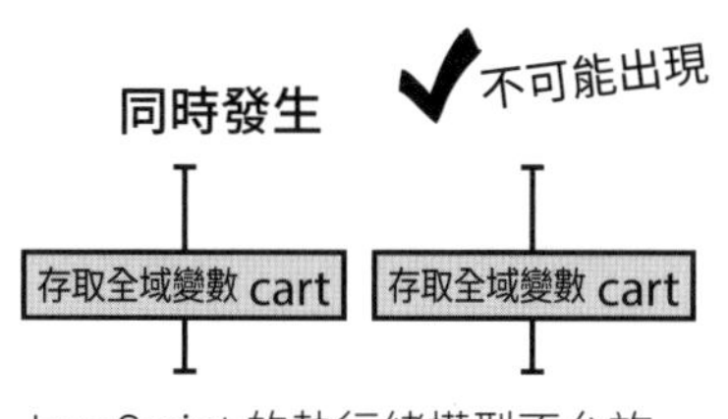

JavaScript 的執行緒模型不允許 Actions 同時執行，故可將其排除。要注意的是，遇到其它執行緒模型時，可能得考慮此狀況。

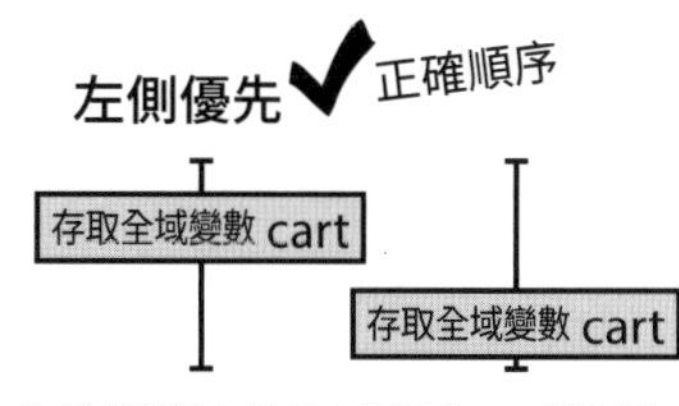

此為期望中的程式行為。『點擊處理器』時間線上的步驟順序與點擊按鈕的順序相同。

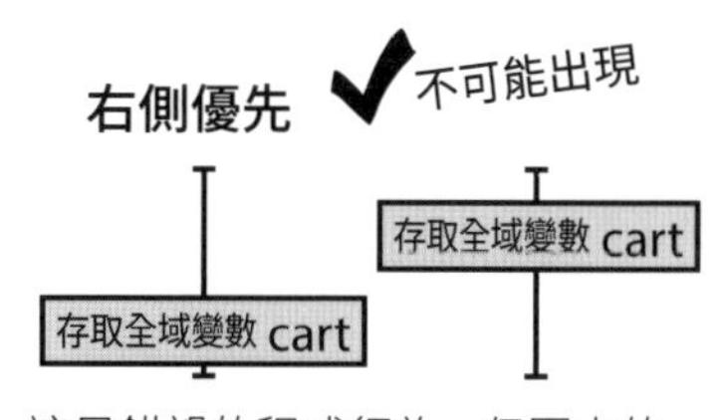

這是錯誤的程式行為，但圖中的虛線已表明其不會發生。該虛線代表 UI 事件在事件佇列裡的先後次序，故無法改變。也就是說，點擊處理器必會按照點擊按鈕的順序存取 cart。

共享購物車的部分看來沒有問題。接著是共享 DOM，這也是一開始要建立佇列的原因：

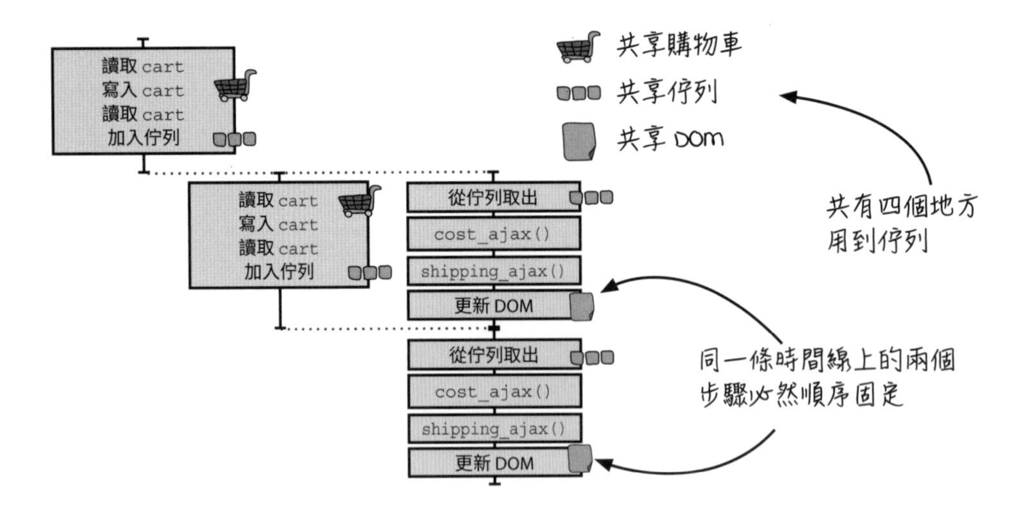

透過佇列的協助，我們已將所有『更新 DOM』的操作移到同一時間線上，所以它們的順序必然與點擊按鈕的順序相同，不可能亂掉。

相較於次序固定的 DOM 更新，佇列就比較麻煩了！這最後的共享資源出現在三條時間線的四個不同位置。但是沒關係，先來排除明顯具有正確順序的共享佇列吧：

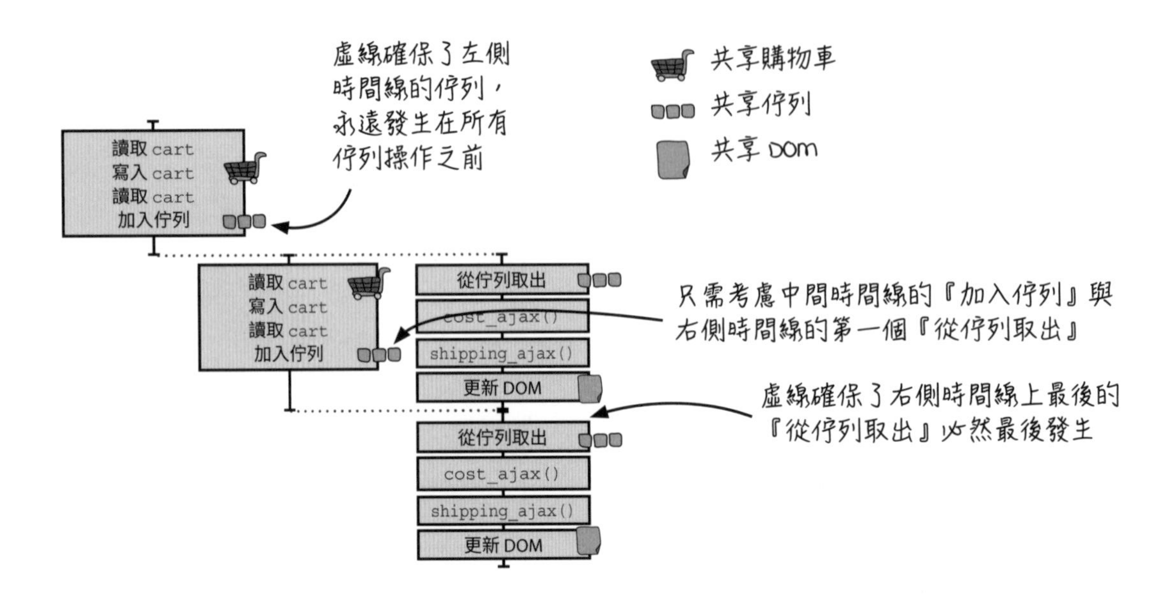

根據上圖中的虛線，可以確定：左側時間線的『加入佇列』一定發生在所有佇列操作之前，而右側時間線的最後一個『從佇列取出』必定發生在所有佇列操作之後。

所以此處真正需要考慮的，只有中間時間線的『加入佇列』以及右側時間線的第一個『從佇列取出』。你得確認這兩個步驟的潛在順序要麼不可能發生、要麼能產生正確程式行為：

加入佇列

```
queue_items.push({
  data: data,
  callback: callback
});
```

從佇列取出

```
queue_items.shift();
```

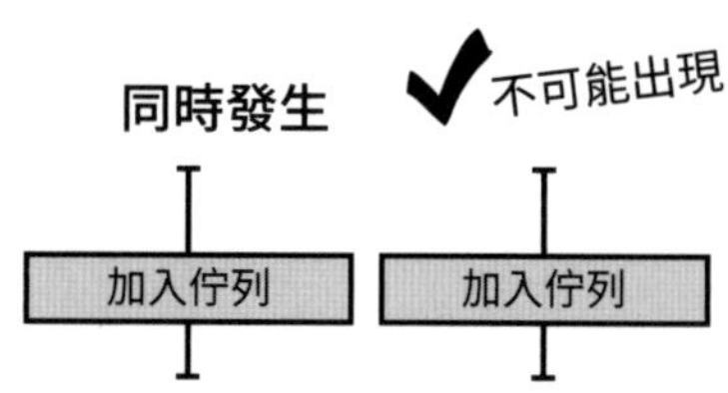

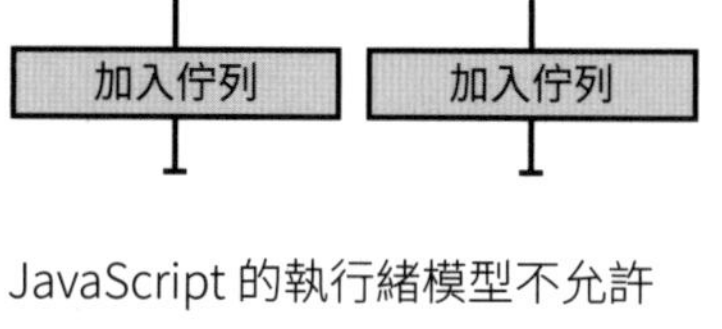

JavaScript 的執行緒模型不允許 Actions 同時執行，故可將其排除。要注意的是，遇到其它執行緒模型時，可能得考慮此狀況。

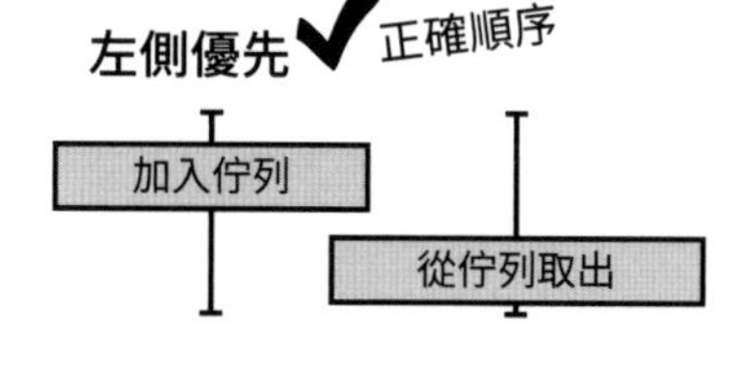

此為合理的程式行為。在某時間線取出佇列項目之前，左側時間線先加入項目，這並不會改變佇列中項目的順序。

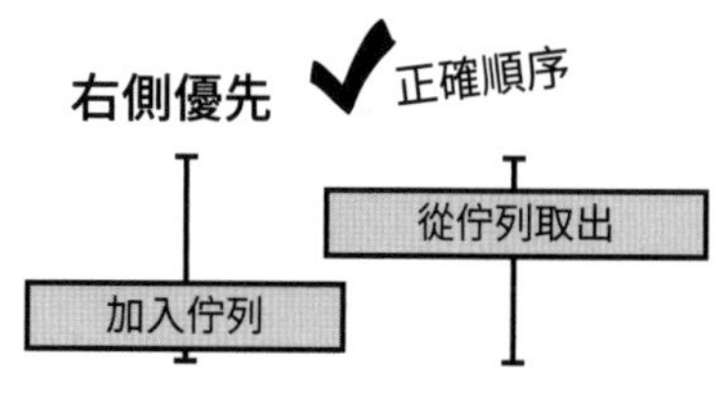

這也是合理的程式行為。我們可以先從佇列中取出項目，之後再加入新項目。這同樣不影響佇列中項目的順序。

如你所見，雖然沒辦法保證上述的『加入佇列』與『從佇列取出』按固定順序發生，但這無關緊要 — 因為有了 `Queue()` 這個佇列 concurrency primitive，兩種順序皆會產生正確結果！

16.8 利用時間線圖找出錯誤

時間線圖最大的好處便是能突顯與順序有關的問題 — 你可以掌握所有共享資源，並瞭解是否有錯誤順序發生。請擅用這項工具！

時間線圖之所以必要，是因為由順序導致的錯誤很難重現，且就算檢視程式碼也難以察覺。有時即便經過嚴謹的測試、試運行數百次，有問題的潛在順序也不會出現；然而，一旦程式上線並被數百萬人使用，機率再怎麼小的錯誤也終究會浮現！有了時間線圖，你可以在發生這種事以前，就先把錯誤給揪出來。

總的來說，如果你的程式包含 Actions，那麼花時間畫時間線圖就很值得。透過此工具，我們能解析可能的程式行為，以及所有潛在順序。

16.9 設定佇列容量上限

莎拉說得沒錯！想像一下：假如某人快速連點『Buy Now』按鈕四下，當然這很有可能是誤按，但程式仍會按點擊順序更新 DOM 四次；考慮到每次佇列處理都需發送兩個 AJAX 請求，顧客有可能需等待整整一秒鐘（一共經過八次 AJAX 請求一回應），然後看到四個的加總，然而其實他只想買一個而已。而且這種時間的延遲可能造成顧客不好的印象。為了避免這種情況，我們可以跳過佇列中不需要或過時的項目，可以大幅減少不必要的計算，使系統更具回應性。

所有佇列處理都按順序進行是沒錯啦，但這樣不是很慢嗎？

開發小組的莎拉

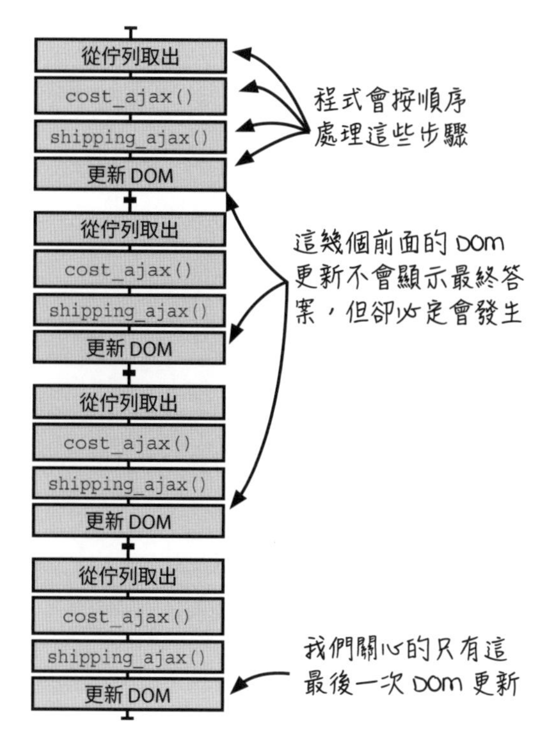

那麼，該如何改進呢？有一種方法是當顧客操作過快時，只讓程式處理最後一次操作（**譯註：** 換言之，這裡把過於快速的操作解釋成失誤，程式會將其視為『只有一次操作』）。

以上面『連點四下滑鼠』的例子來說，我們想讓佇列放棄前三次點擊的資料，僅保留最後一次的。要做到這一點，我們可以設定佇列的容量上限為 1 就行了：

將函式名稱改為 DroppingQueue（**譯註：** drop 即代表可『丟棄』佇列中的項目）

一般佇列

```
function Queue(worker) {
  var queue_items = [];
  var working = false;

  function runNext() {
    if(working)
      return;
    if(queue_items.length === 0)
      return;
    working = true;
    var item = queue_items.shift();
    worker(item.data, function(val) {
      working = false;
      setTimeout(item.callback, 0, val);
      runNext();
    });
  }

  return function(data, callback) {
    queue_items.push({
      data: data,
      callback: callback || function(){}
    });


    setTimeout(runNext, 0);
  };
}

function calc_cart_worker(cart, done) {
  calc_cart_total(cart, function(total) {
    update_total_dom(total);
    done(total);
  });
}

var update_total_queue =
  Queue(calc_cart_worker);
```

可放棄資料的佇列

```
function DroppingQueue(max, worker) {
  var queue_items = [];
  var working = false;

  function runNext() {
    if(working)
      return;
    if(queue_items.length === 0)
      return;
    working = true;
    var item = queue_items.shift();
    worker(item.data, function(val) {
      working = false;
      setTimeout(item.callback, 0, val);
      runNext();
    });
  }

  return function(data, callback) {
    queue_items.push({
      data: data,
      callback: callback || function(){}
    });
    while(queue_items.length > max)
      queue_items.shift();
    setTimeout(runNext, 0);
  };
}

function calc_cart_worker(cart, done) {
  calc_cart_total(cart, function(total) {
    update_total_dom(total);
    done(total);
  });
}

var update_total_queue =
  DroppingQueue(1, calc_cart_worker);
```

設定佇列能儲存的最大項目數量

從佇列前端開始丟棄項目，直到數量小於或等於 max 參數值

設定佇列容量上限為 1，只接受一個項目，前面的都丟棄

經過以上改寫，`update_total_queue()` 的佇列裡最多只能容納一個未完成的項目。如此一來，即使顧客快速連點四次，前三次會自動被丟棄，只留下最後一次，如此一來也只需等待程式與伺服器完成兩次 AJAX 請求－回應，而非先前的八次。如果顧客真的要買四個，只要每次點擊間隔一點點時間即可，因為在下一次點擊之前，佇列中的前一個項目已經處理完了。

本節對佇列程式碼的改動幅度不大，卻大大改善了程式的行為。由於上述兩種佇列都很常見，你可以將它們保留下來供日後使用。請記住！ `Queue()` 與 `DroppingQueue()` 皆為可重複使用的 concurrency primitives，可套用在各種共享資源上。

練習 16-2

實作能將檔案 (document) 存到伺服器上的『存檔』按鈕時，如果網路過慢，則兩次 save_ajax() 呼叫可能會發生插敘問題，如以下時間線圖所示。請以 DroppingQueue() 解決此問題。

```
var document = {...};

function save_ajax(document, callback) {...}

saveButton.addEventListener('click', function() {
  save_ajax(document);
});
```

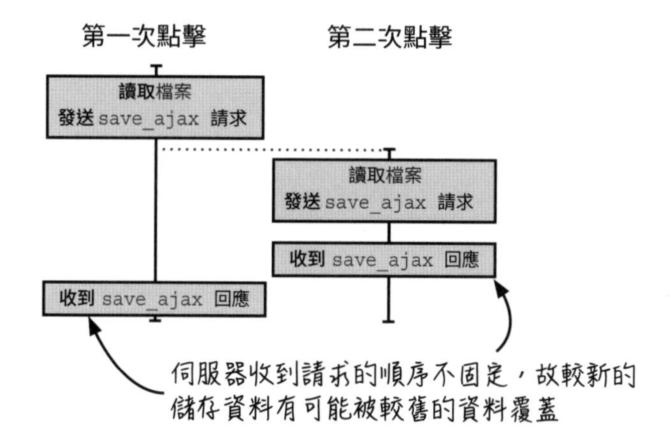

將你的答案寫在這裡

練習 16-2 解答

```
var document = {...};

function save_ajax(document, callback) {...}

var save_ajax_queued = DroppingQueue(1, save_ajax);

saveButton.addEventListener('click', function() {
  save_ajax_queued(document);
});
```

結論

本章帶大家診斷出了一項與共享資源有關的問題，即：DOM 的更新必須按一定順序進行。一旦瞭解這一點，我們便能建立佇列來解決問題。最終完成的佇列是個可重複使用的高階函式。

重點整理

- 與 Action 執行順序有關的問題很難重現，且往往能躲過測試。請用時間線圖分析，將它們揪出來。
- 當發現程式中的共享資源會導致問題時，可從日常生活的例子尋找解決之道。人們經常分享東西，卻並未衍生麻煩，可以讓程式學習我們的做法。
- 能幫助時間線安全共享資源，又可重複使用的工具稱為 concurrency primitives，該工具可讓程式碼更加簡單明瞭。
- concurrency primitives 通常是能處理 Actions 的高階函式，它們能賦予 Actions 超能力。
- 自行撰寫 concurrency primitives 時，請如同前面的改寫過程一次修改一小部分程式碼，慢慢進行重構，這樣才不會覺得太困難。

接下來 ...

各位已經知道如何診斷與共享資源有關的問題，並且能以客製化的 concurrency primitives 去除 bug。我們在下一章要進一步討論不同時間線的協調方法，好讓它們攜手解決同一問題。

MEMO

協調時間線 | 17

本章將帶領大家：

- 學習建立能協調多條時間線的 concurrency primitive。
- 練習控制兩項重要時間因素：順序與重複次數。

在上一章中，我們瞭解了如何診斷因共享資源產生的錯誤，並學會利用 concurrency primitives（併發原語，或稱為併發基本工具）確保資源分享的安全性。但有時候，我們也想讓沒有明顯共享資源的多條時間線共同運作，因此本章會教大家如何建立 concurrency primitives 來協調這類時間線，進一步去除不適當的潛在順序。

17.1 改善時間線的原則

前兩章已為各位說明了原則 1 至 4，並示範如何用它們保證程式運作正確。本章要討論的是原則 5 — 我們得開始將時間本身當成一項可操控的因素。此處請再複習一次 15.13 節的五項原則。

1. 時間線數量越少越好

由於 Actions 的潛在順序會隨時間線數量增加而上升（潛在順序可用右側公式計算，其中的 t 即『時間線數量』），故程式每多一條時間線，理解難度也顯著升高。按此邏輯，似乎只要降低時間線數量即可。只可惜，程式中有幾條時間線通常不是我們能決定的。

計算潛在順序數量的公式

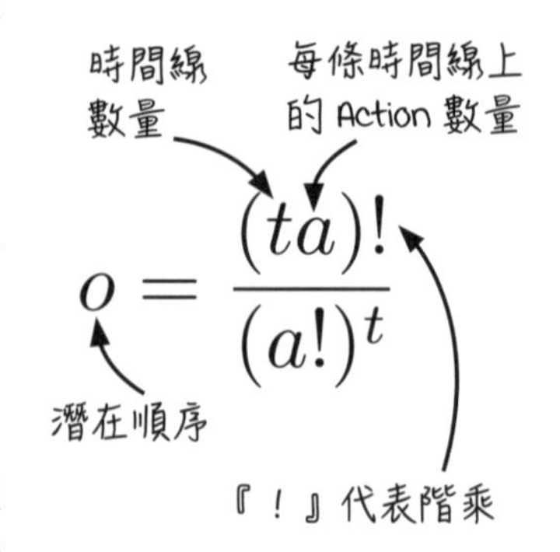

2. 時間線上的步驟越少越好

削減時間線上的步驟（**譯註：**一個方格代表一個步驟）數量（即：公式中的 a），也能有效減少潛在順序。

3. 共享資源越少越好

當處理兩條時間線時，你只需顧及有共享資源，且來自不同時間線的步驟。這能幫我們大大減少時間線圖上的步驟數量，進而降低潛在順序。

4. 協調有共享資源的時間線

協調時間線的重點在於減少潛在順序的數量。過程中，我們會去除帶來錯誤結果的順序，同時讓分析更輕鬆。

5. 更改程式的時間模型

確保 Actions 在正確順序與時機執行是很困難的事，而建立可重複使用的時間線管理物件能讓此任務變簡單。透過此類物件，你可以直接操控兩項關鍵的時間因素，即：Actions 的呼叫順序，以及重複呼叫的次數。

事實上，每種程式語言皆有一個隱性的時間模型，但此模型不一定符合當前的需要。在 FP 中，我們可以根據問題要求，自行建立適合的時間模型。

下面就來看如何用原則 5 去除『放入購物車』範例中的新錯誤吧！

 17.2 發現新 bug

經過上一章的佇列改寫後，MegaMart 的程式碼又再經過了優化，使得網站速度大大提升，但這也導致了新的問題。

新問題是：即便只加入一項商品，程式有時也會給出錯誤的購物車總金額。我們先來看看網站正常運行的情況，然後試著嘗試重現錯誤。

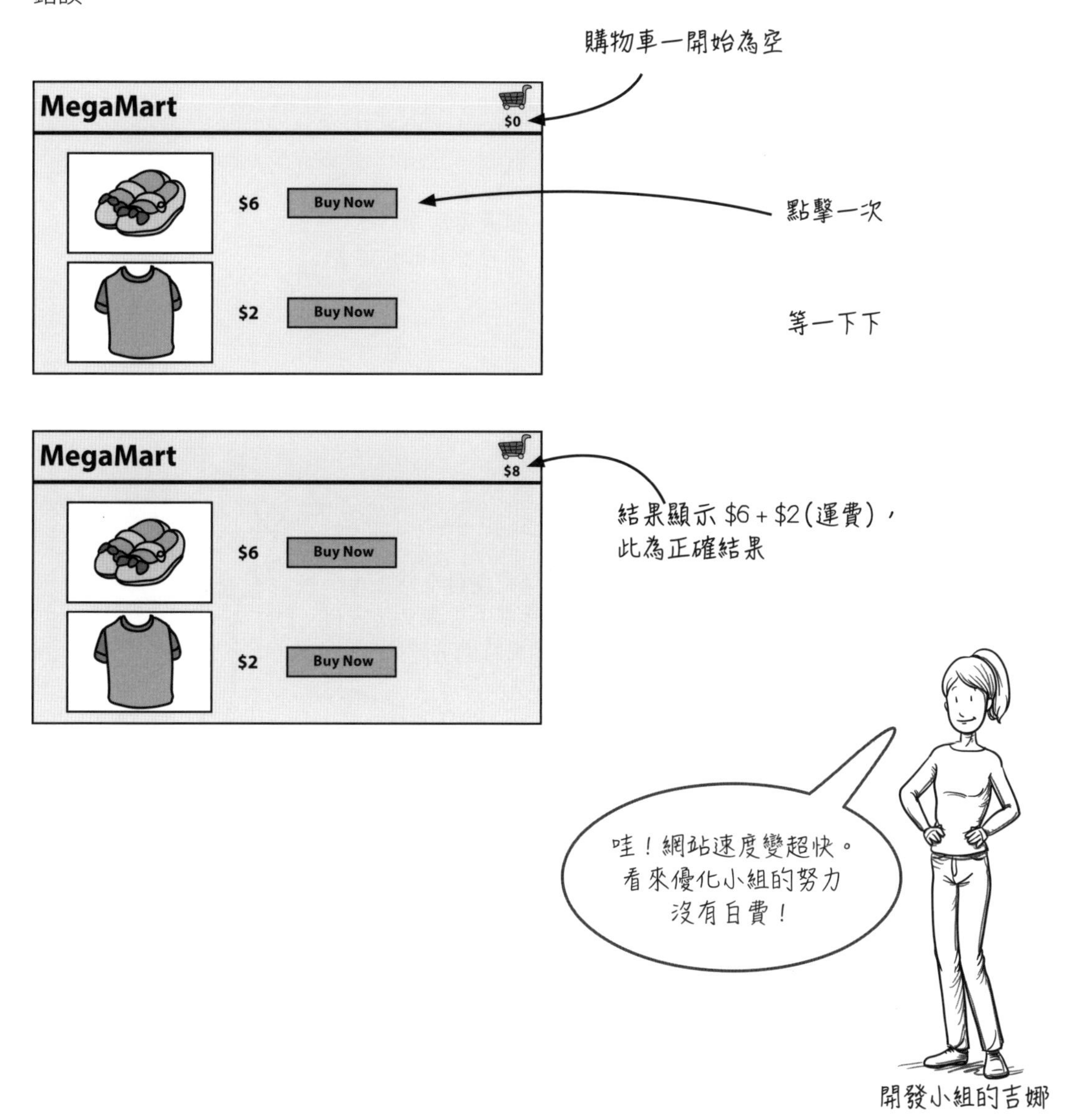

現在則是運作錯誤時的情況：

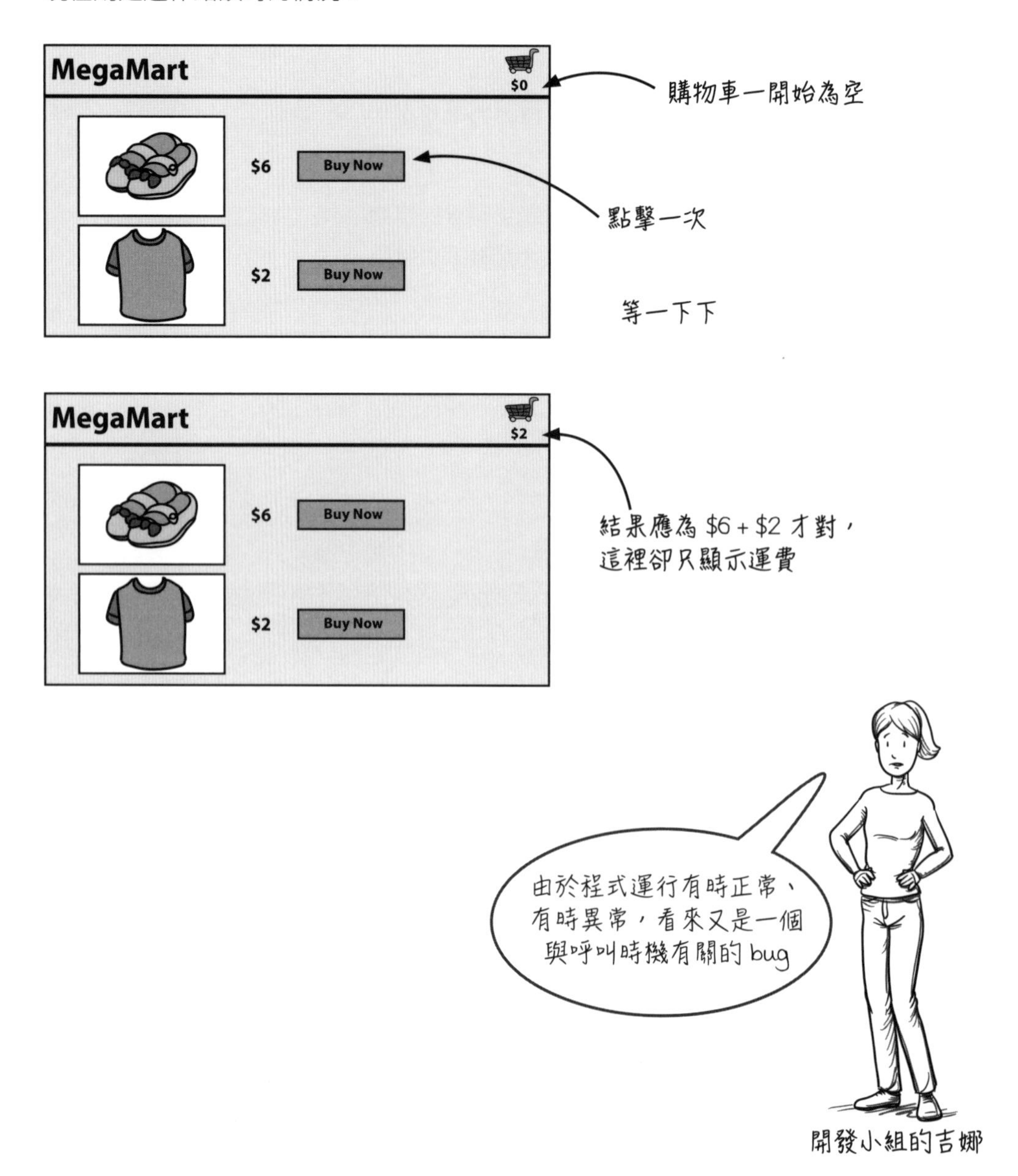

注意！上面只顯示加入一項商品的狀況，實際上此錯誤也發生於添加多項商品的情境，但這裡就讓我們先專心處理前者吧！

17.3 優化小組到底改了什麼

在速度優化之前，程式一切正常。優化後，就算只加入一項商品，購物車總金額有時也會出錯。為了找出問題，先來比較一下優化前後的程式碼吧：

優化前（運行正常）

```
function add_item_to_cart(item) {
  cart = add_item(cart, item);
  update_total_queue(cart);
}

function calc_cart_total(cart, callback) {
  var total = 0;
  cost_ajax(cart, function(cost) {
    total += cost;

    shipping_ajax(cart, function(shipping) {
      total += shipping;
      callback(total);
    });
  });
}

function calc_cart_worker(cart, done) {
  calc_cart_total(cart, function(total) {
    update_total_dom(total);
    done(total);
  });
}

var update_total_queue =
  DroppingQueue(1, calc_cart_worker);
```

看起來，優化小組移動了一組右小括號與右大括號

優化後（可能出錯）

```
function add_item_to_cart(item) {
  cart = add_item(cart, item);
  update_total_queue(cart);
}

function calc_cart_total(cart, callback) {
  var total = 0;
  cost_ajax(cart, function(cost) {
    total += cost;
  });
  shipping_ajax(cart, function(shipping) {
    total += shipping;
    callback(total);
  });

}

function calc_cart_worker(cart, done) {
  calc_cart_total(cart, function(total) {
    update_total_dom(total);
    done(total);
  });
}

var update_total_queue =
  DroppingQueue(1, calc_cart_worker);
```

如你所見，有一組右小括號與右大括號的位置改變了，這使得 `shipping_ajax()` 不再是 `cost_ajax()` 的回呼，而是直接發生在 `cost_ajax()` 呼叫之後。由於這麼做能讓兩個 AJAX 請求同時送出，故當然能讓網站速度變快，但也因此導致了前面所說的 bug。

接下來，讓我們畫出時間線圖以弄清楚問題的本質。

17.4 繪製時間線圖 步驟 1：辨識 Actions

在上一節裡，各位已看到程式碼上的變化 — 優化人員只是將一個回呼移出來，就讓速度大幅提升，但同時也引發了錯誤。現在，我們要畫出相應的時間線圖，而第一步即『辨識 Actions』（**譯註：** 忘記的讀者可回顧第 15 章）：

繪製時間線圖三大步驟

1. 辨識 Actions
2. 將 Actions 畫在時間線上
3. 簡化時間線圖

```
function add_item_to_cart(item) {
  cart = add_item(cart, item);
  update_total_queue(cart);
}

function calc_cart_total(cart, callback) {
  var total = 0;
  cost_ajax(cart, function(cost) {
    total += cost;
  });
  shipping_ajax(cart, function(shipping) {
    total += shipping;
    callback(total);
  });

}

function calc_cart_worker(cart, done) {
  calc_cart_total(cart, function(total) {
    update_total_dom(total);
    done(total);
  });
}
```

程式碼中畫底線的地方即 Actions

為了保險起見，此處把 total 區域變數也標了出來。回憶一下，第 15 章曾說過：由於所有 total 區域變數的存取都發生在同一時間線上，故可以將其從時間線圖上去除。但在本例中，total 會被多條時間線存取（**譯註：** 也就是由 `cost_ajax()` 和 `shipping_ajax()` 產生的兩個 AJAX 請求），而我們無法確定該存取是否安全（先劇透一下，答案為：否）。請記住！在一開始畫時間線圖時應該從零開始，不帶任何假設。若稍後發現圖中有多餘元素時，待第 3 步驟（簡化時間線圖）再來處理也不遲。

下面進入步驟 2。

17.5 繪製時間線圖 步驟 2：將 Actions 畫在時間線上

我們剛在步驟 1 中指出程式裡所有的 Actions，現在要來進行步驟 2 — 將 Actions 畫在時間線上。再強調一次，請不要事先做任何假設或排除任何 Actions，時間線圖的優化請留到第 3 步驟再做。

繪製時間線圖三大步驟

1. 辨識 Actions
2. 將 Actions 畫在時間線上
3. 簡化時間線圖

```
 1 function add_item_to_cart(item) {
 2   cart = add_item(cart, item);
 3   update_total_queue(cart);
 4 }
 5
 6 function calc_cart_total(cart, callback) {
 7   var total = 0;
 8   cost_ajax(cart, function(cost) {
 9     total += cost;
10   });
11   shipping_ajax(cart, function(shipping) {
12     total += shipping;
13     callback(total);
14   });
15 }
16
17 function calc_cart_worker(cart, done) {
18   calc_cart_total(cart, function(total) {
19     update_total_dom(total);
20     done(total);
21   });
22 }
23
24 var update_total_queue = DroppingQueue(1, calc_cart_worker);
```

Actions

1. 讀取 cart.
2. 寫入 cart.
3. 讀取 cart.
4. 呼叫 update_total_queue().
5. 初始化 total = 0.
6. 呼叫 cost_ajax().
7. 讀取 total.
8. 寫入 total.
9. 呼叫 shipping_ajax().
10. 讀取 total.
11. 寫入 total.
12. 讀取 total.
13. 呼叫 update_total_dom().

準備就緒，開始來畫圖吧！由於先前已經有經驗了，這裡就不再一個一個 Action 慢慢來，而是一次處理數個 Actions：

```
2   cart = add_item(cart, item);
3   update_total_queue(cart);
```

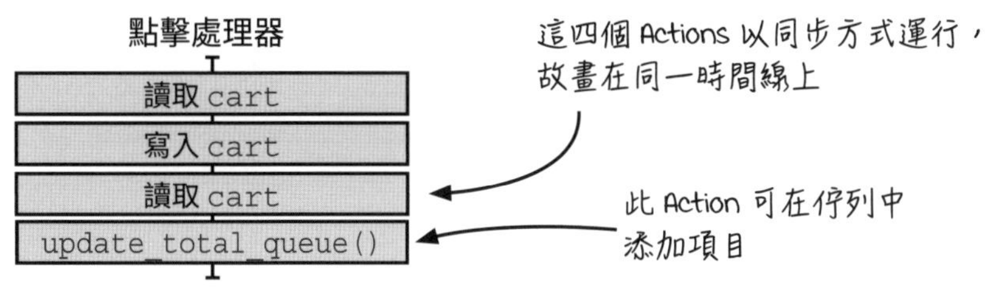

我們目前已畫到第3行：

```
1  function add_item_to_cart(item) {
2    cart = add_item(cart, item);
3    update_total_queue(cart);
4  }
5
6  function calc_cart_total(cart, callback) {
7    var total = 0;
8    cost_ajax(cart, function(cost) {
9      total += cost;
10   });
11   shipping_ajax(cart, function(shipping) {
12     total += shipping;
13     callback(total);
14   });
15 }
16
17 function calc_cart_worker(cart, done) {
18   calc_cart_total(cart, function(total) {
19     update_total_dom(total);
20     done(total);
21   });
22 }
23
24 var update_total_queue = DroppingQueue(1, calc_cart_worker);
```

Actions

1. 讀取 cart.
2. 寫入 cart.
3. 讀取 cart.
4. 呼叫 update_total_queue().
5. 初始化 total = 0.
6. 呼叫 cost_ajax().
7. 讀取 total.
8. 寫入 total.
9. 呼叫 shipping_ajax().
10. 讀取 total.
11. 寫入 total.
12. 讀取 total.
13. 呼叫 update_total_dom().

繪製時間線圖三大步驟

1. 辨識 Actions
2. 將 Actions 畫在時間線上
3. 簡化時間線圖

接著要畫的程式碼如下：

```
7    var total = 0;
8    cost_ajax(cart, function(cost) {
9      total += cost;
10   });
```

記住！『+=』其實包含『一次讀取』與『一次寫入』

點擊處理器
讀取 cart
寫入 cart
讀取 cart
update_total_queue()

佇列
初始化 total
cost_ajax()

cost_ajax() 回呼
讀取 total
寫入 total

這些 Actions 在佇列處理器中運行，故畫在新時間線上

這些 Actions 在 AJAX 回呼中運行，故畫在新時間線上

我們已處理完兩段程式碼了，其中包含 8 個 Actions。剩餘的 Actions 還有 5 個，下面會分兩次來討論：

```
1 function add_item_to_cart(item) {
2   cart = add_item(cart, item);
3   update_total_queue(cart);
4 }
5
6 function calc_cart_total(cart, callback) {
7   var total = 0;
8   cost_ajax(cart, function(cost) {
9     total += cost;
10  });
11  shipping_ajax(cart, function(shipping) {
12    total += shipping;
13    callback(total);
14  });
15 }
16
17 function calc_cart_worker(cart, done) {
18   calc_cart_total(cart, function(total) {
19     update_total_dom(total);
20     done(total);
21   });
22 }
23
24 var update_total_queue = DroppingQueue(1, calc_cart_worker);
```

Actions

1. 讀取 cart.
2. 寫入 cart.
3. 讀取 cart.
4. 呼叫 pdate_total_queue().
5. 初始化 total = 0.
6. 呼叫 cost_ajax().
7. 讀取 total.
8. 寫入 total.
9. 呼叫 shipping_ajax().
10. 讀取 total.
11. 寫入 total.
12. 讀取 total.
13. 呼叫 update_total_dom().

繪製時間線圖三大步驟

1. 辨識 Actions
2. 將 Actions 畫在時間線上
3. 簡化時間線圖

現在來看 shipping_ajax() 的部分：

```
11  shipping_ajax(cart, function(shipping) {
12    total += shipping;
13    callback(total);
14  });
```

點擊處理器	佇列	cost_ajax() 回呼	shipping_ajax() 回呼
讀取 cart			
寫入 cart			
讀取 cart			
update_total_queue()			
	初始化 total		
	cost_ajax()		
		讀取 total	
		寫入 total	
	shipping_ajax()		
			讀取 total
			寫入 total
			讀取 total

shipping_ajax() 在 cost_ajax() 之後立刻執行，故兩者在同時間線上

這些 Actions 在另一個 AJAX 回呼中運行，因此又需要一條新時間線

至此，我們只剩下最後一個 Action 要處理了，即 update_total_dom()。注意！此函式為 shipping_ajax() 的回呼。接下頁。

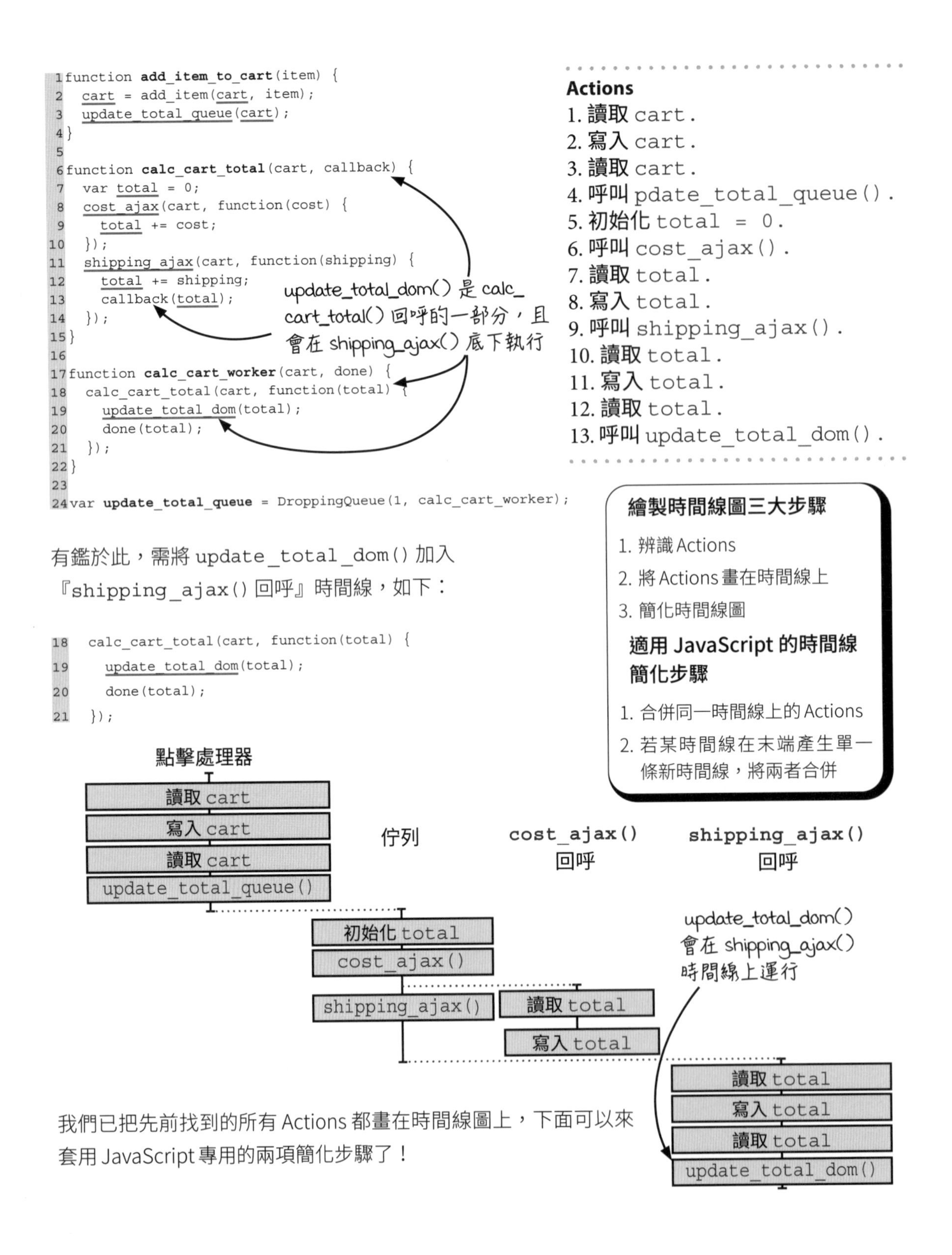

```
1 function add_item_to_cart(item) {
2   cart = add_item(cart, item);
3   update_total_queue(cart);
4 }
5
6 function calc_cart_total(cart, callback) {
7   var total = 0;
8   cost_ajax(cart, function(cost) {
9     total += cost;
10  });
11  shipping_ajax(cart, function(shipping) {
12    total += shipping;
13    callback(total);
14  });
15 }
16
17 function calc_cart_worker(cart, done) {
18   calc_cart_total(cart, function(total) {
19     update_total_dom(total);
20     done(total);
21   });
22 }
23
24 var update_total_queue = DroppingQueue(1, calc_cart_worker);
```


Actions

1. 讀取 cart.
2. 寫入 cart.
3. 讀取 cart.
4. 呼叫 pdate_total_queue().
5. 初始化 total = 0.
6. 呼叫 cost_ajax().
7. 讀取 total.
8. 寫入 total.
9. 呼叫 shipping_ajax().
10. 讀取 total.
11. 寫入 total.
12. 讀取 total.
13. 呼叫 update_total_dom().

有鑑於此，需將 update_total_dom() 加入『shipping_ajax() 回呼』時間線，如下：

```
18   calc_cart_total(cart, function(total) {
19     update_total_dom(total);
20     done(total);
21   });
```

繪製時間線圖三大步驟

1. 辨識 Actions
2. 將 Actions 畫在時間線上
3. 簡化時間線圖

適用 JavaScript 的時間線簡化步驟

1. 合併同一時間線上的 Actions
2. 若某時間線在末端產生單一條新時間線，將兩者合併

我們已把先前找到的所有 Actions 都畫在時間線圖上，下面可以來套用 JavaScript 專用的兩項簡化步驟了！

17.6 繪製時間線圖 步驟 3：簡化時間線圖

> **繪製時間線圖三大步驟**
> 1. 辨識 Actions
> 2. 將 Actions 畫在時間線上
> 3. 簡化時間線圖
>
> **適用 JavaScript 的時間線簡化步驟**
> 1. 合併同一時間線上的 Actions
> 2. 若某時間線在末端產生單一條新時間線，將兩者合併

前面已將全部 13 個 Actions 畫在時間線上，這樣就能來化簡時間線圖了。請回憶一下，由於 JavaScript 所採用的執行緒模型，你可以依序套用下面兩項簡化步驟。

基於 JavaScript 執行緒模型的簡化步驟

1. 將同一時間線上的 Actions 合併至單一方格中。
2. 若某時間線在末端產生單一條新時間線，將兩者合併。

這兩項步驟能讓時間線圖更容易理解，以下就是執行簡化步驟 1 前後的比較：

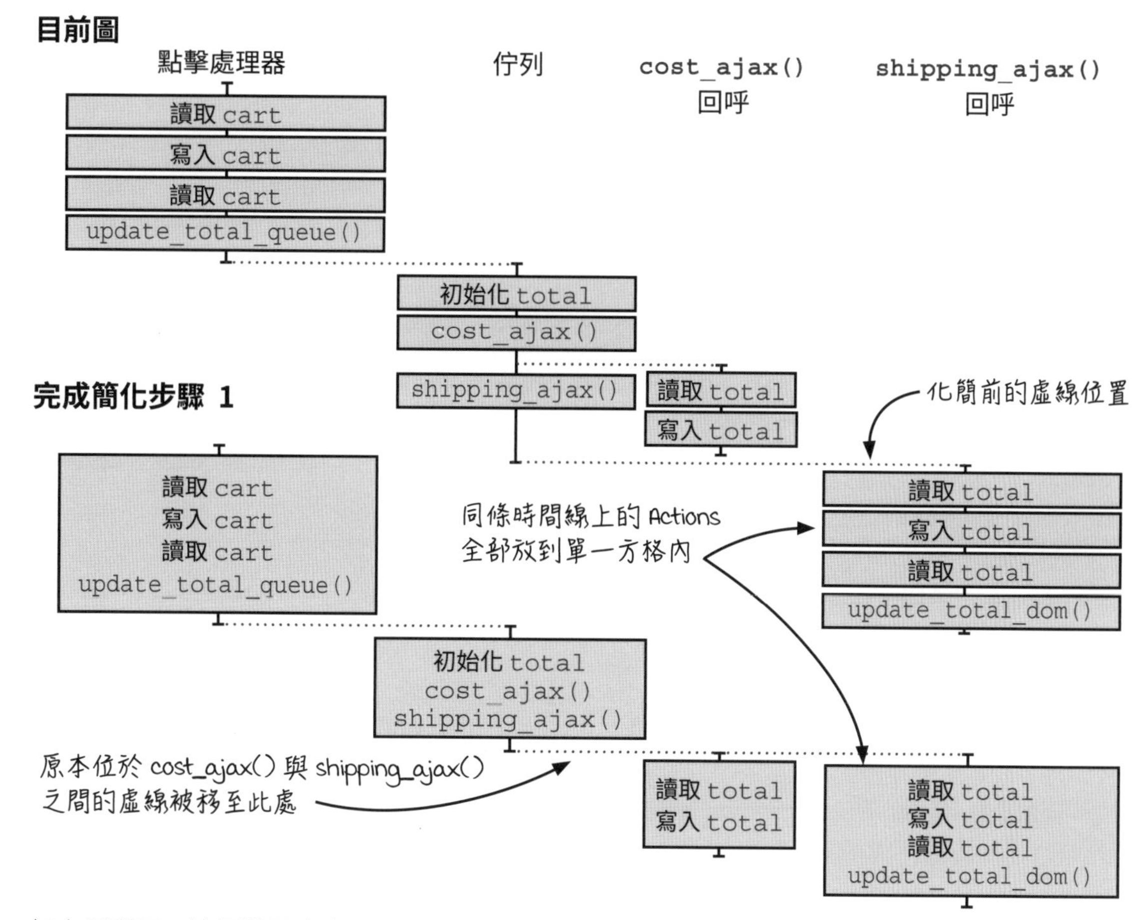

如上圖所示，這裡將原本在 cost_ajax() 和 shipping_ajax() 之間的虛線，移到左側數來第二條時間線的末端，以便顯示更精確的順序。到此，程式的問題可能已經從時間線圖中浮現，但我們還是想完成所有簡化程序。

請再看一次簡化步驟 1 所產生的時間線圖：

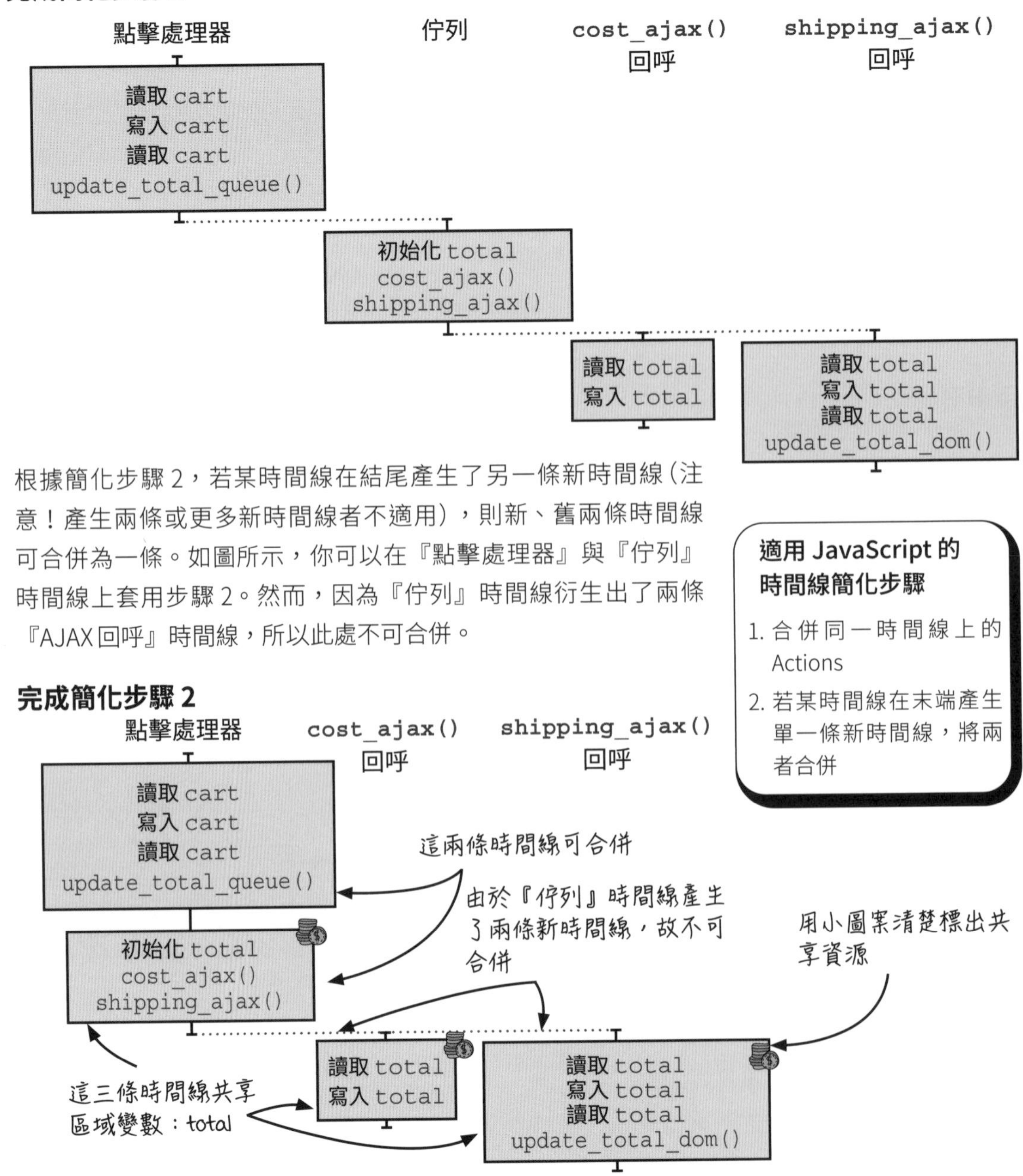

根據簡化步驟 2，若某時間線在結尾產生了另一條新時間線（注意！產生兩條或更多新時間線者不適用），則新、舊兩條時間線可合併為一條。如圖所示，你可以在『點擊處理器』與『佇列』時間線上套用步驟 2。然而，因為『佇列』時間線衍生出了兩條『AJAX 回呼』時間線，所以此處不可合併。

適用 JavaScript 的時間線簡化步驟

1. 合併同一時間線上的 Actions
2. 若某時間線在末端產生單一條新時間線，將兩者合併

化簡結束後，就能檢查哪些 Actions 間有共享資源。以本例來說，唯一被共享的項目就只有 total — 雖然這是個區域變數，卻有三條時間線存取之。下面就來看看這會產生哪些潛在順序。

17.7 分析潛在順序

我們在上一節已完成時間線圖，並指出 total 是其中唯一被多條時間線共享的資源。

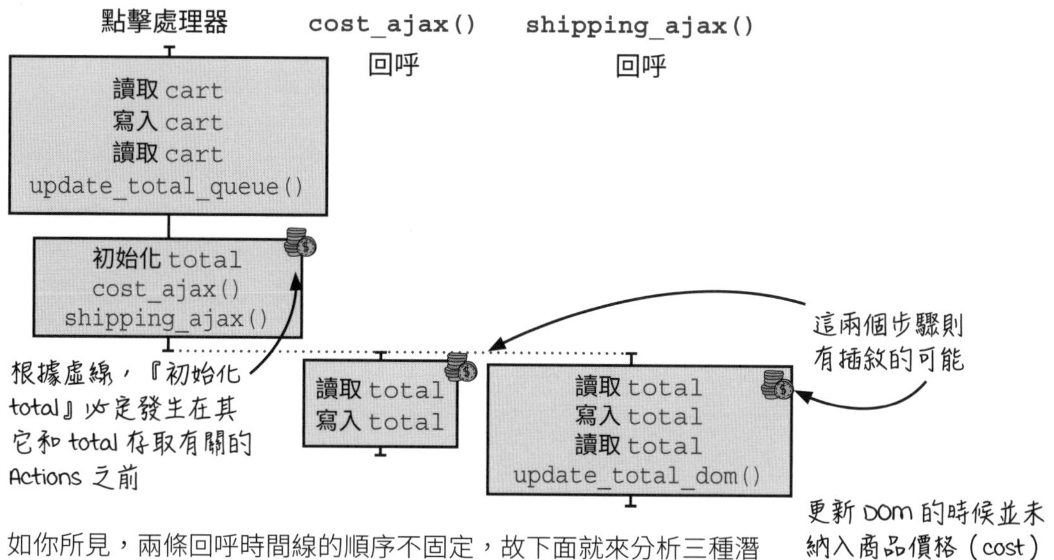

如你所見，兩條回呼時間線的順序不固定，故下面就來分析三種潛在順序，看看當中是否有不適當者；

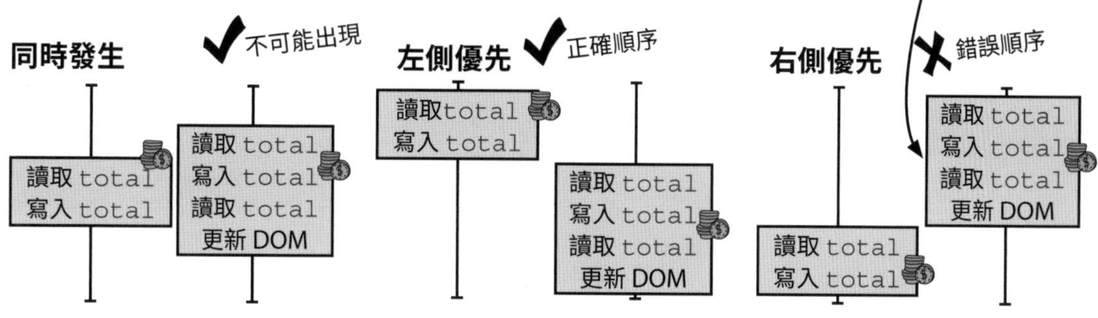

JavaScript 的執行緒模型不允許 Actions 同時執行，故可將其排除。要注意的是，遇到其它執行緒模型時，可能得考慮此狀況。

此為期望中的程式行為。可以看到，更新 DOM 發生在所有金額（商品價格加運費）都被加總至 total 變數以後。

這是錯誤的程式行為。在尚未收到 `cost_ajax()` 的回應之前，更新 DOM 就發生了，結果就造成本章一開始時出現的 bug！

經過分析，我們發現：兩個回呼確實可能會出現錯誤的執行順序。換言之，即便請求的發送順序正確，`cost_ajax()` 的回呼還是有可能發生在 `shipping_ajax()` 的回呼之後（**譯註：**回憶一下，此兩函式的回呼是在程式收到 AJAX 回應之後被呼叫；但由於網路有太多不確定因素，即使 `cost_ajax` 請求先於 `shipping_ajax` 請求送出，前者的回應也不一定先於後者抵達），而這就是本章購物車金額顯示錯誤的成因！

在進入修正以前，先來研究以上經過優化，但執行卻會出現 bug 的程式碼為什麼運行較快吧！

17.8 優化後的程式為何較快？

本例的優化雖大大提升了速度，卻也導致『購物車只顯示運費』的錯誤。前一節已經說明程式行為時好時壞的原因，本節則要利用時間線圖解釋 — 為什麼優化後的程式較優化前的快。

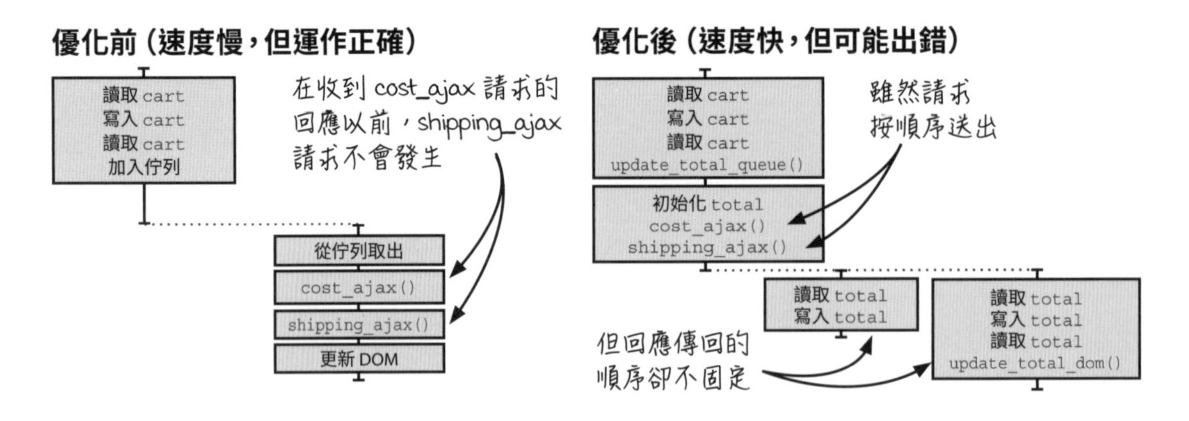

讓我們假設 cost_ajax() 發出請求後需 3 秒鐘才能得到回應，shipping_ajax() 的回應則需 4 秒鐘 (這個回應時間對於網路請求來說有點久，此處將秒數放大只是為了舉例說明)。那麼，根據時間線圖，優化前後的程式碼至少要跑多久，顧客才能看到 DOM 更新呢？答案請見下圖：

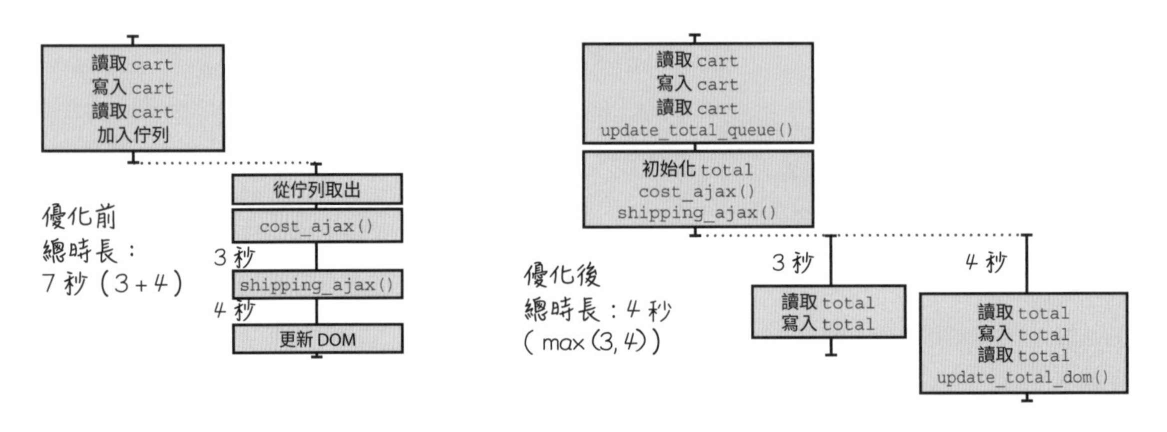

如此一來，就能清楚看出背後的原因。由於在左側時間線圖裡，AJAX 請求與回應必**依序發生**，故處理時間要相加。反之，右側時間線圖則是**平行發生** (parallel)，故只要取較長的處理秒數即可，這就使得優化後的程式運行較快。

不過，就算速度再快，結果是錯的也沒用。那有沒有既可享受平行處理的速度優勢，結果又正確的做法呢？答案是『有』！只要引入 concurrency primitives，就能確保時間線上的步驟按正確順序執行。

休息一下

此狀況雖罕見，但當基地台處理的流量過大時，還是有可能發生

問 1：依照時間線圖，cost_ajax 請求總是比 shipping_ajax 請求早送出，那怎麼還會有 shipping_ajax 回應先傳回的狀況發生？

答 1：導致『回應傳回順序』與『請求發送順序』不同的原因有很多。雖然本書無法全部列舉，但下面提供一些例子給各位參考：

1. cost_ajax 的回應負載 (payload) 較大，需較長時間下載。
2. 與運費 API 伺服器相比，處理 cost_ajax 請求的伺服器比較忙碌。
3. 手機位於移動的汽車中，且在傳送 cost_ajax 請求時切換了基地台而導致延誤，而傳送 shipping_ajax 請求時則未切換基地台，最後造成伺服器先收到後者。

請記住！客戶端與伺服器的網路連結之間實在有太多不確定因素，所以回應的傳回順序不一定會和請求發送順序相同。

問 2：這樣的分析好麻煩啊！我們真的每次都要畫出所有時間線，然後再討論不同順序嗎？

答 2：這樣的分析雖必要，但隨著讀者越來越熟練，很多東西都可以在腦中完成，而毋須實際畫出來。此外，本書之所以按部就班來，純粹是為了說明完整過程，有經驗者則可自行跳過非必要的步驟。

17.9 等待兩個平行處理的回呼

本例的修正方向十分明確：我們想讓 AJAX 繼續平行處理，但程式需等到兩個 AJAX 回應皆抵達後再更新 DOM。假如只收到一個回應就寫入 DOM，則網站顯示的金額就會是錯的。也就是說，目前的時間線圖如左，得想辦法將其改成右邊這樣：

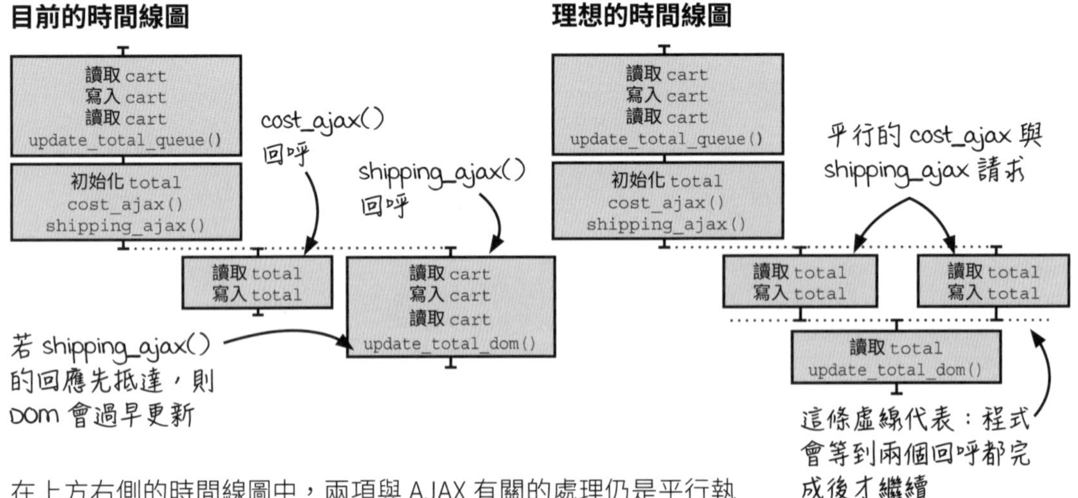

在上方右側的時間線圖中，兩項與 AJAX 有關的處理仍是平行執行，因此兩者的先後次序不固定。然而，只有當程式收到兩個 AJAX 回應以後，DOM 才會更新。換言之，兩個 AJAX 回呼會等待彼此完成，這在圖中是以虛線表示。

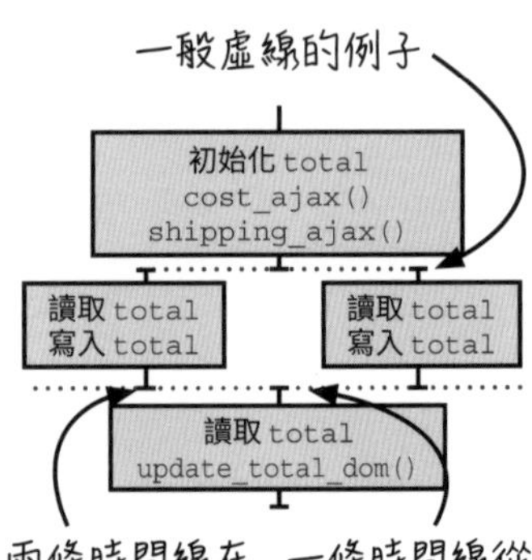

這條虛線稱為**分界線**（cut）。分界線和其它虛線一樣能確保程式以一定順序運行；不同的是，分界線會穿過多條時間線的末端。只要看到分界線，你就應該想到：虛線以上的步驟必須全部完成，才會開始虛線之下的步驟。

分界是非常好用的技巧，它能將所有時間線分成『前段』與『後段』兩部分。在分析時，可以將前段與後段的時間線分開來討論。且由於分界線下的 Actions 絕不可能和上方 Actions 發生插敘，這種做法能大大降低潛在順序的數量，進而減少應用程式的複雜度。

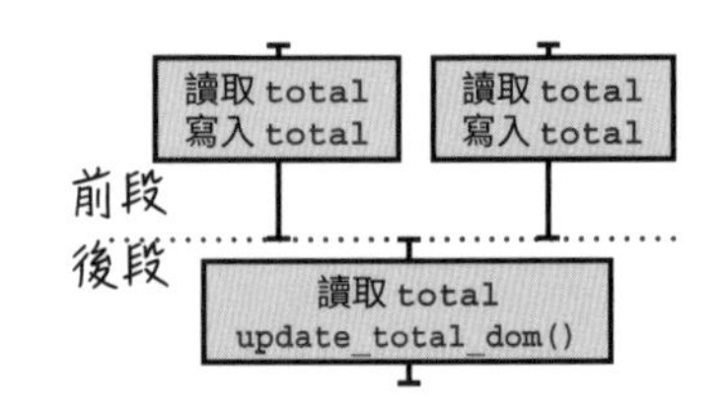

但要如何實現分界呢？這就需要建立 concurrency primitives 了，下面馬上教大家該怎麼做！

17.10 實現時間線分界的 concurrency primitives

我們想實作簡單且可重複使用的 concurrency primitives，使得多條結束順序不固定的時間線能夠相互等待。這樣，你就不必擔心不同時間線的先後問題，只要確保它們何時全部完成即可。這能有效避免程式進入**競態條件** (race condition)。

此類 concurrency primitives 的設計靈感也源自日常生活。想像一下：你和好朋友正忙著不同的工作，但希望一起吃午飯。如果約定『先完成的人等待後完成的人』，就可以確保無論誰先完成，都能同時用餐。本節要實作類似上面的『約定』：保證所有時間線在分界線之前都結束後，後續程式才能運行。

在多執行緒的程式語言中，若要共享可變資料，必須使用**原子更新** (atomic update) 等機制。但對於 JavaScript，只需利用其單執行緒的特性，配合同步呼叫和計數器即可實現上述 concurrency primitives。

小字典

所謂**競態條件** (race condition)，就是指程式行為取決於哪條時間線先完成。這是一種程式設計問題，當兩個或多個程序 (或執行緒) 以不可預測的順序訪問共享的資源時，可能會導致資料不一致或未預期的結果。

編註：原子更新是什麼？

原子在物理學中被認為是物質不可再分割的最小單位。因此在程式設計中，將所有不可分割的操作稱為**原子操作** (atomic operation)，而針對變數或資料的更新操作則稱為**原子更新** (atomic update)。

比如說 x 變數的值是 100，有一個 A 執行緒讀取 x 的值後加 1，然後更新 x 為 101。同時也有一個 B 執行緒，可能在 A 執行緒更新 x 之前也讀取了 x 的值是 100，加 2 之後更新 x 為 102。這就會產生問題！因為 B 執行緒有可能讀到的 x 值是 A 未更新前的 100，也可能是 A 更新後的 101。當 B 更新後就有可能出現兩種 x 值：102 或 103。

而原子更新就是將 A 執行緒讀取 x 與更新 x 視為不可分割的操作，中間不允許另一個執行緒插進來。如此可確保資料在多執行緒下的一致性並防止競態條件。

說得更詳細一點：我們會先用名為 Cut() 的函式設定『要等待幾條時間線』，並指定一個回呼，這些資訊會被包裝成函式傳回。之後，每當一條欲協調的時間線執行完畢，我們便讓其呼叫 Cut() 的傳回函式。而每當該函式被呼叫，num_finished 變數便加 1（譯註： num_finished 代表 Cut() 被呼叫了幾次，也相當於完成的時間線有幾條）。等到最後一條時間線也呼叫了傳回函式，程式便會執行 Cut() 的回呼。程式碼如下：

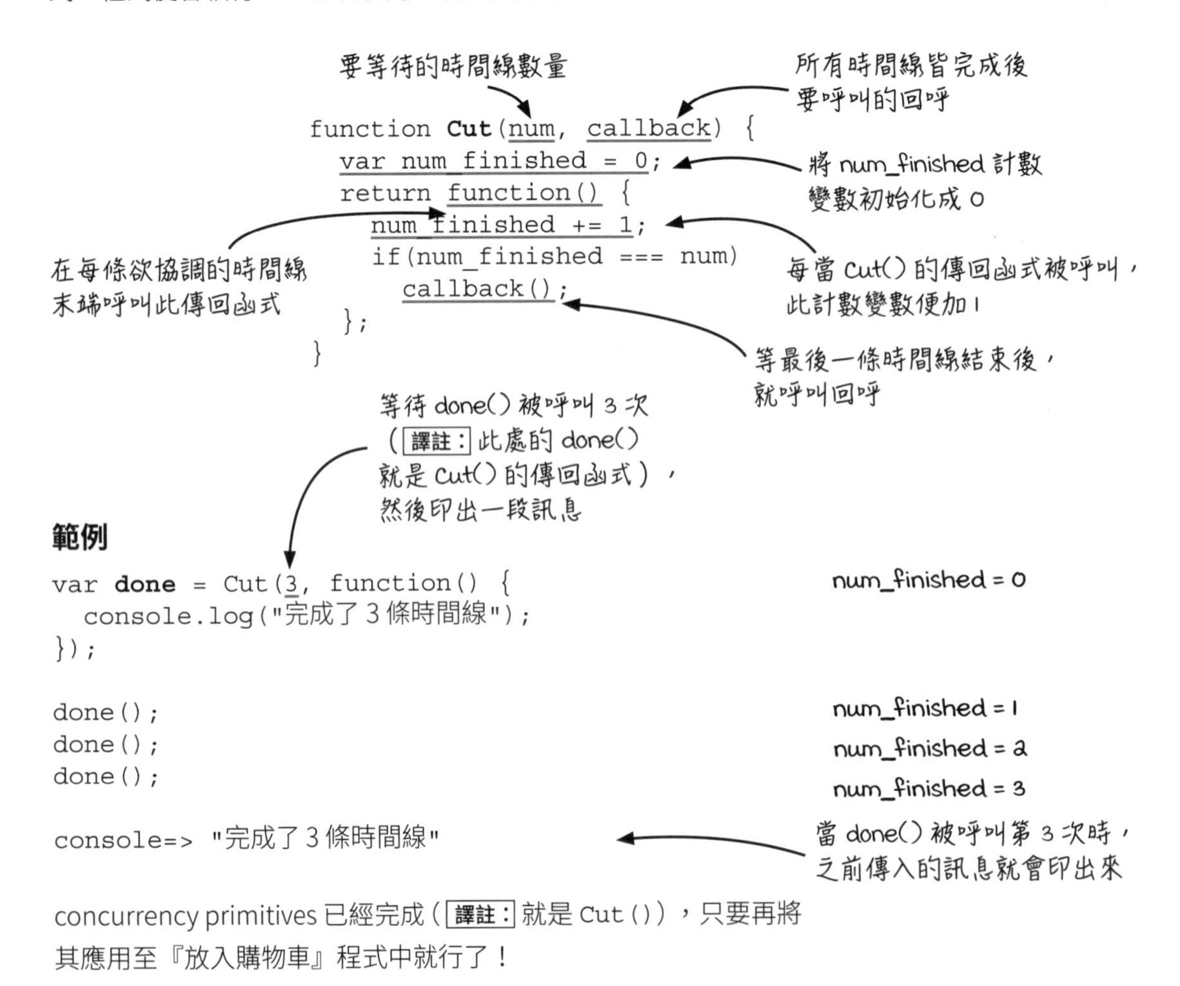


```
function Cut(num, callback) {
  var num_finished = 0;
  return function() {
    num_finished += 1;
    if(num_finished === num)
      callback();
  };
}
```

範例

```
var done = Cut(3, function() {
  console.log("完成了 3 條時間線");
});

done();
done();
done();

console=> "完成了 3 條時間線"
```

concurrency primitives 已經完成（譯註：就是 Cut()），只要再將其應用至『放入購物車』程式中就行了！

小提醒

JavaScript 採用單執行緒模型，因此在上一條同步呼叫的時間線結束前，下一條無法開始。Cut() 利用了該性質，使 num_finished 變數能被安全分享。若使用的是其它語言，則可能需要用到鎖 (lock) 之類的 concurrency primitives 工具來協調時間線。

17.11 在『放入購物車』程式裡應用 Cut()

既然 Cut() concurrency primitives 已完成，接下來就要將其套用到『放入購物車』程式碼。幸運的是，此處不需做太大改動。先考慮以下兩個問題：

1. 要將 Cut() 放在哪個函式底下？
2. 傳入 Cut() 的回呼函式為何？

1. 要將 Cut() 放在哪個函式底下？

如前所述，我們要在每條欲協調的時間線末端（以本例而言，即『cost_ajax() 回呼』與『shipping_ajax() 回呼』時間線）呼叫 done()（**譯註：** done() 指的是 Cut() 傳回的函式）。有鑑於 cost_ajax() 與 shipping_ajax() 是在 calc_cart_total() 中被呼叫，將 Cut() 放在 calc_cart_total() 底下似乎是合理的選擇。

2. 傳入 Cut() 的回呼函式為何？

calc_cart_total() 本身已有一個 callback 參數，用來接受 total 計算完成後要執行的回呼函式，這裡直接將其傳入 Cut() 即可（本例中的 callback 就是 update_total_dom()）。下面就是改寫前後的程式碼：

改寫前

```
function calc_cart_total(cart, callback) {
  var total = 0;



  cost_ajax(cart, function(cost) {
    total += cost;

  });
  shipping_ajax(cart, function(shipping) {
    total += shipping;
    callback(total);
  });
}
```

加入 Cut()

```
function calc_cart_total(cart, callback) {
  var total = 0;
  var done = Cut(2, function() {
    callback(total);
  });
  cost_ajax(cart, function(cost) {
    total += cost;
    done();
  });
  shipping_ajax(cart, function(shipping) {
    total += shipping;
    done();
  });
}
```

時間線圖

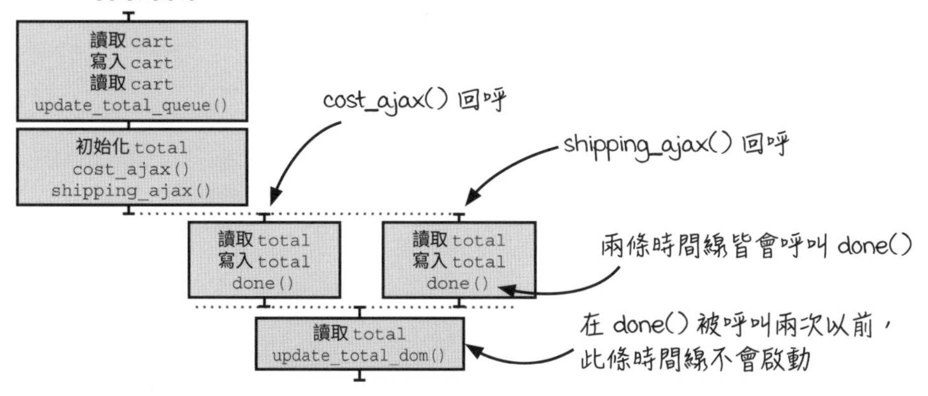

休息一下

問 1：`Cut()` 這個 concurrency primitive 真的有用嗎？

答 1： 有用！但必須強調的是：一定要在欲協調時間線結束時再呼叫 `done()`（即 `Cut()` 的傳回函式）。若提早呼叫，則時間線可能在 `done()` 之後仍持續運行；這種狀況既非我們想要的，還會造成不必要的困擾，故請盡量避免。再提醒一次：請在欲協調時間線的**最末端**呼叫 `done()`。

問 2：像 `Cut()` 這麼短的函式怎麼會這麼有用？

答 2： 有意思。那麼反過來問：一個很長的函式能像 `Cut()` 一樣容易維護或重複使用嗎？事實是，`Cut()` 的功能很單純，它會清點已完成的時間線數量，當發現該數量等同於事先指定的值時，即呼叫一個函式。就這樣！我們沒必要將這麼簡單的功能寫得很複雜，導致犧牲可維護性和可重複使用性。

問 3：使用 JavaScript 中已有的協調工具（像是 Promise）不是更方便嗎？

答 3： 確實！許多程式語言中通常都有實作好的 concurrency primitives，例如：有經驗的 JavaScript 程式設計師應該知道 Promise，尤其是 `Promise.all()`，其功能類似於這裡的 `Cut()`。

假如你知道有某個現成的 concurrency primitives 能解決目前的問題，則當然可以直接使用。但本書的重點不是 JavaScript 語法，而是介紹 FP，所以我們避免使用特定語言內建的工具，便於在實作中讓讀者瞭解大原則。一旦掌握這些原則，各位便能用不同語言自行實作出需要的工具，以應付眼前的挑戰。

17.12 再次分析潛在順序

在上一節裡，我們已將 concurrency primitives 加入『放入購物車』程式碼中。照理來說，改寫後的程式應該既享有平行處理 (parallel execution) 的好處 (即：快速)，又能展現正確行為 (也就是顯示正確的購物車總金額)。

這裡有兩點需要確認：第一，程式行為是否在所有順序下皆正確；第二，程式的速度是否因平行處理而提升。本節先回答第一個問題，為此，有必要再分析一次『cost_ajax() 回呼』和『shipping_ajax() 回呼』時間線的潛在順序。下面先複習一下目前的圖示：

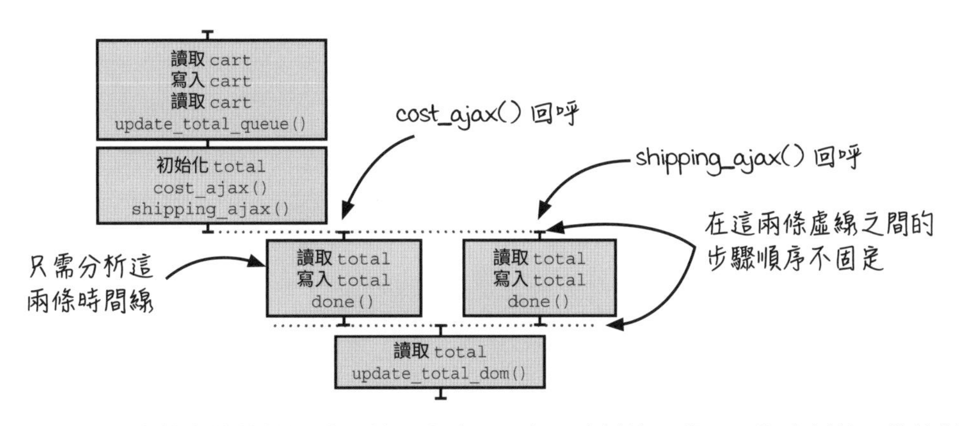

如你所見，圖中的虛線將整個時間線圖分成了三段。由於這三段可以獨立討論，故這對於分析非常有幫助。

首先，第一段 (上虛線的上方) 與第三段 (下虛線的下方) 皆只有一條時間線，也就是一種潛在順序，因此不可能出問題。這麼一來，要考慮的就只有位於兩虛線之間的中間段了。這一段包含兩條時間線，其上各有一個步驟，下面就是所有潛在順序。結果顯示：無論程式以哪一種順序運行，最終結果都是正確的！

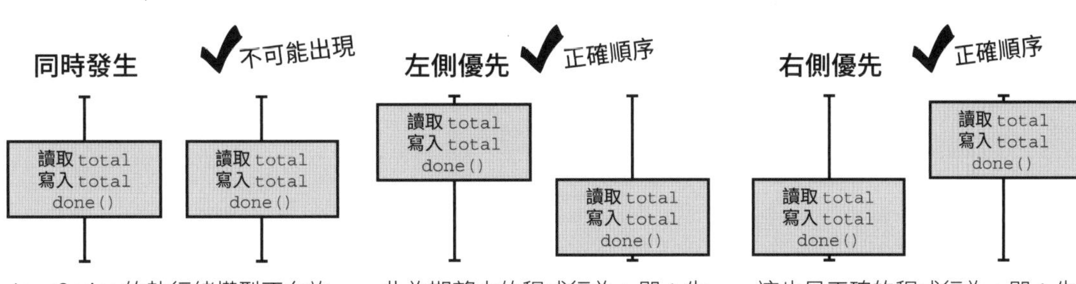

JavaScript 的執行緒模型不允許 Actions 同時執行，故可將其排除。要注意的是，遇到其它執行緒模型時，可能得考慮此狀況。

此為期望中的程式行為，即：先將商品價格 (cost) 寫入 total，再加入運費 (shipping)；兩項操作完成後各自呼叫 done()。

這也是正確的程式行為，即：先將運費 (shipping) 寫入total，再加入商品價格 (cost)；兩項操作完成後各自呼叫 done()。

17.13 分析平行處理的時間

上一節已確認程式行為在各種順序下皆正確，本節則要看平行處理是否真能提升速度：

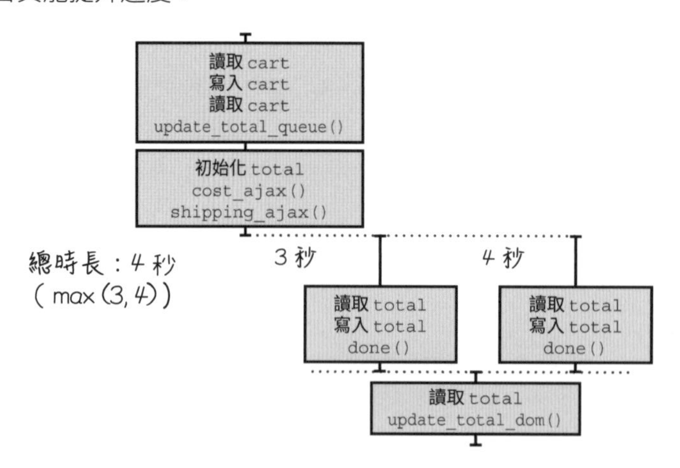

這裡再次假設：`cost_ajax()` 發出請求後需 3 秒才能得到回應，`shipping_ajax()` 的回應則需 4 秒。將兩者代入圖中後，可發現中間段的總執行時間相當於較長的秒數，即 4 秒。

現在，你可以確定的說：使用 `Cut()` 的程式碼既有平行處理的快速，又有序列處理的正確性！

回顧一下到目前為止發生的事：我們找到一個即便只點一次滑鼠仍可能發生的錯誤。為解決該錯誤，本章引入了分界，讓程式等待兩條平行時間線皆完成後才繼續運行。已知這種做法對『單次點擊』有效，但如果多次點擊『Buy Now』按鈕呢？下面就來探討這一點。

17.14 對『多次點擊』進行分析

前面已證明：在單次點擊的條件下，程式既正確又快速。但如果使用者點了『Buy Now』鈕兩次或以上呢？程式的佇列還能和分界配合嗎？趕緊來研究一下。

讓我們先重畫一下時間線圖，好將『點擊處理』與『佇列處理』分成兩條線：

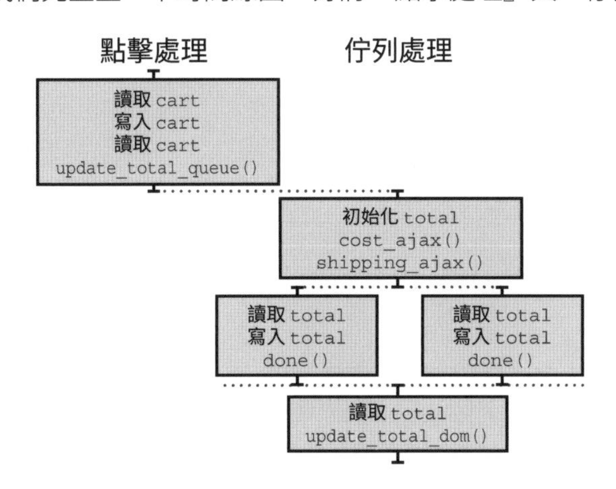

這樣就能來看多次點擊時會發生什麼事了，下面以兩次點擊為例：

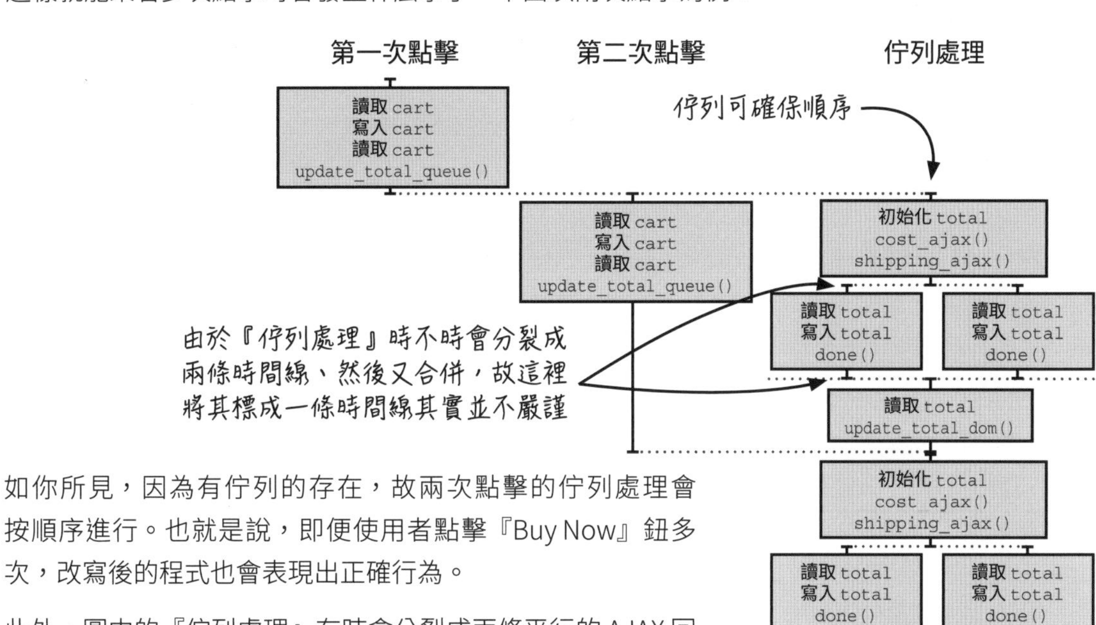

如你所見，因為有佇列的存在，故兩次點擊的佇列處理會按順序進行。也就是說，即便使用者點擊『Buy Now』鈕多次，改寫後的程式也會表現出正確行為。

此外，圖中的『佇列處理』有時會分裂成兩條平行的 AJAX 回呼時間線，然後又因 Cut() 而合併回一條，所以這裡將『佇列處理』畫成一條時間線其實是不嚴謹的。不過這不僅並非壞事，反而能突顯時間線表示法的彈性 — 無論情況有多複雜，你都可以把圖調整成最方便分析的樣子。

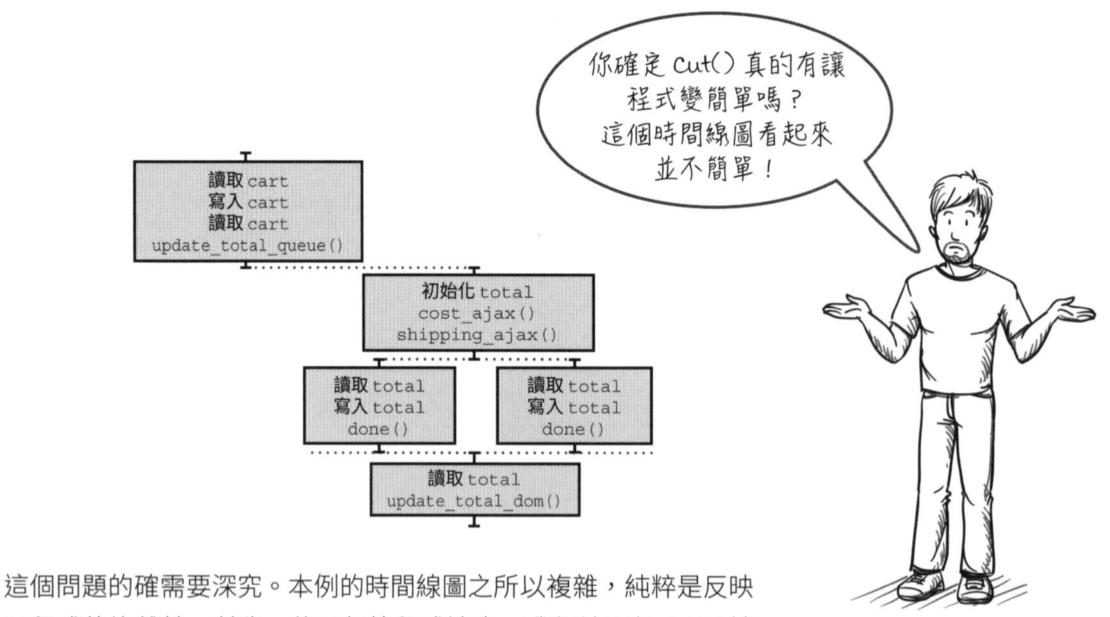

這個問題的確需要深究。本例的時間線圖之所以複雜，純粹是反映了程式的複雜性。首先，為了加快程式速度，我們讓兩個 AJAX 請求平行發生。其次，為了顯示正確的購物車總金額，『更新 DOM』必須在程式收到兩個 AJAX 回應後再執行，這需要 `Cut()`。最後，為了確保使用者快速連點『Buy Now』鈕不會導致出錯，這裡必須使用佇列。顯然，這個小小的按鈕需要處理很多事（**譯註：**本章討論的程式碼，都是在點擊『Buy Now』鈕後會執行的程式碼），因此需要考慮的東西自然也多。

話雖如此，`Cut()` 確實有助於簡化時間線圖的分析。各位應該還記得，短的時間線較容易對付。而 `Cut()` 之所以叫『cut』，正是因為它能將一條時間線『剪開或分界』成獨立的兩小段。換言之，分析分界線以上的段落時，就不必考慮分界線以下的部分，反之亦然。

以本例的圖來說，其中只有一小段包含平行處理。這一段內含兩條時間線（$t=2$）、每條各有一個步驟（$a=1$），故根據計算潛在順序數量的公式，需討論的順序只有兩種（由於『同時發生』在 JavaScript 中不可能存在，我們其實不必考慮該順序；但本書為了說明的完整性還是做了討論，所以書中才會出現三種順序）。至於圖的其它段落則顯然是序列式運行，沒有必要分析。綜上所述，`Cut()` 不僅能確保程式行為的正確，同時也能讓檢查工作更簡單！

計算潛在順序數量的公式

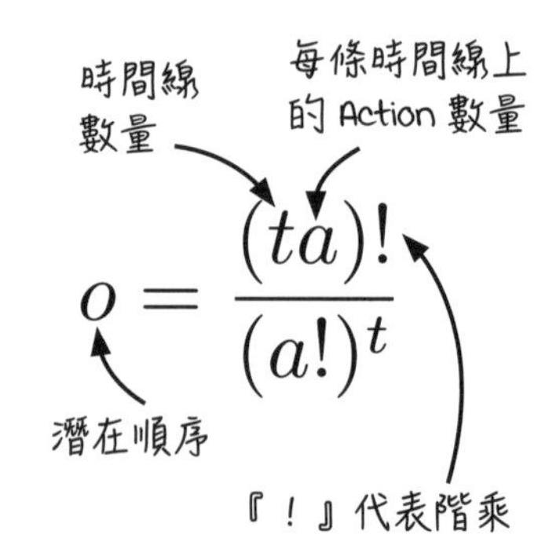

開發小組的吉娜

好問題！要回答吉娜的提問，得先思考是哪些因素造成程式如此複雜。就本例而言，答案有以下三點：

1. 非同步處理的網路請求（**譯註：**指本例中的兩個 AJAX 請求）。
2. 需要將兩個 API 回應相加成為答案（**譯註：**指將 cost_ajax 與 shipping_ajax 的回應加總成購物車金額）。
3. 顧客與網站互動時的不確定性（**譯註：**指顧客將商品放入購物車時，可能以各種方式操作，如：只按一次『Buy Now』鈕，或者連按多次）。

注意！上面的 1 和 3 皆源自於我們的設計選擇 — 由於決定以 JavaScript 應用的形式在瀏覽器上執行程式，因此必須處理非同步網路請求的問題；相同地，因為要讓購物車能和使用者互動，所以得考慮顧客的操作方式。那麼，上述兩項增加複雜性的因素是必要的嗎？答案為『否』！

要擺脫第 3 點，只需降低應用的互動性即可。舉例而言，你可以請顧客把所有想買的商品打在一張空白表單裡，再傳送回來。當然，這麼做會產生不良的使用者經驗 — 事實上，我們希望網站的互動性更高，而非更低。但就理論上來說，第 3 點確實是可能避免的。

至於第 1 點，只要放棄 AJAX 請求就行了。你可以建立標準的非 AJAX 網路應用，以連結和表單與顧客互動，且每個小變更都要刷新網頁才看得到。和前面一樣，這種做法對使用者非常不友善，不過的確能避免非同步網路請求。

第 2 點可就不同了！你雖然能更改 API，讓程式只送出一個請求便取得商品價格與運費（如此便毋須平行發送請求，再結合兩者的回應），但這無法讓複雜度消失，只是將其轉嫁給伺服器而已。

實際上，把問題從瀏覽器轉至伺服器不見得比較好，一切取決於後台的設計架構為何。伺服器後台允許多執行緒嗎？是否能從單一資料庫取得商品價格與運費資料？後台本來就需要聯絡多個 API 嗎？以上種種問題都可能導致複雜度上升。

總的來說，有必要把程式弄得那麼複雜嗎？其實不必，但我們願意以複雜度為代價，實現能提升使用者體驗的設計選擇。為此，撰寫程式時需更加謹慎，以管控潛在的風險。

練習 17-1

以下程式碼包含多條時間線，它們會存取名為 sum 的全域變數，以加總不同收銀機收到的金額。請畫出該程式的時間線圖（譯註：收銀機的英文為 cash register，故本題的函式名為 countRegister()）。

```
var sum = 0;

function countRegister(registerid) {
  var temp = sum;
  registerTotalAjax(registerid, function(money) {
    sum = temp + money;
  });
}

countRegister(1);
countRegister(2);
```

請將圖畫在這裡

練習 17-1 解答

1 號收銀機　　2 號收銀機

讀取 sum
registerTotalAjax()
讀取 sum
registerTotalAjax()

寫入 sum　　寫入 sum

練習 17-2

以下是練習 17-1 的時間線圖。請圈出有必要分析順序的 Actions，並實際討論三種潛在順序。

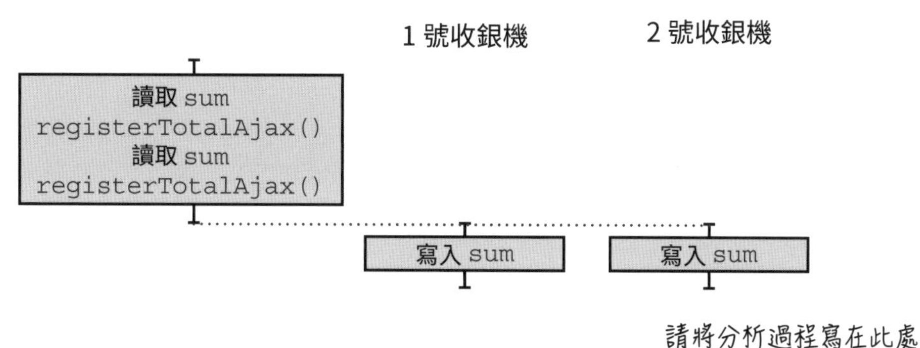

請將分析過程寫在此處

練習 17-2 解答

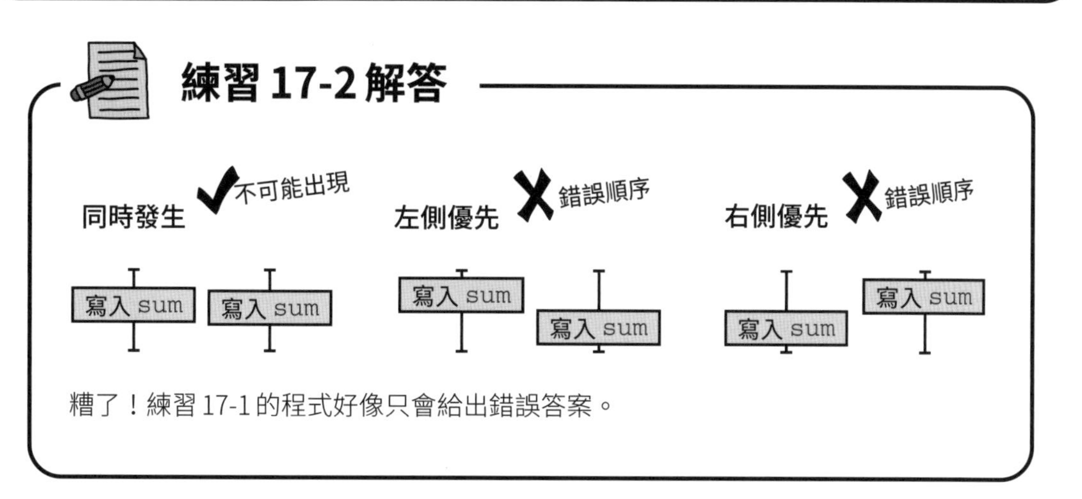

糟了！練習 17-1 的程式好像只會給出錯誤答案。

練習 17-3

底下是練習 17-1 的程式碼。根據練習 17-2，其中所有潛在順序的執行結果都是錯的。你能找出錯誤嗎？請修正該程式、畫出新的時間線圖，並進行順序分析。

提示：是否有可能把『讀取 sum』移到更接近『寫入 sum』的位置？

```
var sum = 0;

function countRegister(registerid) {
  var temp = sum;
  registerTotalAjax(registerid, function(money) {
    sum = temp + money;
  });
}

countRegister(1);
countRegister(2);
```

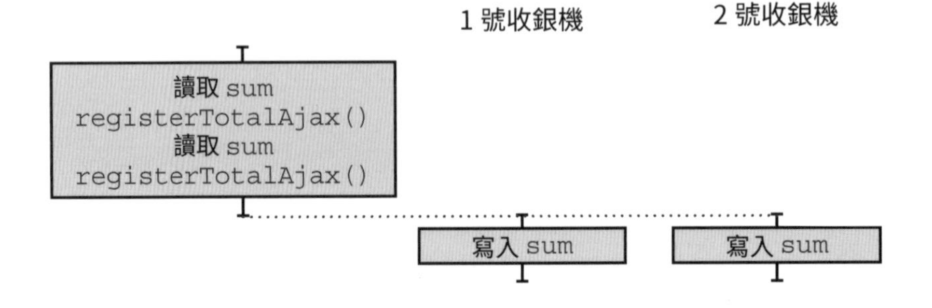

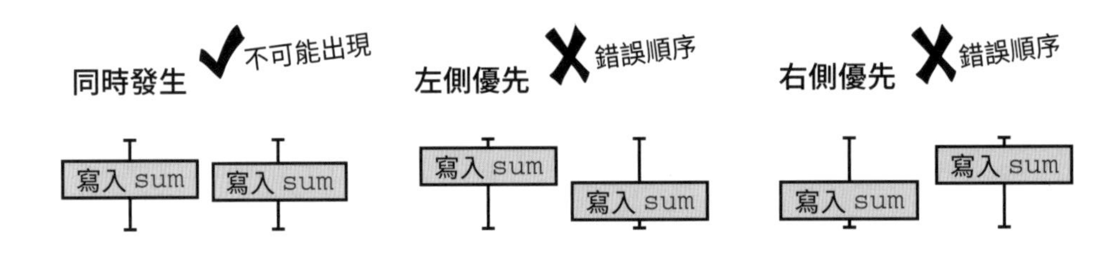

練習 17-3 解答

```
var sum = 0;

function countRegister(registerid) {
  registerTotalAjax(registerid, function(money) {
    sum += money;
  });
}

countRegister(1);
countRegister(2);
```

1 號收銀機　　2 號收銀機

```
registerTotalAjax()
registerTotalAjax()
```

讀取 sum
寫入 sum

讀取 sum
寫入 sum

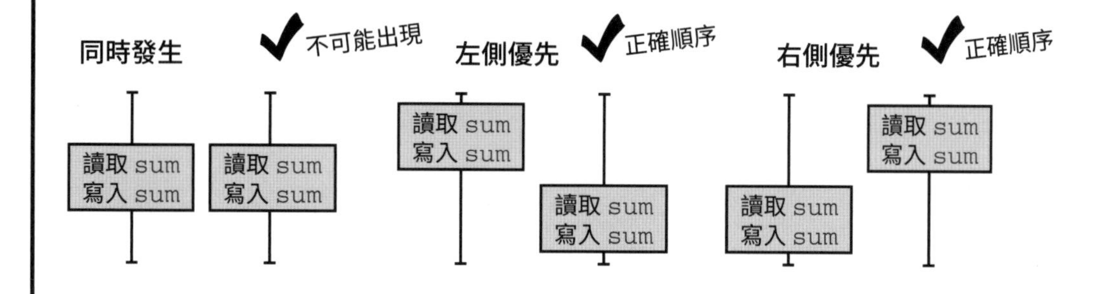

17.15 讓 Action 只能執行一次 primitive

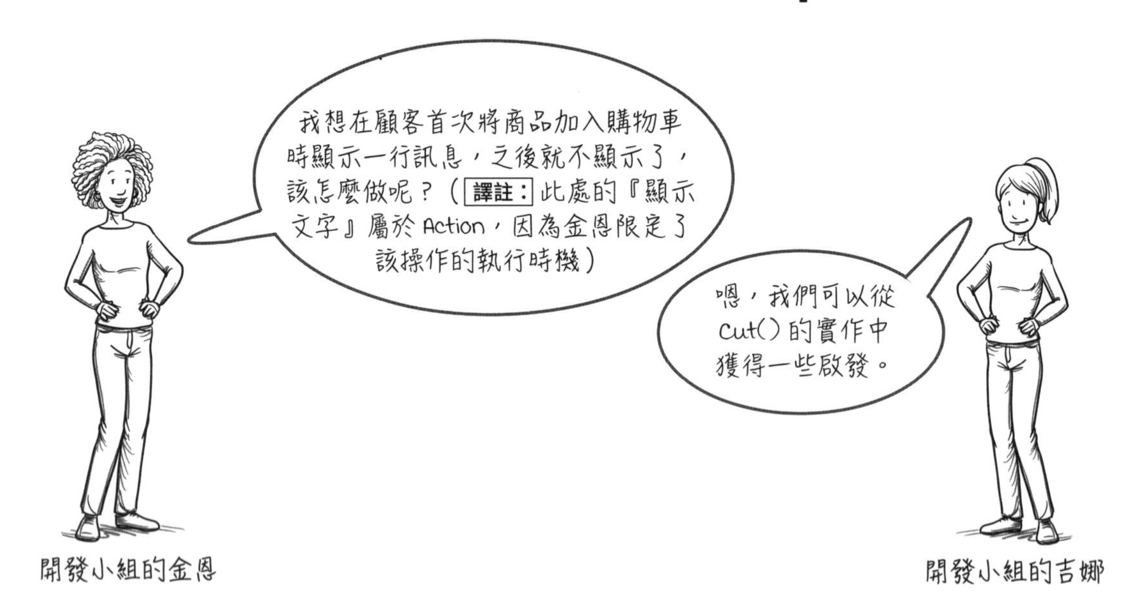

金恩：真的嗎？我以為 `Cut()` 的功能是：計算完成時間線的數量，等該數量等於某值時再呼叫一個回呼。

吉娜：是沒錯。但我們可以將 `Cut()` 裡的計數變數替換成『能追蹤某函式是否已被執行過』的布林值變數，並在該變數為 true 時阻止該函式執行。

金恩：原來如此，這樣就能確保函式只執行一次了！

吉娜：沒錯！我們把這樣的 primitive（原語、基本工具）取名為 `JustOnce()`，下面來看如何實作。

金恩希望：不管某 Action 被呼叫幾次，程式都只會執行該 Action 一次。這件事可以利用 concurrency primitives (併發原語，或稱為併發基本工具) 完成！事實上，這是個高階函式，其能賦予傳入 Action『只執行一次』的超能力。

下面就來看實際範例。金恩想處理的 Action 是個能顯示歡迎訊息的函式，如下：

每次呼叫，函式都會送出文字

```
function sendAddToCartText(number) {
  sendTextAjax(number, "Thanks for adding something to your cart. " +
                       "Reply if you have any questions!");
}
```

我們要將 `sendAddToCartText()` 傳入下面的 `JustOnce()` concurrency primitives，並傳回功能相同、但只能執行一次的新函式：

```
function JustOnce(action) {
  var alreadyCalled = false;
  return function(a, b, c) {
    if(alreadyCalled) return;
    alreadyCalled = true;
    return action(a, b, c);
  };
}
```

傳入一個 Action 函式

追蹤之前是否呼叫過傳入 Action

若已呼叫過該函式，則提前離開

即將呼叫該 Action，這裡先記錄下來

呼叫 Action 並傳入引數

小提醒

JavaScript 採用單執行緒模型，因此在上一條同步呼叫的時間線結束前，下一條無法開始。`JustOnce()` 利用了該性質，使 alreadyCalled 變數能被安全分享。若使用的是其它語言，則可能需要用到鎖 (lock) 之類的工具來協調時間線。

如同 `Cut()`，`JustOnce()` 能在多條時間線之間共享一變數；且由於這樣的共享在 JavaScript 中為同步，因此是安全的（若是其它允許多執行緒的語言，則需使用某種原子更新方法來協調執行緒）。你可以用該 primitive 輕鬆包裝 `sendAddToCart()`，使其只能執行一次：

```
var sendAddToCartTextOnce = JustOnce(sendAddToCartText);

sendAddToCartTextOnce("555-555-5555-55");
sendAddToCartTextOnce("555-555-5555-55");
sendAddToCartTextOnce("555-555-5555-55");
sendAddToCartTextOnce("555-555-5555-55");
```

賦予 sendAddToCartText() 超能力

只有第一次呼叫時會送出文字

總的來說，`JustOnce()` 可以協調多條時間線，讓它們用特定方式使用某個 Action（在本例中，只有最先呼叫者得以執行該 Action）。這已經是我們建立的第三個 concurrency primitives 了（**譯註：** 分別是 `Queue()`、`Cut()` 與 `JustOnce()`），三者皆有高度可重複使用性，本書稍後還會用到。重點是，實作 concurrency primitives 比想像中簡單，你只需慢慢修改原本的程式，並把與特定任務有關和無關的部分分開即可。

小字典

如果一個 Action 只在第一次執行時產生效果，而後續執行不再有影響，這種操作稱為**冪等** (idempotent)。`JustOnce()` 函式可以讓任何 Action 都只在首次執行時生效，使其具有冪等性。**譯註：** 冪等一詞源自數學，例如任一實數第一次取絕對值，與之後每一次再取絕對值都不會再變。

17.16 隱性 vs. 顯性時間模型

在 17.1 節有提到：所有程式語言皆有一個隱性的時間模型，該模型描述了兩件與程式執行有關的事，即：順序 (ordering) 與重複 (repetition)。

JavaScript 的預設時間模型相當簡單：

1. 序列式的陳述就按照序列順序執行。
2. 不同時間線上的兩步驟可能出現『左側優先』或『右側優先』順序。
3. 非同步事件需在新時間線中呼叫。
4. 呼叫幾次 Action 函式，該函式就執行幾次。

順序
重複

事實上，先前的時間線圖都是遵循此模型畫出來的：

1. 序列式的陳述就按照序列順序執行

2. 不同時間線上的兩步驟可能出現兩種順序

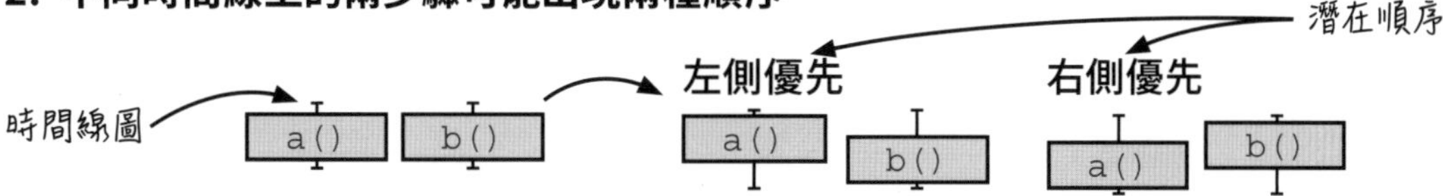

3. 非同步事件需在新時間線中呼叫

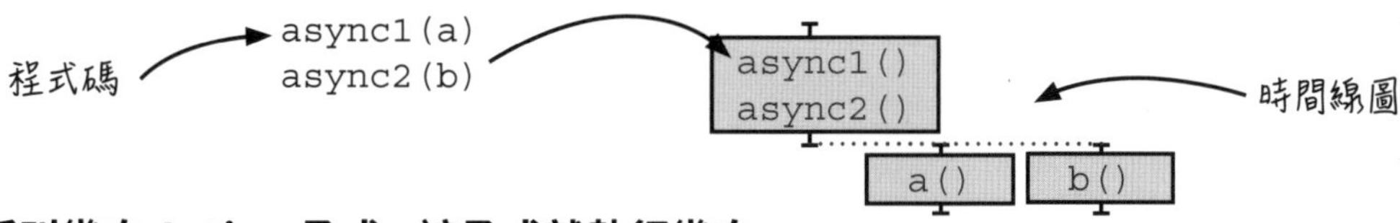

4. 呼叫幾次 Action 函式，該函式就執行幾次

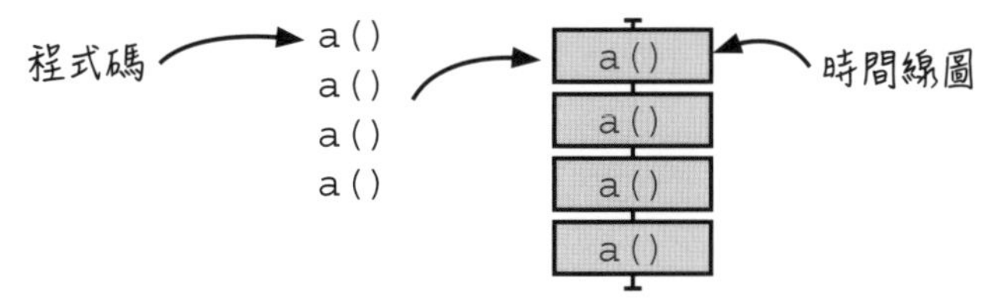

只使用程式的隱性時間模型雖然沒問題，但這也代表程式僅能以一種模式運行，而該模式往往**無法完全符合**我們的需要。因此，FP 程式設計師經常根據所需，建立更合適的時間模型。前面所談的佇列就是一例，其可避免非同步回呼產生新時間線；`JustOnce()` 則可確保被多次呼叫的 Action 只執行一次。

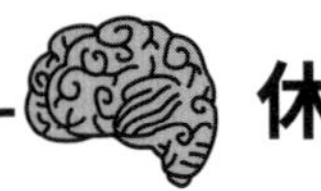

休息一下

問 1：我們撰寫的三個 concurrency primitives 皆為高階函式。請問，所有 concurrency primitives 都得這麼實作嗎？

答 1： concurrency primitives 並非只能寫成高階函式。這種實作方法之所以在非同步呼叫的 JavaScript 常見到，是因為我們得傳入回呼函式。在下一章中，各位會看到用於共享狀態的 concurrency primitives，名為 **cells**；此 primtive 雖會利用高階函式，但本身卻不是高階函式。

話雖如此，有一項特徵確實存在於幾乎所有 FP concurrency primitives 中，即：依賴頭等物件。舉例而言，我們在佇列中存放的回呼、以及 `JustOnce()` 所處理的對象皆為頭等化的 Actions。可以這麼說：第 16、17 章介紹的 primitives 之所以有用，正是因為它們處理的 Actions 是頭等函式。

問 2：為什麼將程式語言預設的時間模型稱為『隱性』？『顯性』的時間模型又是什麼？

答 2： 程式語言自帶的時間模型是看不到、也無法直接修改的，故此處將其稱為『隱性』。反之，我們自行建立的時間模型則透過可自由操作、更改的 concurrency primitives 實現，因此為『顯性』。

練習 17-4

在 17.16 節中的四張圖描繪了 JavaScript 的隱性時間模型。請利用類似邏輯，分別畫出 `Queue()`、`Cut()`、`JustOnce()` 與 `DroppingQueue()` 等 primitives 的顯性時間模型、並簡單描述它們的功能。

提示： 各位可以從 `JustOnce()` 開始思考 — 在原本的隱性時間模型裡，Action 被呼叫幾次就執行幾次。而在新模型中，不管呼叫了幾次，Action 都只會執行一次（各位可以直接修改 17-16 的第四張圖）。

- **Queue()**

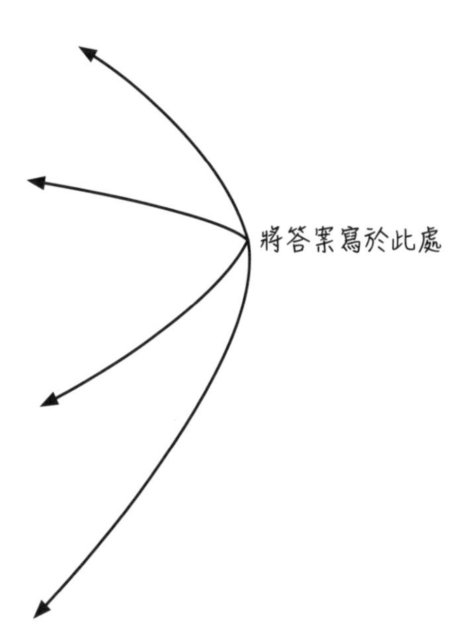

- **Cut()**

- **JustOnce()**

- **DroppingQueue()**

練習 17-4 解答

Queue()

所有加入佇列中的項目都在獨立的單一時間線上執行。當一個項目處理完以後，下個項目才會開始（處理順序與項目加入佇列的順序相同）：

```
var q = Queue(function() {
  a();
  b();
});

q();
q();
```

Cut()

當所有欲協調的時間線皆完成時，在新時間線中呼叫回呼：

```
var done = Cut(2, function() {
  a();
  b();
});

function go() { done(); }

setTimeout(go, 1000);
setTimeout(go, 1000);
```

JustOnce()

被 JustOnce() 包裝過的 Action 只能執行一次，就算該函式被呼叫多次也一樣：

```
var j = JustOnce(a);

j();
j();
j();
```

DroppingQueue()

此 primitive 類似於 Queue()，但當項目增加過快時，佇列會拋棄項目：

```
var q = DroppingQueue(1, function() {
  a();
  b();
});

q();
q();
q();
```

17.17 總結：操作時間線

本節彙整了所有能改善多時間線運作的方法。越上面的方法越理想，應優先使用。

減少時間線的數量

請簡化你的系統。盡可能避免執行緒、非同步呼叫以及伺服器請求，以降低時間線數量。

減少時間線上的 Action 數量

每條時間線上的 Actions 越少越好。盡量去除函式的隱性輸入與輸出，將 Actions 轉換為 Calculations（後者不必標在時間線上）。

減少共享資源

多條時間線分享的資源越少越好。若兩時間線不共享資源，則與順序有關的問題就不會發生。當需要存取變數時，請盡可能在同一條時間線完成。

利用 concurrency primitives 來共享資源

利用能安全分享的資源（如：佇列、lock 等）取代不能安全分享者。

利用 concurrency primitives 協調時間線

使用像是 Promise、`Cut()` 等工具來協調時間線，以限制 Actions 發生的順序或重複次數。

結論

在本章中，我們找到一個與網路請求有關的競態條件問題 — 只有當 AJAX 回應按照請求發送順序傳回時，程式行為才正常。不過，此順序是不固定的，因此網頁顯示的資訊有時會出錯。為解決此問題，我們建立了能協調兩時間線的 concurrency primitives，以確保無論哪個請求先處理完，最終結果皆正確。

重點整理

- FP 程式設計師會在語言自帶的隱性時間模型上建立新模型，以解決手上的問題。
- 顯性時間模型通常建立在頭等物件之上。回憶一下，當某元素為頭等物件時，程式語言的所有功能皆可套用於其上。
- 你可以建立 concurrency primitives 來協調兩時間線。這些 primitives 能確保 Actions 的順序，讓我們每次都獲得正確的處理結果。
- 將時間線分界是協條多時間線的方法之一。使用此技巧時，程式會等待所有欲協調時間線完成後，才開啟新時間線。

接下來 ...

在本書第二篇中，我們認識了頭等函式與高階函式，學會將函式工具組合成鏈，以及如何建立時間模型。現在，是時候用名為『洋蔥架構 (onion architecture) 』的程式設計方法結束此篇了！

反應式與洋蔥式架構 | 18

本章將帶領大家：

- 學習使用反應式架構來建立 Actions 的處理管道 (pipelines)。
- 實作常見的可變狀態 primitive (原語、基本工具)。
- 使用洋蔥式架構來構建與外界互動的介面。
- 瞭解如何將洋蔥式架構套用在多層的程式上。
- 比較洋蔥式架構與傳統的層狀架構。

由第二篇前面各章中，我們已學到許多頭等函式和高階函式的應用。現在，是時候回過頭總結這些章節，並討論一些設計和架構的問題了。在本章中，我們會介紹兩種獨立且常見的設計模式：其一是**反應式架構** (Reactive architecture)，其改變 Actions 序列的表達方式，使系統的反應性更好；其二是**洋蔥式架構** (onion architecture)，其提供了一個高層次的視角，幫助我們構建需要與現實世界互動的函數式程式

18.1 兩種獨立的設計架構

本章會介紹兩種不同的設計模式，分別是**反應式架構**（reactive architecture）與**洋蔥式架構**（onion architecture），兩者在不同層次上運作。反應式架構作用的對象是由 Actions 構成的序列，而洋蔥式架構則作用在整個服務上（**譯註：**這裡的『服務』指能處理外界請求，並給予適當回應的程式）。這兩個架構彼此相輔相成，但並不相互依賴。

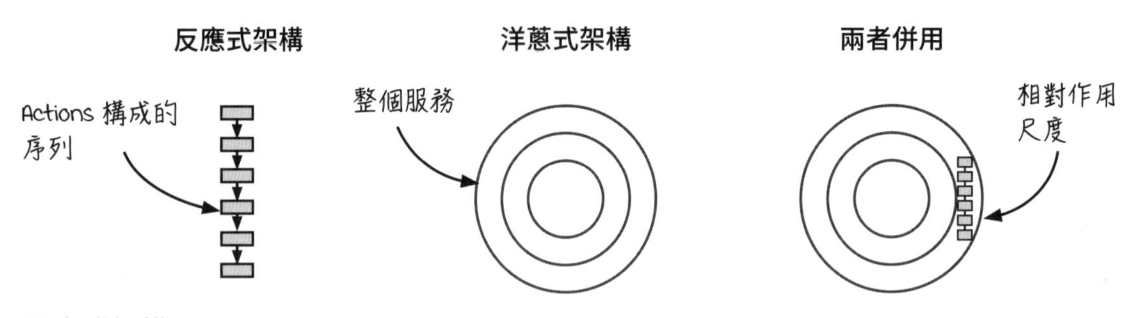

反應式架構

此種設計會改變我們表達 Actions 順序的方式。後面會看到，反應式架構能將變更操作與顯示結果分離，進而幫助我們釐清程式碼中混亂不明的部分。

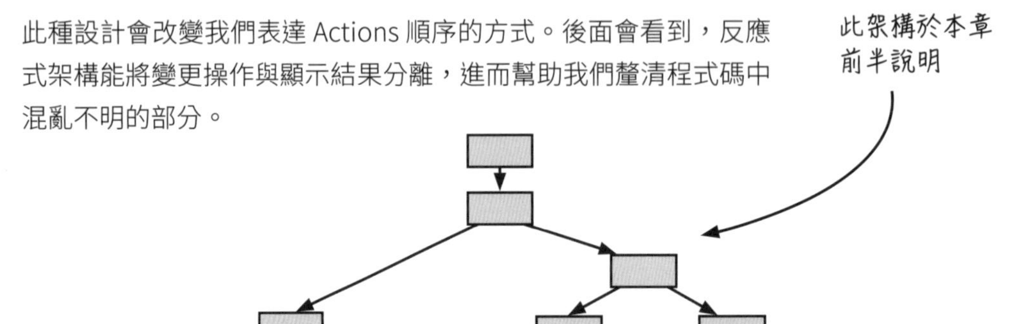

洋蔥式架構

對於任何必須與外界互動的服務（包括：網路服務、恆溫器調控等），此設計均能賦予其清楚的結構。事實上，只要套用 FP 思維，洋蔥式架構便會自然浮現。

此架構於本章後半說明

互動層

領域層

語言層

18.2 與程式更動有關的因與果糾纏不清

吉娜：記得幾個月之前，只要改 3 個地方就能完成購物車的使用者介面元素。現在則要修改 10 個地方才行！

金恩：我知道，這是經典的 n × m 問題！

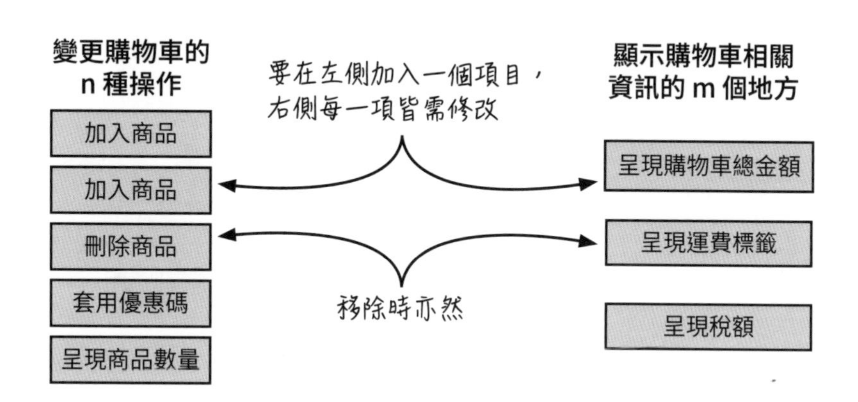

金恩：如上圖所示，要在某一側增加一個項目，則另一側的所有項目皆需修改或複製。

吉娜：確實！這就是我遇到的問題。你知道該怎麼辦嗎？

金恩：我想應該可以用反應式架構解決，此架構可以切斷『變更操作』與『顯示結果』之間的關聯。下面就來詳細說明吧！

18.3 什麼是反應式架構？

反應式架構是一種組織 Actions 序列的方式，它強調系統對事件的響應性（能快速處理和回應事件，保持高效和流暢的操作）。具體來說，當需要『先執行 Action 1 以變更某項資料，再執行 Action 2』時，傳統的做法是讓 Action 1 的**事件處理器** (event handler) 直接呼叫 Action 2。這種方法有時會帶來不必要的複雜性和問題。

反應式架構則採取不同的方法。我們不讓 Action 1 的事件處理器直接呼叫 Action 2，而是將變更資料轉換為能執行 Action 的物件，並指定『當該物件的狀態改變時，觸發 Action 2』。這種設計對於網路服務和使用者介面 (UI) 特別有效。例如，對於網路服務，網路請求可以作為 Action 1，隨後的伺服器回應則是 Action 2；在 UI 中，按鈕點擊是 Action 1，它所引發的後續處理則是 Action 2。透過這種方式，反應式架構提升了系統的模組化和適應性，對於高互動性和非同步環境特別有用。編註：我們可將反應式架構視為事件驅動設計的一種實現方式。

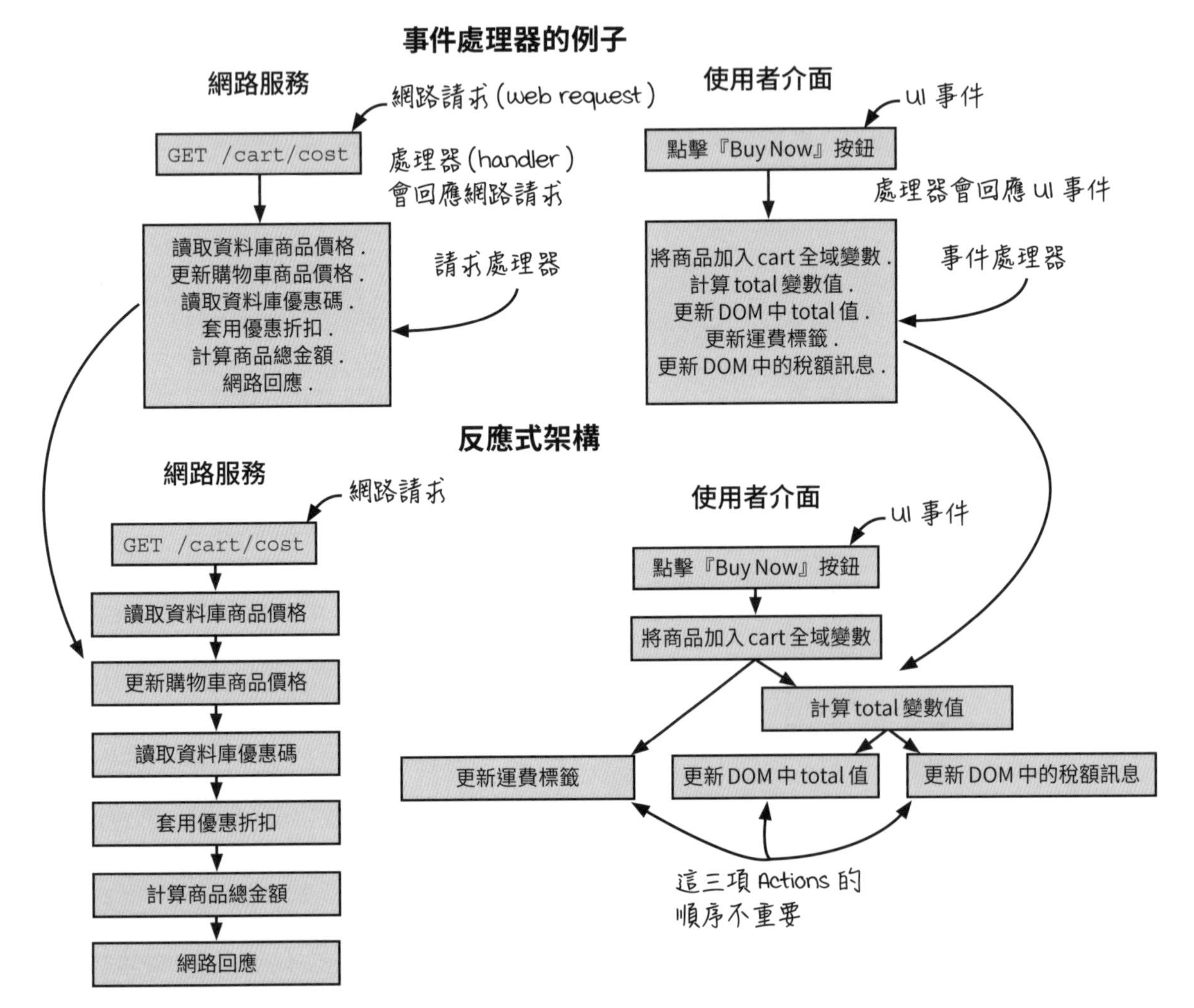

18.4 反應式架構是雙面刃

反應式架構改變了 Actions 順序的表達方式 — 原本我們會說『先做 X，再做 Y』，現在變成『若 X 造成資料改變時，則做 Y』。這有時能降低程式碼的撰寫難度、增加可讀性與可維護性，但有時則會產生反效果！因此，你得仔細判斷**何時**該用此架構，以及**怎麼**使用。下面先來加深對反應式架構的理解，然後各位便能與傳統的層狀設計比較，看何者較符合你的需求。

切斷變更操作與顯示結果的關聯

讓操作和結果分離有時會降低程式碼可讀性。不過，這麼做也能增加自由度，並讓我們的表達更加精準。之後會提供兩種狀況的例子。

將連續步驟轉換成處理管道

各位已在第 13 章見識過將資料轉換步驟串連成處理管道 (pipeline) 的威力了。只要將函式工具組合成鏈，就能用簡單的 Calculations 完成複雜的操作。反應式架構則允許我們把 Actions 和 Calculations 以類似方式連接在一起。

讓時間線更具彈性

用新方法表達 Actions 的順序可以增加時間線的彈性。當然，這有可能帶來麻煩，如同前面談到的錯誤潛在順序。但假如使用正確，相同的彈性可以縮短時間線。

為了做到這一點，我們需要建立一個強大的**頭等狀態模型** (first-class model of state)，此模型在網路應用和 FP 中相當常見 (狀態是應用程式中非常重要的部分，無論是否是 FP)。下一節先來介紹此模型的實作，稍後再用其分別解釋上面所列的三點。

編註： 所謂的頭等狀態模型，指的是將狀態 (state) 作為程式中的頭等物件來對待。表示狀態可以像其它基本資料類型一樣，可以被傳遞、修改和操作。透過明確管理和操作狀態，我們能更有效處理應用程式中的狀態變化。例如，在 REACT 中，`useState()` 函式可以產生一個狀態變數和一個對應的狀態更新函式，這兩者都是頭等物件。

18.5 頭等狀態模型 — Cell

開發小組的吉娜

在 MegaMart 範例中，『購物車 (cart)』是唯一留下的全域可變狀態，其它的都被去除了。有鑑於此，吉娜的敘述可改成『當**購物車狀態改變**時，執行Y』。

由於『購物車』只是正常的全域變數，修改時需用到指定算符『=』。若要改成反應式架構的寫法，第一步是將該變數頭等化成『物件』，並賦予其可呼叫的『method』。這件事可藉由以下高階函式來達成（**譯註：** 注意！目前的 `ValueCell()` 還不是『反應式』，詳細請見下一節）：

```
function ValueCell(initialValue) {
  var currentValue = initialValue;
  return {
    val: function() {
      return currentValue;
    },
    update: function(f) {
      var oldValue = currentValue;
      var newValue = f(oldValue);
      currentValue = newValue;
    }
  };
}
```

設定變數的初始值（可以放 collection 資料）

傳回當前變數值

將傳入函式套用在當前變數值上（採用由『讀取—修改—寫入』等三步驟組成的交換模式）

ValueCell 這個名稱來自同為反應式架構的試算表。當你改變表上儲存格 (cell) 的數值時，與之相關的公式便會重新計算（**譯註：** 以上敘述符合『當 X 發生，執行 Y』的模式 — X 是儲存格數值改變，Y 是公式重新計算）。

精確來說，`ValueCell()` 的功能是將變數包裝在兩個 method 中 — 其中一個（即：`val()`）可讀取當前變數值，另一個（即：`update()`）則可更新變數值。以下是利用 `ValueCell()` 改寫 `add_item_to_cart()` 的結果，注意原本的購物車讀取與變更操作分別以 `val()` 或 `update()` 取代：

改寫前

『讀取—修改—寫入（交換）』模式

```
var shopping_cart = {};

function add_item_to_cart(name, price) {
  var item = make_cart_item(name, price);
  shopping_cart = add_item(shopping_cart, item);


  var total = calc_total(shopping_cart);
  set_cart_total_dom(total);
  update_shipping_icons(shopping_cart);
  update_tax_dom(total);
}
```

改寫後

用 method 呼叫取代手動的交換操作

```
var shopping_cart = ValueCell({});

function add_item_to_cart(name, price) {
  var item = make_cart_item(name, price);
  shopping_cart.update(function(cart) {
    return add_item(cart, item);
  });
  var total = calc_total(shopping_cart.val());
  set_cart_total_dom(total);
  update_shipping_icons(shopping_cart.val());
  update_tax_dom(total);
}
```

經過以上處理，原本 shopping_cart 的讀取與更改皆變成了 method 呼叫。

18.6 把 ValueCell 變成反應式

上一節已定義了能代表可變狀態的新 primitive。儘管如此，我們仍不能指定『當狀態改變時，執行 Y』的操作（**譯註：** 也就是說，目前的 primitive 並非『反應式』）。為解決這個問題，我們在 ValueCell() 中加入名為 **watchers** 的函式陣列 — 每當變數狀態改變時，watchers 中的函式便會被呼叫。

譯註： 注意！本章提到的 cell primitive 並非 ValueCell() 函式本身，而是 ValueCell() 包裝後傳回的資料實體。有鑑於此，在接下來的內文中，我們會以 ValueCell() 指產生 primitive 的函式，ValueCell 表示該函式所產生的 cell primitive。

原始程式

```
function ValueCell(initialValue) {
  var currentValue = initialValue;

  return {
    val: function() {
      return currentValue;
    },
    update: function(f) {
      var oldValue = currentValue;
      var newValue = f(oldValue);

      currentValue = newValue;


    }


  };
}
```

加入 watchers

```
function ValueCell(initialValue) {
  var currentValue = initialValue;
  var watchers = [];
  return {
    val: function() {
      return currentValue;
    },
    update: function(f) {
      var oldValue = currentValue;
      var newValue = f(oldValue);
      if(oldValue !== newValue) {
        currentValue = newValue;
        forEach(watchers, function(watcher) {
          watcher(newValue);
        });
      }
    },
    addWatcher: function(f) {
      watchers.push(f);
    }
  };
}
```

將一系列函式儲存在 watchers 陣列中

當變數值改變時，便呼叫 watchers 中的函式

增加一個能將函式加入 watchers 陣列的 addWatcher() method

現在，你可以呼叫 addWatcher() method 將函式存入 watchers 陣列中。如此一來，當購物車狀態改變時，該函式便會被呼叫（符合：若 X 造成資料改變時，則做 Y）。換句話說，新 ValueCell() 產生的 primitive 已變成反應式的了！

小字典

事實上，watchers 還有很多別名，以下概念類似的名稱皆有人使用。例如：

- Watchers（監視器）
- Observers（觀察者）
- Listeners（傾聽者）
- Callbacks（回呼）
- Event handlers（事件處理器）

編註：cell primitive 與 watchers 陣列

當我們用 var cell = ValueCell(一個初始值) 時，得到的 cell primitive 是一個物件，這個物件包括當前狀態值（即變數 currentValue）以及三個 method：val()、update() 和 addWatcher()。此外，還有一個 watchers 陣列，用來存放監視器函式（watcher functions）。

監視器函式會在呼叫 addWatcher() method 時，被註冊進 watchers 函式陣列中（即：用 watchers.push(f) 放進去）。每當這個物件呼叫 update() method 更改狀態值時，所有註冊在 watchers 陣列中的監視器函式都會被觸發。那麼監視器函式裡面是什麼呢？可以是輸出一個提醒訊息、發出警示通知、傳回數值加減運算結果等等，依需要而定。這正是反應式架構中描述的反應行為的例子。

18.7 如何在 cell primitive 改變時更新運費標籤

我們在上一節為 ValueCell 添加了能將監視器函式加入 watchers 陣列的 addWatcher() method，並讓這些監視器函式在 ValueCell 物件當前變數值改變時被觸發。為了讓各位瞭解如何使用該 primitive，下面就把 update_shipping_icons() 當做 watcher 函式傳入 shopping_cart 的 ValueCell 中（譯註：根據本書第 4 章的敘述，update_shipping_icons() 的功能是在符合特定條件的商品旁加上『免運費』標籤）；如此一來，每當購物車內容因某種原因而改變時，運費標籤也會跟著更新。

為了簡化 add_item_to_cart()，此處要將其下的 update_shipping_icons() 移出函式

修改前

```
var shopping_cart = ValueCell({});

function add_item_to_cart(name, price) {
  var item = make_cart_item(name, price);
  shopping_cart.update(function(cart) {
    return add_item(cart, item);
  });
  var total = calc_total(shopping_cart.val());
  set_cart_total_dom(total);
  update_shipping_icons(shopping_cart.val());
  update_tax_dom(total);
}
```

修改後

```
var shopping_cart = ValueCell({});

function add_item_to_cart(name, price) {
  var item = make_cart_item(name, price);
  shopping_cart.update(function(cart) {
    return add_item(cart, item);
  });
  var total = calc_total(shopping_cart.val());
  set_cart_total_dom(total);

  update_tax_dom(total);
}

shopping_cart.addWatcher(update_shipping_icons);
```

這行程式碼只需寫一次，日後每當購物車更新時，update_shipping_icons() 都會執行

在這個例子中，有兩件事要注意。首先，『Buy Now』按鈕的事件處理器 (也就是 add_item_to_cart()) 變短了 — 原本 add_item_to_cart() 負責更新運費標籤，但現在該責任被轉移給了 ValueCell primitive 的 watchers 機制。其次，你可以把所有事件處理器中的 update_shipping_icons() 呼叫移除 — 只要將 update_shipping_icons() 加入 watchers 內一次，之後無論『購物車』發生了何種變化 (包括但不限於：加入商品、刪除商品、更改商品數量等)，該函式都會被觸發。事實上，這就是為什麼前文說『反應式架構能切斷變更操作與顯示結果的關聯』：有了 watchers，我們就能讓『運費標籤』自行對購物車狀態做反應，就不必手動一一加到各操作函式中。

本節已將涉及運費標籤的 DOM 更新移出 add_item_to_cart() 了（譯註：任何會在網頁畫面上呈現的東西都與 DOM 有關，update_shipping_icons() 也不例外）。至於剩下的兩項 DOM 操作 (即：『set_cart_total_dom(total);』與『update_tax_dom(total);』) 則和『購物車』非直接相關；更精確地說，兩者皆會用到 total，而該變數的值是從 cart (購物車) 計算而來。在下一節中，我們會實作另一種 primitive，以處理這種從其它變數計算出來的值。

18.8 用 FormulaCell 處理從其它變數計算來的值

在前面的內容中，為了讓 ValueCell 具備反應式功能，我們在其中加入了 watchers 機制，這使得當 ValueCell 的值變化時，可以通知所有已註冊的監視器函式。那麼，有沒有可能先利用某既有的 primitive 計算出一個值，然後當該值變化時，自動更新另一個 cell primitive 呢？答案是可以的，這正是 FormulaCell 的作用。簡單來說，FormulaCell 可以接受一個或多個上游的 cell primitive；當這些上游 cell 發生變化時，FormulaCell 中的值就會根據定義的公式自動重新計算（譯註：延用前面的試算表比喻，ValueCell 就像存放靜態數值的儲存格，而 FormulaCell 則是存放公式的儲存格）。以下是能夠產生 FormulaCell primitive 的函式實作：

譯註：本節依照先前的慣例，以 FormulaCell 代指 primitive，FormulaCell() 則是產生該 primitive 物件的高階函式。

```
function FormulaCell(upstreamCell, f) {
  var myCell = ValueCell(f(upstreamCell.val()));
  upstreamCell.addWatcher(function(newUpstreamValue) {
    myCell.update(function(currentValue) {
      return f(newUpstreamValue);
    });
  });
  return {
    val: myCell.val,
    addWatcher: myCell.addWatcher
  };
}
```

重複利用 ValueCell 的相關機制（譯註：FormulaCell primitive 的變數值存放在 myCell 中，而 myCell 是一個 ValueCell primitive；另外，參數 upstreamCell 接受的正是當前 FormulaCell 的上游 cell primitive）

在 upstreamCell primitive 中加入 watcher 函式，以計算當前 FormulaCell 的 myCell 變數值（譯註：回憶一下，當 cell primitive 的狀態改變時，便會執行 watcher 函式，所以這裡的意思就是：當 upstreamCell 狀態發生變化，就重新計算 FormulaCell 的變數值）

呼叫 val() method 來存取 myCell 的值，呼叫 addWatcher() 將函式儲存到 myCell 物件的 watchers 陣列裡

與 ValueCell 不同之處在於 FormulaCell 沒有 update() method，無法直接修改 myCell 的值（譯註：myCell 的值只能透過 upstreamCell 物件的 watcher 函式計算）

需強調的是：你無法透過 method 呼叫直接修改 FormulaCell 的變數值（儲存在 myCell 中）。要修改 myCell，唯一的辦法是透過 upstreamCell 的 watcher 函式（upstreamCell 就是 FormulaCell 的上遊 cell primitive），而這就表示：每當上游 cell 狀態改變時，程式就會以該 cell 的新變數值計算 myCell 變數值。

注意！FormulaCell 本身也有 watcher 機制（**譯註：** FormulaCell 的 watcher 機制就是 myCell 的 watcher 機制）。因此，我們可以將函式加入 myCell 的 watchers 陣列，待 FormulaCell 狀態變化時執行。下面就是用 FormulaCell 來改寫 add_item_to_cart() 的範例：

改寫前

```
var shopping_cart = ValueCell({});


function add_item_to_cart(name, price) {
  var item = make_cart_item(name, price);
  shopping_cart.update(function(cart) {
    return add_item(cart, item);
  });
  var total = calc_total(shopping_cart.val());
  set_cart_total_dom(total);
  update_tax_dom(total);
}

shopping_cart.addWatcher(update_shipping_icons);
```

改寫後

```
var shopping_cart = ValueCell({});
var cart_total = FormulaCell(shopping_cart,
                             calc_total);

function add_item_to_cart(name, price) {
  var item = make_cart_item(name, price);
  shopping_cart.update(function(cart) {
    return add_item(cart, item);
  });



}

shopping_cart.addWatcher(update_shipping_icons);
cart_total.addWatcher(set_cart_total_dom);
cart_total.addWatcher(update_tax_dom);
```

每當 shopping_cart 改變時，cart_total 就會改變

點擊處理器（也就是 add_item_to_cart() 函式）變得非常簡單

當 cart_total 的值改變，程式就會以 DOM 更新來回應

經過以上變更後，只要『購物車』一有變化，程式就會執行三次 DOM 更新。除此之外，處理器函式的程式碼也變得更簡單明瞭了。

18.9 FP 中的可變狀態

FP 程式設計師可能會告訴你：他們不會、或會盡可能避免使用可變狀態。不過，這種說法其實是一種誇大，是對大多數軟體過於濫用可變狀態的一種回應。

事實上，維持某種可變狀態是應用程式非常重要的功能。畢竟所有軟體都需從不斷變化的外在環境接收資訊，並將其記錄在資料庫或記憶體中。這樣一來，程式才能認識新使用者、追蹤使用者的行為等。

這裡的重點是，比起一般的全域變數，用 cell primitive 保存可變狀態安全多了。回憶一下，`ValueCell` 的 `update()` method 會用呼叫時傳入的 Calculations 函式處理當前變數值，再傳回新值。所以，假如對我們的應用來說『primitive 中的當前數值有效』**且**『當傳入引數有效時，Calculation 的傳回值必有效』，那麼透過 `update()` 算出的 `ValueCell` 變數值就一定有效。需強調的是，`ValueCell` 無法限制多時間線的更新或讀取順序，只能保證數值有效性，但這對許多狀況來說已經足夠。**譯註：** 此處的『有效』指『對當前的應用情境而言合理』。舉個例子，如果我們想做邏輯判斷，則合理的變數值會是布林值 true 或 false。

只傳入 Calculation

`ValueCell.update(f)`

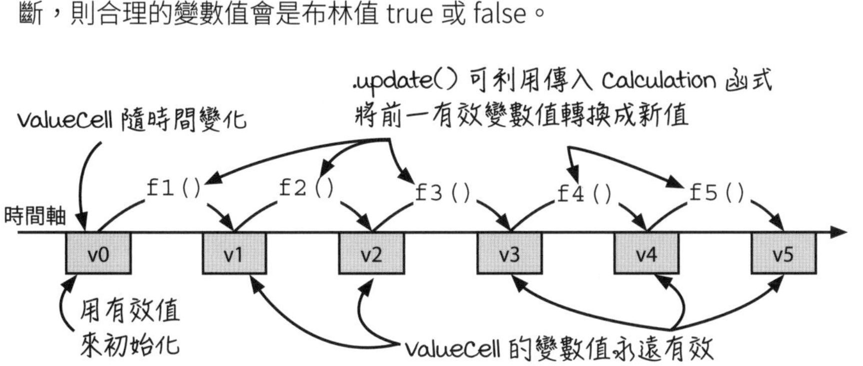

如何確保 ValueCell 的變數值永遠有效？

- 確定 `ValueCell` 變數的初始值有效。
- 只用 Calculations 當做 `update()` 的傳入函式（不要傳入 Action）。
- 確保當提供有效引數時，上述 Calculations 的傳回值必有效。

小字典

在許多 FP 程式語言中存在等價於 `ValueCell` 的工具，例如（**譯註：** 除了 Redux store 以外，下列名稱皆為複數，故後面加 s；在英文正式用法中，這些工具名稱確實是可數的）：

- Clojure 的 **Atoms**
- React 的 **Redux store** 和 **Recoil atoms**
- Elixir 的 **Agents**
- Haskell 的 **TVars**

18.10 反應式架構的三大效果

我們已在前幾節中將『放入購物車』程式改成了反應式架構。換言之，其中所有 Actions 皆為對某狀態改變的反應。

傳統架構

```
var shopping_cart = {};

function add_item_to_cart(name, price) {
  var item = make_cart_item(name, price);
  shopping_cart = add_item(shopping_cart, item);
  var total = calc_total(shopping_cart);
  set_cart_total_dom(total);
  update_shipping_icons(shopping_cart);
  update_tax_dom(total);
}
```

反應式架構

```
var shopping_cart = ValueCell({});
var cart_total = FormulaCell(shopping_cart,
                             calc_total);

function add_item_to_cart(name, price) {
  var item = make_cart_item(name, price);
  shopping_cart.update(function(cart) {
    return add_item(cart, item);
  });
}

shopping_cart.addWatcher(update_shipping_icons);
cart_total.addWatcher(set_cart_total_dom);
cart_total.addWatcher(update_tax_dom);
```

將整串 Actions 序列寫在點擊處理器函式中

將下游 Actions 寫在點擊處理器函式之外

點擊『Buy Now』鈕

商品加入 cart 全域變數
計算 total 變數值
更新 DOM 中 total 值
更新運費標籤
更新 DOM 中的稅額

直接 Action

下游 Actions

點擊『Buy Now』鈕

商品加入 cart 全域變數

計算 total 變數值

更新運費標籤

更新 DOM 中 total 值

更新 DOM 中的稅額

注意！如前所述，將程式碼改為反應式架構會產生三項主要效果：

1. 切斷變更操作與顯示結果之間的關聯
2. 將連續步驟轉換成處理管道
3. 讓時間線更具彈性

下面就花數節的篇幅來一一討論吧！

練習 18-1

請問：`ValueCell` 和 `FormulaCell` primitives 是 Actions、Calculations 還是 Data ？

解答：由於它們的狀態可變，故皆為 Actions。換言之，`.val()` 或 `.update()` method 的結果取決於呼叫時機或次數。

18.11 切斷變更操作與顯示結果之間的關聯

撰寫程式碼時，我們經常需要在不同狀況下呈現不同結果。以『放入購物車』的例子來說，程式需要知道：若把某項商品加入『目前的購物車』，則是否應顯示免運費標籤。換言之，『免運費標籤出現與否』和『購物車當前狀態』有關 — 當『購物車』內容發生變化，標籤也需要隨之更新。

目前討論主題

反應式架構的三大效果

1. **切斷變更操作與顯示結果之間的關聯**
2. 將連續步驟轉換成處理管道
3. 讓時間線更具彈性

而造成購物車狀態改變的原因有很多。前面的章節只涉及『放入購物車』，而忽略了像是『刪除商品』或『清空購物車』等其它操作。事實上，每當你執行會改變『購物車』的操作，該操作都必須呼叫相同函式來更新運費標籤：

傳統架構

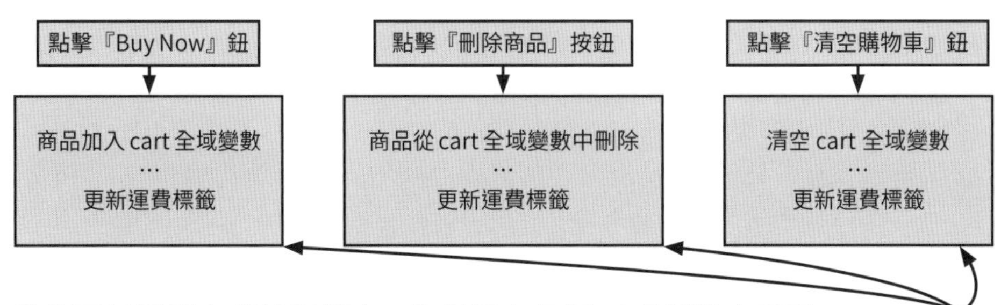

我們可以看到在傳統架構中，你必須在每個 UI 處理器中呼叫 `update_shipping_icons()` — 當使用者按下『Buy Now』，運費標籤就得更新；按下『刪除商品』，運費標籤也需更新；按『清空購物車』，運費標籤仍要更新！也就是說，傳統架構會將變更操作 (即：按鈕點擊) 與顯示結果 (顯示『免運費』) 關聯在一起。

相反地，反應式架構可切斷上述關聯。此處的關鍵在於：將更新運費標籤的責任從『UI 處理器』轉移給『代表購物車變數的 cell primitive』；該 primitive 具有 watcher 機制，可以在『購物車』發生變化時主動執行需要的反應。注意！不像 UI 處理器有多種不同可能，由於購物車的 cell primitive 只有一個，故『更新運費標籤』的程式也只需寫一遍就好。

反應式架構

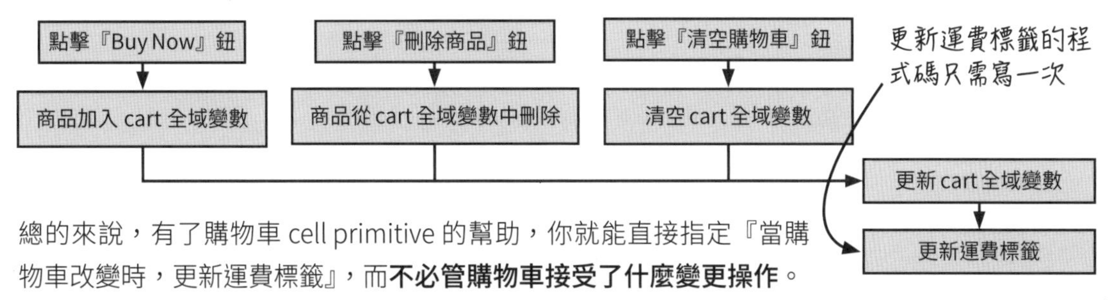

總的來說，有了購物車 cell primitive 的幫助，你就能直接指定『當購物車改變時，更新運費標籤』，而**不必管購物車接受了什麼變更操作**。

現在，來討論『切斷變更操作和顯示結果的關聯』如何幫我們解決棘手的 n × m 問題（**譯註：** 讀者可複習 18.2 節中吉娜與金恩的對話）。如前所述，使用者有 n 種方式可變更 cart 變數，而需在 cart 變化後執行的 Actions 則有 m 個。**譯註：** 每項變更操作皆對應一個事件處理器。

變更 cart 變數的操作

1. 加入商品
2. 刪除商品
3. 清空購物車
4. 更新商品數量
5. 套用優惠碼

需在 cart 改變後執行的 Actions（顯示變更結果）

1. 顯示運費標籤
2. 顯示稅額
3. 顯示購物車總金額
4. 顯示商品數量

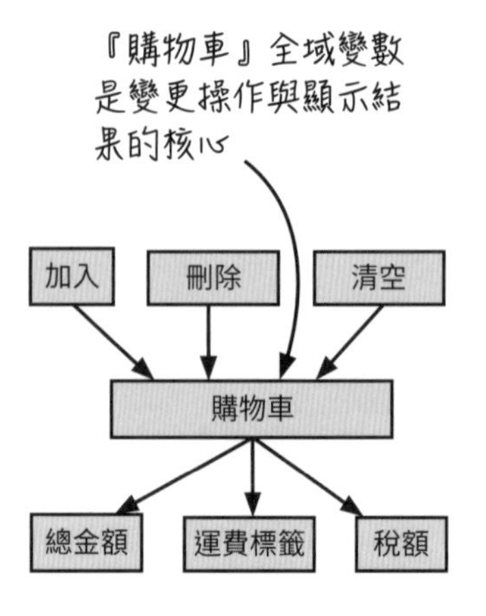

請思考一下：若在本例中使用傳統設計架構，則我們會有幾行重複的程式碼需維護？答案是 20 行！因為此處有 5 個『變更操作』的處理器，每個皆需呼叫全部 4 個『顯示結果』的 Actions，所以會出現 5 × 4 = 20 條一樣的程式碼（**譯註：** 此即『n × m 問題』的名稱由來）。且假如 n 和 m 進一步增加，則重複的程式碼數也會快速爆增。幸運的是，以上『變更操作』與『顯示結果』皆以『購物車』為核心 — 若能讓購物車自行呼叫 Actions，需維護的程式碼數量就會減少。

這正是反應式架構的用途所在！透過把『購物車』轉換成能執行函式的 cell primitive，『顯示結果』的程式得以移出『變更操作』處理器，使得兩者的連繫被切斷。如此一來，我們只要分別寫『5 項變更操作』**加上**『4 條顯示結果』即可，且其中**沒有重複**。更棒的是，就算未來要新增『變更操作』，『顯示結果』的部分也完全不必修改，反之亦然。

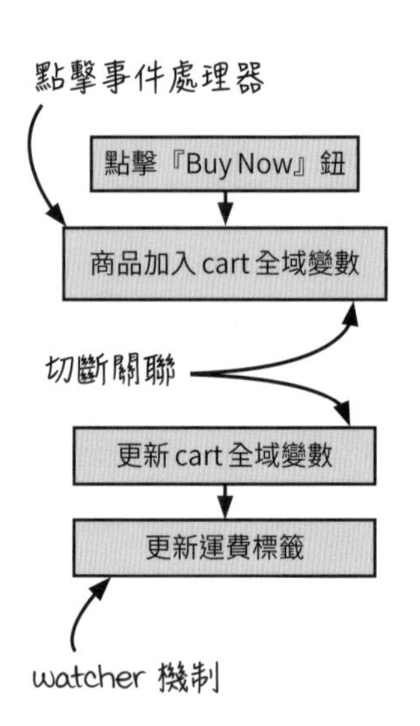

總的來說，假如你遇到的麻煩正是由上述 n × m 問題所導致，那麼反應式架構就很有用。有了它，『變更操作』和『DOM 更新』可以完全分開考量，不會糾纏不清。

然而，如果這不是你要處理的問題，則反應式架構的寫法可能會讓情況更糟。事實上，當『變更操作』和『顯示結果』之間沒有共同核心時（如：本例的『購物車』），切斷兩者的關聯就沒有意義！此時，撰寫 Actions 序列最好的方法就是將其中的操作一條條按順序寫出來。

18.12 將連續步驟轉換成處理管道

本書第 13 章已介紹過如何用函式工具鏈撰寫 Calculations。在此做法中，我們會先實作簡單易寫、又能重複使用的小函式，再利用它們完成複雜行為。

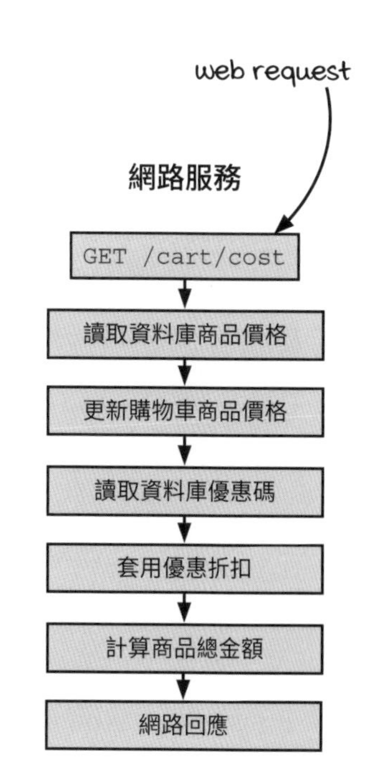

同樣地，反應式架構能把簡單的 Actions 和 Calculations 組合成較複雜的處理管道 (pipeline) — 資料會由其上方輸入，經過一步步處理，最後變成結果輸出。此管道本身可被視為一個 Action。

假如程式中存在一系列步驟，且前一步產生的資料正是下一步的輸入 (**譯註：** 也可以說『資料在這些步驟中傳遞』)，那麼你就可以用適當的 primitive 將其寫成處理管道，而這一般都是透過反應式架構來實作。

JavaScript 的內建物件 Promises (此為處理非同步操作的工具，能夠有效管理複雜的非同步邏輯)：允許我們將 Actions 與 Calculations 組成管道，不過其僅能處理單一資料。若你需要應付多事件的事件流 (stream of events)，則 ReactiveX (https://reactivex.io) 函式庫提供了合適的工具。

此外，此處的 stream 是能對事件進行 map 和 filter 操作的工具，且在多個程式語言中 (包括 JavaScript 的 RxJS) 皆有實作。此外，還有像是 Kafka (https://kafka.apache.org) 或 RabbitMQ (https://www.rabbitmq.com) 等的外部 stream 處理平台，你可以透過它們實作橫跨不同服務的大型反應式架構系統。

目前討論主題

反應式架構的三大效果

1. 切斷變更操作與顯示結果之間的關聯
2. **將連續步驟轉換成處理管道**
3. 讓時間線更具彈性

總結一下，倘若程式中有一系列相關步驟，但資料並未在其中傳遞 (即：前一步的輸出是下一步的輸入)，則我們可以將它們重構成可傳遞資料，或者乾脆放棄反應式架構 — 沒有資料傳遞就沒有處理管道，反應式架構也就不適用。

深入探索

越來越多人愛用反應式架構來建立微服務 (microservices)。若讀者想瞭解這麼做的好處，請參考以下文章：

`https://www.reactivemanifesto.org`

18.13 讓時間線更具彈性

由於反應式架構會改變我們定義 Action 序列的方式，故此架構下的時間線會自然分裂成數條小支線，進而增加時間線的彈性。

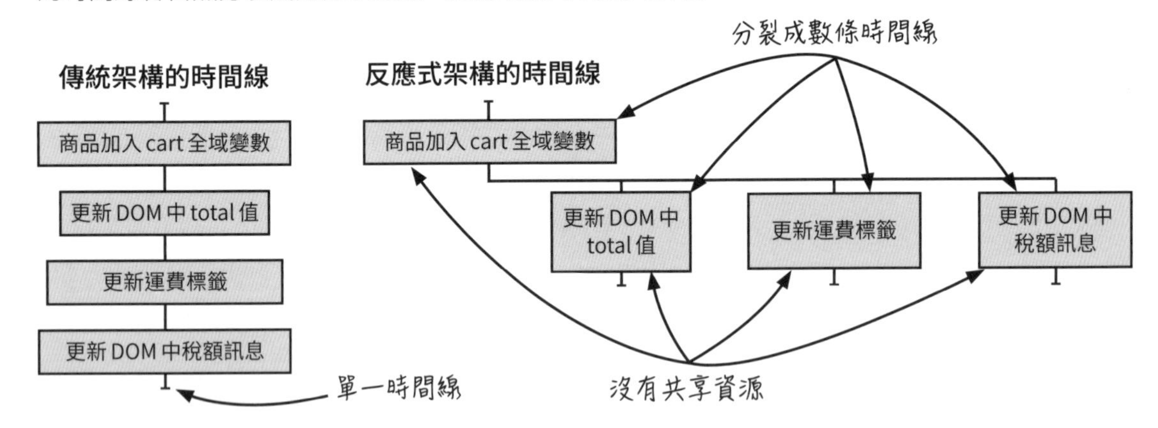

雖然增加彈性有時能帶來好處，但也並非總是如此。本書最早在第 15 章時就提過：步驟少的時間線較易處理，但時間線數量上升卻會造成反效果。這裡的關鍵是：分裂之後的時間線不能有共享資源：

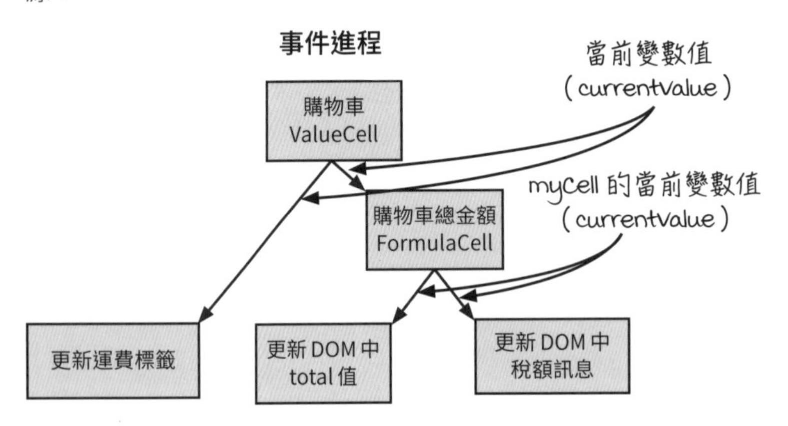

目前討論主題

反應式架構的三大效果

1. 切斷變更操作與顯示結果之間的關聯
2. 將連續步驟轉換成處理管道
3. **讓時間線更具彈性**

上圖所示，在我們的例子中，購物車 `ValueCell` 呼叫 watcher 函式時傳入的是區域變數 currentValue，而非『購物車』全域變數。總金額 `FormulaCell` 是以 myCell 的 currentValue 為引數呼叫 watcher，也不會用到『購物車』。換句話說，三個 DOM 更新並未共享資源，因此沒有安全上的顧慮。

練習 18-2

我們想設計一個通知系統，每當『服務條款改變』或『有特殊活動』時，便提示使用者修改帳戶資料。注意！未來有可能還要加入更多通知理由。

此外，系統會以不同方式顯示通知，例如：『傳送電子郵件』、『在網頁上呈現橫幅』，或者『傳訊息到手機』等。和之前一樣，未來可能會新增其它通知方式。

請問：用反應式架構實作上述系統是否合適？為什麼？

請將答案寫在此處

練習 18-2 解答

練習 18-2 的通知系統非常適合用反應式架構來設計。前面提到的通知理由即『變更操作』，通知方法則是『顯示結果』。該架構可切斷兩者的關聯性，讓我們更容易在該系統中加入新的通知理由或方式。

練習 18-3

在新開發的文書處理系統中有一套固定流程，如下：驗證文件 → 加入數位簽章 → 將文件保存至資料庫 → 產生上述操作的記錄檔。請問：以上流程是否適合以反應式架構實作？為什麼？

請將答案寫在此處

練習 18-3 解答

不適合。在上述流程裡，上一步的輸出並非下一步的輸入，所以還是乖乖將每一步驟寫出來比較妥當。

18.14 複習：兩種獨立的設計架構

反應式架構已介紹完畢了。現在，我們要把注意力移至另一種完全不同的設計，稱為**洋蔥式架構**（onion architecture）。此架構作用的層級較反應式架構高 — 程式設計師會用其建立整個服務，以便與外界互動。雖然兩種設計彼此不相互依賴，但兩者可以連用，此時你會看到反應式架構被巢狀包裹在洋蔥式架構中。

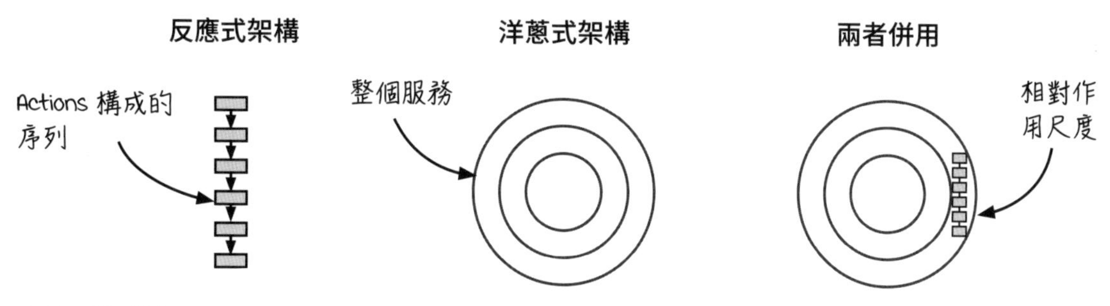

反應式架構

此種設計會改變我們表達 Actions 順序的方式。如前幾節所述，反應式架構能將變更操作與顯示結果分離，進而幫我們釐清程式碼中混亂不明的部分。

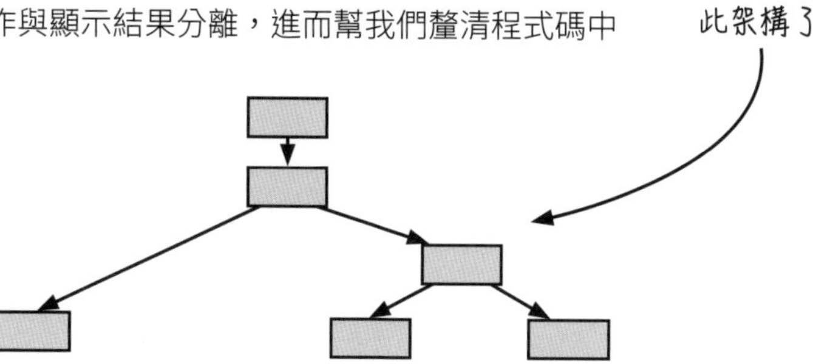

洋蔥式架構

對於任何必須與外界互動的服務（包括：網路服務、恆溫器調控等），該設計均能賦予其清楚的結構。事實上，只要套用 FP 思維，洋蔥式架構便會自然浮現。

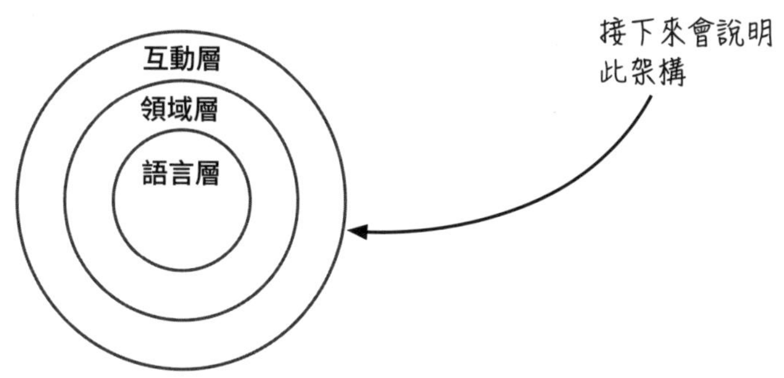

18.15 什麼是洋蔥式架構？

當你的服務或軟體需與外界互動時，便可用洋蔥式架構來設計程式的結構。如其名稱所示，此架構是由一圈圈同心圓組成，就像洋蔥一樣：

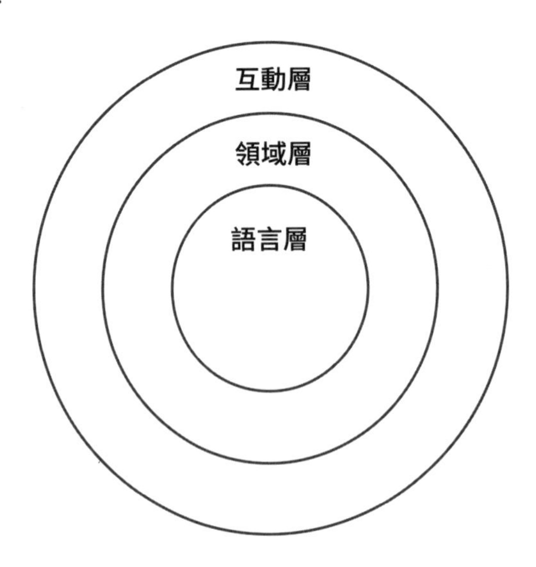

互動層

- 包含會影響外界或被外界影響的 Actions。

領域層

- 此層的 Calculations 定義了應用領域的規則。

語言層

- 程式語言的底層元素與函式庫。

洋蔥式架構並未明確限制程式的分層，但用此架構寫成的函式大致都符合上述三大類別。此外，此架構還有以下三項規則，使其與 FP 系統特別相配：

1. 所有與外部環境互動的功能皆只在互動層進行。
2. 外層的函式呼叫內層，內層不呼叫外層。
3. 每一層的程式皆沒有其它層的資訊。

如你所見，洋蔥式架構與本書第一篇介紹的『Action／Calculation 分類』和『分層設計』很相配。下面讓我們再複習一下這些概念，然後討論如何於真實情境中運用此架構。

18.16 複習：Actions、Calculations 與 Data

第一篇詳細解釋過 Actions、Calculations 與 Data 的不同。由於此分類對於建立洋蔥式架構的各項選擇很重要，故此處稍微複習一下。

Data

之所以先提 Data，是因為這是三類程式碼中最簡單的。簡言之，Data 就是關於事件的事實，其可以是數字、字串、集合等任何兼具不變性與可傳遞性的資料。

Calculations

Calculations 就是能將輸入轉換為輸出的某種運算。且只要輸入一樣，Calculations 的輸出結果就一定相同，這代表其執行結果與運行時機／次數無關。也因為 Calculations 的順序不重要，畫時間線時不必將它們標出。本書第一篇的大半內容都在教讀者如何將程式碼由 Action 改為 Calculation。

Actions

Actions 是會對環境產生實際作用，或者被環境影響的可執行程式碼，因此它們的執行結果取決於運行時機或次數。事實上，從資料庫存取資料、API 呼叫、發送網路請求等操作均屬 Actions，第二篇已花費大量篇幅說明如何管控此類程式的複雜行為，而本章後續還有。

若各位遵循第 4 章的建議把 Action 中的 Calculation 擷取出來，則程式的結構就會自然而然趨近洋蔥式架構。也因此，有些 FP 程式設計師認為此架構直觀到毋須特別命名。然而，確實有人使用『洋蔥式架構』一詞，為服務程式在 FP 中的樣貌提供了便於理解的描述，故讀者還是應該知道。

18.17 複習：分層設計

將函式依照彼此的呼叫關係分成不同層的設計，即**分層設計** (stratified design)。此方法能讓我們看出：哪些函式的可重複使用性與可變性較高、哪些則需重點測試。

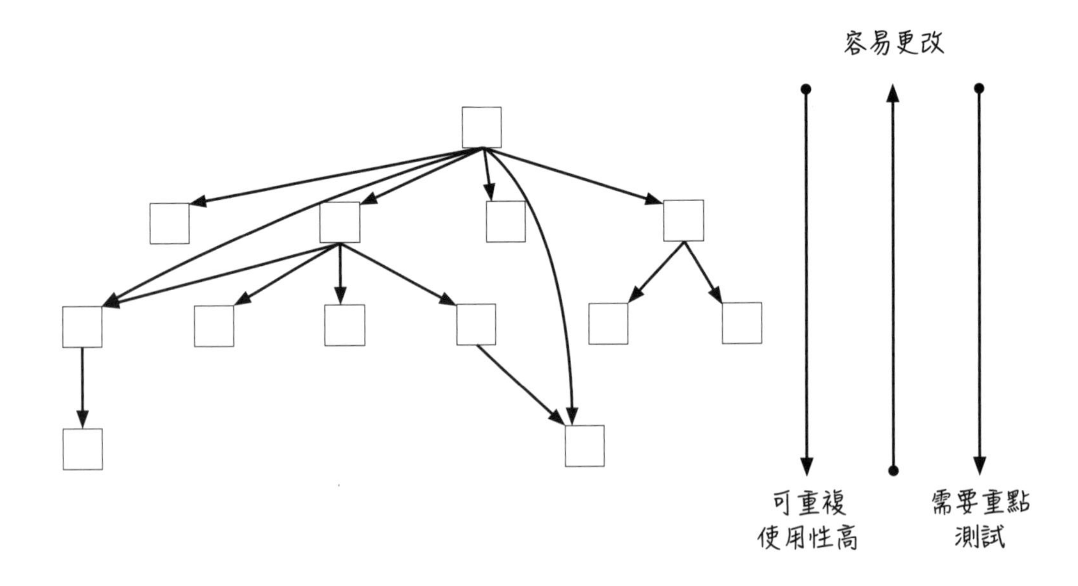

上圖還能視覺化地顯示 Action 的擴散：假如某個方格（**譯註：**在這裡即代表一個函式）為 Action，那麼在其呼叫路徑上的所有上層方格也都會是 Actions：

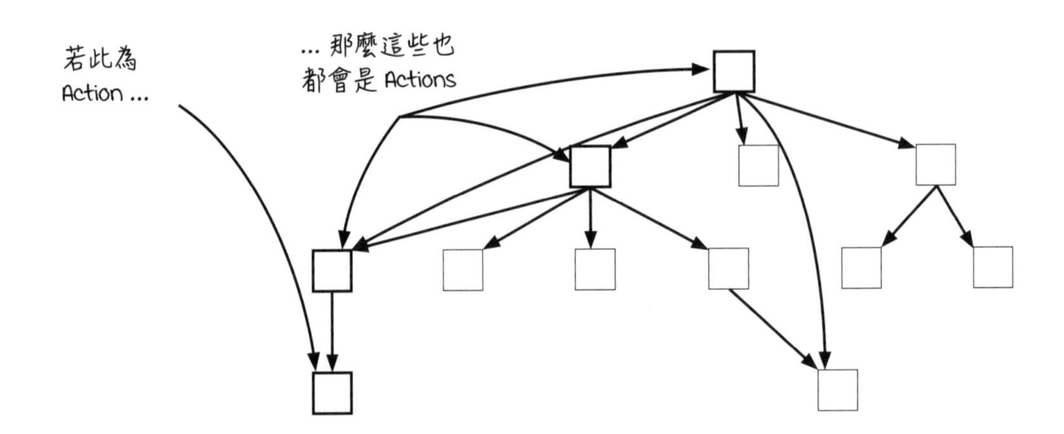

18.18 傳統的層狀架構

傳統的（非函數式的）網路 API 架構一般成為層狀架構（layered architecture）。此名詞雖和前面的『層狀設計』很像，但兩者中的『層』是不一樣的！下面是一個常見的層狀網路伺服器結構：

網路介面
領域操作
資料庫

網路介面層

- 將網路請求轉譯為領域概念，或把領域操作轉譯成網路回應

領域層

- 與專門應用程式有關的邏輯，常見功能是把領域操作轉換成資料庫查詢或指令。

資料庫層

- 儲存會隨時間改變的資訊。

在這個架構中，資料庫（DB）位於最底層，作為整個系統的基礎。領域層（Domain Layer）依賴於資料庫操作，而網路介面層（或控制器層）則將網路請求轉譯為領域層的操作。

這種設計在現代開發框架中非常普遍，也確實行之有效。例如，在 Ruby on Rails 中，可以看到這種模式：該框架使用 Active Record 模型（在 MVC 架構中簡稱為 M）來在資料庫中存取和管理資料。然而，將資料庫放在最底層的設計，通常會使得上層的大部分函式都成為 Actions，即那些帶有 side effects（額外作用）的操作。即使有一些 Calculations，它們往往只是輔助性的角色，這與 FP 的理念有所偏離。FP 強調應該讓 Calculations 和 Actions 各司其職，保持平衡：Calculations 應該是無 side effects 的純函式，專注於邏輯運算，而 Actions 則處理狀態變更和 side effects。

那麼，函數式架構的網路伺服器長什麼樣子呢？下面就來比較一下吧！

18.19 函數式架構

本節來比較一下傳統架構與函數式架構（functional architecture）。如前所述，前者會把資料庫放在最底層。至於後者則是把 DB 擺在最外圈的互動層，與網路處理器連接。下圖就是兩種架構下的伺服器，其中的虛線標出了分層的位置：

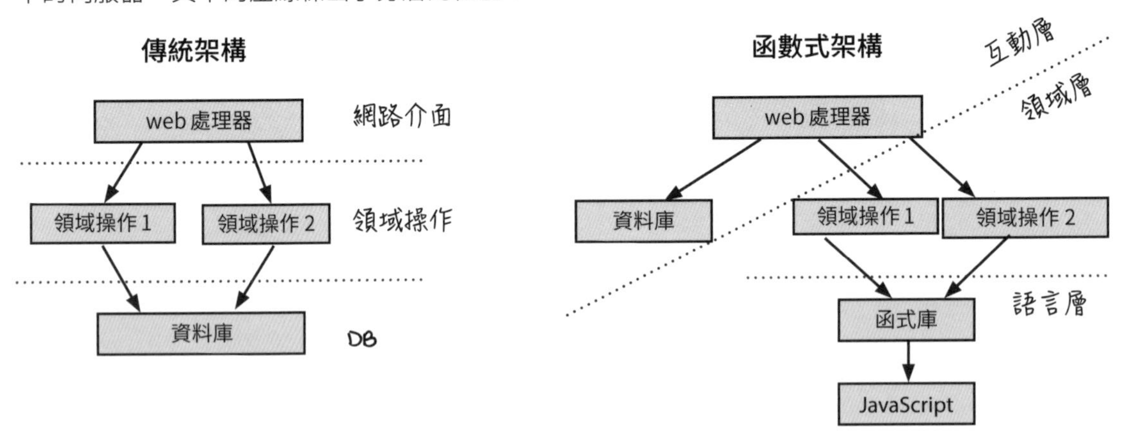

注意！圖中的資料庫可變，這是關鍵！它會讓所有存取 DB 的函式變成 Actions。在傳統架構裡，因為 DB 位於最下面，所以其上方的函式（包括各種領域操作）皆為 Actions。但如本書第一篇所說：FP 程式設計師會從 Actions 內擷取 Calculations，並把所有商業規則或領域邏輯建立在 Calculations 之上，因此 FP 架構中的 DB 和領域層／語言層是分離的，僅透過介面層中的 Actions 將兩者連繫起來（介面層皆為 Actions，領域層則皆為 Calculations）。

現在，若你將『函數式架構』中的虛線連接成圓圈，就能得到洋蔥式架構圖了：

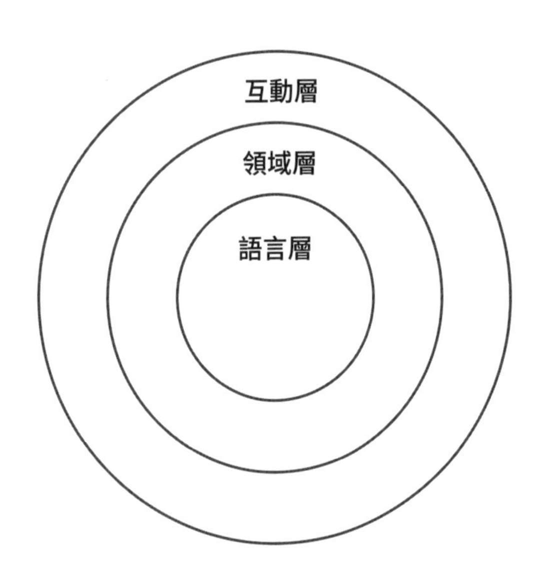

洋蔥式架構的規則

1. 所有與外部環境互動的功能皆只在互動層進行。
2. 外層的函式呼叫內層，內層不呼叫外層。
3. 每一層的程式皆沒有其它層的資訊。

18.20 提升可修改與可重複使用性

就某方面而言，提升軟體可修改性是決定架構的重點之一。若你能找出程式中哪部分需較高的變更彈性，則關於架構選擇的問題就回答了一半。有鑑於本節的重點是洋蔥式架構，故下面來討論：這樣架構有利於怎樣的更動？

洋蔥式架構使得互動層的程式更容易修改、領域層的程式更易重複使用。

簡單來說，洋蔥式架構能使互動層的程式更容易修改。該層對應層狀設計的最頂端，而正如 18.17 節所述，該層在變更上最簡單。此外，既然領域層不需要知道資料庫和網路請求，你可以輕鬆變更 DB 或改用其它服務協定，甚至是在沒有資料庫或服務的情況下呼叫該層的 Calculations（**譯註：** 換言之，領域層的 Calculations 也能用在其它與資料庫或服務無關的應用情境中，故可重複使用性高）。

洋蔥式架構
互動層
領域層
較易修改
web 處理器
資料庫
領域操作 1
領域操作 2
函式庫
語言層
JavaScript
較易重複使用

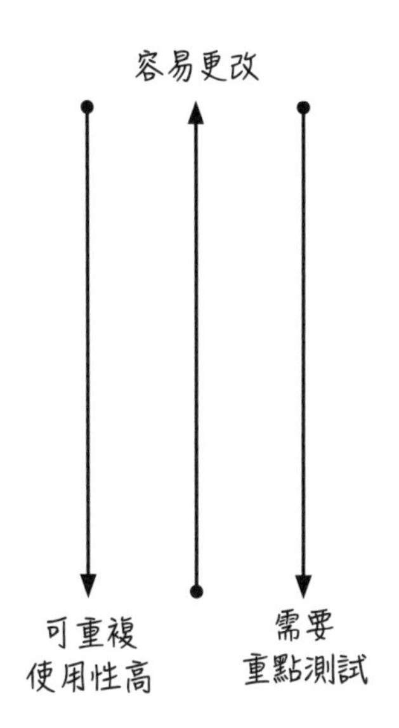

再強調一次：在洋蔥式架構下，對外的服務（如：資料庫或 API 呼叫）由最上層負責，故可修改性最高。與此同時，因為領域層不涉及任何對外服務，所以我們可輕鬆測試。換言之，對洋蔥式架構而言，建立完善領域操作的重要性，大於選擇正確的資料庫或服務協定。

洋蔥式架構聽起來是不錯啦。但我的領域操作必須用到資料庫中的資料耶，這樣設計真的可以嗎？

開發小組的莎拉

傳統架構的領域操作可直接呼叫資料庫，但這在洋蔥式架構下不可能發生。話雖如此，用後者設計的軟體仍能實現與前者相同的功能，只是呼叫圖長的不同而已。下面就以實例來說明吧！假設網路請求為『/cart/cost/123（123 是購物車 ID：cartID，可用來提取資料庫中的購物車資訊）』，則兩種架構的比較如下：

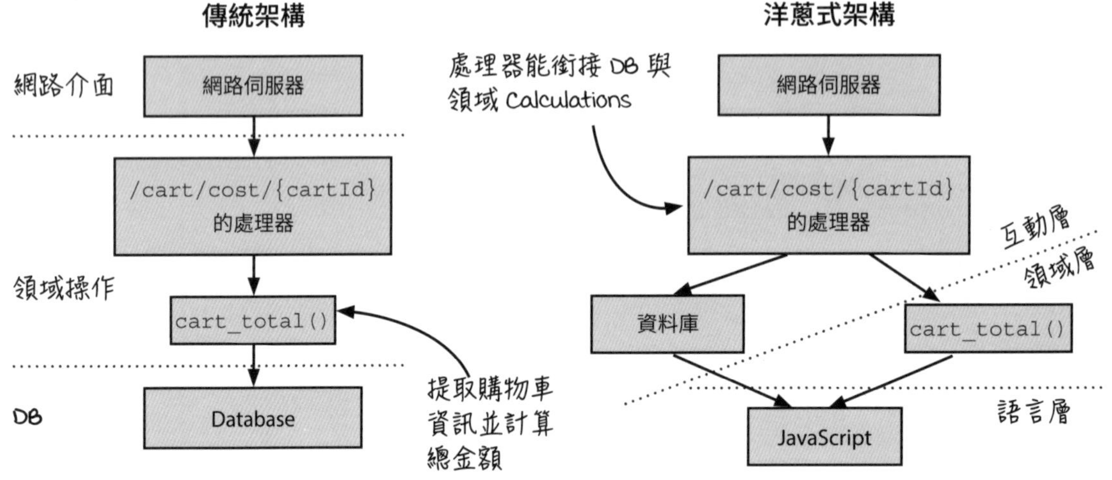

在傳統架構裡，每個層都按順序堆疊在一起。首先網路請求會被傳給處理器，處理器再存取資料庫，接著回應被傳回到最頂層，並最終到達客戶端。

此架構下的領域操作會從資料庫中提取購物車訊息，並計算總額。而由於資料庫可變，故該領域操作為 Action。

洋蔥式架構的分層虛線沒那麼規則。其中網路伺服器、處理器以及資料庫皆屬於互動層。領域層的 `cart_total()` 則是 Calculation，其描述了從購物車算出商品總額的規則，卻並未限定『購物車』的來源為何（可以是本例的 DB 或其它地方）。在這裡，處理器負責從資料庫中提取購物車訊息、並提供給 `cart_total()`；也就是說，此架構也能完成相同工作，只不過處理的層不一樣 — 資料庫存取位於互動層，計算總額則在領域層。

我明白洋蔥式架構的
設計模式，但難道沒有
『領域操作必須是 Action』
的情況嗎？

開發小組的吉娜

好問題！最簡單的回答是：你永遠可以**只用 Calculations** 定義整個領域層。本書第一篇花了大量篇幅示範如何擷取 Actions 中的 Calculations。這麼做能讓兩者皆變得單純，並顯著降低下層 Actions 所包含的邏輯（**譯註：**在洋蔥式架構中，只要是 Action 便歸屬於互動層，領域層只放 Calculation）。至於較高層的 Action 則如本章所示，扮演了連接領域層 Calculations 與其它 Actions 的角色。

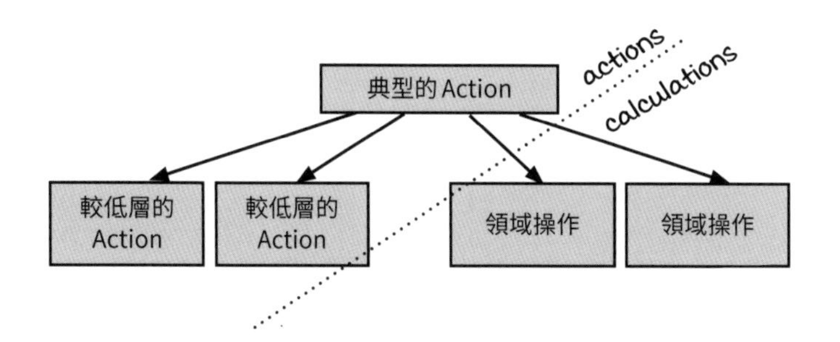

而在較複雜的答案中，要判斷一項操作究竟該放在領域層（即：實作成 Calculation）還是互動層（實作成 Action），有賴於以下兩個因素：

1. 檢視該操作中包含哪些元素。
2. 分析程式碼的可讀性、開發速度與效能。

接下來就針對這兩項因素討論。

18.21 檢視該操作中包含哪些元素

我們經常將程式中所有的關鍵邏輯視為**領域規則**(domain rule，亦稱為**業務規則**)，但事實是：並非所有重要邏輯皆和領域有關。要做出正確判斷，檢視該規則涉及的元素有時會有幫助。舉個例子，假設你的程式會根據以下邏輯選擇要使用的資料庫：『若新資料庫中有商品圖片，則存取該圖片，否則存取舊資料庫的圖片』，此例中包含兩個讀取資料庫的 Actions(**譯註：**這裡的『123』應為商品 ID：cartID)：

```
var image = newImageDB.getImage('123');
if(image === undefined)
  image = oldImageDB.getImage('123');
```

程式中的某些元素是與領域規則不相符的。請觀察程式碼中是否有這些元素，以判斷其究竟屬於領域層還是互動層。

注意！雖然上面的邏輯對業務很重要，卻不能歸類到領域層底下，原因是：該邏輯中包含了與該層不相符的元素。更精確地說，**商品**和**圖片**屬於領域層的範疇，但可變的**資料庫**不是，**新 (new)、舊 (old)** 等描述就更不用說了。

就目的而論，此處的程式碼之所以存在，是為了解決『部分商品圖片尚未從舊資料庫轉移到新資料庫』的**技術**問題，而非與**業務**有關，請不要混淆。此外，由於其需與不斷變化的外部環境互動(即：存取資料庫)，故應放在互動層中。

再看一個例子。以下程式會在網路請求失敗時，再重複嘗試幾次：

```
function getWithRetries(url, retriesLeft, success, error) {
  if(retriesLeft <= 0)
    error('No more retries');
  else ajaxGet(url, success, function(e) {
    getWithRetries(url, retriesLeft - 1, success, error);
  });
}
```

和之前一樣，即便該程式對業務正常運作極為重要，卻不屬於業務規則的一環。仔細觀察後，你會發現其中存在與領域層不合的元素，即 **AJAX 請求**。考慮到上述邏輯的功能是應付不穩定的網路連線，你應該將其放在互動層才對。

18.22 考慮程式碼的可讀性、開發速度與效能

前面曾說過，領域層可完全用 Calculations 來實作，然而現實是：這樣做的代價有時比好處還要高昂。事實上，本章介紹的洋蔥式架構是一種**理想化**的描述。你當然可以走極端路線，讓程式 100% 符合此架構，但身為一個程式設計師，更重要的事情卻是在理想和實際考量之間取得平衡。

以下就列出幾個情境。在這些例子中，我們可能會偏好 Action 更勝於 Calculation：

可讀性

程式碼可讀性取決於很多因素，如：

- 你選擇的程式語言。
- 你所用的函式庫。
- 過去遺留下來的程式碼與程式風格。
- 團隊成員的慣用寫法。

基於上述事實，你會發現：儘管函數式程式碼通常較易讀，但在某些程式語言下，非 FP 的寫法反而更清楚。所以，就短期而言，請仔細比較兩種寫法並選取可讀性較高者。不過長期來看，你還是應思考是否能從 Actions 中擷取 Calculations，以及把領域層和互動層完全分開的可能性。

開發速度

有時因為業務上的要求，我們需要快速為軟體推出新功能。而在趕工時，自然沒時間進行函數式改寫。遇到這種狀況，你得先妥協，之後再用前面所學的技巧 (包括：擷取 Calculations、將步驟轉換為函式鏈、管理時間線等等) 來清理程式。

系統效能

我們經常為了系統效能而做出妥協，例如：用速度較快的可變資料取代不可變資料。請各位務必將妥協的部分隔離出來，並思考能否透過互動層的優化來增加領域層的效率 (我們在 3.6 節之後的『休息一下』專欄已看過這樣的範例了 — 藉由降低每次從 DB 讀取的資料筆數，電子報內容產生的效率可大大提升。注意！存取 DB 為 Action，此為修改的對象；生成電子報則為 Calculation，其程式碼在優化過程中完全不必更動)。

總的來說，要在軟體中套用剛學會的新架構並不容易，但隨著你與團隊成員的技巧越來越熟練，這項任務也會越來越輕鬆。

問得好！讓我們用實例來說明。以下程式能透過函數式工具 reduce() 讀取去年 MegaMart 銷售的所有商品，並自動輸出報告（**譯註：** reduce() 請回顧第 12 章）：

那假如在領域層中碰到不完整的資料怎麼辦？

測試小組的喬治

```
function generateReport(products) {
  return reduce(products, "", function(report, product) {
    return report + product.name + " " + product.price + "\n";
  });
}

var productsLastYear = db.fetchProducts('last year');
var reportLastYear = generateReport(productsLastYear);
```

以上程式完全符合 FP 標準。但現在問題來了：主管要求你在報告中加入『每項售出商品的優惠碼』（對應商品物件的 discountID 欄位），然而該欄位卻有缺漏（**譯註：** 有些商品物件有記錄優惠碼，有些則沒有），完整的資料得從資料庫中取得：

```
{
  name: "shoes",
  price: 3.99,
  discountID: '23111'
}
```

有記錄 discountID 的商品物件

```
{
  name: "watch",
  price: 223.43,
  discountID: null
}
```

沒有記錄 discountID 的商品物件

本例最直接的解法，是在 reduce() 的回呼裡加入能讀取優惠碼的 Action，但這會使 generateReport() 也變成 Action。為了避免這種情形，我們要把讀取優惠碼的程式擷取到更高層，即與 db.fetchProducts() 相同的位置：

```
function generateReport(products) {
  return reduce(products, "", function(report, product) {
    return report + product.name + " " + product.price + "\n";
  });
}

var productsLastYear = db.fetchProducts('last year');
var productsWithDiscounts = map(productsLastYear, function(product) {
  if(!product.discountID)
    return product;
  return objectSet(product, 'discount', db.fetchDiscount(product.discountID));
});
var reportLastYear = generateReport(productsWithDiscounts);
```

在較高層中擴增原本的資料

最後再強調一次：理論上領域層可以完全由 Calculations 構成，進而使該層與互動層完美分離。但實際設計系統時，還是需考慮現實的因素。

練習 18-4

我們正在開發一套公共圖書館軟體，以追蹤每位讀者的借閱資料。下面是該軟體中的元素，請判斷它們應放在互動層 (以 I 表示)、領域層 (D) 還是語言層 (L) 中：

1. 載入所需函式庫的指令。
2. 向資料庫查詢讀者借閱記錄。
3. 存取國會圖書館系統的 API。
4. 定義各主題的書籍應該存放在幾號書架上。
5. 利用給定的借出清單，計算逾期還書的罰款。
6. 將新圖書管會員的地址資訊儲存到資料庫中。
7. 軟體使用的 JavaScript Lodash 函式庫。
8. 顯示借閱者所借的書籍，供其確認。

標記符號

I 互動層
D 領域層
L 語言層

練習 18-4 解答

1. L, 2. I, 3. I, 4. D, 5. D, 6. I, 7. L, 8. I.

結論

本章從具體應用情境的角度介紹了兩種設計模式：反應式架構（reactive architecture）及洋蔥式架構（onion architecture）。前者可以從根本改變 Action 序列的表達方式，讓某 Action 在資料狀態改變時自動發生；後者則會在套用 FP 原則時自然產生 — 由於其體現在所有層次上，故有助於我們思考整個系統的結構。

重點整理

- 反應式架構改變了 Action 序列的表達方式 — 從原本的『先做 X，再做 Y』，變成了『若 X 造成資料改變時，則做 Y』。
- 當用到極致時，反應式架構可將 Actions 和 Calculations 串成處理管道（pipeline）。管道中的每個步驟都很簡單、且需依特定順序執行。
- 要建立反應式處理管道，我們需先把資料轉換成頭等可變物件。其中一種方法是透過 cell（如：`ValueCell` 或 `FormulaCell`），該 primitive 的概念取自試算表。
- 洋蔥式架構可大致將軟體分為三層：互動層、領域層、語言層。
- 軟體的 Actions 存放在互動層中，且該層會透過呼叫領域層的函式以協調 Actions。
- 領域層容納了與應用領域有關的各項邏輯與操作，其中包括業務規則。這一層理應完全由 Calculations 構成。
- 語言層包含了軟體開發所用的程式語言底層元素及函式庫。
- 洋蔥式架構作用在整個系統上，影響程式的每一個抽象層次。

接下來 ...

至此，第二篇的主題結束了。在接下來的最後一章中，我們會回顧前面所學的內容，同時提供一些進階學習的參考資料。

踏上函數式設計之途 | 19

本章將帶領大家：

- 學習如何在不惹毛頂頭上司的情況下應用函數式技巧。
- 認識幾個為 FP 設計的函數式語言。
- 探索 FP 背後的數學層面。
- 瞭解幾本 FP 的書籍。

恭喜來到本書最後一章，這表示各位已掌握許多 FP 的基本技巧了！你可以考慮將其套用到目前的專案上，或以此為基礎做更深度的學習。本章會給大家一些應用 FP 的實務建議，並指點未來的學習方向。

19.1 本章的內容規劃

本章重點是幫大家把理論知識轉換為實用技術，以下是內容大綱。

複習前面學過的技巧

我們會先回顧之前學到的各種概念，讓各位瞭解自己當前的能力水準。

介紹精進 FP 技術的做法

學會新技術後，最讓人興奮的莫過於實務應用了！但在此之前，你得先增加技能熟練度才行。在此我們會介紹兩種途徑，分別是：

方法 1：善用沙盒（sandbox）

剛開始，你需要在安全的環境下測試及探索新技術，以免影響到現實中的專案或客戶。此時，請善用以下兩種沙盒：

- 與主要工作無關的個人專案
- 練習題

方法 2：在實務中操作

隨著技巧逐漸成熟，你可以開始在實際專案中運用所學，此時來自現實的壓力有助於我們更上層樓。對於有意這麼做的讀者，建議可從下面兩項應用開始：

- 為程式碼除錯
- 漸近地改善既有的設計

指點未來學習方向

能夠撐到本章的讀者想必已具備堅實的基礎。倘若各位還想進一步學習，下面是幾個可行的方向：

- 學習一門專為 FP 設計的函數式語言
- 認識 FP 背後的數學（**編註：** FP 深受 λ 演算、範疇論、遞迴和代數結構等數學概念的影響，使得它在處理併發性、安全性和模組化等現代程式設計挑戰，特別是在分散式系統中，展現出強大的能力。
- 閱讀其它 FP 書籍

19.2 各位已掌握的專業技巧

先來複習一下之前學到的東西吧！這些技能都是專業 FP 程式設計師應具備的，且極具實用價值。

第一篇：徹底學通 Actions、Calculations 與 Data

- 藉由區分 Actions、Calculations 與 Data，找出程式碼中問題最多的部分。
- 透過把 Action 中的 Calculation 擷取出來，以增進程式的可重複使用性與可測試性。
- 用顯性輸入與輸出取代隱性者，進而改良 Actions。
- 實作不變性，讓讀取 Data 的程式碼變成 Calculation。
- 利用分層設計改善程式的結構。

第二篇：頭等抽象化

- 將程式中的各種操作頭等化，便於以抽象方式使用。
- 利用函式走訪和其它函式工具，讓我們能從更高階的觀點思考程式碼。
- 將函式工具串連成資料處理管道。
- 透過時間線圖解讀分散式和併發系統。
- 利用時間線圖偵錯與除錯。
- 以高階函式確保可變資料的安全性。
- 用反應式架構來切斷變更操作與顯示結果之間的關聯。
- 運用洋蔥式架構設計需與外界互動的服務。

目前討論主題

章節大綱

- **複習前面學到的技術**
- 習得新技術的過程
- 方法 1：善用沙盒
- 方法 2：在實務中操作
- 指點未來方向

19.3 不能忘記的三大重點

十年之後的各位或許已忘記本書絕大部分內容，但以下三大重點請牢記在心：

Action 中往往藏著 Calculation

辨識及擷取 Calculation 需花費一番功夫，但卻非常值得。與 Action 比起來，Calculation 在可測試性、可重複使用性與可讀性上皆較佳，且不會增加時間線上的步驟數量。正因為如此，區分 Actions、Calculations 與 Data 成為 FP 中的基本技能。

原則上，你可以根據程式碼的改變頻率，將 Actions、Calculations 與 Data 分隔成層。當套用在整個系統上時，這種做法會自然產生洋蔥式架構。

高階函式可減少重複程式碼的數量

回想一下：你曾寫過多少 for 迴圈或 try／catch 區塊？有了高階函式（即：以其它函式為引數，且／或以新函式為傳回結果），我們就不必重複撰寫這些低階程式碼了！只需一行指令，函式即可獲得諸如迴圈或 try／catch 的『超能力』，而你則能花更多心思在與特定領域有關的程式碼上。因此，高階函式在 FP 中是極為常見的工具。

透過時間線圖掌控執行順序與重複次數

在多時間線的情況下，許多錯誤是由 Actions 的執行順序不正確造成。由於多數現代軟體皆具有多條時間線，故瞭解程式如何運行就變得非常重要。

時間線圖能呈現 Actions 的執行究竟是序列式或平行式，進而幫助我們釐清程式行為在時間軸上的變化。請記住！ Actions 的結果取決於呼叫時機（順序）和呼叫次數（重複）。FP 程式設計師必須控制這兩項時間因素，而這一點可透過 concurrency primitives 來達成。

19.4 新技術的學習曲線

無論什麼技能，我們的學習歷程似乎都大同小異。首先，你會因為得到新能力而雀躍，並到處尋找施展的機會。但這樣的熱情很快就會消退！隨著一次次挫折，你逐漸意識到新技術的極限、使用時機，以及與其它知識的關聯。最後，隨著熟練度上升，該技術不再讓人感到興奮。此時要再進步會變得越來越困難，但你已能在正確場合將該技術應用自如。

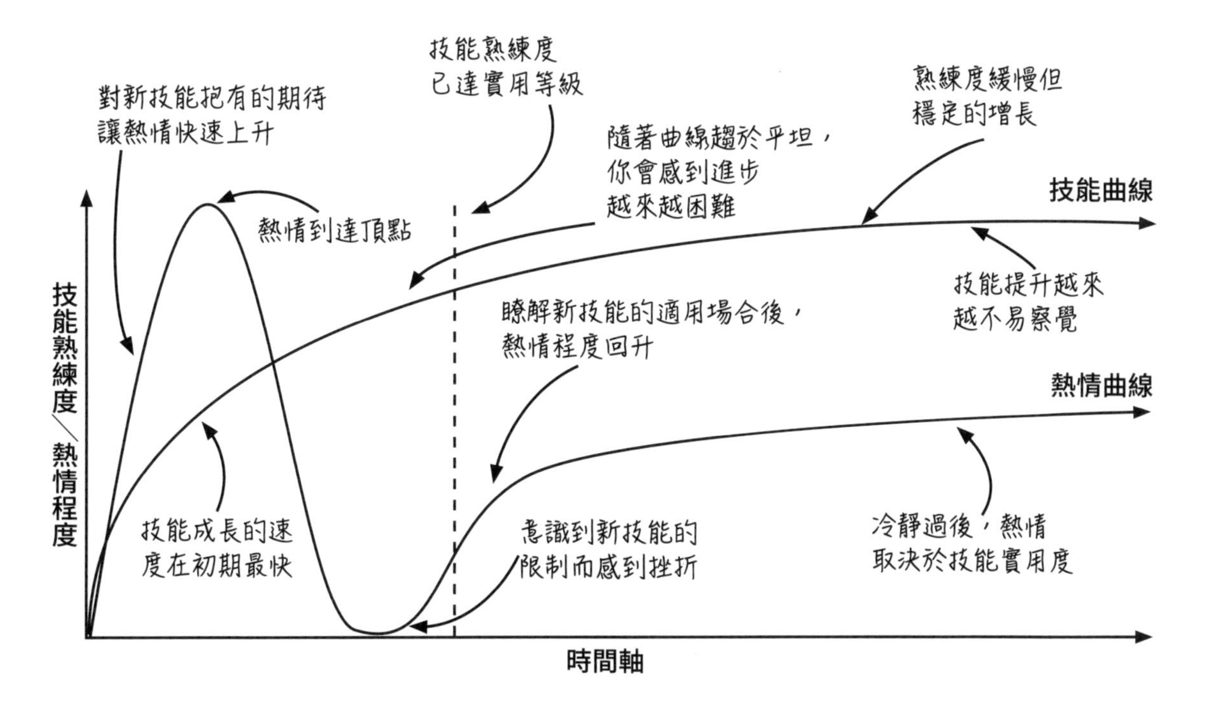

每個剛接觸 FP 的人都會經歷如上圖的起落，各位可以評估一下自己位於哪個階段。這裡要強調的是，曲線開頭是最危險的時期一這時我們還是新手，卻對學到的技術過於熱情，以致於經常在實務工作中濫用此技術，反而導致程式可讀性與可維護性降低。

因此，學習過程千萬不要心急！在下面幾節裡，我們會討論兩種增加熟練度的方法。請依建議練習，待掌握新技術的使用時機後，再應用到實際專案中。只要按部就班，你的能力必定能到達專業水準。到時候，讀者可以回頭細數過去曾走過的路、做過的實驗、以及每項成就與失敗，看看是怎麼樣的努力造就了今天的自己。

目前討論主題

章節大綱

- 複習前面學到的技術
- **習得新技術的過程**
- 方法 1：善用沙盒
- 方法 2：在實務中操作
- 指點未來方向

19.5 提升熟練度的方法

目前討論主題

章節大綱

- 複習前面學到的技術
- **習得新技術的過程**
- 方法 1：善用沙盒
- 方法 2：在實務中操作
- 指點未來方向

在 19.4 節的大圖展示出技能熟練度與熱情隨著時間變化的模式，同時指出：在熱情過高、但能力不足的階段，我們很容易濫用所學，進而損害實際專案的可讀性與可維護性。那麼，該怎麼練習才能安然渡過熱情巔峰？還有，到底要熟練到什麼程度才能真正運用所學呢？以下點出兩個方法，供各位參考：

方法 1：善用沙盒

在認識到新技能的極限之前，請先到安全的環境中 (即：沙盒)，盡可能試驗與探索該技能。可能的沙盒有：

- 練習題
- 與工作無關的個人專案
- 確定被正式專案廢棄的程式碼

方法 2：在實務中操作

當你頭腦恢復冷靜、且能判斷新技術的使用時機時，便可開始將所學應用到實際專案中。為了避免發生重大失誤，這裡建議各位從下列地方著手：

- 重構既存的程式碼
- 為既有程式添加新功能
- 偵錯與除錯
- 嘗試教導其他人

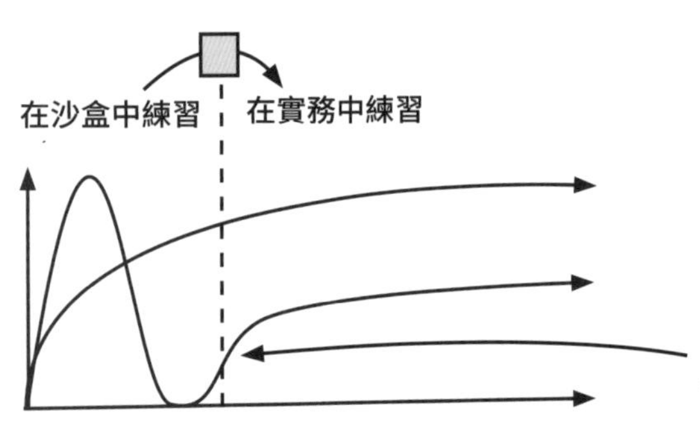

簡單來說，沙盒就是能安全實驗的程式碼，而實際專案則會產生現實後果。雖然兩者都對提升熟練度有貢獻，但作用卻是不同的。沙盒練習發生在進步速度較快的早期，其重點是測試新技能的應用限制。實務練習的價值則在於不能出錯的壓力，這有助於增進判斷力與正確率。

想想看

在 19.2 節列出了本書介紹過的所有技術。請讀者針對每一項進行評估，看自己的水準落在學習曲線的何處。你已經準備好實際應用了嗎？還是得先在沙盒中再打滾一段時間？

19.6 沙盒：開始你的個人專案

用個人專案來練習新技術是很有趣的一件事，且即便出錯也毋須承擔重大後果。不過，該選擇怎樣的專案較合適呢？下面的四個標準供各位參考。

1. 初期的專案不要太大

如果一開始就挑戰大專案，你很可能會感到力不從心。所以，請先把目標設得小一點，待能力變強後再回頭擴展也不遲。

你可以問自己：

- 怎麼寫出一個簡單的網路應用程式？
- 怎麼寫出一個簡單的社群聊天機器人（bot）？

找個異想天開的主題

太過嚴肅的專案會讓人進入工作模式，使我們過於在意程式是否達成預設目標，因此在練習時比較放不開。相反地，異想天開的專案能刺激自由實驗的欲望，且其所帶來的樂趣也對學習有所幫助。

你可以問自己：

- 有什麼奇妙的題目是你在工作上絕對遇不到的？
- 什麼樣的程式即便失敗也會很有樂趣？

目前討論主題

章節大綱

- 複習前面學到的技術
- 習得新技術的過程
- **方法 1：善用沙盒**
- 方法 2：在實務中操作
- 指點未來方向

每次僅練習一項新技能

舉例來說，當你正鑽研時間線時，大概沒有心力再去學新的網路架構吧？因此，請以一項新技能做為學習重點，並搭配你已熟悉的項目進行練習。

你可以問自己：

- 有什麼東西是你現在就能做的？
- 可以在其中運用哪一項剛學到的新技術？

擴充既存的專案

最好的練習就是利用新技巧來擴充既有的程式，如：加入新功能、改善設計架構等。以最基本的部落格為例，你可以花一個週末的時間試著增加身分認證機制。

你可以問自己：

- 有沒有什麼過往的程式是你可以拿來改造的？
- 你可以在該程式中加入什麼基本功能？

19.7 沙盒：找練習題來做

熟能生巧，做練習題正是最好的熟練方式。此處的練習題指與專案無關、具有明確目標的題目。你可以透過它們增進特定能力，且即使失敗了也無所謂。以下推薦一些練習題來源：

Edabit（https://edabit.com/challenges）

Edabit 上有大量既簡單又清楚的題目，且每個問題都有分級（從極簡單到大師級）。請試著用不同方法解決同一個問題，藉此提升自己的 FP 能力。

Project Euler（https://projecteuler.net）

Project Euler 收集的挑戰通常很數學，但題目都有容易看懂的解釋。這些問題最大的特色是會逼答題者面對各種極限（如：寫程式找出第 1,000,000 個質數），你必須處理諸如記憶體不足、堆疊大小過大等問題。這樣的經驗能讓你的技術跳出理論而邁向實用。

CodeWars（https://codewars.com）

CodeWars 上有許多雖具挑戰性，卻能在幾分鐘內解決的小題目，這一點有利於你在同一個問題上嘗試不同技巧。

Code Katas（https://github.com/gamontal/awesome-katas）

Code Katas 可幫我們重複鍛鍊相同技巧。換言之，你不是來此挑戰難題的，而是為了熟悉某種寫程式方法。此外，透過該網頁的題目，你還能練習整合 FP 相關知識與其它開發技能，如：軟體測試。

目前討論主題

章節大綱

- 複習前面學到的技術
- 習得新技術的過程
- **方法 1：善用沙盒**
- 方法 2：在實務中操作
- 指點未來方向

19.8 實務操作：為程式碼除錯

本書介紹的內容都能立即應用在實務中。然而，當你面對數十萬行程式碼時，有時的確會找不到切入點。沒關係，這是正常的！重點是：一開始野心不要太大，先從一些小地方著手，之後再慢慢改進即可。

在先前學過的概念中，有一些能直接用於替程式除錯。我們認為這是最佳起點，也最容易取得重大成果。以下就列出兩個方向供大家參考。

逐一降低可變全域變數的數量

第 3 ~ 5 章曾談過函式的隱性輸入與輸出，其中就包含可變的全域變數。這類變數雖能讓程式碼共享資料，但也極可能導致錯誤，因此成了我們想去除的對象。各位可以先將所有全域變數列舉出來，挑選一個當目標，重構所有與之相關的函式直到該變數無存在的必要，接著再處理下一個。這麼做雖然辛苦，但日後會有回報的！

逐一減少時間線的數量

第 15 ~ 17 章說明如何以時間線圖瞭解程式行為，進而抓出與競態條件和執行次序有關的錯誤。另外，我們也談到怎麼以 concurrency primitives 去除不適當的潛在順序。經驗豐富的程式設計師應該知道程式碼庫中哪些地方容易出錯，請選擇一個地方，畫出對應的時間線圖，看看其是否與競態條件有關？若有，則應用先前所學來消去錯誤的潛在順序。

章節大綱

- 複習前面學到的技術
- 習得新技術的過程
- 方法 1：善用沙盒
- **方法 2：在實務中操作**
- 指點未來方向

目前討論主題

19.9 實務操作：漸近地改善既有設計

各位在本書中學到的許多技巧，可用來漸進改良程式的設計。這裡的『漸進』是重點 — 即便『設計』很重要，其效益可能短期看不出來。但隨著改進一點一滴累積，優秀設計的威力必定會顯現。以下是一些可行的改寫方向，供各位參考：

逐一擷取 Action 中的 Calculation

由於程式中的 Action 通常都有實務功能，故要完全去除它們相當不容易。不過，你確實可留意複雜的 Action 函式，並把一部分邏輯擷取成 Calculation，好使該函式變得精簡。請記住！直觀的 Action 才是好 Action。

章節大綱

- 複習前面學到的技術
- 習得新技術的過程
- 方法 1：善用沙盒
- **方法 2：在實務中操作**
- 指點未來方向

目前討論主題

逐一將隱性輸入／輸出轉換成顯性

如前所述，消除 Action 很難，但我們可以盡量把隱性輸入與隱性輸出排除。以包含四個隱性輸入的 Action 函式為例，就算只取代其中一個，也能算是有意義的改進 — 該函式雖然仍為 Action，但對系統狀態的影響力會降低。

逐一取代 for 迴圈

消除一個 for 看起來或許沒啥了不起，但由於迴圈是程式邏輯的重要組成元素，因此其影響力可能超乎想像。第 12 ~ 14 章介紹了諸如 `forEach()`、`map()`、`filter()` 與 `reduce()` 等能取代 for 迴圈的函數式工具，這些工具是踏入 FP 設計的墊腳石 — 你不僅能用它們重構 for 迴圈，過程中還可能發覺更多有用的函數式工具。

19.10 常見的 FP 程式語言

下面列出讀者可進階學習的 FP 語言。注意！ FP 語言實際上還有更多，但這些最常見，且具備各種功能的函式庫支援 — 對於想多學一門通用程式語言的人來說，任何一個都是極佳選擇。接著，我們會整理各語言的不同面向，例如：對找工作的幫助、適合在什麼平台上執行，以及重點 FP 特徵等。

Clojure (https://clojure.org)

Clojure 可以在 JVM 和 JavaScript（透過 ClojureScript）這兩個平台上靈活運行，為開發者提供了跨平台的便利性。

Elixir (https://elixir-lang.org)

Elixir 在 Erlang Virtual Machine 上運行，使用 Actors 模型管理併發（concurrency）。

Swift (https://swift.org)

Swift 是 Apple 開發的開源程式語言。

Kotlin (https://kotlinlang.org)

Kotlin 將物件導向與函數式設計結合進 JVM 語言中。

Haskell (https://haskell.org)

Haskell 是常見於學術、新創、企業應用中的靜態型別語言。

Erlang (https://erlang.org)

Erlang 是專為容錯設計的語言，採用了 Actors 模型來有效管理程式的併發性。

Elm (https://elm-lang.org)

Elm 是靜態型別語言，並可編譯成 JavaScript，用於開發前端網路應用程式。

Scala (https://scala-lang.org)

Scala 結合了物件導向與函數式設計，並在 Java Virtual Machine 與 JavaScript 上運行。

F# (https://fsharp.org)

F# 是在微軟的 Common Language Runtime（CLR）上運行的靜態型別語言。

Rust (https://rust-lang.org)

Rust 是一門系統程式語言，擁有強大的型別系統，可以有效預防記憶體洩漏和併發錯誤。

PureScript (https://www.purescript.org)

PureScript 是與 Haskell 類似的語言，可被編譯成 JavaScript 在瀏覽器上運行。

Racket (https://racket-lang.org)

Racket 有著深厚的歷史，以及活躍的社群支持。

Reason (https://reasonml.github.io)

Reason 是基於 OCaml 的語法擴展，可以編譯成 JavaScript，用於網頁和前端應用程式的開發。

章節大綱

- 複習前面學到的技術
- 習得新技術的過程
- 方法 1：善用沙盒
- 方法 2：在實務中操作
- **指點未來方向**

目前討論主題

19.11 最多工作機會的 FP 語言

各位學習新程式語言的目的可能是想找一份 FP 程式設計工作，在前一節所列語言都能應用在產業界，但以下 5 門語言的工作機會是相對較多的，故從中選擇能最大化你的錄取機會（大致上來說，越左邊的語言對初學者越友善）：

Elixir - Kotlin - Swift - Scala - Rust

以下三門語言則沒那麼熱門，但還是有一定工作機會（越左邊的語言對初學者越友善）：

Clojure - Erlang - Haskell

19.12 適合在什麼平台上運行

另一種選擇語言的方式，是看你的程式要在哪個平台上執行。

瀏覽器（JavaScript 引擎）

以下語言可被編譯成 JavaScript。且不只瀏覽器，它們也能 在 Node 上運行（越左邊的語言對初學者越友善）：

Elm - ClojureScript - Reason - Scala.js - PureScript

網頁後端

以下語言經常拿來實作網路應用程式的伺服器後端（越左邊的語言對初學者越友善）：

Elixir - Kotlin - Swift - Racket - Scala - Clojure - F# - Rust - Haskell

行動裝置（iOS、Android）

原生：**Swift**
透過 JVM：**Scala – Kotlin**
透過 Xamarin：**F#**
透過 React Native（此為 Meta 開發的架構）：**ClojureScript – Scala.js**

嵌入式系統

Rust

19.13 重點 FP 特徵

每種程式語言都有各自的特色。因此，藉由學習不同語言，你也能趁機熟悉 FP 的不同面向。下面就根據各語言的重點特徵將它們分類：

靜態型別

當今最進步的型別系統就在 FP 程式語言中。其奠基於數學邏輯，且穩定性已受到證明。事實上，好的型別系統不僅有助於防止錯誤發生，還能提供邏輯指引，使我們設計出更好的軟體。若你對此主題有興趣，則建議學習以下語言（越左邊的語言對初學者越友善）：

Elm - Scala - F# - Reason - PureScript - Rust - Haskell

此外，**Swift**、**Kotlin** 與 **Racket** 雖然也有型別系統，但功能沒那麼強大。

函數式工具與資料轉換

儘管大多數的 FP 程式語言都有能做資料轉換的函數式工具，但此特徵在以下語言裡是重中之重（越左邊的語言對初學者越友善）：

Kotlin - Elixir - Clojure - Racket - Erlang

這些語言毋須程式設計師自行定義新資料型態。所有事情都可透過少數資料型態，以及作用於其上的大量操作來完成。

併發 (concurrency) 與分散式 (distributed) 系統

由於不可變的資料結構，多數 FP 程式語言皆擅長應付多執行緒。不過，某些語言會使用強大的輔助機制，讓多時間線管理更加直觀。此處就按輔助機制將它們分類如下：

Concurrency primitive：**Clojure - F# - Haskell - Kotlin**
使用 Actors 模型：**Elixir - Erlang - Scala**
透過型別系統：**Rust**

章節大綱

- 複習前面學到的技術
- 習得新技術的過程
- 方法 1：善用沙盒
- 方法 2：在實務中操作
- **指點未來方向**

目前討論主題

19.14 函數式設計的數學基礎

FP 受到很多數學概念的影響，因此受到不少人的推崇。假如各位對這部分感興趣，則研究以下領域可增進對 FP 的理解。

λ 演算 (Lambda Calculus)

λ 演算是個簡單卻有用的數學系統，其中涉及函數定義與呼叫等內容。因為大量用到函數，所以此領域的觀念在 FP 中如魚得水。

編註：Calculus 在此處是譯為演算，而非微積分。

組合函式 (Combinators)

組合函式是 λ 演算下的一條有趣分支，此類函式能修改或合併其它函式。

類型論 (Type Theory)

λ 演算中的類型論是另一項進入到 FP 的理論，其構成了程式碼背後的邏輯。此理論研究的主要問題是：『在不造成邏輯矛盾的情況下，我們能推導或證明什麼？』事實上，FP 型別系統的基礎便是此理論。

範疇論 (Category Theory)

以下說明可能過於簡化，但範疇論就是抽象數學下的一條分支，研究主題是不同類型之間的結構相似性。當應用在程式設計上時，此理論可為設計與實作提供指引。

作用系統 (Effect Systems)

作用系統從範疇論中借用了許多數學物件，例如：**單子** (monad) 與**應用式函子** (applicative functor) 等。我們會利用這些物件來模擬、執行各式 Actions，藉此實現諸如改變系統狀態、拋出例外等的 side effects (額外作用)。值得一提的是，上述 Action 模擬是利用不可變資料完成的，大大推進了『只用 Calculation 和 Data 撰寫程式』的可能性。

章節大綱

- 複習前面學到的技術
- 習得新技術的過程
- 方法 1：善用沙盒
- 方法 2：在實務中操作
- **指點未來方向**

目前討論主題

編註：**單子**處理的是將步驟串連起來有順序性的流程，會根據前一個步驟的結果來決定下一個步驟的行動，也就是步驟之間有依賴關係)。**應用式函子**則允許多個步驟同時獨立處理，且步驟之間沒有順序關係，最後再將這些步驟組合起來。

19.15 進階閱讀

在所有筆者讀過的 FP 書籍中，以下幾本可供各位進階學習之用。

Functional-Light JavaScript

作者：Kyle Simpson

本書融合了 JavaScript 程式設計指導，以及 FP 術語介紹。作者清楚解釋了許多重要概念，不會落入艱深的學術討論，本人強烈推薦。

Domain Modeling Made Functional

作者：Scott Wlaschin

本書展示了從與客戶交談，到以 FP 方法實作完整工作流程的過程，以及如何用型別建立領域模型。此外，在我知道的所有領域驅動設計 (domain driven design) 書籍中，這是最棒的一本。

Structure and Interpretation of Computer Programs

作者：Harold Abelson、Gerald Jay Sussman、Julie Sussman

這本經典之作是麻省理工學院 (Massachusetts Institute of Technology) 電腦科學系學生的入門教科書。當然，這代表本書難度稍高，但其仍是學習重要概念最直接的工具。事實上，就算各位真的卡住了也別灰心！像這樣的書籍一般需要研究好幾年，你可以等技巧提升後再回頭閱讀。

Grokking Functional Programming

作者：Michal Plachta

本書從另一個角度介紹 FP。藉由它可進一步認識純函數、函數式工具和不可變資料，作者對資料建模 (data modeling) 的說明也更為深入。

除了上述著重於程式設計方法的著作外，筆者也建議各位挑一門感興趣的函數式語言來學習。後者自然也有專門書籍，各位可依照自己的選擇搜索。

章節大綱

- 複習前面學到的技術
- 習得新技術的過程
- 方法 1：善用沙盒
- 方法 2：在實務中操作
- **指點未來方向**

目前討論主題

結論

本章先總結之前學過的各項技巧，然後討論了兩種練習方法，有助於各位應用及熟悉這些技巧。最後，我們還指出一些方向與資源，方便讀者學習更高深的知識。

重點整理

- 讀者已學會了許多 FP 技術，下一步則是有計劃地練習這些技術。
- 在學習新技能的初期，我們的熱情很容易超過自身能力，導致技能的濫用。所以剛開始時，請先在安全的環境下練習。
- FP 技巧對改良程式碼很有幫助，而來自實際專案的壓力則能增進你的熟練度。
- 坊間已有許多既適合私人專案，又能用在商業用途的 FP 語言。現在正是成為專業 FP 程式設計師的好時機。
- FP 應用了許多數學理論，有興趣的讀者可以自行研究。
- 筆者推薦了許多與 FP 有關的進階書籍，歡迎大家參考。

接下來 ...

本書就到此正式結束了，有緣再相會！